非金属承压设备检测技术

中国腐蚀与防护学会高分子管道和容器专业委员会　组织编写

郑伟义　陈国龙　王晓格　主编

黄焕东　王新华　张欣涛　副主编

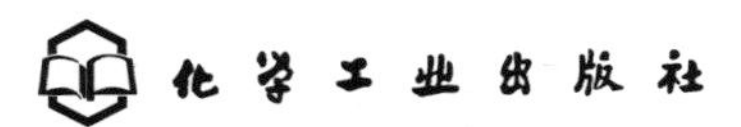

·北京·

内容简介

《非金属承压设备检测技术》是根据非金属压力容器和非金属压力管道相关的国家标准、行业标准编写的。重点介绍了非金属承压设备的发展过程、分类及标准体系，非金属承压设备的基本物理性能、机械性能、热性能、耐腐蚀性能、耐候性能、电性能及阻燃性能、密封性能等性能的检测技术及注意事项，归纳了无损检测技术，总结了非金属承压设备的风险管理及风险评估应用。

本书可作为非金属承压设备生产制造企业、检验检测机构、设计单位与科研机构从事产品质量控制与研究人员的参考书，亦可作为大专院校相关专业的教材。

图书在版编目(CIP)数据

非金属承压设备检测技术/郑伟义，陈国龙，王晓格主编.—北京：化学工业出版社，2024.7

ISBN 978-7-122-45510-9

Ⅰ.①非… Ⅱ.①郑…②陈…③王… Ⅲ.①非金属材料-压力容器-检测②非金属材料-压力管道-检测 Ⅳ.①TH49②U173.9

中国国家版本馆 CIP 数据核字（2024）第 084131 号

责任编辑：李 玥 段志兵　　装帧设计：韩 飞

责任校对：李 爽

出版发行：化学工业出版社

（北京市东城区青年湖南街 13 号 邮政编码 100011）

印 装：河北延风印务有限公司

710mm×1000mm 1/16 印张 29¾ 字数 564 千字

2024 年 8 月北京第 1 版第 1 次印刷

购书咨询：010-64518888　　售后服务：010-64518899

网 址：http://www.cip.com.cn

凡购买本书，如有缺损质量问题，本社销售中心负责调换。

定 价：128.00 元

编写人员名单

主　编　郑伟义　陈国龙　王晓格

副主编　黄焕东　王新华　张欣涛

其他编者　辛明亮　吴东亮　钱盛杰　李菊峰　陈航锋　石　永

毛　晔　秦立臣　牛卫飞　梁国安　左延田　于少平

王家帮　毕　波　张双红　王勇为　唐　震　赵增晖

张　俊　陈　帆　张海涛　赵　锋　郑汪萍　吴胜平

苗德山　彭　菁　王　亮　朱兴成　陈　招　何建忠

黄达顺　尚　魏　许彦录　李英杰　宋　伟　陈　虎

李宝兴　宋荣全　马建萍　何承枫　晏春华　谭冬春

范　庆　吴　兵　包　炜　刘　莹　周晓斌　王茂峰

吴文娟　秦贺霞　李楠彬　沈凡成　张文霖　吴高锋

陈定岳　王　杜　吕　圣　俞乃林　朱元庆　陈乃昶

技术支持单位

天津市特种设备监督检验技术研究院
浙江亚德复合材料有限公司
贵州鸿巨燃气热力（集团）有限责任公司
江苏省特种设备安全监督检验研究院
上海市特种设备监督检验技术研究院
辽宁省安全科学研究院
新疆东泰特种设备安全检测有限公司
上海派普诺管道检测科技发展有限公司
湖北钟格塑料管有限公司
长春特种设备检测研究院
西安塑龙熔接设备有限公司
济南远卓检测技术服务有限公司
四川省产品质量监督检验检测院
宝路七星管业有限公司
新疆维吾尔自治区特种设备检验研究院
新疆维吾尔自治区产品质量监督检验研究院
武汉安耐捷科技工程有限公司
广东宝利兴科技有限公司
福建东南培训中心
福建晟扬管道科技有限公司
靖江市海鸿塑胶科技有限公司
江苏佳信燃气设备有限公司
云南建投第二安装工程有限公司
上海天阳钢管有限公司
江特科技股份有限公司
四川金易管业有限公司
宁波明峰检验检测研究院股份有限公司

前言

随着科技的不断发展、进步及新材料、新工艺的不断涌现，非金属压力容器比金属压力容器具有更好的耐酸、碱、盐等腐蚀介质的性能，石墨、玻璃钢、搪玻璃、塑料等材料制非金属承压设备，在石油化工、能源、核工业、冶金、城市公用事业等领域的应用越来越广泛。为了提高非金属压力容器的质量和安全，满足社会需求，较全面地开展非金属压力容器的检测技术研究非常必要。

本书是由中国腐蚀与防护学会高分子管道和容器专业委员会组织行业内的质检、特检、设计、制造等方面的专家共同编写的。本书从非金属承压设备的标准体系入手，参考了成熟的检测方法，较全面地介绍了原材料及非金属承压设备的基本性能、机械性能、热性能、耐腐蚀性、耐候性、电性能及阻燃性、密封性、无损检测、系统适用性及裂纹扩展性、连接性等各方面，最后对非金属承压设备的风险评估进行了介绍。本书汇集了近年来国内外非金属承压设备检测的新技术、新方法和有关研究成果，可作为非金属承压设备生产制造企业、检验检测机构、设计单位与科研机构从事非金属承压设备产品质量控制与研究人员的参考书，亦可作为大专院校相关专业的教材。

本书在编写和出版过程中得到了中国腐蚀与防护学会领导和行业专家的大力支持，也参照了国内外很多行业专家的论文、资料和研究成果。同时福建省产品质量检验研究院、温州赵氟隆有限公司、浙江方圆检测集团股份有限公司、宁波市特种设备检验研究院、承德市精密试验机有限公司等机构在编写和出版过程中给予了大力支持，在此一并表示衷心的感谢！

由于编写时间所限，书中不妥之处在所难免，敬请广大读者批评指正。

编著者

2024 年 5 月

目录

第1章 绪论

1.1 引言

常见的非金属压力容器有石墨制压力容器、玻璃钢制压力容器、塑料制压力容器、搪玻璃制压力容器等；常见的非金属压力管道有聚乙烯（PE）燃气管道和其他非金属管道。由于非金属压力容器比金属压力容器具有更好的耐酸、碱、盐等腐蚀介质的性能，广泛应用于化工生产中，常作为反应器、换热器、分离器、储存器等装置；非金属压力管道因具有良好的地下耐腐蚀性和高韧性，常用于输送天然气、石油等介质，以及输送和传导各种危险化学介质。相对于传统的金属承压设备，非金属承压设备虽然在耐压强度、耐高温及热传递等方面受到限制，但是比金属承压设备具有明显优异的耐腐蚀性能。在生产和安装过程中，使用非金属承压设备可减少金属承压设备必需的防腐工艺环节，并且具有相对温和的加工成型工艺条件，从而显著地降低了生产成本；在长期使用过程中，几乎不存在随时间而累积的设备壁厚腐蚀问题，减少了因腐蚀产生的壁厚减薄的现象，从而减少了因设备材料腐蚀而需设置的壁厚检查环节，极大地降低了维护费用，这赢得了生产企业的好感和使用单位的认可，同时顺应了国家可持续发展战略，符合节能环保的发展趋势。

引起塑料压力管道发生力学破坏的主要形式有化学老化、点载荷、静载荷、循环载荷以及表面刮伤等。其中，静载荷是塑料压力管道在实际工况运作下所承受的基本载荷，载荷来自管内流体压力。静载荷引起的力学破坏方式主要分为快速裂纹增长和慢速裂纹增长。

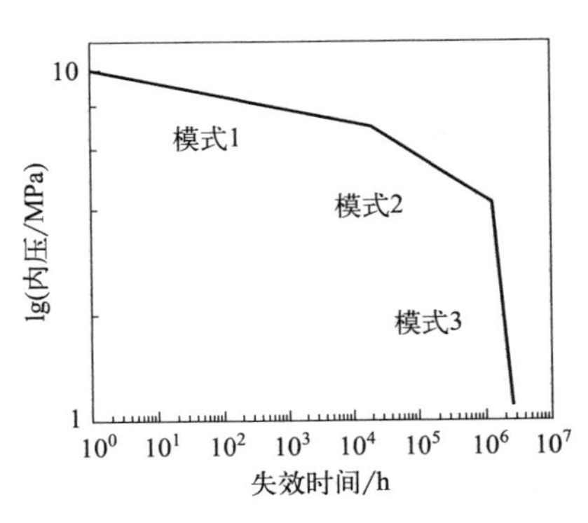

图 1.1　聚乙烯管失效模式

以聚乙烯管道为例，在内压载荷作用下，聚乙烯管主要存在三种失效模式，如图 1.1 所示，模式 1 为韧性破坏，聚乙烯管在较高内压作用下开始蠕变扩张，当持续至某一时刻，管子最薄弱部位处会突然隆起，并很快发生破坏。模式 3 为脆性破坏，管材中的微小裂纹在较小内压作用和撕裂应力作用下会在裂纹尖端产生裂纹扩展致使管材破坏。模式 2 为韧性-脆性转化阶段。裂纹扩展有两种阶段，一是慢速裂纹阶段，在这个阶段时裂纹扩展的速度相当慢，需要数十年以上；二是快速裂纹扩展阶段，在这个阶段裂纹扩展将以相当快的速度导致瞬间开裂。当管道发生快速裂纹增长破坏时，裂纹可以 100m/s 以上的速度快速扩展到上百米甚至几千米，造成长距离管路损坏。例如，在 20 世纪 80 年代，美国某地曾发生一起聚乙烯管线破坏导致爆炸的事故，死亡 6 人，伤 10 人。

塑料压力管道大多采用焊接的方式进行连接，焊接接头的质量由焊接工艺来保证。因此焊接接头往往也会存在许多缺陷，这些缺陷在管道的使用过程中成为管道的应力集中点，容易形成脆性破坏。因此焊接接头的破坏也是塑料管道破坏形式的一种。如北方某市曾有埋地 PE 燃气管不均匀下沉，接头开裂，导致煤气泄漏。综上所述，塑料制压力管道的在役无损检测格外重要。

1.2 非金属承压设备的发展

经过多年的发展，非金属制承压设备相对于金属制承压设备具有不腐蚀、使用寿命长，接口稳定、严密，节能，节水，运输、安装、施工方便，维护简单、运行费用低，综合成本低，对环境友好，抗震能力强等优点，在市政及化工领域具有一定程度的应用。

2013 年，国家质量监督检验检疫总局特种设备安全监察局下达制订《固定式压力容器安全技术监察规程》（以下简称《大容规》）的立项任务书，旨在形成关于固定式压力容器的综合规范。在此《大容规》规定的适用范围里将塑料压力容器排除在外，材料部分涉及的非金属材料有：石墨压力容器材料和纤维增强塑料压力容器材料。

1.2.1 塑料设备

接触化学品的容器应具有一定的耐腐蚀性，塑料及衬里制压力容器因其优点有逐渐替代玻璃、陶瓷及金属容器的发展趋势。塑料及衬里制压力容器的耐腐蚀性能主要取决于内衬材料的耐腐蚀性能，即塑料及衬里制压力容器耐腐蚀性主要取决于塑料种类，而这些性能与塑料的种类、产品的制造工艺、原材料的性质等级、材料和使用介质的相容性等直接相关。例如上海金山石化总厂使用 F4 松套衬里防腐蚀容器设备的实例：介质中含溴，原用无缝钢管及配件，使用寿命只有

1～2个月，钢管即变形或穿孔，改用F4内衬管后，使用一年以上未发现腐蚀。

塑料衬里制压力容器的成型质量包括内在质量和外在质量。内在质量包括衬塑层的物理和化学性质及其均匀性，它不仅要求衬塑层具有相应的物理和化学性能，在成型过程中，还要注意塑化的温度和压力，正确掌握成型工艺。外在的质量包括衬塑层的规格、尺寸、外观和色泽等。衬塑层的外表质量主要取决于模具设计和塑料在模具内的塑化、混合和分散能力。

硬聚氯乙烯及衬里制压力容器在温度低于50℃的环境中，耐化学腐蚀性能优于酚醛塑料、聚苯乙烯、有机玻璃等许多常用塑料及衬里制压力容器。聚乙烯及衬里制压力容器的耐化学腐蚀性能优良，在室温下几乎不溶于有机溶剂，但脂肪烃、芳香烃和卤代烃等能使它溶胀，而去除溶剂后又恢复原来的性质。聚丙烯及衬里制压力容器在室温下能耐多种酸、碱和盐类溶液的腐蚀。氟塑料及衬里制压力容器可耐高温，长期使用温度可达200℃；耐低温，可达－100℃；耐气候，有塑料及衬里制压力容器中最佳的老化寿命；能耐王水和一切有机溶剂的腐蚀，衬里材料具有高润滑性和高绝缘体积电阻；不黏附容器内介质等等。因此，氟塑料及衬里制压力容器主要应用于耐高温、高压、强腐蚀介质的场合。

塑料及衬里制压力容器的腐蚀主要是所用塑料的腐蚀。塑料腐蚀的定义是塑料在一定温度、压力介质等条件下，随着时间的延长，从塑料分子链最弱点处开始被侵蚀，使其性能逐渐变劣，直至被破坏的全过程。

物理腐蚀是塑料及衬里制压力容器表面受到介质分子作用，使容器表面塑料分子松动，与介质分子直接接触的表面大分子逐渐松动离开容器表面而进入介质，从而使容器表面层松动，厚度减薄，而这个过程由浅入深，使部件的强度逐渐降低，直至失去使用价值。

在物理腐蚀过程中，介质分子对塑料界面有两个过程，分别是渗透过程和吸收过程，另外还有残余应力的作用。

化学腐蚀即塑料及衬里制压力容器在介质分子作用下，其高分子结构被破坏或引起化学反应，生成其他物质进入介质导致塑料及衬里制压力容器失强、变形等现象，失去使用价值。化学腐蚀主要表现为失重、变色、氧化及分解。化学腐蚀是不可逆的。

在化学腐蚀过程中，要考虑塑料的结构特性，也要考虑介质的腐蚀性。这是一对相互存在的矛盾，在实际工作中应统一解决。在化学腐蚀的范畴中还包括紫外线照射或氯化作用等环境老化因素，即塑料及衬里制压力容器在户外环境里应用时，受紫外线照射或氧化作用，太阳热解应力开裂等其他因素引起化学键断裂等。这些都属于化学腐蚀。在化学腐蚀和物理腐蚀中化学腐蚀是最主要的，也是最复杂的腐蚀过程。

根据塑料的腐蚀理论，从塑料高分子材料的结构中所具有的特性基团去分析腐蚀特性，从分类塑料中选用合适的塑料，尽力做到量材使用，物尽其用，经济合理。

1.2.2 玻璃钢设备

玻璃钢一直以耐腐蚀性能优越而越来越受欢迎。在各个领域都被大量应用，如工业、建筑、交通等。我国相对于其他发达国家在玻璃钢行业起步较晚，但是在近些年已有了巨大的发展，人们对于玻璃钢材料的耐腐蚀性能及特点的认识也在逐年提高。

根据树脂的不同，玻璃钢性能差异很大。目前运用在化工防腐的有：环氧玻璃钢、酚醛玻璃钢（耐酸性好）、呋喃玻璃钢（耐腐蚀性好）、聚酯玻璃钢（施工方便等）。

和金属材料的失效分析一样，玻璃钢的应力腐蚀开裂也伴随着材料的推广而产生。在玻璃钢的使用初期，其应力开裂腐蚀的现象并没有过多引起人们的注意。但是随着后期使用的范围逐步扩大，尤其是在化工、冶炼等领域的压力容器，出现了一些失效的情况，并且也造成了一定的损失。由此，人们开始对玻璃钢的应力腐蚀进行研究，研究人员研究玻璃钢在机械应力和环境共同作用下的环境应力腐蚀开裂（MSCC）机制对玻璃钢造成的影响，指出应对玻璃钢制品在设计、制造、加工和修补过程中进行规范化管理。

一些研究发现，有碱玻璃纤维分别在硝酸、硫酸和盐酸中的腐蚀主要是金属离子的流失。如在硫酸和硝酸溶液中，会造成对玻璃纤维中的钙离子和铝离子的流失，而在盐酸中相对较高的腐蚀速率主要是铝离子的流失，同时还发现，通过往腐蚀介质中添加金属离子能缓解腐蚀的速率。当然，酸的浓度对于纤维腐蚀的影响也非常大。

在玻璃钢材料中，树脂基体是纤维承力的骨架，对其应力腐蚀而言，树脂基体把易被腐蚀的玻璃纤维和腐蚀环境隔离开，隔离保护的程度也直接影响了玻璃钢材料抗应力腐蚀的程度。

首先，环境介质要引发玻璃钢的应力腐蚀，就必须先通过树脂基体，到达纤维。通常情况，腐蚀介质要通过树脂基体的途径有两种，一种是通过分子扩散作用，另一种是通过树脂中的微裂纹或者加工缺陷的渗透作用。有关研究发现，在同等应力腐蚀环境中，耐腐蚀性能较好的树脂相比其他树脂并没有优越性，然而在树脂中添加增韧剂能够显著提高其耐应力腐蚀的性能。国外通过对E型玻纤进行有限元分析，量化了此类玻璃纤维的拉伸、压缩和热响应值，确定了应力-应变曲线。因此，通过提高树脂基体的韧性能够降低玻璃钢材料中的应力腐蚀裂纹扩散速度，也就降低了腐蚀介质对玻璃纤维腐蚀的可能性及速度。

根据相关研究表明，玻璃钢的力学性能对其耐应力腐蚀性能有较大的影响。

和金属的电化学腐蚀机理不同，玻璃钢的应力腐蚀应该首先是力学作用，在外加应力的作用下，腐蚀介质通过基体到达玻璃纤维并使其因腐蚀而断裂。因此，研究玻璃钢材料的应力腐蚀行为与其力学性能的关系十分有必要。通过力学性能来估算其应力腐蚀性能并进行应力腐蚀寿命预测都具有非常重要的意义。

1.2.3 石墨设备

石墨设备通常选用的材料为不透性石墨材料。自不透性石墨材料问世以来，国内外使用的石墨制换热设备中，列管式石墨换热器占大多数，并最先向标准化、系列化、大型化发展。目前，国内生产的单台列管式石墨换热器面积 $1100m^2$ 左右，国外生产的单台列管式石墨换热器面积 $1600m^2$ 左右。

通过几十年的不断发展，不透性石墨设备在化工、冶金、轻工等部门，用于替代不锈钢及其他贵重金属制设备，解决了许多关键设备的腐蚀性问题，并积累了一定的制造和应用经验。目前列管式石墨换热器、矩形块孔式石墨换热器、圆块孔式石墨换热器、板室式石墨换热器、板片式石墨换热器等，以及列管式石墨降膜吸收器、圆块孔式石墨降膜式吸收器、水套式石墨盐酸合成炉（二合一）、石墨制三合一盐酸合成炉、组合式副产蒸汽盐酸合成炉等都有系列产品，以上产品多项已列入了国家化工行业标准。

石墨具有优异的化学稳定性及热稳定性、良好的物理力学性能及加工性能，是一种特殊的非金属材料。因而被用于制成多种制品，在冶金、机械、电器、化工、纺织等工业及民用工业中得到了广泛应用。有的研究者将石墨引入到NiCrBSi涂料中，添加石墨涂料后将显著减少容积损伤和磨损率，加入量在8%（质量分数）时抗磨效果最佳。

用于制造化工设备的不透性石墨材料，绝大部分是用浸渍的方法来达到不渗透目的。浸渍剂不仅可以填塞孔隙，而且还能提高石墨材料的力学性能。所用浸渍剂不同，所得制品的各种性能也有一定差异。因此，可以根据制品的用途与性能要求来选择合适的浸渍剂。但无论选择何种浸渍剂，均应满足下列要求：具有良好的化学稳定性、耐腐蚀性；与石墨材料的黏结性能好，浸渍后能提高制品的力学性能；浸渍剂在一定的工艺条件下（加热）易固化，体积不应有较大变化；黏度低，流动性能好，便于填塞孔隙，对石墨的黏附性能良好；浸渍剂挥发分及水分应尽量减少。

常用的浸渍剂有酚醛树脂、糠醛树脂、糠醇树脂、水玻璃等。一般将制品分为热固性树脂浸渍石墨、热塑性树脂浸渍石墨及无机材料浸渍石墨等类型。研究人员选用石墨、碳纳米管和石墨烯增强一种航空用材料Al6061，自润滑碳质材料能显示出低摩擦力和较大的滑移空间。

浇铸的不透性石墨是以热固性合成树脂为黏结剂，以人造石墨粉为填料，加入固化剂，在常温（或加温）、常压下浇铸而成的一种耐腐蚀材料。这种材料具有良好的化学稳定性，有较好的耐热性和耐压性，流动性好，在常温、常压条件下，用普通的铸造方法即可制造零件。也可用来塑制泵、三通、阀门、旋塞、管道及设备等。其缺点是抗冲击强度低、导热性能差、脆性较大。

法国罗兰集团公司开发的一种用碳纤维加强的复合材料——碳纤维复合材料。该材料是由两层碳纤维把一块实心的石墨块夹在中间而组成，碳纤维复合材料使耐磨强度增加了 6 倍，物理力学性能增加了 2 倍，用于换热器管板上。由于碳纤维、石墨、硬碳套管等线膨胀系数均匀，因而它的耐腐蚀寿命比其他表面保护层要长得多。

非金属承压设备的应用由于大部分非金属材料强度低于金属，所以非金属承压设备大多使用于低压低温场合；开发出耐高温高压的非金属原材料迫在眉睫。国产氟塑料的原材料大多是低端产品，容易焊接的、熔融加工的氟塑料的原材料（如 ETFE、PFA、PVDF）掌握在国外垄断企业手里，如杜邦、大金公司。燃气管的 PE100 也是这样，掌握在少数国外企业手里。提高非金属原材料的性能、走创新发展道路、掌握核心技术迫在眉睫，类似于石墨烯之类的材料应用范围的研究应进一步加强。从事非金属设备制造的企业大多是小企业，存在低、小、散现象。如中国从事 PTFE 加工的管道和设备相关企业上万家，其总产值还远远不到美国 DOW、CRANE 两家的总产值，中小企业兼并重组、抱团发展（避免乱杀价）意义重大。虽然非金属设备在防腐蚀方面有独特优势，但社会认可度还有待进一步提高，同时基础材料的研究也需要加大科研投入力度。

1.3 非金属承压设备的标准体系

1.3.1 设备分类体系

在非金属承压设备分类中，塑料制品的分类方法已经相当清晰。一般塑料制品会有一个三角形的符号，多数在塑料容器的底部。三角形里有 1～7 个数字，每个编号代表一种塑料，它们的制作材料不同，使用禁忌上也存在不同。

非金属制承压设备分类体系，见图 1.2，从材质上可分为塑料制、石墨制、玻璃钢制、其他非金属类。

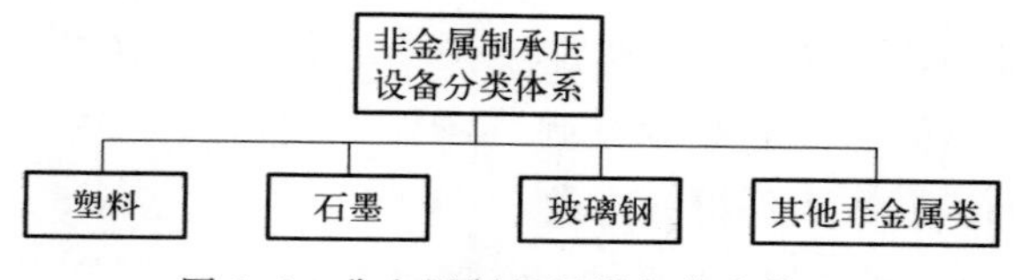

图 1.2　非金属制承压设备分类体系

非金属制承压设备标准化分类体系，见图 1.3，非金属制承压设备标准化技术体系可分别按照层次序列分（X 方向）、按照产品分类分（Y 方向）、按照材料分（Z 方向）。

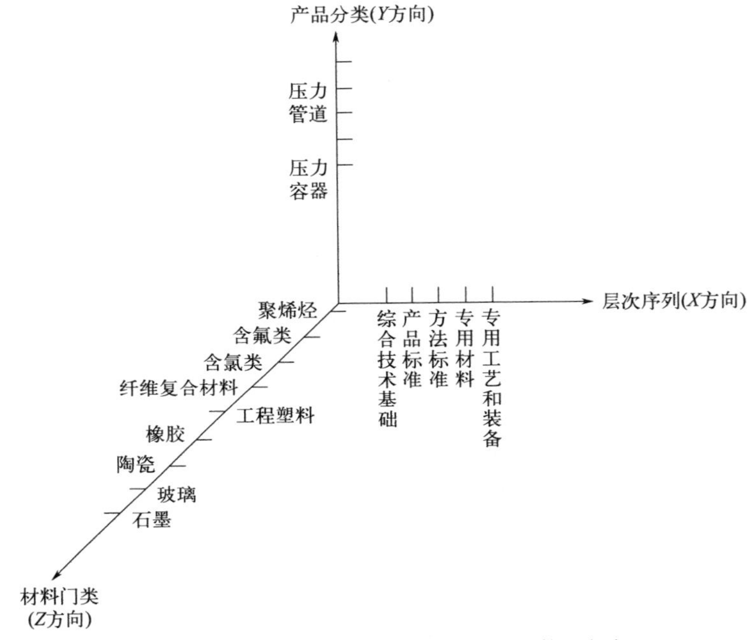

图 1.3　非金属制承压设备标准化技术体系框架

非金属制承压设备标准化技术体系按照层次序列可分为综合技术基础标准、产品标准（化工设备、燃气设备、民用设备）、方法标准（检验、试验和检测方法）、专用材料标准、专用工艺和装备（及软件）标准等 5 大子体系。

根据 TSG 21—2016《固定式压力容器安全技术监察规程》对非金属承压设备的分类，按法规编制的非金属承压设备标准体系结构如图 1.4 所示。

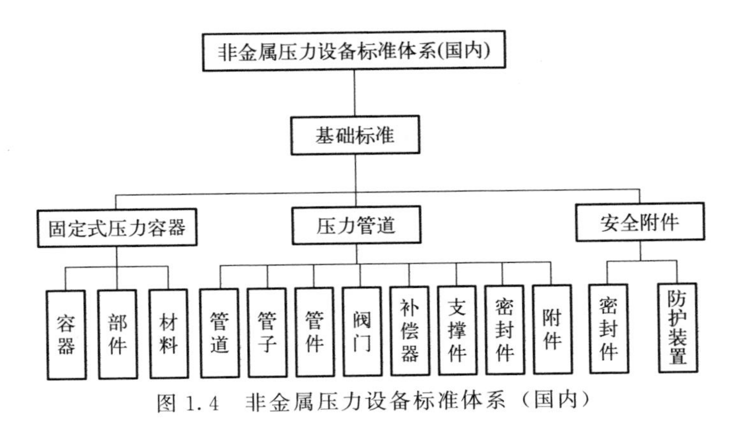

图 1.4　非金属压力设备标准体系（国内）

非金属压力管道作为非金属压力设备的一种，其标准体系包含于以上体系中。

根据我国标准的相关命名和使用，非金属压力管道的分类常以材料和用途的不同而进行划分，相关书籍将非金属压力设备按照材料分为石墨制、玻璃钢制、塑料制、衬里制及搪瓷玻璃制承压设备。在我国工程实践中，常用的非金属压力管道主要由塑料、石墨、玻璃钢等相关材料构成，按照编制的标准体系，先确定类型，再明确是材料与产品还是方法标准，再对照国内外相关标准可以方便地查询所需标准。

非金属制承压设备包括压力容器和压力管道，其中，压力容器分为塔式、卧式、球型储罐、反应釜、槽、换热器，压力管道分为管材、管件、阀门、配件。宏观上讲，压力管道也可叫作管状压力容器。

近年来，由于聚乙烯燃气管道和玻璃钢制品的大量应用，有研究人员使此类产品与其上一级材料门类平级，导致概念不清，给科学研究和交流带来不必要的麻烦。相关材料门类分级如图 1.5 所示，其中，聚乙烯燃气管道属于第七级，玻璃钢制品属于玻璃纤维增强热固性材料，同样属于第七级，同时，石墨容器也属于第七级，属于材料下属无机非金属下面的单质材料里面的石墨。

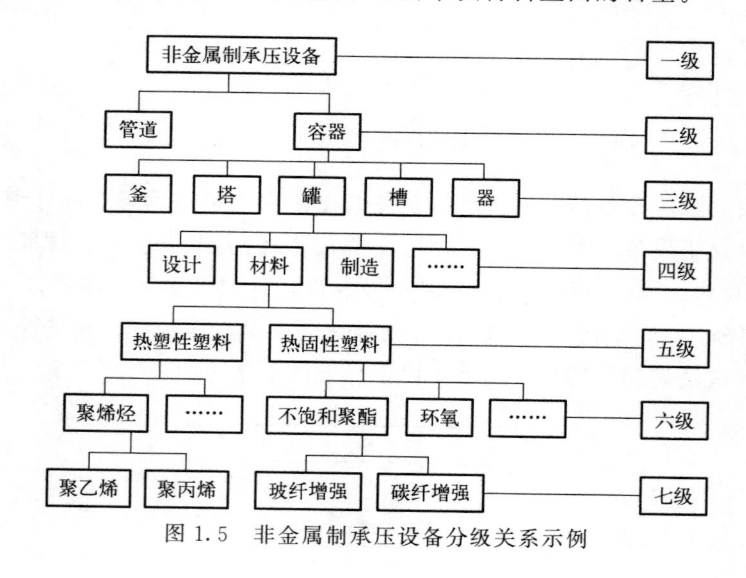

图 1.5　非金属制承压设备分级关系示例

1.3.2　国内外非金属承压容器标准体系

针对非金属压力容器在我国应逐渐普及的状况，我国于 2016 年颁布实施 TSG 21—2016《固定式压力容器安全技术监察规程》。从标准分类来看，有推荐性国家标准、建材行业推荐标准、石油行业推荐标准、冶金行业标准、化工标准等。对非金属材料制压力容器，现在标准涉及的材料种类包括玻璃、石墨、玻璃纤维、乙烯、丙烯、聚氯乙烯等。对非金属材料衬里制压力容器，涉及的非金属材料种类包括纤维、氟塑料、涂料、橡胶、环氧玻璃钢、聚烯烃等。从标准涉及内容来看，氟塑料衬里压力容器相关标准最完善，其次是橡胶衬里设备。表 1.1 列出了中国非金属制及衬里压力容器的主要相关标准。

表 1.1　中国非金属制及衬里压力容器相关标准

序号	标准号	标准名称	发布日期
1	TSG 21—2016	固定式压力容器安全技术监察规程	2016-02-22
2	GB/T 35974.1—2018	塑料及其衬里制压力容器　第 1 部分:通用要求	2018-02-06
3	GB/T 35974.2—2018	塑料及其衬里制压力容器　第 2 部分:材料	2018-02-06
4	GB/T 35974.3—2018	塑料及其衬里制压力容器　第 3 部分:设计	2018-02-06
5	GB/T 35974.4—2018	塑料及其衬里制压力容器　第 4 部分:塑料制压力容器的制造、检查与检验	2018-02-06
6	GB/T 35974.5—2018	塑料及其衬里制压力容器　第 5 部分:塑料衬里制压力容器的制造、检查与检验	2018-02-06
7	GB/T 21432—2021	石墨制压力容器	2021-03-09
8	GB/T 34329—2017	纤维增强塑料压力容器通用要求	2017-10-14
9	GB/T 26501—2011	氟塑料衬里压力容器通用技术条件	2011-05-12
10	GB/T 18241.1—2014	橡胶衬里　第 1 部分:设备防腐衬里	2014-07-24
11	GB/T 18241.2—2000	橡胶衬里　第 2 部分:磨机衬里	2000-10-27
12	GB/T 18241.3—2018	橡胶衬里　第 3 部分:浮选机衬里	2018-05-14
13	GB 18241.4—2006	橡胶衬里　第 4 部分:烟气脱硫衬里	2006-03-14
14	GB 18241.5—2015	橡胶衬里　第 5 部分:耐高温防腐衬里	2015-05-15
15	GB/T 25197—2010	静置常压焊接热塑性塑料储罐(槽)	2010-01-01
16	JC/T 717—2010	地面用玻璃纤维增强塑料压力容器	2011-01-01
17	SY/T 0511.4—2010	石油储罐附件　第 4 部分:泡沫塑料一次密封装置	2011-01-09
18	SY/T 0603—2005	玻璃纤维增强塑料储罐规范	2005-07-26
19	SY/T 0319—2012	钢质储罐液体涂料内防腐层技术标准	2012-08-23
20	SY/T 0326—2012	钢质储罐内衬环氧玻璃钢技术标准	2012-08-23
21	SY/T 4106—2016	钢质管道及储罐无溶剂聚氨酯涂料防腐层技术规范	2016-12-05
22	SHS 03005—2004	乙烯、丙烯球形储罐维护检修规程	2004-06-21
23	YB/T 4194—2009	高炉内衬维修用喷涂料	2009-12-04
24	HG/T 4371—2012	化工用聚氯乙烯复合衬里塔器	2012-11-07
25	HG/T 4304—2012	耐蚀聚烯烃(PO)塑料衬里技术条件	2012-12-28
26	HG/T 4112—2009	塑料衬里储槽和罐式容器技术条件	2009-12-04
27	HG/T 3915—2006	氟塑料衬里反应釜	2006-07-26
28	HG/T 3704—2003	塑料衬里阀门通用技术条件	2004-01-09

欧洲对非直接受火压力容器制定的相关标准较全面，包括了总则、材料、设计、制造、检查及测试、压力容器和球墨铸铁压力部件的设计和制造要求、铝制及铝合金压力容器的附加要求，共 7 个部分，另外还补充了断裂小于等于 15% 后用拉长铸铁建造的压力容器和压力部件的设计和制造要求。对便携式灭火器、核工程用预应力混凝土压力容器规范也出台了一些标准。非金属制及衬里压力容器相关标准研究较少，有一些压力容器中有关非金属材料部分的要求，如 EN 14769—2012*Bitumen and bituminous binders. Accelerated long-term ageing conditioning by a Pressure Ageing Vessel*(*PAV*) 规范了用于压力老化容器 (PAV) 调节加速长期老化沥青和沥青黏合剂的要求。表 1.2 列出欧洲关于压力容器采用的主要标准。

表 1.2 欧洲压力容器相关主要标准

序号	标准号	英文名称	中文含义	发布日期
1	EN 13923:2005	Filament-wound FRP pressure vessels-Materials, design, manufacturing and testing	丝绕制 FRP 压力容器 材料、设计、制造和测试	2006-01-01
2	EN 15776:2011	Unfired pressure vessels-Requirements for the design and fabrication of pressure vessels and pressure parts constructed from cast iron with an elongation after fracture equal or less than 15%	非受火压力容器 断裂≤15%后用拉长铸铁建造的压力容器和压力部件的设计和制造要求	2011-01-01
3	EN 3-9:2006	Portable fire extinguishers-Part 9: Additional requirements to EN 3-7 for pressure resistance of CO_2 extinguishers	便携式灭火器 第 9 部分:对 CO_2 耐压灭火器用 EN 3-7 的附加要求	2007-01-01
4	EN 3-8:2021	Portable fire extinguishers-Part 8: Requirements for the construction, pressure resistance and mechanical tests for extinguishers with a maximum allowable pressure equal to or lower than 30 bar, which comply with the requirements of EN 3-7	便携式灭火器 第 8 部分:最大允许压力≤30bar 的灭火器的结构、耐压和机械性能试验用对 EN 3-7 的附加要求	2021-08-18
5	BS 4975:1990	Specification for prestressed concrete pressure vessels for nuclear engineering	核工程用预应力混凝土压力容器规范	1990-03-30
6	EN 14769:2012	Bitumen and bituminous binders -Accelerated long-term ageing conditioning by a Pressure Ageing Vessel(PAV)	沥青和沥青黏合剂 用压力老化容器(PAV)调节加速长期老化	2012-05-16

续表

序号	标准号	英文名称	中文含义	发布日期
7	EN 13445-1:2021	Unfired pressure vessels-Part 1:General	非直接受火压力容器 第1部分:总则	2021-05-21
8	EN 13445-2:2021	Unfired pressure vessels-Part 2:Materials	非直接受火压力容器 第2部分:材料	2021-05-21
9	EN 13445-3:2021	Unfired pressure vessels-Part 3:Design	非直接受火压力容器 第3部分:设计	2021-05-21
10	EN 13445-4:2021	Unfired pressure vessels-Part 4:Fabrication	非直接受火压力容器 第4部分:制造	2021-05-21
11	EN 13445-5:2021	Unfired pressure vessels-Part 5:Inspection and testing	非直接受火压力容器 第5部分:检查及测试	2021-05-21

表1.3列出了美国关于压力容器尤其是非金属材料制及衬里压力容器的相关主要标准。美国国家标准（ANDI)、美国机械工程师学会（ASME）标准、美国材料实验协会（ASTM）标准等共同构成了美国非金属材料制及衬里压力容器标准体系。相比欧洲和中国，美国对非金属材料制及衬里压力容器标准研究更多，体系更完善。特别是美国研制了关于人占用的压力容器系列标准，如《人占用的压力容器的安全标准》(ANSI/ASME PVHO-1：2012)、《病员用压力容器安全性标准》(ASME PVHO-1：2012)、《载人压力容器安全性标准 载人压力容器(PVHO）丙烯酸窗体使用导则》(ANSI/ASME PVHO-2：2012）等。从容器制造材料来看，纤维增强塑料制成的压力容器标准最齐全。值得一提的是美国重点研制了纤维缠绕制压力容器相关标准，如《纤维缠绕压力容器的声-超声评估的标准实施规程》(ASTM E1736：2015)、《声发射法检验充气长纤维缠绕复合材料压力容器的标准实施规程》(ASTM E2191/E2191M：2016)、《带轻质木心由玻璃纤维增强塑料制成的压力容器声音发出检验用标准实施规程》(ASTM E1888/E1888M：2017)、《航空航天用聚合物基复合材料、夹层芯材和纤维缠绕压力容器的剪切测量技术的标准实施规程》(ASTM E2581：2014）等。

表1.3 美国压力容器相关主要标准

序号	标准号	英文名称	中文含义	发布日期
1	ANSI/CSA HPRD1-2013	Thermally activated pressure relief devices for compressed hydrogen vehicle fuel containers	用于压缩氢燃料容器的热激活泄压装置标准	2013-01-01
2	ANSI/ASME PVHO-1-2012	Safety Standard for Pressure Vessels for Human Occupancy	载人压力容器安全标准	2012-05-31

续表

序号	标准号	英文名称	中文含义	发布日期
3	ANSI/ASME PVHO-2-2012	Safety Standard for Pressure Vessels for Human Occupancy:In-Service Guidelines	载人压力容器安全标准:在役指南	2012-05-31
4	ASME Q-106-2011	Recommended Form for Qualifying the Vessel Design and the Procedure Specification Used in Fabricating Bag-Molded and Centrifugally Cast Fiber-Reinforced Plastic Pressure Vessels (Class Ⅰ)	用于鉴定容器设计和制造袋装和离心浇注纤维增强塑料压力容器(Ⅰ类)的容器设计和程序规范推荐表	2011-07-01
5	ASME Q-108-2011	Recommended Form for Qualifying the Vessel Design and the Procedure Specification Used in Fabricating Contact-Molded, Fiber-Reinforced Plastic Pressure Vessels(Class Ⅰ)	用于制造接触成型纤维增强塑料压力容器(Ⅰ类)的容器设计和程序规范的鉴定推荐表	2011-07-01
6	ASME RP-1-2011	Fabricators' Data Report For Fiber-Reinforced Plastic Pressure Vessels (Class Ⅰ)	纤维增强塑料压力容器(Ⅰ类)制造商数据报告	2011-07-01
7	ASME Q-115-2011	Recommended Form for Qualifying the Design and the Procedure Specification Used in Adhesive Bonding of Parts of Fiber-Reinforced Plastic Pressure Vessels(Class Ⅰ)	纤维增强塑料压力容器(Ⅰ类)部件粘接所用设计和程序规范的鉴定推荐表	2011-07-01
8	ASME RP-2-2011	Fabricator's Partial Data Report (Class Ⅰ)-A Part of a Fiber-Reinforced Plastic Pressure Vessel Fabricated by one Manufacturer for another Manufacturer	制造商的部分数据报告(Ⅰ类). 一家制造商为另一家制造商制造的纤维增强塑料压力容器部分	2011-07-01
9	ASTM E1736-2015	Standard Practice for Acousto-Ultrasonic Assessment of Filament-Wound Pressure Vessels	纤维缠绕压力容器的声-超声评估标准实施规程	2015-06-01
10	ASTM E2191/E2191M-2016	Standard Practice for Examination of Gas-Filled Filament-Wound Composite Pressure Vessels Using Acoustic Emission	使用声发射检查充气长纤维缠绕复合材料压力容器的标准实施规程	2016-02-01
11	ASME STP-PT-023-2009	Guidelines for In-Service Inspection of Composite Pressure Vessels	复合压力容器在役检验指南	2009-02-23
12	ASME U-1B-2009	Manufacturer's Supplementary Data Report for Graphite Pressure Vessels	石墨压力容器制造商补充数据报告	2009-03-01

续表

序号	标准号	英文名称	中文含义	发布日期
13	ASTM E1888/E1888M-2017	Standard Practice for Acoustic Emission Examination of Pressurized Containers Made of Fiberglass Reinforced Plastic with Balsa Wood Cores	玻璃纤维增强塑料和轻木芯制成的压力容器声发射检验用标准实施规程	2017-06-01
14	ASTM E2581-2014	Standard Practice for Shearography of Polymer Matrix Composites and Sandwich Core Materials in Aerospace Applications	航空航天应用中聚合物基复合材料和夹层芯材剪切成型的标准实施规程	2014-10-01

1.3.3　国内外非金属承压管道标准体系

我国的标准化情况同国外有所不同，根据《标准化法》的规定，我国标准分为：国家标准（GB）、行业标准、地方标准和团体标准、企业标准 4 层，由国家标准化管理委员会负责统一管理。其中，行业标准包括：机械行业标准（JB）、化工行业标准（HG）、建筑行业标准（JC）、轻工行业标准（QB）、能源行业标准（NB）、石油化工行业标准（SH）、石油天然气行业标准（SY）、城市建设行业标准（CJ）等。表 1.4 给出了我国非金属压力管道已有的标准情况。

表 1.4　国内非金属压力管道产品标准

序号	标准编号	标准名	发布日期
塑料制品标准			
1	GB/T 4219.1—2008	工业用硬聚氯乙烯(PVC-U)管道系统　第 1 部分：管材	2008-03-24
2	GB/T 4219.2—2015	工业用硬聚氯乙烯(PVC-U)管道系统　第 2 部分：管件	2015-12-31
3	GB/T 5836.1—2018	建筑排水用硬聚氯乙烯(PVC-U)管材	2018-12-28
4	GB/T 5836.2—2018	建筑排水用硬聚氯乙烯(PVC-U)管件	2018-12-28
5	GB/T 10002.1—2023	给水用硬聚氯乙烯(PVC-U)管材	2024-04-01
6	GB/T 10002.2—2023	给水用硬聚氯乙烯(PVC-U)管件	2024-04-01
7	GB/T 10002.3—2011	给水用硬聚氯乙烯(PVC-U)阀门	2011-12-30
8	GB/T 13663.1—2017	给水用聚乙烯(PE)管道系统　第 1 部分：总则	2017-12-29
9	GB/T 13663.2—2018	给水用聚乙烯(PE)管道系统　第 2 部分：管材	2018-03-15
10	GB/T 13663.3—2018	给水用聚乙烯(PE)管道系统　第 3 部分：管件	2018-03-15
11	GB/T 13663.5—2018	给水用聚乙烯(PE)管道系统　第 5 部分：系统适用性	2018-03-15
12	GB/T 15558.1—2015	燃气用埋地聚乙烯(PE)管道系统　第 1 部分：管材	2015-12-31

续表

序号	标准编号	标准名	发布日期
13	GB/T 15558.2—2023	燃气用埋地聚乙烯(PE)管道系统　第2部分:管件	2024-06-01
14	GB/T 15558.3—2008	燃气用埋地聚乙烯(PE)管道系统　第3部分:阀门	2008-12-15
15	GB/T 15700—2008	聚四氟乙烯波纹补偿器	2008-08-25
16	GB/T 18742.1—2017	冷热水用聚丙烯管道系统　第1部分:总则	2017-10-14
17	GB/T 18742.2—2017	冷热水用聚丙烯管道系统　第2部分:管材	2017-10-14
18	GB/T 18742.3—2017	冷热水用聚丙烯管道系统　第3部分:管件	2017-10-14
19	GB/T 18992.1—2003	冷热水用交联聚乙烯(PE-X)管道系统　第1部分:总则	2003-03-05
20	GB/T 18992.2—2003	冷热水用交联聚乙烯(PE-X)管道系统　第2部分:管材	2003-03-05
21	GB/T 18993.1—2020	冷热水用氯化聚氯乙烯(PVC-C)管道系统　第1部分:总则	2020-11-19
22	GB/T 18993.2—2020	冷热水用氯化聚氯乙烯(PVC-C)管道系统　第2部分:管材	2020-11-19
23	GB/T 18993.3—2020	冷热水用氯化聚氯乙烯(PVC-C)管道系统　第3部分:管件	2020-11-19
24	GB/T 18998.1—2022	工业用氯化聚氯乙烯(PVC-C)管道系统　第1部分:总则	2022-04-15
25	GB/T 18998.2—2022	工业用氯化聚氯乙烯(PVC-C)管道系统　第2部分:管材	2022-04-15
26	GB/T 18998.3—2022	工业用氯化聚氯乙烯(PVC-C)管道系统　第3部分:管件	2022-04-15
27	GB/T 20207.1—2006	丙烯腈-丁二烯-苯乙烯(ABS)压力管道系统　第1部分:管材	2006-02-21
28	GB/T 20207.2—2006	丙烯腈-丁二烯-苯乙烯(ABS)压力管道系统　第2部分:管件	2006-02-21
29	GB/T 20674.1—2020	塑料管材和管件　聚乙烯系统熔接设备　第1部分:热熔对接	2020-11-19
30	GB/T 20674.2—2020	塑料管材和管件　聚乙烯系统熔接设备　第2部分:电熔连接	2020-11-19
31	GB/T 22271.3—2016	塑料　聚甲醛(POM)模塑和挤塑材料　第3部分:通用产品要求	2016-06-14
32	GB/T 24452—2009	建筑物内排污、废水(高、低温)用氯化聚氯乙烯(PVC-C)管材和管件	2009-10-15
33	GB/T 24456—2009	高密度聚乙烯硅芯管	2009-10-15
34	GB/T 26255—2022	燃气用聚乙烯(PE)管道系统的钢塑转换管件	2022-04-15
35	GB/T 28799.1—2020	冷热水用耐热聚乙烯(PE-RT)管道系统　第1部分:总则	2020-11-19

续表

序号	标准编号	标准名	发布日期
36	GB/T 28799.2—2020	冷热水用耐热聚乙烯(PE-RT)管道系统 第2部分：管材	2020-11-19
37	GB/T 28799.3—2020	冷热水用耐热聚乙烯(PE-RT)管道系统 第3部分：管件	2020-11-19
38	GB/T 29554—2013	超高分子量聚乙烯纤维	2013-07-19
39	GB/T 30772—2014	酚醛模塑料用酚醛树脂	2014-07-08
40	GB/T 31403—2015	塑料丙烯腈-丁二烯-苯乙烯/聚甲基丙烯酸甲酯合金	2015-05-15
41	GB/T 32018.1—2015	给水用抗冲改性聚氯乙烯(PVC-M)管道系统 第1部分:管材	2015-09-11
42	GB/T 32018.2—2015	给水用抗冲改性聚氯乙烯(PVC-M)管道系统 第2部分:管件	2015-09-11
43	CJ/T 272—2008	给水用抗冲改性聚氯乙烯管材及管件	2008-01-07
44	HG/T 2904—1997	模塑和挤塑用聚全氟乙丙烯树脂	1997-10-01
45	HG/T 4750—2014	塑料焊接机具挤出焊枪	2014-12-31
46	HG/T 4751—2014	塑料焊接机具热风焊枪	2014-12-31
47	HG/T 20539—1992	增强聚丙烯(FRPP)管和管件	1993-01-18
48	HG/T 20640—1997	塑料设备	1998-01-12
49	QB/T 1916—2004	硬聚氯乙烯(PVC-U)双壁波纹管材	2004-12-14
50	QB/T 1929—2006	埋地给水用聚丙烯(PP)管材	2006-08-19
51	QB/T 1930—2006	给水用低密度聚乙烯管材	2006-08-19
52	QB/T 2480—2022	建筑用硬聚氯乙烯(PVC-U)雨落水管材及管件	2022-04-18
53	QB/T 2568—2002	硬聚氯乙烯(PVC-U)塑料管道系统用溶液剂型胶黏剂	2002-12-27
54	QB/T 2668.1—2017	超高分子量聚乙烯管材	2017-04-12
55	QB/T 2668.2—2017	超高分子量聚乙烯管件	2017-04-12
56	QB/T 2783—2006	埋地钢塑复合缠绕排水管材	2006-08-19
57	QB/T 2892—2007	给水用聚乙烯(PE)柔性承插式管件	2007-10-08
玻璃钢制标准			
1	GB/T 8237—2005	纤维增强塑料用液体不饱和聚酯树脂	2005-05-18
2	GB/T 21238—2016	玻璃纤维增强塑料夹沙管	2016-06-14
3	GB/T 21492—2019	玻璃纤维增强塑料顶管	2019-08-30
4	GB/T 24151—2009	塑料玻璃纤维增强阻燃聚对苯二甲酸丁二醇酯专用料	2009-06-15
5	GB/T 29165.1—2012	石油天然气工业 玻璃纤维增强塑料管 第1部分：词汇符号应用及材料	2012-12-31
6	GB/T 29165.2—2012	石油天然气工业 玻璃纤维增强塑料管 第2部分：评定与制造	2012-12-31

续表

序号	标准编号	标准名	发布日期
7	GB/T 29165.3—2015	石油天然气工业　玻璃纤维增强塑料管　第3部分：系统设计	2015-05-15
8	GB/T 29165.4—2015	石油天然气工业　玻璃纤维增强塑料管　第4部分：装配、安装与运行	2015-05-15
9	GB/T 29640—2013	塑料玻璃纤维增强聚对苯二甲酰癸二胺	2013-09-06
10	GB 51160—2016	纤维增强塑料设备和管道工程技术规范	2016-01-04
11	GB/T 16778—2009	纤维增强塑料结构件失效分析一般程序	2009-03-28
12	HG/T 2128—2009	改性酚醛玻璃纤维增强塑料管技术条件	2009-02-05
13	HG/T 2129—2009	改性酚醛玻璃纤维增强塑料管件技术条件	2009-02-05
14	HG/T 2349—1992	聚酰胺1010树脂	1992-07-20
15	HG/T 3732—2004	改性酚醛玻璃纤维增强塑料球阀技术条件	2004-12-14
16	HG/T 21633—1991	玻璃钢管和管件	1991-09-01
17	HG/T 21636—1987	玻璃钢、聚氯乙烯(FRP/PVC)复合管和管件	1987-01-08
18	HG/T 20520—1992	玻璃钢/聚氯乙烯复合管道设计规定	1992-07-13
19	HG/T 21579—1995	聚丙烯/玻璃钢(PP/FRP)复合管及管件	1996-05-02
20	JB/T 7525—1994	聚丙烯-玻璃纤维增强塑料复合管和管件	1994-10-25
21	JC/T 2096—2011	玻璃纤维增强塑料高压管线管	2011-12-20
22	SY/T 6946—2013	石油天然气工业　不锈钢内衬玻璃钢复合管	2013-11-28

当前，国际标准化组织（International Organization for Standardization，ISO）、欧洲标准化组织（EU）、美国材料与试验协会（American Society for Testing and Materials，ASTM）、美国机械工程师学会（American Society of Mechanical Engineers，ASME）等组织在PE管道标准化方面处于领先地位。

目前，非金属压力管道所涉及的行业主要集中在供水、供气、颜料供应方面，应用范围最广泛的是PE（聚乙烯）材料的管道。2010年以来发布的标准如表1.5所示。

表1.5　非金属压力管道产品ISO标准

序号	标准号	英文标准名称	中文含义	发布日期
1	ISO 10147:2011	Pipes and fittings made of crosslinked polyethylene (PE-X)— Estimation of the degree of crosslinking by determination of the gel content	交联聚乙烯(PE-X)制管材和配件　通过测定凝胶含量评估交联度	2011-08-30

续表

序号	标准号	英文标准名称	中文含义	发布日期
2	ISO 12176-1:2017	Plastics pipes and fittings — Equipment for fusion jointing polyethylene systems — Part 1: Butt fusion	塑料管道和配件 用于熔接聚乙烯系统的设备 第 1 部分:热融对接	2017-07-20
3	ISO 12176-3:2011	Plastics pipes and fittings — Equipment for fusion jointing polyethylene systems — Part 3:Operator's badge	塑料管道和配件 聚乙烯系统熔接设备 第 3 部分:操作者的证章	2011-02-03
4	ISO 13460-1:2015	Agricultural irrigation equipment — Plastics saddles — Part 1:Polyethylene pressure pipes	农业灌溉设备 塑料鞍座 第 1 部分:聚乙烯承压管	2015-10-15
5	ISO 13956:2010	Plastics pipes and fittings — Decohesion test of polyethylene (PE)saddle fusion joints — Evaluation of ductility of fusion joint interface by tear test	塑料管材和管件 聚乙烯(PE)鞍形熔接的减聚力试验 通过撕裂试验评定熔接接口的延展性	2010-09-22
6	ISO 14531-3:2010	Plastics pipes and fittings — Crosslinked polyethylene (PE-X) pipe systems for the conveyance of gaseous fuels — Metric series — Specifications — Part 3: Fittings for mechanical jointing(including PE-X/metal transitions)	塑料管和管件 气体燃料输送用交联聚乙烯(PE-X)管系 米制系列 规格 第 3 部分:机械连接管件(包括 PE-X 金属接管)	2010-11-22
7	ISO 15512:2019	Plastics — Determination of water content	塑料 含水量的测定	2019-04-30
8	ISO 15015:2011	Plastics — Extruded sheets of impact-modified acrylonitrile-styrene copolymers (ABS, AEPDS and ASA)— Requirements and test methods	塑料 抗冲击性改进的丙烯腈-苯乙烯共聚物挤制薄板(ABS、AEPDS 和 ASA)要求和试验方法	2011-03-29
9	ISO 15494:2015	Plastics piping systems for industrial applications — Polybutene (PB),polyethylene(PE),polyethylene of raised temperature resistance(PE-RT),crosslinked polyethylene(PE-X),polypropylene (PP) — Metric series for specifications for components and the system	工业用塑料管道系统 聚丁烯(PB)、聚乙烯(PE)、耐热聚乙烯(PERT)、交联聚乙烯(PE-X)、聚丙烯(PP)组件和系统的公制系列规范	2015-09-29
10	ISO 15874-1:2013	Plastics piping systems for hot and cold water installations — Polypropylene(PP) — Part 1:General	冷热水设备用塑料管道系统 聚丙烯(PP) 第 1 部分:总则	2013-02-14

续表

序号	标准号	英文标准名称	中文含义	发布日期
11	ISO 15874-2:2013	Plastics piping systems for hot and cold water installations — Polypropylene(PP) — Part 2:Pipes	冷热水用塑料管道系统　聚丙烯(PP)　第2部分:管材	2013-02-01
12	ISO 15874-3:2013	Plastics piping systems for hot and cold water installations — Polypropylene (PP) — Part 3:Fittings	冷热水设备用塑料管道系统　聚丙烯(PP)　第3部分:管件	2013-02-14
13	ISO 15874-5:2013	Plastics piping systems for hot and cold water installations — Polypropylene(PP) — Part 5: Fitness for purpose of the system	冷热水设备用塑料管道系统　聚丙烯(PP)　第5部分:系统适用性	2013-02-14
14	ISO 24022-1:2020	Plastics — Polystyrene (PS) moulding and extrusion materials — Part 1: Designation system and basis for specifications	塑料　聚苯乙烯(PS)模塑和挤塑材料　第1部分:命名体系和基本规范	2020-08-25
15	ISO 16396-1:2015	Plastics — Polyamide(PA) moulding and extrusion materials — Part 1:Designation system, marking of products and basis for specifications	塑料　聚酰胺(PA)模塑和挤出材料　第1部分:命名系统、产品标记和分类基础	2015-02-16
16	ISO 16396-2:2017	Plastics — Polyamide(PA) moulding and extrusion materials — Part 2: Preparation of test specimens and determination of properties	塑料　聚酰胺(PA)挤压成型材料　第2部分:测试样品制备和性能测定	2017-03-06
17	ISO 16422:2014	Pipes and joints made of oriented unplasticized poly(vinyl chloride)(PVC-O) for the conveyance of water under pressure — Specifications	压力下输送水的定向未增塑聚氯乙烯(PVC-U)管子和接头　规范	2014-02-10
18	ISO 16631:2016	Ductile iron pipes, fittings, accessories and their joints compatible with plastic(PVC or PE) piping systems, for water applications and for plastic pipeline connections, repair and replacement	输水用球墨铸铁管、管件、附件及其接头与塑料(聚氯乙烯或聚乙烯)管道系统的兼容以及与塑料管道的连接、维修和更换	2016-03-01
19	ISO 17855-1:2014	Plastics — Polyethylene (PE) moulding and extrusion materials — Part 1: Designation system and basis for specifications	塑料　聚乙烯(PE)模塑和挤塑材料　第1部分:命名体系和基本规范	2014-10-15

续表

序号	标准号	英文标准名称	中文含义	发布日期
20	ISO 17855-2:2016	Plastics — Polyethylene (PE) moulding and extrusion materials — Part 2: Preparation of test specimens and determination of properties	塑料　聚乙烯(PE)模塑和挤出材料　第 2 部分:试样制备和性能测定	2016-02-15
21	ISO 18488:2015	Polyethylene(PE) materials for piping systems — Determination of Strain Hardening Modulus in relation to slow crack growth — Test method	管道系统用聚乙烯(PE)材料　应变硬化模量与慢速裂纹扩展有关的测定　试验方法	2015-08-20
22	ISO 18851:2015	Plastics piping systems — Glass-reinforced thermosetting plastics (GRP) pipes and fittings — Test method to prove the structural design of fittings	塑料管道系统　玻璃纤维增强热固性塑料(GRP)管道和配件　验证配件结构设计的试验方法	2015-03-16
23	ISO 19062-1:2015	Plastics — Acrylonitrile-butadiene-styrene(ABS) moulding and extrusion materials — Part 1: Designation system and basis for specifications	塑料　丙烯腈-丁二烯-苯乙烯(ABS)模塑和挤出材料　第 1 部分:命名系统和分类基础	2015-11-06
24	ISO 19065-1:2014	Plastics — Acrylonitrile-styrene-acrylate (ASA), acrylonitrile-(ethylene-propylene-diene)-styrene (AEPDS) and acrylonitrile-(chlorinated polyethylene)-styrene(ACS) moulding and extrusion materials — Part 1: Designation system and basis for specifications	塑料　丙烯腈-苯乙烯-丙烯酸酯(ASA)、丙烯腈(乙烯丙烯二烯)苯乙烯(AEPDS)和丙烯腈苯乙烯-氯化聚乙烯模塑和挤塑树脂　第 1 部分:命名系统和基本规范	2014-11-17
25	ISO 21307:2017	Plastics pipes and fittings — Butt fusion jointing procedures for polyethylene(PE) pipes and fittings	塑料管道和配件　对聚乙烯管道系统的对接焊接工艺	2017-11-30
26	ISO 3458:2015	Plastics piping systems — Mechanical joints between fittings and pressure pipes — Test method for leaktightness under internal pressure	塑料管道系统　管件和压力管之间的机械连接　在内压下密封性的试验方法	2015-03-26

续表

序号	标准号	英文标准名称	中文含义	发布日期
27	ISO 3503:2015	Plastics piping systems — Mechanical joints between fittings and pressure pipes — Test method for leaktightness under internal pressure of assemblies subjected to bending	塑料管道系统　管件和压力管之间的机械连接　组件在受弯曲内压下密封性的试验方法	2015-02-27
28	ISO 4437-1:2014	Plastics piping systems for the supply of gaseous fuels-Polyethylene(PE)— Part 1:General	供应气体燃料用塑料管道系统　聚乙烯(PE)　第1部分:概述	2014-01-13
29	ISO 4437-2:2014	Plastics piping systems for the supply of gaseous fuels-Polyethylene(PE)— Part 2:Pipes	气体燃料供应用塑料管道系统　聚乙烯(PE)　第2部分:管道	2014-01-13
30	ISO 4437-3:2014	Plastics piping systems for the supply of gaseous fuels — Polyethylene(PE)— Part 3:Fittings	气体燃料供应用塑料管道系统　聚乙烯(PE)　第3部分:配件	2014-01-13
31	ISO 4437-4:2015	Plastics piping systems for the supply of gaseous fuels — Polyethylene(PE)— Part 4:Valves	燃气输送用塑料管系统　聚乙烯(PE)　第4部分:阀门	2015-03-25
32	ISO 4437-5:2014	Plastics piping systems for the supply of gaseous fuels-Polyethylene(PE)— Part 5: Fitness for purpose of the system	燃气输送用塑料管系统　聚乙烯(PE)　第5部分:系统适用性	2014-01-13
33	ISO 6259-1:2015	Thermoplastics pipes — Determination of tensile properties — Part 1:General test method	热塑管　拉伸性能的测定　第1部分:通用试验方法	2015-03-26
34	ISO 6259-3:2015	Thermoplastics pipes — Determination of tensile properties — Part 3:Polyolefin pipes	热塑性塑料管材　拉伸性能测定　第3部分:聚烯烃管材	2015-06-07
35	ISO/TS 22391-7:2018	Plastics piping systems for hot and cold water installations — Polyethylene of raised temperature resistance(PE-RT)— Part 7: Guidance for the assessment of conformity	热水和冷水装置用塑料管道系统　耐热聚乙烯(PE-RT)　第7部分:合格评定指南	2018-11-23

欧盟的标准化组织机构是欧洲标准化委员会（Comité Européen de Normalisation，CEN），成立于1961年，总部设在比利时布鲁塞尔。它是以西欧国家为主体、由国家标准化机构组成的非营利性国际标准化科学技术机构，也是欧洲三大标准化机构之一。由全体大会、中央管理委员会、技术管理局、行业技术管理

局、规划委员会、认证中心、技术委员会和认证委员会组成。除技术委员会和认证委员会外，上述结构均由中央秘书处直接管理。大会每年召开一次公开研讨会，探讨和解决工作中遇到的具体问题。管理委员会是CEN全面工作的管理机构。

欧盟标准是指欧盟层面上的欧洲标准，欧盟内部标准体系分为三级标准：欧洲标准、国家标准和企业标准。欧洲标准由欧盟标准化机构管理；各国的国家标准由各国的国家标准化机构自行管理，但受欧盟标准化方针政策和战略所约束；企业标准由各企业按市场运行规律自行管理。

宗旨在于促进成员国之间的标准化协作，制定本地区需要的欧洲标准（EN，除电工行业以外）和协调文件（HD），CEN与欧洲电工标准化委员会（CENELEC）和欧洲电信标准化协会（ETSI）一起组成信息技术指导委员会（ITSTC），在信息领域的互联开放系统（OSI）制定功能标准，见表1.6。

表1.6 非金属压力管道产品欧盟标准

序号	标准编号	英文标准名称	中文含义	发布日期
1	EN 1119:2009	Plastics piping systems. Joints for glass-reinforced thermosetting plastics (GRP) pipes and fittings. Test methods for leaktightness and resistance to damage of non-thrust resistant flexible joints with elastomeric sealing elements	塑料管道系统 玻璃增强热固性塑料(GRP)管材和管件 弹性密封元件非插入型耐挠性接头的密封性和耐损伤性试验方法	2009-03-01
2	UNI EN 1229:1998	Plastics piping systems-Glass-reinforced thermosetting plastics (GRP) pipes and fittings-Test methods to prove the leaktightness of the wall under short-term internal pressure Sistemi di tubazioni di materie plastiche-Tubi e raccordi di materiale	塑料管道系统 玻璃纤维增强热固性塑料(GRP)管材和管件 确定短期内压下管壁密封性的试验方法	1998-05-31
3	DIN EN 13100-1:2017	Non-destructive testing of welded joints of thermoplastics semi-finished products — Part 1 :Visual examination	热塑性塑料焊接接头无损检测 第1部分：目视检查	2017-08-01
4	DIN EN 13100-2:2005	Non-destructive testing of welded joints of thermoplastics semi-finished products — Part 2:X-ray radiographic testing. German version EN 13100-2:2004	热塑性塑料焊接无损试验 第2部分:X射线检测．德国标准号EN 13100-2:2004	2005-02-01

续表

序号	标准编号	英文标准名称	中文含义	发布日期
5	DIN EN 13100-3:2005	Non-destructive testing of welded joints in thermoplastics semi-finished products-Part 3: Ultrasonic testing. German version EN 13100-3: 2004	热塑性塑料焊接接头无损检测　第3部分:超声波检测. 德国标准号 EN 13100-3:2004	2005-02-01
6	DIN EN 13100-4:2013	Non destructive testing of welded joints of thermoplastics semi-finished products-Part 4: High voltage testing. German version EN 13100-4:2012	热塑性塑料焊接接头无损检测　第4部分:高压试验. 德国标准号 EN 13100-4:2012	2013-01-01
7	BS EN 1393:1997	Plastics Piping Systems-Glass-Reinforced Thermosetting Plastics (GRP) Pipes-Determination of Initial Longitudinal Tensile Properties	塑料管道系统　玻璃增强热固性塑料(GRP)管初始径向拉伸特性的测定	1997-04-15
8	DIN EN 1447:2011	Plastics piping systems-Glass-reinforced thermosetting plastics (GRP) pipes-Determination of long-term resistance to internal pressure; German version EN 1447:2009+A1:2010	塑料管道系统　玻璃纤维增强热固性塑料(GRP)管　长期内压阻力的测定. 德国标准号 EN 1447:2009+A1:2010	2011-01-01
9	BS EN 14728:2005	Imperfections in thermoplastic welds. Classification	热塑性焊缝的缺陷　类型	2005-12-07
10	BS EN 16296:2012	Imperfections in thermoplastics welded joints. Quality levels	热塑性塑料焊缝瑕疵质量等级	2012-11-30
11	BS EN 1638:1997	Plastics piping systems. Glass-reinforced thermosetting plastics (GRP) pipes. Test method for the effects of cyclic internal pressure	塑料管道系统　玻璃增强热固塑料管道(GRP)柱状内压效果的试验方法	1997-12-15

在美国，非金属压力管道标准体系主要有法规所引用的压力管道标准：主要为美国国家标准学会（American National Standards Institute，ANSI）、ASME、美国石油学会（American Petroleum Institute，API）、ASTM及美国腐蚀工程师学会（National Association and Corrosion Engineers，NACE）、美国阀门及管件制造商工业标准化协会（Manufacturers Standardization Society of the Valve and Fitting Industry，MSS）等组织颁布的标准。另外，还包括制造单位及检验机构审查认证、检验人员资格认证等方面的标准。其中涉及压力管道最多，影响最广泛的是ANSI、ASME、ASTM这三类标准。其标准目录如表1.7所示。

表 1.7　非金属压力管道产品美国标准

序号	标准编号	英文名称	中文含义	发布日期
1	ASTM D2563-08(2015)	Standard Practice for Classifying Visual Defects in Glass-Reinforced Plastic Laminate Parts	玻璃增强塑料层压零件可见缺陷分类规程	2008-05-01
2	ASTM D2992-2018	Standard Practice for Obtaining Hydrostatic or Pressure Design Basis for "Fiberglass" (Glass-Fiber-Reinforced Thermosetting-Resin) Pipe and Fittings	玻璃增强热固性树脂(玻璃纤维)管及配件用液压或压力设计基础的获得规程	2018-05-15
3	ASTM D3517-2019	Standard Specification for "Fiberglass"(Glass-Fiber-Reinforced Thermosetting-Resin) Pressure Pipe	玻璃纤维增强热固性树脂(玻璃纤维)耐压管规格	2019-08-01
4	ASTM D3914-02(2016)	Standard Test Method for in-Plane Shear Strength of Pultruded Glass-Reinforced Plastic Rod	挤拉玻璃纤维增强塑料棒平面剪切强度试验方法	2016-04-01
5	ASTM D3917-2015a	Standard Specification for Dimensional Tolerance of Thermosetting Glass-Reinforced Plastic Pultruded Shapes	热固性玻璃增强塑料拉挤型材尺寸公差规格	2015-10-01
6	ASTM D4066-13(2019)	Standard Classification System for Nylon Injection and Extrusion Materials(PA)	尼龙注塑和挤压材料的标准分类系统(PA)	2019-11-01
7	ASTM D5204-2019	Standard Classification System and Basis for Specification for Polyamide-Imide(PAI) Molding and Extrusion Materials	聚酰胺酰亚胺模制和挤压材料分类体系	2019-08-01
8	ASTM D6779-2021	Standard Classification System for and Basis of Specification for Polyamide Molding and Extrusion Materials(PA)	聚酰胺成型料与挤出料的分类体系和基础规范	2021-07-01
9	ASTM D789-2019	Standard Test Methods for Determination of Relative Viscosities of Polyamide(PA) Solution	测定浓聚酰胺(PA)溶液黏度的试验方法	2019-08-01

续表

序号	标准编号	英文名称	中文含义	发布日期
10	ASTM F1733-2020	Standard Specification for Butt Heat Fusion Polyamide (PA) Plastic Fitting for Polyamide (PA) Plastic Pipe and Tubing	聚酰胺塑料管和管道系统用对接热熔聚酰胺塑料管件的规格	2020-11-01
11	ASTM F2785-2021	Standard Specification for Polyamide 12 Gas Pressure Pipe, Tubing, and Fittings	聚酰胺12燃气压力管、管材及管件规格	2021-07-01
12	ASTM F2945-2018	Standard Specification for Polyamide 11 Gas Pressure Pipe, Tubing, and Fittings	聚酰胺11燃气压力管、管材及管件规格	2018-09-01
13	ASTM D1755-2021	Standard Specification for Poly(Vinyl Chloride) Resins	聚氯乙烯树脂规格	2021-05-01
14	ASTM D1784-2020	Standard Classification System and Basis for Specification for Rigid Poly(Vinyl Chloride) (PVC) Compounds and Chlorinated Poly(Vinyl Chloride) (CPVC) Compounds	硬质聚氯乙烯(PVC)化合物和氯化聚氯乙烯(CPVC)化合物的标准规范	2020-01-15
15	ASTM D1785-2021a	Standard Specification for Poly(Vinyl Chloride) (PVC) Plastic Pipe, Schedules 40, 80, and 120	40号、80号及120号聚氯乙烯塑料管的规格	2021-08-01
16	ASTM D2235-2021	Standard Specification for Solvent Cement for Acrylonitrile-Butadiene-Styrene (ABS) Plastic Pipe and Fittings	丙烯腈-丁二烯-苯乙烯塑料管及配件用溶剂黏合剂规格	2021-11-01
17	ASTM D2846/D2846M-2019a1	Standard Specification for Chlorinated Poly(Vinyl Chloride) (CPVC) Plastic Hot- and Cold-Water Distribution Systems	氯化聚氯乙烯(CPVC)塑料热、冷水供水系统规格	2019-04-01
18	ASTM D3364-99(2019)	Standard Test Method for Flow Rates for Poly(Vinyl Chloride) with Molecular Structural Implications	聚氯乙烯及流变的不稳定热塑性塑料流动速率的测量方法	2019-05-01

续表

序号	标准编号	英文名称	中文含义	发布日期
19	ASTM D3965-2021	Standard Classification System and Basis for Specifications for Rigid Acrylonitrile-Butadiene-Styrene(ABS) Materials for Pipe and Fittings	管及配件用硬质丙烯腈-丁二烯-苯乙烯材料规格	2021-09-01
20	ASTM D4020-2018	Standard Specification for Ultra-High-Molecular-Weight Polyethylene Molding and Extrusion Materials	超高分子量聚乙烯模压和挤压材料的标准规范	2018-08-01
21	ASTM D4673-2016	Standard Classification System for and Basis for Specification for Acrylonitrile-Butadiene-Styrene(ABS) Plastics and Alloys Molding and Extrusion Materials	ABS 聚苯乙烯塑料合金模压料和挤压材料的标准规范	2016-04-01
22	ASTM D5260-2016	Standard Classification for Chemical Resistance of Poly (Vinyl Chloride)(PVC) Homopolymer and Copolymer Compounds and Chlorinated Poly (Vinyl Chloride)(CPVC) Compounds	聚氯乙烯均聚物和共聚物混合物及氯化聚乙烯混合物耐化学性的分类	2016-05-01
23	ASTM D543-2021	Standard Practices for Evaluating the Resistance of Plastics to Chemical Reagents	塑料耐化学试剂的评定规程	2021-12-01
24	ASTM D5857-2017	Standard Specification for Polypropylene Injection and Extrusion Materials Using ISO Protocol and Methodology	采用 ISO 草案和方法的聚丙烯注塑和挤压材料规格	2017-05-01
25	ASTM D6778-2020	Standard Classification System and Basis for Specification for Polyoxymethylene Molding and Extrusion Materials(POM)	聚甲醛模塑料和挤压材料的标准分类系统和规范依据	2020-02-01
26	ASTM F1473-2018	Standard Test Method for Notch Tensile Test to Measure the Resistance to Slow Crack Growth of Polyethylene Pipes and Resins	测量聚乙烯管和树脂耐裂纹慢速扩展的切口拉伸试验的试验方法	2018-02-01

续表

序号	标准编号	英文名称	中文含义	发布日期
27	ASTM F2736-2010	Standard Specification for 6 to 30 in. (152 To 762mm) Polypropylene (PP) Corrugated Single Wall Pipe And Double Wall Pipe	6～30in(152～762mm)聚丙烯(PP)波纹单壁管和双壁管规格	2010-01-15
28	ASTM F2806-2020	Standard Specification for Acrylonitrile-Butadiene-Styrene (ABS) Plastic Pipe (Metric SDR-PR)	丙烯腈-丁二烯-苯乙烯塑料管规格(公制 SDR-PR)	2020-07-01
29	ASTM F2855-2019	Standard Specification for Chlorinated Poly (Vinyl Chloride)/Aluminum/Chlorinated Poly (Vinyl Chloride) (CPVC-AL-CPVC) Composite Pressure Tubing	氯化聚氯乙烯/铝/氯化聚氯乙烯(CPVC-AL-CPVC)复合压力管规格	2019-04-01
30	ASTM F656-2021	Standard Specification for Primers for Use in Solvent Cement Joints of Poly (Vinyl Chloride) (PVC) Plastic Pipe and Fittings	聚氯乙烯塑料管及管件溶剂粘接用底剂的规格	2021-04-01
31	ASTM C1071-2019	Standard Specification for Fibrous Glass Duct Lining Insulation (Thermal and Sound Absorbing Material)	纤维玻璃管道衬里绝缘材料(隔热和吸音材料)标准规范	2019-03-01
32	ASTM D1675-2018	Standard Test Methods for Polytetrafluoroethylene Tubing	聚四氟乙烯管的试验方法	2018-05-01
33	ASTM D1710-15(2021)	Standard Specification for Extruded Polytetrafluoroethylene (PTFE) Rod, Heavy Walled Tubing and Basic Shapes	挤压聚四氟乙烯(PTFE)条材、厚壁管和型材规格	2021-12-01
34	ASTM D3295-2020	Standard Specification for PTFE Tubing, Miniature Beading and Spiral Cut Tubing	聚四氟乙烯管规格	2020-12-01
35	ASTM D3297-1993	Standard Practice for Molding and Machining Tolerances for PTFE Resin Parts	聚四氟乙烯树脂部件的模制公差与机械加工公差的规程	1993-02-15
36	ASTM D3308-12(2022)	Standard Specification for PTFE Resin Skived Tape	聚四氟乙烯树脂薄片带规格	2022-05-01

续表

序号	标准编号	英文名称	中文含义	发布日期
37	ASTM D4745-2019	Standard Classification System and Basis for Specification for Filled Polytetrafluoroethlyene (PTFE) Molding and Extrusion Materials Using ASTM Methods	聚四氟乙烯造型材料和挤压材料充填化合物规格	2019-05-01
38	ASTM D4894-2019	Standard Specification for Polytetrafluoroethylene(PTFE) Granular Molding and Ram Extrusion Materials	聚四氟乙烯粒状模塑料和柱塞压出料规格	2019-05-01
39	ASTM D6040-2018	Standard Guide to Standard Test Methods for Unsintered Polytetrafluoroethylene(PTFE) Extruded Film or Tape	未黏结的聚四氟乙烯(PTEE)剂塑薄膜或带的标准试验方法导则	2018-12-01
40	ASTM D6457-08(2013)	Standard Specification for Extruded and Compression Molded Rod and Heavy-Walled Tubing Made from Polytetrafluoroethylene(PTFE)	聚四氟乙烯(PTFE)制挤压和压模棒及厚壁管材规格	2008-11-01
41	ASTM D6585-17(2022)	Standard Specification for Unsintered Polytetrafluoroethylene (PTFE) Extruded Film or Tape	非烧结聚四氟乙烯(PTEE)挤制薄膜或带材的规范	2022-05-01
42	ASTM D7193-17(2022)	Standard Specification for Unsintered Pigmented Polytetrafluoroethylene(PTFE) Extruded Film or Tape	未烧结着色聚四氟乙烯挤制薄膜或窄条带材的规范	2022-05-01
43	ASTM D7211-13(2018)	Standard Specification for Parts Machined from Polychlorotrifluoroethylene (PCTFE) and Intended for General Use	用聚三氟氯乙烯加工的通用零件规格	2018-11-01
44	ASTM D7230-06(2021)	Standard Guide for Evaluating Polymeric Lining Systems for Water Immersion in Coating Service Level Ⅲ Safety-Related Applications on Metal Substrates	金属基底上服务级Ⅲ安全涂装中水浸聚合物衬里系统的评定指南	2021-02-01
45	ASTM F1545-15a(2021)	Standard Specification for Plastic-Lined Ferrous Metal Pipe, Fittings, and Flanges	塑料线纹黑色金属管、管件和法兰规格	2021-07-01

续表

序号	标准编号	英文名称	中文含义	发布日期
46	ASTM F1606-2019	Standard Practice for Rehabilitation of Existing Sewers and Conduits with Deformed Polyethylene(PE) Liner	用异形聚乙烯衬里修复现有下水道和管道的规程	2019-11-01
47	ASTM F1673-10(2021)e1	Standard Specification for Polyvinylidene Fluoride(PVDF) Corrosive Waste Drainage Systems	聚偏二氟乙烯(PVDF)腐蚀性废水排放系统规格	2016-04-15

除国际标准、欧盟标准、美国标准以外，近些年，随着非金属压力管道的大规模使用，其他发达国家如日本、德国、韩国等都在国际标准或美国标准的基础上，结合本国国情制定了符合本国国情需要的本国国家标准，这些标准在满足本国生产需要的前提下，对我国非金属压力管道领域标准的制定具有一定的参考价值，本报告根据所收集到的相关国家的国家标准，列举如表 1.8 所示。

表 1.8 非金属压力管道产品其他国家标准

序号	标准编号	英文名称	中文含义	发布日期
1	JIS K6920-1:2018	Plastics-Polyamide (PA) moulding and extrusion materials-Part 1 :Designation	塑料　聚酰胺(PA)模塑和挤压材料　第 1 部分：命名系统及规格标志的基础	2018-02-20
2	JIS K6920-2:2009	Plastics-Polyamide (PA) moulding and extrusion materials-Part 2 :Preparation of test specimens and determination of properties	塑料　聚酰胺(PA)模塑和挤压材料　第 2 部分：试样制备和性能测定	2009-12-21
3	JIS K7011:1989	Glass Fiber Reinforced Plastics for Structural Use	结构用玻璃纤维增强塑料	1998-01-01
4	JIS K7031:2003	Plastics piping systems-Glass-reinforced thermosetting plastics (GRP) pipes and fittings-Test methods to prove the leaktightness of the wallunder short-term internal pressure	塑料管线　玻璃增强热固性塑料(GRP)管及管配件　短期内压试漏方法	2003-03-20
5	JIS K7032:2002	Plastics piping systems. Glass-reinforced thermosetting plastics (GRP) pipes. Determination of initial specific ring stiffness	塑料管系　玻璃增强热固性塑料(GRP)管　管道初始刚性的测定方法	2002-02-20
6	JIS K7033:1998	Plastics piping systems-Pipes made of glass-reinforced thermosetting plastics(GRP)-Determination of initial longitudinal tensile properties	塑料管系　玻璃增强热固性塑料管　轴向拉伸特性测定方法	1998-04-20

续表

序号	标准编号	英文名称	中文含义	发布日期
7	JIS K7034:2003	Plastics piping systems. Pipes made of glass-reinforced thermosetting plastics(GRP). Determination of the resistance to chemical attack for the inside of a section in a deflected condition	塑料管系　玻璃增强热固性塑料管　在偏转负荷下管内壁耐化学性的测定方法	2003-03-20
8	JIS K7035:2014	Glass-reinforced thermosetting plastics(GRP) pipes-Determination of the long-term specific ring creep stiffness under wet-conditions and calculation of the wet creep factor	玻璃纤维增强热固性塑料(GRP)管材　在潮湿条件下长期比环蠕变刚度的测定和湿蠕变系数的计算	2014-03-20
9	JIS K7036:1998	Plastics piping systems-Glass-reinforced thermosetting plastics (GRP) pipes and fittings-Test method to prove the design of bolted flange joints	塑料管系　玻璃增强热固性塑料管及管配件　螺栓式法兰接合部位的试验法	1998-04-20
10	JIS K7037:1998	Plastics piping systems-Glass-reinforced thermosetting plastics (GRP) pipes-Determination of the apparent initial circumferential tensile strength	塑料管系　玻璃增强热固性塑料管　表观初始圆周方向拉伸强度的测定	1998-10-20
11	JIS K7038:1998	Plastics piping systems-Glass-reinforced thermosetting plastics (GRP) pipes-Test method to prove the resistance to initial ring deflection	塑料管系　玻璃增强热固性塑料管　环初期位移破坏强度的试验方法	1998-10-20
12	JIS K7039:1998	Plastics piping systems-Glass-reinforced thermosetting plastics (GRP) pipes-Determination of the long-term ultimate bending strain and calculation of the long-term ultimate relative ring deflection, both under wet conditions	塑料管系　玻璃增强热固性塑料管　在潮湿条件下管的长期极限弯曲应变的测定方法及长期极限相对位移的计算方法	1998-10-20
13	JIS K7040:1998	Plastics piping systems-Glass-reinforced thermosetting plastics(GRP) components-Determination of the amounts of constituents using the gravimetric method	塑料管系　玻璃增强热固性塑料部件　用重量法测定组件	1998-10-20
14	JIS K7058:1995	Testing method for transverse shear strength of glass fiber reinforced plastics	玻璃纤维衬里增强塑料的横向剪切试验方法	1995-12-01
15	JIS K7061:1992	Testing method for Charpy impact strength of glass fiber reinforced plastics	玻璃纤维衬里增强塑料的摆锤冲击试验方法	1992-05-01

续表

序号	标准编号	英文名称	中文含义	发布日期
16	JIS K6741:2016	Unplasticized poly(vinyl chloride)(PVC-U)pipes	硬质聚氯乙烯管	2016-10-20
17	JIS K6745:2015	Plastics-Unplasticized poly(vinyl chloride)sheets	塑料　硬质聚氯乙烯板	2015-12-21
18	JIS K6776:2016	Chlorinated poly(vinyl chloride)(PVC-C)pipes for hot and cold water supply	耐冷热水用氯化聚氯乙烯(PVC-C)管	2016-10-20
19	JIS K6777:2016	Chlorinated poly(vinyl chloride)(PVC-C)pipe fittings for hot and cold water supply	冷热水用氯化聚氯乙烯(PVC-C)管件	2016-10-20
20	JIS K6922-1:2018	Plastics-Polyethylene(PE) moulding and extrusion materials-Part 1:Designation system and basis for specifications	塑料　聚乙烯(PE)模塑和挤压材料　第1部分:命名系统及规格标志的基础	2018-06-20
21	JIS K6922-2:2018	Plastics-Polyethylene(PE) moulding and extrusion materials-Part 2:Preparation of test specimens and determination of properties	塑料　聚乙烯(PE)模塑和挤压材料　第2部分:试样制备及性能测定	2018-06-20
22	JIS Z3831:2002	Standard qualification procedure for welding technique of plastics	塑料焊接技术鉴定试验方法及评定标准	2002-07-20
23	PAS 1031:2004	Material Polyethylene(PE) for the manufacture of pressure pipes and -fittings-Requirements and tests	压力管道与管件制作用聚乙烯(PE)材料　要求和试验	
24	PAS 1075:2009	Pipes made from Polyethylene for alternative installation techniques-Dimensions, technical requirements and testing	聚乙烯管材的替代安装技术　尺寸规格　技术要求和测试	2009-04-01

1.3.4 国内外非金属承压标准体系的对比

我国压力容器标准在编制和修订过程中主要参照了ASME，同时还借鉴了其他组织的压力容器标准，如BS 5500 *Specification for unfired fusion welded pressure vessels*、EN 13445 *Unfired pressure vessels* 等。中国压力容器标准中大部分要求与ASME规范相一致，部分虽与ASME规范要求不一致，但要求更加严格，其主要区别见表1.9。

表 1.9　中国压力容器标准与 ASME 的比较

项目	中国压力容器标准	ASME 规范
压力容器分类和分级	根据压力、介质、压力和容积乘积的值划分为Ⅰ、Ⅱ、Ⅲ类，在各类中根据容器的用途，又分为若干级	不分类、不分级
压力容器设计许可证	要求单独设计许可证，许可范围与制造许可证一样有强制性的要求	不要求单独设计许可证，取得制造许可证后，就可进行压力容器的设计
压力容器制造许可证	要求按级别领取制造许可证。如获得 BR1 级制造许可证，只能制造 GB 150 中符合 BR1 级条件的压力容器，而不是 GB 150 中的全部压力容器	要求，但允许制造的范围很广。如获得 U-1 钢印，就可以制造符合 ASME 规范的所有压力容器
制造质量保证体系人员要求	对体系人员有强制性的要求，如学历、职称、从事本岗位工作年限等	对体系人员没有强制性的要求。由制造厂自行掌握，保证产品质量达到规范要求即可
设计质量保证体系人员要求	对体系中各责任人员有强制性要求，如学历、职称、从事本岗位工作年限等。设计审核人员必须持有政府部门颁发的资格证书	对体系人员没有强制性的要求。由制造厂自行掌握，保证产品质量达到规范要求即可
对设备的要求	对制造压力容器的设备规格、数量有强制性的要求	对体系人员没有强制性的要求。由制造厂自行掌握，保证产品质量达到规范要求即可
对焊工的要求	对焊工数量及资格有强制性要求，焊工必须持有国家权威机构颁发的资格证书	对焊工数量无要求，对焊工资格需公司自己组织考试，经公司授权批准即可发证
对无损检测人员的要求	对无损检测人员有强制性的要求，如学历、职称、从事本岗位工作年限等。无损检测人员必须持有国家权威机构颁发的资格证书。对无损检测人员的数量有强制性规定	对无损检测人员资格需按 SNT-TC-1A 或 ACCP 规则，由公司自己组织考试，经授权人员批准就可发证。对无损检测人员的数量无规定
设计压力范围	≤35MPa	一般≤20.685MPa(3000psi)
安全系数	抗拉强度的安全系数为 3.0；屈服强度的安全系数为 1.6	抗拉强度的安全系数为 3.5；屈服强度的安全系数为 1.5
试验压力	液压试验压力为 1.25 倍设计压力；气压试验压力为 1.15 倍设计压力	液压试验压力为 1.3 倍设计压力；气压试验压力为 1.1 倍设计压力
材料要求	每种材料标准对材料的要求都规定得比较高。允许用户提的要求比较少	材料标准对材料要求规定的选项比较多，允许用户提的要求比较多
以材料 16MnR（ASME 材料为 SA-516Gr. 70）为例	材料标准规定 16MnR 需作冲击试验	ASME 材料标准中没有规定 SA-516Gr. 70 材料的冲击要求，当用于冷水机组中的压力容器时，按 ASME 规范要求也不需要做冲击试验。但需规定材料的晶粒度

续表

项目	中国压力容器标准	ASME规范
对接焊缝无损检测的要求	对接焊缝都要求进行无损检测,允许有极少部分的对接焊缝可不进行无损检测,但对壳体直径、壁厚、焊接接头型式等都有强制性的规定	对接焊缝一般都不要求进行无损检测,只有容器内的介质为致死物质时,才要求进行无损检测
产品试板	每台容器均要求制作验证试板	不要求制作验证试板
监检人员(AI)	监检人员必须持有政府部门颁发的资格证书并授权驻厂监检	监检人员必须持有美国NB颁发的资格证书。授权驻厂监检
合格证明	每台容器均有按《压力容器安全技术监察规程》要求制作的合格证明文件,包括监督检查证明文件	数据报告,报告有监检人员的签名

1.4 非金属承压设备检测

1.4.1 检测技术简介

检测是用工具、仪器或其他分析办法检查各种非金属承压设备是否符合特定的技术标准、规格的工作过程，并将结果与规定值进行比较和确定是否合格所进行的活动。

非金属承压设备的检验检测与生产不同，检验检测不直接产生经济效益，但是因为定期的检测工作，可以预防承压设备发生失效事故，有效保证人民生命财产的安全。

非金属承压设备检测技术的发展伴随着非金属承压设备技术的发展。检验检测的基础理论系统在不断进步，发现缺陷的能力也在逐步提高。我们不断了解世界先进检测设备的发展，不断学习先进的检测技术，并消化吸收形成了大量的自主知识产权。

1.4.2 检测技术分类

随着社会对非金属承压设备的关注度的提高，为保证承压设备的安全运转，各类检测技术也在不断地发展。根据非金属承压设备的各项性能特性，可以将检测技术分为物理性能检测、机械性能检测、热性能检测、耐腐蚀性能检测、耐候性检测、电性能及阻燃性能检测、密封性能检测、无损检测、系统适用性及裂纹扩展检测、连接性能等。

（1）物理性能检测。主要包括：密度的测定、塑料吸水性的测定、塑料水分的测定、熔体流动速率的测定、塑料黏度的测定。

（2）机械性能检测。主要包括：力学性能测定（拉伸性能、压缩性能、弯曲性能）、扭转性能测定、冲击性能测定、蠕变性能测定、磨损性能的测定、硬度测定（邵氏硬度、球压痕硬度、洛氏硬度、巴柯尔硬度）。

（3）热性能检测。主要包括：负荷热变形温度的测定、维卡软化温度的测定、线膨胀系数测定、热导率测定、尺寸稳定性、塑料转变温度测定（脆化温度、玻璃化温度、熔融温度）、氧化诱导时间和温度测定。

（4）耐腐蚀性能检测。主要包括：塑料、玻璃钢、搪玻璃材料的耐腐蚀性能检测。

（5）耐候性检测。主要包括：塑料材料的大气暴露老化、热氧老化、人工光源老化测定，玻璃钢材料的大气暴露、湿热老化，耐水性和耐水性加速试验测定。

（6）电性能及阻燃性能检测。主要包括：电阻率的测定、介电强度的测定、电火花试验以及阻燃性能。

（7）密封性能检测。主要包括：承压设备的耐压检测（水密性、气密性、负压试验）和密封试验、爆破试验。

（8）无损检测。主要包括：目视检测、射线检测、超声检测、相控阵检测、X 射线计算机辅助成像（CR）检测。

（9）系统适用性及裂纹扩展检测。主要包括：系统适用性检测（弹性密封圈连接密封性、耐拉拔试验、热循环试验、循环压力试验、耐真空试验、密封性能、压力降试验）、耐慢速裂纹增长试验、耐快速裂纹扩展试验。

（10）连接性能检测。主要包括：连接性能通用检测（连接强度、密封性、适用性、耐压性）、焊接性能检测、黏结性能检测。

1.5　检测技术的标准体系

在非金属承压设备检测的活动中，所依据的法律就是《中华人民共和国特种设备安全法》，其颁布于 2013 年，自 2014 年 1 月 1 日起正式实施，标志着我国承压设备检测工作已从法律上得到了认定；此外还有安全技术规范 TSG R0001—2004《非金属压力容器安全技术监察规程》、TSG 21—2016《固定式压力容器安全技术监察规程》、TSG R7001—2013《压力容器定期检验规则》。

我国非金属承压设备检测技术标准有国家标准、行业标准，这些标准规定了非金属承压设备的检测办法、检测标准以及检验合格的判定。

在非金属压力管道标准检测方面，尤其是无损检测方面，我国虽出台了相关标准规范了无损检测的设备、检测内容等，相较于欧美等发达国家标准而言，检测规范相对滞后，另外，在针对具体材料的检测细节的标准方面，需要进一步完善。与欧美等发达国家大规模经过长时间应用实践检测验证标准的有效性不同，我国非金属压力管道从最初引进到大规模应用，时间较短。根据现有的研究和实践应用研究，非金属压力管道基本是涵盖于非金属承压设备的大类中进行研究，其相关标准也是在这一框架的基础上发展研究，尚未作为专项标准化项目进行发展研究，体系的完整性和健全性有待深入。

1.5.1 非金属制及衬里压力容器检测技术标准体系

氟塑料衬里压力容器中的电火花试验方法、耐低温试验方法、耐高温试验方法、耐真空试验方法、热胀冷缩试验方法、压力试验方法都有相关国家标准或行业标准，见表 1.10。从衬里层作用来看，现行标准主要针对防腐蚀衬里层。

表 1.10 中国非金属制及衬里压力容器检测方法相关标准

序号	标准号	标准名称	发布日期
1	GB/T 4546—2008	玻璃容器 耐内压力试验方法	2008-12-30
2	GB/T 6058—2005	纤维缠绕压力容器制备和内压试验方法	2005-05-18
3	GB/T 23711.1—2019	塑料衬里压力容器试验方法 第1部分：电火花试验	2019-12-10
4	GB/T 23711.2—2019	塑料衬里压力容器试验方法 第2部分：耐低温试验	2019-12-10
5	GB/T 23711.3—2019	塑料衬里压力容器试验方法 第3部分：耐高温检验	2019-12-10
6	GB/T 23711.4—2019	塑料衬里压力容器试验方法 第4部分：耐负压检验	2019-12-10
7	GB/T 23711.5—2019	塑料衬里压力容器试验方法 第5部分：冷热循环检验	2019-12-10
8	GB/T 23711.6—2019	塑料衬里压力容器试验方法 第6部分：耐压试验	2019-12-10
9	GB/T 23711.7—2019	塑料衬里压力容器试验方法 第7部分：泄漏试验	2019-12-10
10	GB/T 23711.8—2019	塑料衬里压力容器试验方法 第8部分：耐高电阻试验	2019-12-10
11	HG/T 4089—2009	塑料衬里设备 水压试验方法	2009-02-05

续表

序号	标准号	标准名称	发布日期
12	HG/T 4090—2009	塑料衬里设备　电火花试验方法	2009-02-05
13	HG/T 4091—2009	塑料衬里设备　耐温试验方法	2009-02-05
14	HG/T 4092—2009	塑料衬里设备　热胀冷缩试验方法	2009-02-05
15	HG/T 4093—2009	塑料衬里设备　衬里耐负压试验方法	2009-02-05

非金属材料制及衬里压力容器标准体系的建设一是完善我国现有非金属材料制及衬里压力容器的法规；二是建立我国非金属材料制及衬里压力容器的统一标准体系，实现从人员、设计、生产、检验检测到使用管理、寿命评估与失效分析整个环节的全面覆盖，充分发挥标准化对非金属材料制及衬里压力容器标准体系建设的支撑作用；三是通过标准化建设，理顺管理关系，固化管理流程，实现规范化生产企业和施工单位的管理，降低社会安全风险的目标。

按图 1.6 所示，由范围、产品、层级三维方式组成的立体结构图，把握技术及产品发展趋势，结合国内国外技术及设备最新科研成果，制订一系列的以非金属材料制及衬里压力容器为主题的全新标准，逐步完善非金属材料制及衬里压力容器标准体系。经过比较研究国内外非金属材料制及衬里压力容器行业标准体系现状，结合我国目前该行业设备使用情况、技术发展趋势以及标准情况，相关项目组研究分析建立了我国非金属材料制及衬里压力容器行业标准体系建设框架图，具体如图 1.7 所示。

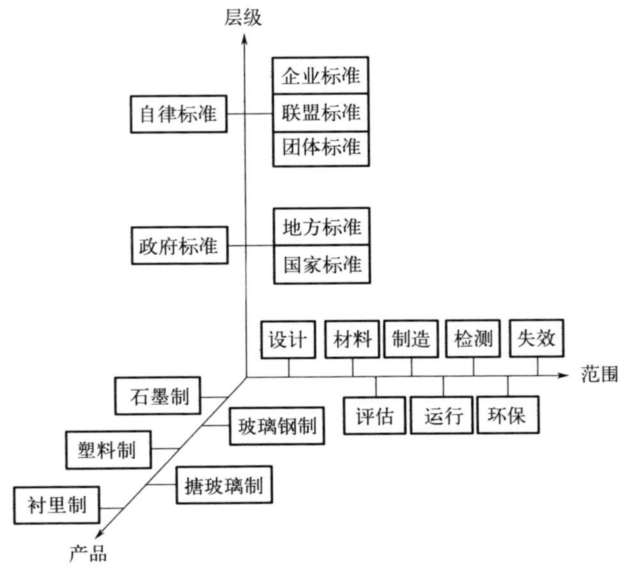

图 1.6　非金属材料制及衬里压力容器标准体系三维结构

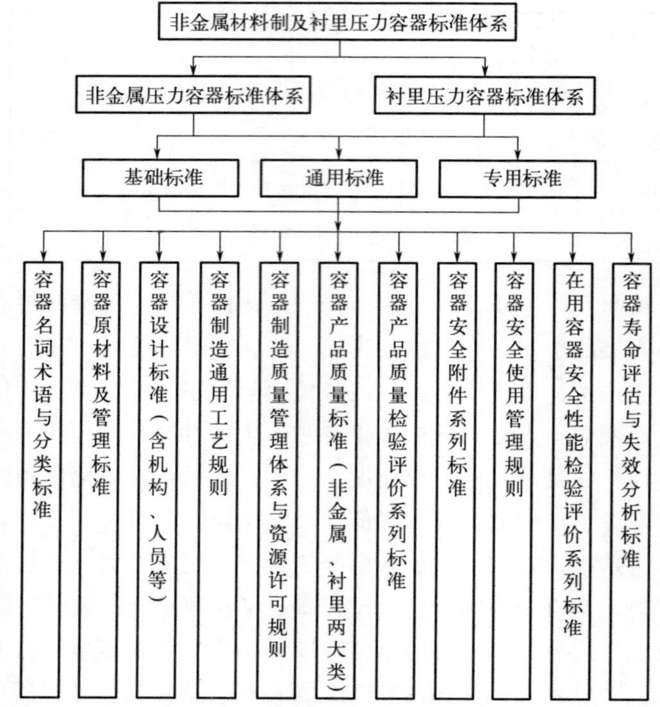

图 1.7　我国非金属材料制及衬里压力容器行业标准体系建设框架

1.5.2　非金属压力管道检测技术标准体系

根据应用最为广泛的制品进行划分，列出玻璃钢制和塑料制两大类产品的检测方法标准，见表 1.11。

表 1.11　我国非金属压力管道检测技术现有检测标准

序号	标准编号	标准名称	发布日期
		玻璃钢制标准	
1	GB/T 1040.4—2006	塑料　拉伸性能的测定　第 4 部分：各向同性和正交各向异性纤维增强复合材料的试验条件	2006-09-01
2	GB/T 1040.5—2008	塑料拉伸性能的测定　第 5 部分：单向纤维增强复合材料的试验条件	2008-08-04
3	GB/T 1446—2005	纤维增强塑料试验方法总则	2005-05-18
4	GB/T 1447—2005	纤维增强塑料拉伸性能试验方法	2005-05-18
5	GB/T 1448—2005	纤维增强塑料压缩性能试验方法	2005-05-18
6	GB/T 1449—2005	纤维增强塑料弯曲性能试验方法	2005-05-18
7	GB/T 1458—2023	纤维缠绕增强复合材料环形试样力学性能试验方法	2024-04-01

续表

序号	标准编号	标准名称	发布日期
8	GB/T 1462—2005	纤维增强塑料吸水性试验方法	2005-05-18
9	GB/T 1463—2005	纤维增强塑料密度和相对密度试验方法	2005-05-18
10	GB/T 1634.2—2019	塑料　负荷变形温度的测定　第2部分:塑料、硬橡胶	2019-05-10
11	GB/T 2572—2005	纤维增强塑料平均线膨胀系数试验方法	2005-05-18
12	GB/T 2573—2008	玻璃纤维增强塑料老化性能试验方法	2008-06-30
13	GB/T 2576—2005	纤维增强塑料树脂不可溶分含量试验方法	2005-05-18
14	GB/T 2577—2005	玻璃纤维增强塑料树脂含量试验方法	2005-05-18
15	GB/T 3139—2005	纤维增强塑料热导率试验方法	2005-05-18
16	GB/T 3140—2005	纤维增强塑料平均比热容试验方法	2005-05-18
17	GB/T 3354—2014	定向纤维增强聚合物基复合材料拉伸性能试验方法	2014-07-24
18	GB/T 3356—2014	定向纤维增强聚合物基复合材料弯曲性能试验方法	2014-07-24
19	GB/T 5349—2005	纤维增强热固性塑料管轴向拉伸性能试验方法	2005-05-18
20	GB/T 5351—2005	纤维增强热固性塑料管短时水压失效压力试验方法	2005-05-18
21	GB/T 6011—2005	纤维增强塑料燃烧性能试验方法炽热棒法	2005-05-18
22	GB/T 8924—2005	纤维增强塑料燃烧性能试验方法　氧指数法	2005-05-18
23	GB/T 9979—2005	纤维增强塑料高低温力学性能　试验准则	2005-05-18
		塑料制承压管道标准	
1	GB/T 1040.1—2018	塑料拉伸性能的测定　第1部分:总则	2018-12-28
2	GB/T 1040.2—2006	塑料　拉伸性能的测定　第2部分:模塑和挤塑塑料的试验条件	2006-09-01
3	GB/T 1040.3—2006	塑料　拉伸性能的测定　第3部分:薄塑和薄片的试验条件	2006-09-01
4	GB/T 1041—2008	塑料　压缩性能的测定	2008-09-04
5	GB/T 1043.1—2008	塑料　简支梁冲击性能的测定　第1部分:非仪器化冲击试验	2008-08-04
6	GB/T 1633—2000	热塑性塑料维卡软化温度(VST)的测定	2000-07-31
7	GB/T 1634.1—2019	塑料　负荷变形温度的测定　第1部分:通用试验方法	2019-05-10
8	GB/T 1634.2—2019	塑料　负荷变形温度的测定　第2部分:塑料、硬橡胶	2019-05-10
9	GB/T 1634.3—2004	塑料　负荷变形温度的测定　第3部分:高强度热固性层压材料	2004-03-15
10	GB/T 1842—2008	塑料　聚乙烯环境应力开裂试验方法	2008-08-01
11	GB/T 1843—2008	塑料　悬臂梁冲击强度的测定	2008-08-04

续表

序号	标准编号	标准名称	发布日期
12	GB/T 2546.2—2003	塑料聚丙烯(PP)模塑和挤出材料　第2部分:试样制备和性能测定	2003-02-10
13	GB/T 2918—2018	塑料试样状态调节和试验的标准环境	2018-12-28
14	GB/T 3682—2000	热塑性塑料熔体质量流动速率和熔体体积流动速率的测定	2000-10-27
15	GB/T 5470—2008	塑料　冲击法脆化温度的测定	2008-08-14
16	GB/T 6111—2003	流体输送用热塑性塑料管材耐内压试验方法	2003-03-05
17	GB/T 6671—2001	热塑性塑料管材纵向回缩率的测定	2001-10-24
18	GB/T 7141—2008	塑料热老化试验方法	2008-08-14
19	GB/T 7142—2002	塑料长期热暴露后时间-温度极限的测定	2002-05-29
20	GB/T 8324—2008	塑料　模塑材料体积系数的测定	2008-08-04
21	GB/T 8721—2009	炭素材料抗拉强度测定方法	2009-07-08
22	GB/T 8801—2007	硬聚氯乙烯(PVC-U)管件坠落试验方法	2007-12-05
23	GB/T 8802—2001	热塑性塑料管材、管件　维卡软化温度的测定	2001-10-24
24	GB/T 8803—2001	注射成型硬质聚氯乙烯(PVC-U)、氯化聚氯乙烯(PVC-C)、丙烯腈-丁二烯-苯乙烯三元共聚物(ABS)和丙烯腈-苯乙烯-丙烯酸盐三元共聚物(ASA)管件　热烘箱试验方法	2001-10-24
25	GB/T 8804.1—2003	热塑性塑料管材　拉伸性能测定　第1部分:试验方法总则	2003-03-05
26	GB/T 8804.3—2003	热塑性塑料管材拉伸性能测定　第3部分:聚烯烃管材	2003-03-05
27	GB/T 8806—2008	塑料管道系统　塑料部件尺寸的测定	2008-08-19
28	GB/T 9341—2008	塑料弯曲性能的测定	2008-08-04
29	GB/T 9345.5—2010	塑料　灰分的测定　第5部分:聚氯乙烯	2010-08-09
30	GB/T 9348—2008	塑料　聚氯乙烯树脂　杂质与外来粒子数的测定	2008-05-15
31	GB/T 9349—2002	聚氯乙烯、相关含氯均聚物和共聚物及其共混物热稳定性的测定　变色法	2002-05-29
32	GB/T 9352—2008	塑料　热塑性塑料材料试样的压塑	2008-08-04
33	GB/T 9647—2015	热塑性塑料管材环刚度的测定	2015-12-31
34	GB/T 11546.1—2008	塑料蠕变性能的测定　第1部分:拉伸蠕变	2008-08-04
35	GB/T 11547—2008	塑料　耐液体化学试剂性能的测定	2008-09-04
36	GB/T 12001.2—2008	塑料　未增塑聚氯乙烯模塑和挤出材料　第2部分:试样制备和性能测定	2008-09-18
37	GB/T 13454.2—2013	塑料　粉状三聚氰胺-甲醛模塑料(MF-PMCs)　第2部分:试样制备和性能测定	2013-11-12

续表

序号	标准编号	标准名称	发布日期
38	GB/T 13454.3—2013	塑料 粉状三聚氰胺-甲醛模塑料(MF-PMCs) 第3部分:选定模塑料的要求	2013-11-12
39	GB/T 13525—1992	塑料拉伸冲击性能试验方法	1992-06-12
40	GB/T 13526—2007	硬聚氯乙烯(PVC-U)管材 二氯甲烷浸渍试验方法	2007-12-05
41	GB/T 14152—2001	热塑性塑料管材耐外冲击性能试验方法 时针旋转法	2001-10-24
42	GB/T 15560-1995	流体输送用塑料管材液压瞬时爆破和耐压试验方法	1995-05-02
43	HG/T 3839—2006	塑料剪切强度试验方法 穿孔法	2006-07-27
44	GB/T 15820—1995	聚乙烯压力管材与管件连接的耐拉拔试验	1995-12-08
45	GB/T 17037.1—2019	热塑性塑料材料注塑试样的制备 第1部分:一般原理及多用途试样和长条试样的制备	2019-05-10
46	GB/T 17037.3—2003	塑料 热塑性塑料材料注塑试样的制备 第3部分:小方试片	2003-02-10
47	GB/T 17037.4—2003	塑料 热塑性塑料材料注塑试样的制备 第4部分:模塑收缩率的测定	2003-02-10
48	GB/T 17391—1998	聚乙烯管材与管件热稳定性试验方法	1998-05-19
49	GB/T 18042—2000	热塑性塑料管材蠕变比率的试验方法	2000-04-05
50	GB/T 18252—2020	塑料管道系统 用外推法确定热塑性塑料材料以管材形式的长期静液压强度	2020-11-19
51	GB/T 18476—2019	流体输送用聚烯烃管材 耐裂纹扩展的测定 慢速裂纹增长的试验方法(切口试验)	2019-08-30
52	GB/T 18743.1—2022	热塑性塑料管材 简支梁冲击强度的测定 第1部分:通用试验方法	2022-04-15
53	GB/T 18743.2—2022	热塑性塑料管材 简支梁冲击强度的测定 第2部分:不同材料管材的试验条件	2022-04-15
54	GB/T 18964.2—2003	塑料 抗冲击聚苯乙烯(PS-I)模塑和挤出材料 第2部分:试样制备和性能测定	2003-02-10
55	GB/T 19279—2003	聚乙烯管材耐慢速裂纹增长锥体试验方法	2003-08-25
56	GB/T 19280—2003	流体输送用热塑性塑料管材 耐快速裂纹扩展(RCP)的测定 小尺寸稳态试验(S4试验)	2003-08-25
57	GB/T 19466.6—2009	塑料 差示扫描量热法(DSC) 第6部分:氧化诱导时间(等温OIT)和氧化诱导温度(动态OIT)的测定	2009-06-15
58	GB/T 19471.1—2004	塑料管道系统 硬聚氯乙烯(PVC-U)管材弹性密封圈式承口接头 偏角密封试验方法	2004-03-15
59	GB/T 19471.2—2004	塑料管道系统 硬聚氯乙烯(PVC-U)管材弹性密封圈式承口接头 负压密封试验方法	2004-03-15
60	GB/T 19712—2005	塑料管材和管件 聚乙烯(PE)鞍形旁通抗冲击试验方法	2005-03-23

续表

序号	标准编号	标准名称	发布日期
61	GB/T 19806—2005	塑料管材和管件　聚乙烯电熔组件的挤压剥离试验	2005-03-23
62	GB/T 19807—2005	塑料管材和管件　聚乙烯管材和电熔管件　组合试件的制备	2005-03-23
63	GB/T 19808—2005	塑料管材和管件　公称外径大于或等于 90mm 的聚乙烯电熔组件的拉伸剥离试验	2005-03-23
64	GB/T 19809—2005	塑料管材和管件　聚乙烯(PE)管材/管材或管材/管件热熔对接组件的制备	2005-03-23
65	GB/T 19810—2005	聚乙烯(PE)管材和管件　热熔对接接头拉伸强度和破坏形式的测定	2005-03-23
66	GB/T 19993—2005	冷热水用热塑性塑料管道系统　管材管件组合系统热循环试验方法	2005-11-17
67	GB/T 20417.2—2006	塑料　丙烯腈-丁二烯-苯乙烯(ABS)模塑和挤出材料　第 2 部分:试样制备和性能测定	2006-01-23
68	GB/T 21189—2007	塑料　简支梁、悬臂梁和拉伸冲击试验用摆锤冲击试验机的检验	2007-11-14
69	GB/T 21461.2—2008	塑料　超高分子量聚乙烯(PE-UHMW)模塑和挤出材料　第 2 部分:试样制备和性能测定	2008-02-26
70	GB/T 22271.2—2008	塑料　聚甲醛(POM)模塑和挤塑材料　第 2 部分:试样制备和性能测定	2008-08-04
71	GB/T 23653—2009	塑料　通用型聚氯乙烯树脂热增塑剂吸收量的测定	2009-04-24
72	GB/T 29461—2012	聚乙烯管道电熔接头超声检测	2012-12-31
73	GB/T 3398.1—2008	塑料硬度测定　第 1 部分:球压痕法	2008-09-04
74	GB/T 30924.2—2014	塑料　乙烯-乙酸乙烯酯(EVAC)模塑和挤出材料　第 2 部分:试样制备和性能测定	2014-07-08
75	GB/T 3398.2—2008	塑料　硬度测定　第 2 部分:洛氏硬度	2008-08-04
76	HG/T 4282—2011	塑料焊接试样　拉伸检测方法	2011-12-20
77	HG/T 4283—2011	塑料焊接试样　弯曲检测方法	2011-12-20
78	JB/T 12530.1—2015	塑料焊缝无损检测方法　第 1 部分:通用要求	2015-10-10
79	JB/T 12530.2—2015	塑料焊缝无损检测方法　第 2 部分:目视检测	2015-10-10
80	JB/T 12530.3—2015	塑料焊缝无损检测方法　第 3 部分:射线检测	2015-10-10
81	JB/T 12530.4—2015	塑料焊缝无损检测方法　第 4 部分:超声检测	2015-10-10
82	NB/T 47013.1—2015	承压设备无损检测　第 1 部分:通用要求	2015-04-02
83	NB/T 47013.2—2015	承压设备无损检测　第 2 部分:射线检测	2015-04-02
84	NB/T 47013.3—2015	承压设备无损检测　第 3 部分:超声检测	2015-04-02
85	QB/T 2803—2006	硬质塑料管材弯曲度测量方法	2006-07-27
86	QB/T 3801—1999	化工用硬聚氯乙烯管材的腐蚀度试验方法	1999-04-21

1.6 非金属承压设备标准化展望

我国压力容器标准主要是政府牵头，由设计、制造等单位参与起草、修订，最后由政府颁布，是强制性技术标准、法规，具有法律效用。ASME 规范是由制造厂、用户、保险商等单位参与，属于行业协会颁布的标准，只有在地方政府的安全监督部门以法律形式认可情况下才能成为法定的控制产品质量的技术法规。

随着非金属材料在压力容器的应用逐渐普及，我国针对非金属材料制及衬里压力容器标准研究发展逐步经历了从无到有、从浅到深的过程。相比金属压力容器标准 GB 150《压力容器》、欧洲和美国标准，我国非金属材料制及衬里压力容器标准存在很多问题要解决、完善。

美国标准中 ASTM E1736—2010 *Standard Practice for Acousto-Ultrasonic Assessment of Filament-Wound Pressure Vessels*、ASTM E2191/E2191M—2010 *Standard Practice for Examination of Gas-Filled Filament-Wound Composite Pressure Vessels Using Acoustic Emission*、ASTM E1888/E1888M—2007 *Standard Practice for Acoustic Emission Examination of Pressurized Containers Made of Fiberglass Reinforced Plastic with Balsa Wood Cores* 以及我国金属压力容器标准 GB/T 18182—2012《金属压力容器声发射检测及结果评价方法》等都规定了声学或射线检测技术。我国非金属材料衬里设备相关检验检测技术标准基本处于空白状态。

（1）塑料及其衬里压力容器标准。针对非金属材料中塑料制及衬里压力容器行业的生产、使用、检验检测等方面的现状，采用理论分析和实践相结合的方式，以 GB 150《压力容器》为参考，借鉴国外非金属材料制及衬里压力容器标准经验，相关项目组提出塑料及其衬里制压力容器系列标准建设包括五个部分：通用要求，材料，设计，塑料制压力容器的制造、检查与检验，塑料衬里制压力容器的制造、检查与检验。系列标准按照特种设备法规和标准体系架构，TSG 21—2016《固定式压力容器安全技术监察规程》规定了基本安全要求，技术标准规定了保证基本安全要求的技术方法和技术指标，指标内容应与安全技术规范相协调，逐步完善我国现有非金属材料制及衬里压力容器标准。通过分步实施，逐步建立适合我国国情、以国家宏观管理与自愿性相结合的标准为主体，国家标准、行业/协会标准、地方/企业标准分工明确，协调发展，具有系统性、协调性、先进性、适用性以及前瞻性的标准体系。

（2）非金属压力管道标准化工作建议。

① 由国家标准委牵头，成立非金属压力管道标准化总体推进的组织，与有

关部门深入配合，加强非金属压力管道发展的研究，加强标准体系建设和标准修订工作的顶层设计和总体规划。

② 加强对非金属压力管道国际标准体系的研究，据此建立我国在此领域的标准对接机制，重点考虑基础标准、材料标准、测试标准等方面的标准化基础标准、材料标准的制定，加强与行业内企业合作，注重国内外行业现状，依托行业，以企业为主体，加大国际标准化参与力度。

③ 加大产业和市场调研，尤其组织从产业链上游到下游整个产业链的调研，从产业的角度，多方面进行探讨，根据行业需求进一步优化标准化组织机构体系，尤其对当前标准化工作相对空白的领域依托行业和骨干企业加快组织建设工作。

④ 加大工作协调力度，参考发达国家标准体系建设情况，从国家产业利益的角度重视非金属压力管道标准体系的建设工作，构建该领域标准化协调和协商机制，整合国内外资源，推进标准化工作为产业发展服务。

⑤ 加大重要标准支持力度，通过公益性科研项目等方式，对于行业急需、具有自主技术的重要标准，在政策和经费上予以倾斜、支持，同时由政府部门牵头，相关行业组织参加，研究非金属压力管道标准化体系的建设与发展。

参考文献

[1] 葛喆敏．聚乙烯压力管材快速裂纹增长的力学破坏形式［J］. 江苏建筑，2013，5：94-96.

[2] Krishnaswamy R K. Analysis of ductile and brittle failures from creep rupture testing of high-density polyethylene（HDPE）pipes［J］. Polymer，2005，46（25）：11664-11672.

[3] Ritchie S J K，Leevers P S. The High Speed Double Torsion Test Impact and Dynamic Fracture of Polymers and Composites. ES-IS19［M］. London：Mechanical Engineering Publications，1995.

第2章 基本性能的检测

非金属承压设备用的材料种类较多，有塑料、涂料、石墨材料等等，其产品材料性能决定产品质量和使用。本章介绍常用的非金属承压设备测试有关的非泡沫塑料的密度、粉粒料表观密度、炭素材料真密度、纤维增强塑料密度的测定，同时介绍塑料吸水性、塑料水分、热塑性塑料熔体流动速率和塑料黏度的测定方法。

2.1 非泡沫塑料密度

2.1.1 概述

非泡沫塑料密度 ρ 是指试样的质量 m 与其在温度 t 时的体积之比，以 kg/m^3、kg/dm^3（g/cm^3）或 kg/L 等为单位。一般是测定 23℃±2℃或 27℃±2℃时的密度。密度通常用来分析塑料材料的物理结构或组成的变化，也可用来评价样品或试样的均一性。

测量非泡沫塑料密度及相对密度对了解非泡沫塑料的物理结构状态、产品质量性能及有关体积计算有重要意义。

测试环境应符合 GB/T 2918 的规定，通常，不需要将样品调节到恒定的温度，因为测试本身是在恒定的温度下进行的。

如果测试过程中试样的密度发生变化，且变化范围超过了密度测量所要求的精密度，则在测试之前应按材料相关标准进行状态调节。如果测试的主要目的是密度随时间或大气环境条件的变化，试样应按材料相关标准规定进行状态调节。如果没有相关状态调节标准，则应按供需双方商定的方法对试样进行状态调节。

（1）检测方法、采用标准、适用范围　非泡沫塑料密度的检测方法、采用标准、适用范围见表 2.1。

表 2.1　非泡沫塑料密度的检测方法、采用标准、适用范围

检测项目名称	检测方法	采用标准		适用范围
		国内标准	国际标准	
非泡沫塑料密度	浸渍法	GB/T 1033.1—2008《塑料　非泡沫塑料密度的测定　第1部分：浸渍法、液体比重瓶法和滴定法》	ISO 1183-1:2004《塑料　测定非泡沫塑料密度的方法　第1部分：浸渍法、液体比重瓶法和滴定法》	适用于除粉料外无气孔的固体塑料
	液体比重瓶法			适用于粉料、片料、粒料或制品部件的小切片
	滴定法			适用于无孔的塑料
	密度梯度柱法	GB/T 1033.2—2010《塑料　非泡沫塑料密度的测定　第2部分：密度梯度柱法》	ISO 1183-2:2004《塑料　测定非泡沫塑料密度的方法　第2部分：密度梯度柱法》	适用于模塑或挤出的无孔非泡沫塑料固体颗粒
	气体比重瓶法	GB/T 1033.3—2010《塑料　非泡沫塑料密度的测定　第3部分：气体比重瓶法》	ISO 1183-3:1999《塑料　非泡沫塑料密度测定方法　第3部分：气体比重瓶法》	适用于内部不含孔隙的任何形状的固体非泡沫塑料的密度或比容的测量

（2）原理　非泡沫塑料密度测量方法较多，不同方法原理不同，现分述如下。

① 浸渍法　试样在规定温度的浸液中，所受到浮力的大小，等于试样排开浸渍液的体积与浸渍液密度的乘积，而浮力的大小可以通过测量试样的质量与试样在浸渍液中的表观质量求得，用式(2.1) 表示：

$$m_1-m_2=V_1\rho_0 \tag{2.1}$$

其体积以式(2.2) 表示：

$$V_1=\frac{m_1-m_2}{\rho_0} \tag{2.2}$$

式中，V_1 为试样的体积，cm^3；m_1 为试样的质量，g；m_2 为试样在浸渍液中的质量，g；ρ_0 为浸渍液的密度，g/cm^3。

试样的体积和质量均可以测得，可以求得试样密度 ρ，用式(2.3) 表示：

$$\rho=\frac{m_1}{V_1}=\frac{m_1\times\rho_0}{m_1-m_2} \tag{2.3}$$

② 液体比重瓶法　是通过测量密度瓶中试样所排开的浸渍液的体积所具有的质量，计算出试样的体积，由试样的质量和体积，计算出试样密度 ρ。用式(2.4) 表示：

$$\rho=\frac{m_S\times\rho_{IL}}{m_1-m_2} \tag{2.4}$$

式中，m_S 为试样的表观质量，g；m_1 为充满空比重瓶所需液体的表观质量，g；m_2 为充满含试样的比重瓶所需液体的表观质量，g；ρ_{IL} 为浸渍液的密度，g/cm^3。

③ 滴定法　在容器中先加入轻浸渍液，放入试样，试样沉入底部，再加入重浸渍液，使试样悬浮在液体中，此时，液体的密度即为试样的密度。

④ 密度梯度柱法　用两种不同密度的浸渍液在密度梯度管内配制成密度梯度柱，用标准玻璃浮标标定梯度管内浸渍液的密度梯度，将试样放入梯度管内，观察试样停留在什么位置，根据标定值便可知试样的密度。

⑤ 气体比重瓶法　通过放入试样测量气体比重瓶内气体体积变化的方法。测定已知表观质量试样的体积。体积变化可通过滑动活塞的方法直接获得，或通过测量气体比重瓶内压力的变化并使用理想气体压力-体积关系式计算体积的方法间接获得，通过这种方法获得的体积，是物体不含孔隙的实际体积。用式(2.5) 计算密度，即

$$\rho_t = \frac{m_{\text{app}}}{V} \tag{2.5}$$

式中，ρ_t 为在恒定温度 t 时试样的密度，g/cm^3；m_{app} 为用天平测量所得到的试样的质量，g；V 为试样的体积（不包括孔隙的尺寸），cm^3。

2.1.2　检测方法

2.1.2.1　浸渍法

（1）仪器和浸渍液

① 仪器

分析天平：或为测密度而专门设计的仪器，精确到 0.1mg。也可以用自动化仪器，密度可以用电脑计算得出。

浸渍容器：烧杯或其他适于盛放浸渍液的大口径容器。

固定支架：如容器支架，可将浸渍容器支放在水平面板上。

温度计：最小分度值为 0.1℃，范围为 0～30℃。

金属丝：具有耐腐蚀性，直径不大于 0.5mm，用于浸渍液中悬挂试样。

重锤：具有适当的质量。当试样的密度小于浸渍液的密度时，可将重锤悬挂在试样托盘下端，使试样完全浸在浸渍液中。

比重瓶：带侧臂式溢流毛细管，当浸渍液不是水时，用来测定浸渍液的密度。比重瓶应配备分度值为 0.1℃，范围为 0～30℃的温度计。

液浴：在测定浸渍液的密度时，可以恒温在±0.5℃范围内。

② 浸渍液　用新鲜的蒸馏水或去离子水，或其他适宜的液体（含有不大于 0.1%的润湿剂以除去浸渍液中的气泡）。在测试过程中，试样与该液体或溶液接

触时，对试样应无影响。

如果除蒸馏水以外的其他浸渍液来源可靠且附有检验证书，则不必再进行密度测试。

（2）试样　试样为除粉料以外的任何无气孔材料，试样尺寸应适宜，从而在样品和浸渍液容器之间产生足够的间隙，质量应至少为1g。

当从较大的样品中切取试样时，应使用合适的设备以确保材料性能不发生变化。试样表面应光滑，无凹陷，以减少浸渍液中试样表面凹陷处可能存留的气泡，否则就会引入误差。

（3）步骤

① 在空气中称量由一直径不大于0.5mm的金属丝悬挂的试样的质量。试样质量不大于10g，精确到0.1mg；试样质量大于10g，精确到1mg，并记录试样的质量。

② 将用细金属丝悬挂的试样浸入放在固定支架上装满浸渍液的烧杯里，浸渍液的温度应为23℃±2℃（或27℃±2℃）。用细金属丝除去黏附在试样上的气泡。称量试样在浸渍液中的质量，精确到0.1mg。

如果在温度控制的环境中测试，整个仪器的温度，包括浸渍液的温度都应控制在23℃±2℃（或27℃±2℃）范围内。

③ 如果浸渍液不是水，浸渍液的密度需要用下列方法进行测定：称量空比重瓶质量，然后，在温度23℃±0.5℃（或27℃±0.5℃）下，充满新鲜蒸馏水或去离子水后再称量。将比重瓶倒空并清洗干燥后，同样在23℃±0.5℃（或27℃±0.5℃）温度下充满浸渍液并称量。用液浴来调节水或浸渍液以达到合适的温度。

按式(2.6)计算23℃或27℃时浸渍液的密度：

$$\rho_{IL}=\frac{m_{IL}}{m_w}\times\rho_w \tag{2.6}$$

式中，ρ_{IL}为23℃或27℃时浸渍液的密度，g/cm^3；m_{IL}为浸渍液的质量，g；m_w为水的质量，g；ρ_w为23℃或27℃时水的密度，g/cm^3。

（4）结果

① 对于密度大于浸渍液密度的试样，按式(2.7)计算23℃或27℃时试样的密度：

$$\rho_S=\frac{m_{S,A}\times\rho_{IL}}{m_{S,A}-m_{S,IL}} \tag{2.7}$$

式中，ρ_S为23℃或27℃时试样的密度，g/cm^3；$m_{S,A}$为试样在空气中的质量，g；$m_{S,IL}$为试样在浸渍液中的表观质量，g；ρ_{IL}为23℃或27℃时浸渍液的密度，g/cm^3，可由供货商提供或由前面浸渍液的密度公式计算得出。

② 对于密度小于浸渍液密度的试样，除下述操作外，其他步骤与上述方法

完全相同。

在浸渍期间，用重锤挂在细金属丝上，随试样一起沉在液面下。在浸渍时，重锤可以看作是悬挂金属丝的一部分。在这种情况下，浸渍液对重锤产生的向上的浮力是可以允许的。试样的密度用式(2.8) 来计算：

$$\rho_S=\frac{m_{S,A}\times\rho_{IL}}{m_{S,A}+m_{K,IL}-m_{S+K,IL}} \tag{2.8}$$

式中，ρ_S 为 23℃或 27℃时试样的密度，g/cm^3；$m_{K,IL}$ 为重锤在浸渍液中的表观质量，g；$m_{S+K,IL}$ 为试样加重锤在浸渍液中的表观质量，g。

③ 对于每个试样的密度，至少进行三次测定，取平均值作为试验结果，结果保留到小数点后第三位。

2.1.2.2 液体比重瓶法

(1) 仪器和浸渍液

① 仪器

天平：精确到 0.1mg。

固定支架：见浸渍法。

比重瓶：见浸渍法。

液浴：见浸渍法。

干燥器：与真空体系相连。

② 浸渍液　见浸渍法。

(2) 试样　试样应为接收状态的粉料、颗粒或片状材料，试样的质量应在 1～5g 的范围内。

(3) 步骤

① 称量干燥过的空比重瓶，在比重瓶中装上适量的试样，并称重。用浸渍液浸过试样并将比重瓶放在干燥器中，抽真空将其中的空气赶出。中止抽真空，然后将比重瓶装满浸渍液，将其放入 23℃±0.5℃（或 27℃±0.5℃）恒温液浴中恒温，然后将浸渍液准确充至比重瓶容量所能容纳的极限处。

将比重瓶擦干，称量盛有试样和浸渍液的比重瓶。

② 将比重瓶倒空清洁后烘干，装入煮沸过的蒸馏水或去离子水，再用上述方法排除空气，在测试温度下称量比重瓶和内容物的质量。

③ 如果浸渍液不是水，还应按浸渍法计算浸渍液的密度。

(4) 结果　试样在 23℃或 27℃时的密度按式(2.9) 计算：

$$\rho_S=\frac{m_S\times\rho_{IL}}{m_1-m_2} \tag{2.9}$$

式中，ρ_S 为 23℃或 27℃时试样的密度，g/cm^3；m_S 为试样的表观质量，g；

m_1 为充满空比重瓶所需液体的表观质量，g；m_2 为充满容有试样的比重瓶所需液体的表观质量，g；ρ_{IL} 为由供货商提供的或按浸渍法计算得到的在 23℃或 27℃时的浸渍液密度，g/cm^3。

每个样品至少应测三个试样，计算三次测试的平均值，结果保留到小数点后第三位。

2.1.2.3 滴定法

（1）仪器和浸渍液

① 仪器

液浴：同浸渍法。

玻璃量筒：容量为 250mL。

温度计：分度值为 0.1℃，温度范围适合于测试所需温度。

容量瓶：容积为 100mL。

搅拌棒：平头玻璃搅拌棒。

滴定管：容量为 25mL，分度值 0.1mL，可以放置在液浴中。

② 浸渍液　需要两种可互溶的不同密度的液体，其中一种液体的密度低于被测样品的密度，而另一种液体的密度高于被测样品的密度，表 2.2 中给出了几种液体体系的密度作为参考，表 2.3 中给出的试剂也可用于制备不同的混合液体系。必要时，可用几毫升液体进行快速初测。

在测试过程中，要求液体与试样接触对试样不产生影响。

表 2.2　几种液体体系的密度

体系	密度范围/(g/cm^3)
甲醇/苯甲醇	0.79～1.05
异丙醇/水	0.79～1.00
异丙醇/二甘醇	0.79～1.11
乙醇/水	0.79～1.00
甲苯/四氯化碳	0.87～1.60
水/溴化钠水溶液①	1.00～1.41
水/硝酸钙水溶液	1.00～1.60
乙醇/氯化锌水溶液②	0.79～1.70
四氯化碳/1,3-二溴丙烷	1.60～1.99
1,3-二溴丙烷/溴化乙烯	1.99～2.18
溴化乙烯/溴仿	2.18～2.89
四氯化碳/溴仿	1.60～2.89
异丙醇/甲基乙二醇乙酸酯	0.79～1.00

① 质量分数为 40%的溴化钠溶液的密度为 1.41g/cm^3。
② 质量分数为 67%的氯化锌溶液的密度为 1.70g/cm^3。
警告：以上某些化学品可能是有毒的。

表 2.3　可用于制备不同的混合液体系的试剂

试剂	密度/(g/cm^3)
正辛烷	0.70
二甲基甲酰胺	0.94
四氯乙烷	1.60
乙基碘	1.93
亚甲基碘	3.33

警告：以上某些化学品可能是有毒的。

（2）试样　试样应是无气孔的具有合适形状的固体。

（3）步骤

① 用容量瓶准确称量 100mL 较低密度的浸渍液，倒入干燥的 250mL 的玻璃量筒中，并将装浸渍液的量筒放入液浴中，恒温到 23℃±0.5℃（或 27℃±0.5℃）。

② 将试样放入量筒中，试样应沉入底部，且不应有气泡。搅拌几次，量筒及量筒内的试样在恒温液浴中稳定。

注：建议保持温度计始终在浸渍液中，测量期间检查达到热平衡的情况，特别是稀释热的散失情况。

③ 当液体的温度达到 23℃±0.5℃（或 27℃±0.5℃）时，用滴定管每次取 1mL 重浸渍液加入量筒中，每次加入后，用玻璃棒竖直搅拌浸渍液，防止产生气泡。

（4）结果　每次加入重浸渍液并搅拌后，观察试样的现象，起初试样迅速沉底，当加入较多的重浸渍液后，样片下沉的速率逐渐减慢。这时，每次加入 0.1mL 重浸渍液。同样每次加入后用玻璃棒竖直搅拌浸渍液，当最轻的试样在液体里悬浮，且能保持至少 1min 不做上下运动时，记录加入的重浸渍液的总量，这时混合液的密度相当于被测试样密度的最低限。

继续滴加重浸渍液，每次加入后用玻璃棒竖直搅拌浸渍液。当最重的试样在混合液中某一水平也能稳定至少 1min 时，记录所添加重浸渍液的总量，这时混合液的密度相当于被测试样密度的最高限。

对于每对液体（轻浸渍液和重浸渍液），建立加入重浸渍液的量与混合液体密度两者之间的函数关系曲线。曲线上每点所对应混合液体的密度可用比重瓶法来测定。

2.1.2.4　密度梯度柱法

（1）仪器和浸渍液

① 仪器

密度梯度柱：直径不小于 40mm，顶端有一个盖子。液体柱的高度应与所需的精度相匹配，刻度间隔一般为 1mm。

液体恒温浴：根据灵敏度的要求，按密度梯度柱的配制规定选择控温精度为±0.1℃或±0.5℃。

经校准的玻璃浮子：覆盖整个测试量程并在量程范围内均匀分布。

天平：精度为 0.1mg。

虹吸管或毛细填充管组合：用于向梯度柱或其他适宜的装置中注入密度梯度液，如图 2.1 或图 2.2 所示。

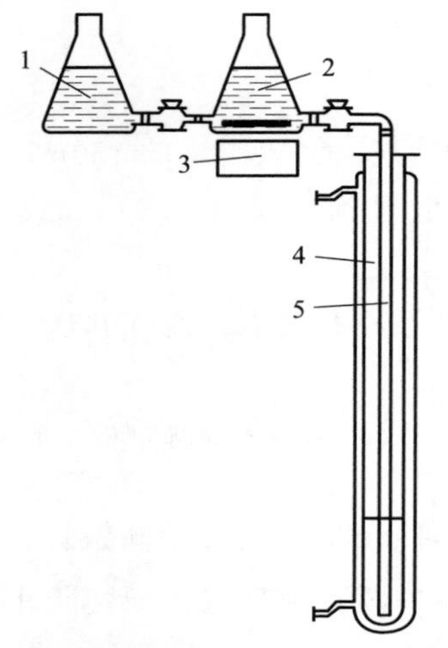

1—容器1(装重液)；2—容器2(装轻液)；3—磁力搅拌器；4—密度梯度柱；5—毛细填充管。

图 2.1　密度梯度柱的配制装置 1

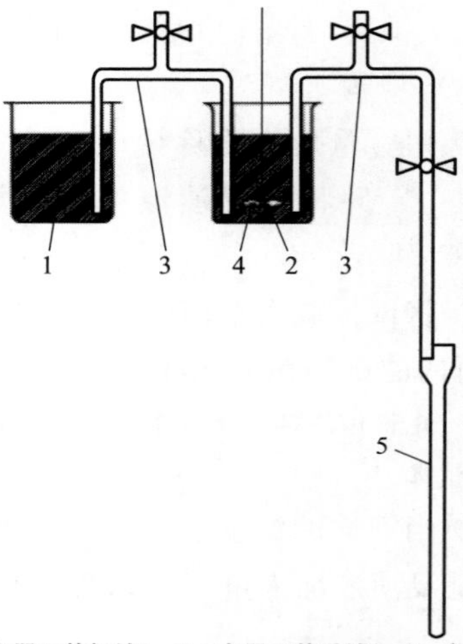

1—容器1(装轻液)；2—容器2(装重液)；3—虹吸管；4—搅拌棒；5—密度梯度柱。

图 2.2　密度梯度柱的配制装置 2

② 浸渍液　由两种密度不同的可互溶的液体制备，若使用纯液体，应为刚蒸馏过的液体。常用液体体系的密度参考见表 2.2，其他可用于制备不同的混合液体系的试剂见表 2.3。在测试过程中浸渍液不应对试样产生影响。

（2）试样　试样应为从被测材料上切出的形状容易辨认的小粒，控制试样的大小以确保其中心位置容易确定。

当从较大的样品中切取试样时，应确保材料的物理参数不因产生过多的热量而发生变化。试样表面应光滑、无凹陷，从而避免因试样表面有气泡存留而产生误差。

注：通常试样的直径小于 5mm。

（3）步骤

① 玻璃浮子的制备和校准　玻璃浮子应为采用任何便利方法制得的、直径不大于 8mm 且经过充分退火的近似球形物。

制备某一密度范围的玻璃浮子，需准备一系列 500mL 左右由两种浸渍液按不同比例配制的混合液。混合液的密度范围应覆盖密度梯度柱所测密度的整个范围，在室温条件下将浮子轻轻放入这些混合液中。

选取适宜的玻璃浮子并按下列步骤进行调整使其与相应的混合液的密度近似匹配：

a. 在玻璃板上用粒径小于 38μm（400 目）的碳化硅的稀浆液或其他适宜的擦拭剂打磨玻璃浮子。

b. 用氢氟酸刻蚀玻璃浮子。

确定以上得到的每一个玻璃浮子的精确密度。将浮子轻放到置于液体恒温浴中的混合液中，液体恒温浴的温度（t±0.1℃）为密度梯度柱的使用温度（23℃或 27℃）。如果浮子下沉，加入两种液体中较重的液体（相反如果浮子上浮，加入较轻的液体），然后轻轻地搅拌使混合液均匀。搅拌均匀后观察浮子在混合液中是否稳定不动。如果浮子向上或向下移动，则按上述步骤再次调节混合液的密度，直到浮子可以静止至少 30min 为止。

当浮子达到平衡时混合液的密度记为该浮子的密度，该混合液的密度用液体比重瓶法或其他适宜的方法确定。浮子的密度应精确到 0.0001g/cm^3。

② 密度梯度柱的配制

a. 将密度梯度柱放到液体恒温浴中，从表 2.2 中选取合适的浸渍液体系。若要求精度为 0.001g/cm^3，液浴的温度应控制在±0.5℃以内，且整个密度梯度柱的上下密度差应小于 0.2g/cm^3（最好小于 0.1g/cm^3）。若要求精度为 0.0001g/cm^3，液浴的温度应控制在±0.1℃以内，且整个密度梯度柱的上下密度差应小于 0.02g/cm^3（最好小于 0.01g/cm^3）。梯度柱的最顶端和最底端的数据最好不要使用，且校准区域以外的读数不可取。

b. 配制密度梯度柱的方法很多，下面介绍其中的两种方法，见方法 1 和方法 2。

方法 1：将两个相同形状和体积的容器按图 2.1 组装。选取一定量的两种液体，要求两种液体都经缓慢加热或施真空而排除了气体，超声波清洗器也是一种较为有效的方法。

将一定量的轻液加入容器 2 中（总量至少为梯度柱所需浸渍液量的一半），打开磁力搅拌，调节搅拌速度使得液面不发生剧烈振动。将同样量的重液加入容器 1 中，注意不要将空气带入其中，打开容器 2 的阀门，用轻液充满毛细填充管，毛细填充管用来控制液体的流速。向密度梯度柱底部开始缓慢注入液体，直到液面达到梯度柱顶（配制一个密度梯度柱可能需要 1～1.5h，有时需要更长时间，取决于密度梯度柱的体积）。

使用前应将制好的密度梯度柱放置至少 24h。

用式(2.10) 来计算某一时刻容器 2 中液体的密度 ρ_2：

$$\rho_2=\rho_{max}-\frac{2\times(\rho_{max}-\rho_{min})\times V_1}{V} \tag{2.10}$$

式中，ρ_{min} 为所配密度范围的下限，其值应比密度梯度柱中最轻的经校准的浮子的密度小 0.01g/cm^3；ρ_{max} 为所需密度范围的上限，也就是容器 1 中液体的密度。应比密度梯度柱中最重的经校准的浮子的密度大 0.005g/cm^3；V 为某一时刻密度梯度柱中液体的总体积，cm^3；V_1 为容器 1 液体的初始体积，cm^3。

方法 2：按图 2.2 来组装仪器。此方法除以下几个步骤外其他与方法 1 相同：

重液放入容器 2，轻液放入容器 1 中；

用虹吸管将液体从容器 1 吸入到容器 2，然后再从容器 2 虹吸到密度梯度柱中，与梯度柱相连的虹吸管末端应为毛细填充管，填充管上端有阀门以控制液体流速；

浸渍液先虹吸到密度梯度柱顶部，然后顺着密度梯度柱的内壁缓慢流下。

按式(2.11) 计算密度 ρ_2：

$$\rho_2=\rho_{min}-\frac{2\times(\rho_{min}-\rho_{max})\times V_1}{V} \tag{2.11}$$

式中，ρ_{min} 为所配密度范围的下限，其值应比密度梯度柱中最轻的经校准的浮子的密度小 0.01g/cm^3；ρ_{max} 为所需密度范围的上限，也就是容器 1 中液体的密度。应比密度梯度柱中最重的经校准的浮子的密度大 0.005g/cm^3；V 为某一时刻密度梯度柱中液体的总体积，cm^3；V_1 为容器 1 液体的初始体积，cm^3。

c. 先在轻液中浸湿清洁的浮子，然后依次将浮子轻轻放入密度梯度柱中，如果浮子聚集而没有在整个梯度柱中均匀地分散开，则应取出浮子废弃混合液并重新配制密度梯度柱。

如果密度测定的精度要求为 0.001g/cm^3，则应在 0.01g/cm^3 密度范围内至少分布 1 个浮子；如果密度测定的精度要求为 0.0001g/cm^3，则应在 0.001g/cm^3 的密度范围至少分布 1 个浮子；至少需要 5 个浮子才能形成一条合理的校准曲线。

d. 密度梯度柱配制好后，盖好盖子，恒温 24～48h。恒温结束后，测量每一个浮子中心位置距离柱子底部的距离，精确到 1mm，绘制出浮子密度（ρ）-浮子高度（H）曲线。

浮子密度-高度曲线的有效部分应是一条单调的、无间断的、拐点不多于一个的、近似线性的曲线，否则梯度液应废弃并重新配制密度梯度柱。

③ 测定　用配制密度梯度柱时所用的轻液将 3 个试样进行润湿，而后将试样依次轻轻地放入梯度柱中。试样在梯度柱中达到稳定需要 10min 或更长时间，

厚度小于 0.05mm 的薄膜试样需要至少 1.5h 才能达到平衡。薄膜试样建议几小时后应复查一下薄膜试样的位置。

注 1：测试过程中试样表面有气泡是产生误差的最常见的原因之一。

注 2：在梯度柱上施以真空或用一个细铁丝小心地去除试样表面的气泡。

以前测试留在梯度柱中的试样可以用一个铁丝网做的篮子以极慢的速度在不破坏其密度梯度的情况下打捞出来。清干净后，篮子再缓慢放回到梯度柱的底部。需强调的是，为了不破坏密度梯度，这一步骤应以极慢的速度（约 10mm/min）进行。为方便打捞可以使用一种计时马达，打捞之后应对密度梯度柱进行校准，之后再使用。

（4）结果　试样的密度可以由曲线法或者根据试样在梯度柱中的位置用计算法得出。

① 曲线法　绘制浮子密度（ρ）-浮子高度（H）曲线，图要足够大，以确保曲线中的点所对应的坐标值可以精确到$\pm 0.0001 g/cm^3$ 和$\pm 1mm$。然后在曲线上找出试样的高度值，根据试样的高度找到对应的密度值。

② 计算法　按式(2.12）用内插法计算每一个试样的密度 $\rho_{S,x}$：

$$\rho_{S,x}=\rho_{F1}+\frac{(x-y)\times(\rho_{F2}-\rho_{F1})}{z-y} \tag{2.12}$$

式中，ρ_{F2} 和 ρ_{F1} 分别为紧邻试样下端和上端两个浮子的密度；x 表示试样距某一基准水平面的垂直距离；y 和 z 表示密度为 ρ_{F2} 和 ρ_{F1} 的两个浮子距该基准水平面的垂直距离。

注 1：计算法不能显示出校准误差，只能用曲线法检测出来这些误差。只有相关密度范围内校准为线性时，才可以使用计算法。

注 2：两种方法得出的密度都应精确到 $0.0001 g/cm^3$。

如果每个浮子的位置与其密度不呈线性关系，试样的密度可采用二阶方程曲线内插法求得。

2.1.2.5　气体比重瓶法

（1）仪器和材料

① 分析天平：精度为 0.1mg。

② 气体比重瓶：具有适当的容积，精度为标称容积的 0.01%。

注：如果尽可能地使试样充满空间将会提高准确度。其校准和操作程序参照 GB/T 1033.3—2010 附录 A。

③ 测量气体：推荐使用压力为 300kPa、纯度不小于 99.99%的氦气，也可为其他无腐蚀和无吸附的气体，例如干燥的空气。

④ 恒温控制浴或小密封室：能够保持所需要的试验温度 t，推荐是 23℃±1℃。另外，也可利用带有内插式温度控制装置的气体比重瓶。

（2）试样

① 若进行状态调节，在体积测量之前，应先将试样干燥至恒重。慎重选择适当的干燥条件以防止试验材料密度的改变。

② 试验材料可分为粉末状、颗粒状、片状和薄片。其他材料也可切割成适宜于所使用的气体比重瓶容积尺寸的任意形状。避免在切割时由于压缩应力引起密度改变。

含有闭孔的材料要以适宜方法准备试样，例如用磨碎的方法。

③ 如果状态调节可能使试样密度的变化值大于测定所要求的精度，试验前应按相关材料标准进行状态调节。有时，可能会要求在规定湿度或达到恒定结晶度的条件下进行状态调节。

④ 如果测量密度随时间或环境条件变化，试样状态调节条件应按各方协商一致的规定进行校准。

（3）步骤

① 校准　调整气体比重瓶的温度到所需值，推荐为23℃±1℃。调节气体比重瓶内容积达到所需值或测量气体比重瓶容积。测量已知密度的校准试样质量，精度为0.1mg，或使用已知体积的校准试样。将校准试样放入测量室内，用测量气体吹扫3min以排除空气和试样表面吸附的湿气。如果有必要，允许追加时间使温度平衡。当达到预设温度时，按照所使用气体比重瓶类型的具体操作方法放入试样，测量容积变化或产生的压力变化。按式(2.13）或式(2.14）测量校准因子k_c。

$$k_c=\frac{V_c}{V_c^0} \tag{2.13}$$

$$k_c=\frac{V_c\rho_c^0}{m_c} \tag{2.14}$$

式中，k_c为校准因子；V_c为校准试样的测量体积，mL；V_c^0为校准试样的已知体积，mL；ρ_c^0为校准试样的已知密度，g/mL；m_c为校准试样的质量，g。

注： 当使用压力型仪器时，试样的体积可根据理想气体压力-体积关系式（玻依耳-马略特定律）通过压力变化计算。某些气体比重瓶可自动算出试样的体积。

如果气体比重瓶容积或温度变化，或使用不同的测量气体或测量气体压力有较大变化时，应重新校准气体比重瓶。

② 检测　按校准描述的步骤，进行试样的测试。

（4）结果　用式(2.15）计算密度：

$$\rho_S^t=\frac{m_S}{V_S^t}k_c \tag{2.15}$$

式中，ρ_S^t为温度t时试样的密度，g/mL；m_S为试样的质量，g；V_S^t为温度t时试验试样的体积，mL。

同一材料至少取 3 个样进行测定。

2.1.3 讨论

① 浸渍法、液体比重瓶法、滴定法、密度梯度柱法等，必要时需对空气浮力进行校准。由于称量是在空气中进行，当测试结果的准确度在 0.2%～0.05% 范围之间时，应校正所得到的表观密度值，以抵消空气浮力对试样和所用砝码产生的影响。

真实质量用式(2.16) 计算：

$$m_{T}=m_{app}\times\left(1+\frac{\rho_{air}}{\rho_{S}}-\frac{\rho_{air}}{\rho_{L}}\right) \tag{2.16}$$

式中，m_T 为真实质量，g；m_{app} 为表观质量，g；ρ_{air} 为空气的密度，g/cm^3，23℃或 27℃时空气的密度是 $0.0012g/cm^3$；ρ_S 为试样在 23℃或 27℃时的密度，g/cm^3；ρ_L 为所用重物的密度，g/cm^3。

为了提高准确性，可以考虑空气的压力和温度对其密度的影响，按式(2.17) 计算：

$$\rho_{air}=\frac{131}{1+0.00367\times t}\times\frac{1}{P} \tag{2.17}$$

式中，t 为测试温度，℃；P 为大气压，Pa。

② 滴定法所列表中某些化学品可能有毒，使用时应小心。

③ 气体比重瓶的试验材料可为粉末状、颗粒状、片状和薄片。其他材料也可切割成适宜于所使用的气体比重瓶容积尺寸的任意形状。避免在切割时由于压缩应力引起密度改变。含有闭孔的材料要以适宜方法准备试样，例如用磨碎的方法。

④ 测试过程中试样表面有气泡是产生误差的最常见的原因之一，测试时应尽量防止气泡产生，也可用一个细铁丝小心地去除试样表面的气泡。

⑤ 在液体中称量时应尽可能快地称量，以减少试样对液体的吸收。

2.2 粉粒料表观密度

2.2.1 概述

本节介绍的表观密度测定方法，用于测定能从规定漏斗流出的松散材料（粉料或料粒）表观密度。

(1) 检测方法、采用标准、适用范围

粉粒料表观密度的检测方法、采用标准、适用范围见表 2.4。

表 2.4　粉粒料表观密度的检测方法、采用标准、适用范围

检测项目名称	检测方法	采用标准		适用范围
		国内标准	国际标准	
粉粒料表观密度	表观密度法	GB/T 1636—2008《塑料　能从规定漏斗流出的材料表观密度的测定》	ISO 60:1977《塑料专用漏斗注入的材料表观密度的测定》	适用于能从规定漏斗流出的松散材料（粉料或粒料）的塑料

（2）原理　粉粒料表观密度是指粉状或松散材料在规定容积状态下，单位体积的重量。

若模塑料在模塑条件下的密度相近，则表观密度对于评价模塑料的相对松散性或对体积有一定价值。

2.2.2　检测方法

（1）仪器

① 天平：精确至 0.1g。

② 量筒：金属制成，内部光滑，容积为 100mL±0.5mL，内径 45mm±5mm。

③ A 型漏斗：形状与尺寸见图 2.3。

④ B 型漏斗：形状与尺寸见图 2.4。

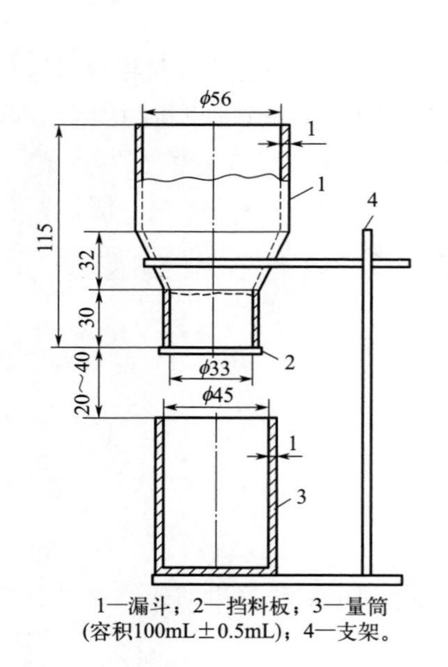

图 2.3　A 型漏斗表观密度测量装置（单位：mm）

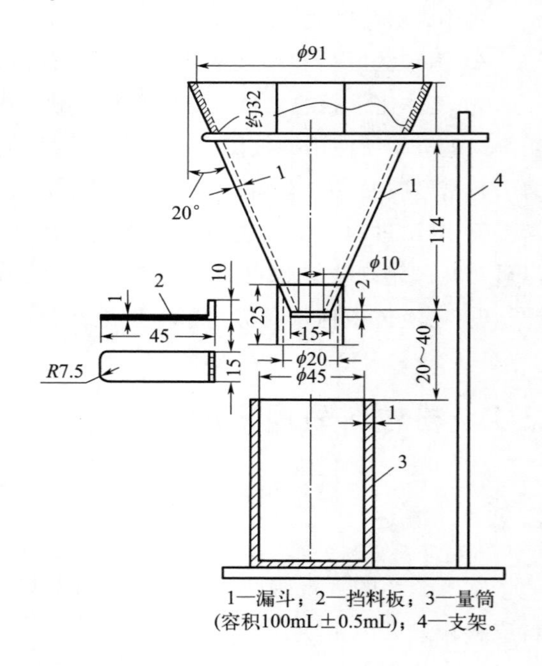

图 2.4　B 型漏斗表观密度测量装置（单位：mm）

（2）试样 塑料：粉料或粒料。

（3）步骤

① 将 A 型漏斗垂直固定，其下端出口距量筒正上方 20～30mm，并尽可能与量筒同轴线。在测试粉料时也可使用 B 型漏斗。

试验前将试样混匀，用量杯量取试样 110～120mL。用挡板封住漏斗下端小口，将试样倒入漏斗中。

② 迅速移去挡板，使试样自然流进量筒，装满试样的量筒不得震动。必要的话，对于热固性模塑料可以用一根小棒松动试样帮助流动；如果由于静电，试样不流动，可以加入少量 γ-氧化铝、炭黑或乙醇重新进行试验。

用直尺刮去量筒上部多余的试样，用天平称量，精确至 0.1g。

③ 对试样应进行两次测定（已测试样不得重复使用）。

（4）结果 材料表观密度 D_a，单位以克每毫升（g/mL）表示，按式(2.18)计算：

$$D_a=\frac{m}{V} \tag{2.18}$$

式中，m 为量筒中试样的质量，g；V 为量筒的容积，mL。

试验结果以两次测定的算术平均值表示，取两位有效数字。

2.2.3 讨论

本方法应用于比较粗的材料时，由于直尺刮平量筒上部多余的试样时会引入误差，所以测试结果可能会产生误差。

2.3 炭素材料真密度

2.3.1 概述

真密度是炭素材料的质量与真体积（不包含气孔在内）的比值，以百分数来表示。

（1）检测方法、采用标准、适用范围

炭素材料真密度的检测方法、采用标准、适用范围见表 2.5。

表 2.5 炭素材料真密度的检测方法、采用标准、适用范围

检测项目名称	检测方法	采用标准	适用范围
		国内标准	
炭素材料真密度	煮沸法	GB/T 24203—2009《炭素材料真密度、真气孔率测定方法 煮沸法》	适用于炭素材料的真密度的测定

（2）原理　试样置于蒸馏水或无水乙醇中煮沸排气后，用密度瓶测其 25℃时的密度。

炭素材料真密度的大小可以说明材料基本质点的致密程度及排列规整化程度，测定不同品种炭质材料、原料、焙烧半成品真密度可以了解原料的炭化程度及在不同条件下的热处理程度，如煅烧、焙烧、石墨化程度等。测量真密度的大小可以推测炭素材料的其他物理化学性能（因真密度与电阻率成反比，与抗氧化性能成正比，等等）。

2.3.2　检测方法

2.3.2.1　仪器、设备和试剂

（1）仪器、设备

① 长颈密度瓶：25℃时容积为 25mL，瓶颈内径 3.5～4.5mm，或使用 25℃时容积为 25mL 的毛细管密度瓶。

② 滴瓶：容积 50～125mL。

③ 恒温水浴：能控温在 25℃±0.2℃。

④ 分析天平：感量 0.1mg。

⑤ 鼓风干燥箱：具有自动调温装置，可加热到 300℃。

⑥ 干燥器：内装干燥剂。

⑦ 定性滤纸。

⑧ 电热板或可调温电炉。

⑨ 温度计：0～50℃，分度值 0.1℃。

⑩ 烧杯：300mL。

（2）试剂

① 无水乙醇：99.7%，分析纯。

② 硫酸：密度 1.84g/cm^3，分析纯。

③ 丙酮：分析纯。

④ 重铬酸钾：分析纯。

2.3.2.2　试样

炭素材料按 GB/T 1427 取样，将试样破碎到 1mm 以下（若试样潮湿应先在鼓风干燥箱内 150℃±10℃干燥 20min），缩分至 50～60g，全部细碎通过 0.15mm 的方孔标准筛。

2.3.2.3　步骤

（1）密度瓶的标定　密度瓶的标定应在 25℃±0.2℃下进行。

① 密度瓶质量的测定：首先将密度瓶浸泡在浓硫酸重铬酸钾饱和溶液中，浸泡1～2h取出，用水冲洗，再分别用无水乙醇、丙酮洗涤，最后用蒸馏水清洗，放入干燥箱中，在120℃±5℃下烘干2h。取出放到干燥器中，冷却至室温称其质量，精确至0.0001g。反复几次测定，至少有三次以上称量误差在0.0004g以内，取平均值为密度瓶质量。

② 密度瓶水值（密度瓶加蒸馏水的质量）的测定：将已测质量的密度瓶注入无气泡的蒸馏水和滴瓶一同置于恒温水浴中，水浴水面应稍高于密度瓶的刻度线。在25℃±0.2℃下恒温20min，在密度瓶不拿出水浴的情况下，用滤纸卷或滴瓶吸出或补充密度瓶内蒸馏水，使其液面准确至刻度线处，并将液面以上的内壁擦净（如用毛细管密度瓶应立即盖好瓶塞）。取出密度瓶，用洁净毛巾仔细擦干密度瓶的外部，迅速称其质量，精确至0.0001g。反复测定几次，至少有三次以上。密度瓶水值称量误差不大于0.0024g，取其平均值，为密度瓶水值。

（2）试样真密度的测定

① 蒸馏水能浸润的试样真密度测定：称取试样3g，精确至0.0002g，置于清洁的密度瓶中，注入无气泡的蒸馏水至瓶2/3处，煮沸3min，此时不允许试样溅出，取下瓶后，注入无气泡蒸馏水稍高于刻线处，同注入蒸馏水的滴瓶一同放入恒温水浴中，在25℃±0.2℃下保持30min以上，用滤纸卷或滴瓶调整蒸馏水液面至刻线处并将液面以上的内壁擦净（如用毛细管密度瓶，应立即盖好瓶塞），取出后用洁净毛巾仔细擦干瓶外部，迅速称其质量。

② 无水乙醇能够浸润的试样真密度测定：称取试样3g，精确至0.0002g，置于干燥的密度瓶中。将烧杯中的无水乙醇煮沸后分别注入密度瓶和一个空白密度瓶约2/3处，同时煮沸3min，此时不允许试样溅出。取下瓶后，注入无水乙醇高于刻线处同时盖上胶塞，同注入无水乙醇的滴瓶一同放入恒温水浴中，在25℃±0.2℃下保持30min以上，用滤纸卷或滴瓶调整无水乙醇液面至刻线处并将液面以上的内壁擦净，取出后用洁净毛巾仔细擦干瓶外部，迅速称其质量。

2.3.2.4　结果——真密度的计算

（1）密度瓶容积（V）按式(2.19)计算：

$$V=\frac{m_1-m_0}{\rho} \tag{2.19}$$

式中，V为密度瓶的容积，mL；m_0为密度瓶的质量，g；m_1为密度瓶的水值，g；ρ为25℃水的密度，$\rho=0.99705\text{g/cm}^3$。

（2）蒸馏水能浸润的试样真密度（D_{t1}）按式(2.20)计算：

$$D_{t1}=\frac{m_2}{V-\dfrac{m_3-(m_0+m_2)}{\rho}}=\frac{m_2}{\dfrac{(m_1+m_2)-m_3}{\rho}} \tag{2.20}$$

式中，D_{t1} 为试样真密度，g/cm^3；m_0 为密度瓶的质量，g；m_1 为密度瓶的水值，g；m_2 为试样的质量，g；m_3 为装有试样和蒸馏水的密度瓶的总质量，g；ρ 为 25℃水的密度，$\rho=0.99705$g/cm^3；V 为密度瓶的容积，mL。

(3) 无水乙醇能浸润的试样真密度

① 无水乙醇密度 (ρ_1) 按式(2.21) 计算：

$$\rho_1=\frac{m_4-m_0}{V} \tag{2.21}$$

式中，ρ_1 为 25℃无水乙醇的密度，g/cm^3；m_0 为空白密度瓶的质量，g；m_4 为空白密度瓶的乙醇值（密度瓶加无水乙醇的质量），g；V 为空白密度瓶的容积，mL。

② 无水乙醇能浸润的试样真密度 (D_{t2}) 按式(2.22) 计算：

$$D_{t2}=\frac{m_2}{\dfrac{V\rho_1-[m_5-(m_0+m_2)]}{\rho_1}}=\frac{m_2\rho_1}{V\rho_1-[m_5-(m_0+m_2)]} \tag{2.22}$$

式中，D_{t2} 为试样真密度，g/cm^3；m_0 为密度瓶的质量，g；m_2 为试样的质量，g；m_5 为装有试样和无水乙醇的密度瓶的总质量，g；ρ_1 为 25℃无水乙醇的密度，g/cm^3；V 为密度瓶的容积，mL。

2.3.3 讨论

密度瓶水值每三个月须标定一次。

2.4 纤维增强塑料密度

2.4.1 概述

单位体积纤维增强塑料在 t 时的质量称为 t 时的密度，符号为 ρ_t，单位为 g/cm^3。t 通常指标准实验室温度 23℃。

纤维增强塑料的相对密度，是指一定体积材料的质量与同温度等体积的参比物质量之比。

测量纤维增强塑料密度对了解纤维增强塑料的物理结构状态、产品质量性能及有关体积计算有重要意义。

(1) 检测方法、采用标准、适用范围　纤维增强塑料密度的检测方法、采用标准、适用范围见表 2.6。

表 2.6　纤维增强塑料密度的检测方法、采用标准、适用范围

检测项目名称	检测方法	采用标准		适用范围
		国内标准	国际标准	
纤维增强塑料密度	浮力法	GB/T 1463—2005《纤维增强塑料密度和相对密度试验方法》	ASTM D792:98《塑料密度和比重（相对密度）的标准试验方法——置换法》	适用于吸湿性弱的纤维增强塑料的板状、棒状、管状和模压试样的密度测定
	几何法			适用于吸湿性强的纤维增强塑料的板状、棒状、管状和模压试样的密度测定

（2）原理

① 浮力法：根据阿基米德原理，以浮力来计算试样体积。试样在空气中的质量除以其体积即为试样材料的密度。

② 几何法：制取具有规则几何形状的试样，称其质量，用测量的试样尺寸计算试样体积，试样质量除以试样的体积等于试样的密度。

浮力法适用于吸湿性弱的材料，几何法适用于吸湿性强的材料。

2.4.2　检测方法

2.4.2.1　浮力法

（1）仪器和材料

天平：感量 0.0001g。

支架：稳固的支承架，可跨在天平托盘的上方，放置浸泡用容器，如图 2.5 所示。

容器：烧杯或其他广口容器，盛水和浸泡试样。

金属丝：直径小于 0.125mm，长度适当。

材料：蒸馏水或去离子水，通过煮沸和冷却，充分脱除气泡。

（2）试样

① 试样制备

a. 机械加工法　试样的取位区，一般宜距板材边缘（已切除工艺毛边）30mm 以上，最小不得小于 20mm。若取位区有气泡、分层、树脂淤积、皱褶、翘曲、错误铺层等缺陷，则应避开。

若对取位区有特殊要求或需从产品中取样时，则按有关技术要求确定，并在试验报告中注明。

纤维增强塑料一般为各向异性，应按各向异

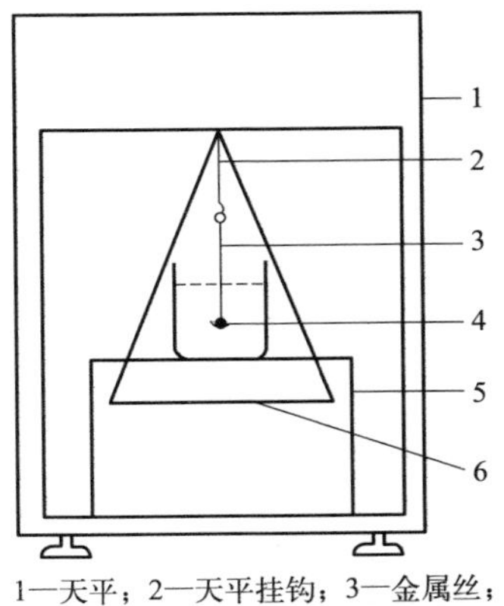

1—天平；2—天平挂钩；3—金属丝；4—试样；5—支承架(架在称量托盘之上，不与托盘及其吊线接触)；6—称量托盘。

图 2.5　密度测量装置

性材料的两个主方向或预先规定的方向（例如板的纵向和横向）切割试样，且严格保证纤维方向和铺层方向与试验要求相符。

纤维增强塑料试样应采用硬质合金刃具或砂轮片等加工。加工时要防止试样产生分层、刻痕和局部挤压等机械损伤。

加工试样时，可采用水冷却（禁止用油）。加工后，应在适宜的条件下对试样及时进行干燥处理。

对试样的成形表面不宜加工。当需要加工时，一般单面加工，并在试验报告中注明。

b. 模塑法　模塑成型的试样按产品标准或技术规范的规定进行制备。在试验报告中注明制备试样的工艺条件及成型时受压的方向。

② 试样尺寸　试样可为尺寸适中和任何形状，体积不小于 $1cm^3$，表面和边应光滑，通常试样质量为 1～5g。

③ 试样数量　试样数量为 5 个。试样需经外观检查，如有缺陷和不符合尺寸及制备要求者，应予作废。

④ 试样状态调节　试验前，试样在实验室标准环境条件温度 23℃±2℃，相对湿度 50%±10%，至少放置 24h。

若不具备实验室标准环境条件时，选择接近实验室标准环境条件的实验室环境条件。

(3) 步骤　在空气中称量试样的质量（m_1）和金属丝的质量（m_3），精确到 0.0001g。

测量和记录容器中水的温度，水的温度应为 23℃±2℃。

容器置于支架上，将由该金属丝悬挂着的试样全部浸入到容器内的水中。容器绝不能触到金属丝或试样。用另一根金属丝尽快除去黏附在试样和金属丝上的气泡。称量水中试样的质量（m_2），精确到 0.0001g。除有其他的规定，应尽可能快地称量，以减少试样吸收的水。

按规定的试样数量重复测定。

(4) 结果

① 试样密度　按式(2.23) 计算：

$$\rho_t = \frac{m_1}{m_1 + m_3 - m_2} \times \rho_w \tag{2.23}$$

式中，ρ_t 为试样在 t 时的密度，kg/m^3；m_1 为试样在空气中的质量，g；m_2 为试样悬挂在水中的质量，g；m_3 为金属丝在空气中的质量，g；ρ_w 为水在 t 时的密度，kg/m^3，在 23℃下的值为 $997.6kg/m^3$。

② 平均结果　单个测试值：ρ_{t1}，ρ_{t2}，ρ_{t3}，…，ρ_{ti}。

5 个测试值的算术平均值 $\overline{\rho_t}$ 按式(2.24) 计算，取三位有效数字。

$$\overline{\rho_t}=\frac{\sum_{i=1}^{5}\rho_{ti}}{5} \tag{2.24}$$

式中，$\overline{\rho_t}$ 为组测试值的算术平均值；ρ_{ti} 为单个测试值。

2.4.2.2　几何法

（1）仪器

天平：感量 0.001g。

游标卡尺：精度 0.01mm。

（2）试样　试样应为规则的几何体，如长方体或圆柱体，其任一个特征方向的尺寸不得小于 4mm，试样体积必须大于 $10cm^3$。

其他条件同浮力法。

（3）步骤　在空气中称量试样的质量（m），精确到 0.001g。在试样每个特征方向均匀分布的三点上，测量试样尺寸，精确到 0.01mm。三点尺寸相差不应超过 1%。取三点的算术平均值作为试样此方向的尺寸，从而得到试样的体积（V）。按规定的试样数量重复测定。

（4）结果　试样密度按式(2.25）计算：

$$\rho_t=\frac{m}{V}\times10^{-3} \tag{2.25}$$

式中，ρ_t 为试样在 t 时的密度，kg/m^3；m 为试样的质量，g；V 为试样的体积，m^3。

平均结果取值同浮力法。

2.4.3　讨论

① 该方法不适用于密度小于 $1000kg/m^3$ 的材料。

② 加工试样时，可采用水冷却（禁止用油）。加工后，应在适宜的条件下对试样及时进行干燥处理。

③ 测试过程中应防止气泡黏附在试样或金属丝上，可用另一根金属丝尽快除去黏附在试样和金属丝上的气泡。在水中称量时应尽可能快地称量，以减少试样对水的吸收。

2.5　塑料吸水性

2.5.1　概述

塑料吸水性是塑料的重要物理性能之一，它对塑料制品的机械强度、电性能、热性能、化学稳定性等都有很大的影响。这里介绍常用塑料的一种吸水性测试方法。

（1）检测方法、采用标准、适用范围　塑料吸水性的检测方法、采用标准、适用范围见表 2.7。

表 2.7　塑料吸水性的检测方法、采用标准、适用范围

检测项目名称	检测方法	采用标准		适用范围
		国内标准	国际标准	
塑料吸水性	单相费克扩散法	GB/T 1034—2008《塑料　吸水性的测定》	ISO 62：2008《塑料——吸水性的测定》	适用于大多数塑料，但不适用于具有吸水性和毛细管效应的泡沫塑料、颗粒或粉末以及多相材料

（2）原理　将试样浸入 23℃蒸馏水中或沸水中，或置于相对湿度为 50%的空气中，在规定温度下放置一定时间，测定试样开始试验时与吸水后的质量差异，以质量差异计算初始质量的百分率。如有必要，可测定干燥除水后试样的失水量。

在某些应用中，需要使用温度 70～90℃、相对湿度 70%～90%的条件。相关方协商后也可使用比本方法推荐的更高的温度和湿度。

2.5.2　检测方法

（1）仪器

天平：精度为±0.1mg。

烘箱：具有强制对流或真空系统，能控制在 50.0℃±2.0℃或其他商定温度的烘箱。

容器：用以盛蒸馏水或同等纯度的水，装有能控制水温在规定温度的加热装置。

干燥器：装有干燥剂（如 P_2O_5）。

测定试样尺寸的量具：如需要，精度为±0.1mm。

（2）试样

① 概述　每一种材料最少用三个试样进行试验。试样可用模塑或机械加工方法制备。

当试样表面有影响吸水性的材料污染时，应使用对塑料及其吸水性无影响的清洁剂擦拭。试样清洁后，在 23.0℃±2.0℃、相对湿度 50%±10%环境下干燥至少 2h 再开始试验。处理样品时应戴干净的手套以防止污染试样。

清洁剂应不影响吸水性。测定平衡吸水量应按下述方法 1 和方法 4 进行，清洁剂的影响可忽略。

② 均质塑料方形试样 除非相关方有其他规定，方形试样的长度和宽度均为尺寸60mm±2mm，厚度为1.0mm±0.1mm。可按照适用于试验材料的条件模塑（或用材料使用者推荐的条件）。对于有些材料（如聚酰胺、聚碳酸酯和某些增强塑料），用1mm厚试样不能给出有意义的结果。此外有些产品说明书在测定吸水性时要求使用更厚的试样。在这些情况下，可用2.05mm±0.05mm厚的试样。如果使用的试样厚度不为1mm，试样厚度应在试验报告中说明。

试样对于边角的半径没有要求。试样的边角应光滑、干净，以防止在试验中材料从边角损失。

一些材料具有模塑收缩性，如果这些材料的模塑试样尺寸在前面所述方形尺寸的下限，最后试样的尺寸可能超过本标准规定的公差，应在试验报告中说明。

③ 各向异性的增强塑料试样 对于一些增强塑料，如碳纤维增强环氧树脂，用小试样时由增强材料引起的各向异性扩散效应会产生错误的结果。考虑到这种情况，试样应符合以下要求，并且试样的特殊尺寸和制备方法应在试验报告中说明。

a. 标称方形板或曲面板应满足式(2.26)：

$$\omega \leqslant 100d \tag{2.26}$$

式中，ω为标称边长，mm；d为标称厚度，mm。

b. 为使试样边缘的吸水性最小，用不锈钢箔或铝箔粘在100mm×100mm方形板的边缘。当制备该试样时，由于铝箔和黏合剂质量的影响，黏合铝箔前后需小心称量样品。用吸水性差的黏合剂不会影响试验结果。

④ 管材试样 除非其他标准另有规定，管材试样应具有如下尺寸：

a. 内径小于或等于76mm的管材，沿垂直于管材中心轴的平面从长管中切取长25mm±1mm的一段作为试样，可以用机械加工、锯或剪切作用切取没有裂缝的光滑边缘。

b. 内径大于76mm的管材，沿垂直于管材中心轴的平面从长管中切取长76mm±1mm（沿管的外表面测量）、宽25mm±1mm的一段作为试样，切取的边缘应光滑没有裂缝。

⑤ 棒材试样 棒材试样应具有如下尺寸：

a. 对于直径小于或等于26mm的棒材，沿垂直于棒材长轴方向切取长25mm±1mm的一段作为试样。棒材的直径为试样的直径。

b. 对于直径大于26mm的棒材，沿垂直于棒材长轴方向切取长13mm±1mm的一段作为试样。棒材的直径为试样的直径。

⑥ 取自成品、挤出物、薄片或层压片的试样 除非其他标准另有规定，从产品上切取一小片：满足方形试样要求，或被测材料的长、宽为61mm±1mm，一组试样有相同的形状（厚度和曲面）。用于制备试样的加工条件需相关方协商一致。如果标称厚度大于1.1mm，如无特殊要求，仅在一面机械加工试样的厚

度至1.0～1.1mm。

当加工层压板的表面对吸水性影响较大，试验结果无效时，应按照试样的原始厚度和尺寸进行试验，并在试验报告中说明。

(3) 步骤

① 概述　某些材料可能需要在称量瓶中称量。经相关方协商可采用下列所述干燥方法以外的干燥方法。当材料的吸水率大于或等于1%时，样品需要精确称量至±1mg，质量波动允许范围为±1mg。

② 通用条件　试验前应小心干燥试样。如在50℃，需要干燥1～10d，确切的时间依赖于试样厚度。

在浸水过程中为了避免水中的溶出物变得过浓，试样总表面积每平方厘米至少用8mL蒸馏水，或每个试样至少用300mL蒸馏水。

将每组三个试样放入单独的容器内完全浸入水中或暴露在相对湿度50%环境中（下述方法4）。

组成相同的几个或几组试样在测试时，可以放入同一容器内并保证每个试样用水量不低于300mL。但试样之间或试样与容器之间不能有面接触。

对于密度低于水的样品，样品应放在带有锚的不锈钢栅格内浸入水中。注意样品表面不要接触锚。

浸入水中的时间应按下述方法1、方法2规定。经相关方协商可采用更长时间。对此应采用下述措施：在23℃水中试验时，每天至少搅动容器中的水一次。用沸水中试验时，应经常加入沸水以维持水量。

在称量时试样不应吸收或释放任何水，试样应从暴露环境取出（如需要，除去任何表面水）后立即称量，对于薄试样和高扩散系数的材料尤其应当小心。

1mm厚的试样和高扩散系数的材料第一次称量应在2h和6h之后。

方法1：23℃水中吸水量的测定

将试样放入50.0℃±2.0℃烘箱内干燥至少24h，然后在干燥器内冷却至室温，称量每个样品，精确至0.1mg（质量m_1）。重复本步骤至试样的质量变化在±0.1mg内。

将试样放入盛有蒸馏水的容器中，根据相关标准规定，水温控制在23.0℃±1.0℃或23.0℃±2.0℃。如无相关标准规定，公差为±1.0℃。

浸泡24h±1h后，取出试样，用清洁干布或滤纸迅速擦去试样表面所有的水，再次称量每个试样，精确至0.1mg（质量m_2）。试样从水中取出后，应在1min内完成称量。

方法2：沸水中吸水量的测定

将试样放入50.0℃±2.0℃烘箱内干燥24h，然后在干燥器内冷却至室温，称量每个样品，精确至0.1mg（质量m_1）。重复本步骤至试样的质量变化在

±0.1mg内。

将试样完全浸入盛有沸腾蒸馏水的容器中。浸泡30min±2min后，从沸水中取出试样，放入室温蒸馏水中冷却15min±1min。取出后用清洁干布或滤纸擦去试样表面的水，再次称量每个试样，精确至0.1mg（质量m_2）。如果试样厚度小于1.5mm，在称量过程中会损失能测出的少量吸水，最好在称量瓶中称量试样。

方法3：浸水过程中水溶物的测定

如果已知或怀疑材料中含有水溶物，则需要用材料在浸水试验中失去的水溶物对吸水性进行校正。

根据方法1或方法2完成浸水后，就像用方法1或方法2的干燥步骤一样重复至试样的质量恒定（质量m_3）。如$m_3<m_2$，则需要考虑在浸水试验中水溶物的损失。对于这类材料，吸水性应该用在浸水过程中增加的质量与水溶物的质量和来计算。

方法4：相对湿度50%环境中吸水量的测定

将试样放入50.0℃±2.0℃烘箱内干燥24h，然后在干燥器内冷却至室温，称量每个试样，精确至0.1mg（质量m_1）。重复本步骤至样品的质量变化在±0.1mg内。

根据相关标准规定，将试样放入相对湿度为50%±5%的容器或房间内，温度控制在23.0℃±1.0℃或23.0℃±2.0℃。如无相关标准规定，温度控制在23.0℃±1.0℃。放置24h±1h后，称量每个试样，精确至0.1mg（质量m_2），试样从相对湿度为50%±5%的容器或房间中取出后，应在1min内完成称量。

（4）结果　计算每个试样相对于初始质量的吸水质量分数，可用式(2.27)或式(2.28)计算：

$$c=\frac{m_2-m_1}{m_1}\times 100\% \tag{2.27}$$

或

$$c=\frac{m_2-m_3}{m_1}\times 100\% \tag{2.28}$$

式中，c为试样的吸水质量分数，%；m_2为浸泡后试样的质量，mg；m_1为浸泡前干燥后试样的质量，mg；m_3为浸泡和最终干燥后试样的质量，mg。

试验结果以在相同暴露条件下得到的三个结果的算术平均值表示。

在某些情况下，需要用相对于最终干燥后试样的质量表示吸水百分率，用式(2.29)计算：

$$c=\frac{m_2-m_3}{m_3}\times 100\% \tag{2.29}$$

2.5.3 讨论

① 组成相同的几个或几组试样在测试时，可以放入同一容器内并保证每个试样用水量不低于300mL。但试样之间或试样与容器之间不能有面接触。建议使用不锈钢栅格，以确保每个试样之间的距离。

② 在测定23℃水中吸水量时，在称量时试样不应吸收或释放任何水，试样从水中取出，用清洁干布或滤纸迅速擦去试样表面所有的水，并立即称量。试样从水中取出后，应在1min内完成称量。对于薄试样和高扩散系数的材料尤其应当小心。

③ 在测定相对湿度50%环境中吸水量时，试样从相对湿度为50%±5%的容器或房间中取出后，应在1min内完成称量。

④ 处理样品时应戴干净的手套以防止污染试样。

2.6 塑料水分

2.6.1 概述

塑料树脂水分含量是影响树脂的加工工艺、产品外观和产品特性的一个重要因素。在挤出、注塑过程中，如果使用水分含量过多的塑料粒子进行生产，则会产生一些加工问题，并最终影响成品质量，如表面开裂、反光，以及抗冲击性能和拉伸强度等机械性能降低等。因此，水分含量的控制对于生产高质量的塑料产品是至关重要的。测定水分的方法较多，这里介绍常用的干燥减量法和卡尔·费休库仑法。

(1) 检测方法、采用标准、适用范围　塑料水分的检测方法、采用标准、适用范围可见表2.8。

表2.8　塑料水分的检测方法、采用标准、适用范围

检测项目名称	检测方法	采用标准		适用范围
		国内标准	国际标准	
塑料水分	干燥减量法	GB/T 6284—2006《化工产品中水分测定的通用方法　干燥减量法》	JIS K 0068:2001《化学制品的水分测定方法　干燥减量法》	固体化工产品中的水分测定
	卡尔·费休库仑法	SH/T 1770—2010《塑料聚乙烯水分含量测定》	ISO 15512:2008《塑料——水分含量的测定》	适用于测定聚乙烯颗粒中的水分含量，也适用于聚乙烯制品中水分含量和水分含量水平低至0.01%或更低的测定

（2）原理

① 干燥减量法：试样在加热过程中，水分以外的挥发性物质或发生化学变化所产生的挥发性物质在允许的范围之内，也就是说产生的挥发性物质不影响水分测定结果的准确性。水分含量为试样在干燥过程中损失质量占原试样质量的百分比。

② 卡尔·费休库仑法：样品称量后放置在加热炉内，试样中的水分在高温下蒸发，用惰性载气（通常是干燥氮气）将水蒸气送至滴定池内，以卡尔·费休库仑法滴定水分。

二氧化硫和试样中的水将碘还原，生成三氧化硫和氢碘酸，传统卡尔·费休试剂中含有碘，而库仑技术是从碘化物电解产生的碘。根据法拉第原理，产生碘的物质的量与消耗的电量成正比，即 1mg 水消耗 10.71C 电量，从而通过消耗的总电量计算出水分含量。

2.6.2 检测方法

2.6.2.1 干燥减量法

（1）仪器

称量瓶：扁形带盖，容量为加入试样后，试样厚度小于 5mm；

电热恒温干燥箱：温度能控制在 105℃，精度±1℃；

干燥器：内盛适当的干燥剂（如变色硅胶、五氧化二磷等）；

天平：光电分析天平或电子天平，分度值为 0.1mg。

（2）试样　如试样为块状或大的结晶，应粉碎至粒径小于 2mm 以下，充分混匀。操作中应避免试样中水分损失或从空气中吸收水分。

（3）步骤　将电热恒温干燥箱调节至 105℃±2℃，然后将称量瓶置于电热恒温干燥箱中干燥，取出后在干燥器中冷却（冷却时间一般为 20～40min。重复操作的冷却时间一定要相同），称量，精确至 0.1mg。反复操作至恒重。

用已恒重的称量瓶，称取约 10g 试料，精确至 0.1mg。试料表面轻轻压平，放入已调节至 105℃±2℃的电热恒温干燥箱中（称量瓶应放在温度计水银球的周围）。称量瓶盖子稍微错开或取下与试样同时干燥。

烘 2～4h 后，将称量瓶和盖子迅速移至干燥器中冷却。冷却后盖好盖子，称量，精确至 0.1mg。重复操作至恒重，重复干燥时间约 1h。

试料的烘干温度一般规定为 105℃±2℃。

（4）结果

水分以质量分数 w 计，数值以%表示，按式(2.30) 计算：

$$w=\frac{m_1-m_2}{m_1-m_0}\times 100\% \tag{2.30}$$

式中，m_0 为称量瓶的质量，g；m_1 为称量瓶和干燥前试样质量的数值，g；m_2 为称量瓶和干燥后试样质量的数值，g。

取平行测定结果的算术平均值为测定结果，两次平行测定结果的绝对差值应符合产品规定。

2.6.2.2 卡尔·费休库仑法

（1）仪器、试剂和材料

① 仪器 卡尔·费休库仑滴定仪：包括控制单元和滴定池，见图 2.6。滴定池由有隔膜或无隔膜的电解池、双针铂电极和磁力搅拌器组成。滴定仪电解产生的碘与滴定池中的水分发生化学计量反应，将产生碘所消耗的电量转化为水分的量，并直接以数字读出。许多应用中无隔膜电解池准确度已经足够，如果需要达到更高的准确度，推荐使用有隔膜电解池。

水蒸发器：包括能至少加热至 250℃的加热单元、温度控制单元、气体流量计和装有干燥剂的气体干燥管，见图 2.6。

根据加热方式不同，加热单元分为：

- 瓶式加热法（方法 A），包括加热炉和样品瓶，见图 2.6；
- 管式加热法（方法 B），包括加热炉和加热管，见图 2.7。

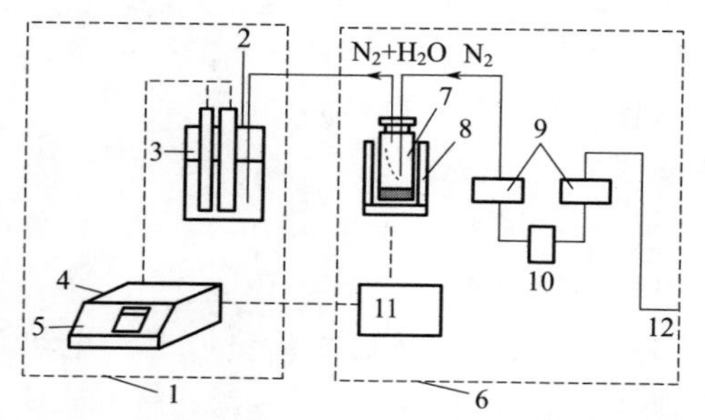

1—卡尔·费休库仑滴定仪；2—废气；3—滴定池；4—滴定控制单元；5—电源；6—水蒸发器；7—样品瓶；8—加热炉；9—气体干燥管(填充干燥剂)；10—气体流量计；11—温度控制单元；12—氮气。

图 2.6 卡尔·费休库仑法测定 PE 中水分含量（瓶式加热法）

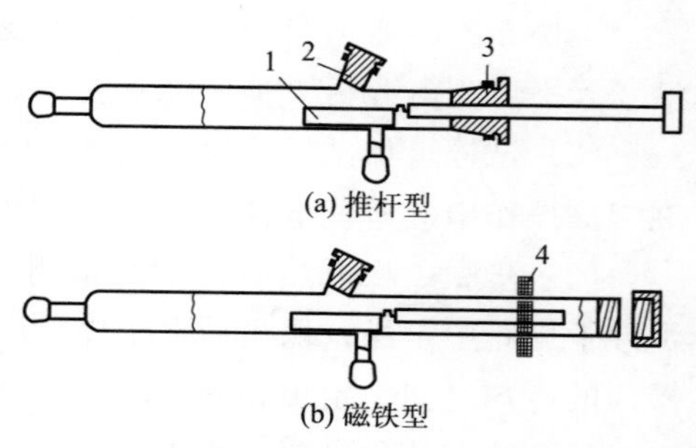

1—样品舟；2—样品入口；3—样品舟入口；4—磁铁。

图 2.7 加热管（管式加热法）

气体流量计：流量控制满足试验要求。

微量注射器：容量 10μL。

样品瓶或样品舟：瓶式加热法，可以使用玻璃瓶为样品瓶，样品瓶足以盛装样品并能放入加热炉中。管式加热法，可以使用由铝箔制成任意形状的样品舟，样品舟足以盛装样品并能放入加热管中。

分析天平：最小分度值1mg。

② 试剂和材料　除非另有说明，在分析中仅使用分析纯试剂和蒸馏水或相应纯度的水。

阳极溶液：含有碘离子（为在反应混合物中产生碘），与仪器说明书一致（用于有隔膜滴定池）。

阴极溶液：甲醇（或其他合适的有机溶剂）中含有合适的盐，与仪器说明书一致（用于有隔膜滴定池）。

通用试剂：含有碘离子（为在反应混合物中产生碘），与仪器说明书一致（用于无隔膜滴定池）。

中和溶液：含有约4mg/mL水的碳酸丙烯酯、乙二醇甲醚（2-甲氧基乙醇）或甲基纤维素的溶液。

注：一般试验中很少用到。

分子筛：3A，用作载气的干燥剂。

硅胶：颗粒状，直径约2mm，用作载气的初级干燥。

真空硅脂：水分含量很低或不含水并且具有低的吸水性，用于磨砂玻璃连接处的润滑，以确保系统的密封性。

氮气（N_2）：水分含量小于5mg/kg。

(2) 试样　试样可以是颗粒料、粉料、型材或模塑件等。型材或模塑件应切割至尺寸小于4mm×4mm×3mm。选取不多于10g的典型样品，由于样品量很少，注意确保样品具有代表性。为保证试验准确度，特别要注意样品包装，例如：样品可装在具盖玻璃瓶或隔水密封袋内。

所需试样量见表2.9，精确称量至1mg。

表2.9　试样量

水分含量(w)/%	试样质量(m)/g
$w>1$	$0.1\leqslant m<0.2$
$0.5<w\leqslant 1$	$0.2\leqslant m<0.4$
$0.1<w\leqslant 0.5$	$0.4\leqslant m<1$
$w\leqslant 0.1$	$m\geqslant 1$①

① 为在实验室间比较数据，优先推荐样品量为1g。

(3) 步骤

① 仪器准备：按照仪器说明书安装卡尔·费休库仑滴定仪和水蒸发器，将干燥剂填入气体干燥管。

在使用有隔膜电解池时，将大约200mL（按容器大小调整）阳极溶液倒入阳极电解池，将10mL阴极溶液倒入阴极电解池中。阴极液面应低于阳极液面，以防止阴极溶液的污染物倒流。

在使用无隔膜电解池时，将大约 200mL（按容器大小调整）通用试剂倒入电解池中。

打开电源，启动测试方法。如果显示的电压值远低于终点设定值，表明阳极溶液中碘过高，加入 50～200μL 中和溶液。

注： 不同厂家的终点设定值略有差异，通常电压值远低于该设定值时，仪器会自动提示过滴定。

连接水蒸发器和滴定池间的连接管路，同时打开滴定池的搅拌器，调节气体流量计，使导气管在滴定池里的气泡一个一个地冒出，且气泡分散上升而不连成串。用于材料的同类比较时，每次试验应固定载气流量。将加热炉升至规定试验温度，以驱除水蒸发器中的残留水分。

试验温度应参考材料标准，推荐 180℃。因为试验温度依赖于所用仪器和实际的环境，推荐按照下述的试验温度的优选方法优选试验温度。如果在材料标准中没有规定试验温度或没有材料标准，也推荐使用下述的试验温度的优选方法优选试验温度。

抬起滴定池并轻轻摇动，以去除瓶壁上的残留水。在滴定模式下搅拌溶液几分钟，干燥并稳定内部环境。

重新连接蒸发器和滴定池间的连接管，确保载气在整个滴定过程中流通。此时仪器准备完毕。

② 试验温度的优选方法：通过在几个温度下测定水分含量来优选材料的试验温度。不同温度点的间隔需要按照图 2.8 所绘曲线的方法来选择。从 120°C 至 220°C 的温度范围内，推荐的优选试验温度的最大温度间隔为 20°C。

辅助进行溶液黏度试验，可以确认是否有产生水的反应发生。

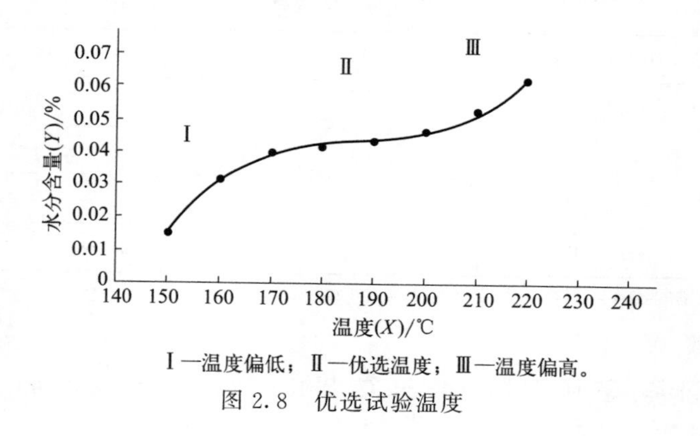

Ⅰ—温度偏低；Ⅱ—优选温度；Ⅲ—温度偏高。

图 2.8 优选试验温度

结果推断：

在Ⅰ区，样品水分没有完全蒸发，随温度升高水分含量成比例增加。

在Ⅱ区，所测水分含量几乎接近恒定水平，该区域下的温度范围可看作是实际试验环境下适宜的试验温度。通过水分含量测定前后溶液黏度的测定来确定是否发生水反应。

在Ⅲ区，所测水分含量呈现增高态势，水分含量偏高的原因可能是由于类似高温热降解反应造成的。

③ 设备检查：为检查卡尔・费休库仑滴定仪状态是否正常，需用已知量的水进行测量。使用 10μL 微量注射器向滴定池中仔细注入 5μL 水，测量结果应在 5000μg±250μg 之内。

注： 也可使用其他合适的水标准样品。

为检查整个系统状态是否正常，在 150℃ 用 50mg 二水合酒石酸钠（$Na_2C_4H_4O_6 \cdot 2H_2O$）进行测量，结果应在 15.6%±0.5%之内。

注： 为检查整个系统状态是否正常，也可使用一水合柠檬酸钾（$K_3C_6H_5O_7 \cdot H_2O$）标准样品或其他标准样品，使用方法参见所购标准样品证书。

④ 测定

方法 A：瓶式加热法

根据仪器说明书的要求进行样品瓶前处理准备。测试前，先取空的样品瓶，分别用铝箔封口并加盖，放置于仪器的漂移和空白测定位置。然后，在相同试验条件下，直接用样品瓶快速称量样品，并用铝箔封口并加盖，放置于仪器的样品测定位置。

启动样品测量程序，开始测定。视仪器情况，确定空白值测量次数。

方法 B：管式加热法

将样品舟放置在加热管内，推至加热炉加热区内干燥，同时也将样品舟入口处的残留水分清除。待仪器背景漂移稳定后，将样品舟移至样品入口处，使其冷却。

直接用样品舟（需将其从加热管中移出）称量样品或用铝箔称量样品。

如果样品舟是由玻璃或其他使用后不可丢弃的材料制成，可以使用铝箔包住试样，以防止样品熔融粘住样品舟。该方式也可防止在将样品移入样品舟过程中洒落样品。

如果直接用样品舟称量样品，应尽快将样品舟放回加热管中。如果使用铝箔称量样品，无论是从样品入口还是样品舟入口放入，都应尽快包裹样品和放入样品舟。

启动样品测量程序，将装好样品的样品舟推入加热炉的加热区内开始测定。如需进行空白试验，在相同的试验条件下，使用空样品舟或空铝箔进行空白值的测量。视仪器情况，确定空白值测量次数。

(4) 结果　试样水分含量 w 按式(2.31) 计算，以质量分数（%）表示。

$$w=\frac{m_{水}}{m_{试样}}\times10^{-6}\times100\% \quad (2.31)$$

式中，$m_{水}$为试样中测得水的质量，μg；$m_{试样}$为试样质量，g。

以两次测定结果的算术平均值作为试验结果，精确至0.001%。

2.6.3 讨论

① 试样应充分混匀，确保具有代表性。操作中应避免试样中水分损失或从空气中吸收水分。

② 表面效应影响该方法的结果。对一些材料，模塑试样和从片材切割制得的试样可能得到不同的结果。

③ 干燥减量法的样品在加热过程中，水分以外的挥发性物质或发生化学变化所产生的挥发性物质应在允许的范围之内，也就是说产生的挥发性物质不影响水分测定结果的准确性。

④ 卡尔·费休库仑法用于被测水分含量很低，样品在样品舟、空气或转移设备中的任何时间都应最大限度的注意避免被污染。吸湿的树脂样品应不受大气影响。

为保证试验准确度，特别要注意样品处理。例如：样品处理应在干燥氮气或干燥空气中进行。

2.7 热塑性塑料熔体流动速率

2.7.1 概述

热塑性塑料熔体流动速率分为熔体质量流动速率（melt mass-flow rate，MFR）和熔体体积流动速率（melt volume-flow rate，MVR），塑料熔体质量流动速率（MFR）以前又称为熔体流动指数（MFI）和熔融指数（MI）。

热塑性塑料熔体流动速率数值可以表征热塑性塑料在熔融状态时的黏流特性。在塑料加工中，熔体流动速率是用来衡量塑料熔体流动性的一个重要指标。通过测定塑料的流动速率，可以研究聚合物的结构因素，改进生产工艺，为材料研究提供可靠分析数据可使制品在成型的可靠性和质量方面有所提高。

（1）检测方法、采用标准、适用范围　热塑性塑料熔体流动速率的检测方法、采用标准、适用范围见表2.10。

表 2.10 检测方法、采用标准、适用范围

检测项目名称	检测方法	采用标准		适用范围
		国内标准	国际标准	
热塑性塑料熔体流动速率	质量测量方法	GB/T 3682.1—2018《塑料 热塑性塑料熔体质量流动速率(MFR)和熔体体积流动速率(MVR)的测定 第1部分:标准方法》	ISO 1133-1:2011《塑料 热塑性塑料熔体质量流动速率(MFR)和熔体体积流动速率(MVR)的测定 第1部分:标准方法》	适用于热塑性塑料熔体质量流动速率(MFR)和熔体体积流动速率(MVR)的测定
	位移测量方法			

(2) 原理 在规定的温度和负荷下，由通过规定长度和直径的口模挤出的熔融物质，计算熔体质量流动速率（MFR）和熔体体积流动速率（MVR）。

测定 MFR（质量测量方法）：称量规定时间内挤出物的质量，计算挤出速率，以 g/10min 表示。

测定 MVR（位移测量方法）：记录活塞在规定时间内的位移或活塞移动规定的距离所需的时间，计算挤出速率，以 $cm^3/10min$ 表示。

若已知材料在试验温度下的熔体密度，则 MVR 可以转化为 MFR，反之亦然。

注： 熔体密度为试验温度和压力下的密度。事实上，由于试验压力较低，在试验温度和环境压力下得到的熔体密度值已经足够一般使用了。

2.7.2 检测方法

2.7.2.1 方法 A：质量测量方法

(1) 仪器

① 挤出式塑化仪 熔体流动速率仪的基础部分是一台可在设定温度下操作的挤出式塑化仪。挤出式塑化仪的典型结构如图 2.9 所示。热塑性材料装入竖直料筒中，在已知负荷的活塞作用下经口模挤出。熔体流动速率仪主要由下列部件组成。

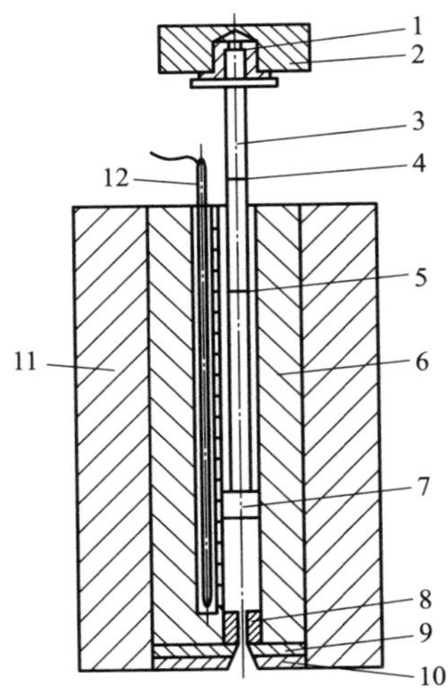

1—绝热体；2—可卸负荷；3—活塞；4—上参照标线；5—下参照标线；6—料筒；7—活塞头；8—口模；9—口模挡板；10—绝热板；11—绝热体；12—温度传感器。

图 2.9 测定熔体流动速率用挤出式塑化仪的典型结构

a. 料筒 料筒长度为 115～180mm，内径为 9.550mm±0.007mm，应固定在竖直位置。料筒应由可在加热系统达到最高温度下耐磨损和抗腐蚀性稳定的材料制成。料筒内壁的维氏硬度应不低于 500（HV5～HV100），表面粗糙度（算术平均偏差）应小于 Ra0.25。总体上，料筒

内壁表面性能和尺寸应不受所测试材料的影响。

注：对某些特殊材料，所需测试温度可能达到450℃。

料筒底部的绝热板应使金属暴露面积小于4cm^2，建议使用三氧化二铝，陶瓷纤维或其他合适材料用作底部绝热材料，以免黏附挤出物。

应提供活塞导向套或其他适当的方法，以减少因活塞不居中所引起的摩擦。

注：活塞头、活塞和料筒的过度磨损与不稳定的测试结果都表明活塞不居中。建议定期检查活塞头、活塞和料筒的表面磨损和变化。

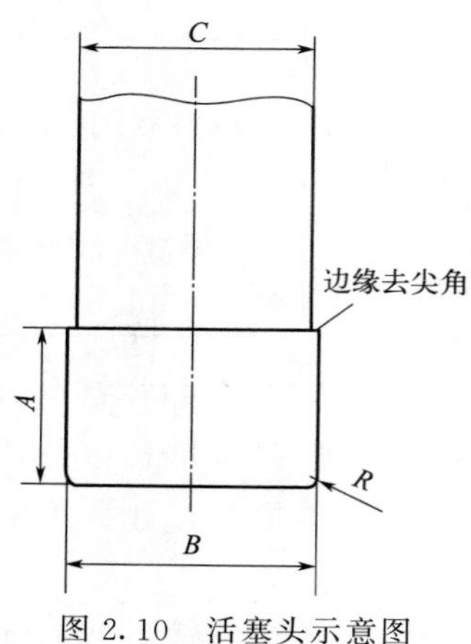

图2.10 活塞头示意图

b. 活塞 活塞的工作长度应至少与料筒长度相同。活塞头长度应为6.35mm±0.10mm，直径应为9.474mm±0.007mm。活塞头下边缘应有直径$0.4_{-0.1}^{0.0}$mm的圆角，上边缘应去除尖角。活塞头以上的活塞杆直径应小于或等于9.0mm（图2.10）。活塞头尺寸见表2.11。

表2.11 活塞头尺寸 单位：mm

项目	尺寸
活塞头长度(*A*)	6.35±0.10
活塞头直径(*B*)	9.474±0.007
活塞杆直径(*C*)	≤9.0
底边圆角半径(*R*)	$0.4_{-0.1}^{0.0}$

活塞应由加热系统达到最高温度下仍耐磨损和抗腐蚀性稳定的材料制造，其性能和尺寸不受测试材料影响。为保证仪器运转良好，料筒和活塞头应采用不同硬度的材料制成。为方便维修和更换，料筒采用比活塞更硬的材料制成。

在活塞杆上，应有两条相距30mm±0.2mm的细环形参照标线，当活塞头的底部与标准口模上部相距20mm时，上标线与料筒口齐平，这两条标线作为试验时的参照线。

在活塞顶部可加一个柱形螺栓以支撑可卸去的负荷，但活塞应与负荷绝热。

活塞可以是空心的，也可以是实心的。在使用非常小的负荷试验时，活塞应是空心的，否则可能达不到规定的最小负荷。

c. 温度控制系统 温度控制应满足在试验过程中，所有可设定的料筒温度下，标准口模顶部10mm±1mm和70mm±1mm之间的温度偏差不超过表2.12规定的最大温度允差。

表 2.12　试验温度随距离和时间变化的最大允差　　单位：℃

试验温度(T)	最大温度允差[1]	
	在标准口模顶部[2]以上 10mm±1mm	在标准口模顶部[2] 10mm±1mm～70mm±1mm
$125 \leqslant T < 250$	±1.0[3]	±2.0
$250 \leqslant T < 300$	±1.5[3]	±2.5
$T \geqslant 300$	±2	±3.0

① 最大温度允差即温度真实值和所要求的测试温度之间的差异。在一个正常的试验周期（通常不超过 25min）之后应进行评估。

② 当使用长 4mm 的半口模时，读数的位置应该在口模顶部以上再增加 4mm。

③ 当测试温度<300℃时，口模顶部以上 10mm 的温度随时间的变化不应超过 1℃。

注：可使用置于料筒内部的热电偶或铂电阻传感器等来测量和控制温度。如果仪器有此类配置，即使温度显示与熔体温度不完全一致，也可通过校准得到熔体的温度。

温度控制系统应满足以 0.1℃或更小的温度间隔设置试验温度。

d. 口模　口模应由碳化钨或硬化钢制成。若测试样品有腐蚀性，可使用钴-铬-钨合金、铬合金、合成蓝宝石或其他适合的材料制造的口模。

口模长度为 8.000mm±0.025mm；内孔应圆而直，内径为 2.095mm 且均匀，其任何部位的公差应在±0.005mm 范围内。

口模内壁硬度应不小于维氏硬度 500（HV5～HV100），表面粗糙度（算术平均偏差）应小于 Ra0.25。

口模内径应使用塞规进行定期检查，若超出公差范围，则舍弃口模。如果塞规不可通过的一头可以任意通过孔径，则舍弃口模。

口模末端应是平面，垂直于孔径轴线并且没有明显的加工痕迹。应检查口模平面，确保孔径周围区域无缺陷。任何表面缺陷都可能导致试验错误，应舍弃存在缺陷的口模。

口模应可在料筒中自由移动，但是在试验中，不能有试样在口模外部即口模与料筒之间流动。

口模的设计不应使其突出于料筒底部（见图 2.9），安装后口模孔应与料筒孔同轴。

如果测试材料的 MFR>75g/10min 或 MVR>75cm^3/10min，可以使用长 4.000mm±0.025mm、孔径 1.050mm±0.005mm 的半口模。不应在此口模下端使用垫圈以将料筒中的口模高度增加到 8mm。

试验用标准口模标称长度 8.000mm，标称内径 2.095mm。当报告使用半口模获得的 MFR 和 MVR 值时，应注明使用了半口模。

e. 安装并保持料筒竖直的方法　可使用一个垂直于料筒轴线的双向气泡水平仪和可调的仪器支脚来使料筒保持竖直。

注： 这样可避免因为活塞偏向一侧或在大负荷下弯曲而造成的过分摩擦。一种上端带有水平仪的仿真活塞可用于检查料筒是否完全竖直。

f. 负荷　可卸负荷位于活塞顶部，由一组可调节砝码组成，这些砝码与活塞所组合的质量可调节到所选定的所需负荷，最大允许偏差为±0.5%。

另外，也可用连接负荷传感器的机械加载装置，或具有压力传感器的气动加载装置，其精度与可调节砝码相同。

② 通用附件

a. 装料杆　将样品装入料筒的工具，由抗磨损的材料制成。

清洁装置，见下述的仪器清理部分。

b. 通止规（塞规）　通止规（塞规）通端测头的直径等于口模内径减去允许的公差（通端），止端测头的直径等于口模内径加上允许公差（止端）。使用通端时，该端测头的长度应足够检查口模全长。

c. 温度校准装置　用于校准料筒温度的热电偶、铂电阻温度计或其他测温设备。可使用具有较短感应长度的小型探针式温度传感器，当用于校准料筒温度时，它的温度和浸没长度已经过校准。温度传感器的长度应足够测量口模顶部10mm±1mm处的温度，并有足够的准确度和精密度，能确认MFR/MVR仪器的温度在表2.12中规定的最大允许偏差范围内。当使用热电偶时，应将其包在直径大约为1.6mm的金属套中，热接点接到护套的终端。

一种校验的方法是用装有护套的热电偶或铂电阻温度传感器，插入到直径9.4mm±0.1mm的铜头末端，放入到无试样的料筒中。当铜头末端直接安装在口模顶部时，应保持热电偶或铂电阻温度传感器的探测点距标准口模顶面10mm±1mm。

另一种校验方法是使用一根装有多个热电偶的热电偶棒，使之在离口模上方70mm±1mm、50mm±1mm、30mm±1mm和10mm±1mm的位置上同时测量温度。热电偶棒的直径应为9.4mm±0.1mm，以便紧密装入孔中。

d. 口模塞　在设备底端安装口模塞，以便有效堵住口模出口，防止熔体流出，同时满足试验前能够迅速移开。

e. 活塞/负荷支架　支架足够长，且能够支撑活塞和负荷，使活塞下参照标线在料筒顶部上方25mm处。

f. 预成型装置　对试样进行预成型，例如，将粉末、片状物、薄膜条或碎片压实，使试样快速进入料筒，确保料筒中被无空隙填充。可利用压实法对材料进行预成型。

③ 质量测量方法所用附件

a. 切断工具　用于切断挤出的料条。

注： 可用边缘锋利的刮刀，手动或自动旋转刀片。

b. 计时器　应有足够精度，使挤出料条的切断时间最大允许误差为切断时间间隔的±1%。为确保这一点，在不同的时间间隔下将其与一个经校准的计时器所记的切断时间间隔进行比较，直至时间间隔达到240s。

注： MFR<5g/10min的材料，可以用最大允许切断时间间隔240s测量。这时，切断时间最大允许误差为±2.4s。允许使用更小的时间间隔，但最大允许误差也会变小。MFR>10g/10min的材料，所需的切断时间大约几秒，甚至更小。1s切断时间的最大允许误差为±0.01s或更小。MFR>10g/10min时，推荐使用自动切刀切断。

计时器与活塞杆或负荷直接接触时，负荷变化不应超过标称负荷的±0.5%。

c. 天平　最大允许误差为±1mg或更小。

④ 仪器的温度校验、清理和维护

a. 控温系统的校验

ⅰ. 校验程序：温度控制系统有必要定期进行校验。校验温度随时间和距离的变化符合表2.12的规定，且预热时间充足从而达到稳定。在MFR/MVR仪器上将温度控制系统设定为要求的温度，并稳定至少15min。在插入料筒之前，把已经校准的温度指示装置预热到相同温度。

如果用料筒中的样品校验料筒温度，则按试验时的同样步骤装入待测试样或下面所述的推荐试样，应于15s之内加料完毕，且至少加料至标准口模上方100mm处。

完成加料后90s以内，将已经校准的温度指示装置沿筒壁插入料筒中，并没入样品，直到温度指示装置的顶端离口模上表面10mm±1mm为止。立即开始记录温度指示装置的读数。测定从装料完成到温度稳定并达到表2.12中规定的在标准口模上表面10mm±1mm处的温度限制所用的时间，这段时间不应超过5min。

沿料筒方向的温度分布用相同的方法进行校验。在口模上表面的30mm±1mm、50mm±1mm和70mm±1mm处也要测量材料的温度。测定从装料完成到温度稳定并达到表2.12中规定的在标准口模上表面10mm±1mm～70mm±1mm之间的温度限制所用的时间，这段时间不应超过5min。

如果在口模上表面任意一个设定距离，温度达到稳定且在表2.12所规定的限值内所用的时间超过5min，则应在试验报告中记录“预热时间”。

建议当沿料筒校验温度时，在口模上最高点开始测量。

另一种校验温度精度是否符合表2.12规定的方法是将带有护套的、顶端直径为9.4mm±0.1mm的热电偶或铂电阻温度传感器插入空料筒中进行测量。或者使用装有多个热电偶的活塞，当活塞完全插入料筒时应紧贴筒壁，而此时热电偶分别在离标准口模上表面70mm±1mm、50mm±1mm、30mm±1mm和10mm±1mm的位置上。这样的配置可以同时校验温度随时间和距离变化的情况。

如果发现仪器精度超出了表 2.12 的规定，则应重新校准仪器，并在使用前按上述方法再次校验控温系统。

ⅱ. 校验温度所用材料：校验温度时所用的材料需有足够的流动性，以使经过校准的温度传感器在插入时不至受力过大或受到损坏。推荐使用熔体质量流动速率（MFR）大于 45g/10min（2.16kg 负荷下）且性质稳定的材料进行温度校验。

如果使用某种材料替代黏度较大的受试材料进行校验，则替代材料的导热性应与受试材料相近，以保证它们升温的过程相似。温度校验时的加料量应能使校准温度传感器有足够长度插入其中，以使测量准确。这可通过取出校准温度传感器、检查材料在校准温度传感器上的黏覆高度来确定。

b. 仪器的清理　警示：操作条件可能使受试材料或清理仪器的材料部分分解，或引起释放有害挥发物，也有可能造成烧伤的危险。使用者有责任实施安全而无害的试验操作，并且符合所有管理要求。

试验仪器，包括料筒、活塞和口模都应在每次试验后彻底清理。

料筒可使用布片清理，活塞应趁热使用棉布擦净。口模可以使用配合适度的黄铜绞刀、直径 2.08mm 的高速钻头或木钉清理，也可以在约 550℃ 的氮气环境下用热裂解方法清理。注意清理过程不能影响料筒和口模的尺寸及表面光洁度，不能使用可能会损伤料筒、活塞和口模表面的磨料及其他材料。

清理后应用塞规检查口模孔。

清理料筒、活塞和口模时，应注意确保清理过程和所用清理材料（如溶剂或刷子）不会对下一步的测试产生影响，如不会造成聚合物明显的加速降解。

c. 仪器的竖直调整　应确保仪器料筒孔和口模孔的轴线在竖直方向重合。

（2）试样

① 试样形状　只要能够装入料筒内膛，试样可为任何形状，例如：粒料、薄膜条、粉料和模塑切片或挤出碎片。

注：为确保挤出料条无气泡，测试粉末样品时可将材料挤压预成型或挤压成颗粒状。

试样的形状对确定试验结果的再现性有很重要的影响。因此应控制试样形状增加实验室内试验结果的可比性，并减少试验差异。

② 状态调节　试验前应按照材料标准对试样进行状态调节，必要时还应进行稳定化处理。

（3）步骤

① 温度和负荷的选择　参照材料分类命名标准选择试验条件。如果没有材料分类命名标准，或材料分类命名标准未规定 MFR 或 MVR 的试验条件，可以依据已知的材料熔点或制造商推荐的加工条件从表 2.13 中选择合适的试验条件。热塑性塑料相关材料标准规定的测定熔体流动速率的条件参见表 2.14。

表 2.13　测定 MFR 和 MVR 的试验条件

试验温度 T/℃	标称负荷(组合的)m_{nom}/kg
100	0.325
125	1.20
150	2.16
190	3.80
200	5.00
220	10.00
230	21.60
235	
240	
250	
260	
265	
275	
280	
300	

表 2.14　热塑性塑料测定熔体流动速率的试验条件

材料	相关标准	测定熔体流动速率的试验条件		
		条件代号	试验温度 T/℃	标称负荷(组合的)m_{nom}/kg
ABS	GB/T 20417	U	220	10
ASA,ACS,AEDPS	ISO 6402	U	220	10
E/VAC	GB/T 39204	D B Z	190 150 125	2.16 2.16 0.325
MABS	ISO 10366	U	220	10
PB①	ISO 8986	D F	190	2.16 10
	GB/T 19473	T	190	5
	ISO 15494	D T	190	2.16 5
PC	ISO 7391	W	300	1.2
PE①	GB/T 1845	E D T G	190	0.325 2.16 5 21.6
	SH/T 1758 SH/T 1768	T	190	5
	GB/T 13663 GB/T 1555 GB/T 28799 ISO 15494	T	190	5

续表

材料	相关标准	测定熔体流动速率的试验条件		
		条件代号	试验温度 T/℃	标称负荷(组合的)m_{nom}/kg
PMMA	GB/T 15597	N	230	3.80
POM	GB/T 22271	D	190	2.16
PP①	GB/T 2546	M P	230	2.16
	SH/T 1750	M	230	5
	GB/T 18742	M	230	2.16
	ISO 15494	M T	230 190	2.16 5
PS	GB/T 6594	H	200	5
PS-1	GB/T 18964	H	200	5
SAN	GB/T 21460	U	200	9

① 材料标准中可能会给出该类材料熔体密度的理论值。

② 仪器清理　按前面所述的方法清理仪器。

一组试验开始前，应使料筒和活塞在选定温度下恒温至少 15min。

③ 试样质量的选择和装料　根据预先估计的流动速率（见表 2.15），将 3～8g 试样装入料筒。装料时，用手持装料杆压实试样。压实过程应尽可能将空气排出。应在 1min 内完成装料。装料压实完成后，立即开始预热 5min 并计时。

注 1： 压实材料时的压力变化，会导致试验结果重复性差。在测定 MFR 或 MVR 相近的材料时，所有试验中用相同质量的试样，可减少数据上的变化。

注 2： 对于易氧化降解的材料，接触空气会明显影响结果。

立即将活塞放入料筒。根据试验负荷，活塞可以是加负荷的也可以是未加负荷的，对于高流动速率材料，用较小负荷。如果材料的熔体流动速率很高，例如大于 10g/10min 或 $10cm^3/10min$，在预热过程中试样的损失是明显的。在这种情况下，预热时应不加负荷或只加小负荷的活塞。当熔体流动速率非常高时，则需要使用负荷支架和口模塞。

预热时，确认温度恢复到所选定的温度，并在表 2.12 规定的允差范围内。

为避免被口模中迅速流出的热料条烫伤，建议在取口模塞时佩戴防热手套。

表 2.15　试验参数指南

MFR/(g/10min) MVR①/(cm^3/10min)	料筒中试样质量②③⑤/g	挤出料条切断时间间隔⑥/s
0.1＜MFR 或 MVR≤0.15	3～5	240
0.15＜MFR 或 MVR≤0.4	3～5	120
0.4＜MFR 或 MVR≤1	4～6	40

续表

MFR/(g/10min) MVR[①]/(cm^3/10min)	料筒中试样质量[②③⑤]/g	挤出料条切断时间间隔[⑥]/s
1＜MFR或MVR≤2	4～6	20
2＜MFR或MVR≤5	4～8	10
＞5[④]	4～8	5

① 如果本试验中所测得的数值小于0.1g/10min（MFR）或0.1cm^3/10min（MVR），建议不测熔体流动速率。MFR＞100g/10min时，仅当计时器的分辨率为0.01s且使用方法B时，才可以使用标准口模。或者，在方法A中使用半口模。

② 当材料密度大于1.0g/cm^3，可能需增加试样量。低密度试样用少的试样量。

③ 试样量是影响试验重复性的重要因素，因此需要将试样量的变化控制在0.1g以减小各次试验间的差异。

④ 当测定MFR＞10g/10min的试样时，为获得足够的准确度，要么进一步提高测量时间的精度并且选用更长的切断时间间隔，要么使用方法B。

⑤ 当使用半口模时，应适当增加试样量以弥补口模减小的体积，所需额外试样的体积约为0.3cm^3。

⑥ 切断时间间隔应满足挤出料条的长度在10～20mm之间。在此限制条件下操作，特别是对于测定挤出切断时间间隔较短的高MFR试样时，有时可能无法实现。采用更长的切断时间间隔可以减少试验误差。仪器分辨率对误差的影响根据仪器的不同而不同，可通过不确定度预估分析来进行评估。

④ 测量　在预热后，即装料完成5min后，如果在预热时没有加负荷或负荷不足，此时应把选定的负荷加到活塞上。如果预热时，用到口模塞，并且未加负荷或加荷不足，应把选定的负荷加到活塞上，待试样稳定数秒，移走口模塞。如果同时使用负荷支架和口模塞，则先移除负荷支架。

注：有些材料可能需要较短的预热时间，以防止材料降解。对于高熔点、高玻璃化转变温度、低热导率的材料，为获得测试结果的重复性，则要较长的预热时间。

让活塞在重力的作用下下降，直到挤出没有气泡的料条，根据试样的实际黏度，这一过程可能在加负荷前或加负荷后完成。在试验开始前，强烈建议避免采用手压或施加额外负荷的方法进行外力清除多余试样的操作。为能在规定的时间内完成MFR或MVR测定，如需外力清除多余试样，应保证外力清除操作完成至少2min后再开始正式试验，且外力清除过程应在1min之内完成。如进行了外力清除，则应在试验报告中说明。用切断工具切断挤出料条并丢弃，此时加载了负荷的活塞在重力作用下继续下降。

当活塞杆下参照标线到达料筒顶面时，用计时器计时，同时用切断工具切断挤出料条并丢弃。

逐一收集按一定时间间隔切断的料条，以测定挤出速率，切断时间间隔取决于试样熔体流动速率的大小，料条的长度不应短于10mm，最好为10～20mm（切断时间间隔见表2.15及其注释⑥）。

对于MFR（和MVR）较小和（或）出口膨胀较大的材料，在最大切断时间间隔240s时，也可能无法获得10mm或更长的料条。在这种情况下，仅在240s切断时间间隔获得的各切段质量超过0.04g时，才可使用方法A，否则应使用方法B。

当活塞杆的上标线达到料筒顶面时停止切断，丢弃所有可见气泡的料条。冷却后，将保留下来的料条（最好是3个或以上）逐一称量，精确到1mg，计算它们的平均质量。如果单个称量值中的最大值和最小值之差超过平均值的15%，则舍弃该组数据，并用新样品重新试验。

建议按照挤出顺序称量料条，如果质量持续变化明显，应记为非正常现象。

从装料结束到切断最后一个料条的时间不应超过25min。为防止测试过程中材料降解或交联，有些材料可能需要减少试验时间。在这种情况下，建议采用GB/T 3682.2—2018进行测试。

（4）结果

① 标准口模　用标准口模测试时，用式(2.32)计算熔体质量流动速率(MFR)的值，单位为g/10min：

$$\mathrm{MFR}(T, m_{\mathrm{nom}})=\frac{600\times m}{t} \tag{2.32}$$

式中，T为试验温度，℃；m_{nom}为标称负荷，kg；600为g/s转换为g/10min的系数，10min=600s；m为切断平均质量，g；t为切断时间间隔，s。

可用式(2.33)由MFR计算熔体体积流动速率(MVR)，单位为$\mathrm{cm^3/10min}$：

$$\mathrm{MVR}(T, m_{\mathrm{nom}})=\frac{\mathrm{MFR}(T, m_{\mathrm{nom}})}{\rho} \tag{2.33}$$

式中，ρ为熔体密度，$\mathrm{g/cm^3}$，由材料分类标准给出，如果没有给定，则在测试温度下测定。

注： 熔体密度为试验温度和压力下的密度。事实上，由于试验压力较低，在试验温度和环境压力下得到的熔体密度值已经足够一般使用了。

对于流动性能，推荐优先测定MVR，因为其值不受熔体密度的影响。

结果用三位有效数字表示，小数点后最多保留两位小数，并记录试验温度和使用的负荷。例如：

MFR=10.6g/10min(190℃/2.16kg),MFR=0.15g/10min(190℃/2.16kg)

② 半口模　当使用半口模测试时，报告试验结果，应加下标“h”。用前面所述的公式计算MFR和（或）MVR的值。结果用三位有效数字表示，小数点后最多保留两位小数，并记录试验温度和使用的负荷。例如：

$\mathrm{MFR_h}$=0.15g/10min(190℃/2.16kg),$\mathrm{MVR_h}$=15.3$\mathrm{cm^3}$/10min(190℃/2.16kg)

2.7.2.2　方法B：位移测量方法

（1）仪器

挤出式塑化仪：同方法A。

通用附件：同方法A。

方法B所用附件：活塞位移传感器/计时器。

测量活塞移动距离和时间的装置，对一次加料进行单次或多次测定（见表2.16）。

表2.16　活塞移动距离和时间的测量精度要求

MFR/(g/10min) MVR①/(cm^3/10min)	距离/mm	时间/s
0.1<MFR或MVR≤1.0	±0.02	±0.1
1.0<MFR或MVR≤100	±0.1	±0.1
>100	±0.1	±0.1

① 当一次加料进行多次测量时，不论MFR或MVR的值为多少，要求的精度应与MFR>10g/10min或MVR>cm^3/10min时相同。

注： 符合MFR≤1g/10min或MVR≤1cm^3/10min的距离精度要求，也就确保了符合MFR>1g/10min或MVR>1cm^3/10min的精度要求。

位移测量装置与活塞杆或负荷直接接触时，负荷变化不应超过标称值的±0.5%。

计时装置与活塞杆或负荷直接接触时，负荷变化不应超过标称值的±0.5%。

仪器的温度校验、清理和维护，同方法A。

（2）试样　同方法A。

（3）步骤

温度和负荷的选择：同方法A。

仪器清理：同方法A。

一组试验开始前，应使料筒和活塞在选定温度下恒温至少15min。

活塞最小位移（活塞最小移动距离）：为确保测试结果更加准确及其重复性更高，表2.17列出了推荐的活塞最小位移。

表2.17　试验参数指南

MVR/(cm^3/10min) MFR/(g/10min)	活塞最小位移/mm
0.1<MVR或MFR≤0.15	0.5
0.15<MVR或MFR≤0.4	1
0.4<MVR或MFR≤1	2
1<MVR或MFR≤20	5
>20	10

注1： 这些参数满足一次加料进行至少3次测量。由于受仪器位移分辨率的影响，选择比表中最小位移更大的活塞位移可减少试验误差。对于MVR小于0.4cm^3/10min的材料，使用最大的切断时间240s可减小误差，但仍需满足一次加料进行至少3次测量。仪器的分辨率对

试验结果的影响，可由不确定度进行评价。

注 2： 对于有些材料，测量结果可能由于活塞移动的位移而改变。为了提高重复性，关键是每次试验都应保持相同位移。

试样质量的选择和装料：同方法 A。

测量：在预热后，即装料完成 5min 后，如果在预热时没有加负荷或负荷不足，此时应把选定的负荷加到活塞上。如果预热时，用到口模塞，并且未加负荷或加负荷不足，应把选定的负荷加到活塞上，待试样稳定数秒，移走口模塞。如果同时使用负荷支架和口模塞，则先移除负荷支架。

注： 有些材料可能需要较短的预热时间，以防止材料降解。对于高熔点、高玻璃化转变温度、低热导率的材料，为获得测试结果的重复性，则要较长的预热时间。

让活塞在重力的作用下下降，直到挤出没有气泡的料条，根据试样的实际黏度，这一过程可能在加负荷前或加负荷后完成。在测试开始前，强烈建议避免进行外力清除多余试样的操作，无论采用手动或施加额外负荷。如需外力清除多余试样，需在规定的时间内完成操作，即应保证外力清除操作完成至少 2min 后再开始正式试验，且外力清除过程应在 1min 之内完成。如进行了外力清除，则应在试验报告中说明。用切断工具切断挤出料条并丢弃，加载了负荷的活塞在重力作用下继续下降。当活塞杆下标线到达料筒顶面时，用计时器计时，同时用切断工具切断挤出料条并丢弃。

不要在活塞下标线到达料筒顶面之前开始试验。测量采用如下两条原则之一：a. 测量在规定时间内活塞移动的距离；b. 测量活塞移动规定距离所用的时间。

对于有些材料，测量结果可能由于活塞移动的距离而改变。为了提高重复性，关键是每次试验都应保持相同位移。当活塞杆的上标线达到料筒顶面时停止测量。从装料到最后一次测量不应超过 25min。为防止测试过程中材料降解或交联，有些材料可能需要减少试验时间。在这种情况下，应考虑采用 GB/T 3682.2—2018 进行测试。

（4）结果

① 标准口模　用标准口模测试时，用式（2.34）计算熔体体积流动速率（MVR）的值，单位为 $cm^3/10min$：

$$MVR(T, m_{nom}) = \frac{A \times 600 \times l}{t} \tag{2.34}$$

式中，T 为试验温度，℃；m_{nom} 为标称负荷，kg；A 为料筒标准横截面积和活塞头的平均值，$A = 0.711cm^2$（见注 1）；600 为 g/s 转换为 g/10min 的系数，10min=600s；l 为活塞移动预定测量距离或各个测量距离的平均值，cm；t 为预定测量时间或各个测量时间的平均值，s。

注 1：由于存在料筒孔径和活塞直径的允差，料筒和活塞头的实际横截面积会有少于±0.5%的变化。这种影响可以忽略不计，为操作简单，使用标称值 0.711cm²。

用式(2.35)计算熔体质量流动速率（MFR），单位为 g/10min：

$$\mathrm{MFR}(T, m_{\mathrm{nom}})=\frac{A \times 600 \times l \times \rho}{t} \tag{2.35}$$

式中，ρ 为熔体在试验温度下的密度，按式(2.36)计算，单位为 g/cm³：

$$\rho=\frac{m}{A \times l} \tag{2.36}$$

式中，m 为活塞移动 $l_{(\mathrm{cm})}$ 时挤出的试样质量，g。

注 2：材料的分类标准可能会给出该类材料熔体密度的理论值，例如 GB/T 1845.2 和 GB/T 2546.2 分别给出了聚乙烯和聚丙烯材料熔体密度的理论值，该值以试验温度下外推至零压力下熔体的密度表示。

注 3：熔体密度为试验温度和压力下的密度。事实上，由于试验压力较低，在试验温度和环境压力下得到的熔体密度值已经足够一般使用了。

结果用三位有效数字表示，小数点后最多保留两位小数，并记录试验温度和使用的负荷。例如：

MVR＝10.6cm³/10min(190℃/2.16kg)，MVR＝0.15cm³/10min(190℃/2.16kg)

② 半口模　当使用半口模报告试验结果时，应加下标“h”。用前面所述的公式计算 MFR 和/或 MVR 的值。结果用三位有效数字表示，小数点后最多保留两位小数，并记录试验温度和使用的负荷。例如：

$\mathrm{MFR_h}$＝0.15g/10min(190℃/2.16kg)，$\mathrm{MVR_h}$＝15.0cm³/10min(190℃/2.16kg)

2.7.3　讨论

① 本方法不适用于在测试过程中流变行为受到显著影响的材料。这些情况下，可采用 GB/T 3682.2—2018。

② 应考虑影响测量值和可能导致降低重复性的因素，这些因素包括：

a. 在预热或试验阶段，材料的热降解或交联可引起熔体流动速率的变化(需要长时间预热的粉状材料对此影响更敏感，在某些情况下，需要加入稳定剂以减小这种变化)。

b. 对填充或增强材料，填料的长度、分布和取向可影响熔体流动速率。

③ 为了减少试样内部气泡和空隙，从而避免试验结果重复性差的情况时，可利用压实法对材料进行预成型，具体可参见 GB/T 3682.1—2018 的附录 C 操作。

④ 在试验开始前，强烈建议避免采用手压或施加额外负荷的方法进行外力清除多余试样的操作。

⑤ 从装料结束到切断最后一个料条的时间不应超过 25min。为防止测试过程中材料降解或交联，有些材料可能需要减少试验时间。在这种情况下，建议采用 GB/T 3682.2—2018 进行测试。

⑥ 仪器每次测试后，都要把仪器彻底清洗，注意清理过程不能影响料筒和口模的尺寸及表面光洁度，不能使用可能会损伤料筒、活塞和口模表面的磨料及其他材料。料筒可使用布片清理。活塞应趁热使用棉布擦净。口模可以使用配合适度的黄铜绞刀、直径 2.08mm 的高速钻头或木钉清理，也可以在约 550℃的氮气环境下用热裂解方法清理。

⑦ 温度控制系统需要定期进行校验。校验温度随时间和距离的变化须符合相关规定。

2.8 塑料黏度

2.8.1 概述

塑料黏度是指塑料熔融流动时大分子之间相互摩擦系数的大小。这里介绍聚氯乙烯树脂稀溶液的黏度测定方法。

黏度可分为比浓黏度 I（也称黏数）和 K 值。

（1）检测方法、采用标准、适用范围　塑料黏度的检测方法、采用标准、适用范围见表 2.18。

表 2.18　检测方法、采用标准、适用范围

检测项目名称	检测方法	采用标准		适用范围
		国内标准	国际标准	
塑料黏度	比浓黏度法	GB/T 3401—2007《用毛细管黏度计测定聚氯乙烯树脂稀溶液的黏度》	ISO 1628:1998《用毛细管黏度计测定聚合物稀溶液的黏度　第 2 部分：氯乙烯》	适用于氯乙烯均聚物及由氯乙烯同一个或更多其他单体构成(但其中主要成分为氯乙烯)的二元共聚物和三元共聚物等粉末型树脂。树脂可以含有少量的非聚合物质(例如乳化剂或分散剂、残留引发剂等)和在聚合过程中添加的其他物质

（2）原理　试样溶解在溶剂中，根据溶剂和溶液在毛细管黏度计内的流经时间计算比浓黏度和 K 值。

① 比浓黏度 I（也称黏数）　比浓黏度 I 是指黏度比增量与溶液中聚合物浓度之比。

② K 值　K 值是指与聚合物溶液浓度无关并且是为聚合物样品所特有的常

数，它是平均聚合度的度量值。

塑料黏度是塑料熔融流动性高低的反映，即黏度越大，熔体黏性越强，流动性越差，加工越困难。塑料黏度的大小与塑料熔融指数大小成反比。塑料黏度随塑料本身特性、外界温度、压力等条件变化而变化。

2.8.2 检测方法

（1）仪器

① 黏度计：标准黏度计为 1C 型乌式黏度计，毛细管直径 0.77mm，具有 ±2% 的相对误差，其他部分尺寸见图 2.11。

如果在所测比浓黏度和 K 值范围内建立了所选黏度计和标准黏度计的相互关系，也可以使用其他黏度计，并对结果作相应校正。

② 容量瓶：可以下面任选一种。

单标线容量瓶：A 级，50mL。

单标线容量瓶：A 级，25mL。

注： 使用在 20℃ 下进行校正的容量瓶所引起的系统误差可以忽略。

③ 过滤漏斗：具有中等孔隙度（孔径 40～50μm）的烧结玻璃过滤器或带有滤纸的玻璃漏斗。

④ 机械混合器：具有加热装置可使容量瓶和其中的内容物温度保持在 80～85℃ 之间。此外，也可将转动混合器和振动器放入一个温度介于 80～85℃ 的恒温箱中。

⑤ 分析天平：精确至 0.1mg。

⑥ 温控池：能够设定在 25.0℃ ±0.5℃，分度值为 0.1℃，在设定温度的 ±0.05℃ 范围内保持稳定。

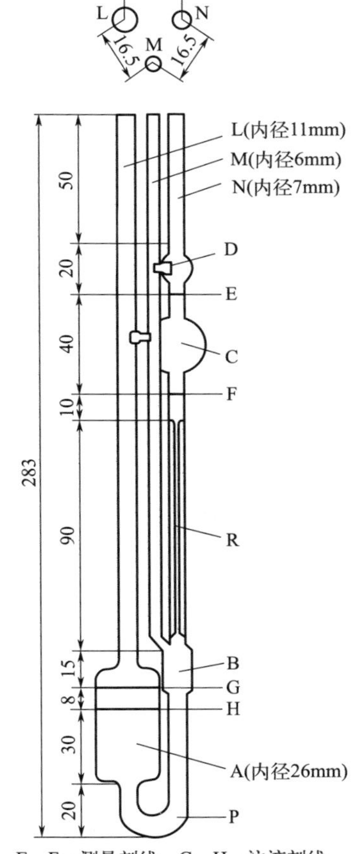

E、F—测量刻线；G、H—注液刻线；R—毛细管(直径0.77mm，具有±2%的相对误差)；C—C球(容积4.0mL，具有±5%的相对误差)；P—P管(内径6.0mm，具有±5%的相对误差)。

图 2.11　标准黏度计（单位：mm）

⑦ 温度计：精确至 0.05℃。

⑧ 计时装置：精确至 0.1s。

（2）试样　取能代表该树脂特性的样品用于测定，并且其量应足够用于至少两次测定。

（3）步骤

① 仪器的清洗　试验前，黏度计和所用的部件（玻璃器皿、吸管、烧结玻

璃过滤器、橡皮管等）都要清洗干净，要用合适的洗涤剂。如用王水除去玻璃器皿中的无机残留物，用合适的溶剂除去油渍和油污。待仪器干后，再用新配制的铬酸洗液在不低于20℃下浸泡过夜。为了更有效地清洗，洗液最好先在水浴上小心加热。

倒出洗液，用蒸馏水或去离子水至少洗五次，在100℃以下的烘箱中干燥。或者用蒸馏、干燥、过滤过的丙酮至少冲洗五次。并用经过滤的干燥空气慢气流吹干或最好用真空抽干。

当连续测定两个性质相似的试样的流经时间之间，黏度计可按下述步骤清洗：倒尽试液，用经蒸馏、过滤的挥发性溶剂彻底冲洗，在抽气的情况下，用经过滤的干空气慢气流干燥或在烘箱中100℃以下烘干。清洗的效果可通过给定溶剂在该黏度计中的流经时间保持不变来检查。

如果下一个被测溶液是类型相同黏度相近的聚合物溶液，则可用待测溶液洗黏度计后，再将余下的待测溶液注入黏度计。

② 溶液的制备　如果树脂的 K 值大于85，溶液对溶剂的流经时间的比值将趋于最大值2.0，这样就存在切变的影响和黏数对浓度的非线性关系。但为了保证PVC测试的统一性，这一影响应该被忽略并且目前所有能得到的树脂的测试均采用同一浓度。

按以下方法制备25℃±1℃时浓度为5g/L±0.1g/L的溶液。

a. 方法A：称取0.250g±0.005g树脂，精确至0.0001g，并全部移入50mL容量瓶中。在容量瓶中加入约40mL环已酮，摇动以防止凝聚或成块，使用机械混合器在80～85℃继续混合溶解1h，目视检查是否溶解完全，如仍存在可见胶状粒子，则应取新试料重新开始。将溶液冷却至25℃±1℃，并用同一温度的环已酮稀释至刻度，摇匀待用。

b. 方法B：称取0.125g±0.0025g树脂，精确至0.0001g，并全部移入25mL容量瓶中。在容量瓶中加入约20mL环已酮，摇动以防止凝聚或成块，使用机械混合器在80～85℃继续混合溶解1h，目视检查是否溶解完全，如仍存在可见胶状粒子，则应取新试料重新开始。将溶液冷却至25℃±1℃，并用同一温度的环已酮稀释至刻度，摇匀待用。

c. 其他方法：除按上述两种方法制备溶液外，还可采用其他方法制备溶液，例如，可以加定量体积的溶剂于定质量的试样中，给出的比浓黏度或 K 值可等同于用上述方法制备的溶液。这种溶液的制备方法需要通过试验测定需要的溶剂和试样量，而且也需要补偿在溶解过程中由于蒸发而损失的溶剂（可参考GB/T 3401—2007标准的附录D）。

③ 流经时间的测定

a. 溶剂流经时间的测定：设置温控池的温度，使得经温度计所测定的温度在25℃±0.5℃范围内。测定温度应稳定在温控池设定温度的±0.05℃内。

在黏度计管M、管N上，接上乳胶管，把黏度计垂直置于温控池中，使液面超过黏度计D球约20mm。

用过滤漏斗将约15mL环己酮经L管滤入黏度计中，恒温约10min。

当温度平衡后，关闭M管，吸N管或在L管上加压，使溶剂经毛细管缓慢进入C球，当液面上升至E刻线上方约5mm处时，停止吸气或加压。开启M管，测量液体通过E刻线到F刻线的流经时间。

放弃第一次读取的流经时间，重复测定流经时间三次，取其算术平均值为溶剂的流经时间t_0。对于给定的黏度计，连续测定溶剂环己酮的流经时间的极差应在0.2s以内。如果溶剂的两次连续的平均流经时间测定差大于0.4s，则需清洗黏度计。

b. 溶液流经时间的测定：将上述溶剂吸出，用过滤漏斗将约10mL溶液经L管滤入黏度计中，使溶液通过C球反复冲洗三次后将溶液吸出。再将约15mL溶液经L管滤入黏度计中，恒温约10min。

当温度平衡后，关闭M管，吸N管或在L管上加压，使溶剂经毛细管缓慢进入C球，当液面上升至E刻线上方约5mm处时，停止吸气或加压。开启M管，测量液体通过E刻线到F刻线的流经时间。

放弃第一次读取的流经时间，重复测量流经时间直至两次连续测定值之差小于0.25%，取其算术平均值为溶液的流经时间t。

注：以上为手动过程，可以采用专用仪器将溶液或溶剂注入黏度计并自动测量相应的流经时间。如果在自动步骤前提供了上述所有步骤和验证校核，有关这种仪器的使用也包含在本方法的适用范围内。

(4) 结果

① 比浓黏度　按式(2.37)计算样品的比浓黏度I：

$$I=\frac{t-t_0}{t_0 c} \tag{2.37}$$

式中，t和t_0分别为溶液和溶剂的流经时间的数值，s；c为溶液质量浓度的数值，g/mL。

取两次单独测定结果的平均值为样品的比浓黏度，结果以整数表示。如果两次测定得到的I值大于平均值的±0.4%，则舍弃这些值并取新试料重新测定。

如果溶液的质量浓度为5g/L±0.005g/L，根据溶液流经时间对溶剂流经时间的比值（也称黏度比），可从GB/T 3401—2007标准的附录表3中直接读取比浓黏度I，以$10^{-3}m^3/kg$表示，即mL/g，结果修约至第一位小数。

② K值　对于每一试料，按式(2.38)计算K值：

$$K=\frac{1.5\lg\eta_r-1+\sqrt{1+(2/c+2+1.5\lg\eta_r)1.5\lg\eta_r}}{150+300c}\times 1000 \tag{2.38}$$

式中，η_r 为溶液和溶剂的黏度（流经时间）比的数值，$\eta_r=\eta/\eta_r=t/t_0$；t 和 t_0 分别为溶液和溶剂的流经时间的数值，s；c 为溶液质量浓度的数值，g/mL。

取两次单独测定结果的平均值为样品的 K 值，结果修约至第一位小数。如果两次测定得到的 K 值大于平均值的±0.4%，则舍弃这些值并取新试料重新测定。

如果溶液的质量浓度为5g/L±0.005g/L，可以从 GB/T 3401—2007 标准的附录表 3 中直接读取 K 值，结果修约至第二位小数。

2.8.3 讨论

① 本方法不适用于测定挥发物含量超过0.5%的树脂以及不能完全溶解在环己酮中的树脂。

② 与试验液体接触的全部仪器和部件都必须非常清洁，这是本方法成败的关键。黏度计中任何杂物，如灰尘、液体残渍或细丝都会导致试验失败。

③ 用王水和铬酸洗液时，要特别小心！最好戴护目镜和橡皮手套。若溅到皮肤上，则用大量冷水冲洗，并避免吸入其蒸气。

参考文献

[1] GB/T 1033.1—2008. 塑料　非泡沫塑料密度的测定　第 1 部分：浸渍法、液体比重瓶法和滴定法 [S].

[2] GB/T 1033.2—2010. 塑料　非泡沫塑料密度的测定　第 2 部分：密度梯度柱法 [S].

[3] GB/T 1033.3—2010. 塑料　非泡沫塑料密度的测定　第 3 部分：气体比重瓶法 [S].

[4] GB/T 1636—2008. 塑料　能从规定漏斗流出的材料表观密度的测定 [S].

[5] GB/T 6155—2008. 炭素材料真密度和真气孔率测定方法 [S].

[6] GB/T 1463—2005. 纤维增强塑料密度和相对密度试验方法 [S].

[7] GB/T 6284—2006. 化工产品中水分测定的通用方法　干燥减量法 [S].

[8] SH/T 1770—2010. 塑料　聚乙烯水分含量的测定 [S].

[9] GB/T 3682.1—2018. 塑料　热塑性塑料熔体质量流动速率（MFR）和熔体体积流动速率（MVR）的测定　第 1 部分：标准方法 [S].

[10] GB/T 3401—2007. 用毛细管黏度计测定聚氯乙烯树脂稀溶液的黏度 [S].

第3章 机械性能的检测

3.1 概述

承压设备是各工业行业生产过程中均涉及的通用性产品。由于承压设备在承压状态下工作，并且其所处理的多为高温或易燃易爆介质，具有一定的危险性，因此世界各国均将承压设备作为特种设备予以强制性管理。材料选用不当、材料误用、材料缺陷、材质劣化等因素往往是承压设备失效的重要原因，因此加强对材料质量控制与管理是保证承压设备产品质量的前提条件。

目前，非金属承压设备材料大致可分为有机非金属材料和无机非金属材料等。有机非金属材料主要为有机高分子材料，主要包括塑料、橡胶、涂料、有机复合材料等；无机非金属材料主要包括石墨、水泥、陶瓷、无机复合材料等。

有机高分子材料与金属材料相比，其力学行为强烈依赖于外力作用的时间和温度，具有弹性材料的一般特征，同时还具有黏性流体的一些特性。这是由于材料极大的分子量使其出现了一般小分子化合物所不具备的结构特点，分子运动具有明显的松弛特性的缘故。描述高分子材料的机械力学行为必须同时考虑应力、应变、时间和温度四个参数。无机非金属材料主要结合力为离子键、共价键或离子共价混合键，具有较高的键能和键强，普遍表现为耐压强度高、硬度大，在力学行为方面，在弹性线性后没有塑性形变（或塑性形变很小），接着就是断裂，总弹性应变能非常小，这是所有脆性材料的特征。因此，无机非金属材料往往表现出抗拉强度低、韧性差等特点。

对于非金属承压设备材料而言，基本要求必须有足够的机械强度。机械强度就是材料抵抗外力破坏的能力。在各种实际应用中，机械强度是材料力学性能的重要指标，对于各种不同的破坏力，则有不同的强度指标。各个国家根据自己的生产技术和实际情况，制定了大量的标准和测试方法，用来简化模拟各种应用场合下材料实际受力的情况。对于不同种类和用途的非金属承压设备及材料，需要选用合适的标准来测试相应的技术指标，才能够获得有效的测试数据。

3.2 拉伸性能

拉伸性能是指材料及产品抵抗拉伸载荷的能力。在实际应用中，拉伸性能是材料力学性能的重要指标。为了表征非金属材料的拉伸性能，各国及国际相关组织对于各种应用场合下非金属材料的实际受拉伸力的情况，设计出多种拉伸性能试验，并根据反复试验验证的结果，制定了各种拉伸性能标准。

3.2.1 塑料及纤维增强塑料的拉伸性能的检测

3.2.1.1 概述

在非金属承压设备中，塑料及纤维增强塑料产品所占比重较大。考虑到塑料及纤维增强塑料的拉伸性能是塑料材料及制品的基本力学性能，制定了多种测试拉伸性能的标准和方法。这些标准都是在规定的试验温度、湿度和试验速度下，沿试样轴向匀速施加静态拉伸载荷，直到试样断裂或达到预定的伸长，在整个过程中，测量施加在试样上的载荷和试样伸长，以测定拉伸应力（拉伸屈服应力、拉伸断裂应力或拉伸强度）、拉伸弹性模量、泊松比、断裂伸长率和绘制应力-应变曲线等。

塑料及纤维增强塑料拉伸测试标准和适用范围如表 3.1 所示。

表 3.1 塑料及纤维增强塑料拉伸测试标准和适用范围

标准名称	采用标准	适用范围
塑料　拉伸性能的测定	GB/T 1040.1—2018 GB/T 1040.2—2006 GB/T 1040.3—2006 GB/T 1040.4—2006 GB/T 1040.5—2008	适用于硬质和半硬质热塑性及热固性模塑和挤塑材料、纤维增强热固性和热塑性；不适用于硬质泡沫材料或含有微孔材料的夹层结构材料
纤维增强塑料拉伸性能试验方法	GB/T 1447—2005	适用于测定纤维增强塑料的拉伸性能
热塑性塑料管材　拉伸性能测定	GB/T 8804.1—2003 GB/T 8804.2—2003 GB/T 8804.3—2003	适用于各种类型的热塑性塑料管材的拉伸性能
定向纤维增强聚合物基复合材料拉伸性能试验方法	GB/T 3354—2014	适用于测定纤维增强塑料 0°、90°、0°/90°和均衡对称层合板拉伸性能

3.2.1.2 检测方法

（1）仪器

① 拉力试验机

a. 试验速度　试验机应能达到表 3.2 所规定的试验速度。

表 3.2　推荐的试验速度

速度/(mm/min)	允差/%	速度/(mm/min)	允差/%
1	±20①	50	±10
2	±20①	100	±10
5	±20	200	±10
10	±20	500	±10
20	±10		

① 这些允差均小于 GB/T 17200 所标明的允差。

b. 夹具　用于夹持试样的夹具与试验机相连，使试样的长轴与通过夹具中心线的拉力方向重合，例如可通过夹具上的对中销来达到。应尽可能防止被夹持试样相对于夹具滑动，最好使用这种类型夹具：当加到试样上的拉力增加时，能保持或增加对试样的夹持力，且不会在夹具处引起试样过早破坏。

c. 负荷指示装置　负荷指示装置应带有能显示试样所承受的总拉伸负荷的装置。该装置在规定的试验速度下应无惯性滞后，指示负荷的准确度至少为实际值的 1%，应注意之处列在 GB/T 17200 中。

d. 引伸计　引伸计应符合 GB/T 17200 规定，应能测量试验过程中任何时刻试样标距的相对变化。该仪器最好（但不是必须）能自动记录这种变化。这相当于在测量模量时，在 50mm 标距基础上能精确至 ±1μm。

当引伸计连接在试样上时，应小心操作以使试样产生的变形和损坏最小。引伸计和试样之间基本无滑动。

试样也可以装纵向应变规，其精度应为对应值的 1%或更优。用于测量模量时，相当于应变精度为 20×10^{-6}（20$\mu\varepsilon$）。应变规表面处理和黏结剂的选择应以能显示被试材料的所有性能为宜。

② 测量试样宽度和厚度的仪器

a. 硬质材料　应使用测微计或等效的仪器测量试样宽度和厚度，其读数精度为 0.02mm 或更优。测量头的尺寸和形状应适合被测量的试样，不应使试样承受压力而明显改变所测量的尺寸。

b. 软材料　应使用读数精度为 0.02mm 或更优的度盘式测微器来测量试样厚度，其压头应带有圆形平面，同时在测量时能施加 20kPa±3kPa 的压力。

（2）试样

① 试样准备

a. 形状和尺寸　试样的形状和尺寸应参照相关产品标准或参照相关材料标准进行。图 3.1 至图 3.3 列出了常用的三种试样形状，其尺寸见表 3.3。

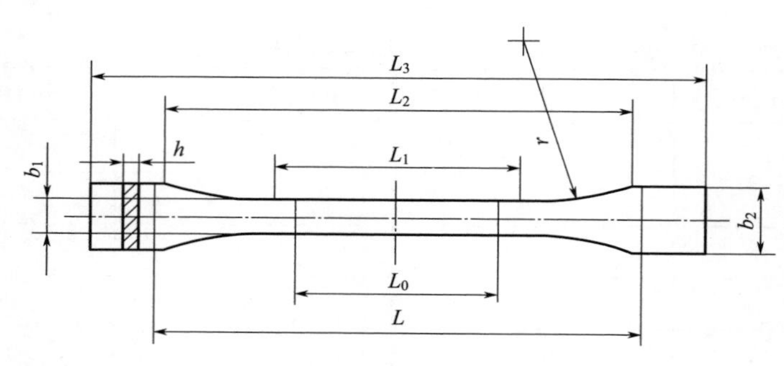

图 3.1　常见拉伸试样形状 1A、1B 型

注：1A 型试样为优先使用的直接模塑的多用途试样，1B 型试样为机加工试样；1B 型试样同时适用于热塑性塑料和纤维增强热塑性和热固性塑料。

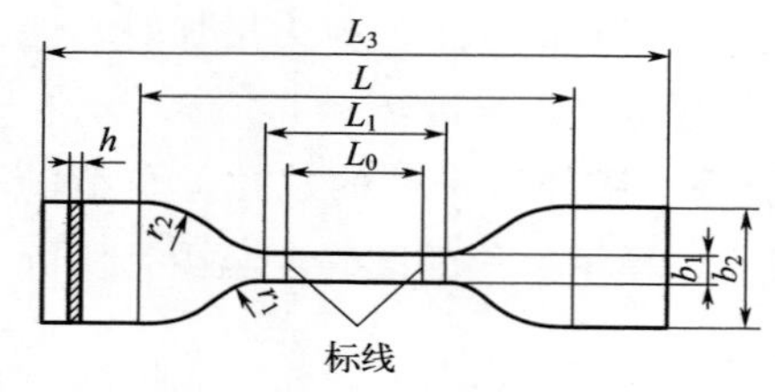

图 3.2　常见拉伸试样形状 2 型

注：2 型试样为裁刀冲裁试样，适用于厚度较薄的热塑性塑料。

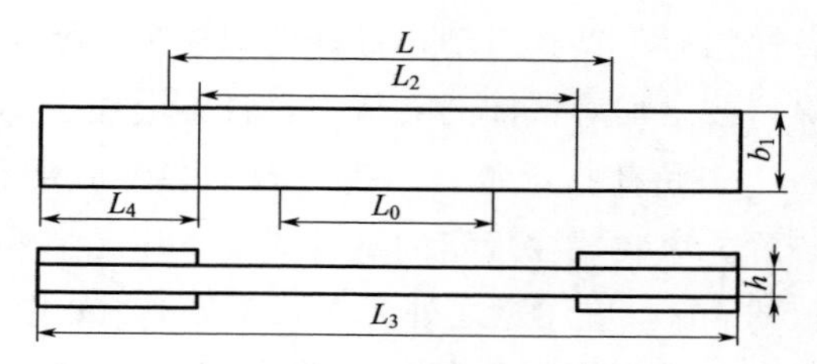

图 3.3　常见拉伸试样形状 3 型

注：3 型试样适用于纤维增强热固性塑料。

表 3.3　常见拉伸试样尺寸　　单位：mm

符号	名称	试样类型			
		1A	1B	2	3
L_3	总长度	≥150		≥115	≥250
L_1	窄平行部分的长度	80±2	60.0±0.5	33±2	—
r	半径	20～25	≥60	—	—
r_1	小半径	—	—	14±1	—
r_2	大半径	—	—	25±2	—
L_2	宽平行部分间的距离	104～113	106～120	—	150±5
b_2	端部宽度	20.0±0.2		25±1	—
b_1	窄部宽度	10.0±0.2		6±0.4	25±0.5
h	厚度	4.0±0.2①		产品厚度	2～10
L_0	标距	50.0±0.5		25±0.25	100±0.5
L	夹具间的初始距离	115±1	$L_{2}{}^{+5}_{0}$	80±5	170±5
L_4	端部加强片长度	—	—	—	≥50

① 该厚度为优选厚度。

b. 标线　如果使用光学引伸计，特别是对于薄片和薄膜，应在试样上标出规定的标线，标线与试样的中点距离应大致相等，两标线间距离的测量精度应达到 1%或更优。

标线不能刻划、冲刻或压印在试样上，以免损坏受试材料，应采用对受试材料无影响的标线，而且所划的相互平行的每条标线要尽量窄。

c. 试样的检查　试样应无扭曲，相邻的平面间应相互垂直。表面和边缘应无划痕、空洞、凹陷和毛刺。试样可与直尺、直角尺、平板比对，应用目测并用螺旋测微器检查是否符合这些要求。经检查发现试样有一项或几项不合要求时，应舍弃或在试验前机加工至合适的尺寸和形状。

② 试样数量

a. 每个受试方向和每项性能（拉伸模量、拉伸强度等的）试验，试样数量不少于 5 个。

b. 应废弃在肩部断裂或塑性变形扩展到整个肩宽的哑铃形试样并另取试样重新试验。

c. 当试样在夹具内出现滑移或在距任一夹具 10mm 以内断裂，或由于明显缺陷导致过早破坏时，由此试样得到的数据不应用来分析结果，应另取试样重新试验。

③ 状态调节　应按有关材料标准规定对试样进行状态调节。

(3) 步骤

① 试验环境　应在与试样状态调节相同环境下进行试验，除非有关方面另有商定，例如在高温下或低温下试验。

② 试样尺寸　在每个试样中部距离标距每端 5mm 以内测量宽度 b 和厚度 h。记录每个试样宽度和厚度的最大值和最小值，并确保其在相应材料标准的允差范围内。计算每个试样宽度和厚度的算术平均值，以便用于其他计算。

③ 夹持　将试样放到夹具中，务必使试样的长轴线与试验机的轴线成一条直线。当使用夹具对中销时，为得到准确对中，应在紧固夹具前稍微绷紧试样，然后平稳而牢固地夹紧夹具，以防止试样滑移。

④ 预应力　试样在试验前应处于基本不受力状态。但在薄膜试样对中时可能产生这种预应力，特别是较软材料由于夹持压力，也能引起这种预应力。

在测量模量时，试验初始应力 σ_0，不应超过式(3.1) 所示数值：

$$|\sigma_0| \leqslant 5\times 10^{-4} E_t \tag{3.1}$$

与此相对应的预应变应满足 $\varepsilon_0 \leqslant 0.05\%$。

当测量相关应力时，应满足式(3.2)：

$$\sigma_0 \leqslant 10^{-2}\sigma \tag{3.2}$$

⑤ 引伸计的安装　平衡预应力后，将校准过的引伸计安装到试样的标距上

并调正，或装上纵向应变规。如需要，测出初始距离（标距）。

用光学方法测量伸长时，应按规定在试样上标出测量标线。

测定拉伸标称应变 ε_t 时，用夹具间移动距离表示试样自由长度的伸长。

⑥ 试验速度　根据有关材料的相关标准确定试验速度。测定弹性模量、屈服点前的应力/应变性能及测定拉伸强度和最大伸长时，可能需要采用不同的速度。对于每种试验速度，应分别使用单独的试样。测定弹性模量时，选择的试验速度应尽可能使应变速率接近每分钟1%标距。

（4）结果　记录试验过程中试样承受的负荷及与之对应的标线间或夹具间距离的增量，此操作最好采用能达到完整应力/应变曲线的自动记录系统。

根据应力/应变曲线或其他适当方法，测定有关的应力和应变。

① 应力计算　根据试样的原始横截面积按式(3.3)计算相应的应力值：

$$\sigma=\frac{F}{A} \tag{3.3}$$

式中，σ 为拉伸应力，MPa；F 为所测的对应负荷，N；A 为试样原始横截面积，mm^2。

② 应变计算　根据标距由式(3.4)或式(3.5)计算相应的应变值：

$$\varepsilon=\frac{\Delta L_0}{L_0} \tag{3.4}$$

$$\varepsilon(\%)=\frac{\Delta L_0}{L_0}\times 100 \tag{3.5}$$

式中，ε 为应变，用比值或百分数表示；L_0 为试样的标距，mm；ΔL_0 为试样标记间长度的增量，mm。

3.2.1.3　讨论

（1）试验速度　塑料及其制品由于蠕变等因素，其拉伸试验速度对于拉伸性能有很大影响，因此在试验过程中必须根据相关标准及材料选择相应的试验速度。

（2）夹持方式　夹持的试样轴心应保证与拉力机同轴，不应与拉力机拉伸方向有角度，松紧要适宜，防止试样滑脱或拉伸断裂位于夹具处。同时，为了保证试验准确性，应在夹持时，先紧固靠近传感器的试样端部，再紧固试样另一端部。

（3）温度与湿度　由于塑料为黏弹性材料，其力学松弛过程与温度关系很大，当温度上升时，分子链段热运动增加，松弛过程加快，在拉伸过程中必然出现较大的变形导致强度较低。对于一般吸水性小的塑料，受湿度的影响不显著。而吸水性强的材料，湿度提高，等于对材料起增塑作用，即塑性增加，强度降低。故要求试样在标准实验室环境进行状态调节后进行试验。

（4）试验预应力　在测量拉伸弹性模量时，试验预应力的值应适当选择，不超过标准中相应要求，也不能过小，如试验曲线在应变 0.05％时之后一段仍是平的，应适当调高试验预应力。

3.2.2 表观环向拉伸强度测试方法

3.2.2.1 概述

通过分离盘夹具，将环向试样向两个相反方向匀速施加静态拉伸载荷，直到试样断裂。在整个过程中，拆分分离盘导致在试样上施加一定的弯矩，因此，测试获得的表观拉伸强度而不是真实的拉伸强度。该测试方法适用于塑料及纤维增强塑料制品。塑料及纤维增强塑料环向拉伸测试标准和适用范围如表 3.4 所示。

表 3.4　塑料及纤维增强塑料环向拉伸测试标准和使用范围

标准名称	采用标准	适用范围
纤维增强塑料环形试样试验通则	GB/T 1458—2023	适用于玻璃纤维、碳纤维和芳纶纤维缠绕增强环形复合材料
分离盘法测定塑料或增强塑料管表观环向拉伸强度的标准试验方法	ASTM D 2290—2016	适用于增强热固性树脂管和挤出或模压的热塑性管

3.2.2.2 检测方法

（1）仪器

① 拉力试验机

a. 试验机载荷相对误差不应超过±1％。

b. 机械式和油压式试验机使用吨位的选择应使试样施加载荷落在满载的10％～90％范围内（尽量落在满载的一边），且不应小于试验机最大吨位的 4％。

c. 能获得恒定的试验速度。当试验速度不大于 10mm/min 时，误差不应超过 20％；当试验速度大于 10mm/min 时，误差不应超过 10％。

② 拉伸分离盘夹具　拉伸分离盘夹具见图 3.4。

（2）试样　拉伸分离试样的制备主要有两种方式，一种是从管材上切取环形试样，并加工成标准规定的尺寸；另一种是利用单环缠绕法或圆筒切环法制备纤维增强塑料的环形试样。

① 管材上切取环形试样　试样必须为从全尺寸管材上垂直于管轴线方向截取的全厚度环形试样，其常见的试样形状和尺寸如图 3.5 所示。

其中样品宽度 W 应为 12.7～50.8mm，样品加工凹槽处宽度可根据样品的宽度增大调整至 12.7mm±2.5mm。

② 单环缠绕法或圆筒切环法制备纤维增强塑料的环形试样

a. 模具准备　把清洗干净的模具或芯模涂上脱模剂。

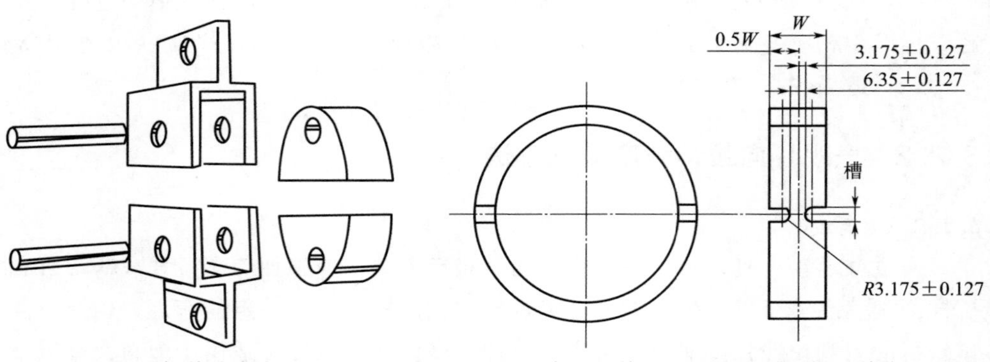

图 3.4　拉伸分离盘夹具

图 3.5　常见的管材切取的环形试样（单位：mm）

b. 纱团安装　纱团可立放，也可卧放在纱架上。纤维从纱团拉出时，应保持捻度不变，并施加轻微的张力以防其晃动。

c. 浸胶　纤维从纱团引出，经过导辊，进入有加热装置的胶槽。纤维从胶槽拉出时，在尽量减少纤维磨损的情况下，用挤胶辊或刮胶板等装置将多余的胶除去。

d. 张力控制　把浸过胶的纤维经过一系列导辊，对纤维施加所需的张力。缠绕张力为：玻璃纤维用其纤维断裂强力的 5%～8%；芳纶用其纤维断裂强力的 3%～4%；碳纤维按工艺要求，以不使纤维损坏为宜。

e. 排纱　纤维排布应均匀，不允许有堆积、离缝等现象。使纤维浸渍均匀，张力稳定，缠绕速度应保证以不大于 60r/min 为宜（线速度则为 28m/min）。

f. 固化　环形试样缠绕完毕后，按规定的固化制度进行固化。同批绕制的环形试样固化前存放时间不超过 8h。

g. 加工和脱模　固化后的单环试样，先卸去两侧外模，串在一起用磨削或精车进行表面加工。加工完成后，用压机脱去中模。

固化后的圆筒，先磨削或精车进行表面加工，再切环脱模。

h. 试样尺寸　试样尺寸见图 3.6。试样内径 D 为 150mm±0.2mm，宽度 b 为 6mm±0.2mm，厚度 h 为 1.5mm±0.1mm。

③ 试样数量　试样数量不少于 5 个，并保证同批有 5 个有效试样。

④ 状态调节

a. 试验前，试样在实验室标准环境条件下至少放置 24h。

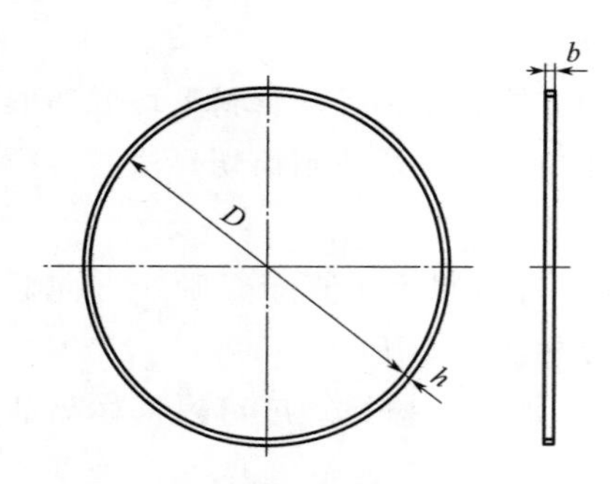

D—内径；b—宽度；h—厚度。

图 3.6　单环缠绕法或圆筒切环法制备纤维增强塑料的环形试样

b. 若不具备实验室标准环境条件，试验前试样可在干燥器内至少放置24h。

c. 特殊状态调节按需要而定。

（3）步骤

① 将试样编号，通过试样圆心画一直线交于环的两侧，并在该处测量试样的宽度和厚度，每侧各量两点，取算术平均值。

② 将试样装在拉力盘上，试样划线处对准拉力盘的缝隙处，试样与盘的接触表面要加以润滑。

③ 加载速度：玻璃纤维增强塑料为3～5mm/min；碳纤维和芳纶纤维增强塑料为2～3mm/min；热塑性塑料为12.7mm/min。

④ 均匀、连续地对试样施加载荷，直到破坏。并记录破坏载荷。

（4）结果 根据式(3.6)计算试样的表观环向拉伸强度：

$$\sigma=\frac{P}{D_1B_1+D_2B_2} \tag{3.6}$$

式中，σ为表观环向拉伸强度，MPa；P为屈服拉力（最大拉力），N；D_1，D_2为测试位置的实际试样壁厚，mm；B_1，B_2为测试位置的实际试样宽度，mm。

3.2.2.3 讨论

① 整个试样环的宽度均匀度要求高，不能出现太大的偏差，故对机加工要求较高。

② 试验拉伸时，应保证管环试样拉伸方向与拉力机拉伸方向同轴，且保证上下分离盘左右间距是相等的，若不相等，容易造成在拉伸过程中，管环试样拉伸方向与拉力机拉伸方向不同轴，左右受力不均。

3.2.3 剥离强度测试方法

3.2.3.1 概述

金属塑料复合材料集金属与塑料的优点于一身，机械强度高、耐腐蚀、隔氧性能好。剥离强度能够有效地表征金属骨架与塑料层间的结合强度，是判断材料耐压强度的重要依据。根据金属骨架强度的不同，使用相应的国家标准进行测试，主要试验原理为将两块胶接材料以规定的速率从胶接的开口处剥开，两块被粘物沿着被粘面长度的方向逐渐分离。剥离强度相关测试标准和使用范围可见表3.5。

表3.5 剥离强度测试标准和使用范围

标准名称	采用标准	适用范围
胶黏剂180°剥离强度试验方法 挠性材料对刚性材料	GB/T 2790—1995	适用于挠性材料对刚性材料
胶黏剂T剥离强度试验方法 挠性材料对挠性材料	GB/T 2791—1995	适用于挠性材料对挠性材料

3.2.3.2 检测方法

（1）仪器

① 拉伸试验装置　具有适宜的负荷范围，夹头能以恒定的速率分离并施加拉伸力的装置。该装置应配备有力的测量系统和指示记录系统。力的示值误差不超过2%，整个装置的响应时间应足够短，以不影响测量的准确性为宜，即当胶接试样破坏时，所施加的力能被测量到。试样的破坏负荷应处于满标负荷的10%～80%。

② 夹头　夹头能牢固地夹住试样，见图3.7和图3.8。

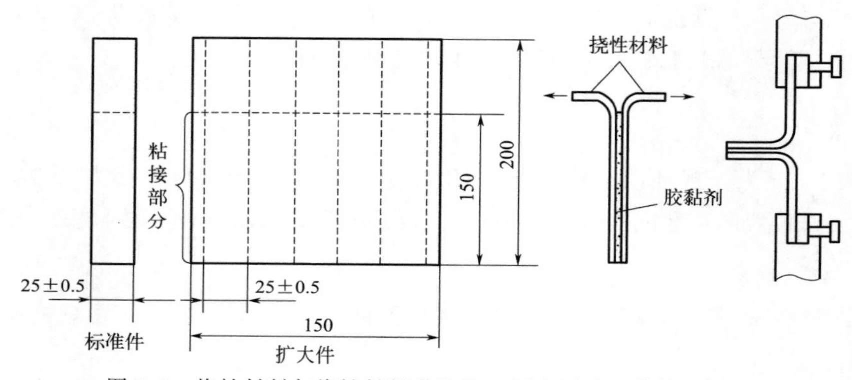

图3.7　挠性材料与挠性材料黏结件T剥离试验（单位：mm）

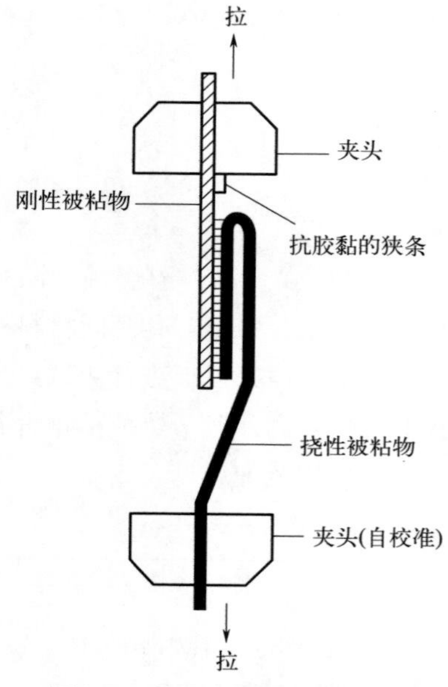

图3.8　挠性材料与刚性材料黏结件180°剥离试验

（2）试样

① 试样制备　将试样从试件上切下，切下时应尽可能减少切削热及机械力对胶接缝的影响。除另有规定外，试样尺寸：长200mm，宽25mm±0.5mm。

② 试样数量　每个批号试样的数目不少于五个。

③ 状态调节　试样应在GB/T 2918中规定的标准环境中进行状态调节和试验。试样进行状态调节的时间不应少于2h。

（3）步骤　将挠性试样未胶接一端分开按图所示对称地夹在上下夹持器中。夹持部位不能滑移，以保证所施加的拉力均匀地分布在试样的宽度上。开动试验机，使上下夹持器以100mm/min±10mm/min的速率分离。

试样剥离长度至少要有 125mm，记录装置同时绘出剥离负荷曲线。并注意破坏的形式，即黏附破坏、内聚破坏或被粘物破坏。

（4）结果　对于每个试样，从剥离力和剥离长度的关系曲线上测定平均剥离力，以 N 为单位。计算剥离力的剥离长度至少要 100mm，但不包括最初的 25mm，可以用划一条估计的等高线，或用测面积法来得到平均剥离力，见图 3.9。如果需要更准确的结果，还可以使用其他适当的方法。

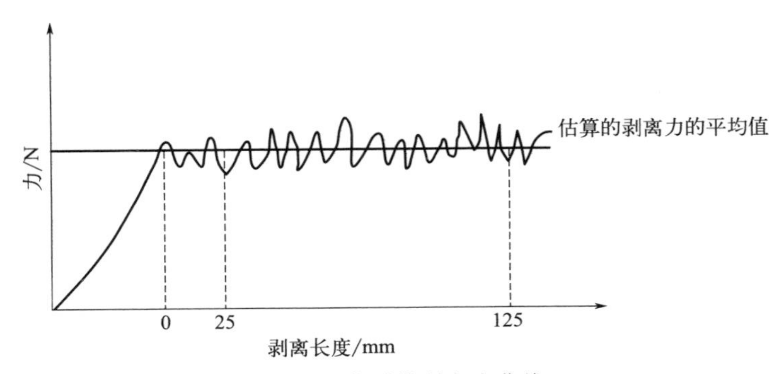

图 3.9　典型的剥离力曲线

记录下在这至少 100mm 剥离长度内的剥离力的最大值和最小值，根据式(3.7) 计算相应的剥离强度值。

$$\sigma_T = \frac{F}{B} \tag{3.7}$$

式中，σ_T 为剥离强度，kN/m；F 为剥离力，N；B 为试样宽度，mm。

计算所有试验试样的平均剥离强度、最小剥离强度和最大剥离强度。

3.2.3.3　讨论

① 试样制备从试件上切下时，应尽可能减少切削热及机械力对胶接缝的影响，且整根试样宽度应均匀；

② 拉伸时，试样与拉伸上下夹具成 90°，若有倾斜，会有剪切力存在，使试验结果偏大。

3.2.4　管环最小平均剥离力测试方法

3.2.4.1　概述

管环最小平均剥离力能够有效地表征铝塑管材金属层（铝层）与塑料层间的结合强度。该测试主要采用对试样圆周连续均匀剥离的方法，绘制铝塑管试样的内层和嵌入金属层间的分离力曲线，并计算其最小平均剥离力，以检查试样塑料内层和铝层的黏结力。

3.2.4.2 检测方法

(1) 仪器

① 试验机 能显示剥离力连续曲线的试验机，并且具有夹持试样的夹钳。

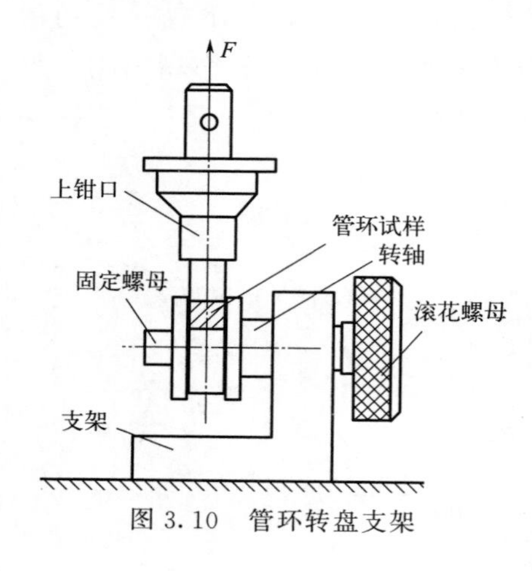

图 3.10 管环转盘支架

② 管环转盘支架 一个可固定在试验机上的支架，支架上部装有转轴。转轴一端带有可套入需测试剥离力的管环的锥套，并与转轴压紧，见图 3.10。

(2) 试样

① 试样准备 截取五件长 10mm±1mm 的管环作试样，两端面应与管环中心线保持垂直。

② 试样数量 试样数量为 5 个。

③ 状态调节 试样应在 GB/T 2918 中规定的标准环境中进行状态调节和试验。试样进行状态调节的时间不应少于 24h。

(3) 步骤

① 管环试样由焊接处将铝层和塑料内层分离，并剥离出约 45°圆周，垂直拉直。

② 将管环试样套入锥套后装在转轴上，使管环固定在转轴上。

③ 将管环剥离段插入试验机上钳口，试验机以 50mm/min±1.0mm/min 速度进行剥离，并同时记录管环试样剥离力曲线。

(4) 结果 读取 90°～270°之间的剥离力最小值（精确到 0.1N）。计算五个试样的最小剥离力平均值。

3.2.4.3 讨论

由于铝塑管材整体强度较弱，从管材上切取试样时，应尽可能保证试样的截面形状不发生改变，同时应减少切削热及机械力对胶接缝的影响，且整根试样宽度应均匀。

3.2.5 管环径向拉力

3.2.5.1 概述

管环径向拉力能够表征管材的环向强度。采用对试样采用径向直接拉伸的方法，测定试样在径向拉伸时，试样的变形及破坏所需要的拉力值，以检查试样的铝塑管的焊缝强度以及试样的环向拉伸强度。

3.2.5.2　检测方法

（1）设备　能显示径向拉力连续曲线的试验机，并且具有径向拉伸的夹具，见图 3.11。

（2）试样

① 试样准备　连续截取 15 个试样，长度为 25mm±1mm，管环两端面与轴心线垂直。

② 试样数量　试样数量为 15 个。

③ 状态调节　试样按照 GB/T 2918—1988 规定，在环境温度为 23℃±2℃下进行状态调节，时间不小于 24h。

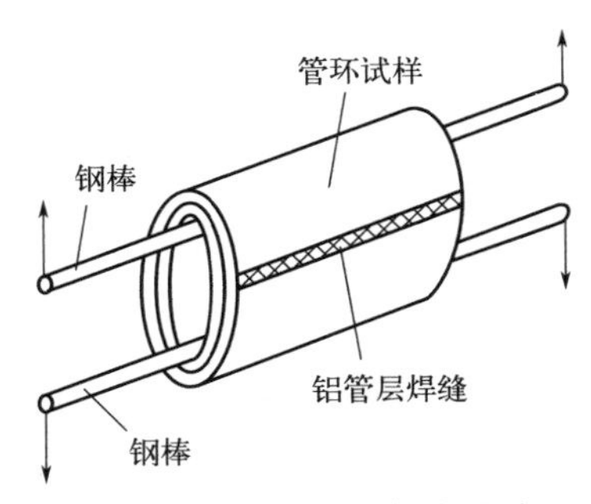

图 3.11　管环径向拉力试验

（3）步骤　用直径 4mm（适用于管材公称外径 32mm 及以下的试样）或 8mm（适用于管材公称外径大于 32mm 以上的试样）的钢棒插入管环中，固定在试验机夹具上，铝管焊缝与拉伸方向垂直，以 50mm/min ±2.5mm/min 的速度拉伸至破坏，读取最大拉力值（精确到 10N）。

（4）结果　计算 15 个试样的算术平均值。

3.2.5.3　讨论

① 由于铝塑管材整体强度较弱，从管材上切取试样时，应尽可能保证试样的截面形状不发生改变，同时应减少切削热及机械力对胶接缝的影响，且整根试样宽度应均匀。

② 测试用钢棒需保证一定强度，不能在拉伸过程中发生形变，否则将影响整个试验数据的准确性。

3.2.6　纤维增强热固性塑料管轴向整体拉伸性能测试

3.2.6.1　概述

将纤维增强热固性塑料管整体沿轴向匀速施加静态拉伸载荷，直到试样断裂或达到预定的伸长，在整个过程中，测量施加在试样上的载荷和试样伸长，以测定拉伸应力、拉伸弹性模量、断裂伸长率和绘制应力-应变曲线等。

3.2.6.2　检测方法

（1）仪器

① 拉力试验机

a. 试验机载荷相对误差不应超过±1%。

b. 机械式和油压式试验机使用吨位的选择应使试样施加载荷落在满载的 10%～90%范围内（尽量落在满载的一边），且不应小于试验机最大吨位的 4%。

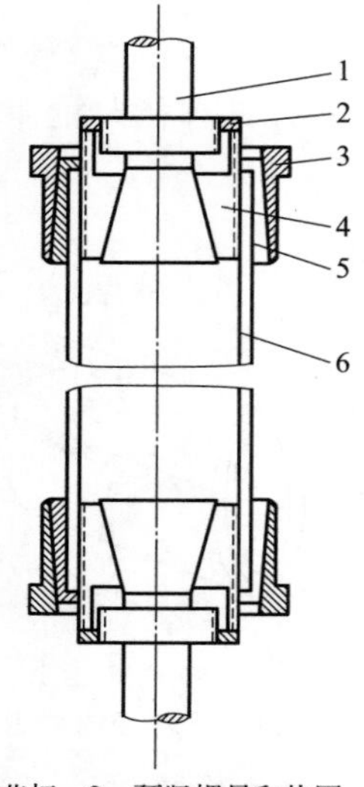

1—芯杆；2—预紧螺母和垫圈；
3—刚性外套；4—瓣形摩擦内套；
5—弹性开口衬套；6—试样。

图 3.12 试样的夹持装置

c. 能获得恒定的试验速度。当试验速度不大于 10mm/min 时，误差不应超过 20%；当试验速度大于 10mm/min 时，误差不应超过 10%。

② 夹持装置　夹持装置应具有足够的强度、刚度和尺寸加工精度。在拉力作用下，不使试样在夹持段内破坏，且应尽量避免与试样产生相对位移。图 3.12 为适用于公称直径不大于 100mm 试样的夹持装置结构图。

（2）试样

① 试样准备　试样端面应与其轴线垂直，且平整、无分层、撕裂等现象。其余表面无损伤。若夹持段表面存在胶瘤或其他突起物，应予修平，但尽量避免损伤增强纤维。

试样形状见图 3.13，试样尺寸见表 3.6。

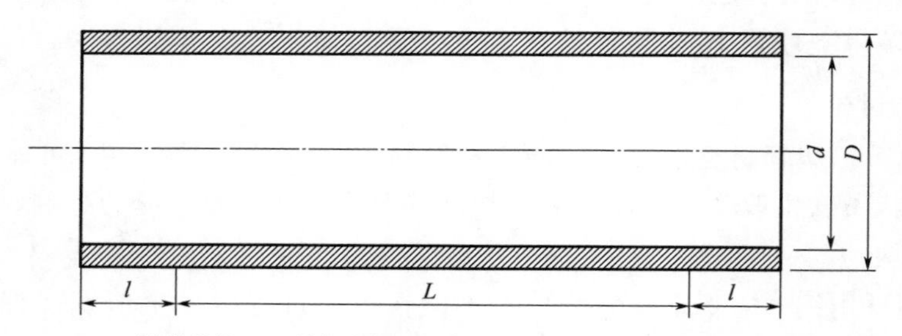

D—试样外径；d—试样内径；L—两夹持段间长度；l—夹持段长度。

图 3.13 纤维增强热固性塑料管轴向整体拉伸试样形状

表 3.6 轴向整体拉伸试样尺寸 单位：mm

两夹持段间长度 L	夹持段长度 l
≥450	50～100

② 试样数量　试样数量不少于 5 个，并保证同批有 5 个有效试样。

③ 状态调节

a. 具备条件时试样至少在温度 23℃±2℃环境中放置 4h，并在相同环境下进行试验；不具备条件时在实验室环境温度下进行试验。

b. 仲裁试验时，试样至少在温度 23℃±2℃和相对湿度 50%±10%的环境中存放 40h，并在同样环境下进行试验。

（3）步骤

① 将合格试样编号并测量尺寸，测量精度按 GB/T 1446—2005 中 4.5 的规定。

② 在试样夹持段间三个不同截面的位置上，分别测量相互垂直两个方向上外径，取其平均值为平均外径。

③ 在试样任一端面的八个等间隔处测量壁厚，舍弃其中最大值和最小值，取其余各点的平均值为平均壁厚。对有非增强层的管材，应采用同样的方法测量增强层厚度，并计算平均值。

④ 将装好试样的夹持装置安装在试验机的两夹头间。安装时，应使夹持装置的芯杆与试验机上、下夹头的中心线对准。

⑤ 均匀、连续加载，直至试样破坏。加载速度按 GB/T 1447—2005 中 7.2 规定。记录破坏载荷（或最大载荷）与试样的破坏情况。

⑥ 若试样破坏在夹持段内或有明显缺陷处，应予作废。同批有效试样不足 5 个时，应重新做试验。

⑦ 测定弹性模量时，有自动记录装置可连续加载，否则，应分级加载。测量仪表的标距应不小于 50mm。当采用分级加载测定弹性模量时，应至少分为五级，施加的最大载荷不应超过材料的弹性变形范围，记录各级载荷及相应的变形值。若测定断裂伸长率，应连续加载，记录试样断裂时测量标距内总的伸长率。

（4）结果

① 轴向拉伸强度按式(3.8）计算：

$$\sigma_t = \frac{F}{\pi(D-t)t} \tag{3.8}$$

式中，σ_t 为轴向拉伸强度，MPa；F 为破坏载荷（或最大载荷），N；D 为试样平均外径，mm；t 为试样平均壁厚（对有非增强层的管材，应为平均增强层厚度），mm。

② 轴向拉伸弹性模量按式(3.9）计算：

$$E_t = \frac{L_0 \Delta F}{\pi(D-t)t\Delta L} \tag{3.9}$$

式中，E_t 为轴向拉伸弹性模量，MPa；L_0 为仪表测量标距，mm；ΔF 为材料弹性范围内的载荷增量，N；ΔL 为与载荷增量 ΔF 对应的标距 L_0 内的变形增量，mm；D 为试样平均外径，mm；t 为试样平均壁厚（对有非增强层的管材，应为平均增强层厚度），mm。

③ 断裂伸长率按式(3.10）计算：

$$\varepsilon_t = \frac{\Delta L_b}{L_0} \times 100\% \tag{3.10}$$

式中，ε_t 为试样断裂伸长率，%；ΔL_b 为试样断裂时标距 L_0 内总的伸长量，mm；L_0 为仪表测量标距，mm。

3.2.6.3 讨论

整体拉伸试验方法适用于公称直径不大于100mm的管材试样；取样拉伸试验方法适用于公称直径大于150mm的管材试验；公称直径100～150mm的管可参照使用。

3.2.7 拉伸载荷后的密封性及易操作性

3.2.7.1 概述

该检测项目适用于设备阀门及钢塑转换管件等产品，其基本原理为试样首先承受一定的轴向拉应力，稳定后在一定速度下继续拉伸直到管材屈服或断裂。拉伸后验证试样的密封性或可操作性。

依据标准为GB/T 15558.3—2008、GB/T 26255.1—2010与GB/T 26255.2—2010。下面以GB/T 26255.1—2010为例，介绍一下该试验基本步骤。

3.2.7.2 检测方法

（1）仪器

① 拉伸试验机或其他相当足够动力的设备，能使试验进行并达到管材的屈服点，试验机能够在两个钳夹之间以25mm/min的恒定速度拉伸或提供持续恒定的拉力。

② 适宜的夹紧工具，能够确保试验机直接或通过中间管件对试样施加合适的载荷。

③ 能达到①、②要求的拉力测量器。

④ 秒表或其他类似工具。

⑤ 精度不低于1.6级的压力表。

⑥ 压缩空气源（5.0×10^{-3}MPa）。

⑦ 带阀的一系列管段，能够将试样与压力表或压力源连接或者将试样/压力元件从压力源处隔断。

（2）试样

① 试样准备　对每一个试样，连接管材的长度（不包括管件和夹具）至少相当于管材公称直径的两倍，但最大为250mm。

② 试样数量　试样数量为1个。

③ 状态调节　在环境温度为23℃±2℃下进行状态调节，时间2h。

（3）步骤

① 通过插入内插件增强刚度的管材自由端可固定在拉伸试验机的夹具上。

② 在管材的自由端连接密封件并与压力源连接，可以使试样保持在 2.5×10^{-3}MPa 的密封压力。

③ 保持试样在试验温度 23℃±2℃下进行 2h 的状态调节。

④ 用夹紧工具将试样端部在拉伸试验机上固定，拉力方向线与管材的轴线保持一致。

⑤ 接通压力源，通入 2.5×10^{-3}MPa 的压力到试样内部。

⑥ 隔断气源，检测试样组件的密封性能。

⑦ 阀门处于开启状态。安装试样在拉伸试验机上并施加规定的内部压力。

⑧ 施加平滑增加的拉力直到在试验组件的管件管壁轴向拉伸应力达到标准规定的数值。

⑨ 保持拉力至规定的时间，然后施加规定的拉伸速率拉伸，直到试样发生屈服或断裂，如果出现断裂，记录试验报告，在出现屈服的情况下，卸掉拉伸载荷，对阀门进行扭矩试验，以及密封性能试验。

（4）结果　记录试验结果或试验状况。

3.2.7.3　讨论

注意事项：安装试样在拉伸试验机上需注意应施加规定的内部压力，并保持拉力至规定的时间，然后施加规定的拉伸速率拉伸，直到试样发生屈服或断裂，如果出现断裂，详细记录在试验报告中。

3.2.8　搪玻璃设备的搪玻璃层抗拉强度测试

3.2.8.1　概述

搪玻璃层的抗拉强度作为搪玻璃材料的主要力学性能，往往作为搪玻璃承压设备材料选择的重要参考依据。搪玻璃层受到外力的作用，出现断裂时的拉应力即为搪玻璃层的抗拉强度，其测试方法主要依据标准为 GB/T 7991.9—2014。

3.2.8.2　检测方法

（1）设备

① 电子拉力试验机应符合 GB/T 16825.1 要求，准确度为 1 级或高于 1 级。

② 引伸计准确度级别应符合 GB/T 12160 的要求。

③ 直流电火花仪应符合 GB/T 7991.6 规定。

④ 搪玻璃层测厚仪测量范围为 0.5～2.0mm，符合 GB/T 7991.5—2014 规定。

（2）试样

① 试样准备　试件的型式和尺寸应符合图 3.14 和表 3.7 的规定，试件的夹持端与试验段应圆弧过渡，过渡弧的半径尺寸应符合图 3.14 的规定，棱角倒钝。

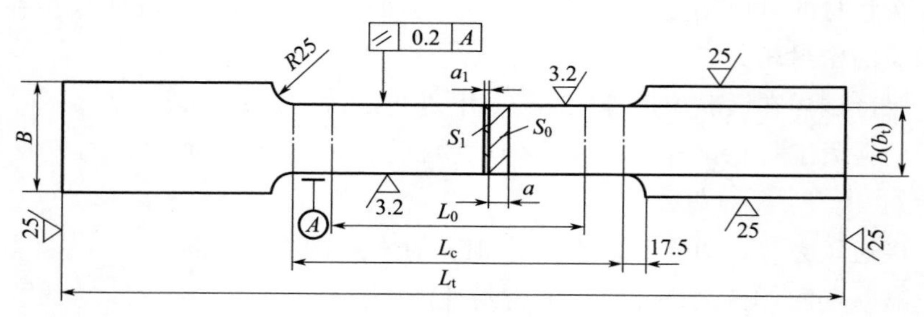

图 3.14　搪玻璃层拉伸试件

表 3.7　图 3.14 中的符号说明和取值

符号	符号说明	取值
a	试验段金属基体的厚度	20mm
B	试件总宽度	40mm
b	试验段金属基体的宽度	25mm
b_t	试验段搪玻璃层的宽度（试验段金属基体的宽度减 1mm）	24mm
L_t	试件总长度	320mm
L_0	原始标距	130mm
L_c	试验段长度	170mm

② 试样的数量　每组试样应不少于 5 个试件。

③ 试件搪玻璃层的厚度和长度要求　试件搪玻璃层的厚度为 1.1mm±0.1mm，可通过控制釉粉喷涂层的厚度及其均匀性实现搪玻璃层的准确性和厚度的均匀性。搪玻璃层的长度应略大于尺寸 L_c。

④ 试件原始标距的标记　在试样上标记原始标距（L_0）时，不得损伤搪玻璃层，标记应清楚，且在试验过程中不易磨损掉。

⑤ 试件搪玻璃层厚度测量　在尺寸 L_0 范围内测量 5 个点，计算平均值作为搪玻璃层厚度的计算值。检测方法符合 GB/T 7991.5 的要求。

（3）步骤

① 将试件进行清洁处理，非搪玻璃面不得有氧化层。

② 试件通过 10kV 直流高电压检测，检测方法符合 GB/T 7991.6 的要求。

③ 测量试件搪玻璃层的厚度。

④ 按照 GB/T 228.1 的规定进行拉伸试验。试验时，试验机的拉伸速度要保持恒定，应力速率不得大于 2MPa/s。

⑤ 拉伸过程有不连续拉伸和连续拉伸两种方法。

a. 不连续拉伸分为 0～180MPa、180～210MPa、210～240MPa、240～270MPa、270～300MPa、300～330MPa、330～360MPa 共 7 个试验挡进行。试

件拉伸每达到一挡的最大应力值时应停止，然后，按下列要求对试件搪玻璃层的完好性进行检验：

• 用柔软的布料将试件的搪玻璃层表面擦拭干净；

• 用 7kV 直流高电压对试件搪玻璃层进行检测，通过后，将 2000 目（6.5μm）的白色滑石粉末用静电喷枪喷涂到搪玻璃面（或用柔软的布料在搪玻璃层表面上擦拭白色滑石粉），用10倍的放大镜观测搪玻璃层表面是否有细小微裂纹。

耐电压试验合格，且搪玻璃层表面无白色细小微裂纹时，可继续进行下一挡试验，直至出现搪玻璃层用 7kV 直流高电压检测不通过或发现搪玻璃层表面出现白色细小微裂纹时试验结束。出现破坏现象时的前一挡的最大值为搪玻璃层承受的最大拉力值 F_m。

b. 连续拉伸时，用扫描电子显微镜连续观察，发现搪玻璃层出现裂纹时立即记录拉力值，作为计算值 F_m。

⑥ 进行拉伸试验时，试件与检验员之间应设有防护装置，检验员观察试件时应佩戴防护镜。

⑦ 出现下列情况之一时其试验结果无效，应重新试验：

a. 搪玻璃层发生断裂时，试件金属基体的变形超出弹性变形，出现屈服现象；

b. 试验后，试件搪玻璃层出现两个或两个以上的断裂，以及断裂的搪玻璃层中出现肉眼可见的缺陷，例如再沸、发沸、暗泡、杂粒等。

（4）结果　按照公式(3.11)计算搪玻璃层的抗拉强度：

$$R_{mt}=E_tF_m/ES_t \tag{3.11}$$

式中，E_t 为搪玻璃层弹性模量，MPa；F_m 为搪玻璃层断裂时金属基体受到的拉力，N；E 为金属基材弹性模量，MPa；R_{mt} 为搪玻璃层抗拉强度，MPa；S_t 为搪玻璃层原始横截面积，mm^2。

取5次拉伸试验的平均值为试验结果。

注： 搪玻璃层和金属基体通过高温烧成结合成一个牢固的整体，因此，在试验时，搪玻璃层的应变值与金属基体相同。

3.2.8.3　讨论

① 试件搪玻璃层厚度的均匀性、搪烧遍数、搪烧工艺控制、内在缺陷以及釉浆调制的变化都会对测试结果产生影响，因此，在试件制作过程中应尽量保持制样工艺的稳定。

② 试件金属基体的材料和搪玻璃釉的配方不同，搪烧工艺不同，其检测结果会有较大差异，因此，每次检测结果只能说明在设定条件下的搪玻璃层的抗拉强度，与其他不同设定条件下试样的测试值没有可比性。

3.2.9 不透性石墨材料抗拉强度试验方法

3.2.9.1 概述

沿石墨材料试样轴向匀速施加静态拉伸载荷，直到试样断裂，在整个过程中，测量施加在试样上的载荷和试样伸长，以测定拉伸应力、拉伸弹性模量、断裂伸长率和绘制应力-应变曲线等。依据标准为 GB/T 21921—2008。

3.2.9.2 检测方法

（1）仪器

① 材料试验机测量精度不低于 1 级。

② 材料试验机的量程应使试验结果在其全量程的 10%～90%。

③ 游标卡尺：量程 0～150mm，分度值 0.02mm。

（2）试样

① 试样取样

a. 块材

• 最小截面不大于 200mm×200mm 的材料，在端面截去 50mm，其余部分均可加工试样。

• 最小截面大于 200mm×200mm 的材料，在各表层刨去 50mm，其余部分均可加工试样。

• 直径不大于 350mm 的材料，在端部截去 50mm，然后在中心直径为 100mm 的圆柱体内取材加工试样。

• 直径大于 350mm 的材料，在端部截去 50mm，然后在中心直径为 200mm 的圆柱体内取材加工试样。

b. 管材　将管的两端截去 50mm，剩余部分用于加工试样。

c. 浇注件　按配方抽取所需原料，按生产工艺配制并浇注成石墨试样。

d. 黏结剂

• 按配方抽取所需原料，按生产工艺配制并浇注成石墨黏结剂浇注试样。

• 按配方抽取所需原料，按生产工艺配制并将石墨件黏结成石墨黏结件试样。

② 试样加工

a. 每组试样须分别从所抽石墨材料中制取。

b. 浇注试样应进行热固化处理，热处理温度按产品要求确定。

c. 试样加工时，除有特殊要求，应使试样试验时的受力方向与材料的成型压力方向平行。

d. 先对所取石墨材料进行粗加工，然后按生产工艺进行浸渍，加工成试样。

③ 试样尺寸及形状

a. 石墨块材抗拉试样尺寸和形状如图 3.15 所示。

b. 石墨管材抗拉试样尺寸和形状如图 3.16 和图 3.17 所示。

c. 黏结剂浇铸件抗拉试样尺寸和形状如图 3.18 所示。

d. 试样表面粗糙度 $Ra \leqslant 3.2\mu m$，露天施工制样应设置防风雨设施。

e. 试样有效断裂部位表面不应有影响试验结果的缺陷。

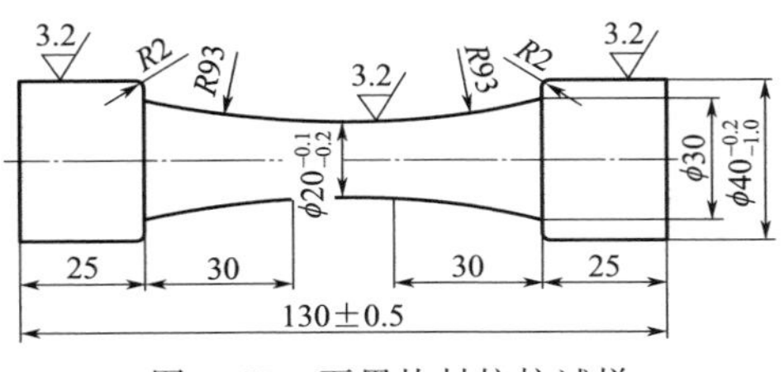

图 3.15　石墨块材抗拉试样（单位：mm）

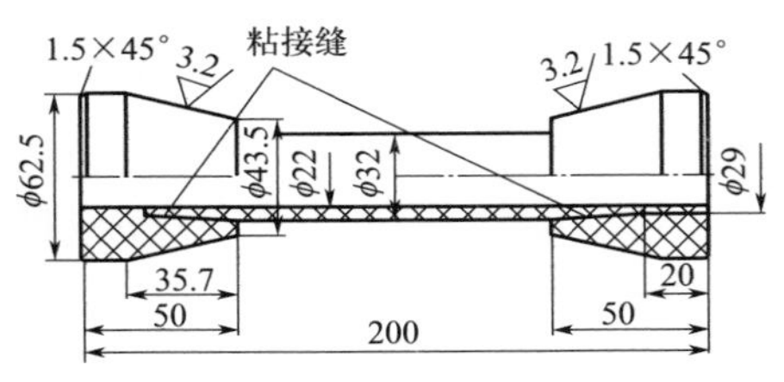

图 3.16　石墨管 $\phi32mm/\phi22mm$ 抗拉试样（单位：mm）

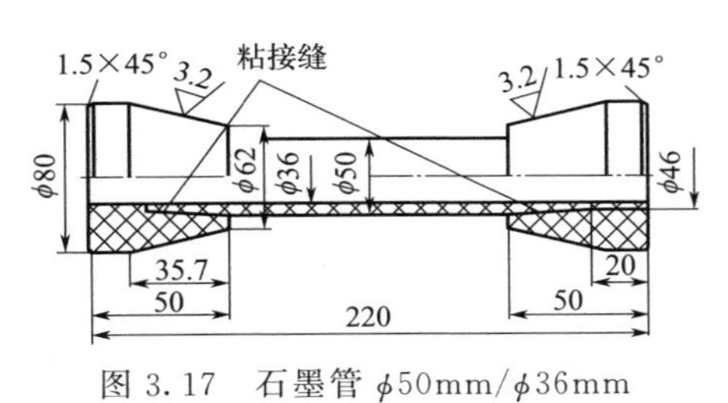

图 3.17　石墨管 $\phi50mm/\phi36mm$ 抗拉试样（单位：mm）

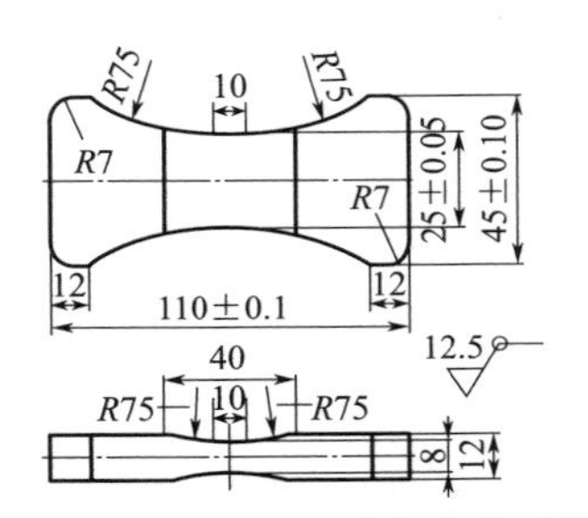

图 3.18　黏结剂浇铸件抗拉试样（单位：mm）

④ 试样数量　每组试样不少于 5 个。

（3）步骤

① 将合格试样编号，并标明断裂有效部位，用游标卡尺测量试样有效断裂部位截面尺寸。

a. 石墨块材试样测量：沿试样轴向测量 3 处，每处测互相垂直的直径各一次，取其所得 6 个数据的算术平均值。

b. 石墨管材试样测量：沿试样外径轴向测量 3 处，每处测互相垂直的直径各一次，在试样两端管口处测量内径，每处测互相垂直的直径各一次，分别取其所得数据的算术平均值。

c. 黏结剂浇铸体试样测量：在试样有效断裂部位最小截面的宽度和厚度处各测量 3 次，分别取其所得数据的算术平均值。

② 将试样放入试验夹具中，然后将试验夹具装入试验机上端，使其自然下

垂到中心位置，再将试验夹具装入试验机下端。

③ 平衡地施加载荷，加载速度为 10～15mm/min 直至试样断裂，读取试样断裂时的载荷值。

(4) 结果

① 按式(3.12) 计算石墨块材抗拉强度 σ_b。

$$\sigma_b=\frac{4P}{\pi D^2} \tag{3.12}$$

式中，σ_b 为石墨块材抗拉强度，MPa；P 为试样断裂时的载荷值，N；D 为试样直径，mm。

② 按式(3.13) 计算石墨管材抗拉强度 σ_b。

$$\sigma_b=\frac{4P}{\pi(D^2-d^2)} \tag{3.13}$$

式中，σ_b 为石墨管材抗拉强度，MPa；P 为试样断裂时的载荷值，N；D 为试样外径，mm；d 为试样内径，mm。

③ 按式(3.14) 计算黏结剂浇铸体抗拉强度 σ_b。

$$\sigma_b=\frac{P}{bh} \tag{3.14}$$

式中，σ_b 为石墨管材抗拉强度，MPa；P 为试样断裂时的载荷值，N；b 为试样宽度，mm；h 为试样高度，mm。

3.3 压缩性能

3.3.1 环刚度

3.3.1.1 概述

以管材在恒速变形时所测得的负荷和变形量测定环刚度。用两个相互平行的平板对一段水平放置的管材，以恒定的速率在垂直方向进行压缩，该试验速率由管材的直径确定，得到负荷-变形量的关系曲线，以管材直径方向变形量为 y 时的负荷计算环刚度。主要有环刚度、初始环刚度与管刚度三种形式。依据标准有 GB/T 9647—2015 与 GB/T 5352—2005。下面以 GB/T 9647—2015 标准作为主要标准，介绍一下环刚度检测方法。

3.3.1.2 检测方法

(1) 仪器

① 压缩试验机　能够按表 3.8 的规定，对不同公称直径的管材试样提供相应的恒定横梁移动速率，通过两个相互平行的平板对试样施加足够的负荷并达到

规定的直径变形量。负荷测量装置能够测定试样在直径方向产生1%～4%变形量时所需的负荷，精确到试验负荷的2%。

表3.8 压缩速率

管材的公称直径(DN)/mm	压缩速率/(mm/min)
DN≤100	2±0.1
100<DN≤200	5±0.25
200<DN≤400	10±0.5
400<DN≤710	20±1
DN≥710	(0.03×5d_i①)±5%

① d_i应根据式(3.15)测定。

② 压缩平板 能够通过试验机对试样施加规定的负荷F。接触试样的平板的表面应平整、光滑、洁净。平板应具有足够的硬度和刚度，以防止在试验中发生弯曲和变形而影响试验结构。每块平板的长度应不小于试样的长度，宽度应至少比试样在承受负荷时与压板的接触表面宽25mm。

③ 测量量具 能够测定：

• 试样的长度，精确到1mm；

• 试样的内径，精确到内径的0.5%；

• 在负荷方向上试样的内径变形量，精确到0.1mm或变形量的1%，取较大值。以测量波纹管内径的量具为例，见图3.19。

(2) 试样

① 试样准备

a. 每个试样按表3.9的规定沿圆周方向等分测量3～6个长度值，计算其算术平均值作为试样的长度，测量应精确到1mm。每个试样的长度应符合b.、c.、d.或e.的要求。

对于每个试样，在所有的测量值中，最小值不应小于最大值的0.9倍。

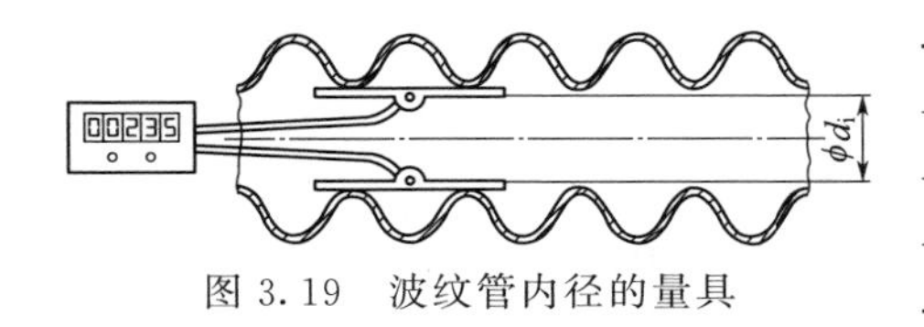

图3.19 波纹管内径的量具

表3.9 长度测量的数量

管材的公称直径(DN)/mm	长度测量的数量
DN≤200	3
200<DN<500	4
DN≥500	6

b. 公称直径小于或等于1500mm的管材，试样的平均长度应为300mm±10mm。

c. 公称直径大于1500mm的管材，试样的平均长度应不小于0.2DN。

d. 对于垂直的肋、波纹或其他规则结构的结构壁管材，切割试样时应至少包含一个完整的肋、波纹或其他的规则结构，切割部位应在肋、波纹或其他规则结构之间的中点。

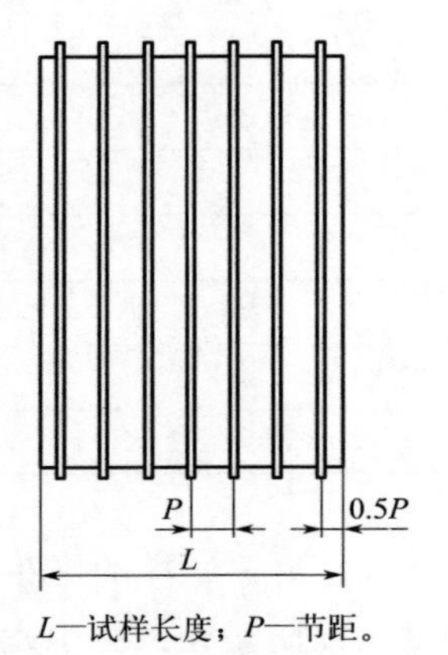

L—试样长度；P—节距。

图 3.20 从垂直肋管材切取的试样

试样的长度应有最少的完整的肋、波纹或其他规则结构，其长度应不小于 290mm，对公称直径大于 1500mm 的管材，长度应不小于 0.2DN，见图 3.20。

e. 对于有螺旋的肋、波纹或其他规则结构的结构壁管材，试样的长度应等于 $d_i \pm 20$mm，但不小于 290mm，也不大于 1000mm。

② 试样数量　在待测管材的外表面，沿轴向在全长画一条直线作为标记，对该段做过标记的管材分别截取 3 个试样 a、b 和 c，使试样的端面垂直于管材的轴线并符合①的长度。

③ 状态调节　试样应至少放置 24h，对于型式检验或在发生争议的情况下，试样应放置 21d±2d。在进行试验前，试样应在试验环境温度 23℃±2℃状态下调节至少 24h。

(3) 步骤

① 除非在其他标准中有特殊规定，试验应在 23℃±2℃下进行。

② 用下列任一方法测定 a、b 和 c 三个试样的内径 d_{ia}、d_{ib} 和 d_{ic}。

a. 在试样长度中部的横截面处，间隔 45°依次测量 4 次，取算术平均值，每次测量应精确到 0.5%。

b. 在试样长度中部的横截面处，用内径 π 尺进行测量。

记录经计算或测量得到的 a、b 和 c 三个试样的平均内径 d_{ia}、d_{ib} 和 d_{ic}。

按式(3.15) 计算三个值的平均值 d_i：

$$d_i = (d_{ia} + d_{ib} + d_{ic})/3 \tag{3.15}$$

③ 如果能确定试样在某个位置的环刚度最小，将第一个试样 a 的该位置与试验机的上平板相接触。否则放置第一个试样 a 时，将其标线与上平板相接触。在负荷装置中对另两个试样 b、c 的放置位置应相对于第一个试样依次旋转 120°和 240°放置。

④ 对于每一个试样，放置好变形测量仪并检查试样与上平板的角度位置。

放置试样时，应使试样的轴线平行于平板，其中点垂直于负荷传感器的轴线。

⑤ 下降平板直至接触到试样上部。

施加一个包括平板质量的预负荷 F_0，F_0 用下列方法确定：

a. $d_i \leqslant 100$mm 的管材，F_0 为 7.5N。

b. $d_i > 100$mm 的管材，用式(3.16) 计算 F_0，结果圆整至 1N。

$$F_0 = 250 \times 10^{-6} \times DN \times L \tag{3.16}$$

式中，DN 为管材的公称直径，mm；L 为试样的实际长度，mm。

试验中负荷传感器所显示的实际预负荷的准确度应在设定预设负荷的95%～105%。

将变形测量仪和负荷传感器调节至零。

⑥ 根据表 3.8 的规定以恒定速率压缩试样，连续记录负荷和变形值，直至达到至少 $0.03d_i$ 的变形量。

⑦ 通常，负荷和变形量的测量是通过一个平板的位移得到，但如果在试验的过程中，管材的结构壁厚度 e_c 的变化超过 5%，则应通过测量试样的内径变化得到。

在有争议的情况下，应测量试样的内径变化。

（4）结果　计算三个试样 a、b 和 c 各自的环刚度 S_a、S_b、S_c，单位为 MPa：

$$S_a = \left(0.0186 + 0.025\frac{y_a}{d_i}\right)\frac{F_a}{L_a y_a} \times 10^5 \tag{3.17}$$

$$S_b = \left(0.0186 + 0.025\frac{y_b}{d_i}\right)\frac{F_b}{L_b y_b} \times 10^5 \tag{3.18}$$

$$S_c = \left(0.0186 + 0.025\frac{y_c}{d_i}\right)\frac{F_c}{L_c y_c} \times 10^5 \tag{3.19}$$

式中，F 为相对于管材 3.0%变形时的负荷，kN；L 为试样的长度，mm。

计算管材的环刚度 S，单位为 MPa，在求三个值的平均值时，用式(3.20)计算：

$$S = (S_a + S_b + S_c)/3 \tag{3.20}$$

3.3.1.3　讨论

本方法主要针对具有环形横截面的管材，测量中几个波峰尽量能同时接触上平板，使试样受力均匀。

3.3.2　环柔性

3.3.2.1　概述

用两个相互平行的平板对一段水平放置的管材，以恒定的速率在垂直方向进行压缩，该试验速率由管材的直径确定，以管材直径方向变形量为 30%时管材试样是否破坏判断。

3.3.2.2　检测方法

① 除非在其他标准中有特殊规定，试验应在 23℃±2℃下进行。

② 如果能确定试样在某个位置的环刚度最小，将第一个试样 a 的该位置与试验机的上平板相接触。否则放置第一个试样 a 时，将其标线与上平板相接触。在负荷装置中对另两个试样 b、c 的放置位置应相对于第一个试样依次旋转 120°和 240°放置。

③ 对于每一个试样，放置好变形测量仪并检查试样与上平板的角度位置。

放置试样时，应使试样的轴线平行于平板，其中点垂直于负荷传感器的轴线。

④ 下降平板直至接触到试样上部。

施加一个包括平板质量的预负荷 F_0，F_0 用下列方法确定：

$d_i \leqslant 100mm$ 的管材，F_0 为 7.5N。

$d_i > 100mm$ 的管材，用式(3.21) 计算 F_0，结果圆整至 1N。

$$F_0 = 250 \times 10^{-6} \times DN \times L \tag{3.21}$$

式中，DN 为管材的公称直径，mm；L 为试样的实际长度，mm。

试验中负荷传感器所显示的实际预负荷的准确度应在设定预设负荷的 95%～105%。

将变形测量仪和负荷传感器调节至零。

⑤ 根据表 3.8 的规定以恒定速率压缩试样。

⑥ 除非相关标准另有规定，变形量应为外径的 30%。

压缩过程中，监测试样破坏情况，直至达到规定的变形量或试样发生破坏。

必要时，试样破坏或达到规定变形量后可继续压缩，以测定管材其他性能。

⑦ 绘制每个试样的力值-变形量曲线，检查并记录下列情况发生的类型和位置以及相应的力值和变形量。

a. 检查力值/变形量是否符合相关标准的要求；

b. 检查管壁是否有裂缝或开裂；

c. 检查管壁是否分层；

d. 检查管壁结构任意部分是否产生不可恢复的屈曲变形；

e. 相关标准中规定的其他现象。

管壁发白不应视为上述破坏现象之一。

3.3.3 初始挠曲性

3.3.3.1 概述

初始挠曲性可衡量在一定压扁量下有无结构破坏。用两个相互平行的平板对一段水平放置的管材，以恒定的速率在垂直方向进行压缩，该试验速率由管材的直径确定，得到负荷-变形量的关系曲线。以管材直径方向变形量为规定挠度时，检测试样的状态。依据标准为 GB/T 5352—2005。

3.3.3.2 检测方法

（1）仪器

① 试验机载荷相对误差不应超过±1%。

② 机械式和油压式试验机使用吨位的选择应使试样施加载荷落在满载的10%～90%范围内（尽量落在满载的一边），且不应小于试验机最大吨位的 4%。

③ 能获得恒定的试验速度。当试验速度不大于 10mm/min 时，误差不应超过 20%；当试验速度大于 10mm/min 时，误差不应超过 10%。

④ 电子拉力试验机和伺服液压式试验机使用吨位的选择应参照该机的说明书。

⑤ 测量变形的仪器仪表相对误差均不应超过±1%，应精确到 0.25mm。

⑥ 加载板面应平整、光滑。板的厚度不小于 6mm，以保证有足够的刚度。板的长度不小于试样长度，宽度不小于试样达到最大径向变形时与加载板的接触宽度加 150mm。

（2）试样

① 试样准备

a. 试样的最小长度应是管的公称直径的 3 倍或 300mm，取其中较小值。对于公称直径大于 1500mm 的试样，其最小长度为公称直径的 20%，应修约为整数。

b. 应垂直切割试样端部，其切割面应无毛刺和锯齿边缘。

c. 为防止沿试样长度方向载荷分布不均匀，在不损伤增强材料条件下，若试样与加载板接触部位不平整应打磨，只有在不损伤增强材料时才允许用喷砂打光，应注意只沿上下压板接触线进行喷砂。

② 试样数量　每组试样至少为 3 根。

③ 状态调节　对试样进行状态调节，在温度 23℃±2℃环境中放置 4h，并在相同环境下试验。进行仲裁试验时，试样至少在温度 23℃±2℃和相对湿度50%±10%的环境中存放 40h，并在相同环境下试验。

（3）步骤

① 将合格试样编号，测量试样尺寸，测量精度除长度为 1mm 外，其他均为 0.02mm。

a. 至少沿圆周四等分间隔测量试样长度，取平均值。

b. 任取一端面至少八等分间隔测量壁厚和内衬层厚度，分别取平均值。

c. 确定试样的平均内径。

• 对于外径控制管，在试样三个不用截面的位置上，分别测量相互垂直两个方向上的外径取平均值为平均外径，再减去两倍平均壁厚，算出试样的平均外径。

• 对于内径控制管，测量试样每一端面相互垂直的两个方向的内径，取平均值。

② 将试样置于加载板的中心位置。

③ 安装变形测量仪表于合适位置。施加初载使上加载板与试样接触。检查并调整变形测量系统，使整个系统处于正常工作状态，此时为测量变形起点。

④ 加载速度按式(3.22) 确定，对试样加载。

$$v=3.50\times10^{-4}D^2/t \tag{3.22}$$

式中，v 为加载速度，取整数，管径大于 500mm 时可修约到个位数为 0 或 5，mm/min；D 为管的计算直径，mm；t 为管壁实际测试厚度，mm。

⑤ 按照表 3.10 要求对试样进行试验，加载到挠曲水平 A 后保持 2min，观察试样情况，然后继续加载至挠曲水平 B，保持 2min，观察试样情况。

表 3.10　初始挠曲性的径向变形率及要求

挠曲水平/%	环刚度等级/Pa					要求
	1250	2500	5000	7500	10000	
A	18	15	12	10.5	9	管内壁无裂纹
B	30	25	20	17.5	15	管壁结构无分层，纤维断裂及屈曲

注：对于其他环刚度管的初始挠曲性的径向变形率按下述要求执行：

1. 对于环刚度登记在标准等级之间的管，挠曲水平 A 和 B 对应的径向变形率分别按线性插值的方法确定。

2. 对于环刚度等级≤1250Pa 或≥10000Pa 的管，挠曲水平 A 和 B 按下式计算确定：挠曲水平 A 对应的径向变形率$=18\times(1250/S_0)^{1/3}$；挠曲水平 B 对应的径向变形率$=30\times(1250/S_0)^{1/3}$。

3.3.4　蠕变比率

3.3.4.1　概述

将管材平放于两平行平板中，以一固定压力对其持续施压 1000h，并分别在规定的时间里记录管材的形变，然后建立管材形变对时间的关系曲线，并分析数据的线性关系，最后通过计算外推两年时的形变求取管材的蠕变比率。依据标准为 GB/T 18042—2000。

3.3.4.2　检测方法

（1）仪器

① 压缩试验仪　压缩试验仪能施加需要的预负荷 F_0 与负荷 F，仪器的精度为 1%。

② 钢板　需两块钢板，钢板应平整、光滑、清洁，且在试验期间不发生形

变。每块钢板的长度应大于或等于试样的长度，宽度至少要比负荷下试样接触表面的最大宽度大25mm（包括25mm）。

③ 其他仪器　测量仪器，包括直尺（精确至1mm）、形变测量仪（至少精确至0.1mm或形变的1%）、计时器（精确至1min）。

（2）试样

① 试样准备

a. 从管材的端面开始在外表面上沿轴向均匀标记3～6条直线，标记数目见表3.11，测量每条标线的长度，并求得它们的算术平均值，以算术平均值作为试样的长度，管材长度应精确至1mm。对每个试样，长度测量值中最小值与最大值的偏差要小于10%。

表3.11　长度测量的数量

管材的公称直径(DN)/mm	长度测量的数量
DN≤200	3
200<DN<500	4
DN≥500	6

b. 对于公称直径 d_n 小于或等于1500mm的管材，每个试样的平均长度为300mm±10mm。

c. 对于公称直径 d_n 大于1500mm的管材，每个试样的平均长度（以mm为单位）至少为 $0.2d_n$。

d. 对于带垂直筋、波纹或具有规则结构的结构壁管材取样时，应尽可能使每个试样的长度包含满足b.或c.要求的最小的整数筋、波纹或其他结构。垂直筋管材试样的截取见图3.20。

e. 对于螺旋形结构的管材（见图3.21），每个试样的长度应包含满足b.或c.要求的最小整数螺旋数。

对于用波纹等方式作为螺旋加强筋的管材，在每个试样的长度内应包含一整数目的加强筋，并最少为3个，而且试样的长度尽可能按b.或c.取得。

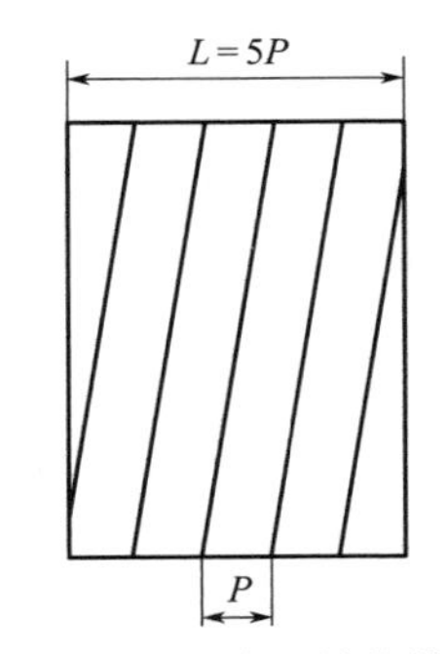

图3.21　螺旋形结构管材试样的截取（P=65mm）

② 试样数量　取一根足够长的管材，沿其外壁画一条平行于轴线的直线并作标记，然后截取三段作为试验试样，分别记为a、b、c，试样端面应垂直于管材的轴线，长度按①规定。

③ 状态调节　试验前，试样应先陈化21d±2d。

试样在试验前应在温度23℃±2℃和相对湿度50%±10%状态下调节至少24h。

（3）步骤

① 如果某试样最低环刚度的位置能测知，则在试验时该位置放到压缩试验仪的平板下进行试验，并将此试样作为第一个试样 a。

如试样的最低环刚度不能测知，则在放第一个试样 a 时，应将其标线与上板接触。

其他试样（b、c）与上板接触的位置，相对于第一个试样标线旋转 120°、240°。

② 放置好变形测量仪，并检查每个试样相对于上平板的角度。

③ 降低上平板直至与试样上部分接触。

④ 加载预负荷 F_0，F_0 的取法如下。

a. 管材内径 d_i 小于或等于 0.1m 时，$F_0=7.5\text{N}$；

b. 管材内径 d_i 大于或等于 0.1m 时，$F_0=75d_i$（N）（d_i 单位为 m），F_0 不是整数时将其圆整到下一个整数值。

c. 加载预负荷 F_0 5min 后，调节变形测量仪到零点。然后加载一个稳定增加的压力，在开始加载后的 20～30s 内达到负荷 F，在施加负荷 F 360s（6min）后应使试样的形变 δ 达到管材内径的 1.5%±0.2%，即 $\delta=(0.015\pm0.002)d_i$，并将此负荷作为试验的满负荷。达到满负荷 F 时，开始计时。

⑤ 施加满负荷 F 6min 后测量初始形变，记为 y_0，然后继续分别测量 1h、4h、24h、168h、336h、504h、600h、696h、840h、1008h 时的形变量，对每个试样应至少拥有 11 个变形值。

如果 y_0 超出了⑤中的规定，则中断试验，重新调节试验状态至少 1h，并再按②进行试验。

试验中，在 500～1008h 时间段内的各规定的测量时间允许有±24h 的偏差，并以该实际得到的测量值做回归分析。如在 862h 时读的变形值来代替 840h 的形变值进行计算。

⑥ 对每个样品，在半对数坐标图（见图 3.22）上做形变（单位：mm）对试验时间（单位：h）的半对数曲线，通过建立直线方程 $Y_t=B+M\lg t$，以及对全部 11 个数据点，最后 10 个点，最后 9 个点，……，直到最后的 5 个点，作线性回归分析，这里常数 B、M 及相关系数 R 用式(3.23)～式(3.25) 计算（运用了最小二乘法）。

$$B=\frac{\sum y_i-M\sum x_i}{N} \tag{3.23}$$

$$M=\frac{N\sum x_i y_i-\sum x_i\sum y_i}{N\sum x_i^2-(\sum x_i)^2} \tag{3.24}$$

$$R=\left[\frac{M(N\sum x_i y_i-\sum x_i\sum y_i)}{N\sum y_i^2-(\sum y_i)^2}\right]^{\frac{1}{2}} \tag{3.25}$$

式中，B 为在 1h 时理论上的形变，mm；M 为直线斜率；N 为用作线性回归分析的形变-时间曲线上的数据点数；R 为相关系数（如果 R 值在 0.99～1.00，则认为图中的点基本处于一直线上）；t_i 为在 i 点的时间，$x_i=\lg t_i$，h；y_i 为在时间 t_i 时的总形变，mm。

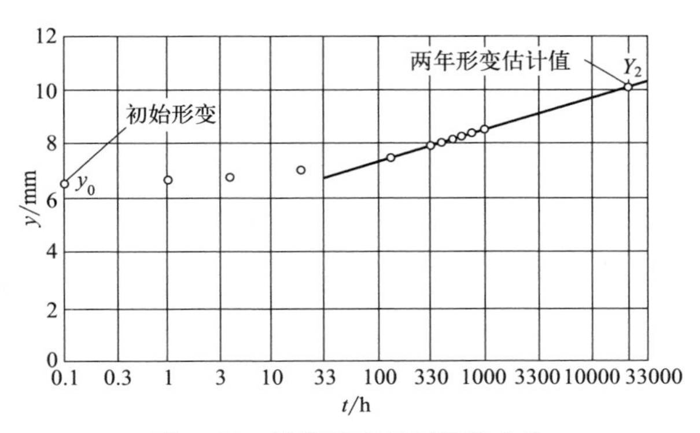

图 3.22 试样形变对时间的曲线

利用每一试样通过不同数据点的范围导出的公式 $Y_t=B+M\lg t$ 分别计算外推两年的形变 Y_2(mm)（t=2 年=17520h）。选择相关系数分布在 0.990～0.999（R 值包含 0.999）之间的 R 值最高值时相应的 Y_2 值为两年形变量，当 R 值相同时，取 R 值相应的 Y_2 最高计算值为两年形变量，然后将 Y_2 用于对试验样品蠕变比率的计算。在回归分析中，对于三个样品的任何一个，如果在最后 5 个点的范围内仍得不到高于 0.990 的相关系数值，那么就需要对所有的试样继续进行试验，分别再测量 1200h、1400h、1680h、2000h、2400h、2818h、3400h 与 4000h 时的形变（各测量时间允许偏差为±24h），直到最后五个点范围的相关系数值超过 0.990 为止。

在得到 Y_2 值后用公式(3.26)～式(3.28) 来计算三个试样的蠕变比率：

$$\gamma_a=\frac{Y_{2a}\left(0.0186+\dfrac{0.025y_{0a}}{d_i}\right)}{y_{0a}\left(0.0186+\dfrac{0.025Y_{2a}}{d_i}\right)} \tag{3.26}$$

$$\gamma_b=\frac{Y_{2b}\left(0.0186+\dfrac{0.025y_{0b}}{d_i}\right)}{y_{0b}\left(0.0186+\dfrac{0.025Y_{2b}}{d_i}\right)} \tag{3.27}$$

$$\gamma_c=\frac{Y_{2c}\left(0.0186+\dfrac{0.025y_{0c}}{d_i}\right)}{y_{0c}\left(0.0186+\dfrac{0.025Y_{2c}}{d_i}\right)} \tag{3.28}$$

取它们的算术平均值作为管材的蠕变比率，列式如下：

$$\gamma=\frac{\gamma_a+\gamma_b+\gamma_c}{3} \tag{3.29}$$

结果取两位有效数字。

3.3.5 压缩性能

3.3.5.1 概述

以恒定速率沿试样轴向进行压缩，使试样破坏或高度减小到预定值。在整个过程中，测量施加在试样上的载荷和试样高度或应变，测定压缩应力和压缩弹性模量等。

3.3.5.2 检测方法

（1）仪器

① 试验机

a. 试验机载荷相对误差不应超过±1%。

b. 机械式和油压式试验机使用吨位的选择应使试样施加载荷落在满载的10%～90%范围内（尽量落在满载的一边），且不应小于试验机最大吨位的4%。

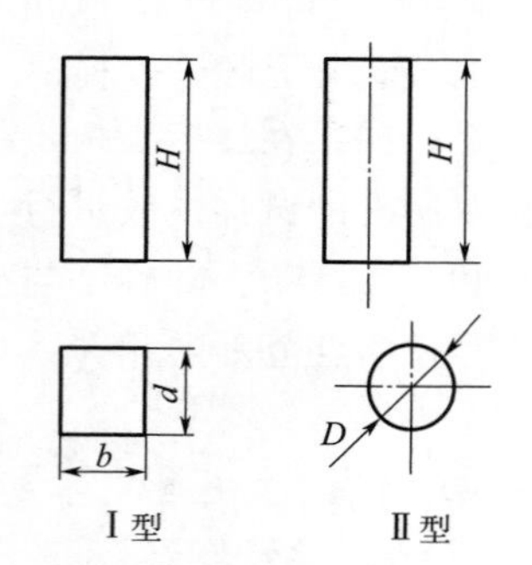

图 3.23　轴向压缩强度试样型式

c. 能获得恒定的试验速度。当试验速度不大于10mm/min时，误差不应超过20%；当试验速度大于10mm/min时，误差不应超过10%。

d. 电子拉力试验机和伺服液压式试验机使用吨位的选择应参照该机的说明书。

e. 测量变形的仪器仪表相对误差均不应超过±1%。

② 夹具　试验机的加载压头应平整、光滑，并具有可调整上下压板平行度的球形支座。

（2）试样

① 试样型式和尺寸见图 3.23 和表 3.12。

表 3.12　压缩强度试样尺寸　　单位：mm

尺寸符号	Ⅰ型		尺寸符号	Ⅱ型	
	一般试样	仲裁试样		一般试样	仲裁试样
宽度 b	10～14	10±0.2	直径 D	4～16	10±0.2
厚度 d	4～14	10±0.2	高度 H	—	25±0.5
高度 H	—	30±0.5			

a. Ⅰ型试样厚度 d 小于 10mm 时，宽度 b 取 10mm±0.2mm；试样厚度 d

大于 10mm 时，宽度取厚度尺寸。

b. 测定压缩强度时，λ 取 10。若试验过程中有失稳现象，λ 取 6。

c. 测定压缩弹性模量时，λ 取 15 或根据测量变形的仪表确定。

② Ⅰ型试样采用机械加工法制备，Ⅱ型试样采用模塑法制备或其他成型方法制备。

③ 试样数量每组不少于 5 个，并保证同批有 5 个有效试样。

④ 试样上下端面要求相互平行，且与试样中心线垂直。不平行度应小于试样高度的 0.1%。

⑤ 状态调节

a. 试验前，试样在实验室标准环境条件下至少放置 24h。

b. 若不具备实验室标准环境条件，试验前试样可在干燥器内至少放置 24h。

c. 特殊状态调节按需要而定。

（3）步骤

① 将合格试样编号，测量试样任意三处的宽度和厚度，取算术平均值。精确到 0.01mm。

② 安放试样，使试样的中心线与试验机上下压板的中心对准。

③ 测定压缩强度时，加载速度为 1～6mm/min，仲裁试验速度为 2mm/min；测定压缩弹性模量时，加载速度一般为 2mm/min。

④ 测定压缩应力时加载直至试样破坏，记录试样的屈服载荷、破坏载荷或最大载荷及试样破坏形式。

⑤ 测定压缩弹性模量时，在试样高度中间位置安放测量变形的仪表，施加初载（约 5%的破坏载荷），检查并调整试样及变形测量系统，使整个系统处于正常工作状态以及使试样两侧压缩变形比较一致。

⑥ 测定压缩弹性模量时，无自动记录装置可采用分级加载，级差为破坏载荷的 5%～10%，至少分五级加载，所施加的载荷不宜超过破坏载荷的 50%。一般至少重复测定三次，取其两次稳定的变形增量，记录各级载荷和相应的变形值。

⑦ 测定压缩弹性模量时，有自动记录装置，可连续加载。

⑧ 有明显内部缺陷或端部挤压破坏的试样，应予作废。同批有效试样不足五个时，应重做试验。

（4）结果　压缩应力（压缩屈服应力、压缩断裂应力或压缩强度）按式(3.30)计算：

$$\sigma_c=\frac{P}{F} \tag{3.30}$$

Ⅰ型试样 $F=bd$；Ⅱ型试样 $F=\frac{\pi}{4}D^2$

式中，σ_c 为压缩应力（压缩屈服应力、压缩断裂应力或压缩强度），MPa；P 为屈服载荷、破坏载荷或最大载荷，N；F 为试样横截面积，mm^2；b 为试样宽度，mm；d 为试样厚度，mm；D 为试样直径，mm。

3.3.6 轴向压缩强度

3.3.6.1 概述

以恒定速率沿管材轴向进行压缩，使管材试样达到破坏。在整个过程中，测量施加在试样上的载荷和试样高度或应变，测定压缩应力。这项实验可以用来研究管材，特别是纤维增强塑料管材的轴向强度和失稳性能。主要试验方法为GB/T 5350—2005。

3.3.6.2 检测方法

（1）设备

电子拉力机：精度不小于1级；

游标卡尺：精度为0.01mm。

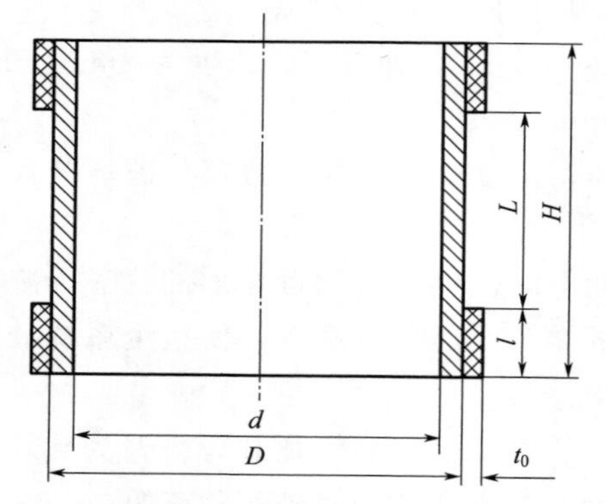

D—试样外径；d—试样内径；t_0—加固层厚度；l—加固段长度；L—两加固段间距离；H—试样高度。

图 3.24 轴向压缩强度试样型式

（2）试样

① 试样型式如图3.24所示；若试样不在端面破坏，可采用不加固型式，但需要在试验报告中注明；

② 试样数量为5个；

③ 对端头加固型式，试样高度 H 为两加固段间距离 L 加上两倍加固段长度 l；

④ 两加固段距离 L 为80mm；

⑤ 加固段长度 l 为10～15mm；加固段厚度为试样厚度的0.5～1.0倍；

⑥ 对端头不加固型式，试样高度 H 为30mm。

（3）步骤

① 测量试样尺寸，在试样两加固段间两个不同截面的位置上，分别测量互相垂直的两个方向上的内、外径，取平均内径和平均外径；

② 测量试样每端面互相垂直两个方向上的非增强层厚度，取平均值；

③ 安放试样，使试样的轴线与试验机上下压板的中心对准；

④ 以5mm/min的速度对试样施加均匀、连续的载荷直到破坏，记录最大载荷。

（4）结果　轴向压缩强度按式（3.31）计算：

$$\sigma_c = \frac{4F}{\pi(D^2 - d^2)} \tag{3.31}$$

式中，σ_c 为轴向压缩强度，MPa；F 为破坏载荷（或最大载荷），N；D 为试样平均外径，mm；d 为试样平均内径（对有非增强层管材，试样平均内径应加上两倍的非增强层厚度），mm。

3.3.7　不透性石墨材料抗压强度试验

3.3.7.1　概述

对试样施加压力测量不透性石墨材料单位面积上能承受极限载荷的实测值。依据标准为 GB/T 13465.3—2014。

3.3.7.2　检测方法

（1）仪器

① 材料试验机测量精度不低于1级。

② 材料试验机载荷相对误差不应超过±1%。

③ 材料试验机的量程应使试验结果在全量程的10%～90%。

④ 游标卡尺：量程0～150mm，分度值0.01mm或0.02mm。

（2）试样

① 试样准备

a. 块材

ⅰ以相同原料、配方及生产工艺生产的同一规格不多于30t的石墨块作为一批，随机抽样，抽样数量不少于3块。

ⅱ外购材料以同一时间，从同一生产厂家购进的同一规格材料为一批，随机抽样，抽样数量不少于3块。

ⅲ最小截面积不大于200mm×200mm的材料，在端部截去50mm，其余部分均可加工试样。

ⅳ最小截面积大于200mm×200mm的材料，在各表层刨去50mm，其余部分均可加工试样。

ⅴ直径不大于350mm的材料，在端部截去50mm，然后在中心直径为100mm的圆柱体内取材加工试样。

ⅵ直径大于350mm的材料，在端部截去50mm，然后在中心直径为200mm的圆柱体内取材加工试样。

b. 管材

ⅰ以同批原料、相同生产工艺生产的同一规格不透性石墨管为一批，随机抽样 3～5 根。

ⅱ 外购不透性石墨管以同一时间，从同一生产厂家购进的同一规格材料为一批，随机抽样 3～5 根。

ⅲ 将不透性石墨管的两端截去 50mm，剩余部分用于加工试样。

c. 浇铸件　按配方抽取所需原料，按生产工艺配制并浇铸成石墨试样。

d. 黏结剂

ⅰ 按配方抽取所需原料，按生产工艺配制并浇铸成石墨黏结剂浇铸试样。

ⅱ 按配方抽取所需原料，按生产工艺配制并将石墨件粘接成石墨粘接件试样。

② 试样尺寸

a. 块材：(ϕ45mm±0.1mm)×(45mm±0.1mm) 或 (ϕ25mm±0.1mm)×(25mm±0.1mm)；

b. 石墨管：直径、壁厚及偏差均按产品规格规定，高度等于管外径；

c. 黏结剂浇铸件：(ϕ25mm±0.1mm)×(25mm±0.1mm)。

③ 试样数量　每组试样不少于 5 个。

(3) 步骤

① 块材、黏结剂浇铸件测量：沿试样轴向测 3 处，每处测互相垂直的直径各 1 次，取所得 6 个数据的算术平均值。

② 石墨管测量

a. 外径的测量：沿试样轴向测 3 处，每处测互相垂直的直径各 1 次，取所得 6 个数据的算术平均值；

b. 内径测量：测量试样内径两端管口处，每处测互相垂直的直径各 1 次，取所得 4 个数据的算术平均值。

③ 将试样放在试验机台工作面中心，试样周围有 1 个保护套，防止试样破裂时碎块飞出。

④ 以 10～15mm/min 的加载速度均匀、无冲击地施加载荷，直至试样破坏，读取破坏时的负荷值。

(4) 结果

① 按式(3.32) 计算石墨块材、黏结剂浇铸件抗压强度 σ_c：

$$\sigma_c=\frac{4P}{\pi D^2} \tag{3.32}$$

式中，P 为断裂负荷值，N；D 为试样直径，mm。

② 按式(3.33) 计算石墨管抗压强度 σ_c：

$$\sigma_c=\frac{4P}{\pi(D^2-d^2)} \tag{3.33}$$

式中，P 为断裂负荷值，N；D 为石墨管外径，mm；d 为石墨管内径，mm。

3.4 弯曲性能

3.4.1 塑料及其纤维增强塑料的弯曲性能

3.4.1.1 概述

原理：把试样支撑成横梁，使其在跨度中心以恒定速度弯曲，直到试样断裂或变形达到预定值，测量该过程中对试样施加的压力。

意义：弯曲性能即材料经受弯曲负荷作用时的性能，它也是质量控制和应用设计的重要指标，主要表征材料的刚性。是重要的力学性能指标。

对于热塑性模塑和挤塑材料，热固性模塑材料采用的国内标准为 GB/T 9341—2008，国际标准为 ISO 178：2010。对于纤维增强塑料，采用的国内标准为 GB/T 1449—2005，国际标准为 ISO 14125：1998。

3.4.1.2 测试方法

（1）仪器

① 材料试验机测量精度不低于1级。

② 材料试验机的量程应使试验结果在其全量程的10%～90%。

③ 游标卡尺：量程0～150mm，分度值0.02mm。

④ 测试仪器：主要包括支座和压头，如图3.25所示。

压头半径和支座半径尺寸如下：$R_1=5.0\text{mm}\pm0.1\text{mm}$；$R_2=2.0\text{mm}\pm0.2\text{mm}$，试样厚度 $h\leqslant3\text{mm}$；$R_1=5.0\text{mm}\pm0.2\text{mm}$，试样厚度 $h\geqslant3\text{mm}$。跨度 L 应可调节。

当试样为纤维增强塑料时：试样厚度 $h>3\text{mm}$，$R_2=2.0\text{mm}\pm0.2\text{mm}$；试样厚度 $h\leqslant3\text{mm}$，$R_2=5.0\text{mm}\pm0.2\text{mm}$。

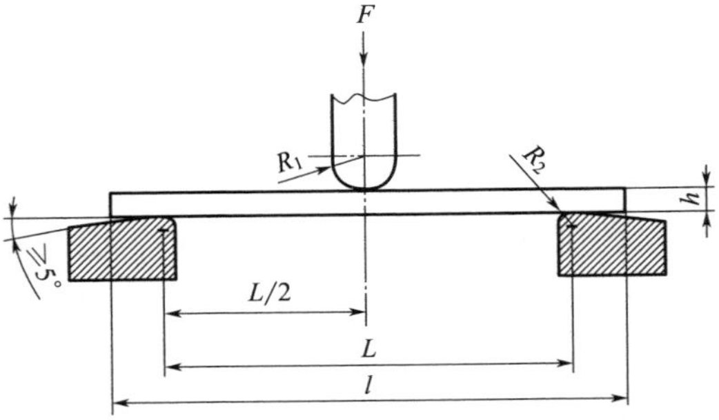

R_1—压头半径；h—试样厚度；R_2—支座半径；F—施加力；L—支座间跨距长度；l—试样长度。

图3.25 弯曲性能测试的支座和压头

力值的示值误差不应超过实际值的1%，挠度的示值误差不应超过实际值的1%。

（2）试样

① 试样尺 长度 $l=80\text{mm}\pm2\text{mm}$；宽度 $b=10.1\text{mm}\pm0.2\text{mm}$；厚度 $h=4.0\text{mm}\pm0.2\text{mm}$。

对于任一试样，其中部1/3的长度内各处厚度与厚度平均值的偏差不应大于2%，宽度与平均值的偏差应不大于3%。试样截面应该是矩形且无倒角。

当不可能或者不希望采用推荐试样时，试样应符合下列要求。试样的长度和厚度之比应与推荐试样相同：$l/h=20\pm1$。宽度应采用表3.13给出的规定值。

表3.13 厚度和宽度及其偏差 单位：mm

公称厚度 h	宽度 b①	公称厚度 h	宽度 b①
$1<h\leqslant3$	25.0±0.5	$10<h\leqslant20$	20.0±0.5
$3<h\leqslant5$	10.0±0.5	$20<h\leqslant35$	35.0±0.5
$5<h\leqslant10$	15.0±0.5	$35<h\leqslant50$	50.0±0.5

① 含有粗粒填料的材料，其最小宽度应为30mm。

纤维增强塑料试样尺寸应符合表3.14要求。

表3.14 纤维增强塑料试样尺寸 单位：mm

厚度	纤维增强热塑性塑料宽度	纤维增强热固性塑料宽度	最小长度(L_{min})
$1<h\leqslant3$	25±0.5	15±0.5	$20h$
$3<h\leqslant5$	10±0.5	15±0.5	
$5<h\leqslant10$	15±0.5	15±0.5	
$10<h\leqslant20$	20±0.5	30±0.5	
$20<h\leqslant35$	35±0.5	50±0.5	
$35<h\leqslant50$	50±0.5	80±0.5	

② 试样数量　每组试样不少于5个。

③ 试样状态调节　试验前，试样在实验室标准环境条件下至少放置24h。若不具备实验室标准环境条件，试验前，可在干燥器内放置至少24h。

(3) 步骤

① 按照规定制备好试样，并进行状态调节。

② 测量试样中部宽度 b，精确到0.1mm；厚度 h，精确到0.1mm，计算一组试样厚度的平均值，没有考虑热膨胀所产生的影响。

③ 按下列公式调节跨度 $L=(16\pm1)h$ 并测量调节好的跨度，精确到0.5%。除下列情况外，都应用上述公式计算跨度。

a. 对于很厚且单向纤维增强的试样，应避免因剪切分层，可用较大的 L/h 比值来计算跨度。

b. 对于很薄的试样，为适应试验机的能力，可用较小的 L/h 比值来计算跨度。

c. 对于软性的热塑性塑料，为防止支座嵌入试样，可用较大的 L/h 比值来计算跨度。

④ 试验前试样不应过分受力。为避免应力-应变曲线的起始部分出现弯曲，有必要施加预应力。在测量模量时，试验开始时试样所受的弯曲应力 $0 \leqslant \sigma_{f0} \leqslant 5 \times 10^{-4} E_f$。

该范围与 $\varepsilon_{f0} \leqslant 0.05\%$ 的预应变相对应。测量相关性能，如 σ_{fm}（弯曲强度）、σ_{fc}（规定挠度时的弯曲应力）、σ_{fb}（断裂弯曲应变），试验开始时试样所受的弯曲应力应在下列范围内 $0 \leqslant \sigma_{f0} \leqslant 5 \times 10^{-2} \sigma_f$。

⑤ 按受试材料标准的规定设置试验速度，若无相关标准，根据表中选择速度值，使弯曲应变速率尽可能接近1%/min，对于推荐试样，给定的试验速度为2mm/min。对于纤维增强塑料，常规试验速度为10mm/min。

⑥ 把试样对称地放在两个支座上，并与跨度中心施加力。

⑦ 记录试验过程中施加的力和相应的挠度，若可能，应用自动记录装置来执行这一操作过程，以便得到完整的应力-应变曲线。

⑧ 对于纤维增强塑料试样，在挠度等于1.5倍试样厚度下呈现破坏的材料，记录最大载荷或破坏载荷。在挠度等于1.5倍试样厚度下不呈现破坏的材料，记录该挠度下的载荷。若试样呈层间剪切破坏，有明显内部缺陷或在试样中间三分之一以外破坏应予作废，同批试样不足5个时，应重做试验。

（4）结果　弯曲应力计算按式(3.34）进行：

$$\sigma_f = \frac{3FL}{2bh^2} \tag{3.34}$$

式中，σ_f 为弯曲应力，MPa；F 为施加的力，N；L 为跨度，mm；b 为试样宽度，mm；h 为试样厚度，mm。

弯曲应变计算按式(3.35）进行：

$$\varepsilon_f = \frac{6sh}{L^2} \tag{3.35}$$

式中，ε_f 为弯曲应变，用无量纲的比或百分数表示；s 为挠度，mm；h 为试样厚度，mm；L 为跨度，mm。

弯曲模量按式(3.36）进行。

测定弯曲模量，根据给定的完全应变 $\varepsilon_{f1}=0.0005$ 和 $\varepsilon_{f2}=0.0025$，根据公式计算相应挠度 s_1 和 s_2：

$$s_i = \frac{\varepsilon_f L_2}{6h} (i=1,2,\cdots) \tag{3.36}$$

式中，s_i 为单个挠度，mm；ε_f 为相应的弯曲应变；h 为试样厚度，mm；L 为跨度，mm。

根据公式(3.37）计算弯曲模量 E_f：

$$E_f=\frac{\sigma_{f2}-\sigma_{f1}}{\varepsilon_{f2}-\varepsilon_{f1}} \tag{3.37}$$

式中，E_f 为弯曲模量，MPa；σ_{f1} 为挠度为 s_1 时的弯曲应力，MPa；σ_{f2} 为挠度为 s_2 时的弯曲应力，MPa。

应力和模量的计算到 2 位有效数字，挠度计算到 2 位有效数字。

3.4.1.3 讨论

① 对于任一试样，其中部 1/3 的长度内，各处厚度与厚度的平均值偏差不应大于 2%，宽度与平均值的偏差不应大于 3%。试样截面应是矩形且无倒角。

② 试样不可扭曲，相对的表面应互相平行，相邻的表面应互相垂直。所有的表面和边缘应无刮痕、麻点、凹陷和飞边。

③ 试样放置需要平稳，否则会对模量产生较大影响。

④ 需要对试样的弯曲强度进行预估，以确定初始载荷的力值。

3.4.2 不透性石墨材料的抗弯强度

3.4.2.1 概述

原理：把石墨试样放置在标准间距支座上，测定在中部位置受载状态下，样品能承受的极限。

意义：抗弯强度是材料经受弯曲负荷作用时的性能，它也是质量控制和应用设计的重要指标，主要表征材料的刚性。它也是力学性能的一项重要指标。

3.4.2.2 检测方法

（1）仪器

① 材料试验机测量精度不低于 1 级。

② 材料试验机的量程应使试验结果在其全量程的 10%～90%。

③ 游标卡尺：量程 0～150mm，分度值 0.02mm。

④ 测试仪器主要包括支座和压头，如图 3.26 所示。

上压头宽度应大于或等于试样宽度。

石墨管试样试验用上压头（图 3.27），其半径 R 与试样半径名义尺寸及偏差相同，宽度 b 不小于 15mm。

（2）试样

① 试样取样

a. 块材

ⅰ 最小截面不大于 200mm×200mm 的材料，在端面截去 50mm，其余部分均可加工试样。

ⅱ 最小截面大于 200mm×200mm 的材料，在各表层刨去 50mm，其余部分均可加工试样。

ⅲ直径不大于350mm的材料，在端部截去50mm，然后在中心直径为100mm的圆柱体内取材加工试样。

ⅳ直径大于350mm的材料，在端部截去50mm，然后在中心直径为200mm的圆柱体内取材加工试样。

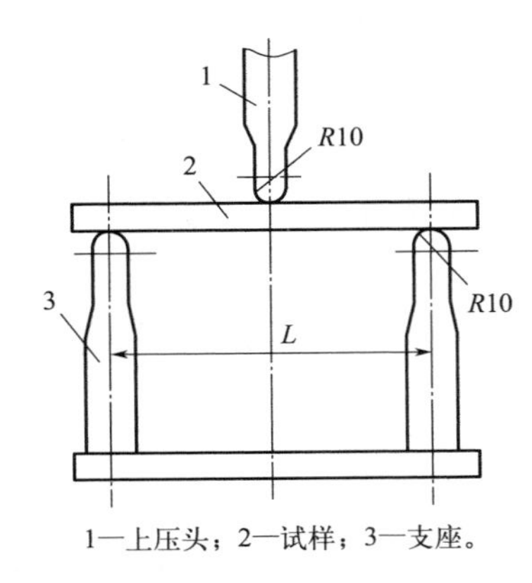

图3.26　抗弯强度测试的支座和压头

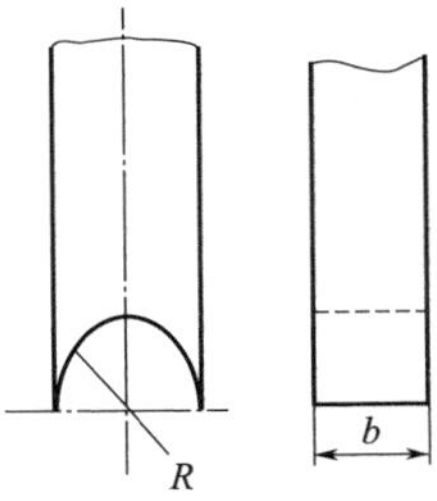

图3.27　石墨管试样试验用上压头

b. 管材　将管的两端截去50mm，剩余部分用于加工试样。

c. 浇注件　按配方抽取所需原料，按生产工艺配制并浇注成石墨试样。

d. 黏结剂

ⅰ按配方抽取所需原料，按生产工艺配制并浇注成石墨黏结剂浇注试样。

ⅱ按配方抽取所需原料，按生产工艺配制并将石墨件黏结成石墨黏结件试样。

② 试样加工

a. 每组试样须分别从所抽石墨材料中制取。

b. 浇注试样应进行热固化处理，热处理温度按产品要求确定。

c. 试样加工时，除有特殊要求，应使试样试验时的受力方向与材料的成型压力方向平行。

d. 先对所取石墨材料进行粗加工，然后按生产工艺进行浸渍，加工成试样。

③ 试样尺寸及形状　见表3.15。

表3.15　试样尺寸及形状　　单位：mm

试样类型	尺寸
块材	(20mm±0.1mm)×(120mm±0.5mm)
石墨管	直径、壁厚及偏差均按产品规格规定，长度等于管外径的5倍加30mm
黏结剂浇铸件	(120mm±0.5mm)×(20mm±0.2mm)×(20mm±0.2mm)

注：1. 试样表面粗糙度 $Ra \leqslant 3.2\mu m$。

2. 每组试样不少于5个。

④ 试样数量　每组试样不少于 5 个。

⑤ 试样状态调节　试验前，试样在实验室标准环境条件下至少放置 24h。若不具备实验室标准环境条件，试验前，可在干燥器内放置至少 24h。

(3) 步骤

① 尺寸测量

块材：沿试样轴向测 3 处，每处相互垂直的直径各测一次，取得 6 个数据的算术平均值。

管材：外径测量，沿试样轴向测 3 处，每处测相互垂直的直径各 1 次，取得 6 个数据的算术平均值；内径测量，测量试样内径两端端口处，每处测量互相垂直的直径各 1 次，取得 4 个算术平均值。

黏结剂浇铸件测量：沿轴向测量宽度和厚度各 3 次，分别取其算术平均值。

② 按照表 3.16 调整跨距，放好试样，且使压头、支座轴向皆垂直于试样轴。

表 3.16　试样跨距要求

块材支座跨距	石墨管支座跨距	黏结剂浇铸件支座跨距
100mm±0.5mm 175mm±0.5mm	试样外径的 5 倍	100mm±0.5mm

③ 压头压在试样上，以 5～10mm/min 的加载速度均匀、无冲击地施加载荷，直至试样断裂，读取断裂负荷值。

(4) 结果　块材抗弯强度按式(3.38) 计算：

$$\sigma=\frac{8PL}{\pi D^3} \tag{3.38}$$

式中，P 为断裂负荷值，N；L 为支座跨距，mm；D 为试样直径，mm。

石墨管抗弯强度按式(3.39) 计算：

$$\sigma=\frac{8PLD}{\pi(D^4-d^4)} \tag{3.39}$$

式中，P 为断裂负荷值，N；L 为支座跨距，mm；d 为石墨管内径，mm；D 为石墨管外径，mm。

黏结剂浇铸件抗弯强度按式(3.40) 计算：

$$\sigma=\frac{3PL}{2bh^2} \tag{3.40}$$

式中，P 为断裂负荷值，N；L 为支座跨距，mm；b 为试样宽度，mm；h 为试样厚度，mm。

3.5 扭转性能

3.5.1 操作扭矩

3.5.1.1 概述

一般来说，阀门操作扭矩来自阀门的部件（如球芯、阀瓣）和密封件（阀座）之间的摩擦。如果阀门执行机构过小，则不能产生足够的力矩来充分操作阀门。阀门操作扭矩试验则规定了塑料阀门开启和关闭的扭矩试验方法。对于塑料阀门而言，该试验主要方法为 GB/T 15558.3—2003 和 ISO 8233：1988。

如果试验介质是空气，应确保安全地使用压缩空气。密封装置不应对阀门产生轴向外力。

注： 应注意操作帽产生轴向压力或径向力对阀门的影响。

在试验期间所用到的泵应能提供不小于规定的压力。在扭矩试验期间，应能够连续读数，并能记录其最大值，精度±2%。阀门在 23℃±2℃ 和公称压力下用气体试验，连接应符合相关要求，按照规定进行试验。

3.5.1.2 检测方法

（1）仪器

① 泵　在试验期间应能提供不小于规定的压力。

② 装置　能提供所需要的扭矩，精度±2%。

③ 测量仪器　在扭矩试验期间，应能够连续读数，并能记录其最大值，精度±2%。

（2）试样

① 试样制备　塑料阀门。

② 试样数量　1个。

③ 状态调节　阀门在 23℃±2℃ 和公称压力下用气体试验，连接应符合相关要求。试验前开启和关闭阀门 10 次，以达到平滑操作，状态调节 12h 后进行后续测试。

（3）步骤

① 在阀门关闭状态下，压力在 60s 内逐渐升高到阀门的最大工作压力，保压 5min。

② 将阀门手柄或阀杆与扭矩测量装置连接，施加扭矩，并逐渐增加到阀门完全开启，试验过程应符合表 3.17 要求。

③ 在整个开启过程中，记录开启扭矩。

④ 在最大工作压力下关闭阀门到完全闭合，记录关闭扭矩，如有可能记录整个过程的关闭。

⑤ 应在两个方向分别进行试验。

表 3.17　扭转性能检测条件

型式	公称尺寸①/mm	操作时间②/s	操作速度/(r/min)
90°旋转阀门	DN≤50	2	—
	DN>50	DN/30	—
多圈旋转阀门	DN≤50	—	20
	DN>50	—	10

① 阀门的公称外径，数值上等于 GB/T 4217—2001 中规定的管材的公称外径。

② 保留一位小数，小数点后第二位非零数字进位。

（4）结果　试验结果中应包含下面的内容：

① 试验标准方法和试验名称。

② 阀门的信息：a. 阀体和密封件的材料；b. 公称尺寸（DN）或外径 d_n，承口直径或插口直径的尺寸；c. 阀门的公称压力（PN）；d. 制造商名称或商标；e. 流动方向（如有需要）。

③ 试验日期。

④ 开启和关闭的扭矩记录。

3.5.1.3　注意事项

在整个开启过程中，记录开启扭矩。

在最大工作压力下关闭阀门到完全闭合，记录关闭扭矩，如有可能记录整个过程的关闭扭矩。

应在两个方向分别进行试验。

3.5.2　止动强度

3.5.2.1　概述

阀门开关产品需要一定的止动强度是为了避免人工误操作时造成阀门状态和结构的破坏。止动强度试验是燃气阀门的一项重要指标，按照操作扭矩和 GB/T 13927—2008 进行试验。

如果试验介质是空气，应确保安全地使用压缩空气。密封装置不应对阀门产生轴向外力。

注：应注意操作帽产生轴向压力或径向力对阀门的影响。

在试验期间所用到的泵应能提供不小于规定的压力。在扭矩试验期间，应能够连续读数，并能记录其最大值，精度±2%。阀门在 23℃±2℃和公称压力下用气体试验，连接应符合相关要求。

止动强度按照操作扭矩和GB/T 13927—2008进行试验。

3.5.2.2　检测方法

（1）仪器

① 泵　在试验期间应能提供不小于规定的压力。

② 装置　能提供所需要的扭矩，精度±2%。

③ 测量仪器　在扭矩试验期间，应能够连续读数，并能记录其最大值，精度±2%。

（2）试样

① 试样制备　塑料阀门。

② 试样数量　1个。

③ 状态调节　阀门在23℃±2℃和公称压力下用气体试验，连接应符合相关要求。试验前开启和关闭阀门10次，以达到平滑操作，状态调节12h后进行后续测试。

（3）步骤

① 壳体试验

a. 封闭阀门的进出各端口，阀门部分开启，向阀门壳体内充入试验介质，排净阀门体腔内的空气，逐渐加压到1.5倍的CWP，按表3.18的时间要求保持试验压力，然后检查阀门壳体各处的情况（包括阀体、阀盖连接法兰、填料箱等各连接处）。

b. 壳体试验时，对可调阀杆密封结构的阀门，试验期间阀杆密封应能保持阀门的试验压力；对于不可调阀杆密封（如O形密封圈、固定的单圈等），试验期间不允许有可见的泄漏。

如有气体介质的壳体试验要求时，应先进行液体介质的试验，试验结果合格后，排净体腔内的液体，封闭阀门的进出各端口，阀门部分开启，将阀门浸入水中，并采取相应的安全保护措施。向阀门壳体内充入气体，逐渐加压到1.1倍的CWP，按表3.18的时间要求保持试验压力，观察水中有无气泡漏出。

表3.18　保持试验压力的持续时间　　单位：s

阀门公称尺寸	保持试验压力最短持续时间①			
	壳体试验	上密封试验	密封试验	
			其他类型阀	止回阀
≤DN50	15	15	60	15
DN65～DN150	60	60	60	60
DN200～DN300	120	60	60	120
≥DN350	300	60	120	120

① 保持试验压力最短持续时间是指阀门内试验介质压力升至规定值后，保持该试验压力的最短时间。

② 上密封试验　对具有上密封结构的阀门，封闭阀门的进出各端口，向阀门壳体内充入液体的试验介质，排净阀门体腔内的空气，用阀门设计给定的操作机构开启阀门到全开位置，逐渐加压到1.1倍的CWP，按表3.18规定的时间要求保持试验压力。观察阀杆填料处的情况。

③ 密封试验方法　试验期间，除油封结构旋塞阀外，其他结构阀门的密封面应是清洁的。为防止密封面被划伤，可以涂一层厚度不超过煤油的润滑油。有两个密封副、在阀体和阀盖有中腔结构的阀门（如闸阀、球阀、旋塞阀等），试验时，应将该中腔内充满试验压力的介质。除止回阀外，对规定了介质流向的阀门，应按规定的流向施加试验压力。

④ 密封试验检查　主要类型阀门的试验方法和检查按表3.19的规定。

表3.19　密封试验方法

阀门种类	试验方法
闸阀 球阀 旋塞阀	封闭阀门两端，阀门的启闭件处于部分开启状态，给阀门内腔充满试验介质，逐渐加压到规定的试验压力情况，关闭阀门的启闭件；按规定的时间保持一端的试验压力，释放另一端的压力，检查该端的泄漏情况。 重复上述步骤和动作，将阀门换方向进行试验和检查
截止阀 隔膜阀	封闭阀门对阀座密封不利的一端，关闭阀门的启闭件，给阀门内腔充满试验介质，逐渐加压到规定的试验压力，检查另一端的泄漏情况
蝶阀	封闭阀门的一端，关闭阀门的启闭件，给阀门内腔充满试验介质，逐渐加压到规定的试验压力，在规定的时间内保持试验压力不变。检查另一端的泄漏情况。 重复上述步骤和动作，将阀门换方向试验
止回阀	止回阀在阀瓣关闭状态，封闭止回阀出口端，给阀门内充满试验介质，逐渐加压到规定的试验压力，检查进口端的泄漏情况
双截断与排放结构	关闭阀门的启闭件，在阀门的一端充满试验介质，逐渐加压到规定的试验压力，在规定的时间内保持试验压力不变。检查两个阀座中腔的螺塞孔处泄漏情况。 重复上述步骤和动作，将阀门换方向试验另一端的泄漏情况
单向密封结构	关闭阀门的启闭件，按阀门标记显示的流向方向封闭该端，充满试验介质，逐渐加压到规定的试验压力，在规定的时间内保持试验压力不变。检查另一端的泄漏情况

（4）结果

① 壳体试验　壳体试验时，不应有结构损伤，不允许有可见渗漏通过阀门壳壁和任何固定的阀体连接处（如中口法兰）；如果试验介质为液体，则不得有明显可见的液滴或表面潮湿。如果试验介质是空气或其他气体，应无气泡漏出。

② 上密封试验　不允许有可见的泄漏。

③ 密封试验　不允许有可见泄漏通过阀瓣、阀座背面与阀体接触面等处，

并应无结构损伤（弹性阀座密封面的塑性变形不作为结构上的损坏考虑）。在试验持续时间内，试验介质通过密封副的最大允许泄漏率按表3.20的规定。

表3.20 密封试验的最大允许泄漏率

试验介质	允许泄漏率										
	泄漏率单位	A级	AA级	B级	C级	CC级	D级	E级	EE级	F级	G级
液体	mm^3/s	在试验压力持续时间内无可见泄漏	0.006 DN	0.01 DN	0.03 DN	0.08 DN	0.1 DN	0.3 DN	0.39 DN	1 DN	2 DN
	滴/mm		0.006 DN	0.01 DN	0.03 DN	0.08 DN	0.1 DN	0.29 DN	0.37 DN	0.96 DN	1.92 DN
气体	mm^3/s	在试验压力持续时间内无可见泄漏	0.18 DN	0.3 DN	3 DN	22.3 DN	30 DN	300 DN	470 DN	3000 DN	6000 DN
	气泡/mm		0.18 DN	0.28 DN	2.75 DN	20.4 DN	27.5 DN	275 DN	428 DN	2750 DN	5500 DN

注：1. 泄漏率是指1个大气压力状态。
2. 阀门的DN按标准GB/T 13927—2008中附录A规定“等同的规格”的公称尺寸数值。

泄漏率等级的选择应是相关阀门产品标准规定或订货合同中要求更严格的一个。若产品标准或订货合同中没有特别规定时，非金属弹性密封副阀门按表3.20的A级要求，金属密封副阀门按表3.20的D级要求，等同规格的阀门按标准GB/T 13927—2008中附录A的要求。

3.5.2.3 注意事项

① 试验压力P应为阀门应用的最大工作压力；

② 首次试验温度T_1，应为+40℃；

③ 试验时间t，承压状况下应为24h；

④ 试验扭矩应为相关标准规定的最小止动扭矩；

⑤ 第2次试验温度T_2应为−20℃；

⑥ 试样数量为1个。

3.6 冲击性能

3.6.1 落锤冲击试验

3.6.1.1 概述

定义和原理：以规定质量和尺寸的落锤从规定高度冲击试验样品规定的部位（此试验方法可以通过改变落锤的质量和/或改变高度来满足不同产品的技术要

求）。TIR 最大允许值为 10%（真实冲击率 TIR：整批产品进行试验时，其冲击破坏总数除以冲击总数即为真实冲击率，以百分数表示）。

目的和意义：用于评价热塑性塑料承压管材和管件抵抗冲击破坏的能力，是所有承压管材和管件的一个重要指标。

测试标准和适用范围：采用 GB/T 14152—2001，适用于热塑性塑料承压管材和管件。

3.6.1.2 检测方法

（1）仪器

① 落锤冲击试验机主机架和导轨：垂直固定，可以调节并垂直、自由释放落锤。校准时，落锤冲击管材的速度不能小于理论速度的 95%；

② 落锤：落锤应符合图 3.28 和表 3.21 中的规定，锤头应为钢的，最小厚度为 5mm，锤头的表面不应有凹痕、划伤等影响测试结果的可见缺陷。质量为 0.5kg 和 0.8kg 的落锤应具有 d25 型的锤头，质量大于或等于 1kg 的落锤应具有 d90 型的锤头；

③ 试样支架：包括一个 120°角的 V 形托板，其长度不应小于 200mm，其固定位置应使落锤冲击点的垂直投影在距 V 形托板中心线的 2.5mm 以内。仲裁试验时，采用丝杠上顶式支架；

④ 释放装置：可使落锤从至少 2m 高的任何高度落下，此高度指距离试样表面的高度，精确到±10mm；

⑤ 应具体防止落锤二次冲击的装置：落锤回跳捕捉率应保证 100%。

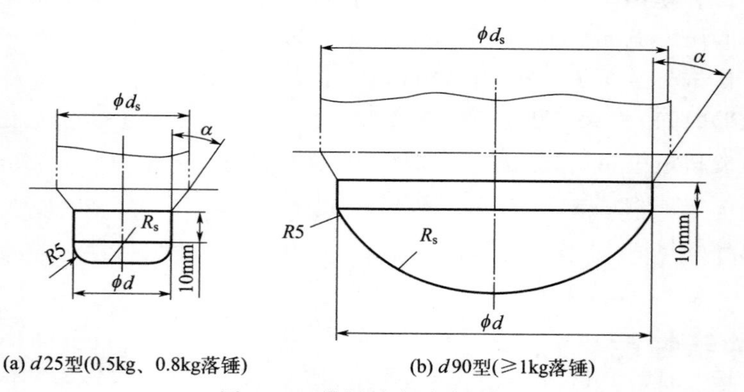

图 3.28 落锤冲击试验原理

表 3.21 落锤质量

锤头类型	锤头质量/kg			冲击高度/mm		
d25 型	0.5	2.1	8.0	300	900	1500
d50 型	0.8	2.5	9.0	400	1000	1600

续表

锤头类型	锤头质量/kg			冲击高度/mm		
d90 型	1.0	3.2	10.0	500	1100	1700
其他类型	1.25	4.0	12.5	600	1200	1800
	1.6	5.0	15.3	700	1300	2000
	2.0	6.3	其他	800	1400	其他

注：1. 落锤质量的允许公差为±0.5%；
2. 也可根据产品性能的极限进行选择锤头类型、锤头质量、冲击高度。

（2）试样

① 试样准备

a. 试样应从一批或连续生产的管材中随机抽取切割而成，其切割端面应与管材的轴线垂直，切割段应清洁，无损伤；

b. 试样长度：200mm±10mm；

c. 试样标线：外径大于 40mm 的试样应沿其长度方向画出的等距离标线，并顺序编号。不同外径的管材试样画线的数量见表 3.22。对于外径小于或等于 40mm 的管材，每个试样只进行一次冲击。

② 试样数量　试验所需试样数量可根据 GB/T 14152—2001 第 5.4 节确定。

表 3.22　不同外径管材试样应画线数

公称外径/mm	应画线数	公称外径/mm	应画线数
≤40	—	160	8
60	3	180	8
63	3	200	12
75	4	225	12
90	4	250	12
110	6	280	16
125	6	≥315	16
140	8		

③ 状态调节

a. 试样应在 0℃±1℃或 20℃±2℃的水浴或空气浴中进行状态调节，最短调节时间见表 3.23。仲裁检验时应使用水浴。

表 3.23　状态调节时间

壁厚/mm	调节时间/min	
	水浴	空气浴
壁厚≤8.6	15	60
8.6<壁厚≤14.1	30	120
壁厚>14.1	60	240

b. 状态调节后，壁厚≤8.6mm 的试样，应在 10s 内从空气浴中取出或在 20s 内从水浴中取出。壁厚>8.6mm 的试样，应在 20s 内从空气浴中取出或在 30s 内从水浴中取出。如果超过此时间间隔，应将试样立即放回预处理，最少进行 5min 的再处理。若试样状态调节温度为 20℃±2℃，试验环境温度为 20℃±5℃，则试样从取出至试验完毕的时间可放宽至 60s。（对于内外壁光滑的管材，应测量管材各部分壁厚，根据平均壁厚进行状态调节。对于波纹管或有加强筋的管材，根据管材截面最厚处壁厚进行状态调节。）

（3）步骤

① 按照产品标准的规定确定落锤质量和冲击高度；

② 外径小于或等于 40mm 的试样，每个试样只承受一次冲击；

③ 外径大于 40mm 的试样在进行冲击试验时，首先使落锤冲击在 1 号标线上，若试样未破坏，立即放回；预处理后，再对 2 号标线进行冲击，直至标线破坏或全部标线都冲击一次（当波纹管或加筋管的波纹间距或筋间距超过管材外径的 0.25 倍时，要保证被冲击点为波纹或筋顶部）；

④ 逐个对预处理过的试样进行冲击，直至取得判定结果。

（4）结果　若试样冲击破坏数在表 3.24 中的 A 区，则判定该批的 TIR 值小于或等于 10%；若试样冲击破坏数在表 3.24 中的 C 区，则判定该批的 TIR 值大于 10%；若试样冲击破坏数在表 3.24 中的 B 区，则应进一步取样试验，直至根据全部冲击试样的累计结果能够作出判定。

表 3.24　TIR 值为 10%时判定依据

冲击总数	冲击破坏数			冲击总数	冲击破坏数		
	A 区	B 区	C 区		A 区	B 区	C 区
25	0	1～3	4	38	0	1～5	6
26	0	1～4	5	39	0	1～5	6
27	0	1～4	5	40	1	2～6	7
28	0	1～4	5	41	1	2～6	7
29	0	1～4	5	42	1	2～6	7
30	0	1～4	5	43	1	2～6	7
31	0	1～4	5	44	1	2～6	7
32	0	1～4	5	45	1	2～6	7
33	0	1～5	6	46	1	2～6	7
34	0	1～5	6	47	1	2～6	7
35	0	1～5	6	48	1	2～6	7
36	0	1～5	6	49	1	2～7	8
37	0	1～5	6	50	1	2～7	8

续表

冲击总数	冲击破坏数			冲击总数	冲击破坏数		
	A 区	B 区	C 区		A 区	B 区	C 区
51	1	2～7	8	73	3	4～10	11
52	1	2～7	8	74	3	4～10	11
53	2	2～7	8	75	3	4～10	11
54	2	2～7	8	76	3	4～10	11
55	2	2～7	8	77	3	4～10	11
56	2	2～7	8	78	3	4～10	11
57	2	3～8	9	79	3	4～10	11
58	2	3～8	9	80	4	5～10	11
59	2	3～8	9	81	4	5～11	12
60	2	3～8	9	82	4	5～11	12
61	2	3～8	9	83	4	5～11	12
62	2	3～8	9	84	4	5～11	12
63	2	3～8	9	85	4	5～11	12
64	2	3～8	9	86	4	5～11	12
65	2	3～9	10	87	4	5～11	12
66	2	3～9	10	88	4	5～11	12
67	3	4～9	10	89	4	5～12	13
68	3	4～9	10	90	4	5～12	13
69	3	4～9	10	91	4	5～12	13
70	3	4～9	10	92	5	6～12	13
71	3	4～9	10	93	5	6～12	13
72	3	4～9	10	94	5	6～12	13

3.6.1.3　讨论

注意事项和建议：每次冲击后，用肉眼观察，试样经冲击产生裂纹、裂缝或试样破碎称为破坏。因落锤冲击而形成的试样凹痕或变色则不认为是破坏；必须按照规定的状态调节进行试样调节。

3.6.2　简支梁冲击性能（非仪器化冲击试验）

3.6.2.1　概述

定义：试样在摆锤冲击破坏时或过程中单位试样截面积所吸收的能量。

原理：将摆锤升至固定高度，以恒定的速度单次冲击支撑成水平梁的试样，冲击线位于两支座间的中点。缺口试样侧向冲击时，冲击线正对单缺口。

目的和意义：用于评价热塑性塑料承压管材和管件的抗冲击能力或判断材料的脆性和韧性程度。

简支梁冲击性能测试标准和适用范围见表3.25。

表3.25　简支梁冲击性能测试标准和适用范围

检测项目名称	采用标准 国内标准	适用范围
简支梁冲击性能	GB/T 18743.1—2022 GB/T 18743.2—2022	热塑性塑料管材
	GB/T 1451—2005	纤维增强塑料承压管材
	GB/T 1043.1—2008	所有热塑性塑料承压管材

3.6.2.2　检测方法

（1）仪器

① 试验机的概述、特性和检定方法详见GB/T 21189—2007；冲刃和支座见图3.29。

② 测微计和量规测量试样尺寸，精确值0.02mm。测量缺口试样尺寸 b_N 时测微计应装有2～3mm宽的测量头，其外形应适合缺口的形状。

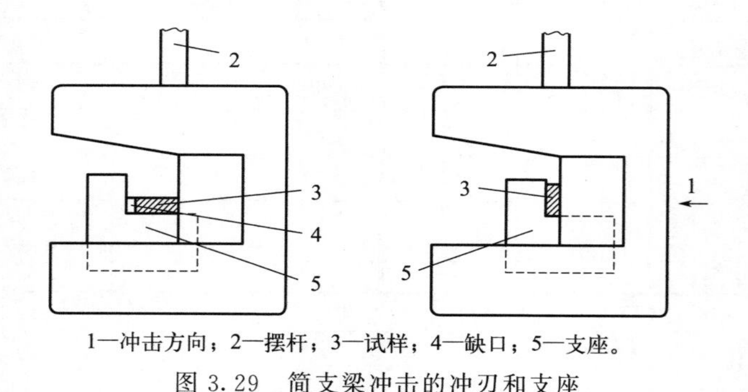

1—冲击方向；2—摆杆；3—试样；4—缺口；5—支座。

图3.29　简支梁冲击的冲刃和支座

（2）试样

① 试样准备

a. 试样可通过注塑、压塑、切割或机加工制得。

b. 制得试样应无扭曲并具有相互垂直的平行表面。表面和边缘无划痕、麻点、凹痕和飞边；借助直尺、矩尺和平板目视检查试样，并用千分尺测量是否符合要求；当观察和测量的试样有一项或多项不符合要求时，应剔除该试样或将其加工到合适的尺寸和形状（见表3.26）。

表 3.26　试样的类型、尺寸和跨距

试样类型	长度[①] l/mm	宽度[①] b/mm	厚度[①] h/mm	跨距 L/mm
1	80±2	10.0±0.2	4.0±0.2	62.0+0.5
2[②]	25h	10 或 15[③]	3[④]	20h
3[②]	11h 或 13h			6h 或 8h
4[⑤]	120±1	10±0.2	板厚	70±0.5

① 试样尺寸（长度 l、宽度 b 和厚度 h）应符合 $h \leqslant b < l$ 的规定。

② 2 型和 3 型试样仅适用于有层间剪切破坏的材料（如长纤维增强的材料）。

③ 精细结构的增强材料用 10mm，粗粒结构或不规整的增强材料用 15mm。

④ 优选厚度。试样由片材或板材切出时，h 应等于片材或板材厚度，最大 10.2mm。

⑤ 适用于测定纤维增强有缺口试样的冲击韧性。

c. 缺口：缺口应按 ISO 2818：1994 进行加工，切割刀具应能将试样加工成见图 3.30 所示的形状和深度，且与主轴成直角。

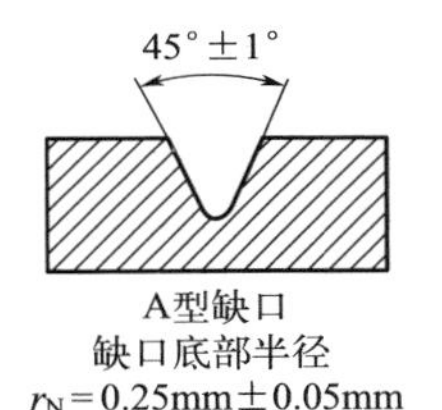

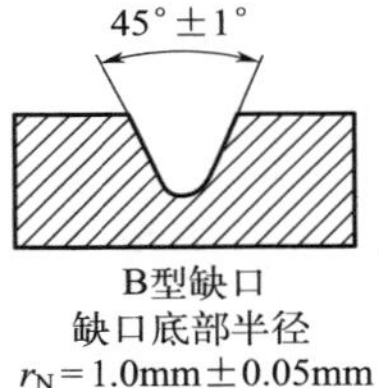

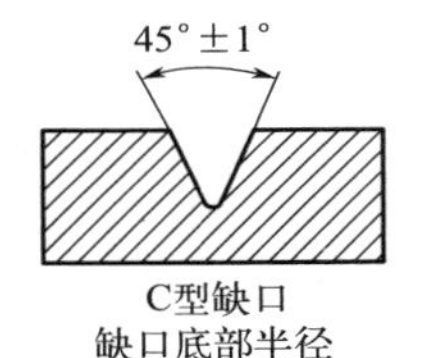

图 3.30　缺口类型

d. 如果受试材料已规定，也可使用模塑缺口试样。

注：模塑缺口试样所得的结果与机加工缺口试样所得的结果不可比。

② 试样数量　除受试材料标准另有规定，一组试验至少包括 10 个试样。当变异系数（见 GB/T 3360—1982）小于 5%时，只需 5 个试样。

③ 状态调节　除受试材料标准另有规定，试样应按 GB/T 2918—2018 的规定在温度 23℃和相对湿度 50%的条件下调节 16h 以上，或按有关各方协商的条件。缺口试样应在缺口加工后计算调节时间。

（3）步骤

① 测量每个试样中部的厚度 h 和宽度 b，精确至 0.02mm。对于缺口试样，应仔细地测量剩余宽度 b_N，精确至 0.02mm。

② 确认摆锤冲击试验机是否达到规定的冲击速度，吸收的能力是否处于在标称能量的 10%～80%的范围内，符合要求的摆锤不止一个时，应使用具有最大能量的摆锤。

③ 应按 GB/T 21189—2007 的规定，测定摩擦损失和修正吸收的能力。

④ 抬起摆锤至规定的高度，将试样放在试验机支座上，冲刃正对试样的打击中心，小心安放缺口试样，使缺口中央正好位于冲击平面上。

⑤ 释放摆锤，记录试样吸收的冲击能量并对其摩擦损失进行修正。

(4) 结果　试样的简支梁冲击强度 a_{cU} 按式(3.41) 计算：

$$a_{cU}=\frac{E_c}{hb}\times 10^3 \tag{3.41}$$

式中，E_c 为已修正的试样破坏时吸收的能量，J；h 为试样厚度，mm；b 为若为无缺口试样，则为试样宽度，mm；若为缺口试样，则为试样剩余宽度，mm。

所有计算结果的平均值取两位有效数字。

3.6.2.3 讨论

注意事项：由于塑料对缺口的敏感性，试样要符合试验要求，试样应无扭曲，并具有相互垂直的平行表面。表面和边缘应无划痕、麻点、凹痕和飞边。当观察和测量的试样有一项或多项不符合试验要求时，应剔除该试样或将其加工到合适的形状和尺寸；试样应保证调节时间，特别是对温度敏感性的材料，对于拿样手所接触的位置，都应考虑材料对温度的敏感因素。

3.6.3 搪玻璃层耐机械冲击试验方法

3.6.3.1 概述

定义和原理：由一规定的钢球自由下落，垂直冲击试样的搪玻璃表面，测搪玻璃层出现裂纹、粉花、剥落、碎裂现象时钢球的下落高度，计算钢球的下落冲击功。

目的和意义：考核搪玻璃层的抗机械冲击性能、搪玻璃层与基体金属的密着性、搪玻璃层的残余应力等综合性能。

测试标准和适用范围：采用 GB/T 7990—2013，适用于搪玻璃式承压管材和管件。

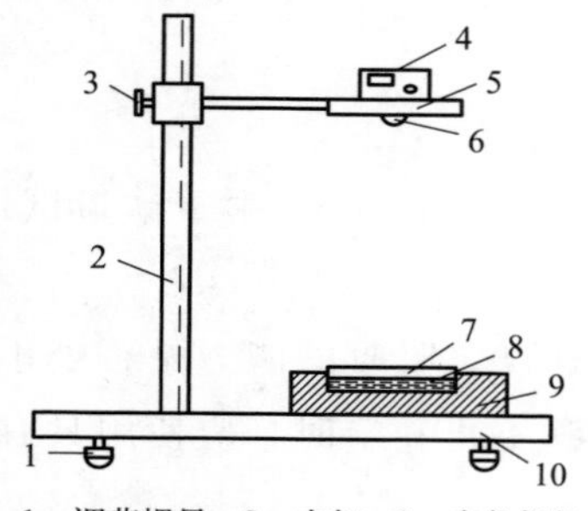

1—调节螺母；2—支架；3—定位螺栓；4—激光测距仪；5—钢球夹持/释放器；6—钢球；7—试板；8—砂层；9—底盘；10—底座。

图 3.31　耐机械冲击试验装置

3.6.3.2 检测方法

(1) 仪器

① 试验装置　见图 3.31，各部件的作用如下。

定位螺钉：调节钢球夹持/释放器的高度；

激光测距仪：用于确定钢球在试板上的冲击位置并读取钢球的下落高度，精度为 1mm；

钢球夹持/释放器：保证钢球可靠地夹

持在一定高度，释放时能使钢球在无外力作用下自由落下；

钢球：直径为 30mm，重量约 110g，并应符合 GB/T 308.1—2013 的规定；

底盘：钢制件，外形尺寸长、宽、高分别为 160mm×160mm×50mm，内孔尺寸长、宽、深分别为 82mm×82mm×10mm，内孔位于底盘中心，孔内铺放 6～7mm 厚的石英砂，沙子粒度为标准分样筛 20～40 目，砂层是为了确保试样水平放置在底盘上，底盘可在底座上自由移动；

支架：支撑钢球夹持/释放器，刻度尺固定在支架上；

底座：支撑底盘和固定支架；

调节螺钉：调节底座的水平度。

② 天平　精度为 0.1mg，用于称量钢球的质量。

（2）试样

① 试样制备　试样为正方形，其制备可分为方形平板试件和圆形平板试件。

方形平板试件尺寸：80mm×80mm，基体钢板厚度 5.5mm±0.2mm，搪玻璃层厚度为 1.1mm±0.1mm；

圆形平板试件尺寸：直径 105mm±2mm，基体钢板厚度 2mm，搪玻璃层厚度 0.8mm±0.11mm。

② 试样数量　每组试样应不少于三块试件。

③ 状态调节　试样应按 GB/T 2918 的规定在温度 23℃和相对湿度 50%的条件下调节 16h 以上，或按有关各方协商的条件。

（3）步骤

① 准确称量钢球的质量，并精确至 0.1mg；

② 将试样水平置于底盘内孔沙层上；

③ 将钢球夹持/释放器调节至一定高度；

④ 打开激光测距仪，移动底盘选择冲击点的位置，并记录测距仪的度数 h；

⑤ 钢球放在夹持/释放器中；

⑥ 释放钢球使其自由下落冲击搪玻璃面；

⑦ 用红铅笔在冲击点的周围画一个圈作为标记；

⑧ 从内孔中取出试样，用干净的药棉擦掉冲击点处的冲击痕迹；

⑨ 用 60W 灯光照射，从各个不同角度观察，如未发现裂纹、粉花、剥落、碎裂等现象，即为通过；

⑩ 如经⑧判定通过，则将冲击高度升高 10mm，否则，将冲击高度降低 10mm；

⑪ 移动底盘，选择下一个冲击点的位置，每个冲击点之间及其距试样边缘的距离应不小于 10mm，重复①～⑨直到试样上出现两个冲击破坏点，它们各自的前一个冲击点高度值即为搪玻璃层能承受的冲击高度。以其平均值作为该试样

的耐冲击高度值，其相对误差不应超过平均值的10%，否则应增加测试点数直至相对误差符合要求；

⑫ 取三个试样冲击高度值的平均值来计算冲击功；

⑬ 如果三块试件中任意一块的冲击高度值与平均值的相对误差超过10%，则在同一批试样中另取一块试样重新进行试验，结果合并处理。

（4）结果　按式(3.42)计算搪玻璃层耐机械冲击性能：

$$W = mgh \tag{3.42}$$

式中，W 为冲击功（精确至 10^{-3}），J；m 为钢球质量，g；g 为重力加速度，取值为 9.807m/s^2；h 为三块试件的冲击高度平均值，mm。

3.6.3.3　讨论

注意事项：试验过程中，试件在内孔沙层上放置不平，会导致冲击角度变化，影响试验数据的准确。

3.7　蠕变性能

所谓蠕变，是指在一定的温度和较小的恒定外力（拉力、压力或扭力等）作用下，材料的形变随时间的增加而逐渐增大的现象。各种聚合物材料在室温时的蠕变现象很不相同，这些差别对于材料实际应用非常重要。对于各种材料的蠕变现象的研究，有助于合理地选择适当的材料。主链含芳杂环的刚性链聚合物，具有较好的抗蠕变性能，因而成为广泛应用的工程塑料，可用来代替金属材料加工成机械零件。蠕变比较严重的材料，使用时则需采取必要的补救措施。

3.7.1　拉伸蠕变试验

3.7.1.1　概述

定义和原理：在预处理、温度和湿度等给定条件下测定塑料标准试样拉伸蠕变的方法。

目的和意义：该测试能够为工程设计、研究和开发提供数据。工程设计用数据需要用引伸计就试样标线间距离进行测量，研究或质量控制用数据可以依据夹具间距离变化（标称伸长）进行计算。

测试标准和适用范围：采用GB/T 11546.1—2008，适用于硬质和半硬质的非增强、填充和纤维增强的塑料材料，适用于直接模塑的哑铃形试样或从薄片或模塑制品机加工制得的试样。

3.7.1.2　检测方法

（1）仪器

① 夹具：夹具应尽可能保证加载轴线与试样纵轴方向一致，确保试样只承受单一应力，可认为试样受载部分所受应力均匀分布在垂直于加载方向的横截面上。

建议使用加载前就能将试样对中固定的夹具。升高载荷时，试样和夹具不允许有任何位移，自锁夹具不适合本试验。

② 加载系统：加载系统应保证能平稳施加载荷，不产生瞬间过载，并且施加的载荷在所需载荷的±1%以内。在蠕变破断试验中，应采取措施防止试样破断时产生的振动传递到相邻的加载系统。加载机构应能施加快速、平稳和重复性载荷。

③ 伸长测量装置：伸长测量装置由能够测量载荷下试样标距伸长量或夹具间距离伸长量的非接触式或接触式装置构成，此装置不应通过力学效应（如不应有的变形、缺口）、其他物理效应（如加热试样）或化学效应对试样性能产生影响。

使用非接触式(光学）装置测量应变时，应使试样纵轴垂直于测量装置的光轴。为测定试样长度伸长，应使用引伸计记录夹具间距离变化。伸长测量装置的精确度应在±0.01mm 以内。

对于蠕变破断试验，建议使用按测高仪原理制成的非接触式光学系统测量伸长。最好能自动指示试样破断时间。应采用刻有标记的（金属）夹子或者惰性耐热漆在试样上标出标距。

只有受试材料允许使用电阻应变计所用的黏结剂时，以及蠕变持续时间较短时，电阻应变计才适用。

④ 计时器：精确至 0.1%。

⑤ 测微计：测量试样厚度和宽度，精确至 0.01mm 或更小。

（2）试样

使用相关材料标准或 GB/T 1040.2—2006 中规定的测定拉伸性能的试样。

（3）步骤

① 状态调节和试验环境　按照材料标准的规定对试样进行状态调节。若材料标准中未规定，且相关方未协商一致，应使用 GB/T 2918—2018 中最适宜的一组状态调节条件。

蠕变性能不仅受试样的热历史影响，而且受状态调节时的温度和湿度影响。如果试样未达到湿度平衡，蠕变将会受到影响。当试样过于干燥，由于吸水会产生正应变；而当试样过于潮湿，由于脱水会产生负应变。推荐状态调节时间大于

t_{90}（见 GB/T 1034—2008）。

除非相关方协商一致，如在高温或低温下试验，则应在与状态调节相同的环境下进行试验。应保证试验时间内温度偏差在±2℃以内。

② 测量试样尺寸　按 GB/T 1040.1—2018 中 9.2 规定测量状态调节后的试样尺寸。

③ 安装试样　将状态调节后并已测量尺寸的试样安装在夹具上，并按要求安装伸长测量装置。

④ 选择应力值　选择与材料预期应用相当的应力值，并按规定计算施加在试样上的载荷。

若规定初始应变值，应力值可以用材料的杨氏模量计算。

⑤ 加载步骤

a. 预加载　如为消除试验中传动装置的齿间偏移，可在增加试验负荷前向试样施加预载荷，但应保证预加载不对试验结果产生影响。夹好试样后，待温度和相对湿度平衡时方可预加载，再测量标距。保证预加载过程中预载荷不变。

b. 加载　向试样平稳加载，加载过程应在 1～5s 内完成。某种材料的一系列试验应使用相同的加载速度。计算总载荷（包括预载荷）作为试验载荷。

⑥ 测量伸长　记录试样加满载荷点作为 $t=0$ 点，若伸长测量不是自动和（或）连续记录的，则要求按下列时间间隔测量应变：1min、3min、6min、12min、30min；1h、2h、5h、10h、20h、50h、100h、200h、500h、1000h 等。如认为时间点太宽，应提高读数频率。

⑦ 测量时间　测量每个蠕变试验的总时间，精确至±0.1%或±2s 以内（应小于此公差）。

⑧ 控制温度和湿度　若温度和相对湿度不是自动记录的，开始试验时应记录，最初一天至少测三次。当在规定时间内试验条件是稳定的，可以不再频繁检查温度和相对湿度（至少每天一次）。

⑨ 测量蠕变恢复率（可选）　试验超过预定时间而试样不破断，应迅速平稳卸去载荷。使用与蠕变测量中相同的时间间隔测量恢复率。

（4）结果

① 计算法

a. 拉伸蠕变模量（E_t）　按式(3.43) 计算：

$$E_t=\frac{\sigma}{\varepsilon_t}=\frac{FL_0}{A(\Delta L)_t} \tag{3.43}$$

式中，E_t 为拉伸蠕变模量，MPa；F 为载荷，N；L_0 为初始标距，mm；

A 为试样初始横截面积，mm^2；$(\Delta L)_t$ 为时间 t 时的伸长，mm。

b. 标称拉伸蠕变模量（E_t^*） 按式(3.44) 计算：

$$E_t^* = \frac{\sigma}{\varepsilon_t^*} = \frac{FL_0^*}{A(\Delta L^*)_t} \tag{3.44}$$

式中，E_t^* 为标称拉伸蠕变模量，MPa；F 为载荷，N；L_0^* 为夹具间初始距离，mm；A 为试样初始横截面积，mm^2；$(\Delta L^*)_t$ 为时间 t 时标称伸长，mm。

② 图解法

a. 蠕变曲线　如果试验是在不同温度下进行的，那么原始数据将按每一温度表示为一系列拉伸蠕变应变对时间对数的蠕变曲线，每条曲线代表所用的某一初始应力（见图 3.32）。

b. 蠕变模量-时间曲线　对每一个所用的初始应力，可画出计算出的拉伸蠕变模量对时间对数的曲线（见图 3.33）。

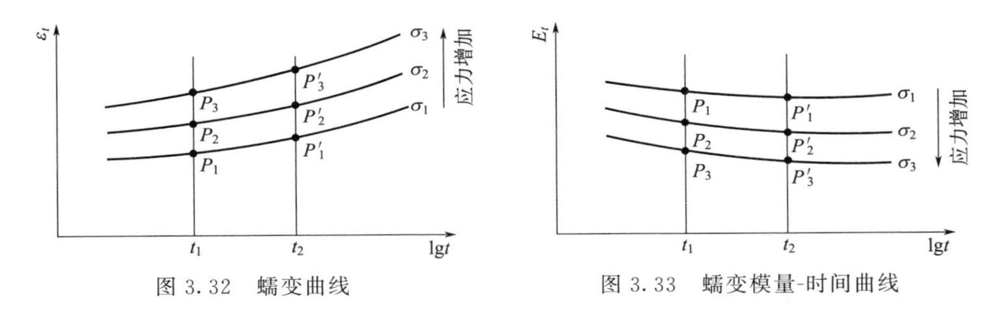

图 3.32　蠕变曲线　　图 3.33　蠕变模量-时间曲线

如果试验是在不同温度下进行的，对每一温度绘出一组曲线。

c. 等时应力-应变曲线　等时应力-应变曲线是施加试验载荷后，在某规定时刻直角坐标中应力对蠕变应变的曲线。通常绘制载荷下 1h、10h、100h、1000h 和 10000h 几条曲线。由于每一蠕变试验在每一曲线上只绘出一个点，因此有必要在至少三个不同的应力下进行试验，以得到等时曲线。

要从图 3.32 所示的一系列蠕变曲线上得到负荷下某一特定时间（如 10h）的等时应力-应变曲线，可从每一蠕变曲线上读出 10h 时的应变，然后在直角坐标中标出对应于应力值（y 轴）的应变值（x 轴）。对其他时间重复这些步骤以得到一系列等时曲线（见图 3.34）。

如果试验是在不同温度下进行的，对每一温度绘出一组曲线。

d. 三维表示　由原始蠕变试验数据导出的不同类型曲线（见图 3.32～图 3.34）之间存在着 $\varepsilon = f(t, \sigma)$ 关系。这种关系可用三维空间中的平面表示。

由原始蠕变试验数据导出的所有曲线构成该平面的要素。由于测量中存在固有的试验误差，实际测量的点通常不落在曲线上而恰好偏离这些曲线。

因此，$\varepsilon = f(t, \sigma)$平面可由构成它的若干曲线产生，但通常需要进行曲线回归处理，使用计算机技术更加迅速和可靠。

e. 蠕变断裂曲线　蠕变断裂曲线可预测任何应力下发生断裂的时间。这可以绘制成应力对时间对数曲线（见图 3.35）或应力对数对时间对数曲线。

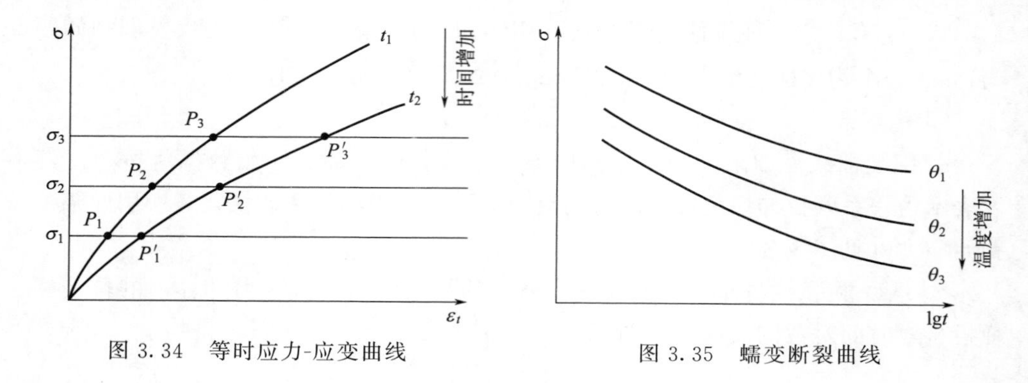

图 3.34　等时应力-应变曲线　　图 3.35　蠕变断裂曲线

3.7.1.3　结果和讨论

拉伸蠕变随着试样制备、试样尺寸和试验环境的不同将发生很大改变。试样的热历史也可对试样的蠕变行为产生深远影响。因此，如需精确比较结果，应仔细控制这些因素。

如拉伸蠕变性能用于工程设计，则应在较大范围的内应力、时间和环境条件下对塑料材料进行试验。

3.7.2　三点弯曲蠕变

3.7.2.1　概述

定义和原理：在预处理、温度和湿度等给定条件下测定塑料标准试样弯曲蠕变的方法。该测试仅适用于在中点加载的简单自由支撑梁（三点加载试验）。

目的和意义：该测试能够为工程设计、研究和开发提供数据。

测试标准和适用范围：采用 ISO 899-2：2003，适用于硬质和半硬质的非增强、填充和纤维增强的塑料材料，适用于直接模塑的直条形试样或从薄片或模塑制品机加工所得的试样。该方法可能不适用于测定硬质泡沫塑料的弯曲蠕变。

注：由于纤维取向的不同，该方法可能不适用于某些纤维增强材料。

3.7.2.2　检测方法

（1）仪器

① 测试架　包括带有两个支架的刚性框架，每个支架用于支撑试样的端部，支

架之间的距离可调节至常规试样厚度（高度）的（16±1）倍（见图3.36），或者大于试样厚度（高度）的17倍，或者对于刚性单向纤维增强试样，为固定间距（100mm）。测试架应水平放置，试样下方应留有足够的空间，以便试样在恒定载荷下发生形变。

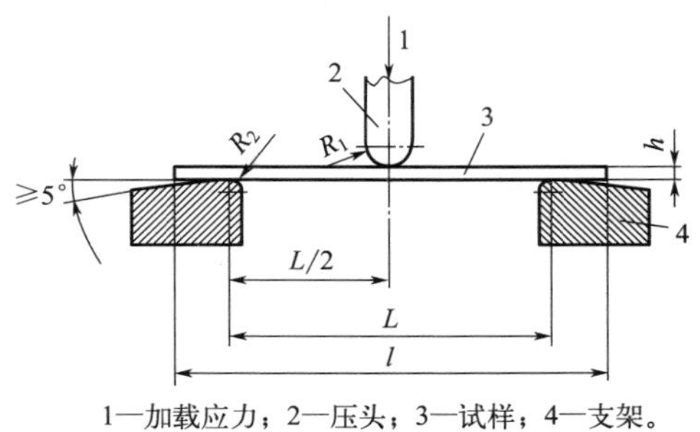

1—加载应力；2—压头；3—试样；4—支架。

图3.36 弯曲蠕变设备原理

压头半径 R_1 和支架半径 R_2 应符合表3.27中给出的值。

表3.27 压头半径和支架半径 单位：mm

试样厚度	压头半径(R_1)	支架半径(R_2)
≤3	5±0.1	2±0.2
>3	5±0.1	5±0.2

② 加载系统 能够确保负载平稳施加，不会造成瞬时过载，并且负载保持在规定所需负载的±1%范围内。在蠕变断裂试验中，应采取措施防止断裂时发生的任何冲击传递到相邻的加载系统。加载机构应允许快速、平稳和可重复的装载。

③ 挠度测量系统 包括任何非接触式或接触式设备，能够测量负载下样品的挠度，而不会通过机械效应、其他物理效应或化学效应影响样品的状态。挠度测量装置的精确度应在最终挠度的±0.01%以内。

④ 时间测量装置 精确到0.1%。

⑤ 千分表 读数为0.01mm或更精确，用于测量试样的初始厚度和宽度。

⑥ 游标卡尺 精确到试验支架之间跨度的0.1%或更精确，用于确定跨度。

（2）试样 使用与弯曲性能测定规定相同形状和尺寸的试样。

（3）步骤

① 状态调节和试验环境 按照材料标准的规定对试样进行状态调节。若材料标准中未规定，且相关方未协商一致，应使用ISO 291：2008中最适宜的一组状态调节条件。

蠕变性能不仅受试样的热历史影响，而且受状态调节时的温度和湿度影响。如果试样未达到湿度平衡，蠕变将会受到影响。推荐状态调节时间大于 t_{90}（见ISO 62：2008）。

除非相关方协商一致，如在高温或低温下试验，则应在与状态调节相同的环境下进行试验。应保证试验时间内温度偏差在±2℃以内。

② 测量试样尺寸并调整支架跨距 按ISO 178：2001中8.2规定测量状态

调节后的试样尺寸。

对于常规试样，将试样支架之间的初始距离调整至（16±1）h，其中 h 为试样厚度。

在刚性单向纤维增强试样的情况下，如有必要，可将支架之间的距离调整至 >17h 或 100mm 的固定距离，以避免在压缩区因剪切或层间剥离而分层。

测量支架之间的距离，精确到±0.5%。

③ 安装试样　将状态调节后并已测量尺寸的试样对称安装在测试架上，使其长轴与支架成直角，并按要求安装挠度测量装置。

④ 选择应力值　选择与材料预期应用相当的应力值，并按规定计算施加在试样上的载荷。

选择应力，使得在试验过程中的任何时候，挠度不大于支架之间跨距的 0.1 倍。

⑤ 加载步骤

a. 预加载　当需要在将载荷增加到试验载荷之前预加载试样时，应保证预加载不对试验结果产生影响。放置好试样后，待温度和相对湿度平衡时方可预加载。

施加预载荷后，立即将挠度测量装置设置为零；预载荷应在整个试验期间起作用。

b. 加载　向试样平稳加载，加载过程应在 1～5s 内完成。某种材料的一系列试验应使用相同的加载速度。

计算总载荷（包括预载荷）作为试验载荷。

⑥ 测量挠度　记录试样加满载荷点作为 $t=0$ 点，若挠度测量不是自动和（或）连续记录的，则要求按下列时间间隔测量应变：1min、3min、6min、12min、30min；1h、2h、5h、10h、20h、50h、100h、200h、500h、1000h 等。

如认为时间点太宽，应提高读数频率。

⑦ 测量时间　测量每个蠕变试验的总时间，精确至±0.1%或±2s 以内（应小于此公差）。

⑧ 控制温度和湿度　若温度和相对湿度不是自动记录的，开始试验时应记录，最初一天至少测三次。当在规定时间内试验条件是稳定的，可以不再频繁检查温度和相对湿度（至少每天一次）。

⑨ 测量蠕变恢复率（可选）　试验超过预定时间而试样不断裂，应迅速平稳卸去载荷。使用与蠕变测量中相同的时间间隔测量恢复率。

（4）结果

① 计算法

a. 弯曲蠕变模量（E_t）　按式(3.45) 计算：

$$E_t = \frac{L^3 F}{4bh^3 s_t} \tag{3.45}$$

式中，E_t 为弯曲蠕变模量，MPa；L 为初始跨距，mm；F 为载荷，N；b 为试样宽度，mm；h 为试样厚度，mm；s_t 为时间 t 时的挠度，mm。

b. 弯曲强度（σ）　按式(3.46) 计算：

$$\sigma = \frac{3FL}{2bh^2} \tag{3.46}$$

式中，σ 为弯曲强度，MPa；L 为初始跨距，mm；F 为载荷，N；b 为试样宽度，mm；h 为试样厚度，mm。

c. 弯曲蠕变应变（ε_t）　按式(3.47) 计算：

$$\varepsilon_t = \frac{6s_t h}{L^2} \tag{3.47}$$

式中，ε_t 为弯曲蠕变应变；s_t 为时间 t 时的挠度，mm；h 为试样厚度，mm；L 为初始跨距，mm。

② 图解法

a. 蠕变曲线　如果试验是在不同温度下进行的，那么原始数据将按每一温度表示为一系列弯曲蠕变应变对时间对数的蠕变曲线，每条曲线代表所用的某一初始应力（见图 3.37）。

b. 蠕变模量-时间曲线　对每一个所用的初始应力，可画出计算出的弯曲蠕变模量对时间对数的曲线（见图 3.38）。

如果试验是在不同温度下进行的，对每一温度绘出一组曲线。

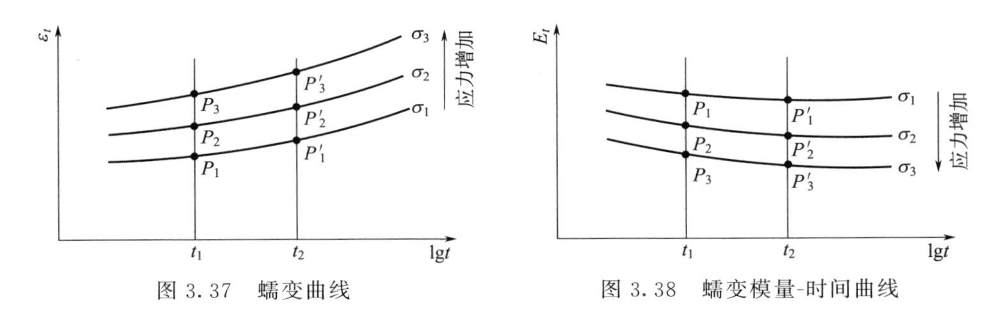

图 3.37　蠕变曲线　　图 3.38　蠕变模量-时间曲线

c. 等时应力-应变曲线　等时应力-应变曲线是施加试验载荷后，在某规定时刻直角坐标中应力对蠕变应变的曲线。通常绘制载荷下 1h、10h、100h、1000h 和 10000h 几条曲线。由于每一蠕变试验在每一曲线上只绘出一个点，因此有必要在至少三个不同的应力下进行试验，以得到等时曲线。

要从图 3.37 所示的一系列蠕变曲线上得到负荷下某一特定时间（如 10h）的等时应力-应变曲线，可从每一蠕变曲线上读出 10h 时的应变，然后在直角坐标中标出对应于应力值（y 轴）的应变值（x 轴）。对其他时间重复这些步骤以得到一系列等时曲线（见图 3.39）。

如果试验是在不同温度下进行的，对每一温度绘出一组曲线。

d. 三维表示　由原始蠕变试验数据导出的不同类型曲线（见图 3.37～图 3.39）之间存在着 $\varepsilon=f(t,\sigma)$ 关系。这种关系可用三维空间中的平面表示。

由原始蠕变试验数据导出的所有曲线构成该平面的要素。由于测量中存在固有的试验误差，实际测量的点通常不落在曲线上而恰好偏离这些曲线。

因此，$\varepsilon=f(t,\sigma)$ 平面可由构成它的若干曲线产生，但通常需要进行曲线回归处理，使用计算机技术更加迅速和可靠。

e. 蠕变破断曲线　蠕变破断曲线可预测任何应力下发生破断的时间。这可以绘制成应力对时间对数（见图 3.40）或应力对数对时间对数曲线。

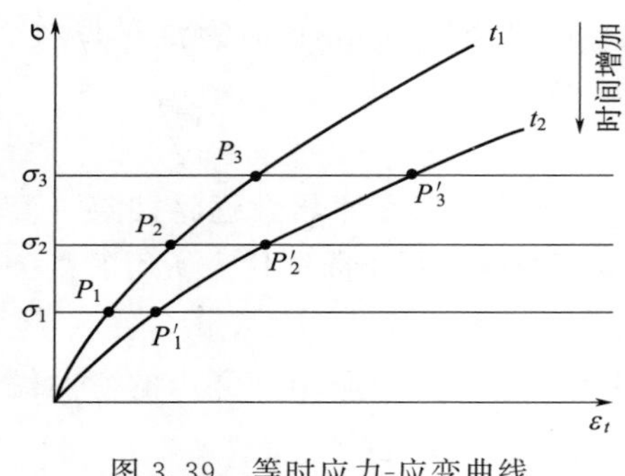

图 3.39　等时应力-应变曲线

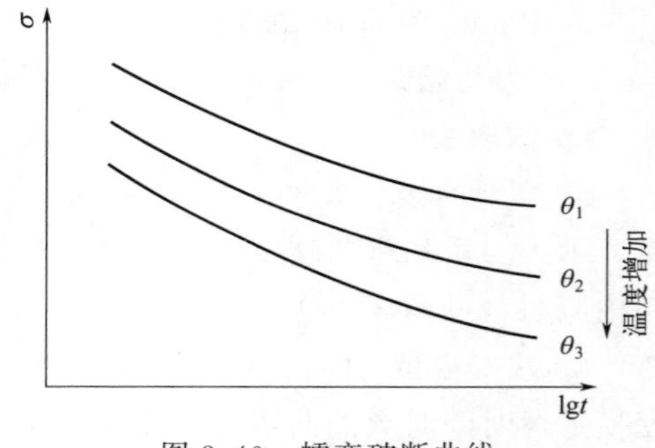

图 3.40　蠕变破断曲线

3.7.2.3　结果和讨论

弯曲蠕变可能随着试样制备和尺寸以及测试环境的不同而发生显著变化。试样的热历史也会对其蠕变行为产生深远的影响。因此，当需要精确的比较结果时，必须小心控制这些因素。

如果弯曲蠕变特性用于工程设计目的，塑料材料应在广泛的应力、时间和环境条件下进行测试。

3.7.3　全缺口蠕变（FNCT）试验

3.7.3.1　概述

定义和原理：在空气、水或表面活性剂等介质的控温环境中，对一方形截面的长条试样施加静态拉伸载荷，试样中部四面刻有共平面的缺口。试样尺寸应使试样在合适的拉伸载荷和温度条件下得到平面应变状态，并发生脆性破坏。记录加载后脆性破坏时间。

目的和意义：该测试能够为工程设计、研究和开发提供数据。

测试标准和适用范围：采用 GB/T 32682—2016 标准，适用于评价聚乙烯材料，也适用于评价危险物/化学品等侵蚀性环境对聚乙烯挤出件，如管段、聚乙烯熔接件以及聚乙烯吹塑容器等的影响，其他热塑性材料，如聚丙烯（PP）也可参照使用。

注： 制品在加工时的应力/取向可能会对结果产生影响。

3.7.3.2　测试方法

（1）仪器

① 加荷装置　合适的加荷装置是臂长比为（4～10）∶1 的杠杆加荷机构，典型示例见图 3.41。杠杆臂长比 R 等于 L_1/L_2。当杠杆与试样上部夹具和砝码盘组装后，杠杆应水平，即平衡。

试样夹具的设计应防止试样滑动并确保载荷沿试样轴向传递，如通过低摩擦连接，防止试样在试验中弯曲和扭转。典型的试样夹具装配图见图 3.42。

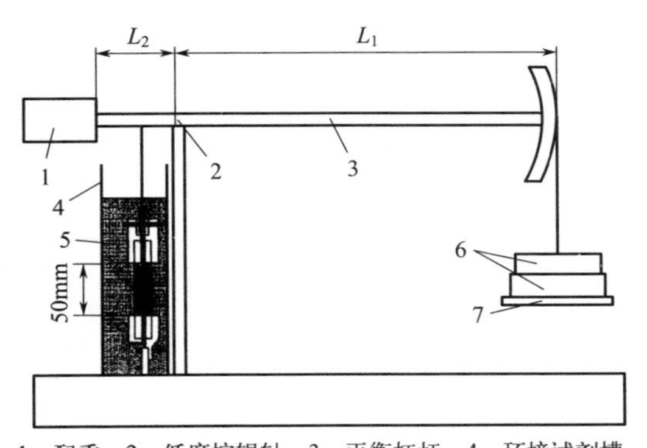

1—配重；2—低摩擦辊轴；3—平衡杠杆；4—环境试剂槽；5—环境试剂；6—砝码；7—砝码盘。

图 3.41　加荷装置

L_1/L_2 表示杠杆臂长比；图中所示夹具间距离 50mm 对应长度 100mm 的试样

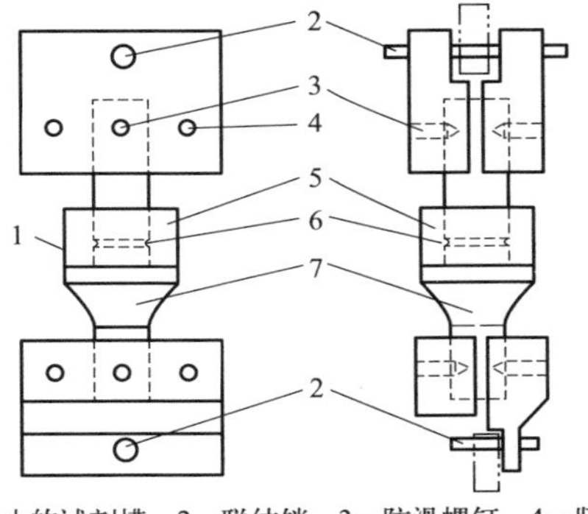

1—小的试剂槽；2—联结销；3—防滑螺钉；4—紧固螺栓；5—玻璃管；6—缺口；7—热收缩管。

图 3.42　试样夹具装配图

除上述例子外，施加拉伸载荷可直接使用静载荷、气动驱动载荷或其他能产生恒定载荷的任何方法。加荷装置精度应达到加荷的±1%。ISO 6252：1992 中的平衡加荷装置的使用效果较好。

由于所施加载荷是一个关键参数，因此应对仪器的运行和校准作定期检查。杠杆加荷机构的校准可通过在杠杆的试样端挂上已知质量的系列荷重（或电子测力计），测量平衡时杠杆臂加砝码端的标准砝码荷重。前后荷重之比提供了杠杆臂长比的直接测量值，进而检查仪器的荷载准确度情况。

在多个试样试验中，当一个或多个试样破坏后，应注意避免对剩余试样的干扰。

注： 测量试样伸长或杠杆臂运动能提供有用的信息。缺口破裂初始时，试样伸长速率将变快，破坏即将来临时，此速率会迅速变大。

② 恒温控制槽　恒温控制槽用来盛装环境试剂，并确保试样的缺口部分浸入试剂。控制槽材料应与环境试剂无相互影响。环境试剂的温度应控制在规定试验温度的±1.0℃以内。如果试验环境具有侵蚀性，控制槽可以很小，见图 3.42。

如果试剂溶液的浊点比试验温度低，将产生相分离，因此要求试剂保持适度的层流以确保分散的一致性，也就是确保恒温浴中任何位置温度都是相同的。

③ 温度测量装置　可使用经校准的精度为±0.1℃的温度计、热电偶或热敏电阻。

④ 计时器　夹具位移过度增大表明试样发生破坏，计时器应自动显示或记录这一时间点。计时器精度为±1min。

⑤ 缺口加工设备　该设备应使缺口共面，并使缺口平面与试样拉伸轴向垂直。同时，应使缺口位于试样的中心位置。缺口尖端半径应小于 10μm，推荐使用剃刀刀片。只要能使缺口尖端半径小于 10μm，也可使用带有类似拉削工具的切割设备。

注： 使用类似于 GB/T 21461.2—2008 图 B.1 所示的具有合适尺寸的装置，可以达到满意的效果。

⑥ 显微镜　用来精确测量破坏后试样的实际韧带区尺寸（缺口间距离），精度应达到±100μm。

（2）环境试剂

① 表面活性剂　本方法使用中性表面活性剂壬基酚聚氧乙烯醚，其化学通式如下：

$$C_9H_{19}-C_6H_4-O-(CH_2-CH_2-O)_n-H$$

n 可以为 10 或 11。试剂可在高温下试验并且具有足够的侵蚀性可以在合理的时间内产生破坏。n 为 11 的试剂比 n 为 10 的试剂破坏时间短。

用去离子水按质量分数 2%配制足够量的溶液，以保证试样全部浸入。如果相关产品标准中有规定或相关方协商一致，可以使用其他表面活性剂。例如：使用 TX-10，应在试验报告中指明溶液浓度和规格，因为试验结果依赖于所用试剂。

注 1： 试剂对 PE 的影响依据材料密度不同而不同。对于 LDPE，试剂的影响比单独使用水或空气作为介质更大。

注 2： ISO 16770：2004 中列举的使用试剂为 Igepal CO630。

使用某些新配制的溶液试验可能产生不稳定的结果。因此，溶液应在试验温度下“老化”以保证醇基团转化为酸基团，以改进试验结果的重现性。溶液可能继续老化，建议使用 2500h 后检验。用已知材料的试样在溶液中试验可验证溶液活性是否改变。

注 3：ISO 16770：2004 中规定“老化”14 天，不同试剂老化时间可能不同。

② 其他环境试剂 本方法适用于用其他化学试剂（包括蒸馏水）对聚乙烯试样进行比较的试验。试验报告中应包括试剂的组成、浓度、所用化学品的生产商以及聚乙烯的命名等详细信息。在较高温度下，特别是在 80℃ 以上，由于吸收、发生化学反应，或聚乙烯本身结晶的变化，试验结果可能受到影响，试验中应予以考虑。

（3）试样制备

① 试样尺寸 典型的试样尺寸参见表 3.28。如果使用其他试样，韧带区面积应约为试样横截面积的 50%，见图 3.43，以此确保试样可按预期的状态发生破坏。哑铃型试样比较易于夹持，但要求缺口两侧的窄部平行部分长度至少为 15mm。相同聚乙烯材料使用不同尺寸试样试验，会产生不同结果。仅当使用相同尺寸的试样及试样制备方法时，材料间比较才是有效的。

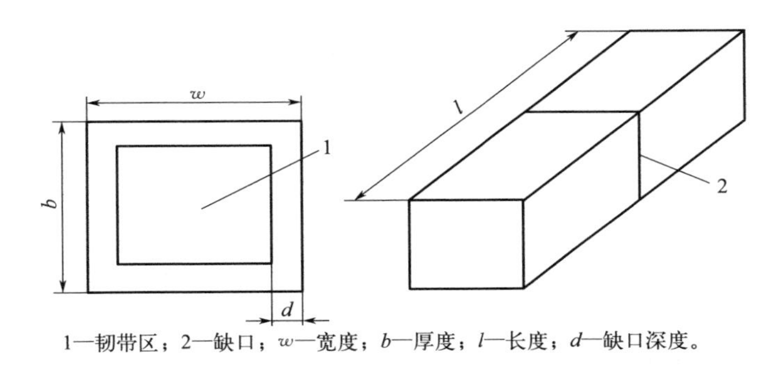

1—韧带区；2—缺口；w—宽度；b—厚度；l—长度；d—缺口深度。

图 3.43 试样缺口和韧带区

表 3.28 试样尺寸和试验条件

试样	试样尺寸① (长×宽×厚)/mm	缺口深度 /mm	参考应力 /MPa	温度 /℃
A	100×10×10	1.60	4.5	95
B	100×10×10	1.60	4.0 或 6.0	80
C	90×6×6	1.00	9.0	50
D	90×6×6	1.00	12.0	23
E	100×10×4	1.60	3.5	80
F	100×10×4	1.60	9.0	50
G	100×10×4	1.60	12.0	23

① 偏差：±0.2mm。

② 试样制备 除制品试验外，应从压塑试片上制备试样，压塑试片采用不溢式模具进行。GB/T 1845.2、GB/T 21461.2 及 GB/T 9352 给出了压塑和冷却

的一般条件，较厚试片的压塑条件见表 3.29。不同压塑条件对试验结果有影响。压片后至少放置 24h，再按 ISO 2818 的规定从压塑试片上机加工切取试样，并修理掉试样边棱处的任何残余切屑。制品试验时，按 ISO 2818 的规定从挤出或模塑的制品上切取试样，更多细节应参见相关产品标准。

如果试验材料为粉料，压塑试片之前应进行压延或混合。此时应确保材料的热稳定性。

表 3.29 试片压塑条件

厚度/mm	模塑温度/℃	平均冷却速率/(℃/min)	脱模温度/℃	全压压力/MPa	全压时间/min	预热压力/MPa	预热时间/min
6	180	15±2	≤40	5	10	接触	20
10	180	2±0.5	≤40	10	25	接触	45

③ 缺口的铣制　在室温下铣制缺口。操作中应注意避免使用过高的速度或力造成缺口钝化，钝化的缺口可使试验结果失效。如果使用刀片，则每片刀片可铣制缺口不超过 100 个。无论使用何种装置铣制缺口，缺口深度偏差应不大于 0.1mm。

注：使用显微镜能够检查缺口的完整性。

(4) 步骤

① 试样的状态调节　缺口试样应存放在 23℃±2℃环境中。在其他温度下试验时，试样安装后，加载前，应在试验温度的环境试剂中调节 10h±2h。

② 应力和温度的选择　对于已知材料或已知种类的材料，从表 3.28 中选择使试样发生脆性破坏的参考应力和温度。一组试验至少 4 个试样，其标称应力分别高于或低于选定值，以此抵消缺口铣制过程中引入的韧带区面积偏差。例如，选定应力 9MPa，试验使用的标称应力为 8.25MPa、8.75MPa、9.25MPa 和 9.75MPa。

对于未知的聚乙烯材料，绘制出某一温度下、较宽应力范围内的性能曲线是有用的。典型曲线示例见图 3.44。

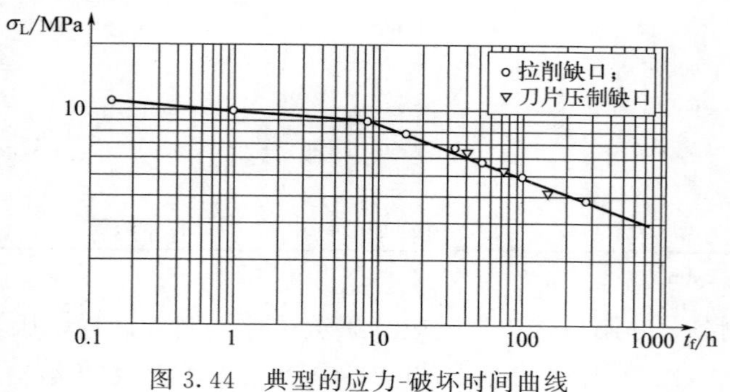

图 3.44　典型的应力-破坏时间曲线

③ 试验载荷的计算　试验载荷按式（3.48）计算：

$$M=\frac{A_n\sigma}{9.81R} \tag{3.48}$$

式中，M 为试验载荷所用砝码的质量，kg；A_n 为标称韧带区面积，mm^2；σ 为标称应力，MPa；R 为杠杆臂长比（静态载荷，该值为1）；9.81为质量与载荷间的换算系数。

④ 试样载荷施加　将缺口试样置于杠杆加荷装置的夹具中（见图3.41和图3.42），注意避免试样弯曲或扭转。夹具间距离为试样长度的一半，并且使缺口平面位于两夹具中间。将试样浸入环境试剂中，确保缺口部分与环境试剂相接触，并进行状态调节。状态调节后，将计算出的载荷逐渐加到杠杆臂上，避免对试样产生冲击载荷。同时开启计时器计时。

如果试样是从制品上切取的，可能因含有内应力而使试样略微弯曲。可参见具体的产品标准以获得更多指导。

注： 较低的试验温度将延长试样破坏时间。较高温度将缩短破坏时间，但如使用过高的温度，结晶将有变化，并且可能发生氧化老化。使用不同的环境试剂时，应使用相同的温度。

（5）结果　检查每一试样的破坏断面，确保为脆性破坏。使用行程式显微镜测量韧带区尺寸，计算韧带区面积。

实际应力按式（3.49）计算：

$$\sigma_L=\frac{9.81RM}{A_L} \tag{3.49}$$

式中，σ_L 为实际应力，MPa；R 为杠杆臂长比（静态载荷，该值为1）；M 为试验载荷，所用砝码的质量，kg；A_L 为实际韧带区面积，mm^2。

以实际应力对相应的破坏时间作图，数据拟合按式（3.50）的幂律曲线形式进行，并由此计算 C 和 n。参考应力 σ_{ref} 下的破坏时间再按式(3.50）计算：

$$t_f=C(\sigma_L)^n \tag{3.50}$$

式中，t_f 为破坏时间，h；σ_L 为实际应力，MPa；C 和 n 皆为常数。

或者，以实际应力对相应的破坏时间作双对数图，数据拟合按式(3.51）的直线形式进行，并由此计算 A 和 B。参考应力 σ_{ref} 下的破坏时间再按式(3.51）计算，由 $\lg t_f$ 的反对数给出：

$$\lg t_f=A\lg\sigma_L+B \tag{3.51}$$

式中，t_f 为破坏时间，h；σ_L 为实际应力，MPa；A 和 B 皆为常数。

3.7.3.3 结果和讨论

全缺口蠕变可能随着试样制备和尺寸以及测试环境的不同而显著变化。试样的热历史也会对其蠕变行为产生深远的影响。因此，当需要精确的比较结果时，必须小心控制这些因素。

3.8 磨损性能

只要界面之间存在运动产生接触，就存在磨损的问题。材料的耐磨性关乎材料的使用寿命。因而耐磨性成为结构材料或是功能材料作为运动部件选材的关键因素。耐磨性会被用来评估材料的服役寿命，因为磨损越严重，材料损失越严重，从而加重原本材料的形体尺寸，甚至表面的化学成分、结构的改变。因而大多材料希望有好的耐磨性能，保持材料界面原有属性，从而保证服役更长时间。进而产生了选材过程对材料耐磨性能的评价的必要。

3.8.1 滚动磨损试验

3.8.1.1 概述

定义和原理：在两个磨轮上施加定量的负荷并使其与试样接触，试样经过规定次数的摩擦后，产生磨损，再以适宜的方法进行评价（例如质量磨损、体积磨损、光学性能的变化等）。

测试标准和适用范围：采用 GB/T 5478—2008 标准，适用于测定塑料板、片材试样滚动磨损性能。本标准不适用于泡沫材料或涂料。

3.8.1.2 测试方法

(1) 仪器

① 滚动磨损试验仪　试样放在电动转台上。两个磨轮都可以在轴向自由旋转并在一定的位置以一定的负荷与试样接触。图 3.45 说明了不同组成部分的相对位置，设备应满足下列要求。

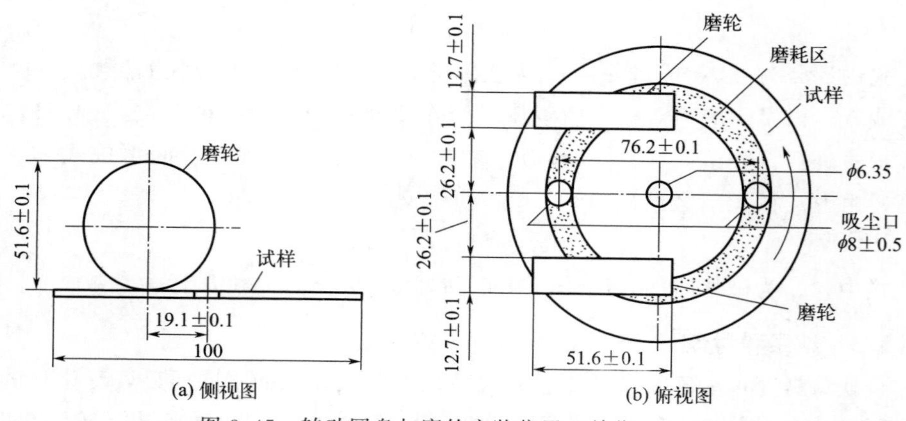

图 3.45　转动圆盘与磨轮安装位置（单位：mm）

a. 转动圆盘应平坦且定轴旋转，在 45mm 半径圆内，任何一点在垂直方向上的跳动不超过 0.05mm，转盘直径应为 100mm，60Hz 时转速是 72r/min，50Hz 时转速是 60r/min。

b. 磨轮固定在安装臂上，安装的磨轮应能自由转动，如滚轴轴承。安装臂上的磨轮应是同轴的，投影到转动圆盘的水平面上的投影线与圆盘轴线距离为 19.1mm±0.1mm。

两磨轮内侧的距离为 52.4mm±0.2mm。

每个安装臂都可以安放砝码。磨轮外形为圆柱体。磨轮中有一轴向的孔，以使磨轮固定在安装臂上。

c. 磨轮应满足下列条件之一：

ⅰ 由摩擦材料制成，轮的厚度应为 12.7mm±0.1mm，新的磨轮外径为 51.6mm±0.1mm，修磨后使用的磨轮最小外径不得小于 44.4mm。

ⅱ 带有 6mm 厚的硬度在 50IRHD 到 55IRHD 的硫化橡胶层的金属轮（见 GB/T 6031—2017），表面粘贴砂纸并没有空隙或重叠。磨轮厚度为 12.7mm ±0.2mm，直径为 51.6mm±0.2mm。砂纸宽度应在相关材料或产品标准中有所规定。

应按照相关材料或产品标准来选择磨轮，参考表 3.30 选择合适的磨轮。

表 3.30　磨轮列表

名称列表	轮的类型	组成成分	推荐负载范围/N	磨损作用	磨粒大致尺寸/(磨粒的数量/cm^2)
CS10	有弹性	橡胶和抛光粉	4.9～9.8	轻微	1420
CS10F	有弹性	橡胶和抛光粉	2.5～4.9	很轻微	1420
CS17	有弹性	橡胶和抛光粉	4.9～9.8	力度大	645
H10	无弹性	陶瓷	4.9～9.8	粗糙	1160
H18	无弹性	陶瓷	4.9～9.8	中度粗糙	1160
H22	无弹性	陶瓷	4.9～9.8	非常粗糙	515
H38	无弹性	陶瓷	2.5;4.9;9.8	非常粗糙剧烈	5785

注：1. 一般情况下，CS 系列的轮应使用在测试柔性样品上，H 系列的轮应使用在刚性样品上。
2. CS10F 轮会因橡胶的老化而失效，特别是在富氧环境下。因此应该在磨轮的产品有效期前使用。
3. 当重新修磨时，对 CS10、CS10F 和 CS17 轮的优选转数是 25～50。
4. 两个不同的磨轮，甚至是相同类型的磨轮，其结果也可能不具有可比性。

d. 吸尘装置用来清理磨耗碎屑，吸尘装置有两个吸气管，管口位于试样的磨耗区上。其中一个管口应固定在磨轮之间，另一个应固定在磨耗区上的对称处（见图 3.45）。每个管口内径均为 8mm±0.5mm。试样到管口的距离应为 1.5mm±0.5mm。当吸尘管口在工作位置时，吸尘装置吸力应是 1.5～1.6kPa。

e. 仪器配备一个在达到预定转动次数时能停止试验的装置。

f. 为了测试薄片试样或柔软塑料，应配备环形夹具，以确保试样能固定在转盘上。

② 试验环境调节设备　按照 GB/T 2918—2018 能使试验环境保持在温度 23℃±2℃，相对湿度为 50%±10%。

③ 标准锌板　用以校准磨轮的磨耗性。

④ 加荷砝码　用对每个磨轮施加负荷。

⑤ 修磨仪　整修磨轮外圆的装置。

⑥ 评定磨耗的仪器　根据相关材料或产品要求选择。

（2）试样

① 形状及尺寸

a. 试样应表面光滑、平整，无气泡，无机械损伤及杂质等；直径应为 100mm 的圆形，当不使用环形夹具时，可用边长 100mm 的正方形制成八边形试样。

b. 每组试样不小于三个，试样厚度应均匀且在 0.5～10mm。

② 试样制备　试样可以按照 ISO 293、GB/T 17037.1、ISO 295 以模塑方式制得，也可以按照 ISO 2818 以机加工形式制得。

③ 试样清洁　测试样品的表面可用适宜的中性挥发溶剂或中性洗涤液来清洗，可按相关材料或产品标准或相关各方约定来选用。

警告：在按规定的操作过程中，注意不要污染试样表面，例如，在与手指接触时带上油。

④ 试样数量应由相关材料或产品标准规定　在没有规定的情况下，不少于 3 个。

（3）步骤

① 按相关材料或产品标准要求或 GB/T 2918—2018 进行状态调节，温度为 23℃±2℃，相对湿度为 50%±10%，调节时间不少于 48h。

注：一些标准里也规定了砂轮和砂纸的状态调节。

② 试样在温度 23℃±2℃，相对湿度为 50%±10%的环境下进行。

③ 每个试样都要按照相关的材料或产品标准测量原始数据，例如试验前试样的厚度、质量、光泽度等。

④ 把试样安放在转动原盘上。

⑤ 将磨轮安装到仪器上，避免接触磨耗区。放下安装臂，并轻轻将磨轮放置在试样上。磨轮（砂轮或砂纸）的磨耗性可按相关要求进行校验。使用砂轮时，应在使修磨仪修磨完表面后进行校验。

⑥ 加荷砝码调节磨轮负荷到指定值，指定值是由相关材料或产品标准规定的。

⑦ 调节吸尘装置位置。

⑧ 设定转数值，按材料或产品标准或各方协商约定的值来设定转数值。

⑨ 打开转台开关，使试样转动，同时打开吸尘装置。

⑩ 当达到规定转数时，停止设备，取出试样并按相关材料或产品标准测量。

注： 有的标准不会规定转数值，但应周期性检查表面磨损情况，当达到特定的磨损极限时停止试验。

⑪ 当使用砂轮时，试验前都应用修磨机修磨砂轮，确保磨面是圆柱形且磨面和侧面的边是锐利的，并没有任何曲率半径。

当使用砂纸时，每运转 500 转后、填塞或摩擦能力损失，砂纸都应被替换。砂纸填塞是由于试样材料依附在砂纸上造成的。当试样为软质材料、蜡状材料时，每 25 转观察一次砂纸，在其他情况下，每 50 转或 100 转观察一次砂纸。

砂轮很少会因填塞而受影响，应每 50～100 转检查一次（需要时可用金属刷清理）。

（4）结果　试验结果应用下列方式中的一种来表示：

① 当达到规定转数后，以试样一种性能的变化来表示，例如厚度的改变、质量的改变、光泽度的变化。在这种情况下，应计算试样平均值。

② 达到特定表面损坏的转数，试验旋转量以 25 转最接近的倍数来表示。

③ 在特定的条件下测试密度相近的材料时，以质量损失表示。单位以 kg/1000r 表示。

④ 当比较不同密度的材料时，可以用体积损失表示。单位以 $mm^3/1000r$ 表示。

3.8.1.3　结果和讨论

此方法的精密度将按照评定磨耗的方式来确定。当评定质量磨耗、体积磨耗、光学性能改变时，会得到不同的结果。

3.8.2　滑动摩擦磨损试验

3.8.2.1　概述

定义和原理：将试样安装至试验机，试样安装于试验环上方，并加载负荷，试样保持静止，试验圆环以一定转速转动，见图 3.46，以此来测定试样的滑动摩擦磨损性能。

测试标准和适用范围：采用 GB/T 3960—2016，适用于测定塑料及其复合材料的滑动摩擦磨损性能。

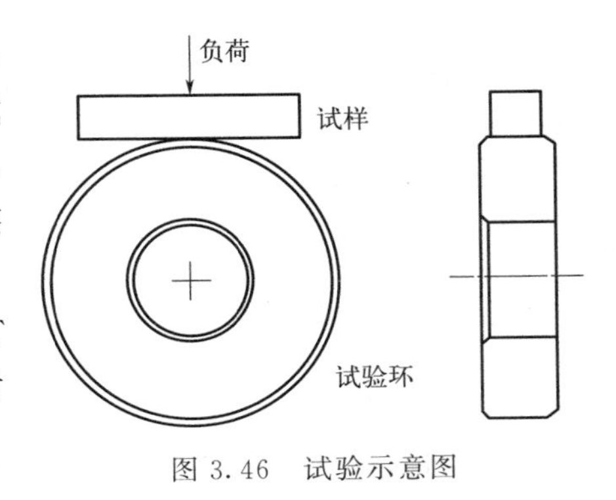

图 3.46　试验示意图

3.8.2.2 测试方法

（1）仪器

① 试验机

a. 传动系统：用来带动圆环以给定的转速旋转，转速的相对误差应不大于±3%，并要求圆环安装部位轴的径向跳动小于0.01mm。

b. 加载系统：对试样和圆环施加法向力，法向力的相对误差应不大于±2%。

c. 测定和记录摩擦力矩系统：摩擦力矩的相对误差应不大于±3%。

d. 记录圆环转数的计数器或计时器：转数的相对误差应不大于±1%。

e. 试样夹具应保证试样安装后无轴向窜动。

② 天平和量具

a. 称量试样质量的分析天平误差应不大于0.1mg。

b. 测量试样尺寸及磨痕宽度的量具误差应不大于0.02mm。

（2）试验环及试样

① 试验环　试验环材料一般为45#钢，要求淬火，热处理HRC40～45，其外形尺寸：外径为40mm±0.5mm，内径为16mm，宽度10mm，外圆需倒角，倒角处均为0.5×45°，外圆表面与内圆同轴度偏差小于0.01mm；外圆表面粗糙度 *Ra* 不大于0.4，每次试验前需测试试验环外圆表面粗糙度并记录，确保外圆表面粗糙度 *Ra* 不大于0.4；试验环应清除油污，贮存于干燥缸内以防生锈。

注：圆环材质可根据需要另定。

② 试样

a. 外观和尺寸　试样为长方体，要求表面平整，无气泡、裂纹、分层、明显杂质和加工损伤等缺陷。

具体尺寸及要求：$30^{+0.5}_{+0.1}$mm×$7^{-0.1}_{-0.2}$mm×(6±0.5)mm，试样上下表面平行度不小于0.02mm。

b. 数量　每组试样不少于3个。

（3）试验条件

① 试验中试样保持静止，试验环以200r/min转动，试验时间2h，负荷96N。根据材料，允许选择其他负荷。

② 试验可在无润滑条件（干摩擦）下进行，也可在有润滑条件下进行（润滑方式可采用滴油润滑、间隙润滑、连续润滑、单程润滑、循环润滑等；润滑剂可采用46#抗磨液压油，也可采用客户指定的润滑剂）。

（4）步骤

① 状态调节：除受试标准另有规定，试样应按GB/T 2918的规定在室温23℃±5℃和相对湿度50%±5%的条件下调节16h以上，或按有关各方协商的

条件。

② 除非有关各方另有商定（例如，在高温或低温下试验），试验应与在状态调节相同条件下进行。

③ 用乙醇、丙酮等不与试样起作用的溶剂仔细清除试样和圆环上的油污，此后不应再用手直接接触试样和试验环的表面。

④ 用分析天平称取试样质量，并用此试样按 GB/T 1033.1—2008 中 A 法的规定测试试样密度。

⑤ 把试样装进夹具，使摩擦面与试样环的交线处于试样正中。装好摩擦力矩记录纸。

⑥ 平稳地加荷至选定的负荷值。

⑦ 开启试验机，对磨 2h 后停机卸负荷，取下试样和试验环，用溶剂清理试样表面，待试样冷却至试验环境温度时，用量具测量磨痕宽度（见图 3.47），或称取试样质量。磨痕宽度测量应在磨痕中央及距磨痕两端 1mm 处测量 3 个数值，测量值之间不得大于 1mm，取 3 次测量平均值作为一个试验数据。

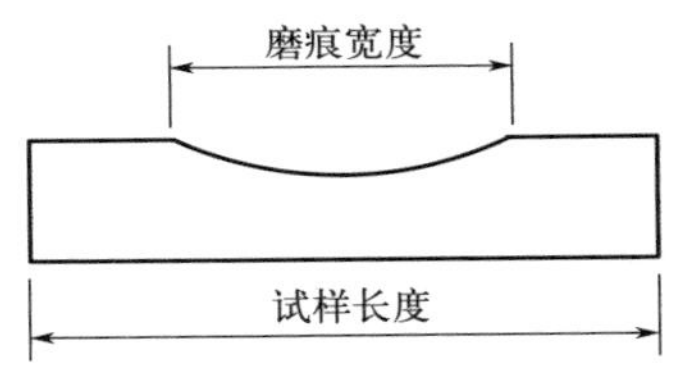

图 3.47　磨痕宽度

⑧ 读取摩擦力矩值 M。

（5）结果计算和表示

① 磨痕宽度　磨痕宽度取试验数据的算术平均值。

注： 本方法建议以磨痕宽度来表征磨损量。

② 质量磨损　质量磨损按式（3.52）计算：

$$m=m_1-m_2 \tag{3.52}$$

式中，m 为质量磨损，g；m_1 为试验前试样的质量，g；m_2 为试验后试样的质量，g。

③ 体积磨损　体积磨损按式（3.53）计算：

$$V_1=\frac{m_1-m_2}{\rho} \tag{3.53}$$

式中，V_1 为体积磨损，cm^3；m_1 为试验前试样的质量，g；m_2 为试验后试样的质量，g；ρ 为试样的密度，g/cm^3。

④ 摩擦系数　摩擦系数 μ 按式(3.54）计算：

$$\mu=\frac{M}{rF} \tag{3.54}$$

式中，μ 为摩擦系数；M 为摩擦力矩，N·cm；r 为圆环半径，cm；F 为试验负荷，N。

3.8.2.3 结果和讨论

试样的平行度以及试验环的粗糙度对此方法的结果影响很大，因此试样的制备是决定该试验数据的关键性因素。

3.8.3 塑料管材耐磨损试验

3.8.3.1 概述

定义和原理：把准备好的磨损介质放入一端封好的管材中，再密封另一端。将该管材固定到管材耐磨损性试验机上，使管材在轴向做角度为±22.5°的正弦式的往复倾斜动作，测试磨损介质的运动对管材内表面产生的磨损量，其试验原理见图 3.48。

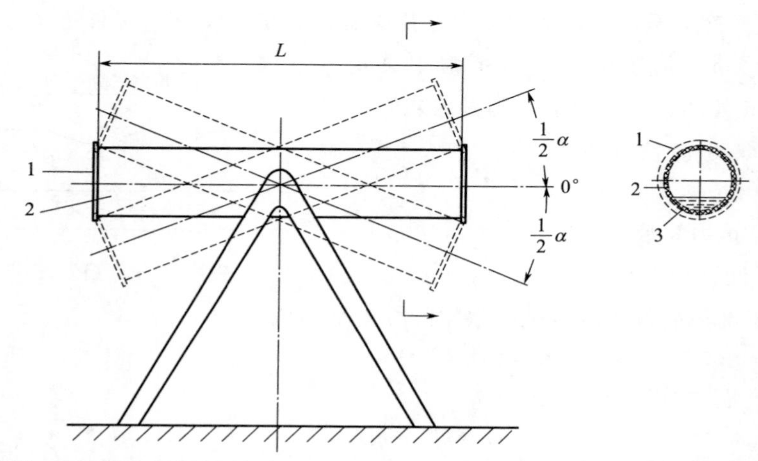

1—端封；2—试样；3—磨损介质：砾石和水的混合物；L—管材长度；α—摇摆角度45°(−22.5°～+22.5°)。

图 3.48 管材耐磨损性试验原理

测试标准和适用范围：采用 QB/T 5101—2017 标准，适用于热塑性和热固性塑料管材耐磨损性能的评价，也适用于改性塑料管材以及多层复合塑料管材等耐磨损性能的评价。

3.8.3.2 测试方法

（1）仪器和材料

① 管材耐磨损性试验机 管材耐磨损性试验机由摇摆机构、试样固定装置、计数器、端封等组成。管材耐磨损性试验机应完成－22.5°～＋22.5°的正弦式的往复倾斜动作。

端封的端面应为平面，与管材轴向垂直，且与试样端面紧密接触，避免磨损介质过多地滞留于端部。

② 壁厚测量仪　分辨力不小于 0.01mm，能测量管材任一点壁厚的仪器。

③ 衡器　根据不同质量范围选取适当的衡器称量。量程小于等于 5kg 的衡器，分度值为 0.1g；量程大于 5kg 的衡器，分度值为 1g。

④ 标准筛　标准筛筛孔尺寸见表 3.31。

⑤ 磨损介质　磨损介质应采用天然的、未破碎的砾石和水的混合物。砾石规格及质量配比见表 3.31。

注：磨损介质宜选取自河滩的砾石。

表 3.31　标准筛筛孔尺寸、砾石规格及质量配比

筛孔尺寸/mm	砾石规格/mm	砾石质量配比/%
31.5	＞32	0
16.0	16～32	20
8.0	8～16	18
4.0	4～8	15
1.5	2～4	47

磨损介质的加入量见表 3.32。质量误差为±0.01kg。

表 3.32　磨损介质的加入量

试样公称外径/mm	砾石质量/kg	水的质量/kg
110	2.80	1.20
140	3.10	1.30
160	3.50	1.50
200	4.00	1.70
250	4.50	1.90
315	5.50	2.30
400	5.80	2.50
500	6.50	2.80

（2）试样

从试验管材上截取长度 L 为 1000mm±10mm 的试样至少 2 根，试样两端面应平整，与轴向垂直，便于用端封封堵。

（3）步骤

① 试样状态调节和试验环境。将试样用清水冲洗干净，按照 GB/T 2918—2018 的要求在温度为 23℃±2℃、相对湿度不大于 50%的环境下调节至少 24h，自然晾干。并在此温度、湿度下进行试验。

② 将试样放在天平或其他衡器上称量，并记录。

注：用于测量试样质量磨损量和体积磨损量时的初始质量，仅进行壁厚磨损量测试时可不进行此步质量测量。

③ 在试样外壁沿纵向进行画线标记，用壁厚测量仪沿该标线连续测试或每

隔 10mm 测量管材的壁厚 e_y，测量长度不包括试样两端 150mm 的范围，计算所有测量值的平均值。

注：此步骤仅用于测量试样壁厚磨损量时初始壁厚的测量。

④ 将制备管材试样时切下的碎片，剪切至 10mm×10mm 左右样块，经状态调节后，按 GB/T 1033.1—2008 测定密度。

注：此步骤仅用于计算试样体积磨损量时。

⑤ 按表 3.31 的规定，分别采用不同筛孔尺寸的标准筛筛分砾石。

⑥ 按表 3.32 的规定，根据管材试样公称外径，称量磨损介质。

⑦ 用端封封住试样的一端，把准备好的磨损介质从另一端加入试样中，再密封另一端。

⑧ 将两端密封的管材试样固定到管材耐磨损性试验机上。使标记的面位于正下方。

⑨ 启动试验机，使其以 20 次/min±1 次/min 的频率连续往复摇摆。

⑩ 将经过 10 万次摇摆后的试样取下，对管材进行状态调节，然后称量试样质量或测量试样壁厚，记录数据。

⑪ 进行第 2 个 10 万次摇摆的磨损试验。每 10 万次摇摆后重复步骤⑤～⑨，直至 100 万次摇摆的磨损试验。

注：亦可进行更多次数，如 200 万次、300 万次甚至更高磨损次数的试验。

（4）结果表示

① 质量磨损量　第 i 个 10 万次摇摆周期后的质量磨损量 Δm_i 可按公式(3.55) 计算：

$$\Delta m_i = m_0 - m_i \tag{3.55}$$

式中，Δm_i 为第 i 个 10 万次摇摆周期后的质量磨损量，g；m_0 为管材试样初始质量，g；m_i 为第 i 个 10 万次摇摆周期后管材试样剩余质量，g；i 为 1～10 中的数，当 $i=1$ 时表示摇摆 10 万次，$i=10$ 表示累计摇摆 100 万次。所得结果保留 3 位有效数字。

② 体积磨损量　第 i 个 10 万次摇摆周期后的体积磨损量 ΔV_i 可按公式(3.56) 计算：

$$\Delta V_i = \frac{\Delta m_i}{\rho} \tag{3.56}$$

式中，ΔV_i 为第 i 个 10 万次摇摆周期后的体积磨损量，cm^3；Δm_i 为第 i 个 10 万次摇摆周期后的质量磨损量，g；ρ 为管材密度，g/cm^3；i 为 1～10 中的数，当 $i=1$ 时表示摇摆 10 万次，$i=10$ 表示累计摇摆 100 万次。所得结果保留 3 位有效数字。

③ 壁厚磨损量　第 i 个10万次摇摆周期后的壁厚磨损量 Δe_i，按公式(3.57)计算：

$$\Delta e_i = e_{em} - e_{em,i} \tag{3.57}$$

式中，Δe_i 为第 i 个10万次摇摆周期后的壁厚磨损量，mm；e_{em} 为磨损前平均壁厚，mm；$e_{em,i}$ 为第 i 个10万次摇摆周期后的平均剩余壁厚，mm；i 为1～10中的数，当 $i=1$ 时表示摇摆10万次，$i=10$ 表示累计摇摆100万次。所得结果保留至小数点后两位。

④ 平均磨损量　取至少2根同批次管材试样进行试验，其平均磨损量为两根试验管材第 i 个10万次摇摆后的磨损量的算术平均值。所得结果保留3位有效数字，壁厚磨损量的算术平均值保留至小数点后两位。

⑤ 重做试验　如果所测得两个试样的结果偏差大于10%，应重做试验。

3.8.3.3 结果和讨论

在该测试过程中，磨损介质对此方法的结果影响很大，因此选用合适的磨损介质是决定该试验数据的关键性因素。

3.8.4 超高分子量聚乙烯砂浆磨耗试验

3.8.4.1 概述

定义和原理：试样在试验砂浆中以1200r/min±50r/min的转速进行旋转，转动至少3h，进行磨耗。试验过程中试验砂浆的温度不高于23℃，测试完成后称量试样质量，计算测试前后试样的磨损量及磨损指数等。

测试标准和适用范围：采用QB/T 1818—2017，适用于超高分子量聚乙烯(UHMWPE)树脂及其板材、管材等制品，也可适用于其他塑料。

3.8.4.2 测试方法

(1) 仪器和设备

① 磨耗仪，应包括驱动电机、传动组件和测试杯等部分，旋转杆应与测试杯同轴并等速运转，转速可控制在1200r/min±50r/min。

② 温度控制系统，温度控制偏差为±2℃。

③ 天平，分度值为0.0001g。

④ 天平，量程大于1000g，分度值为1g。

(2) 试验砂浆　使用石英砂（颗粒尺寸：0.2～1.0mm）作为磨损材料，石英砂应符合QB/T 2196中晶质玻璃石英砂的要求。依照砂和水质量比3∶2配成试验砂浆，水为自来水。

注：已证明450g砂和300g水的配比可行。

（3）试样

① 试样外观　试样表面应平整，无气泡、裂纹、毛刺、分层，无明显扭曲变形。

② 试样尺寸　试样尺寸见图 3.49。

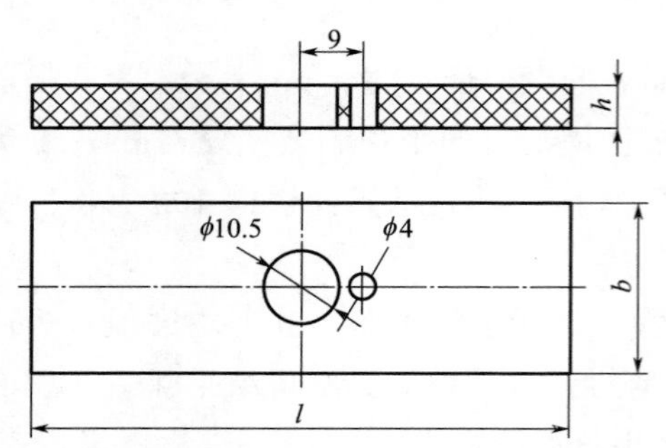

l—试样长度76.20mm±0.20mm；b—试样宽度25.40mm±0. 20mm；h—试样厚度6.35mm±0.10mm。

图 3.49　试样尺寸（单位：mm）

③ 参比试样　为使结果具有可比性，待测试样与参比试样同时进行试验。参比试样可选用定伸应力为 0.24MPa ± 0.01MPa，黏度为 2300mL/g±100mL/g 的 UHMWPE 树脂制备。

④ 试样制备

a. UHMWPE 树脂压塑试片的制备见 GB/T 21461.2—2008 中 3.2 的规定，应使用不溢式模具，具体压塑条件见表 3.33。按 ISO 2818：2018 的规定，采用机加工方法从压塑试片上制备试样，尺寸见图 3.49。

表 3.33　试片的压塑条件

模塑温度 /℃	平均冷却速率 /(℃/min)	脱模温度 /℃	全压压力 /MPa	全压时间 /min	预热压力 /MPa	预热时间 /min
210	15	≤40	10	30	5	5～15

注：不溢式模具由于质量较大，特别是使用电加热时，可能需要预热 5～15min。

b. 从管材上取样，应沿管材轴向切取样条，见图 3.50。用机加工方法将样条制备成图 3.49 所示的试样。从管材取的样条不应加热或压平，试样可在铣床、刨床或专用加工机床上加工，刀尖线速度宜为 90～185m/min，进给速率为 10～130mm/min。

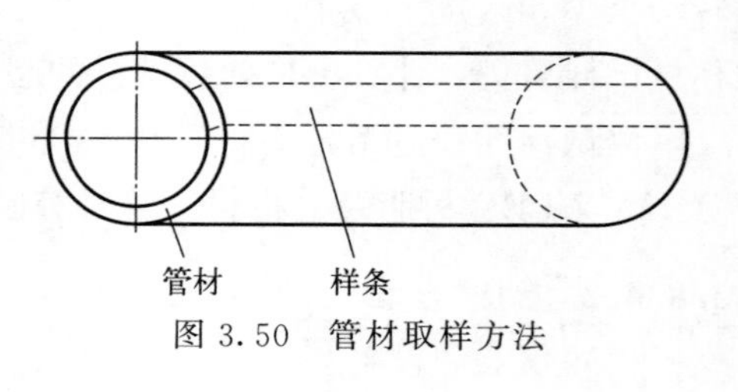

图 3.50　管材取样方法

注： 铣削时尽量避免试样过热，避免出现裂痕、划伤等缺陷。

管材试样规格小于 75mm×8.4mm 时，取管材原壁厚。试样固定在旋转杆上时凹面向下。

c. 从板材上取样，如图 3.51 的（a）、（b）所示。用机加工方法将样条制备成图 3.49 所示的试样。

d. 若试样表面不平整或有毛刺，可用 200 号或更细的水砂纸打磨平整，去除毛刺。

（4）步骤

① 试样的状态调节及试验环境。试样的状态调节按 GB/T 2918—2018 的规

定进行。状态调节条件为温度23℃±2℃，相对湿度为50%±10%，调节时间至少16h。

试验在GB/T 2918—2018规定的温度23℃±2℃，相对湿度为50%±10%环境下进行。

② 对每一个试样和参比试样用酒精或自来水进行清洗干净，放置到通风处晾干2h后称量每一个试样的质量，精确到0.0001g，记录试样质量和参比试样质量。每个测试样品至少测试两个试样。每次试验使用一个参比试样。

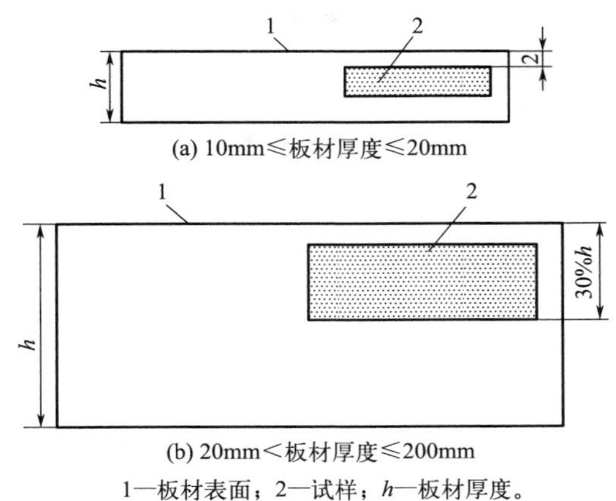

图3.51 从板材上制样方法（单位：mm）

③ 将试验砂浆倒入磨耗仪的测试仪中（测试杯可拿出），砂浆温度不高于试验温度，启动仪器的温控系统，恒温至少半小时。

④ 将称量好的试样和参比试样固定在磨耗仪旋转杆上，试样表面应与旋转杆垂直，有弧度的管材试样固定时，其凹面向下。试样浸入测试杯的砂浆中至少15min，设定试验时间不少于3h，启动试验。

⑤ 试验结束后，取出试样和参比试样，用刷子刷掉试样上及试样小孔中的颗粒，用酒精或自来水进行清洗，放置到通风处晾干2h后，再次称量试样质量，记下此时试样质量和参比试样质量。磨损量应不小于50mg。小于50mg则需延长试验时间，重新试验。试验砂浆不重复使用，以减少因砂子的粒度和尖锐度不同所导致的试样磨损的测量误差。

⑥ 计算试样的磨损量、磨损率和磨损指数及其算术平均值。

（5）结果

① 磨损量和平均磨损量　参比试样磨损量$\Delta m_{标}$和试样磨损量Δm_i分别按式(3.58)和式(3.59)计算：

$$\Delta m_{标}=m_{标,1}-m_{标,2} \tag{3.58}$$

式中，$\Delta m_{标}$为参比试样磨损量，g；$m_{标,1}$为试验前，参比试样质量，g；$m_{标,2}$为试验后，参比试样质量，g。结果保留至小数点后四位。

$$\Delta m_i=m_{i,1}-m_{i,2} \tag{3.59}$$

式中，Δm_i为试验后，第i个试样的磨损量，g；$m_{i,1}$为试验前，第i个试样质量，g；$m_{i,2}$为试验后，第i个试样质量，g。结果保留至小数点后四位。

平均磨损量为Δm_i的算术平均值，结果保留至小数点后四位。

② 磨损率和平均磨损率　磨损率W_i按式（3.60）计算：

$$W_i=\frac{\Delta m_i}{m_{i,1}}\times 100 \tag{3.60}$$

式中，W_i 为试验后，第 i 个试样的磨损率，%；Δm_i 为试验后，第 i 个试样的磨损量，g；$m_{i,1}$ 为试验前，第 i 个试样质量，g。结果保留两位有效数字。

平均磨损率为 W_i 的算术平均值，结果保留两位有效数字。

③ 磨损指数和平均磨损指数　磨损指数 η_i 按式（3.61）计算：

$$\eta_i=\frac{\Delta m_i}{\Delta m_{标}}\times 100 \tag{3.61}$$

式中，η_i 为试验后，第 i 个试样的磨损指数，%；Δm_i 为试验后，第 i 个试样的磨损量，g；$\Delta m_{标}$ 为参比试样磨损量，g。结果保留三位有效数字。

平均磨损指数为 η_i 的算术平均值，结果保留整数。

3.8.4.3　结果和讨论

在该测试过程中，试验温度、磨损介质对此方法的结果影响很大，因此磨损介质的及时更换以及控制测试杯中的温度是决定该试验数据的关键性因素。

3.9　硬度

硬度是衡量材料表面抵抗机械压力的一种指标。硬度的大小与材料的抗拉强度和弹性模量有关，而硬度试验又不破坏材料、方法简便，所以有时可作为估计材料抗拉强度的一种替代办法。硬度试验方法很多，加荷方式有动载法和静载法两类，前者用弹性回跳法和冲击力把钢球压入试样，后者则以一定形状的硬材料为压头，平稳地逐渐加荷将压头压入试样，通称压入法，因压头的形状不同和计算方法差异又有球压痕、洛氏和邵氏等名称。

3.9.1　邵氏硬度

3.9.1.1　概述

定义和原理：压痕硬度与相应的压入深度成反比，且依赖于材料的弹性模量和黏弹性。压针的形状、施加的力以及施力时间都会影响试验结果，一种型号的硬度计与另一种型号的硬度计以及硬度计与其他测量硬度的仪器测量结果之间没有一种简单关系。

目的和意义：作为质量控制的一种试验方法，其测定的压痕硬度和受试材料基本性能之间无简单的对应关系。对软性材料推荐使用 GB/T 6031—2017。

测试标准和适用范围：采用 GB/T 2411—2008 标准，规定了用两种型号的硬度计测定塑料和硬橡胶压痕硬度的方法，其中 A 型用于软材料，D 型用于硬材料。本方法可测量起始压痕硬度或经过规定时间后的压痕硬度或两者都测。

3.9.1.2　检测方法

（1）仪器　A 型和 D 型邵氏硬度计由以下部件构成：

① 压座　中心有一直径 3mm±0.5mm 的孔，离压座的任一边至少 6mm。

② 压针　直径为 1.25mm±0.15mm 的硬化钢制成，A 型硬度计压针的形状尺寸见图 3.52，D 型硬度计压针见图 3.53。

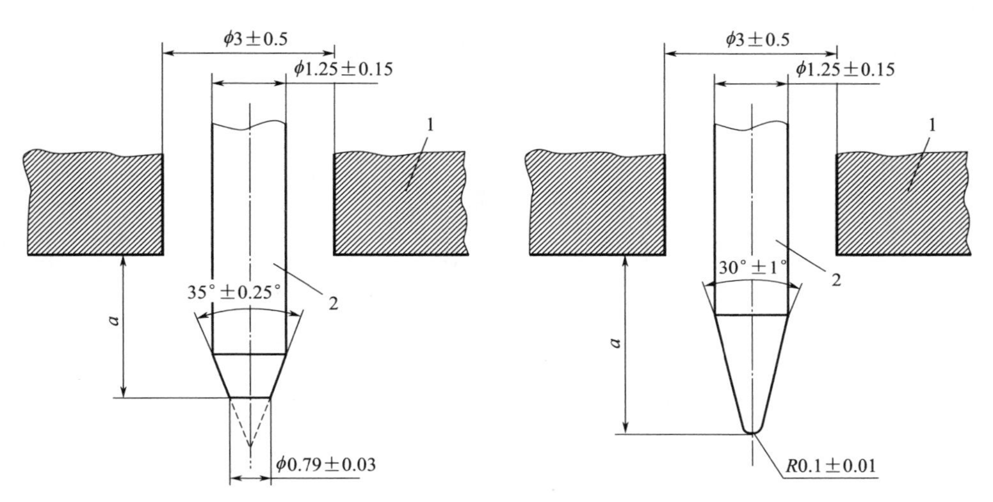

1—压座；2—压针；a(全部伸出)—2.5±0.04。

图 3.52　A 型硬度计压针（单位：mm）

1—压座；2—压针；a(全部伸出)—2.5±0.04。

图 3.53　D 型硬度计压针（单位：mm）

③ 指示装置　可读取压针顶端伸出压座的长度，当压针全部伸出 2.50mm±0.04mm 时定为 0，压座和压针与平面玻璃紧密接触，伸出值为 0mm 时定为 100，方可直接读数。

注： 该装置可能包括将负荷施加于压针时所获得的初始压痕的指示值，需要时可由最大值指示器读取瞬时读数的最大值。

④ 已校准的弹簧　施加于压针上的力按式(3.62) 或式(3.63) 计算：

$$F=550+75H_{A} \tag{3.62}$$

式中，F 为施加的力，mN；H_{A} 为 A 型硬度计硬度读数。

$$F=445H_{D} \tag{3.63}$$

式中，F 为施加的力，mN；H_{D} 为 D 型硬度计硬度读数。

（2）试样

① 试样的厚度至少为 4mm，可以用较薄的几层叠合成所需的厚度。由于各层之间的表面接触不完全，因此，试验结果可能与单片试样所测结果不同。

② 试样的尺寸应足够大，以保证离任一边缘至少 9mm 进行测量，除非已知离边缘较小的距离进行测量所得结果相同。试样表面应平整，压座与试样接触时覆盖的区域至少离压针顶端有 6mm 的半径。应避免在弯曲的、不平或粗糙的表面上测量硬度。

(3) 校准　校准硬度计的弹簧时，为防止压座和天平盘间的干扰，将硬度计垂直放置，压针顶端静置在天平盘中的一个金属垫上，如图 3.54 所示。垫片上有一个高约 2.5mm，直径约 1.25mm 的小圆杆，顶部像一小杯，可容纳压针。垫片的质量用天平的另一个秤盘上的砝码来平衡。把砝码加到秤盘上，以平衡压针在各种刻度读数时的力。测得的力值与式 (3.62) 计算的力值之差应在 ±75mN 之内，或与式(3.63) 计算的力值之差应在 ±445mN 之内。

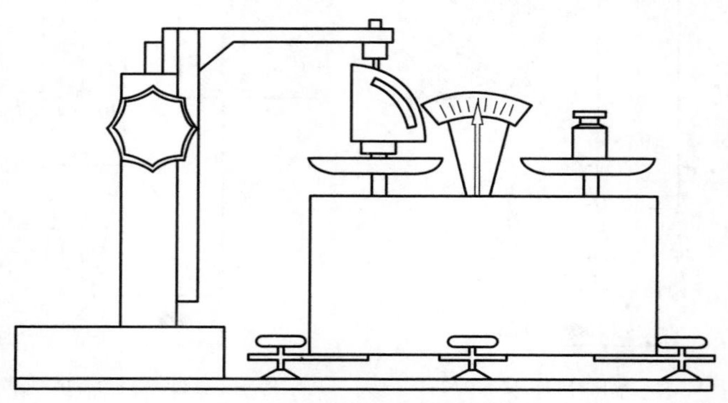

图 3.54　校准硬度计弹簧的装置

可用专门的仪器校准硬度计。用于校准的天平或仪器应能在压针顶端施加力并测量，其中 A 型硬度计在 3.9mN 以内，D 型硬度计在 19.6mN 以内。

(4) 步骤

① 状态调节和试验环境

a. 材料的硬度与相对湿度无关时，硬度计和试样应在试验温度下调节 1h 以上。对于硬度与相对湿度有关的材料，试样应按 GB/T 2918—2018 或按相应的材料标准进行状态调节。

当硬度计由低于室温处移至较高温度处时，在转移位置前，应将其放在合适的干燥器或气密的容器中，在移入新的环境后继续保持直到硬度计的温度高于空气露点的温度。

b. 除非相关材料标准中另有规定，试验应在 GB/T 2918—2018 规定的一种标准环境下进行。

② 将试样放在一个硬的、坚固稳定的水平平面上，握住硬度计，使其处于垂直位置，同时使压针顶端离试样任一边缘至少 9mm，立即将压座无冲击地加到试样上，使压座平行于试样并施加足够的压力，压座与试样应紧密接触。

注： 用硬度计台或压针中心轴上加砝码的方法，将压座加到试样上，可获得最好的再现性。A 型硬度计推荐的质量是 1kg，D 型硬度计推荐的质量是 5kg。

15s±1s 后读取指示装置的示值。若规定瞬时读数，则在压座与试样紧密接触后 1s 之内读取硬度计的最大值。

③ 在同一试样上至少相隔 6mm 测量五个硬度值，并计算其平均值。

注： 当 A 型硬度计的示值高于 90 时，建议用 D 型硬度计进行测量，当 D 型硬度计的示值低于 20 时，建议用 A 型硬度计进行测量。

3.9.1.3 结果和讨论

在该测试过程中，需要注意几片薄的试样叠起来测试的结果与较厚的试样测试的结果不完全一致，另外，读数时要注意读取示值的时间，由于塑料等聚合物存在的蠕变性能，随着硬度计加载时间的增加，示值读数将越来越小。

3.9.2 球压痕硬度

3.9.2.1 概述

定义和原理：将钢球以规定的负荷压入试样表面，在加荷下测量压入深度，由其深度计算压入的表面积。球压痕硬度=施加的负荷/压入的表面积。

目的和意义：用这种方法测定的球压痕硬度可为研发、质量控制和按产品标准进行验收和拒收提供数据。

测试标准和适用范围：采用 GB/T 3398.1—2008 标准，适用于采用负荷球压痕器测定塑料和硬橡胶硬度。

3.9.2.2 检测方法

（1）仪器

① 硬度试验机，主要是由装有一个试样支撑板的可调整台架、带有连接部件的压痕器以及无冲击地施加负荷的装置构成。硬度试验机还应配备测量压痕样压入深度在 0.4mm 范围内的设备，其测量精确度为±0.005mm。在最大负荷下，沿着加力主轴进行变形测量时，框架变形不大于 0.05mm。压痕器是一个经过硬化并抛光的钢球，试验后该钢球不能显出任何变形或损伤。钢球的直径应为 5.0mm±0.05mm。

② 计时器，精确至±0.1s。

（2）试样　每个试样应为一个光滑的平板或具有足够尺寸的样块，以减小边缘对试验结果的影响，例如 20mm×20mm。试样的两表面间应平行，推荐的厚度为 4mm。试样的支撑面在试验后不应显示任何形变。

注 1： 若所试试样厚度小于 4mm，可以叠放几个试样。然而，叠加的试样上得到的硬度值和同样厚度单片试样所得到的值会有差异。

注 2：在某些情况下，特别是半结晶热塑性塑料的注塑试样，要获得精准的平板状试样是困难的。若所用的试样稍有翘曲，所测的压入深度包括把试样压向支撑板所移动的距离。为消除这一影响，可使用一直径 10mm±1mm 的圆形支撑板，这一直径对于平板试样也足够大了。还推荐将试样较平的一侧朝向支撑板放置。

（3）步骤

① 试验前，应按 GB/T 2918—2018 规定的标准环境进行试样的状态调节。

② 除非另有规定，试验应在与状态调节同样的环境中进行。

③ 把试样放在支撑板上，充分地支撑试样并使试样表面垂直于加荷轴。在离试样边缘不小于 10mm 处的某一点上施加初负荷 F_0，值为（9.8±0.1）N。调整深度指示装置至零点，然后在 2～3s 的时间内平稳地施加试验负荷 F_m。

④ 选择试验负荷值 F_m：49.0N、132N、358N、961N（误差±1%）。使修正框架变形后的压入深度在 0.15～0.35mm。如果 30s 压痕深度值超出范围（无论一组试样或单个试样时），需改变试验负荷以得到在规定范围内的压痕深度。应报告超出规定范围压痕深度的试验数目。如果一组试验中试验负荷应改变，当处于转变区域时，不同试验负荷下产生的不同硬度值将难以解释，例如：当评估热老化对硬度的影响时。在这种情况下，经双方协商一致，可扩大上述的压痕深度范围，但不能超出该值的 20%。使用这个负荷使大部分试验压痕深度落在 0.15～0.35mm。

⑤ 当按此方法进行试验时，试样中的气泡或开裂不应影响结果。如果在同一试样上进行几次测定，各压痕点间及离开边缘距离都应不小于 10mm。

⑥ 施加试验负荷 F_m 30s 后，在加荷下测量压入深度 h_1，其精度应符合规定。

⑦ 在一个或多个试样上进行 10 次有效试验。

⑧ 仪器机架的变形 h_2 应按下述步骤测定：把一块软铜板（至少 6mm 厚）放在支撑板上，同时施加初负荷 F_0。调整指示装置至零点并施加试验负荷 F_m。保持试验负荷直到深度指示器稳定，记下读数，移去试验负荷同时重新调整深度指示器至零。

重复这种操作直到深度指示器读数在每次施加试验负荷时恒定为止。这就表示在该点铜块不会进一步被压入，因此该恒定的深度读数就是由于设备的框架变形而导致的深度指示器的位移量。记下该恒定的读数为 h_2。用 $h=h_1-h_2$ 修正压入深度 h。

（4）结果

① 由式（3.64）计算折合试验负荷 F_r：

$$F_r=F_m\times\frac{\alpha}{h-h_r+\alpha}=F_m\times\frac{0.21}{h-0.25+0.21} \tag{3.64}$$

式中，F_r 为折合试验负荷，N；F_m 为压痕器上的负荷，N；h_r 为压入的折合深度（0.25mm）；h_1 为压痕器在试验负荷下的压痕深度，mm；h_2 为在试验负荷下试验装置的变形量，mm；h 为机架变形修正后的压入深度 h_1-h_2，mm；α 为常数（0.21）。

注：h_r 和 α 值是取自 H. H. Racke 和 Th. felt in Materalprung 的相关文献。

② 球压痕硬度由式（3.65）计算：

$$\mathrm{HB}=\frac{F_r}{\pi d h_r} \tag{3.65}$$

式中，HB 为球压痕硬度值，MPa；F_r 为折合试验负荷，N；h_r 为压入的折合深度（0.25mm）；d 为钢球的直径（5mm）。

对于 HB 低于 250MPa 时，修约至 1MPa，对于 HB 值大于 250MPa，修约至 10MPa 的倍数。

3.9.2.3　结果和讨论

在该测试过程中，需要注意几片薄的试样叠起来测试的结果与较厚的试样测试的结果不完全一致。

3.9.3　洛氏硬度

3.9.3.1　概述

定义和原理：在规定的加荷时间内，在受试材料上面的钢球上施加一个恒定的初负荷，随后施加主负荷，然后再恢复到相同的初负荷。测量结果是由压入总深度减去卸去主负荷后规定时间内的弹性恢复以及初负荷引起的压入深度。洛氏硬度由压头上的负荷从规定初负荷增加到主负荷，然后再恢复到相同初负荷时的压入深度净增量求出。

目的和意义：洛氏硬度值与塑料材料的压痕硬度直接有关；洛氏硬度值越高，材料就越硬。

测试标准和适用范围：采用 GB/T 3398.2—2008 标准，适用于用洛氏硬度计 M、L 及 R 标尺测定塑料压痕硬度的方法。

3.9.3.2　检测方法

（1）仪器

① 仪器是标准洛氏硬度计，主要由下列部件构成：

a. 可调工作台的刚性机架，带有直径至少为 50mm 的用于放置试样的平板；

b. 有连接器的压头；

c. 无冲击地将适宜负荷加在压头上的装置。

② 压头为可在轴套中自由滚动的硬质抛光钢球。该钢球在试验中不应有变

形，试验后不应有损伤。压头的直径取决于所用的洛氏硬度标尺（见表 3.34）。

③ 压头配有千分表或其他合适的装置，以测量压头的压入深度，精确至 0.001mm。千分表最好按洛氏硬度值标刻度数（但不是必须，洛氏标尺的每一分度值为 0.002mm）。当仪器直接标刻时，千分表上通常有黑、红两种刻度，后者已自动推算 M、L 及 R 标尺洛氏硬度的常数 130。只要准确度不低于千分表，也可采用其他测量和数据显示手段。

④ 表 3.34 中列出了与 M、L 及 R 标尺相对应的负荷。所有情况下的初负荷都是 98.07N。洛氏硬度计通过螺丝杠将放置试样的工作台升高至试样与压头接触来施加初负荷。在这种情况下，千分表上有一个显示初负荷已经施加的指示点，在操作硬度计之前，应参阅厂商的仪器手册。调整加荷速度极为重要。调节洛氏硬度计的缓冲器，以使操作手柄在仪器上无试样时或未加荷于砧座的情况下，在 4～5s 内完成，此操作所用的主负荷应是 980.7N。

⑤ 洛氏标尺的主负荷、初负荷及压头直径如表 3.34 所示。

表 3.34　洛氏硬度标尺参数

洛氏硬度标尺	初负荷/N	主负荷/N	压头直径/mm
R	98.07	588.4	12.7±0.015
L	98.07	588.4	6.35±0.015
M	98.07	980.7	6.35±0.015
E	98.07	980.7	3.175±0.015

注： 在方法中，E 标尺仅用于校准。主负荷及初负荷都需精确到 2%之内。

⑥ 仪器应安装在水平无振动的刚性基座上。若仪器台座上无法避免要受到振动的影响（例如在其他试验机的附近），则洛氏硬度计也可装在带有至少 25mm 厚的海绵橡皮衬垫的金属板上，或其他能有效减振的台座上。

⑦ 定期用已知洛氏硬度的金属（铸铁、铝镁合金、轴承材料）标准硬度块，采用洛氏 E 标尺校准仪器。这样可以发现由于加荷装置的失灵或框架变形所引起的误差，这些误差应在仪器使用前予以校正。当仪器规定 R、L 或 M 的试验方法时，可经常按 R、L 或 M 相应测试方法所用的标准硬度块进行辅助校验。

（2）试样

① 标准试样为厚度至少 6mm 的平板。其面积应满足相关要求。试样不一定为正方形。试验后在支撑面上不应有压头的压痕。

② 当无法得到规定的最小厚度的试样时，可用相同厚度的较薄试样叠成，要求每片试样的表面都应紧密接触，不得被任何形式的表面缺陷分开（例如，凹陷痕迹或锯割形成的毛边）。

③ 全部压痕都应在试样的同一表面上。

④ 测量洛氏硬度只需一个试样，对各向同性的材料，每一试样至少应测

量5次。

⑤ 当受试材料是各向异性时，应规定压痕的方向与各向异性轴的关系。当需要测定不止一个方向上的硬度值时，则应制备足够的试样，以使每个方向上至少可以测定5个洛氏硬度值。

（3）步骤

① 试验前，试样应在与受试材料有关的标准所规定的环境中或在GB/T 2918—2018所规定的一种环境中进行状态调节。

② 除非另有规定，试验应在与状态调节相同的标准环境中进行。

③ 校对主负荷、初负荷及压头直径是否与所用洛氏标尺相符合（见表3.34）。由于手调不能使压头正确地安置在轴承座中，更换钢球后的第一次读数必须废弃。需要主负荷的全部压力才能使压头安置在轴承座中。

④ 把试样放在工作台上。检查试样和压头的表面是否有灰尘、污物、润滑油及锈迹，并检查试样表面是否垂直于所施加的负荷方向。

施加初负荷且调整千分表到零。在施加初负荷后10s内施加主负荷。在施加主负荷后15～16s时卸去主负荷。应平稳操作仪器。卸去主负荷15s后读取千分表上读数，准确到标尺的分度值。

注： 若仪器是按洛氏硬度值直接分度时，则适用于按下述方法操作：计数施加主负荷后指针通过红标尺上零点的次数，将所得次数与卸去主负荷后指针通过零点的次数相减。若其差值为零，则硬度值为标尺读数加上100。若其差值为1，则硬度值为标尺读数，若其差值为2，则硬度值为标尺读数减去100。若有疑问，可查阅仪器手册。

⑤ 在试样的同一表面上作5次测量。每一测量点应离试样边缘10mm以上，任何两测量点的间隔不得少于10mm。

⑥ 理论上，洛氏硬度值应处于50～115之间，超出此范围的值是不准确的，应用邻近的标尺重新测定。

注： 如果需要比R标尺更低硬度值的标尺时，则洛氏硬度试验是不适合的，该材料则应按GB/T 2411—2008规定的方法进行试验。

（4）结果

① 洛氏硬度值用标尺字母作前缀的数字表示。

② 如果洛氏硬度计是直接硬度数分度时，则在每次试验后记录洛氏硬度值。

③ 洛氏硬度标尺每一分度表示压头垂直移动0.002mm。实际上，洛氏硬度值由式（3.66）求出：

$$\mathrm{HR}=130-e \tag{3.66}$$

式中，HR为洛氏硬度值；e为主负荷卸除后的压入深度，以0.002mm为单位的数值。

注： 此关系式仅适用于E、M、L和R标尺。

④ 当需要时，按式（3.67）估算标准偏差：

$$\sigma=\sqrt{\frac{\Sigma x^{2}-n\overline{x}^{2}}{n-1}} \tag{3.67}$$

式中，σ 为标准偏差（估计的）；x 为洛氏硬度的单个值；$\overline{x}$ 为结果的算术平均值；n 为结果的数目。

3.9.3.3 结果和讨论

① 使用本方法时，由于洛氏硬度标尺间的部分重叠，同种材料可能得到两个不同标尺的不同洛氏硬度值，而这两个值在技术上都可能是正确的。

② 对于具有高蠕变性和高弹性的材料，其主负荷和初负荷的时间因素对测试结果有很大的影响。

③ 洛氏硬度试验是把塑料硬度作为试样弹性恢复后压头压入深度的函数来测定。因此，L、M 和 R 标尺的洛氏硬度不能与 GB/T 3398.1—2008 的球压痕硬度联系起来，因为后者是由负荷下压入深度求得硬度（即不考虑材料的弹性恢复）。但是，可以使用洛氏硬度计由负荷下压入深度测定硬度，并已经标准化为洛氏-α 试验。用于测定塑料洛氏-α 硬度的唯一合适的标尺是 R 标尺，压头直径为 12.7mm，主负荷为 588.4N。

3.9.4 巴柯尔硬度试验

3.9.4.1 概述

巴柯尔（Barcol）硬度（简称巴氏硬度）最早由美国 Barber-Colman 公司提出，是近代国际上广泛采用的一种硬度指标。它用一定形状的硬钢压针，在标准弹簧试验力作用下，压入试样表面，用压针压入深度确定材料硬度，定义每压入 0.0076mm 为一个巴氏硬度单位。巴氏硬度单位表示为 HBa。巴柯尔硬度的检测方法、采用标准、适用范围见表 3.35。

表 3.35 巴柯尔硬度的检测方法、采用标准、适用范围

检测项目名称	检测方法	采用标准		适用范围
		国内标准	国际标准	
增强塑料巴柯尔硬度	巴柯尔硬度法	GB/T 3854—2017《增强塑料巴柯尔硬度试验方法》	ASTM D2583-2013a《巴柯尔硬度计测试硬塑料压痕硬度的试验方法》	适用于测定增强塑料及其制品的巴柯尔硬度和非增强塑料及其制品的巴柯尔硬度，包括测定增强型硬质塑料及其制品的巴柯尔硬度和非增强型硬质塑料及其制品的巴柯尔硬度，但不适用于巴柯尔硬度小于20的材料

原理：巴柯尔硬度是一种压痕硬度，它以特定压头在标准载荷弹簧的压力作用下压入试样，以压入的深浅来表征试样的硬度。

巴氏硬度测量是纤维增强塑料工艺性能评价的一个重要指标，巴氏硬度测量简便，非常适合于加工现场、仓库使用。巴氏硬度偏低说明材料的树脂固化程度不佳，达不到使用要求。巴氏硬度检测属于非破坏性试验，对质量控制有重要意义，因此它被广泛应用于工程复合材料的检测。

3.9.4.2　检测方法

（1）仪器

① 巴柯尔硬度计　HBa-1型巴柯尔硬度计或GYZJ934-1型巴柯尔硬度计，其结构如图3.55所示。

② 巴柯尔硬度计压头　压头是一个用淬火钢制成的截头圆锥，锥角26°，顶端平面直径0.157mm，配合在一个满度调节螺丝孔内，并被一个由弹簧加载的主轴压住。

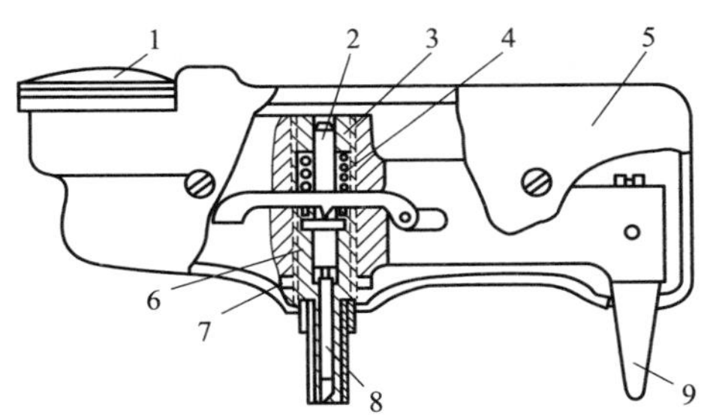

1—指示表；2—主轴；3—载荷调整螺丝；4—载荷调整弹簧；5—机壳；6—满度调整螺丝；7—锁紧螺母；8—压头；9—撑脚。

图3.55　巴柯尔硬度计结构

③ 巴柯尔硬度计指示仪表　指示表头刻度盘有100分度，每一分度相当于压入0.0076mm的深度。压入深度为0.76mm时，表头读数为零；压入深度为零时，表头读数为100。读数越高，材料越硬。

（2）试样

① 试样表面应光滑平整，没有缺陷及机械损伤。

② 试样厚度不小于1.5mm。试样大小应满足任一压点到试样边缘以及压点与压点之间的距离均不小于3mm。

③ 试验条件

实验室标准环境条件：温度为23℃±2℃；相对湿度为50%±10%。

实验室非标准环境条件：若不具备实验室标准环境条件时，选择接近实验室标准环境条件的实验室环境条件。

（3）步骤

① 仪器校准

a. 满刻度校准　检查指示表的指针是否指在零点，若在一格以内可不予调整。将硬度计放在平板玻璃上，加压于机壳上，使压头被迫全部退回到满度调整螺丝孔内，此时表头读数应为100，即满刻度。若检查满度不是100，须进行调整。打开机壳，松开下部的锁紧螺母，旋动满度调整螺丝，旋松表头指示值下降，旋紧表头指示值升高，直至满度符合 100 为止。

b. 示值校准　经满刻度校准后，测试硬度计附带的两块高、低标准硬度片(注意必须使用刻有标准值的一面)，测得的读数应在硬度片标注值的范围内。若测量值与标注值不符，可旋动带有十字槽的载荷调整螺丝，旋紧时示值下降，旋松时示值上升。示值调好后不必重新检验满刻度偏差。对于压头折断或损坏的硬度计，则不能得到满意的结果，此时必须更换压头。

c. 更换压头　压头长度与整个测量系统的尺寸链有关。压头损坏时不能修磨复用，只能用仪器所附备件进行更换。更换压头时，先打开机壳，松开下部的锁紧螺母，将满度螺丝旋出，取出旧压头，装上新压头。注意不要让主轴及载荷弹簧跟着弹出来。更换压头后，硬度计必须重新进行满刻度和示值校准。

② 测试室标准环境条件　温度为 23℃±2℃；相对湿度为 50%±10%。

③ 将试样放置在坚硬稳固的支撑面（如钢板、玻璃板、水泥平台等）上，曲面试样应注意防止由于测试压力可能造成的弯曲和变形。

④ 将压头套筒垂直置于试样被测表面上，撑脚置于同一表面或者有相同高度的其他固体材料上。用手握住硬度计机壳，迅速向下均匀施加压力，直至刻度盘的读数达最大值，记录该最大读数（因为某些材料会出现从最大值撤回的读数，该读数与时间呈非线性关系)，此值即为巴柯尔硬度值。注意当压头和被测表面接触时应避免滑动和擦伤。

⑤ 压痕位置距试样边缘应大于 3mm，压痕间距也应大于 3mm。

⑥ 测试次数　至少在试样的 10 个不同位置测试硬度。

(4) 结果　单个测试值：$\chi_1,\chi_2,\chi_3,\cdots,\chi_i$。

一组测试值的算术平均值 $\overline{\chi}$ 按式(3.68) 计算，修约到整数。

$$\overline{\chi}=\frac{\sum_{i=1}^{n}\chi_i}{n} \tag{3.68}$$

式中，$\overline{\chi}$ 为一组测试值的算术平均值；χ_i 为单个测试值；n 为测试次数。

3.9.4.3 讨论

① 对非增强塑料及其制品的巴柯尔硬度测定也可参照执行，但不适用于巴柯尔硬度小于 20 的材料。

② 试样表面应光滑平整，没有缺陷及机械损伤。

③ 若不具备实验室标准环境条件时，可选择接近实验室标准环境条件的实验室环境条件。

参考文献

[1] 王威强，吴俊飞．承压设备安全技术与监察管理［M］. 北京：化学工业出版社，2008.

[2] 马德柱，何平笙，徐种德，等．高聚物的结构与性能［M］. 2 版．北京：科学出版社，1995.

[3] 关振铎，张中太，焦金生，等．无机材料物理性能［M］. 北京：清华大学出版社，1992.

[4] 何曼君，陈维孝，董西侠．高分子物理：修订版［M］. 上海：复旦大学出版社，2000.

[5] GB/T 1040. 1—2018. 塑料 拉伸性能的测定 第 1 部分：总则［S］.

[6] GB/T 1447—2005. 纤维增强塑料拉伸性能试验方法［S］.

[7] GB/T 8804. 1—2003. 热塑性塑料管材 拉伸性能测定 第 1 部分：试验方法总则［S］.

[8] GB/T 3354—2014. 定向纤维增强聚合物基复合材料拉伸性能试验方法［S］.

[9] GB/T 1458—2023. 纤维缠绕增强复合材料环形试样力学性能试验方法［S］.

[10] ASTM D2290. Standard Test Method for Apparent Hoop Tensile Strength of Plastic or Reinforced Plastic Pipe［S］.

[11] GB/T 2790—1995. 胶粘剂 180 度剥离强度试验方法 挠性材料对刚性材料［S］.

[12] GB/T 2791—1995. 胶粘剂 T 剥离强度试验方法 挠性材料对挠性材料［S］.

[13] 陈士刚．钢板网骨架增强塑料复合管强度计算［C］. 上海：上海交通大学，2008.

[14] GB/T 18997. 1—2020. 铝塑复合压力管 第 1 部分：铝管搭接焊式铝塑管［S］.

[15] GB/T 5349—2005. 纤维增强热固性塑料管轴向拉伸性能试验方法［S］.

[16] GB/T 26255. 1—2010. 燃气用聚乙烯管道系统的机械管件 第 1 部分：公称外径不大于 63mm 的管材用钢塑转换管件［S］.

[17] GB/T 15558. 3—2008. 燃气用埋地聚乙烯（PE）管道系统 第 3 部分：阀门［S］.

[18] 邵规贤，苟文彬，闻瑞昌．搪瓷学［M］. 北京：中国轻工业出版社，1983.

[19] GB/T 7991. 9—2014. 搪玻璃层试验方法 第 9 部分：抗拉强度的测定［S］.

[20] GB/T 21921—2008. 不透性石墨材料抗拉强度试验方法［S］.

[21] GB/T 9647—2015. 热塑性塑料管材 环刚度的测定［S］.

[22] GB/T 5352—2005. 纤维增强热固性塑料管平行板外载性能试验方法［S］.

[23] GB/T 39385—2020. 塑料管道系统 热塑性塑料管材 环柔性的测定［S］.

[24] GB/T 18042—2000. 热塑性塑料管材蠕变比率的试验方法［S］.

[25] GB/T 1448—2005. 纤维增强塑料压缩性能试验方法［S］.

[26] GB/T 5350—2005. 纤维增强热固性塑料管轴向压缩性能试验方法［S］.

[27] GB/T 13465. 3—2014. 不透性石墨材料试验方法 第 3 部分：抗压强度［S］.

[28] GB/T 9341—2008. 塑料 弯曲性能的测定［S］.

[29] GB/T 1449—2005. 纤维增强塑料弯曲性能试验方法［S］.

[30] GB/T 13465. 2—2014. 不透性石墨材料试验方法 第 2 部分：抗弯强度［S］.

[31] ISO 8233：1988. Thermoplastics Valves-Torque-Test Method［S］.

[32] GB/T 13927—2008. 工业阀门 压力试验［S］.

[33] GB/T 27726—2011. 热塑性塑料阀门压力试验方法及要求［S］.

[34] GB/T 14152—2001. 热塑性塑料管材耐外冲击性能试验方法 时针旋转法［S］.

[35] GB/T 18743—2002. 流体输送用热塑性塑料管材简支梁冲击试验方法［S］.

[36] GB/T 1451—2005. 纤维增强塑料简支梁式冲击韧性试验方法［S］.

[37] GB/T 1043. 1—2008. 塑料 简支梁冲击性能的测定 第 1 部分：非仪器化冲击试验［S］.

[38] GB/T 7990—2013. 搪玻璃层耐机械冲击试验方法 [S].
[39] GB/T 11546.1—2008. 塑料 蠕变性能的测定 第1部分：拉伸蠕变 [S].
[40] ISO 899-2：2003. Plastics-Determination of creep behaviour-Part 2：Flexural creep by three-point loading [S].
[41] GB/T 32682—2016. 塑料 聚乙烯环境应力开裂（ESC）的测定 全缺口蠕变试验（FNCT）[S].
[42] GB/T 5478—2008. 塑料 滚动磨损试验方法 [S].
[43] GB/T 3960—2016. 塑料 滑动摩擦磨损试验方法 [S].
[44] QB/T 5101—2017. 塑料管材耐磨损性试验方法 [S].
[45] SH/T 1818—2017. 塑料 超高分子量聚乙烯砂浆磨耗试验方法 [S].
[46] GB/T 6031—2017. 硫化橡胶或热塑性橡胶 硬度的测定（10IRHD～100IRHD）[S].
[47] GB/T 2411—2008. 塑料和硬橡胶 使用硬度计测定压痕硬度（邵氏硬度）[S].
[48] GB/T 3398.1—2008. 塑料 硬度测定 第1部分：球压痕法 [S].
[49] GB/T 3398.2—2008. 塑料 硬度测定 第2部分：洛氏硬度 [S].
[50] GB/T 3854—2017. 增强塑料巴柯尔硬度试验方法 [S].

第4章 热性能检测

材料及其制品都在一定的温度环境下使用，在使用过程中，将对不同的温度作出反映，表现出不同的热物理性能，这些热物理性能就称为材料的热学性能。材料的热学性能主要有热容、热膨胀、热传导、热稳定性等。

本章详细地阐述了多项非金属材料热性能参数的测试方法，包括负荷变形温度测试、维卡软化温度测试、线膨胀系数测试、热导率测试、玻璃化温度测试、尺寸稳定性测试、塑料脆化温度测试、塑料的熔融温度测试、氧化诱导时间和氧化诱导温度测试等。

4.1 负荷变形温度测试

4.1.1 概述

定义：随着试验温度的增加，试样挠度达到标准挠度值时的温度。

原理：标准试样以平放（优选的）或侧立方式承受三点弯曲恒定负荷，使其产生 GB/T 1634 相关部分规定的其中一种弯曲应力。在匀速升温条件下，测量达到与规定的弯曲应变增量相对应的标准挠度时的温度。

目的和意义：非金属的负荷变形温度是衡量工程非金属材料耐热性的一项重要指标。因此，在产品品质评价以及新材料热学特性鉴定过程中，往往需要测试非金属材料的负荷变形温度。

负荷变形温度测试标准和使用范围如表 4.1 所示。

表 4.1 负荷变形温度测试标准和使用范围

检测项目名称	采用标准		适用范围
	国内标准	国际标准	
负荷变形温度	GB/T 1634—2019	ISO 75-1:2003	适用于塑料、硬橡胶和长纤维增强复合材料；高强度热固性层压材料

4.1.2 检测方法

4.1.2.1 仪器

(1) 产生弯曲应力的装置 该装置由一个刚性金属框架构成，基本结构如图 4.1 所示。框架内有一可在竖直方向自由移动的加荷杆，杆上装有砝码承载盘和加荷压头，框架底板同试样支座相连，这些部件及框架垂直部分都由线膨胀系数与加荷杆相同的合金制成。

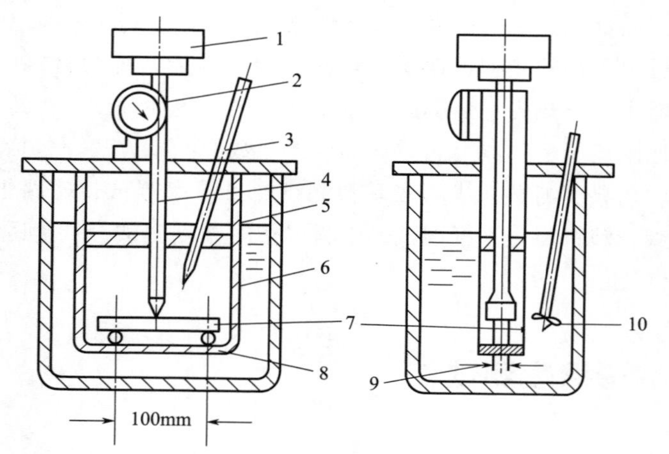

1—载荷；2—百分表；3—温度计；4—载荷杆及压头；5—支架；6—液体介质；
7—试样；8—试样高；9—试样宽；10—搅拌器。

图 4.1 热变形温度试验装置

试样支座由两个金属条构成，其与试样的接触面为圆柱面，与试样的两条接触线位于同一水平面上。跨度尺寸，即两条接触线之间距离由 GB/T 1634 的相关部分给出。将支座安装在框架底板上，使加荷压头施加到试样上的垂直力位于两支座的中央。支座接触头缘线与加荷压头缘线平行，并与对称放置在支座上的试样长轴方向成直角支座接触头和加荷压头圆角半径为 3.0mm±0.2mm，并应使其边缘线长度大于试样宽度。

(2) 加热装置 加热装置应为热浴，热浴内装有适宜的液体传热介质，试样在其中应至少浸没 50mm 深，并应装有高效搅拌器应确定所选用的液体传热介质在整个温度范围内是稳定的并应对受试材料没有影响，例如不引起溶胀或开裂。

(3) 砝码 应备有一组砝码，以使试样加荷达到所需的弯曲应力。

(4) 温度测量仪器 可以使用任何适宜的、经过校准的温度测量仪器，应具有适当范围并能读到 0.5℃或更精确。应在所使用仪器特有的浸没深度对测温仪器进行校准。测温仪器的温度敏感元件，距试样中心距离应在 2mm±0.5mm

以内。

(5) 挠度测量仪器　可以是已校正过的直读式测微计或其他合适的仪器，在试样支座跨度中点测得的挠曲应精确到 0.01mm 以内。

(6) 测微计和量规　用于测量试样的宽度和厚度，应精确到 0.01mm。

4.1.2.2　试样

(1) 试样准备　试样应是横截面为矩形的样条，其长度 l、宽度 b、厚度 h 应满足 $l>b>h$。试样尺寸应由 GB/T 1634 相关部分规定。每个试样中间部分(占长度的 1/3) 的厚度和宽度，任何地方都不能偏离平均值的 2%以上。应按照 GB/T 1634 相关部分的规定制备试样。

(2) 试样数量　至少试验两个试样，为降低翘曲变形的影响，应使试样不同面朝着加荷压头进行试验。如需进行重复试验（见 GB/T 1634.2—2019 和 GB/T 1634.3—2019)，则对每个重复试验都要求增加两个试样。

(3) 状态调节　除非受试材料规范另有要求，状态调节和试验环境应符合 GB/T 2918—2018 的规定。

4.1.2.3　步骤

(1) 施加力的计算　施加力的计算按照 GB/T 1634.1—2019 进行。

(2) 加热装置的起始温度　每次试验开始时，加热装置的温度应低于 27℃，除非以前的试验已经表明，对受试的具体材料，在较高温度下开始试验不会引起误差。

(3) 测量　测量按照 GB/T 1634.1—2019 进行。

4.1.2.4　结果

以受试试样负荷变形温度的算术平均值表示受试材料的负荷变形温度，除非 GB/T 1634 有关部分另有规定。把试验结果表示为一个最靠近的摄氏温度整数值。

4.1.3　讨论

负荷变形温度测试过程中还需注意以下几点：①产生弯曲应力的装置除非仪器垂直部件都具有相同的线膨胀系数，否则这些部件在长度方向的不同变化，将导致试样表观挠曲读数出现误差。应使用由低线膨胀系数刚性材料制成的且厚度与被试验试样可比的标准试样对每台仪器进行空白试验，空白试验应包含实际测定中所用的各温度范围，并对每个温度确定校正值。如果校正值为 0.01mm 或更大，则应记录其值和代数符号，每次试验时都应使用代数方法，将其加到每个试样表观挠曲读数上。②加热装置应装有控制元件，以使温度能以 120℃/h ±10℃/h 的均匀速率上升。应定期用核对自动温度读数或至少每 6min 用手动核对一次温度的方法校核加热速率。如果在试验中要求每 6min 内温度变化为

12℃/h±1℃/h，则也应考虑满足此要求。热浴中试样两端部和中心之间的液体温度差应不超过±1℃。③有些挠度测量仪器，如测微计弹簧产生的力 F_s 向上作用，因此，由加荷杆施加的向下力应减去 F_s。而另一种情况，F_s 向下作用，此时加荷杆产生的力应加上 F_s。对这类仪器，必须确定力 F_s 的大小和方向，以便能对其进行补偿。由于某些测微计的 F_s 在整个测量范围内变化相当大，故应在仪器所要使用的部分范围内进行测量。

4.2 维卡软化温度测试

4.2.1 概述

定义：维卡软化点是在一定升温条件下，以截面积为 $1mm^2$ 的压针头在规定负荷下刺入塑料试样 1mm 深时的温度。

原理：随着温度的提高，材料抵抗外力的能力下降，在恒定外力作用下压针头刺入试样的深度因之逐步加深。当规定针入量为一定值（1mm）时，各种热塑性塑料达到该针入量时的温度就称为软化点温度。塑料维卡软化温度实验按 GB/T 1633—2000 标准进行，该标准规定了四种试验方法：①A_{50} 法，使用 10N 的力，加热速率 50℃/h；②B_{50} 法，使用 50N 的力，加热速率 50℃/h；③A_{120} 法，使用 10N 的力，加热速率 120℃/h；④B_{120} 法，使用 50N 的力，加热速率 120℃/h。

目的和意义：维卡软化温度可以用来作为鉴定新品种热性能的指标以及塑料的品质控制。维卡软化温度越高，表明材料受热时的尺寸稳定性越好，热变形越小，即耐热变形能力越好，刚性越大，模量越高。

维卡软化温度测试标准和使用范围如表 4.2 所示。

表 4.2　维卡软化温度测试标准和使用范围

检测项目名称	采用标准		适用范围
	国内标准	国际标准	
维卡软化温度	GB/T 1633—2000	ISO 306:1994、ASTM D1525—2017	适用于热塑性塑料

4.2.2 检测方法

4.2.2.1 仪器

测试仪器主要包括：负载杆、压针头、千分表、负荷板、加热设备、测温仪器等，如图4.2所示。

(1) 负载杆：装有负荷板，固定在刚性金属架上，能在垂直方向上自由移动，金属架底座用于支撑负载杆末端压针头下的试样。

(2) 压针头：最好是硬质钢制成的长为3mm，横截面积为$1.000mm^2$ ±$0.015mm^2$的圆柱体。固定在负载杆的底部，压针头的下表面应平整，垂直于负载杆的轴线，并且无毛刺。

(3) 已校正的千分表（或其他适宜的测量仪器）：能够测量压针头刺入试样1mm±0.01mm的针入度，并能将千分表的推力记为试样所受推力的一部分。

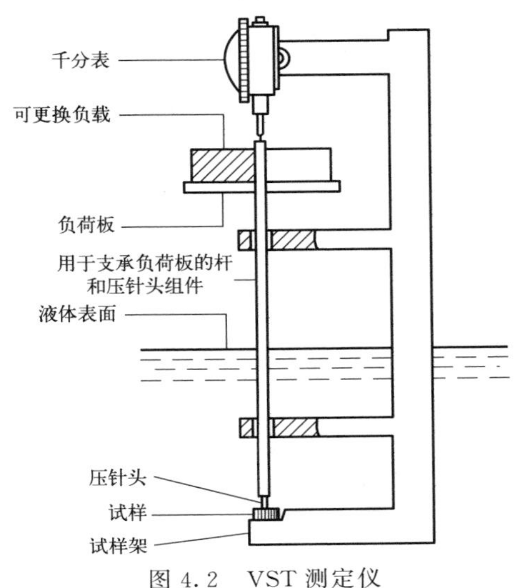

图4.2　VST测定仪

(4) 负荷板：装在负载杆上，中央加有适合的砝码，使加到试样上的总推力，对于A_{50}和A_{120}达到10N±0.2N，对于B_{50}和B_{120}达到50N±1N。负载杆、压针头、负荷板千分表弹簧组合向下的推力应不超过1N。

(5) 加热设备：盛有液体的加热浴或带有强制鼓风式氮气循环烘箱，包括加热浴和烘箱。加热设备应装有控制器，能按要求以50℃/h±5℃/h或120℃/h±10℃/h匀速升温。在试验期间，每隔6min温度变化分别为5℃±0.5℃或12℃±1℃，应认为加热速率符合要求调节仪器使其在达到规定的压痕时，自动切断加热器并发出警报。

(6) 测温仪器：加热浴，部分浸入型玻璃水银温度计或测量范围适当的其他测温仪器，精度在0.5℃以内。与空气或氮气烘箱相匹配的测温仪器，精度在0.5℃以内。将传感器（热电偶或Pt100）放在靠近压针头负载杆或试样架的适当位置。

4.2.2.2　试样

(1) 试样准备　试样为厚3～6.5mm、边长10mm的正方形或直径10mm的圆形，表面平整、平行、无飞边。试样应按照材料规定进行制备。如果没有规定，可以使用任何适当的方法制备试样。如果受试样品是受试模塑材料（粉料或粒料），应按照受试材料的有关规定模塑成厚度为3～6.5mm的试样。没有规定则按照GB/T 9352、GB/T 17037.1或GB/T 11997模塑试样。如果这些都不适用，可以遵照其他能使材料性能改变尽可能少的方法制备试样。对于板材，试样厚度应等于原板材厚度，但下述除外：a. 如果试样厚度超过6.5mm，应根据

ISO 2818 通过单面机械加工使试样厚度减小到 3～6.5mm，另一表面保留原样。试验表面应是原始表面。b. 如果板材厚度小于 3mm，将至多三片试样直接叠合在一起，使其总厚度在 3～6.5mm 之间，上片厚度至少为 1.5mm，厚度较小的片材叠合不一定能测得相同的试验结果。所获得的试验结果可能与制备试样所用的模塑条件有关，虽然此依从关系并不常见。当试验的结果依赖于模塑条件时，经有关方面商定后可在试验前采用特殊的退火或预处理步骤。

（2）试样数量　每个受试样品使用至少两个试样。

（3）状态调节　除非受试材料有规定或要求，试样应按 GB/T 2918 进行状态调节。

4.2.2.3　步骤

（1）将试样水平放在未加负荷的压针头下。压针头离试样边缘不得少于 3mm，与仪器底座接触的试样表面应平整。

（2）将组合件放入加热装置中，启动搅拌器，在每项试验开始时，加热装置的温度应为 20～23℃。当使用加热浴时，温度计的水银球或测温仪器的传感部件应与试样在同一水平面，并尽可能靠近试样。如果预备试验表明在其他温度开始试验对受试材料不会引起误差，可采用其他起始温度。

（3）5min 后，压针头处于静止位置，将足量砝码加到负荷板上，以使加在试样上的总推力，对于 A_{50} 和 A_{120} 为 10N±0.2N，对于 B_{50} 和 B_{120} 为 50N±1N。然后，记录千分表的读数（或其他测量压痕仪器）或将仪器调零。

（4）以 50℃/h±5℃/h 或 120℃/h±10℃/h 的速度匀速升高加热装置的温度；当使用加热浴时，试验过程中要充分搅拌液体；对于仲裁试验应使用 50℃/h 的升温速率。对某些材料，用较高升温速率（120℃/h）时，测得值可能高出维卡软化温度 10℃左右。

（5）当压针头刺入试样的深度超过 1mm 时，记下传感器测得的油浴温度，即为试样的维卡软化温度。

4.2.2.4　结果

受测材料的维卡温度以试样维卡软化温度的算术平均值来表示。如果单个试验结果差的范围超过 2℃，记下单个试验结果，并用另一组至少两个试样重复进行一次实验。

4.2.3　讨论

维卡软化温度可以用上述步骤测得，测试过程中还需注意以下几点：①负载杆和金属架构件应具有相同的膨胀系数，部件长度的不同变化会引起试样表观变形读数的误差。用低膨胀系数的刚性材料（如瓦镍铁合金或硅硼玻璃）制备的试样，对每台仪器包括其使用的温度范围做空白试验进行校正，并对每个温度确定一个校正项。如果校正项为0.02mm或更大，应注意其代数符号，并通过代数方法将其加到表观针入度上，将此校正项应用于每项试验中。建议使用低膨胀合金制造的仪器。②千分表弹簧力向上，要从负荷中减去；如果这种力向下，应加到负荷上。在整个冲程过程中，千分表弹簧上所施加的力明显变化，所以要在整个冲程中测定这个力。

维卡软化温度的国内外测试标准 ISO 306：2013、GB/T 1633—2000 及 ASTM D1525—2017。其中ISO与GB/T是一致的，但与ASTM D有两点区别。一是ASTM D增加了可用流体粉末等作为传热介质的规定；二是两者加载负载时间不同，ISO是先将样品放入介质，5min后加载砝码再将千分表清零，ASTM D则是先将样品放入介质，然后加载砝码，再过5min后将千分表的读数清零。

4.3 线膨胀系数测试

4.3.1 概述

定义：线膨胀系数是指温度每变化1℃，试样长度变化值与其原始长度值之比，线膨胀系数的单位为$℃^{-1}$。

原理：本方法是将已测量原始长度的试样装入石英膨胀计中，然后将膨胀计先后插入不同温度的恒温浴内，在试样温度与恒温浴温度平衡，测量长度变化的仪器指示值稳定后，记录读数，由试样膨胀值和收缩值，即可计算试样的线膨胀系数。

线膨胀系数测试标准和使用范围如表4.3所示。

表4.3 线膨胀系数测试标准和使用范围

检测项目名称	采用标准		适用范围
	国内标准	国际标准	
线膨胀系数	GB/T 2035—2008、GB/T 2918—2018	ISO 472：1999，等同采用 ISO 291：1997、ASTM D4065	塑料温度在−30～30℃，线膨胀系数大于$1\times10^{-6}℃^{-1}$的条件下

4.3.2 检测方法

4.3.2.1 仪器

（1）石英膨胀计：如图4.3所示，内管与外管之间距离大约在1mm内。

（2）测量长度变化的仪器：将其固定在夹具上，使其位置能够随所安装的试样长度的变化而变化。需要一定的精确度，以保证误差在±1.0μm 范围内。内石英管的重量加上测量反映仪的重量，总共在试样上施加的压力不应超过70kPa，以确保试样不扭曲或者明显的收缩。

（3）卡尺：能够测量试样的初始长度，精度在±0.5%。

（4）控温环境：为测试样品提供恒温环境，温度控制在±0.2℃。

（5）温度计或热电偶：以温度计或热电偶对液体浴的温度进行测量，精度在±0.1℃以内。

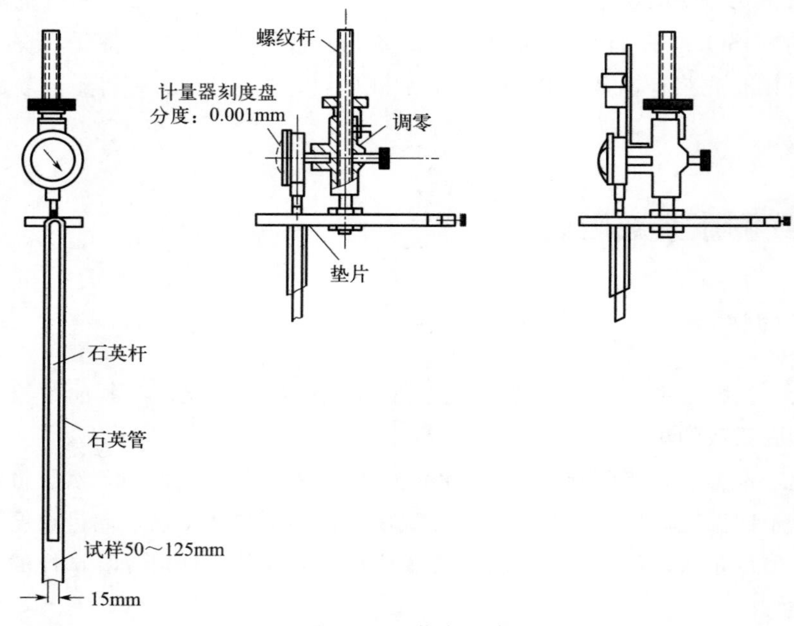

图 4.3　石英膨胀计

4.3.2.2　试样

（1）试样准备（制样方式、试样尺寸和形状）　试验样品的制备，应使其应力以及各向异性最小，例如机加工、模塑或浇铸。试样长度应该在 50～125mm 之间。试样截面应为圆形、正方形或长方形，应能够使样品很容易地放入膨胀计内，而不应有过多的摩擦。横截面积应该足够大以能够保证样品不弯曲扭转。试样的截面一般为 12.5mm×6.3mm、12.5mm×3mm，直径 12.5mm 或 6.3mm。在试样两端垂直于试样长轴方向切平整。如果试样在膨胀计中收缩，则需要平滑的、薄的铁或者铝金属片粘牢试样，帮助其在膨胀计中定位。该金属片厚度在 0.3～0.5mm 之间。

（2）试样数量　若从各向同性的材料上切取试样，可随意取三个试样。若从各向异性的材料上切取试样，则应在同一方向切取三个试样。

（3）状态调节　在温度23℃±2℃、相对湿度50%±5%的环境下按照GB/T 2918—2018状态调节不少于40h后，进行试验。特殊情况按材料说明书或按供需双方商定的条件进行状态调节。在有争议的情况下，温度偏差为±1℃，相对湿度偏差为±2%。

4.3.2.3　步骤

（1）用卡尺测量两个状态调节后的试样，精确到0.02mm；

（2）将铁片粘在试样底端，以防止收缩，并重新测量试样的长度；

（3）每个试样均使用同一个膨胀计，小心放入−30℃的环境中，如果使用液体浴，应确保试样高度在液面以下至少50mm。保持液体浴温度在（−32～28)℃±0.2℃之间，待试样温度与恒温浴温度平衡，测量仪读数稳定5～10min后，记录实测温度和测量仪读数；

（4）在不引起震动和晃动的条件下，小心将石英膨胀计放入30℃的环境中，如果使用液体浴，须确保试样高度至少在液面以下50mm，保持液体浴温度在(28～32)℃±0.2℃的恒温浴中，待试样温度与恒温浴温度平衡，测量仪读数稳定5～10min后，记录实测温度和测量仪读数；

（5）在不引起震动和晃动的条件下，小心将石英膨胀计平稳地置于−30℃的恒温浴中。重复步骤（4）操作；

（6）测量试样在室温下的最终长度；

（7）如果试样每摄氏度的膨胀值与收缩值的绝对值之差超过其平均值的10%，则应查明原因，如果可能予以消除。重新进行试验，直到符合要求为止。

4.3.2.4　结果

试样的线膨胀系数按式(4.1）计算：

$$\alpha=\frac{\Delta L}{L_0\Delta T} \tag{4.1}$$

式中，α 为线膨胀系数，$℃^{-1}$；ΔL 为试样膨胀值和收缩值的算术平均值，m；L_0 为试样原始长度，m；ΔT 为两个恒温浴温度差的平均值，℃。

试验结果以一组试样的算术平均值表示，取三位有效数字。用本方法进行测定时，实验室间的允许误差为±1.6%～±2.40%。

4.3.3　讨论

线膨胀系数可以用上述步骤测得，测试过程中还需注意以下几点：①在测试温度下或加压情况下，塑料材料会发生一个可以忽略的蠕变或弹性形变（或二者均有），在一定范围内会影响到测试精度。②本方法不适用于线膨胀系数很低（小于 $1\times10^{-6}℃^{-1}$）的材料。对于低膨胀系数的材料，建议使用干涉计或电容技术。③本法规定－30～30℃为通用测定温度，也可按产品标准规定。若材料在规定的测定温度范围内存在相转变点或玻璃化转变点，则应在转变点以上和以下分别测定其线膨胀系数，以免引起过大的测试误差。④如果使用流动性液体浴更佳，应避免液体浴和试验样品的接触。如果这类接触不能避免，注意选择液体浴使得其不影响材料的物理性能。⑤如果样品长度小于 50mm，灵敏度会降低。如果长度超过 125mm，试样温度梯度就很难控制在前述范围之内。使用的长度应根据设备的测量范围灵敏度以及期望伸长量和精度而定。一般来讲，如果温度很好控制，试样越长，测试设备的灵敏度越高，测量结果精度越高。⑥方便起见，可以准备两个温度的恒温浴，在转换恒温浴时须注意不要对其有所晃动或震动。因为这样可以减少试样到达指定温度的时间，试验可以在较短时间内完成，可以避免试样长时间在高温下和低温下可能发生的物理性能的变化。⑦石英的热膨胀系数校正值为 $4.3\times10^{-7}℃^{-1}$，如果需要，该值应该补偿到试样的长度中。如果利用较厚的金属盘，则其膨胀因素也应考虑，并对结果进行校正。

4.4 热导率测试

4.4.1 概述

定义：在稳定条件下，垂直于单位面积方向的每单位温度梯度通过单位面积上的热传导速率。

原理：基于单向稳定热导原理，采用护热平板稳态法测量工程塑料热导率。当试样上下两表面处于不同的稳定温度下，测量单位时间内通过试样有效传热面积的热量及试样两表面间温差和厚度，计算热导率。

目的和意义：工程塑料是优良的绝热、保温材料，这是基于其热导率小这一特性所决定的。因此，热导率是工程塑料热性能行为的一个重要指标。

热导率测试标准和使用范围如表 4.4 所示。

表 4.4 热导率测试标准和使用范围

检测项目名称	采用标准		适用范围
	国内标准	国际标准	
热导率	GB/T 3399—1982	—	护热平板稳态法测量塑料热导率，不适用于测量热导率大于 2.20W/(m·K)的塑料

4.4.2　检测方法

4.4.2.1　仪器

采用带有护热板的热导率测量仪，它由加热板包括主加热板和护加热板、冷板、测温仪表、量热仪表等组成，如图 4.4 所示。

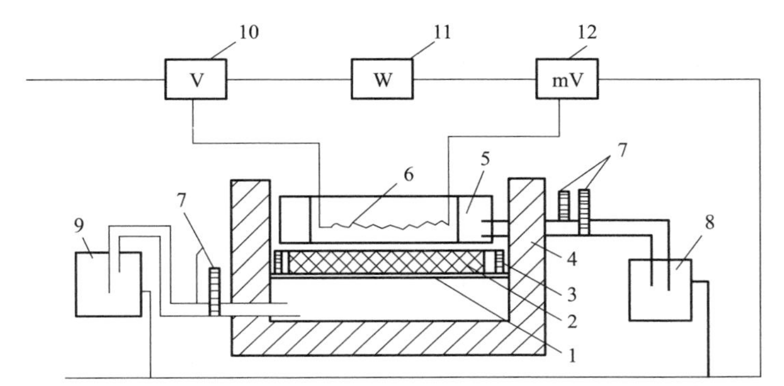

1—冷板；2—试样；3—测微器；4—护热装置；5—护加热板；6—主加热板；7—温度计；8—护热板恒温水浴；9—冷板恒温水浴；10—电压表；11—功率表；12—毫伏表。

图 4.4　热导率测量仪结构

(1) 加热板：主加热板直径至少为 100mm，护加热板最小宽度至少为加热板边长或直径的 1/4。主加热板和护加热板之间应有合适的缝隙，缝隙的平面积应不大于主加热板面积的 8%。加热板应平整、光滑，表面平面度误差在 0.25mm/m 以内。温度应均匀，主加热板温度波动不大于试样两面温差的 2%，护加热板不大于 5%。主、护加热板之间应有平均温度平衡检测器。

(2) 冷板：应具有与加热板同样尺寸和对平面度的要求。

(3) 热板与冷板具有大于 0.8 的辐射系数。

(4) 封测温仪表：用热电偶丝直径小于 0.2mm 的热电偶，测量试样两表面的温度，精度不低于 0.1K。

(5) 量热仪表：测量单位时间通过试样的热量，精确到 1%。

(6) 加热电源：要求加热电压的波动，不超过±0.5%。

4.4.2.2　试样

(1) 试样准备　试样应是产品有代表性部分，由产品直接截取或按产品标准要求制备。试样为圆形或正方形，其直径或边长与护热板相等，厚度不小于 5mm。最大厚度根据仪器确定，应不超过其直径或边长的 1/8。

(2) 试样数量　每组试样不少于两块。

(3) 状态调节　试样应是均质的硬质材料，两表面应平整光滑且平行，无裂缝等缺陷。对平板试样，要求平面度误差在 0.5mm/m 以内。试验环境：应符合

GB 2918—2018 规定的常温、常湿。热板温度应低于 333K。冷板温度为室温或所需温度。冷板和热板之间的温度差不小于 10K，通过试样的温度梯度在 400～2000K/m 之间。测试前应根据产品标准的要求对试样进行状态调节，如无产品标准，则根据 GB 2918—2018 规定的条件处理 24h。

4.4.2.3 步骤

（1）采用精度不小于 0.05mm 的厚度测量工具，沿试样四周至少测量四处的厚度，取其算术平均值，作为试验前试样厚度。

（2）将状态调节过的试样，放入仪器冷热板之间，使试样与冷热板紧密接触。

（3）使冷热板维持恒定的温度，保持所选定的温度差。温度的读数应精确至 0.1K。

（4）当主加热板和护加热板温差小于±0.1K 时，认为温度达到平衡。

（5）在主加热功率不变条件下，当主加热板温度波动每小时不超过±0.1K 时，认为达到稳态。每隔 30min 连续三次测量单位时间内通过有效传热面的热量和试样两面温差。各次测定值与平均值之差小于 1%时，结束试验。

（6）试验完毕再按步骤（4）的规定测量试验后试样厚度。取试验前、后试样厚度的平均值为试样厚度。

4.4.2.4 结果

（1）单平板法　热导率按式(4.2) 计算：

$$\lambda=\frac{Qd}{A\tau\Delta t}\text{或}\lambda=\frac{qd}{\Delta t} \tag{4.2}$$

式中，λ 为试样热导率，W/(m·K)；Q 为稳态时通过试样有效传热面积热量，J；d 为试样厚度，m；q 为通过试样有效传热面积的热流密度，W/m^2；A 为试样有效传热面积以主、护加热板缝隙中心的距离计算，m^2；τ 为测量时间间隔，s；Δt 为试样热面温度 t 和冷面温度 t' 之差，即 $\Delta t=t-t'$，K。

（2）双平板法　热导率按下式计算：

$$\lambda=\frac{Qd_m}{2A\tau\Delta t_m}\text{或}\lambda=\frac{qd_m}{2\Delta t_m} \tag{4.3}$$

式中，d_m 为试样 1 与试样 2 的厚度（d_1 和 d_2）的平均厚度，即

$$d_m=0.5(d_1+d_2) \tag{4.4}$$

Δt_m 为试样 1 与试样 2 的两面平均温度差，即

$$\Delta t_m=0.5[(t_1+t_2)-(t_1'+t_2')] \tag{4.5}$$

式中，t_1、t_2 分别为试样1与试样2的热面温度，K；t'_1、t'_2分别为试样1与试样2的冷面温度，K。

公式仅在以下条件下适用：

$$\left|\frac{2[(t_1-t'_1)+(t_2-t'_2)]}{(t_1+t_2)-(t'_1+t'_2)}\right|\leqslant 0.2 \tag{4.6}$$

试验结果以每组试样的算术平均值表示，取三位有效数字。当每一试样测试结果与平均值之差大于5%时，试验应重做。

4.4.3　讨论

线膨胀系数可以用上述步骤测得，测试过程中还需注意以下几点：①当试验用软质材料或粒料时，需要有木制框架，试样总体上应是均质的；②如无防露措施，冷板温度至少高于环境露点5K。

4.5　玻璃化温度测试

4.5.1　概述

定义：按GB/T 2035，无定形或半结晶聚合物从黏流态或高弹态（橡胶态）向玻璃态转变（或相反的转变）称玻璃化转变。发生玻璃化转变较窄温度范围的近似中点称玻璃化温度。

原理：采用热机械分析法TMA（以一定的加热速率加热试样，使试样在恒定的较小载荷下随温度升高发生形变，测量试样温度-形变曲线的方法）测定工程塑料的玻璃化温度。

目的和意义：玻璃化转变温度 T_g 是材料的一个重要特性参数，材料的许多特性都在玻璃化转变温度附近发生急剧的变化。根据玻璃化转变温度可以准确制定玻璃的热处理温度制度。

玻璃化温度测试标准和使用范围如表4.5所示。

表4.5　玻璃化温度测试标准和使用范围

检测项目名称	采用标准		适用范围
	国内标准	国际标准	
玻璃化温度	GB/T 11998—1989	—	适用于无定形热塑性塑料，亦适用于部分结晶的热塑性塑料，不适用于高填充无定形热塑性塑料体系

4.5.2 检测方法

4.5.2.1 仪器

热机械分析仪主要由机架、压头、加荷装置、加热装置、制冷装置、形变测量装置、记录装置、温度程序控制装置等组成，如图 4.5 所示。

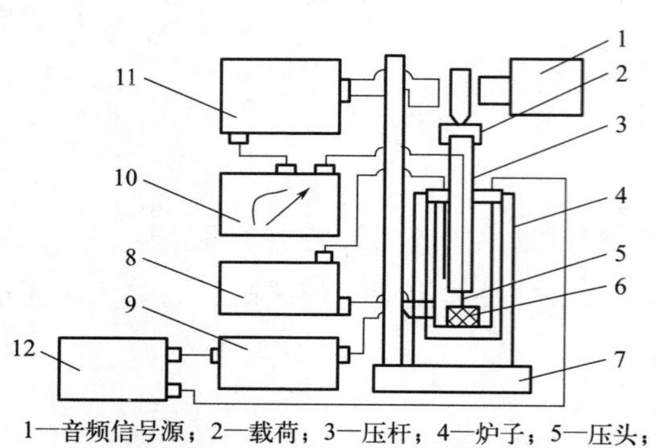

1—音频信号源；2—载荷；3—压杆；4—炉子；5—压头；6—试样；7—机架；8—高温程序温度控制器；9—低温程序温度控制器；10—记录仪；11—形变量转换放大器；12—低温制冷器。

图 4.5 热机械分析仪

① 机架是刚性结构，压杆在最大载荷下，在测试温度范围内，在轴线方向不发生变形。

② 压头的端面应与主轴轴线相垂直，其偏差不大于 0.200mm，在试验载荷下，压头不应有任何变形和损伤，其直径为 4.0mm±1.0mm，长度为 10mm±1mm。

③ 加荷装置是通过压杆、压头对试样施加所需压强。加热装置应有程序控制系统，可调节所需要的加热速率，偏差为±0.5℃/min，控温精度为 0.5℃，并能将温度变化转变为电信号输送到记录装置。

④ 制冷装置应能迅速使炉子与试样冷却到所需温度（最低可至－150℃）。

⑤ 形变测量装置应能感受到探头位移的微小变化，并将这种变化转变为电信号，输送到记录装置。探头每位移 1μm 应至少输出 1μV 的电信号。

⑥ 记录装置应能记录探头位移和温度的变化，其灵敏度为探头每移动 1μm，记录图偏移至少 1mm。

4.5.2.2 试样

（1）试样准备　试样尺寸可分为圆柱形试样和正方柱形试样：

① 圆柱形试样 $\phi \times L$(mm)：(4.5±0.5)×(6.0±1.0)；

② 正方柱形试样 $a \times b \times L$(mm)：(4.5±0.5)×(4.5±0.5)×(6.0±1.0)。

（2）试样数量　每组试样不少于两块。

（3）状态调节　试样应在具有鼓风的烘箱中低于玻璃化温度约 20℃下烘 2h，然后放入盛有无水氯化钙干燥器中冷却至室温，再按 GB 2918—2018 规定的标准环境处理 24h。如有特殊要求，按产品标准或供需双方商定的条件处理。玻璃化温度低于室温的试样放在试样架上预测试，待温度低于玻璃化温度约 20℃时，保持 5min，冷却至初始温度，再保持 5min，可进行正式测量。

4.5.2.3　步骤

① 将热机械分析仪接通电源，预热约 15min。

② 将状态调节好的试样，放入热机械分析仪试样架上，加上压杆和所需载荷，保持约 15min，使温度达到稳定。

③ 开启温度程序控制开关，以规定的升温速率加热试样，记录仪开始记录温度-形变关系曲线。

④ 当温度-形变曲线发生急剧变化后，即可终止试验。

4.5.2.4　结果

玻璃化温度 T_g 由温度-形变曲线作切线求得，如图 4.6 所示。以两个试样试验结果的算术平均值作为测试结果。两个试样的结果，相差不得大于 4℃，否则应重新试验。试验结果应修约到整数位。

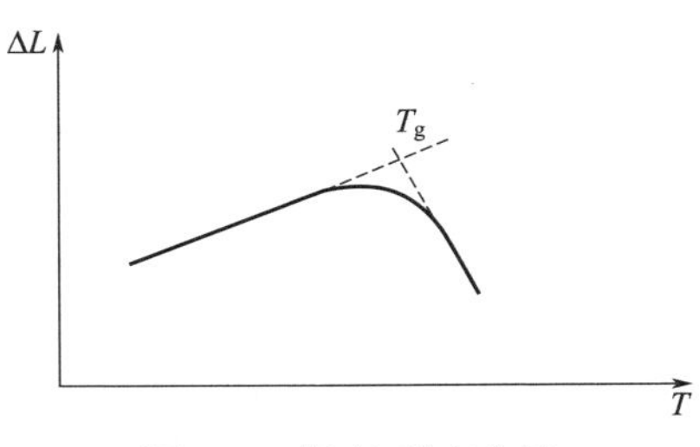

图 4.6　温度-形变曲线

4.5.3　讨论

玻璃化温度测试过程中还需注意以下几点：①试验方法所测得的结果与用其他方法测得的结果，不能相比较。②如果试样易受氧化，可用氮气保护。③试验环境按 GB/T 2918—2018 中规定的常温、常湿设定。

4.6　尺寸稳定性测试

4.6.1　概述

定义：试样在特定温度和相对湿度条件下，放置一定时间后，互相垂直的三维方向上产生的不可逆尺寸变化。

原理：将试样在规定的试验条件下放置一定时间，并在标准环境下进行状态调节后，测定其线性尺寸发生的变化。

尺寸稳定性测试标准和使用范围如表 4.6 所示。

表 4.6　尺寸稳定性测试标准和使用范围

检测项目名称	采用标准		适用范围
	国内标准	国际标准	
尺寸稳定性	GB/T 8811—2008	ISO 2796:2006	硬质泡沫塑料

4.6.2 检测方法

（1）仪器

① 恒温或恒温恒湿烘箱：能满足 GB/T 8811—2008 中 7.1 试验条件要求的恒温或恒温恒湿烘箱。

② 量具：测量试样线性尺寸的量具应符合 GB/T 6342—1996 的规定。

（2）试样

① 试样准备　用锯切或其他机械加工方法从样品上切取试样，并保证试样表面平整而无裂纹，若无特殊规定，应除去泡沫塑料的表皮。试样为长方体，试样最小尺寸为(100±1)mm×(100±1)mm×(25±0.5)mm。

② 试样数量　对选定的任一试验条件，每一样品至少测试三个试样。

③ 状态调节　试样应按 GB/T 2918—2018 的规定，在温度 23℃±2℃、相对湿度 45%～55%条件下进行状态调节。

（3）步骤

① 按 GB/T 8811—2008 中 7.2 的规定测量试样试验前的尺寸。

② 调节试验箱内温度、湿度至选定的试验条件，将试样水平置于箱内金属网或多孔板上，试样间隔至少 25mm，鼓风已保持箱内空气循环。试样不应受加热元件的直接辐射。

③ 20h±1h 后取出试样。

④ 按 GB/T 8811—2008 中 6.4 规定的条件放置 1～3h。

⑤ 按 GB/T 8811—2008 中 7.2 的规定测量试样尺寸，并目测检查试样状态。

⑥ 再将试样置于选定的试验条件下。

⑦ 总时间 48h±2h 后，重复步骤④、⑤操作。如果需要，可将总时间延长为 7d 或 8d，然后重复步骤④、⑤操作。

（4）结果　测试结果按下列公式计算：

$$S_1=\frac{L_1-L_0}{L_0}\times100 \tag{4.7}$$

$$S_2=\frac{W_1-W_0}{W_0}\times100 \tag{4.8}$$

$$S_3=\frac{D_1-D_0}{D_0}\times100 \tag{4.9}$$

式中，S_1 为试样长度变化率，%；S_2 为试样宽度变化率，%；S_3 为试样直径变化率，%；L_0 为试样初始长度，mm；L_1 为试样试验后的长度，mm；W_0 为试样初始宽度，mm；W_1 为试样试验后的宽度，mm；D_0 为试样初始直径，

mm；D_1 为试样试验后的直径，mm。

每个试样以最大变化值计算结果，通常取三个试样（薄膜取五个试样）的算术平均值作为试验结果。负值表示收缩，可以用绝对值表示。

4.6.3 讨论

尺寸稳定性测试过程中还需注意开关试验箱的动作要快，以免试验箱温度有较大波动。

4.7 塑料脆化温度测试

4.7.1 概述

定义：在规定试验条件下，破损率为 50%时的温度。

原理：将在夹具呈悬臂梁固定的试样浸没于精确控温的传热介质中，按规定时间进行状态调节后，以规定速度单次摆动冲头冲击试样，测试足够多的试样，用统计理论来计算脆化温度，50%的试样破损的温度即为脆化温度。

脆化温度测试标准和使用范围如表 4.7 所示。

表 4.7 脆化温度测试标准和使用范围

检测项目名称	采用标准		适用范围
	国内标准	国际标准	
脆化温度	GB/T 5470—2008	—	标准环境温度和特定冲击条件下非硬质塑料

4.7.2 检测方法

4.7.2.1 仪器和材料

① A 型试验机和 B 型试验机：结构尺寸等要求详见 GB/T 5470—2008 中 5.1 和 5.2。

② 温度测试系统：可用任何适合的设备。应在要求范围校准且精确至 ±0.5℃，测温装置应尽可能靠近试样。

③ 液体或气体导热介质：在试验温度下，能够保证流动性并对试样没有影响的液体都可以使用，传热介质的温度控制在试验温度的±0.5℃内。

④ 箱体：箱体应该具有绝热性。

⑤ 搅拌器：使导热介质能够均匀循环。

⑥ 量具：精度为0.1mm，用于测量试样的宽度和厚度。

⑦ 秒表。

4.7.2.2 试样

（1）试样准备　用同一方法制备试样很重要，用刀片或其他锋利的工具切割试样，最好每次平稳冲切，不推荐手动冲刀切试样，尽管这样可能制备满意的试样，推荐使用自动冲切机。无论使用哪种方法，经常检查和维护冲刀很重要。要获得可靠的试验结果，制备试样应使用锋利的冲力。

可以通过观察任一系列破损试样上破裂点来判断冲刀状况。当被冲破的样条从试验仪器的夹具上掉下时，可以很方便地收集这些样品并且观察到这些样品是否在同一点上或同一点附近有破裂的趋势。如果破裂点一直在同一位置出现，说明冲刀的那个位置已钝化、有缺口或弯曲。

（2）试样数量　对选定的任一试验条件，至少用10个试样进行试验。

（3）状态调节　按照材料标准的规定对试样进行状态调节，未做规定且相关方未协商一致时，从GB/T 2918—2018中选择最适宜的状态调节条件。

4.7.2.3 步骤

① 预定一种材料的脆化温度时，推荐在预期能达到50%破损率的温度条件下进行试验。在该温度下至少用10个试样进行试验。如果试样全部破损，把浴槽的温度升高10℃，用新试样重新进行试验；如果试样全部破损，把浴槽的温度降低10℃，用新试样重新进行试验；如果不知道大致的脆化温度，起始温度可以任意选择。

② 试验前准备浴槽，仪器调至起始温度，如果用于冰冷却浴槽，把适量的粉状干冰置于绝热的箱体中，然后慢慢加入导热介质，直至液面与顶部保持30～50mm的高度。如果仪器配备了液氮或干冰冷却系统和自动控温装置，应遵循仪器制造商提供的说明书操作。

③ 将试样紧固在夹具内，并将夹具固定在试验机上。

④ 将夹具降至传播介质中，如果使用干冰做冷却剂，可以通过适时添加少量干冰保持恒温，如果仪器配备的是液氮或干冰冷却系统和自动控温装置，应遵循仪器制造商提供的设置和控温方法操作。

⑤ 使用液体介质时，3min±0.5min记录温度并对试样做一次冲击；用气体介质时，20min±0.5min记录温度并对试样做一次冲击。

⑥ 将夹具从试验仪器中移开，并把每个试样都从夹具中取出，逐个检查试样确定是否已破损。所谓破损即试样彻底被分成两段或更多部分，或者目测可见试样上带有裂痕，如果试样没有完全分离，可以沿着冲击所造成的弯曲方向把试样弯至90°，然后检查弯曲部分的裂缝，记录试样破损数目和试验温度。以2℃

或 5℃的温度增量升高或降低浴槽温度，重复上述步骤，直到测出没有试样破损时的最低温度、试样全部破损时最高温度。每次试验都用新试样。

⑦ 在 10％～90％破损范围内进行四个或更多个温度点的试验。

4.7.2.4　结果

（1）图解法　在概率图纸上标出任一温度下试验温度与对应破损百分数的点，并通过这些点画出一条最理想的直线，线上与 50％概率相交的点所指示的温度即为脆化温度。

（2）计算法　按式(4.10）计算材料的脆化温度：

$$T_{so}=T_h+\Delta T\left(\frac{S}{100}-\frac{1}{2}\right) \tag{4.10}$$

式中，T_{so} 为脆化温度，℃；T_h 为所有试样全部破损时的温度（用正确的代数符号），℃；ΔT 为两次试验间相同的适当温度增量，℃；S 为每个温度点破损百分率的总和（从没有发生断裂现象的温度开始下降直至包括）。把试验结果确定为一个最靠近的摄氏温度整数值。

4.7.3　讨论

脆化温度可以用上述步骤测得，测试过程中还需注意以下几点：

① 因为试样夹具的几何尺寸不同，使用 A 型试样夹具和冲头测试的结果与使用 B 型仪器得到的结果不具有可比性。

② 液体介质与塑料试样的接触时间短且温度低，对大多数塑料材料，乙醇和干冰的混合物都适用。此混合物可使温度降至－78℃，低于此温度则需要其他传热介质，如硅油、二氯二氟甲烷/液氮或空气浴槽。

③ 夹具的夹持力过大时，可能对某些材料造成预应力，试验时导致试样过早破损，用扭矩扳手可控制试样的夹持力，并且应对每一试样施加相同的最小夹持力。

④ 试样被弯曲时的温度应高于试样被冲击的温度。

4.8　塑料的熔融温度测试

4.8.1　概述

定义：熔融温度测试是在程序控制温度下，测量输给物质与参比物的功率差与温度的一种技术。

原理：在规定的气氛及程度温度控制下，测量输入到试样和参比样的热流速率差随温度和时间变化的关系。

熔融温度测试标准和使用范围如表 4.8 所示。

表 4.8 熔融温度测试标准和使用范围

检测项目名称	采用标准		适用范围
	国内标准	国际标准	
尺寸稳定性	GB/T 19466.1—2004、GB/T 19466.3—2004	—	结晶和半结晶聚合物

4.8.2 检测方法

4.8.2.1 仪器

（1）差示扫描量热仪：主要性能详见 GB/T 19466.1—2004 中 5.1 要求。

（2）样品皿：用来装试样和参比样，由相同质量的同种材料制成。在测量条件下，样品皿不与试样和气氛发生物理或化学变化。样品皿应具有良好的导热性能，能够加盖和密封，并能承受在测量过程中产生的过压。

（3）天平：称量准确度为±0.01mg。

（4）标准样品：参见 GB/T 19466.1—2004 中附录 A。

（5）气源：分析级。

4.8.2.2 试样

（1）试样准备　试样可以是固态或液态。固态试样可为粉末、颗粒、细粒或从样品上切成的碎片状。试样应能代表受试样品，并小心制备和处理。从样片上切取试样时应小心，以防止聚合物受热重新取向或其他可能改变其性能的现象发生。应避免研磨等类似操作，以防止受热或重新取向和改变试样的热历史。

（2）试样数量　对粒料或粉料样品，应取两个或更多的试样。

（3）状态调节　试验前，接通仪器电源至少 1h，以便电器元件温度平衡。仪器的维护和操作应在 GB/T 2918—2018 规定的环境下进行。测定前，应按材料相关标准规定或供需双方商定的方法对试样进行状态调节。

4.8.2.3 步骤

① 按 GB/T 19466.3—2004 中 9.1 的规定打开仪器。

② 按 GB/T 19466.1—2004 中 9.2 的规定将试样放在样品皿内，除非材料的标准另有规定，试样量采用 5～10mg。称量试样，精确到 0.1mg。

③ 按 GB/T 19466.1—2004 中 9.3 的规定把样品皿放入仪器内。

④ 按 GB/T 19466.3—2004 中 9.4 规定的条件下温度扫描。

4.8.2.4 结果

测试结果按 GB/T 19466.3—2004 中 10.1 的规定表示。

4.8.3 讨论

熔融温度可以用上述步骤测得，测试过程中还需注意以下几点：

① 样品皿的底部应平整，且皿和试样支持器之间接触良好。这对获得好的数据是至关重要的。

② 不能用手直接处理试样或样品皿，要用镊子或戴手套处理试样。

③ 经有关双方的同意，可以采用其他的升温或降温速率。特别是高的扫描速率使记录的转变有高的灵敏度，另外，低的扫描速率能提供较好的分辨能力。选择适当的速率对观察细微的转变是重要的。

④ 由于过冷，要达到足够低的温度变化时才能得到结晶，结晶温度通常大大低于熔融温度。

⑤ 不正确的试样制备会影响待测聚合物的性能。

⑥ 建议仪器不要放在风口处，并防止阳光直接照射。测量时，应避免环境温度、气压或电源电压剧烈波动。

4.9 氧化诱导时间和氧化诱导温度测试

4.9.1 概述

定义：氧化诱导时间（等温 OIT）是稳定化材料耐氧化分解的一种相对度量。在常压、氧气或空气气氛及规定温度下，通过量热法测定材料出现氧化放热的时间。

氧化诱导温度（动态 OIT）是稳定化材料耐氧化分解的一种相对度量。在常压、氧气或空气气氛中，以规定的速率升温，通过量热法测定材料出现氧化放热的温度。

原理：氧化诱导时间（等温 OIT）的测试，是在试样和参比物在惰性气氛（氮气）中以恒定的速率升温。达到规定温度时，切换成相同流速的氧气或空气。然后将试样保持在该恒定温度下，直到在热分析曲线上显示出氧化反应。等温 OIT 就是开始通氧气或空气到氧化反应开始的时间间隔。氧化的起始点是由试样放热的突增来表明的，可通过差示扫描量热仪观察。

氧化诱导温度（动态 OIT）的测试，是在试样和参比物在氧气或空气气氛中以恒定的速率升温，直到在热分析曲线上显示出氧化反应。动态 OIT 就是氧化反应开始时的温度。氧化的起始点是由试样放热的突增来确定的，可通过差示扫描量热仪 DSC 观察。

氧化诱导时间和氧化诱导温度测试标准和使用范围如表 4.9 所示。

表 4.9 氧化诱导时间和氧化诱导温度测试标准和使用范围

检测项目名称	采用标准		适用范围
	国内标准	国际标准	
氧化诱导时间	GB/T 19466.1—2004、GB/T 19466.6—2009	—	充分稳定混配的聚烯烃材料(原料或最终制品)以及其他塑料
氧化诱导温度	GB/T 19466.1—2004、GB/T 19466.6—2009	—	充分稳定混配的聚烯烃材料(原料或最终制品)以及其他塑料

4.9.2 检测方法

4.9.2.1 仪器和材料

(1) 差示扫描量热仪 (DSC) 仪。

(2) 坩埚：将试样置于开口或加盖密封但上部通气的坩埚内。最好使用铝坩埚，通过有关方面商定后，也可使用其他材质的坩埚。

(3) 流量计：流速测量装置用于校准气体流速，如带流量调节阀的转子流量计或皂膜流量计。质量流量计应用容积式测量装置进行校准。

(4) 氧气：99.5%工业氧一等品 (特别干燥) 或更高纯度的氧气。

警告： 使用高压气体应进行安全、妥当的处理。另外，氧气是极弧的氧化剂，能加速燃烧。应将油脂远离正在使用或载氧的设备。

(5) 空气：干燥且无油脂的压缩空气。

(6) 氮气：99.99%纯氮 (特别干燥) 或更高纯度的氮气。

(7) 气体选择转换器及调节器：氮气和氧气或空气之间的切换装置，用于测量氧化诱导时间时气体的切换。为使切换体积最小，气体切换点和仪器样品室之间的距离应尽量短，滞后时间不能超过 1min。对于 50mL/min 的气体流速，死体积不应超过 50mL。

注： 若滞后时间可知，则能获得更高的测试精度。测定滞后时间一种可行的方法是对一种在氧气中立即氧化的不稳定材料进行测试。用该测试所得的氧化诱导时间可对以后的等温 OIT 测定值进行修正。

4.9.2.2 试样

(1) 试样准备　试样可以是固态或液态。固态试样可为粉末、颗粒、细粒或从样品上切成的碎片状。试样应能代表受试样品，并小心制备和处理。从样片上切取试样时应小心，以防止聚合物受热重新取向或其他可能改变其性能的现象发生。应避免研磨等类似操作，以防止受热或重新取向和改变试样的热历史。试样厚度为650μm±100μm，要求厚度均匀、表面平行、平整、无毛刺、无斑点。若要进行横穿样品厚度方向的OIT测试，可能需要厚度远小于650μm的试样，应在试验报告中注明。

① 模压片材的试样　为获得形状和厚度一致的试样，应按照GB/T 9352—2008或其他与聚烯烃制品相关的标准，如GB/T 1845.2—2006、GB/T 2546.2—2003，以及ISO 8986-2：2009标准，将样品模压成厚度满足要求的片材。也可从较厚的模压片材上切取适当厚度的试样。如果相关产品标准没有规定加热时间，在模压温度下最多加热5min。用打孔器从片材上冲出一直径略小于样品坩埚内径的圆片。从片材上冲取的试样圆片应足够小，平铺在坩埚内，不应叠加试样来增加质量。

注： 试样质量随直径变化而变化。根据材料的密度不同，通常对于直径为5.5mm、从片材上切取的试样圆片，其质量应在12～17mg之间。

② 注塑片材或熔体流动速率测定仪挤出料条的试样　从厚度满足要求的注塑试样上取样。注塑样品时按照GB/T 17037.3—2003或其他与聚烯烃制品相关的标准，如GB/T 1845.2—2006、GB/T 2546.2—2003，以及ISO 8986-2：2009标准，最好用打孔器从片材上冲出一直径略小于样品坩埚内径的圆片。也可从熔体流动速率测定仪挤出料条上切取试样。此时，应从垂直于料条长度方向上切取，并通过目测观察试样以确保其没有气泡。最好用切片机切取厚度为650μm±100μm的试样。

③ 制品部件的试样　按照相关标准从最终制品（如管材或管件）切取圆形片材，获得厚度为650μm±100μm的试样。建议采用下述步骤从较厚的最终制品上取样：用取芯钻快速直接穿透管壁以获得一个管壁的横断面，芯的直径刚好小于样品坩埚的内径。注意在切取过程中防止试样过热。最好使用切片机，从芯上切取规定厚度的试样圆片。若期望得到表面效应的特性，则从内、外表面切取试样，然后将原始表面朝上进行试验。若期望得到原材料本身的特性，应切去内、外表面，从中间部分切取试样。

（2）试样数量　对粒料或粉料样品，应取两个或更多的试样。

（3）状态调节　试验前，接通仪器电源至少1h，以便电器元件温度平衡。仪器的维护和操作应在GB/T 2918—2018规定的环境下进行。测定前，应按材料相关标准规定或供需双方商定的方法对试样进行状态调节。

4.9.2.3　步骤

（1）按GB/T 19466.3—2004中9.1的规定仪器准备。

（2）试样放置

① 按GB/T 19466.1—2004中9.2的规定将试样放在样品皿内，除非材料的标准另有规定，试样量采用5～10mg。称量试样，精确到0.1mg。

② 按 GB/T 19466.1—2004 中 9.3 的规定进行坩埚放置。

③ 氮气、空气和板气流速设定，采用与校准仪器时相同的吹扫气流速。气体流速发生变化时需重新校准仪器。吹扫气流速通常是 50mL/min±5mL/min。

④ 灵敏度调整，调整仪器的灵敏度以使 DSC 曲线突变的纵坐标高度差至少是记录仪满量程的 50%以上。计算机控制的仪器无需此调整。

(3) 测量

① 氧化诱导时间（等温 OIT） 在室温下放置试样及参比样坩埚，开始升温之前，通氮气 5min。

在氮气气氛中以 20℃/min 的速率从室温开始程序升温试样至试验温度口恒温，试验温度的选取尽量是 10℃的倍数，而且每变化一次只改变 10℃。可按照参考标准的规定或有关方面商定采用其他的试验温度。当试样的 OIT 小于 10min 时，应在较低温度下重新测试；当试样的 OIT 大于 60min 时，也应在较高温度下重新测试。

达到设定温度后，停止程序升温并使试样在该温度下恒定 3min。

打开记录仪。

恒定时间结束后，立即将气体切换为同氮气流速相同的氧气或空气。该氧气或空气切换点记为试验的零点。

继续恒温，直到放热显著变化点出现之后至少 2min（见图 4.7）。也可按照产品技术指标要求或经有关方面商定的时间终止试验。

试验完毕，将气体转换器切回至氮气并将仪器冷却至室温。如需继续进行下一试验，应将仪器样品室冷却至 60℃以下。

每个样品的试验次数可由有关方面商定。建议重复测试两次，报告其算术平均值、低值和高值。

注： 由于氧化诱导时间与温度和聚合物中的添加剂有复杂的关系，因此外推或比较不同温度下得到的数据是无效的，除非有试验结果能证实。

② 氧化诱导温度（动态 OIT） 开始升温之前，在室温下用测试用吹扫气（即氧气或空气），将载有试样及参比样坩埚的仪器吹扫 2min。

在氧气或空气气氛中从室温开始程序升温试样至放热显著变化点出现后至少 30℃（见图 4.8），尽量采用 10℃/min 或 20℃/min 的升温速率。也可按照产品技术指标要求或经有关方面商定的温度终止试验。

试验完毕后，将仪器冷却至室温。如需继续进行下一个试验，应将仪器样品室冷却至 60℃以下。每个样品的试验次数可由有关方面商定。建议重复测试两次，报告其算术平均值、低值和高值。

(4) 清洗 在空气或氧气中至少升温至 500℃并保持 5min 以清洗污染的 DSC 测量池，清洗频率可根据相关认可程序或结果偏离情况而定。作为预防措施，清洗频率应按照实验室的规程执行。

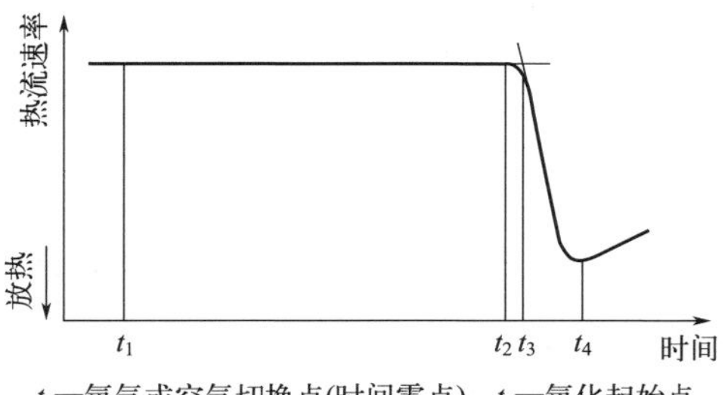

t_1—氧气或空气切换点(时间零点)；t_2—氧化起始点；
t_3—切线法测得的交点(氧化诱导时间)；
t_4—氧化出峰时间。

图 4.7　氧化诱导时间曲线示意图（切线分析方法）

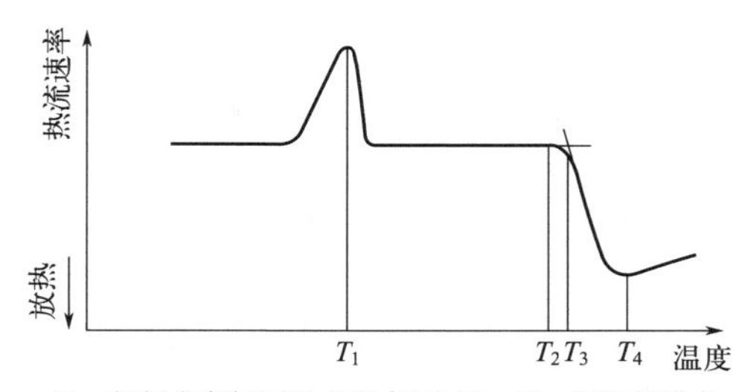

T_1—氧气或空气切换点(时间零点)；T_2—氧化起始点；
T_3—偏移法测得的交点(氧化诱导时间)；
T_4—氧化出峰时间。

图 4.8　氧化诱导温度曲线示意图（切线分析方法）

4.9.2.4　结果

将数据以热流速率为 Y 轴，以时间或温度为 X 轴进行绘图。采用手工分析时，为便于分析应尽量扩展 X 轴。记录的基线应充分延长至氧化放热反应起始点之外，外推放热曲线上最大斜率处的切线与延长的基线相交。该交点对应的时间或温度即是氧化诱导时间或氧化诱导温度，保留三位有效数字。

上述切线分析法是确定交点的优选方法。但当氧化反应缓慢时，可能会产生逐步放热的峰，此时在放热曲线上选择合适的切线比较困难。若用切线分析法时选择的基线很不明显，可使用偏移法。在距离第一条基线 0.05W/g 处画一条与其平行的第二条基线。将第二条基线与放热曲线的交点定义为氧化起始点。如图 4.9 所示。

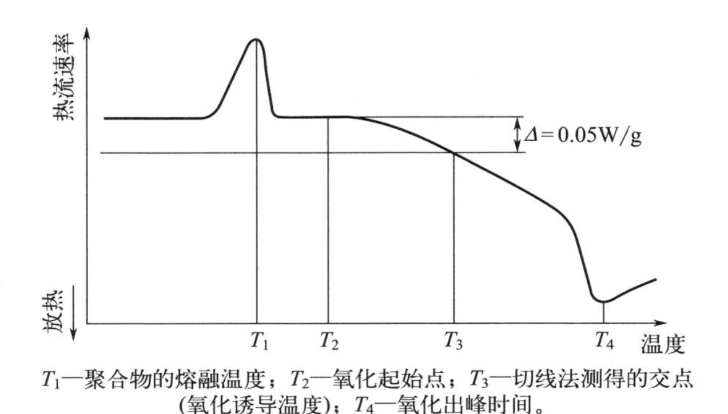

T_1—聚合物的熔融温度；T_2—氧化起始点；T_3—切线法测得的交点(氧化诱导温度)；T_4—氧化出峰时间。

图 4.9　有逐步放热峰的氧化诱导温度曲线（偏移分析法）

有逐步放热峰的热分析曲线也可能是由于试样制备欠佳，如试样厚度不均、不平或有毛刺、斑痕造成的。因此，在用偏移分析法对结果进行评价时，建议在确保试样满足需求后重复扫描，以确认有逐步放热峰的热分析曲线的存在。

经有关方面商定，也可采用其他处理手段或基线间距。

4.9.3 讨论

熔融温度可以用上述步骤测得，测试过程中还需注意以下几点：

① 氧化诱导时间或氧化诱导温度能评价试样中抗氧剂的效果，但在解释数据时须注意，因为氧化反应动力学与温度和样品中添加剂的固有性质有关。例如经常用氧化诱导时间或氧化诱导温度对树脂的配方进行优选：某线抗氧剂尽管在最终制品的使用温度下性能优异，但由于抗氧剂的挥发或氧化反应活化能的差异，也可能导致较差的氧化诱导时间或氧化诱导温度测试结果。

② 差示扫描量热仪（DSC）仪器的最高温度应至少能达到500℃。对于氧化诱导时间的测试，应能在试验温度下、整个试验期间（通常为60min），保持±3℃的恒温稳定性。对于高精度测试，建议恒温稳定性为±0.1℃。

③ 坩埚的材质能显著影响氧化诱导时间和氧化诱导温度的测试结果（即具有相关的催化作用）。容器的类型取决于被测材料的用途。通常，用于电线电缆工业的聚烯烃可用铜坩埚或铝坩埚，而用于地膜和防雾滴膜的聚烯烃仅使用铝坩埚。

④ 样品和试样的制备方法取决于材料及其加工历史、尺寸和使用条件，它们对测试结果与其意义的一致性是非常关键的。另外，试样的比表面积、样品不均匀、残余应力以及试样与坩埚接触不良都会显著影响试验精度。

参考文献

[1] GB/T 1634.1—2019. 塑料　负荷变形温度的测定　第1部分：通用试验方法 [S].

[2] GB/T 1633—2000. 热塑性塑料维卡软化温度（VST）的测定 [S].

[3] GB/T 1036—2008. 塑料－30℃～30℃线膨胀系数的测定　石英膨胀计法 [S].

[4] GB/T 3399—1982. 塑料导热系数试验方法　护热平板法 [S].

[5] GB/T 11998—1989. 塑料玻璃化温度测定方法（热机械分析法）[S].

[6] GB/T 8811—2008. 硬质泡沫塑料　尺寸稳定性试验方法 [S].

[7] GB/T 5470—2008. 塑料　冲击法脆化温度的测定 [S].

[8] GB/T 19466.1—2004. 塑料　差示扫描量热法（DSC）　第1部分：通则 [S].

[9] GB/T 19466.3—2004. 塑料　差示扫描量热法（DSC）　第3部分：熔融和结晶温度及热焓的测定 [S].

[10] GB/T 19466.6—2009. 塑料　差示扫描量热法（DSC）　第6部分：氧化诱导时间（等温OIT）和氧化诱导温度（动态OIT）的测定 [S].

[11] 吴其胜，蔡安兰，杨亚群，等．材料物理性能 [M]. 上海：华东理工大学出版社，2006.

[12] 郑伟义，陈国龙，高继轩，等．非金属承压设备的耐腐蚀性及应用 [M]. 北京：科学出版社，2018.

[13] 孙立梅，陈占勋．聚氯乙烯耐热性研究的现状与进展 [J]. 材料与性能，2002，(2)：6-10.

第5章 耐腐蚀性检测

现代腐蚀科学认为，“腐蚀”的含义是“所有物质（金属和非金属）由于环境引起的破坏”。就金属而言，腐蚀就是：在周围介质的化学或电化学作用下，金属单质被氧化形成化合物的过程。腐蚀造成金属设备的损失是非常严重的，据统计，世界各国因腐蚀而造成的经济损失远超过其他各种自然灾害引起的经济损失的总和。美国发布的第7次腐蚀损失调查结果表明，其每年的直接腐蚀损失是2760亿美元，约占其GDP的3.1%；中国科学院海洋研究所的侯保荣院士等调查研究表明，2014年中国由于腐蚀带来的损失和防腐蚀投入总额超过2万亿人民币，约占当年国内生产总值的3.34%，相当于每个中国人当年承担1555元的腐蚀成本。承压类设备的腐蚀不仅会造成巨大的经济损失，还可能造成惨重的人员伤亡事故。通过对石油化工行业每一年发生的事故进行统计分析，在爆炸事故中70%是由于设备受到腐蚀，不能及时更新，最终造成了严重的事故。

近年来，非金属材料由于其较强的耐腐蚀性能被广泛应用于承压设备的制造和使用中。包括无机非金属类，如石墨制压力容器、玻璃钢制压力容器、搪玻璃压力容器等；也包括有机非金属类，如PVC管道、PE管道等聚合物管道。和金属材料相比，非金属不易受到空气、水和常用化学品的侵蚀，但并不是完全不腐蚀的。例如，无机非金属材料具有优异的除氢氟酸以外的耐酸性能，但对碱性介质比较敏感；溶剂分子渗透进入有机非金属材料内部，会导致材料发生溶胀或溶解等物理腐蚀；在紫外线、湿度、温度和大气氧等外界环境的作用下，有机非金属材料会发生氧化、水解等化学腐蚀。非金属材料的腐蚀与材料内部分子间隙和结晶程度有直接关系，一般来说，介质和非金属材料的化学结构越相似，溶解的可能性越大，越易腐蚀。

由于石墨本身耐腐蚀性极强，常被作为抗腐蚀剂应用于工业中，因此石墨制压力容器具有很高的耐腐蚀性，一般不需要测试其耐腐蚀性能。本章将详细介绍塑料、玻璃钢以及搪玻璃材料的耐腐蚀性能测试方法。

5.1 塑料材料的耐腐蚀性能

5.1.1 概述

热塑性塑料，具有密度小、耐腐蚀、绝热性能好、较低的水力摩阻以及加工方便等优点，在减缓钢质管道腐蚀、节省地面投资、降低维护成本等方面发挥了重要的作用，广泛应用于油气田的油气集输及输送、供水及注水等系统，如聚乙烯（PE）管道和聚氯乙烯（PVC）管道。

塑料具有优良的耐腐蚀性能，但并不是完全不腐蚀的。一般来说，相对金属材料来说，塑料或其他高分子材料是耐酸、碱、盐腐蚀的，但有些塑料在无机酸、碱溶液中也会很快被腐蚀，如浓硫酸或硝酸具有较强的氧化性，容易造成非金属管道的氧化腐蚀，加速管道的破坏，降低管道的使用寿命。

根据非金属材料的腐蚀机理，非金属压力管道的腐蚀失效可分为物理腐蚀和化学腐蚀两大类。物理腐蚀指的是一些介质分子在温度、压力等外界因素的作用下，逐渐渗透进入非金属材料设备表面，并导致材料发生溶胀现象。在介质分子长时间的渗透作用下，非金属材料设备表面分子松动，离开材料设备表面进入介质，从而使得设备表层松动，造成设备厚度减薄，即介质对材料的吸收过程。化学腐蚀是非金属材料在一定环境下与传输介质发生电化学反应的过程。物理腐蚀一般发生在有机非金属材料设备，往往伴随着化学腐蚀过程，主要包含渗透和吸收两个过程。

渗透是介质分子透过非金属设备表面的大分子间隙，进一步渗入就会引起非金属设备的溶胀，进而失去强度呈现腐蚀现象。影响非金属材料渗透性能的因素包括非金属材料的结晶度、介质溶度以及外界温度等。对于热塑性材料而言，介质分子在结晶部分相对不易渗入，而无定形部分则易渗入；对于热固性材料而言，在高交联密度分子缝隙中的部分自由空间处介质分子更易于渗入。温度升高，分子链运动加剧，部分结晶态会转变为无定形态，取向度更加无序，渗透更容易，这就是化学品对热塑性材料渗透原理。对于热固性材料而言，温度升高，分子振动更剧烈，高交联物分子间的自由空间更大，渗透更易发生。所以从分子运动角度考虑，避免渗透的方法有：对热塑性材料而言，提高分子量（提高大分子结构部分）、提高结晶度、提高分子链的规整度、提高取向度；对热固性材料而言，提高交联密度或称架桥密度（俗称固化程度或硬化程度）。

吸收是指介质渗透进入非金属材料并保留在材料内部。几乎所有的有机高分子材料在一定程度上都会吸收水或液体、气体介质。无论是渗透还是吸收，除材料本身结晶度的影响之外，受温度、压力等因素的影响非常明显。整个渗透、吸收导致材料发生溶胀和溶解的过程不仅是物理作用，一般也伴随着化学作用。

ISO 4433：1997热塑性塑料管道—耐液体化学品—分类中，用浸泡试验方法给出了热塑性塑料管材耐液体化学物质的分类方法，其中第一部分详细规定了浸泡试验方法，包括适用材料、浸泡设备、试样、试验温度、试验方法和浸泡周期等。

5.1.2 检测方法

5.1.2.1 仪器

按标准ISO 4433：1997要求，热塑性管道耐化学腐蚀性能测试试验中所需试验仪器见表5.1。

表5.1 热塑性管道耐化学腐蚀性能测试试验仪器

仪器	要求
容器	①带盖的容器,用于装浸泡温度下气压很低的试验液体； ②具有回流冷凝功能的容器,用于装浸泡温度下挥发的液体
恒温箱	使容器温度控制精度±2℃
拉伸试验机	①具有拉伸速度1mm/min、25mm/min、100mm/min； ②一个拉伸计,精确到±2.5%； ③一个夹紧装置
分析天平	精度0.0001g
游标卡尺或千分尺	精度0.02mm

5.1.2.2 试样

（1）试样准备　参照ISO 4433：1997第1部分，截取管材一部分加工成标准试样：试样的轴与管材的轴平行，绕圆周有规则地裁取，管材壁厚应为1.8～3.2mm，最好是2.2mm±0.3mm，外径一般选取为75～110mm。具体尺寸如图5.1所示。

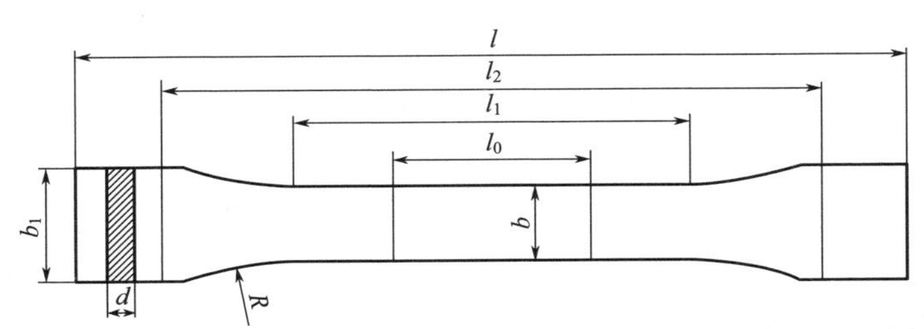

b—狭窄平行部分的宽度5mm±0.5mm；b_1—末端宽度10mm±0.5mm；d—厚度：见ISO 6259-2和ISO 6259-3；l_0—标线距离25mm±0.5mm；l_1—狭窄平行部分长度30mm±0.5mm；l_2—初始夹持距离60mm±0.5mm；l—全长，最小值75mm；R—半径，最小值30mm。

图5.1 试样尺寸

（2）试样数量　每一温度每一种液体要准备的试样数量不能少于 20 个。

（3）状态调节　要浸泡用试样和空白试样试验前放置在 23℃±2℃和 50%±5%的湿度下至少 24h。

5.1.2.3　步骤

将试样浸泡到将要试验的液体化学介质中，在规定的试验温度下浸泡一定的时间后，通过测试试样的质量变化和拉伸性能的改变来判断耐化学侵蚀性。

对于浸泡试验介质，根据标准 ISO 4433-1：1997 中第 1 部分　浸泡试验方法中规定：

① 浸泡液应根据实际热塑性塑料管材输送的液体自行选择；

② 一般情况，工业用液体组分并不是绝对不变的。因此，试验要在规定化学液体本身或混合物中进行，以便更能代表实际情况下的产品行为；

③ 一个浸泡温度所需的试验液体量约为 10L。

典型的试验温度见表 5.2。

表 5.2　浸泡试验温度

材料	浸泡温度/℃				
	23±2	40±2	60±2	80±2	100±2
PE(LD,MD,HD)	√	√	√	√	—
PP	√	√	√	√	√
PB	√	√	√	√	√
PE-X	√	√	√	√	√
ABS	√	√	√	—	—
PVC(U,HI)	√	√	√	—	—
PVC-C	√	√	√	√	—
PVDF	√	√	√	√	√

按表 5.2 打“√”的规定温度，用适当的方法保持试验用液体的温度。如果试验用液体的沸点低于表 5.2 中值，此试验应该在沸点做。这些试验温度是标准值，也可以依据实际应用工作温度和材料要测的物理性能选择其他试验温度。

典型的浸泡周期是 7 天、14 天、28 天、56 天、112 天，质量变化测量时间分别浸泡 24h、3 天、7 天、14 天、28 天（若需要可延长至 56 天、112 天）后，根据不同时间测量的质量分数的变化可以确定拉伸试验的试样浸泡时间，根据上述测量结果作曲线：若质量变化在某一时间 t_1 后不再变化，t_1 作为初始浸泡时间，表示达到平衡或饱和的时间，可能是 7 天、14 天或 28 天，t_1 即为做拉伸试验试样的初始浸泡时间；若测量发现质量一直变化，则取 28 天为拉伸试验试样的初始浸泡时间。

拉伸试验按 ISO 527：2012 要求进行，拉伸速率按表 5.3 选取。

表 5.3　拉伸速率

材料	速率/(mm/min)	材料	速率/(mm/min)
PE(LD、MD、HD)	100	ABS	100
PP	100	PVC(U,HI)	25
PB	100	PVC-C	25
PE-X	100	PVDF	25

5.1.2.4　结果

非金属管材的耐蚀性一般是通过质量、拉伸弹性模量、拉伸屈服强度、拉伸断裂强度、屈服伸长率、断裂伸长率的变化情况来评价的。“S”表示耐侵蚀，管材可在无压力且无应力条件下使用；“L”表示有限的耐侵蚀，管材可在无压力且无应力条件下使用，但应考虑输送介质引起的性能变化；“NS”表示不耐侵蚀，管材被强烈侵蚀，任何条件下都不宜采用。

（1）质量变化率

$$\Delta m=\frac{\overline{m_2}-\overline{m_1}}{\overline{m_1}}\times 100\% \tag{5.1}$$

式中，$\overline{m_1}$ 为试样浸泡前的初始质量；$\overline{m_2}$ 为浸泡后试样的质量（112 天后）。

注：如果浸泡 112 天后未到达平衡或饱和，则直接判断管材材料为“NS”。

表 5.4 所示为根据 ISO 4433-1：1997 标准实验得到的浸泡 112 天后由 Δm 确定的耐侵蚀性。

表 5.4　浸泡 112 天后由 Δm 确定的耐侵蚀性

管材材料		Δm 允许的范围/%		
		耐侵蚀 S	有限的耐侵蚀 L	不耐侵蚀 NS
聚烯烃	PE(LD、MD、HD) PP PB PE-X	$-2\leqslant\Delta m\leqslant10$	$-10\leqslant\Delta m\leqslant15$ $-5\leqslant\Delta m<-2$	$\Delta m>15$ $\Delta m<-5$
PVC-U PVC-HI PVC-C PVDF		$-0.8\leqslant\Delta m\leqslant3.6$	$3.6\leqslant\Delta m\leqslant10$ $-2\leqslant\Delta m<-0.8$	$\Delta m>10$ $\Delta m<-2$

（2）弹性模量变化率

$$Q_E=\frac{\overline{E_M}}{\overline{E_0}}\times 100\% \tag{5.2}$$

式中，$\overline{E_0}$ 为浸泡前弹性模量的算术平均值；$\overline{E_M}$ 为浸泡后弹性模量的算术平均值。

表 5.5 所示为根据 ISO 4433-1：1997 标准实验得到的浸泡 112 天后由 Q_E 确定的耐侵蚀性。

表 5.5　浸泡 112 天后由 Q_E 确定的耐侵蚀性

<table>
<tr><th colspan="2" rowspan="2">管材材料</th><th colspan="3">Q_E 允许的范围/%</th></tr>
<tr><th>耐侵蚀
S</th><th>有限的耐侵蚀
L</th><th>不耐侵蚀
NS</th></tr>
<tr><td>聚烯烃</td><td>PE(LD、MD、HD)
PP
PB
PE-X</td><td>$Q_E \geqslant 38$</td><td>$31 \leqslant Q_E < 38$</td><td>$Q_E < 31$</td></tr>
<tr><td colspan="2">PVC-U
PVC-HI
PVC-C</td><td>$Q_E \geqslant 83$</td><td>$46 \leqslant Q_E < 83$</td><td>$Q_E < 46$</td></tr>
<tr><td colspan="2">PVDF</td><td>$Q_E \geqslant 43$</td><td>$30 \leqslant Q_E < 43$</td><td>$Q_E < 30$</td></tr>
</table>

（3）拉伸屈服强度的变化率

$$Q_{ty} = \frac{\overline{\sigma_{ty,M}}}{\overline{\sigma_{ty,0}}} \times 100\% \tag{5.3}$$

式中，$\overline{\sigma_{ty,0}}$ 为浸泡前拉伸屈服强度的算术平均值；$\overline{\sigma_{ty,M}}$ 为浸泡后拉伸屈服强度的算术平均值。

表 5.6 所示为根据 ISO 4433：1997 标准实验得到的浸泡 112 天后由 Q_{ty} 确定的耐侵蚀性。

表 5.6　浸泡 112 天后由 Q_{ty} 确定的耐侵蚀性

<table>
<tr><th colspan="2" rowspan="2">管材材料</th><th colspan="3">Q_{ty} 允许的范围/%</th></tr>
<tr><th>耐侵蚀
S</th><th>有限的耐侵蚀
L</th><th>不耐侵蚀
NS</th></tr>
<tr><td>聚烯烃</td><td>PE(LD、MD、HD)
PP
PB
PE-X</td><td rowspan="3">$Q_{ty} \geqslant 80$</td><td rowspan="3">$46 \leqslant Q_{ty} < 80$</td><td rowspan="3">$Q_{ty} < 46$</td></tr>
<tr><td colspan="2">PVC-U
PVC-HI
PVC-C</td></tr>
<tr><td colspan="2">PVDF</td></tr>
</table>

（4）拉伸断裂强度的变化率

$$Q_{tb}=\frac{\overline{\sigma_{tb,M}}}{\overline{\sigma_{tb,0}}}\times 100\% \tag{5.4}$$

式中，$\overline{\sigma_{tb,0}}$ 为浸泡前拉伸断裂强度的算术平均值；$\overline{\sigma_{tb,M}}$ 为浸泡后拉伸断裂强度的算术平均值。

表 5.7 所示为根据 ISO 4433：1997 标准实验得到的浸泡 112 天后由 Q_{tb} 确定的耐侵蚀性。

表 5.7　浸泡 112 天后由 Q_{tb} 确定的耐侵蚀性

<table>
<tr><th colspan="2" rowspan="2">管材材料</th><th colspan="3">Q_{tb} 允许的范围/%</th></tr>
<tr><th>耐侵蚀
S</th><th>有限的耐侵蚀
L</th><th>不耐侵蚀
NS</th></tr>
<tr><td>聚烯烃</td><td>PE(LD、MD、HD)
PP
PB
PE-X</td><td rowspan="3">$Q_{tb}\geqslant 80$</td><td rowspan="3">$46\leqslant Q_{tb}<80$</td><td rowspan="3">$Q_{tb}<46$</td></tr>
<tr><td colspan="2">PVC-U
PVC-HI
PVC-C</td></tr>
<tr><td colspan="2">PVDF</td></tr>
</table>

（5）屈服伸长率的变化率

$$Q_{Ey}=\frac{\overline{\varepsilon_{y,M}}}{\overline{\varepsilon_{y,0}}}\times 100\% \tag{5.5}$$

式中，$\overline{\varepsilon_{y,0}}$ 为浸泡前屈服伸长率的算术平均值；$\overline{\varepsilon_{y,M}}$ 为浸泡后屈服伸长率的算术平均值。

表 5.8 所示为根据 ISO 4433：1997 标准实验得到的浸泡 112 天后由 Q_{Ey} 确定的聚烯烃管材耐侵蚀性。

表 5.8　浸泡 112 天后由 Q_{Ey} 确定的聚烯烃管材耐侵蚀性

<table>
<tr><th rowspan="2">聚烯烃管材</th><th colspan="3">Q_{Ey} 允许的范围/%</th></tr>
<tr><th>耐侵蚀
S</th><th>有限的耐侵蚀
L</th><th>不耐侵蚀
NS</th></tr>
<tr><td>PE(LD、MD、HD)
PP
PB
PE-X</td><td>$80\leqslant Q_{Ey}<200$</td><td>$46\leqslant Q_{Ey}<80$
$200\leqslant Q_{Ey}<300$</td><td>$Q_{Ey}<46$
$Q_{Ey}>300$</td></tr>
</table>

（6）断裂伸长率的变化率

$$Q_{\varepsilon b}=\frac{\overline{\varepsilon_{b,M}}}{\overline{\varepsilon_{b,0}}}\times 100\% \tag{5.6}$$

式中，$\overline{\varepsilon_{b,0}}$ 为浸泡前断裂伸长率的算术平均值；$\overline{\varepsilon_{b,M}}$ 为浸泡后断裂伸长率的算术平均值。

表 5.9 所示为根据 ISO 4433：1997 标准实验得到的浸泡 112 天后由 $Q_{\varepsilon b}$ 确定的耐侵蚀性。

表 5.9　浸泡 112 天后由 $Q_{\varepsilon b}$ 确定的耐侵蚀性

管材材料		$Q_{\varepsilon b}$ 允许的范围/%		
		耐侵蚀 S	有限的耐侵蚀 L	不耐侵蚀 NS
聚烯烃	PE(LD、MD、HD) PP PB PE-X	$50\leqslant Q_{\varepsilon b}\leqslant 200$	$30\leqslant Q_{\varepsilon b}\leqslant 50$ $200\leqslant Q_{\varepsilon b}\leqslant 300$	$Q_{\varepsilon b}<30$ $Q_{\varepsilon b}>300$
PVC-U PVC-HI PVC-C PVDF		$50\leqslant Q_{\varepsilon b}\leqslant 125$	$30\leqslant Q_{\varepsilon b}\leqslant 50$ $125\leqslant Q_{\varepsilon b}\leqslant 150$	$Q_{\varepsilon b}<30$ $Q_{\varepsilon b}>150$

实际判定管材耐蚀性级别时，一般取较小的 Δm 和 $Q_{\varepsilon b}$ 作为最终的类别判定依据。表 5.10 为常用塑料管材的耐腐蚀性能。

表 5.10　塑料管材的耐化学腐蚀性

化学品	熔点/℃	沸点/℃	浓度(质量分数)/%	温度/℃	LDPE	HDPE	PP	PVC-U	PVC-C	ABS	PVDF
乙醛	−123	21	40	20	L	S		NS	NS	NS	NS
				50					NS	NS	NS
				60	NS	L		NS	NS		NS
				80							NS
			工业纯（液体）	20	L	S		NS		NS	NS
				50						NS	NS
				60	NS	L		NS			NS
				80							NS
乙酰胺	82	221	5	20						S	
				50						S	

续表

化学品	熔点/℃	沸点/℃	浓度(质量分数)/%	温度/℃	LDPE	HDPE	PP	PVC-U	PVC-C	ABS	PVDF
乙酸	17	118	−10	20	S	S	S	S	S	S	S
				50					S	S	
				60	S	S	S	S	S		S
				80							
				100			S				
				120							
			10～40	20	S	S	S	S	S	NS	S
				50					S	NS	S
				60			S	L	S		S
				80							
			50	20	S	S	S	S	S	NS	S
				50					S	NS	S
				60			S	L	S		S
				80					S		
				100			L				
	17	18	40～60	20	S	S		S		NS	S
				40							S
				50						NS	
				60				L			
				80							
			60	20	S	S		S		NS	S
				40							S
				50						NS	
				60	L			L			
			80	20		S				NS	S
				40							S
				50						NS	L
				60							L
				100							L
			95	20					L		
				40					NS		
			≥96	20	L	S	S	NS		NS	S
				40							S
				50						NS	L
				60	NS	L	L	NS			L
				100							L
丙酮	−95	56	工业纯（液体）	20	L	L	S	NS	NS	NS	
				50						NS	
				60	NS	L	S	NS			

续表

化学品	熔点/℃	沸点/℃	浓度(质量分数)/%	温度/℃	LDPE	HDPE	PP	PVC-U	PVC-C	ABS	PVDF
苯乙酮	20	202	工业纯(液体)	20			S	NS	NS	NS	S
				50						NS	
				60			L	NS			
烯丙基氯	−136	45	饱和水溶液	20				NS		NS	
				50						NS	
				60				NS			
氢氧化铝			饱和悬浊液	20	S	S	S	S		S	S
				50						S	S
				60	S	S	S	S			S
				100							S
硝酸铝			饱和水溶液	20	S	S	S	S	S	S	S
				50					S	S	S
				60	S	S	S	S	S		S
				100							S
氯氧化铝			饱和悬浊液	20	S	S	S	S		S	
				50						S	
				60	S	S	S	S			
硫酸铝钾			饱和水溶液	20	S	S	S	S	S	S	S
				50					S	S	S
				60	S	S	S	S	S		S
				80					S		S
				100					L		S
硫酸铝			饱和水溶液	20	S	S	S	S	S	S	S
				50					S	S	S
				60	S	S	S	S	S		S
				100							S
氨水溶液			饱和水溶液	20	S	S	S	S	S	NS	S
				50					S	NS	
				60	S	S	S	S	S		
氨水(干)	−78	−34	工业纯(气体)	20	S	S	S	S	S	NS	S
				50					S	NS	
				60	S	S		S	S		
氨水液体	−78	−34	工业纯(气体)	20	L	S	S	L		NS	
				50						NS	
				60	L	S		NS			
醋酸铵			饱和水溶液	20			S				S
				60			S				S
				100							S
二氟化铵			饱和水溶液	20							
				60							

5.2　玻璃钢材料的耐腐蚀性能

5.2.1　概述

玻璃钢（fiber reinforced plastics，FRP）是以玻璃纤维或其制品作增强材料的增强塑料，是一种纤维增强复合材料。树脂一般包括不饱和聚酯、环氧树脂与酚醛基体，基体材料起到黏结、均衡载荷、分散载荷、保护纤维的作用。玻璃纤维作为增强体起到骨架的作用，用作支持玻璃钢基体的结构，是玻璃钢材料的支架。玻璃钢材料具有较强的耐化学腐蚀性，包括高浓度的盐酸、硫酸等，广泛应用于储罐类承压设备。

玻璃钢的腐蚀包括物理腐蚀和化学腐蚀。物理腐蚀指由于渗透、吸收等物理作用导致的树脂性能的退化；化学腐蚀是指玻璃钢与周围介质发生化学反应，腐蚀过程包含了化学键的断裂和新物质的形成。一般来说，玻璃钢的腐蚀首先是介质分子扩散渗透通过树脂基体，进而与玻璃纤维发生化学作用，产生化学腐蚀。相比基体材料，玻璃纤维更易被腐蚀，就腐蚀而言，树脂基体起到将玻璃纤维与腐蚀环境隔离开的作用，树脂基的耐腐蚀性能也直接影响了整个玻璃钢材料的耐腐蚀性。

GB/T 3857—2017 玻璃纤维增强热固性塑料耐化学介质性能试验方法，规定了玻璃钢材料耐化学腐蚀性能的测试方法。试验方法也是浸泡法，将玻璃纤维增强塑料试样浸泡在化学介质中，通过测定试样的性能随浸泡时间的延长而发生的变化，判断玻璃纤维增强塑料的耐化学介质性能。

5.2.2　检测方法

5.2.2.1　仪器

按标准 GB/T 3857—2017 要求，玻璃钢耐化学腐蚀性能测试试验中所需试验仪器见表 5.11。

表 5.11　玻璃钢耐化学腐蚀性能测试试验仪器

仪器	要求
容器	①带盖的广口玻璃容器，供常温试验用； ②配有回流冷凝器的广口玻璃容器，供加热试验用； ③容器的大小和体积应足以将纤维增强塑料试样完全浸没在试验选用的化学介质中； ④容器对化学介质应是惰性的。如化学介质对玻璃容器有腐蚀，则在容器内壁采取防护措施或改用其他耐腐蚀容器

续表

仪器	要求
恒温槽	温度控制精确至±2℃
弯曲性能测试仪器	应符合 GB/T 1449 的规定
巴柯尔硬度计	应符合 GB/T 3854 的规定
分析天平	精度 0.0001g
游标卡尺或千分尺	精度 0.01mm

5.2.2.2 试样

（1）试样准备　按标准 GB/T 3857—2017 要求，玻璃钢耐化学腐蚀性能测试试验中浸泡试样采用从预制纤维增强标准层板，制备方法参照标准 GB/T 3857—2017 第四章。

（2）试样数量

$$N=n\times S\times T\times I+n$$

式中，N 为试样总数；n 为单项试验的试样数；S 为试验介质种类数；T 为试验温度组数；I 为取样次数。

（3）状态调节　试样的切割面、刻痕和悬挂孔应采用与板材相同的树脂或石蜡封边。仲裁试验的应采用与板材相同的树脂封边。表面平整、均匀，目测无气泡和纤维裸露。

5.2.2.3 步骤

根据标准 GB/T 3857—2017 规定，玻璃钢耐腐蚀性试验包括常温试验和加温试验，见表 5.12。

表 5.12　玻璃钢耐腐蚀性试验类型

试验类型	浸泡时间	说明
常温(10～35℃)	试验期限及取样时间按产品实际使用需要由有关方商定，取样次数不少于 4 次	当试样浸入试验化学介质时，作为试验开始时间
加温(80℃±2℃)		试样全部浸入试验化学介质后，立即加温，当化学介质温度达到试验温度时，作为试验开始时间

注：如有特殊技术要求，也可选用其他温度。

根据实际应用中不同的实验需求，试验过程中所选试验介质见表 5.13。

表 5.13　玻璃钢耐腐蚀性试验介质

实验类型	试验介质	浓度	实验类型	试验介质	浓度
基本实验	硫酸	30%	基本实验	盐酸	5%
	硝酸	5%		氢氧化钠	10%

续表

实验类型	试验介质	浓度	实验类型	试验介质	浓度
基本实验	碳酸钠	饱和溶液	增选试验	乙醇	95%(工业级)
	氨水	10%		汽油	120 号
	苯	—		甲苯	—
	蒸馏水	—		乙酸乙酯	—
	丙酮	—		氯化钠	饱和溶液
增选试验	铬酸	20%		甲醛	37.5%
	乙酸	20%		硝酸	30%
	磷酸	85%		盐酸	20%
	草酸	饱和溶液		次氯酸钠	5%
	氢氧化钠	40%		氯苯	—
	双氧水	5%			

注：根据技术要求，可增选其他介质进行试验。

标准 GB/T 3857—2017 规定，开始浸泡前需要测定试样的几项特性见表 5.14。

表 5.14　浸泡前试样物理性能的测定

测定项目	说明
外观	表面平整、均匀，目测无气泡和纤维裸露
几何中心厚度	在距样板相邻两边缘 25mm 处的四个点测试厚度，精确到 0.01mm
质量	精确到 0.0001g
巴柯尔硬度	按 GB/T 3854 执行；测试部位应距试样边缘 25mm 以上
弯曲强度和弯曲模量	按 GB/T 1449 执行

测定完以上几项物理特性后，可以开始浸泡试验。将试样浸没在化学介质中，样板必须垂直于水平面，互相平行，间距至少为 6.5mm，样板边缘与容器或液面的间隔至少为 13mm。取样时应注意以下几点：

① 观察试验化学介质是否有颜色变化，有无沉淀物生成；

② 观察试样表面是否有裂纹、失光、腐蚀、气泡、软化等缺陷；

③ 定期检查试验介质，确保试样全部进入化学介质中，并与液面间隔至少 13mm；必要时更换新鲜化学介质，对易挥发或不稳定的试验介质需要增加更换次数；

④ 试验中若发现试样分层、起泡等严重破坏现象，则该试验终止，并记录终止时间。

5.2.2.4　结果

按期龄取出试样，将试样用自来水冲洗干净后，再用滤纸吸干表面水分。在常温、常湿（相对湿度 45%～75%）下存放 30min，接着测定试样的厚度、质量、巴柯尔硬度以及弯曲强度和弯曲模量，见表 5.15。

表 5.15　浸泡后试样物理性能的测定

测定项目	说明
厚度和质量	计算每次取样后试样的质量和厚度相对于浸泡前质量和厚度的百分数(取两位有效数字)
巴柯尔硬度	巴柯尔硬度测试部位应距试样边缘 25mm 以上,以保证不影响弯曲强度测定
弯曲强度	弯曲强度保留率=$(S_2/S_1)\times 100\%$ S_1—浸泡前试样的平均弯曲强度,MPa; S_2—试验期龄后试样的平均弯曲强度,MPa
弯曲模量	弯曲模量保留率=$(E_2/E_1)\times 100\%$ E_1—浸泡前试样的平均弯曲模量,MPa; E_2—试验期龄后试样的平均弯曲模量,MPa

根据浸泡后试样几何中心厚度、质量、巴柯尔硬度、弯曲强度和弯曲模量的改变情况可以判断玻璃钢材料的耐腐蚀性。表 5.16 列出了环氧玻璃钢、酚醛玻璃钢、呋喃玻璃钢的耐腐性数据。

表 5.16　玻璃钢耐腐蚀性能

介质	浓度/%	环氧玻璃钢		酚醛玻璃钢		呋喃玻璃钢	
硫酸	50	耐	耐	耐	耐	耐	耐
	70	不耐	不耐	耐	不耐	耐	不耐
	93	不耐	不耐	耐	不耐	不耐	不耐
盐酸	—	耐	耐	耐	耐	耐	耐
次氯酸	—	不耐	尚耐	不耐	不耐	不耐	不耐
氢氧化钠	10	耐	耐	不耐	不耐	耐	耐
	30	尚耐	尚耐	不耐	不耐	耐	耐
	50	不耐	不耐	不耐	不耐	耐	耐

5.3　搪玻璃材料的耐腐蚀性能

5.3.1　概述

搪玻璃是将玻璃质釉（含硅量高的瓷釉）涂覆在金属基体表面，经 950℃左右高温烧制融合而成，耐强酸、耐碱、耐高温、耐磨，兼具金属材料的高强度和玻璃的耐化学稳定性能，表面光滑不粘料，对液体食品具有良好的保险性能，被广泛应用于石油化工、医药、食品制造以及国防工业等领域。

搪玻璃材料一般具有较强的耐化学腐蚀性能，但并不是完全抗腐蚀的，如：

任意浓度及温度的氢氟酸及含有氟离子的介质，氢氟酸与搪玻璃主要成分 SiO_2 会产生化学反应，形成蒸气态的 SiF_4，使设备发生溶解膨胀：

$$SiO_2 + 4HF \longrightarrow SiF_4 \uparrow + 2H_2O$$

浓度大于 30％的高温磷酸介质，浓磷酸在温度高于 200℃以上时，主要以焦磷酸（$P_2O_5 \cdot 2H_2O$）的形式存在，焦磷酸与搪玻璃的主要反应是磷酐与硅酐在搪瓷表面进行了相互交换，进一步缩合后会生成磷酸硅晶体。焦磷酸对搪玻璃材料的腐蚀非常严重，生成的反应物并不能形成保护膜对设备进行连续性保护。

pH 大于 12 的高温碱性介质，碱溶液对搪玻璃的腐蚀主要是由于 OH^- 与搪玻璃主要成 SiO_2 反应形成硅酸盐，设备逐渐溶解在碱溶液中：

$$SiO_2 + 2OH^- = SiO_3^{2-} + H_2O$$

实际应用中对搪玻璃材料一般进行的腐蚀性测试包括室温下耐酸侵蚀、耐沸腾酸化学侵蚀、耐碱溶液侵蚀试验。表 5.17 给出了几种常用的搪玻璃材料耐腐蚀性测试方法。

表 5.17　搪玻璃耐腐蚀性检测方法

<table>
<tr><th rowspan="2">检测项目名称</th><th rowspan="2">检测方法</th><th colspan="2">采用标准</th><th rowspan="2">适用范围</th></tr>
<tr><th>国内标准</th><th>国际标准</th></tr>
<tr><td>搪玻璃耐酸腐蚀性能</td><td>浸渍法</td><td>GB/T 7989—2013《搪玻璃釉　耐沸腾酸及其蒸气腐蚀性能的测定》</td><td rowspan="2">ISO 28706-2:2017《釉瓷和搪瓷　耐化学腐蚀性的测定　第 2 部分：耐沸腾酸、沸腾中性液体、碱性液体及其蒸气测定耐化学侵蚀性》</td><td>适用于搪玻璃釉耐酸和中性液体及其蒸气腐蚀性能的测定</td></tr>
<tr><td>搪玻璃耐碱腐蚀性能</td><td>浸渍法</td><td>GB/T 7988—2013《搪玻璃釉　耐碱性溶液腐蚀性能的测定》</td><td>适用于搪玻璃釉耐碱性溶液腐蚀性能的测定</td></tr>
</table>

5.3.2　搪玻璃耐酸腐蚀性能

标准 GB/T 7989—2013《搪玻璃釉　耐沸腾酸及其蒸气腐蚀性能的测定》规定了搪玻璃耐酸和中性液体及其蒸气腐蚀性能测定的试验装置及方法，标准规定通过测定搪玻璃试件的腐蚀速率，即在一定时间内单位面积上的质量损失率，可判定搪玻璃材料的耐腐蚀性能。腐蚀速率愈低，搪玻璃釉对沸腾酸性液体或气体的耐腐蚀性能愈好。

5.3.2.1 仪器

按标准 GB/T 7989—2013 要求，搪玻璃耐酸腐蚀性能测试试验中所需试验仪器见表 5.18。

表 5.18 搪玻璃耐酸腐蚀性能测试试验仪器

仪器	要求
测试装置	①球形冷凝管：符合 GB/T 28212 规定的带标准磨口的球形冷凝器，换热部分长度大于 400mm，制备材料硼硅酸盐玻璃应符合 ISO 3585 规定。 ②冷凝液收集器：冷凝液收集器用于收集由冷凝管冷凝后的试验液，精度为 0.1mL，制备材料硼硅酸盐玻璃应符合 ISO 3585 规定。 ③玻璃筒：玻璃筒由符合 ISO 358 要求的硼硅酸盐玻璃 3.3 制成，玻璃筒的两个端面要平整。按 GB/T 6579 的要求进行温差急变试验时，玻璃筒应至少通过 120℃的温差急变而不破坏。玻璃筒有两个接口，这两个接口都是标准插口，一个插口安装温度计以测量气相的温度，另一个插口用来接冷凝液收集器，冷凝液收集器的另一端则安装回流冷凝器。 ④电压控制装置：如调压器等控制设备。 ⑤稳压器：稳压器用于避免试验过程中的实验室电源的电压波动
干燥箱	温度范围：0～150℃
干燥器	内径大于 200mm
量筒	量筒容积为 500mL，符合 GB/T 12804 的规定
单标线容量瓶	容积为 500mL，符合 GB/T 12806 的规定
标准称量瓶	带有磨砂玻璃盖
天平	精度为 0.2mg
密度计	密度计应符合 ISO 649-1 的规定，使用方法参照 GB/T 21784.2

5.3.2.2 试样

（1）试样准备　按标准 GB/T 7989—2013 规定，搪玻璃釉耐酸腐蚀试验试件的制备应按标准 HG/T 3105—2009 钢板搪玻璃试件的制备进行。圆形试样直径为 $\phi(105\pm2)$mm，搪玻璃层厚度 0.8mm±0.1mm；方形试样为 80mm×80mm，搪玻璃层厚度 1.1mm±0.1mm。

（2）试样数量　每次测定应为两组试样，每一组试样为一块试样。

（3）状态调节　检测前应将试样调至如下状态：

① 试件厚度均匀，试件平整、不翘曲；

② 搪玻璃面应光滑无缺陷，不允许有爆瓷或裂纹；

③ 经 10kV 高电压监测通过。

5.3.2.3 步骤

按标准 GB/T 7989—2013 规定，搪玻璃耐酸腐蚀性能测试试验中所需试验试剂应符合表 5.19 条件。

表 5.19 搪玻璃耐酸腐蚀性能测试试验试剂

试剂	要求
蒸馏水	试验用蒸馏水应符合 GB/T 6682 规定的三级纯度的蒸馏水
醋酸溶液	用于清洗试验装置和试样,浓度为 50mL/L
中性洗涤剂	清洗试件表面的油渍及污物
溶剂	符合 GB/T 678 规定的无水乙醇,用来洗涤试件
柠檬酸晶体	柠檬酸晶体应符合 GB/T 8269 的规定,优级
硫酸	30%(质量分数)硫酸溶液,用硫酸和蒸馏水配制。密度在 1.217～1.220g/mL 之间。用于配制溶液的硫酸应符合 GB/T 625 的规定(分析纯)
盐酸	20%(质量分数)盐酸溶液,用盐酸和蒸馏水配制。密度在 1.097～1.099g/mL 之间。用于配制溶液的盐酸应符合 GB/T 622 的规定(分析纯)

注：除特殊规定外，试验过程中只允许使用经过验证的分析级试剂。

根据要求制备好试验试件后，具体实验步骤如下。

(1) 试样清洗　利用蘸有中性洗涤剂的海绵擦洗试件，用自来水冲洗干净后，再用蒸馏水冲洗，最后，用无水乙醇洗涤 2～3 遍，用吹风机吹干，放入干净的试样纸袋中，做好标记。

(2) 试样干燥　将清洗好的试样放入 110℃±5℃的干燥箱烘 2h，再移入干燥器内放置 2h 后称重，精确至 0.2mg，记作 m_1。

(3) 侵蚀试验　将干燥好的试件固定在试验装置中玻璃筒的上、下两端，将 450mL 试验溶液由回流冷凝器接口处倒入玻璃筒内，装好回流冷凝器，通冷却水，接通电热圈电源，加热使溶液在 15min 内达到沸腾状态，此时开始记录时间，控制冷凝液收集速度在 8～10mL/3min 之间，并记录沸腾期间酸性气体的温度。具体侵蚀时间见表 5.20。

表 5.20 沸腾期间酸性气体侵蚀时间

介质	侵蚀时间
柠檬酸溶液	2.5h
沸腾硫酸	18h
沸腾盐酸	7d 或 14d

到达试验时间后，从试验装置中取出试件，剔除有裂纹、爆瓷、边缘受腐蚀的试件，用浸过冷的醋酸溶液的海绵擦洗试样 3 次，然后用蒸馏水冲洗，去除试件残留物后称重，精确至 0.2mg，记录此时质量为 m_2；多次测量试样受到腐蚀的圆形区域的直径，选择 3 个范围在 80mm±1mm 的数值的平均值作为受腐蚀区域的直径，并用该平均值计算受腐蚀区域的面积 A。

5.3.2.4 结果

搪玻璃耐化学腐蚀试验中，利用质量损失率，即腐蚀速率作为评价材料耐腐蚀性的指标，具体计算方法如下：

$$v=\frac{\Delta\rho_A}{t} \tag{5.7}$$

$$\Delta\rho_A=\frac{m_1-m_2}{A} \tag{5.8}$$

式中，$\Delta\rho_A$ 为单位面积总失重；m_1 为试样起始质量；m_2 为试样最终质量；A 为试样受腐蚀区域的面积；t 为侵蚀时间。

5.3.3 搪玻璃耐碱腐蚀性能

标准 GB/T 7988—2013《搪玻璃釉　耐碱性溶液腐蚀性能的测定》规定了搪玻璃耐碱腐蚀性能测定的试验装置及方法。将搪玻璃面浸泡于一定浓度、一定温度的碱性溶液中一定时间后，通过测定单位面积上的质量损失和腐蚀速率来确定搪玻璃材料的耐碱腐蚀性能。

5.3.3.1 仪器

按标准 GB/T 7988—2013 要求，搪玻璃耐碱腐蚀性能测试试验中所需试验仪器见表 5.21。

表 5.21　搪玻璃耐碱腐蚀性能测试试验仪器

仪器	要求
测试装置	材料为 S31668,其化学成分符合 GB/T 20878;设备尺寸参照标准 GB/T 7988—2013
干燥箱	温度范围:0～150℃
干燥器	内径大于 200mm
单标线容量瓶	容积为 1000mL,符合 GB/T 12806 的规定
聚丙烯瓶	聚丙烯瓶容积应大于 1000mL
漏斗	漏斗最大内径应为 70mm
标准称量瓶	带有磨砂玻璃盖
天平	精度为 0.2mg

5.3.3.2 试样

搪玻璃材料耐碱腐蚀性能测试试验的试样与耐酸腐蚀试件要求一样，具体要求参照 5.3.2.2。

5.3.3.3 步骤

按标准 GB/T 7988—2013 规定，搪玻璃耐碱腐蚀性能测试试验中所需试验试剂应符合表 5.22 条件。

表 5.22　搪玻璃耐碱腐蚀性能测试试验试剂

试剂	要求
蒸馏水	试验用蒸馏水应为符合 GB/T 6682 规定的三级纯度的蒸馏水
醋酸溶液	用于清洗试验装置和试样，浓度为 50mL/L
中性洗涤剂	清洗试件表面的油渍及污物
溶剂	符合 GB/T 678 规定的无水乙醇，用来洗涤试件
碱性试剂	符合 GB/T 629 规定的氢氧化钠粉末或其他碱性试剂(分析纯)，确保在密闭干燥的条件下保存

注：除特殊规定外，试验过程中只允许使用经过验证的分析级试剂。

根据要求制备好试验试件后，试验开始前首先应对试样进行清洗与干燥，具体方法与耐酸腐蚀测试步骤相同，这里不再赘述。

将干燥好的试样放置于事先安装于试验装置并预热到试验温度的恒温水浴中，试验装置在水浴中预热至少 10min 后，才可以注入试验溶液。将 1000mL 试验溶液倒入聚丙烯瓶中，用水浴加热到试验温度，然后经过漏斗注入试验装置里，用塞子密封充液嘴，并盖好恒温水浴的盖子，整个试验过程中应控制试验温度在规定范围内。

从试液注入试验装置开始计时，到试验时间后（对于氢氧化钠溶液，试验时间为 24h），到达试验时间后，从试验装置中取出试件。后续称重以及腐蚀面积的计算与耐酸腐蚀测试试验相同，参照 5.3.2.4。

表 5.23 所示为搪玻璃耐常用化学介质腐蚀性情况。

表 5.23　搪玻璃耐常用化学介质腐蚀性能

介质	浓度(质量分数)/%	温度/℃	性能
盐酸	20	沸点	A
硫酸	30	沸点	A
	30	180	B
	70～100	240	A
硝酸	20	100	A
磷酸	20	100	A
	>30	沸点	C
铬酸	20	100	A
氢溴酸	饱和溶液	100	A
醋酸	饱和溶液	100	A
	50	180	A
甲酸	饱和溶液	100	A
乳酸	0～90	100～180	A
草酸	饱和溶液	100	A

续表

介质	浓度(质量分数)/%	温度/℃	性能
一氯醋酸	饱和溶液	120	A
溴	饱和溶液	100	A
过氧化氢	90	70	A
氢氧化钠	1～20(pH＞12)	22	A
	1～3	80	B
	＞5	100	D
碳酸钠	1～20(pH＞12)	22	A
	＞5	100	C
磷酸钠	1～20	20	A
	1～20	沸点	D
硫酸钠	10	沸点	A
海水		120	A
有机溶剂	100		A
氢氟酸			D
氨基乙醇		170	A
磷酸铵	水溶液	沸点	A
硫酸铵	水溶液	沸点	A
苯甲醛		150	A
二乙醚		100	A
甲苯		150	A

注：A—优良的耐腐蚀性能，不失光；B—良好的耐腐蚀性能，略失光；C—耐腐蚀性能较差，有失光；D—不耐腐蚀，严重失光。

5.4 讨论

本章详细讨论了塑料、玻璃钢及搪玻璃承压设备常用非金属材料的耐腐蚀性能实验室测试方法。根据试验结果，按照防腐蚀性能的优劣进行分类，可以帮助使用者有效地选择满足要求的防腐材料。

非金属承压设备由于盛装介质以及所处环境的不同，腐蚀破坏形式也不尽相同。根据腐蚀的原理，可分为化学腐蚀和物理腐蚀；根据腐蚀环境，可分为大气腐蚀、土壤腐蚀以及海水腐蚀等；根据腐蚀部位的不同，可分为均匀腐蚀以及局部腐蚀。在实际应用过程中，导致非金属承压设备产生腐蚀破坏的原因往往不是单一的，包括化学腐蚀、应力腐蚀以及疲劳腐蚀等等。在实际应用过程中应综合考虑各种影响腐蚀作用的因素，才能有效地预防腐蚀破坏。

本章列出了非金属材料耐腐蚀性测试的典型方法，更多的常用非金属材料耐腐蚀性测试标准见表5.24。

表5.24　常用非金属材料耐腐蚀性测试标准

序号	标准号	标准名称
1	GB/T 1034—2008	塑料　吸水性的测定
2	ISO 4433-1:1997	热塑性塑料管　耐液体化学药品　分类
3	GB/T 9989.1—2015	搪瓷耐化学侵蚀的测定　第1部分:室温下耐酸侵蚀的测定
4	GB/T 9989.2—2015	搪瓷耐化学侵蚀的测定　第2部分:耐沸腾酸、沸腾中性液体及其蒸气化学侵蚀的测定
5	GB/T 9989.3—2015	搪瓷耐化学侵蚀的测定　第3部分:用六角形容器进行耐碱溶液侵蚀的测定
6	GB/T 9989.4—2015	搪瓷耐化学侵蚀的测定　第4部分:用圆柱形容器进行耐碱溶液侵蚀的测定
7	GB/T 9989.5—2015	搪瓷耐化学侵蚀的测定　第5部分:在封闭系统中耐化学侵蚀的测定
8	GB/T 3857—2017	玻璃纤维增强热固性塑料耐化学介质性能试验方法
9	GB/T 7988—2013	搪玻璃釉　耐碱性溶液腐蚀性能的测定
10	GB/T 7989—2013	搪玻璃釉　耐沸腾酸及其蒸气腐蚀性能的测定
11	ISO 28706:2017	Vitreous and porcelain enamels—Determination of resistance to chemical corrosion 玻璃瓷和瓷搪瓷——耐化学腐蚀的测定
12	GB/T 1690—2010	硫化橡胶或热塑性橡胶　耐液体试验方法
13	GB/T 13526—2007	硬聚氯乙烯(PVC-U)管材　二氯甲烷浸渍试验方法
14	HG/T 3983—2017	耐化学腐蚀现场缠绕玻璃钢大型容器
15	GB/T 11547—2008	塑料　耐液体化学试剂性能的测定

参考文献

[1] 张林霞．大牛地气田套管内腐蚀防护技术——缓蚀技术研究［D］．成都：西南石油大学，2006.

[2] 李雪爱，王文彪．浅谈金属腐蚀危害与防护［J］．化工管理，2013（12）：158.

[3] 郑伟义．非金属承压设备的耐腐蚀性及应用［M］．北京：科学出版社，2017.

[4] 辛明亮，李茂东，张术宽，等．聚乙烯燃气管道失效模式研究进展［J］．中国塑料，2015，29（3）：16-20.

[5] 赵启辉，左寿华，刘志伟，等．工业常用塑料管道设计手册［M］．北京：中国标准出版社，2008.

[6] ISO 4433：1997. Thermoplastics pipes-Resistance to liquid chemicals—Classification［S］.

[7] GB/T 3857—2017. 玻璃纤维增强热固性塑料耐化学介质性能试验方法［S］.

[8] 蒋伟忠，厉益骏．搪瓷与搪玻璃［M］．北京：中国轻工业出版社，2015.

[9] GB/T 7989—2013. 搪玻璃釉　耐沸腾酸及其蒸气腐蚀性能的测定［S］.

[10] GB/T 7988—2013. 搪玻璃釉　耐碱性溶液腐蚀性能的测定［S］.

第6章 耐候性检测

非金属材料设备在使用过程中，由于受外界因素（如阳光、温度、湿度、氧气以及盐雾等）的影响，材料性能逐渐变坏，以致最后丧失使用价值，这种现象称为老化，材料耐老化性能也就是材料的耐候性。老化是一种不可逆的变化，一旦发生，对设备的安全可靠性有着严重的影响。因此，我们有必要对材料的耐候性进行试验研究，这对预测设备的使用寿命、失效机理以及评估表面处理等有重要的指导作用。

无机非金属材料，如石墨、搪玻璃以及陶瓷等材料一般具有较强的耐候性能，不易老化。非金属材料的老化一般指有机高分子材料的老化，非金属承压设备的老化，典型的如聚乙烯、聚氯乙烯等一般塑料管道的老化以及玻璃钢（玻璃纤维增强塑料）制压力容器的老化。材料的老化试验方法主要包含自然气候老化和实验室人工加速老化两类，通过老化测试可以预估非金属承压设备的适用环境、使用寿命以及失效机理等。

6.1 塑料材料的耐候性能

老化是一种不可逆的变化，发生老化的原因主要是结构或组分内部具有易引起老化的弱点，如具有不饱和双键、支链、羰基、末端上的羟基等等。塑料材料常见的老化测试主要有自然气候老化、实验室热氧老化以及人工光源老化。表6.1给出了几种常用的塑料材料耐候性测试方法。

表6.1 塑料耐候性检测方法

检测项目名称	检测方法	采用标准		适用范围
		国内标准	国际标准	
塑料耐酸老化性能	大气暴露	GB/T 3681—2011《塑料 自然日光气候老化、玻璃过滤后日光气候老化和菲涅耳镜加速日光气候老化的暴露试验方法》	ISO 877-1：2009《塑料制品 暴露于太阳辐射的方法 第1部分：一般指南》	适用于评定暴露在日光下的塑料耐老化性能

续表

检测项目名称	检测方法	采用标准		适用范围
		国内标准	国际标准	
塑料耐酸老化性能	大气暴露	GB/T 3681—2011《塑料　自然日光气候老化、玻璃过滤后日光气候老化和菲涅耳镜加速日光气候老化的暴露试验方法》	ISO 877-2：2009《塑料制品太阳辐射暴露方法　第 2 部分：直接风化和窗玻璃后暴露》；ISO 877-3：2018《塑料　暴露于太阳辐射的方法　第 3 部分：使用集中太阳辐射的强化风化》	适用于评定暴露在日光下的塑料耐老化性能
	热氧老化	GB/T 7141—2008《塑料　热老化试验方法》	ASTM D5510：1994(2001)《可氧化降解塑料热老化标准规范》	适用于评价使用时易氧化的塑料
	人工光源老化	GB/T 16422.2—2014《塑料　实验室光源暴露试验方法　第 2 部分：氙弧灯》；GB/T 16422.3—2014《塑料　实验室光源暴露试验方法　第 3 部分：荧光紫外灯》；GB/T 16422.4—2014《塑料　实验室光源暴露试验方法　第 4 部分：开放式碳弧灯》	ISO 4892-2：2013《塑料　实验室光源暴露试验方法　第 2 部分：氙弧灯》；ISO 4892-3：2016《塑料　实验室光源暴露试验方法　第 3 部分：荧光紫外灯》；ISO 4892-4：2016《塑料　实验室光源暴露试验方法　第 4 部分：开放式碳弧灯》	适用于在实验室光源暴露条件下塑料的耐候性评定以及塑料间的耐候性对比试验

6.1.1　大气暴露试验

为研究塑料材料在自然气候环境下的老化性能，可将试样暴露在户外，并定时检测试样性能和外观，记录检测数据以与初始检测数据比较，分析光学性能、机械性能或其他相关性能的变化。标准 GB/T 3681—2011 塑料　自然日光气候老化、玻璃过滤后日光气候老化和菲涅耳镜加速日光气候老化的暴露试验方法，详细规定了塑料在自然日光气候老化的试验方法。

6.1.1.1　仪器

按标准 GB/T 3681—2011 要求，塑料自然气候老化性能测试试验分为自然日光老化（方法 A）、窗玻璃过滤日光老化（方法 B）以及菲涅耳镜聚能器增强日光老化（方法 C），表 6.2 及表 6.3 给出了不同试验方法所需曝晒试验设备。

表 6.2　曝晒试验装置

项目	方法 A	方法 B	方法 C
装置要求	①支架应能提供所要求的倾斜角； ②支架的设计应与试样类型相适应； ③框架应由被认可的木料或其他材料的横条组成； ④试验装置可以根据太阳高度角（如倾斜）和方位调整	①支架应能提供所要求的倾斜角； ②试验装置由试验架或开底式箱子组成，装有特定的窗玻璃、挡风玻璃或自动侧窗玻璃框架盖； ③试验装置可以根据太阳高度角（如倾斜）和方位调整； ④框架盖和试样架之间需有足够空间以确保充分对流； ⑤用作框架盖的玻璃应平滑、透光均匀且无缺陷	①试验装置是由 10 个平面镜组成的菲涅耳反射聚光器； ②平面镜系统的平面应通过太阳跟踪装置保持与太阳辐射光束接近垂直的方位； ③装置应提供一个安装区域，用于固定至少为 25mm，的可拆卸光学镜标样； ④试验设备应装有水输送系统，用于在辐射过程中向试样喷淋水

表 6.3　气候因素测量装置

仪器	要求
总辐射表	①至少应满足国际气象组织（WMO）规定的二级仪表要求； ②至少每年校准一次
直接辐射表	
全波段紫外辐射表	①辐射表的带通应能使 300～400nm 波段的辐射接收最大化； ②北纬 40°和南纬 40°间使用，需要每半年校准一次； ③一般情况下每年校准一次
窄带紫外辐射表	①用于方法 A 和方法 B 暴露试验时，应对辐射表余弦修正； ②用于方法 C 暴露试验时应有超出平面镜系统有效接收角的视场； ③辐射表均应至少每六个月校准一次

注：1. 在确定暴露周期时，应按照 ISO 105-B01：1989 使用蓝色羊毛标样；

2. 用于测量气温、试样温度、相对湿度、降雨量、润湿时间和光照时间的仪器应与所用的暴露方法相适应，且应经相关方约定。

6.1.1.2　试样

（1）试样准备　标准 GB/T 3681—2011 规定，塑料自然气候老化试验试样的尺寸应符合相应试验方法或暴露后被测性能的规定，除非要求从以片材或其他形状暴露的样品上裁取试样进行规定的试验，具体要求见表 6.4。

表 6.4　塑料自然气候老化试验试样要求

<table>
<tr><th>被测材料形式</th><th colspan="2">试样制备时期</th><th>参照标准</th></tr>
<tr><td>颗粒状、片状或其他初始状态的挤出或模塑混合物</td><td colspan="2">应直接用适合的方法加工制成试样，或用适合的方法加工成片材，再从片材上裁取试样</td><td>GB/T 9352
GB/T 17037.1
GB/T 17037.3
GB/T 17037.4
GB/T 11997
ISO 294.2
ISO 294.5</td></tr>
<tr><td rowspan="2">挤出件、模塑件或片材等</td><td>暴露前材料上截取</td><td>老化后显著脆化的材料</td><td rowspan="2">ISO 2818</td></tr>
<tr><td>暴露后材料上截取</td><td>层压材料</td></tr>
<tr><td>具体产品</td><td colspan="2">先对产品本身进行暴露，暴露后再截取试样</td><td>—</td></tr>
</table>

(2) 试样数量　每一试验条件或暴露周期的试样应至少与暴露后性能测试的相关试验方法所规定的数量相同，试样的总量将由测试初始值和每个暴露周期后的被检测性能所必需的数量决定，推荐被暴露试样的数量为相关国家标准要求的两倍，因为老化后机械性能将会出现较大的偏差。

(3) 状态调节　如果试样需要通过机械加工制备并且为便于制备需对其进行预处理，则应记录该预处理的详细情况。

试验前，应按照材料种类和将采用的试验方法要求对试样进行适当的状态调节；状态调节的过程应按照 GB/T 2918 的规定进行记录。如果所用的状态调节周期小于 GB/T 2918 规定的最小周期，应记录该状态调节周期，因为这将严重影响随后的试验结果（例如：被测试样对湿度非常敏感和/或试样被暴露在极端气候条件的情况）。

参照样品应避光贮存在普通实验室环境下，最好选用 GB/T 2918 给出的标准环境中的一种。

6.1.1.3　检测条件

(1) 暴露场地　依据标准 GB/T 3681—2011 规定，自然日光气候老化（方法 A）和玻璃过滤后日光气候老化（方法 C）试验的暴露场地一般应位于远离树木和建筑物的空旷场地。对于面向赤道、倾斜角为 45°的暴露，在东、西或赤道方向上的遮挡物对向的垂直角应不大于 20°，或在两极方向上不应大于 45°；对于倾斜角小于 30°的暴露，在两极方向上的遮挡物对向的夹角不应大于 20°。除非辅助条件要求，否则推荐使用天然土壤遮盖物，例如，在温带使用草，在沙漠区域使用经稳定化处理的沙。植被的高度应保持较低。此外，对于某些用途，为了评估生物生长、白蚁和腐朽植被的影响，可能希望在丛林或森林区域非空旷场地进行暴露试验。为了获得最可靠的结果，自然暴露试验宜在一系列不同环境下的场地进行，尤其是那些与最终应用条件非常相似的环境，试验过程中应该观察记录气候温度和湿度等环境因素的变化情况。

菲涅耳镜聚能器增强日光老化（方法C）所需要的菲涅耳反射聚能试验设备应在年日照时间大于或等于3500h的气候下使用，要求暴露环境干燥、阳光充足，且试验场地年相对湿度的日平均值小于30%。一般用方法C进行增强太阳辐射试验时，要求直接辐照度至少为太阳总辐照度的80%。

（2）暴露周期　无论暴露场所在何处，暴露周期都不可能非常精确，因为即使是相同暴露周期都未必会使试样产生相同的变化。对于已得出的暴露结果，应把所确定的暴露周期仅看作材料性能变化程度的大致表示，且宜根据暴露场所的特点考虑暴露结果。一般测试试样性能变化的暴露周期通过人为规定的暴露时间和太阳辐射能量确定。一般情况下，暴露周期应根据表6.5暴露持续时间来选择。

表6.5　暴露持续时间

试验方法	暴露持续时间		
	年	月	周
方法A	1、1.5、2、3、4、6	1、3、6、9	—
方法B			—
方法C	—		2、3、4

对方法A和方法B暴露试验，若暴露周期少于一年，试验结果将与暴露季节有很大关系。若暴露周期大于一年，季节因素的影响将被弱化，但试验结果可能仍依赖于暴露开始时的具体季节。

材料本身和试验时间是方法C试验加速因子的主要影响因素。太阳辐射量中的紫外线含量具有季节依赖性。因此，与夏季试验相比，冬季试验需要更长的暴露期才能满足等量的紫外辐射能量和等水平的降解。规定太阳辐射量的测试优于简单规定暴露时间的测试。减少方法C所得暴露结果季节差异的唯一方法是测试标准的参考辐射量，用焦耳每平方米太阳紫外辐射量表示。可以用典型亚热带气候纬度上的年平均太阳紫外辐射量作为“等效标准参照年”来指导基于全波段紫外辐射量的暴露周期的选择。表6.6给出了位于亚热带的广州的辐射典型数值。对于其他气候区域，年太阳紫外辐射量的数值也能够用于测定“等效标准参照年”。

表6.6　广州的亚热带气候45°角年辐射平均值（2002～2006年）

太阳光/(MG/m^2)	紫外线/(MG/m^2)
4137	300

（3）太阳辐射量　由于太阳辐射量是非金属材料老化非常重要的影响因素，因此，可以按照试样接受的太阳辐射量来确定暴露周期。在选择用太阳总辐射能量确定暴露周期时，应测试并记录所有暴露试验每个连续暴露周期的太阳总辐射量，具体测量要求参照标准 GB/T 3681—2011。

6.1.1.4　步骤

大气老化试验过程主要包括试样的安装以及试样的暴露过程（包括暴露过程中对试验环境的监测以及调整），具体要求见表 6.7。

表 6.7　自然气候暴露试验过程

<table>
<tr><th rowspan="2">试验方法</th><th colspan="4">试验事项</th></tr>
<tr><th colspan="2">试样的安装</th><th colspan="2">试样的暴露</th></tr>
<tr><td>方法 A</td><td rowspan="3">①将试样安置在试样支架上，确保附属装置间以及夹条间存在足够的空间，以便为完成必要的光学和机械性能测试留出足够尺寸的未遮盖区域；
②确保将机械性能测试所需的试样按照诸如缺口、带状物等形状进行适当固定。确保固定方式不会对试样施加显著的应力；
③用适合的不易消除的标记在每个试样的背面进行标识。确保用于识别的任何标记不在能影响机械测试结果的区域。可保留一份安装位置图用于核查</td><td>—</td><td rowspan="3">①除非另有规定，在暴露过程中不清洁试样。如果需要清洁，应使用蒸馏水或纯度相当的水，并注意不要因摩擦而破坏试样表面；
②定期检查和维护试验场地，加固松动的试样、记录试样的状态、并修复破损或老化的装置，尤其是在暴风雨后</td><td>—</td></tr>
<tr><td>方法 B</td><td>应确保试样与滤光玻璃之间的距离至少为 75mm</td><td>定期清洁在玻璃过滤后日光下暴露的试验中所用的玻璃盖。暴风雨后立即清洁玻璃盖沉积的灰尘、沙和碎屑。应周期性清洁玻璃盖的内表面以去除灰尘和试样挥发物。用水清洁并抹干</td></tr>
<tr><td>方法 C</td><td>①对于无背板的暴露，将固定在试样架上的试样安装在距离靶板大约 5mm 的位置，试验面面向平面镜。控制试样的位置以确保空气输送槽与支架间存在间隙。调整设备的导流板以确保其与试样被暴露面的间隙为 6～13mm；
②对于绝热的、有背板暴露，用绝热的防水材料（如 12mm 厚的室外用胶合板）背板，并固定在试样架上</td><td>每六个月测试一次在 295～400nm 紫外区域内聚光镜的镜面反射率。当光学镜样品或聚光镜的镜面反射率在 310nm 处降至 65%以下时，更换平面镜</td></tr>
</table>

对于方法 C，应按表 6.8 所示喷淋循环周期来调节水喷淋装置。

表 6.8 方法 C 所用喷淋循环周期调节水喷淋装置

周期序号	描述
1	喷淋 8min，干燥 52min（在辐照过程中），加 3 次夜间喷淋（分别在 18:00、24:00、6:00），每次持续 8min
2	喷淋 3min，干燥 12min（18:00～6:00），仅在夜间喷淋
3	无喷淋
4	喷淋 18min，干燥 102min

注：喷淋周期的典型用途具体如下。

周期 1：测试多数塑料试样；

周期 2：测试初始高光泽度的塑料试样，如玻璃透镜材料、透明材料等；

周期 3：测试玻璃下试样、塑料层压玻璃、仅进行褪色试验的试样、太阳能热水器内端盖；

周期 4：用于 GB/T 16422.1～GB/T 16422.4 中描述的人工老化装置。

6.1.1.5 结果

非金属材料的耐自然老化性能一般根据暴露试验后材料外观及机械性能的变化来判定，可参照标准 GB/T 15596—2009 塑料在玻璃下日光、自然气候或实验室光源暴露后颜色和性能变化的测定。具体性能测试项目见表 6.9 和表 6.10。

表 6.9 测定典型外观变化的试验方法

评定项目	标准	是否定量数据
颜色	GB/T 15596	等级②
光泽度	GB/T 9754①	是
透光率	ISO 13468-1	是
雾度	ISO 14782	是
粉化度	ISO 4628-6①	等级②
质量		是
尺寸		是
裂纹或银纹		等级②
分层		等级②
变形		等级②
微生物生长		等级②
成分表面迁移		等级②

① 用于塑料涂饰的方法。

② 见 GB/T 15596 中 6.2.2 推荐描述的等级。

表 6.10 评定暴露效果的典型机械性能

评定性能	标准
拉伸性能（尤其是断裂伸长率）	GB/T 1040
弯曲性能	GB/T 9341

续表

评定性能	标准
简支梁冲击强度	GB/T 1043.1
悬臂梁冲击强度	GB/T 1843
非仪器击穿试验	ISO 6603-1
仪器击穿试验	ISO 6603-2
拉伸冲击试验	ISO 8256
维卡软化温度	GB/T 1633
负荷变形温度	GB/T 1634
动态机械热分析	ISO 6721 第1、3、5部分
化学变化(例如用红外光谱法)	—

短期户外暴露试验的结果能够表征相应的户外性能，但不宜用于预测材料长期绝对的老化性能。暴露时间不足一年的试验，其结果的比较会显示出季节的影响，即使暴露时间超过两年，其结果仍能显示出试验开始时间的季节影响。

6.1.2 热氧老化试验

热老化试验的基本原理是将塑料试样置于给定条件的热老化试验箱中，使其在热和氧的作用下加速老化。经过一定时间后，通过检测试验前后实际应用中所关心的材料性能的变化来评定材料的热稳定性，推算材料的使用周期。

标准 GB/T 7141—2008 塑料热老化试验方法规定了塑料在不同温度的热空气中暴露较长时间的暴露条件。本标准仅规定了热暴露的方法，而未对暴露后性能试验方法进行规定。热对塑料任何性能的影响都可以通过选择适合的试验方法和试样来测定，不同的性能可能不会按相同的速率变化。多数情况下，极限性能（如断裂强度或断裂伸长率）对热老化降解的敏感程度比大多数性能（如模量）要高。

6.1.2.1 仪器

标准 GB/T 7141—2008 规定了两种热老化试验环境，对试验箱要求如下：

方法 A：重力对流式热老化试验箱，推荐使用标称厚度不大于 0.25mm 的试样。热老化试验箱装置应与 GB/T 11026.4—1999 一致（不带强制空气循环）。

方法 B：强制通风式热老化试验箱，推荐使用标称厚度大于 0.25mm 的试样。热老化试验箱装置应与 GB/T 11026.4—1999 一致（带强制空气循环），采用 (50±10)次/h 的换气率及箱内保持均匀的试验温度。推荐使用监测暴露温度和湿度的记录仪器。

6.1.2.2 试样

（1）试样准备　按 GB/T 7141—2008 的标准规定制备试样，制备方法应与所测材料的加工方法接近，试验试样在暴露前或者暴露后加工均可。其厚度相当于但不大于预期应用中厚度，一系列温度的所有试验试样均应为同一批次。

（2）试样数量　在所选每个周期和温度下每种材料至少暴露三个平行试样，除非另有规定或所有相关方另有商定。

6.1.2.3 步骤

当在单一温度下进行试验时，所有材料应在同一装置中同时暴露。在一系列温度的测试下，为确定规定性能和温度间的关系，应最少使用四个温度点。一般要求，最低温度应能在大约六个月内使性能变化或使产品失效达到预期水平。第二个温度较高，应能在大约一个月内使性能变化或使产品失效达到相同的水平。第三和第四个温度应能够分别在大约一周和一天内达到预期的水平。根据经验，推荐的温度和暴露时间如表 6.11 所示，为了获得更准确的数据，一般推荐使用表 6.11 给出的暴露时间和温度的中间值。

表 6.11　测定可氧化降解塑料热老化性能时推荐的温度和暴露时间

推荐的暴露温度/℃	温度的对数	90℃时估计的失效时间/h				
		1～10	11～24	25～48	49～96	97～192
30	1.477	A				
40	1.602	B	A			
50	1.699	C	B	A		
60	1.778	D	C	B	A	
70	1.845	E	D	C	B	A
80	1.903		E	D	C	B
90	1.954			E	D	C
100	2.000				E	D
110	2.041					E

注：推荐的暴露周期如下。A—2 周、4 周、8 周、16 周、24 周、32 周；B—3 天、6 天、12 天、24 天、36 天、48 天；C—1 天、2 天、4 天、8 天、12 天、16 天；D—8h、16h、32h、64h、96h、128h；E—2h、4h、8h、16h、24h、32h。

除非产品中规定了老化试验时间，一般热老化试验的终点按以下规定确定：

① 当试验指标变化至产品使用的最低允许值时，老化试验终止；

② 若无法确定试验指标最低允许值，则老化试验通常进行至该指标为初始值的 50%左右停止。

6.1.2.4 结果

每一次测试周期取下的试样，应与原始未经老化的试样一起在标准条件下放置 24～48h 后测试性能，且应多保留一试样与原始试样进行外观变化对比。

性能评定可以下列指标为依据：

① 目测：如试验发生局部粉化、斑点、变形或起泡等外观变化来判定；

② 称重：测量老化前后的质量差；

③ 力学性能：拉伸强度、断裂伸长率、弯曲强度、冲击强度；

④ 光学性能：变色、褪色及透光率等；

⑤ 电性能：电阻率、耐电压强度及介电常数等。

实际评定过程中一般选择对材料应用最适宜或反映老化变化较敏感的一种或几种性能的变化来评定热老化性能。

6.1.3 人工光源老化试验

人工气候老化通常在人工气候箱内进行，模拟大气条件中五个主要因素，即阳光、空气、温度、湿度和雨量，并加以强化，目的是寻求与自然大气老化之间的关系，从而在短期内预测自然老化的结果。

日常生活中，日光的照射是一种很常见的环境现象。高分子材料在受到日光照射的长期使用过程中，经常出现变色、粉化、起泡、破裂、脱落等现象，严重影响产品的使用性能。实际高分子材料研发过程中，需要通过人工加速老化试验来快速评估材料的性能。通过控制光照、黑暗循环变化、温度、湿度和喷淋的变化以及滤镜的改变来提供模拟白天/黑夜、不同的温度、户内、户外等各种外界环境条件。测试时需确认控制点的辐照度以及循环条件（光照、黑暗、喷淋）和各循环的温度、湿度、时间、滤镜类型。目前，普遍使用的人工加速老化试验方法主要有氙弧灯、荧光紫外灯、碳弧灯等光老化试验。

6.1.3.1 氙弧灯老化

氙弧灯可以很好地模拟日光中的紫外线及可见光的波段，一般使用滤光片调节光谱能量分布以模拟各种条件下的自然日光，是一种广受欢迎的光源。常用的滤光片即滤镜主要有日光滤光器和窗玻璃滤光器。氙弧灯老化是最复杂、程序最多的人工老化方法，也是与自然光老化吻合性最好的，常用于仲裁测试。标准 GB/T 16422.2—2014 详细规定了塑料氙弧灯老化试验方法。

（1）仪器

① 试验箱　试验箱的设计可不同，但应由惰性材料构造。试验箱的辐照度和温度均应可控。对于需要控制湿度的暴露试验，试验箱应包含符合 ISO 4892-1 要求的湿度控制装置。当暴露试验需要时，设备也应包含提供喷淋的装置或在试

样表面形成凝露的装置，或者将试样浸入水中的装置。喷淋使用的水应符合 ISO 4892-1 的要求。

② 试验室光源　光源应由一个或多个有石英封套的氙弧灯组成，其光谱范围包括波长大于 270nm 的紫外线、可见光及红外线。为了模拟日光，采用滤光器对氙弧灯进行光过滤，表 6.12 和表 6.13 给出了在紫外波长范围内相对光谱辐照度的最小限值和最大限值（具体解释参考 GB/T 16422.2—2014 表 1 和表 2）。

表 6.12　配置日光滤光器的氙弧灯的相对光谱辐照度

波长 λ/nm	最小限值/%	CIE 85:1989(表 4)/%	最大限值/%
λ<290			0.15
290≤λ≤320	2.6	5.4	7.9
320<λ≤360	28.2	38.2	39.8
360<λ≤400	54.2	56.4	67.5

表 6.13　配置窗玻璃滤光器的氙弧灯的相对光谱辐照度

波长 λ/nm	最小限值 /%	CIE 85:1989 (表 4 窗玻璃作用后)/%	最大限值 /%
λ<300			0.29
300≤λ≤320	0.1	≤1	2.8
320<λ≤360	23.8	33.1	35.5
360<λ≤400	62.4	66.0	76.2

③ 辐照仪　使用的辐照仪应符合 ISO 4892-1 中的要求。

④ 黑标温度计或黑板温度计　使用的黑标温度计或黑板温度计应符合 ISO 4892-1 中的要求。

（2）试样

① 试样制备　试样的尺寸通常由暴露后要测量的物理性能决定。一般应当在暴露后进行试样加工。如果被测试材料是颗粒状、切屑状或其他未加工状态的挤出成型的聚合物，应从用适当方法生产的薄片上切下要暴露的试样。

② 试样数量　试样数量应由暴露后要测量的物理性能决定，在每个暴露试验中，建议每种被测材料至少暴露三个试样以便对结果进行统计学评估。

③ 状态调节　除非特殊要求，试样状态调节应满足标准 ISO 291。

（3）试验条件　标准 ISO 4892-1 详细规定了氙弧灯在日光和窗玻璃两种滤光器下的试验温度及相对湿度。对于仲裁试验，一般使用黑标温度计控制温度，具体暴露循环控制见表 6.14。

表6.14　温度由黑标温度计控制的暴露循环

循环序号	暴露周期	辐照度		黑标温度/℃	实验箱温度/℃	相对湿度/%
使用日光滤光器的暴露						
		宽带（300～400nm）/(W/m²)	窄带（340nm）/[W/(m²·nm)]			
1	102min 干燥 18min 喷淋	60±2 60±2	0.51±0.02 0.51±0.02	65±3 —	38±3 —	50±10 —
2	102min 干燥 18min 喷淋	60±2 60±2	0.51±0.02 0.51±0.02	65±3 —	不控制 —	不控制 —
3	102min 干燥 18min 喷淋	60±2 60±2	0.51±0.02 0.51±0.02	100±3 —	65±3 —	20±10 —
4	102min 干燥 18min 喷淋	60±2 60±2	0.51±0.02 0.51±0.02	100±3 —	不控制 —	不控制 —
使用窗玻璃滤光器的暴露						
5	持续干燥	50±2	1.10±0.02	65±3	38±3	50±10
6	持续干燥	50±2	1.10±0.02	65±3	不控制	不控制
7	持续干燥	50±2	1.10±0.02	65±3	65±3	20±10
8	持续干燥	50±2	1.10±0.02	65±3	不控制	不控制

对于常规的试验，可用黑板温度计代替黑标温度计，具体暴露循环控制与黑标温度计没有区别，只是由于它们的导热性不同，两种类型的温度计测得的温度不同，详见标准GB/T 16422.2—2014中表4规定。

（4）步骤

① 试样的安装　将试样以不受任何应力的方式固定在设备中的试样架上。每个试样应作不易消除的标记，此标记的位置应不影响后续的试验。

② 暴露　在试验箱内放置试样前，确保设备在要求的条件（见表6.14）下运行。按选定的暴露条件对设备进行设置，使其按需要的循环次数持续运行。在整个暴露过程中维持试验条件不变。应尽量减少设备检修和试样检查引起的试验中断。

（5）结果　氙弧灯老化试验试样的性能变化按ISO 4582的规定进行测定。

6.1.3.2　荧光紫外灯老化

荧光紫外灯模拟的是日光中的紫外波段，其在光谱的紫外区域（如400nm以下）中产生的辐射光能占总光能输出量至少80%，是人工老化中能量最大、最快得出实验结果的老化方法。由于它所产生的光照存在地球表面，而且是自然日光中没有的辐射能量，所以荧光装置可能引发非自然的破坏。因此，试验过程中一般会选择适宜的紫外筛选装置。标准GB/T 16422.3—2014详细规定了塑料荧光紫外灯老化试验方法。

（1）仪器　试验箱、辐照仪以及黑标温度计或黑板温度计的要求与氙弧灯老化试验一致，见6.1.3.1。

标准GB/T 16422.3—2014中规定有三种实验室荧光紫外灯光源，即UVA-340、UVA-351和UVB-313。表6.15至表6.17给出了一定波长范围内相对紫外光谱辐照度的最小限值和最大限值（具体解释可参考GB/T 16422.3—2014表1、表2和表3）。

表6.15　UVA-340灯日光紫外区的相对紫外光谱辐照度

波长λ/nm	UVA-340灯			UVA-340灯组		
	最小限值/%	CIE 85:1989(表4)/%	最大限值/%	最小限值/%	CIE 85:1989(表4)/%	最大限值/%
λ<290		0	0.01		0	0
290≤λ≤320	5.9	5.4	9.3	4	5.4	7
320<λ≤360	60.9	38.2	65.5	48	38.2	56
360<λ≤400	26.5	56.4	32.8	38	56.4	46

表6.16　UVA-351灯窗玻璃后日光的相对紫外光谱辐照度

波长λ/nm	最小限值/%	CIE 85:1989(表4)/%	最大限值/%
λ<290		0	0.2
290≤λ≤320	1.1	≤1	3.3
320<λ≤360	60.5	33.1	66.8
360<λ≤400	30.0	66.0	38.0

表6.17　UVB-313灯的相对紫外光谱辐照度

波长λ/nm	最小限值/%	CIE 85:1989(表4)/%	最大限值/%
λ<290	1.3	0	5.4
290≤λ≤320	47.8	5.4	65.9
320<λ≤360	26.9	38.2	43.9
360<λ≤400	1.7	56.4	7.2

UVA-340最为接近自然光的紫外线部分，模拟状况最好；UVB-313灯管的紫外线部分强于自然光紫外部分，并且含有部分自然中基本没有的短波紫外线，所以UVB-313比较适用于对比试验。

（2）试样　试样要求与氙弧灯老化试验一致。详见6.1.3.1中（2），也可参照标准ISO 4892-1和GB/T 16422.1—2019。

（3）试验条件　标准 ISO 4892-1 详细规定了荧光紫外灯老化试验的温度、相对湿度等环境因素控制，具体暴露循环控制见表 6.18。

表 6.18　荧光紫外灯老化试验暴露循环控制

循环序号	暴露周期	灯型	辐照度	黑表温度	相对湿度
UVA-340 灯日光滤光					
1	8h 干燥 4h 凝露	UVA-340 灯	340nm 时 0.76W/(m^2·nm) 关闭光源	60℃±3℃ 50℃±3℃	不控制
2	8h 干燥 0.25h 喷淋 3.75h 凝露	UVA-340 灯	340nm 时 0.76W/(m^2·nm) 关闭光源	50℃±3℃ 不控制 50℃±3℃	不控制 不控制 不控制
3	5h 干燥 1h 喷淋	UVA-340 灯组	290～400nm 持续 45W/m^2	50℃±3℃ 25℃±3℃	＜15 不控制
4	5h 干燥 1h 喷淋	UVA-340 灯组	290～400nm 持续 45W/m^2	70℃±3℃ 25℃±3℃	＜15 不控制
UVA-351 灯窗玻璃滤光					
5	24h 干燥 （无水分）	UVA-351 灯	340nm 时 0.76W/(m^2·nm) 关闭光源	50℃±3℃	不控制
UVB-313 灯窗玻璃滤光					
6	8h 干燥 4h 凝露	UVB-313 灯	310nm 时 0.48W/(m^2·nm) 关闭光源	70℃±3℃ 50℃±3℃	不控制

（4）步骤　荧光紫外灯老化试验步骤与氙弧灯老化试验操作步骤类似，包括试样的安装以及暴露两部分，详见 6.1.3.1 中（4），参照标准 GB/T 16422.3—2014 执行。

（5）结果　荧光紫外灯老化试验后试样性能变化按 ISO 4582 的规定进行测定。

6.1.3.3　碳弧灯老化

碳弧灯分为开放式碳弧灯和封闭式碳弧灯。比较常用的是开放式碳弧灯，其光源通常使用三对或四对含有稀有金属盐混合物且表面镀金属（如铜）层的碳棒。碳棒之间通入电流，碳棒燃烧，释放出紫外线、可见光和红外线。尽管碳弧灯的光谱图与日光光谱图没有很好的吻合性，但由于它是人类早期掌握的一种人工光老化手段，积累了很多原始数据，目前仍用于某些材料的测试。碳弧灯光老化测试无需确定辐照度，只需选定测试方式（连续光照或光照加喷淋）及温度、湿度，是最简单的光老化方法，其老化强度介于氙弧灯和荧光紫外灯之间。标准 GB/T 16422.4—2014 详细规定了塑料碳弧灯老化试验方法。

（1）仪器

① 试验箱　试验箱包含一个试样框架，通过试样表面的空气流通来控制温度。试样框架围绕碳棒支架的中心轴旋转，典型的框架直径为96cm。框架上可直接固定试样或放置用试验架固定的试样。框架可为垂直形式或倾斜形式。设备应有能在操作范围内编制循环暴露条件程序的控制装置。

② 实验室光源　开放式碳弧灯光源通常使用三对或四对含有稀有金属盐混合物且表面镀金属（如铜）层的碳棒。碳棒之间通入电流，碳棒燃烧，释放出紫外线、可见光和红外线。几对碳棒依序燃烧，任一时刻都有一对碳棒在燃烧。使用设备生产商推荐的碳棒。辐照光透过滤光器后到达试样表面。标准GB/T 16422.4—2014中规定有三种实验室碳弧灯光源，表6.19至表6.21为开放式碳弧灯经过日光滤光器（1型）、窗玻璃滤光器（2型）和延展紫外线滤光器（3型）后的相对光谱能量分布。

表6.19　使用日光滤光器的开放式碳弧灯的典型紫外光谱能量分布

波长λ/nm	使用日光滤光器的开放式碳弧灯的典型分布/%	CIE 85:1989(表4)/%
λ<290	0.05	
290≤λ<320	2.9	5.4
320≤λ<360	20.5	38.2
360≤λ<400	76.6	56.4

表6.20　使用窗玻璃滤光器的开放式碳弧灯的典型紫外光谱能量分布

波长λ/nm	使用日光滤光器的开放式碳弧灯的典型分布/%	CIE 85:1989（表4窗玻璃作用后）/%
λ<290	0.0	
290≤λ<320	0.3	≤1
320≤λ<360	18.7	33.1
360≤λ<400	81.0	66.0

表6.21　使用延展紫外线滤光器的开放式碳弧灯的典型紫外光谱能量分布

波长λ/nm	最小限值/%	最大限值/%	CIE 85:1989(表4)/%
λ<290		4.9	
290≤λ<320	2.3	6.7	5.4
320≤λ<360	16.4	24.3	38.2
360≤λ<400	68.1	80.1	56.4

（2）试样　试样要求与氙弧灯老化试验一致，详见6.1.3.1中（2），也可参照标准ISO 4892-1和GB/T 16422.1—2006。

（3）试验环境　标准ISO 4892-1详细规定了开放式碳弧灯试验温度及相对湿度。暴露黑板温度一般为63℃±3℃，试验箱空气温度为40℃±3℃，相对湿度应为50%±5%，喷淋周期宜选择如下：

① 喷淋周期1　喷淋时间：18min±0.5min；两次喷淋之间的干燥期：102min±5min。

② 喷淋周期2　喷淋时间：12min±0.5min；两次喷淋之间的干燥期：48min±0.5min。

（4）步骤　碳弧灯老化试验步骤与氙弧灯老化试验操作步骤类似，包括试样的安装以及暴露两部分，详见6.1.3.1中（4），参照标准GB/T 16422.4—2014执行。

（5）结果　碳弧灯老化试验暴露后性能变化按ISO 4582的规定进行测定。

6.2　玻璃钢老化性能测试

6.2.1　概述

玻璃钢即玻璃纤维增强塑料，与一般塑料一样也存在老化问题，只是速度和程度不同而已。玻璃钢在大气曝晒、湿热、水浸泡及腐蚀介质等作用下，性能有所下降，在长期使用过程中会使光泽减退、颜色变化、树脂脱落、纤维裸露、分层等现象。标准GB/T 2573—2008规定了纤维增强塑料大气暴露、湿热、耐水性及耐水性加速老化性能试验。

6.2.2　大气暴露试验

大气暴露试验是将玻璃钢试件暴露在自然日光下，经一定的暴露周期后，通过观察试样的外观以及物理性能的变化来评价材料的耐老化性能。

6.2.2.1　仪器

标准GB/T 2573—2008规定，玻璃钢大气暴露试验设备要求见表6.22。

表6.22　玻璃钢大气暴露试验设备要求

试验设备	要求
暴露试验架	①试验架由框架、支持架和其他夹持装置组成。试验架形式与暴露件相对应，应保证试验架可调整斜角和方位角度； ②时间安装在框架上之后，应保证暴露件与地面的最小距离不小于0.5m； ③夹持装置应当牢固，但应尽量减小试样的应力，保证试样暴露过程中的自由变形

续表

<table>
<tr><th colspan="2">试验设备</th><th>要求</th></tr>
<tr><td rowspan="4">太阳辐射仪器测试设备</td><td>总日射表</td><td rowspan="2">①至少应满足国际气象组织(WMO)规定的二级仪表要求；
②至少每年校准一次</td></tr>
<tr><td>直射日射表</td></tr>
<tr><td>紫外总日射表</td><td>①紫外总日射表的光谱带通最大吸收位于300～400nm波段的辐射；
②应做余弦校正,每一年校准一次</td></tr>
<tr><td>窄谱带宽紫外总日射表</td><td>应做余弦校正,每一年校准一次</td></tr>
<tr><td colspan="2">其他气象测定仪</td><td>用于测量空气湿度、样品湿度、降雨量、润湿时间的仪器应与所用的暴露方法相适应,且应经相关方约定</td></tr>
</table>

6.2.2.2 试样

标准GB/T 2573—2008规定，玻璃钢大气暴露试验暴露件包括试样、试样板及实物，具体要求如下。

(1) 试样制备

① 试样和试样板外观符合标准GB/T 1446，具体尺寸根据所测性能，按相关标准规定确定；

② 试样板根据实际情况应在边缘另加20～30mm；

③ 实物应适合暴露场要求，按相关测试性能标准在实物上截取规定大小的实物试件。

(2) 试样数量　暴露件个数应根据具体需测量物理性能决定，一般建议测定物理性能所需的两倍，其中一半不做暴露试验，放于室内，作对比试验用。

(3) 状态调节

① 暴露试验前应测定试样的初始物理性能；

② 用于观察颜色及力学性能测定的试样应在无应力状态下暴露。

6.2.2.3 试验环境

(1) 暴露方向　暴露方向应面向正南方向，为达到不同的试验目的，可根据表6.23倾斜一定角度。

表6.23　暴露方向

目的	地域	角度
获得最大总辐射量	我国北方中纬度地区	小于纬度10°
获得最大紫外辐射量	北纬40°以南地区	5°～10°

注：一般地区可根据试验目的倾斜10°～90°之间的任意特定角度。

(2) 暴露地点　依据标准GB/T 2573—2008规定，暴露试验的地点一般应位于远离树木和建筑物的空旷场地。向南倾斜角为45°的暴露，在东、西、南方向仰角应大于20°及在向北方向仰角45°的范围内应无障碍物；对于倾斜角小于30°的暴露，在北方向上仰角应大于20°的范围内应无障碍物。除非辅助条件要求，否则推荐使用天然土壤遮盖物；对于某些用途，为了评估生物生长、白蚁和腐朽植被的影响，可能希望在丛林或森林区域非空旷场地进行暴露试验，但应当保证：阴暗地方真实代表整个试验环境且暴露设施及通道不会影响整个环境。

（3）暴露时间　暴露件的检测期龄一般不少于5年，可按0.5年、1年、2年、3年、5年、7年、10年等进行取样测试。

6.2.2.4　步骤

标准GB/T 2573—2008规定了玻璃纤维增强塑料暴露试验过程以及暴露期间所需要注意的事项见表6.24。

表6.24　玻璃纤维增强塑料暴露试验过程

试验步骤	要求
测定初始性能	检查暴露件初始外观，如颜色、光泽、纤维显露情况、裂痕、孔洞、起泡等
安装暴露件	①将试样安置在试样支架上，确保连接件之间以及夹条间存在足够的空间，为暴露后性能测试留出足够尺寸的未遮盖区域； ②用适合的不易消除的标记在每个试样的背面进行标识。确保用于识别的任何标记不在能影响机械测试结果的区域。可保留一份安装位置图用于核查； ③为进行暴露件与未暴露性能对比，可利用不透明遮盖物遮住每个暴露件的一部分，形成一部分未暴露区
安装辐射仪	安装总日射表、直射日射表等，以便测得暴露期间每个阶段的辐射量
检查记录暴露件	①暴露期间应保养检查暴露地点，记录暴露件的状态； ②暴露期间前两年每月都需进行外观检查，之后至少半年检查一次； ③暴露期间尽量不清洗暴露件，若必须清洗，可用蒸馏水，避免擦伤损坏暴露件表面

6.2.2.5　结果

暴露到规定期龄后，应按照相关标准进行外观及其他物理性能测试，测试过程中应注意以下几点：

① 测试外观时，应说明测试面的状态；

② 测试弯曲或冲击性能时，应将试样的暴露面作为承压面或受冲击面；

③ 不允许雨天取样；

④ 从取样到测试完毕，不得超过5天，在此期间应保存在暴露场附近的室内。

6.2.3　湿热试验

湿热试验即试样在规定的湿热环境下，经一定的周期后，测定外观及物理性能的变化。

6.2.3.1 仪器

湿热试验所需的主要设备为试验箱，关于试验箱的具体要求有以下几点：

① 由箱内传感器检测控制试验温度及湿度；

② 在1.5～2.5h内温度变化范围应控制在25～60℃内，误差应控制在2℃以内；

③ 降温期间，相对湿度应保持在80%～96%，除此之外应保持在93%±3%；

④ 保持试验箱内温度、湿度均匀，箱内空气必须持续搅动，试样周围空气流速应控制在0.5～1.0m/s；

⑤ 应注意热辐射以及冷凝水对试验的影响，箱体壁上的冷凝水应及时排除，不允许滴在试样上。

6.2.3.2 试样

(1) 试样制备　标准GB/T 2573—2008规定，湿热试验试样具体尺寸根据需测得物理性能决定，可参照标准GB/T 1446制备。

(2) 试样数量　试样应随机取样、分组，具有同批性，每组试样不少于5个。

(3) 状态调节　试样编号应清晰耐用，且不影响试验结果。

6.2.3.3 试验环境

湿热试验条件主要应注意箱内温度及湿度的控制，具体要求见表6.25。

表6.25　湿热试验条件

试验方法	要求
恒定湿热试验	①温度60℃±2℃，相对湿度93%±3%； ②一个试验周期为24h； ③第一个周期从试验箱内温度达到规定要求算起
交变湿热试验	以24h为一试验周期，每一周期分为如下几个阶段。 ①升温阶段：1.5～2.5h内，温度从25℃±2℃连续升至60℃±2℃；相对湿度不低于95%，但在最后15min内可最低至90%。 ②高温高湿阶段：控制温度在60℃±2℃；相对湿度控制在93%±3%，但在开始和最后15min内在90%～100%；升温和高温高湿实验两阶段总时间为(12±0.5)h。 ③降温阶段：1.5～2.5h内，温度从60℃±2℃连续降至25℃±2℃；相对湿度不低于95%，但在初始15min内可最低至90%。 ④低温高湿阶段：控制温度在25℃±2℃；相对湿度不低于95%；降温和低温高湿实验两阶段总时间为(12±0.5)h

6.2.3.4 步骤

标准GB/T 2573—2008规定了玻璃钢湿热试验过程中试样表面、试样放置以及试验过程中的取样要求，具体要求见表6.26。

表6.26　玻璃钢湿热试验过程要求

试验步骤	要求
试件放置	①试验开始前，首先要清除试样表面油污及灰尘； ②试样相互之间以及与试验箱体壁之间不得接触； ③仲裁试验时，试样与各个方位箱体壁间距离不小于15cm
取样要求	①除非特殊要求，试验周期应按1、2、6、14、21、28周期个数选取； ②取样时，箱门开启时间尽可能短，防止试样凝结冰珠

6.2.3.5　结果

达到试验周期并取样后，首先应观察试样的外观并测量其尺寸，力学性能测试有两种方法：

① 按GB/T 1446的规定进行试样状态调试后测试性能；

② 不调节试样状态，将试样取出后放于密闭容器中冷却至室温后进行力学性能测试，但测试必须在从箱内取出后30min内完成。

6.2.4　耐水性试验

耐水性试验是将试样浸泡于水介质环境下，经一定的周期后，测定外观及物理性能的变化。

6.2.4.1　仪器

耐水性试验所需实验设备比较简单，只需保持水温的恒温水浴或其他装置。

6.2.4.2　浸泡件

(1) 试样制备　标准GB/T 2573—2008规定，耐水性试验试样包括试样、试样板以及实物三种；试样具体尺寸根据需测的物理性能决定，可参照标准GB/T 1446制备；试样板制备方法与试样相同，并与实物工艺一致，其尺寸应考虑固定试样板所需的面积。

(2) 试样数量　浸泡件应随机取样、分组，具有同批性，每组试样不少于5个。

(3) 状态调节　试验开始前，应按规定测试所需初始性能，并清除试样表面油污及灰尘。

6.2.4.3　试验环境

耐水性试验的浸泡根据浸泡件的不同，其试验条件不同，具体要求见表6.27。

表 6.27 耐水性试验的浸泡试验条件

浸泡件	要求
试样	①浸泡介质为蒸馏水，水温为 23℃±2℃ 或 40℃±2℃，仲裁试验水温为 23℃±2℃，也可根据实际情况选择合适的温度； ②浸泡周期一般为 30 天，对于耐水性强的材料可适当延长天数； ③湿态极限弯曲试验强度以 14 天为一个测试周期，每周期取一组试样进行测试，直到弯曲强度趋于零为止
试样板	①试样板固定后放入无污染的江、河、湖、海中，或放入实际使用水浴中； ②试样板应放入足够深度处，但不能接触水底污泥； ③试样板的检测期龄一般不少于 5 年，可按 0.5 年、1 年、2 年、3 年、5 年、7 年、10 年等进行取样检测
实物	根据实际使用情况进行浸泡试验。当样板由实物所在地（江、河、湖、海等）取回过程中，应模拟实物浸水状态放置

6.2.4.4 步骤

标准 GB/T 2573—2008 规定，浸泡试验过程主要为放置浸泡件，应注意以下两项：

① 试试样相互之间以及与试验箱体壁之间不得接触；

② 试样板浸泡过程中，应每隔 3～6 月清理试样板，维护固定框架。

6.2.4.5 结果

标准 GB/T 2573—2008 规定了浸泡件吸水性能的测试方法：

① 试样吸水性测试必须在从箱内取出后 30min 内完成，不需调节状态；

② 试样板测试可在取出后立即加工进行，也可放在浸泡水的容器中，测试实验在 3 天内完成即可；

③ 实物取出后应立即加工，测试实验在三天内完成。测弯曲强度时应使浸水面作为承压面。

6.2.5 耐水性加速试验

耐水性加速试验是将试样浸泡于规定温度的水介质环境下，经一定的周期后，测定外观及物理性能的变化。

6.2.5.1 仪器

耐水性加速试验所需设备与耐水性试验所需设备一致，详见 6.2.4.1。

6.2.5.2 试样

试验试样要求与湿热试验试样要求一致，详见 6.2.4.2。

6.2.5.3 试验环境

标准 GB/T 2573—2008 详细规定了耐水性加速试验的试验条件，包括试验介质及试验周期，具体要求见表6.28。

表6.28 耐水性加速试验条件

浸泡件	要求
浸泡液	①浸泡介质为蒸馏水或去离子水； ②仲裁试验时，水的电阻率不得小于500Ω·m； ③水温一般为80℃±2℃，耐温性较好的材料可选择95℃±2℃的水温浸泡，耐温性较差的材料可选择60℃±2℃的水温浸泡度； ④一般情况下筛选试验时采用在蒸馏水中煮沸2h
浸泡周期	①试验水温达到规定温度时将温度计放入并开始计时，以24h为一个浸泡周期； ②采样周期个数按以下规定选取： a. 环氧树脂基或酚醛树脂基玻璃纤维增强塑料周期个数为1、2、6个； b. 聚酯树脂基玻璃纤维增强塑料周期个数为1/3、1/2、1、2、3、6个

6.2.5.4 步骤

标准GB/T 2573—2008规定耐水性加速试验主要包括试样放置、浸泡以及取样三个步骤，试验过程需注意以下两点：

① 浸泡试验前应除去试样表面灰尘及油污，并按相关规定做试样初始性能测试；

② 试样浸泡于温水浴中，应保证试样与容器壁及温度计不接触。

6.2.5.5 结果

达到试验周期并取样后，首先应观察试样的外观并测量其尺寸，力学性能测试有两种方法：

① 按GB/T 1446的规定进行试样状态调试后测试性能；

② 不调节试样状态，将试样取出后放于室温蒸馏水或去离子水中冷却，浸水不少于15min，从水浴中取出后30min内必须完成测试。

6.3 讨论

本章详细介绍了塑料以及玻璃纤维增强塑料（玻璃钢）的自然气候以及人工加速老化试验方法，二者之间的相关性如下：

从试验环境来说，自然暴晒中包含了很多不可控的因素，如自然暴晒地点的地理位置、周边环境、气候改变以及自然暴晒的周期等。自然暴晒并没有一个稳定的测试条件，而人工加速老化测试设备则通过那些与老化有关的测试条件来进行控制，使整个测试有高度的重复性，因此去找一个这两种测试的相关系数来计算样品的耐气候年限，并没有太大的实际意义。

若以辐照总量为自然与人工老化试验相关性的参考标准，在人工试验中，可使样品在短时间内所受到的辐照量达到某种典型自然气候条件下若干年的辐照积累量，可以在短时间内就知道在样品受到该种程度辐照量后性能变化如何，但是，这样对于获得耐用年限的意义依然不大。

从材料和试样的性能方面来看，各类材料均有多项性能检测项目，即使是相同材料在同一老化试验中，其性能变化规律也不是完全一致的，因此，根据老化试样性能变化得到的自然老化和人工加速老化的推算结果也会出现不一致。但是试验表明，在合理制定人工加速老化试验条件的前提下，人工加速试验和自然暴露试验所得到的材料优劣排序表现出较好的一致性。所以，我们所说的自然暴晒老化和人工加速光老化试验的相关性，所关注的应该是次序的相关性，即材料在自然老化和人工加速老化测试中有同样的相对气候稳定性，而不是根据人工加速老化试验精确地确定自然暴晒使用年限。

虽然目前人工加速光老化试验与自然暴晒之间的相关性不能用简单的相关系数、变换关系来表述，但是人工加速光老化试验仍是有意义的。人工加速光老化测试可以持续地在接近或强于日光的辐照度下进行，不受日夜、季节变化及气候条件的影响，其重现性和重复性非常好，因此在实验研究时可以积累很多的实验数据，在研究新材料新产品时，可通过与已知性能的材料对比，为新材料新产品的评定提供参考依据。

常用非金属材料耐候性测试标准见表 6.29。

表 6.29　非金属材料耐候性测试常用标准

序号	标准号	标准名称
1	GB/T 1842—2008	塑料　聚乙烯环境应力开裂试验方法
2	GB/T 15596—2009	塑料在玻璃下日光、自然气候或实验室光源暴露后颜色和性能变化的测定
3	GB/T 3681—2011	塑料　自然日光气候老化、玻璃过滤后日光气候老化和菲涅耳镜加速日光气候老化的暴露试验方法
4	GB/T 16422.2—2014	塑料　实验室光源暴露试验方法　第 2 部分:氙弧灯
5	GB/T 16422.3—2014	塑料　实验室光源暴露试验方法　第 3 部分:荧光紫外灯
6	GB/T 16422.4—2014	塑料　实验室光源暴露试验方法　第 4 部分:开放式碳弧灯
7	ASTM G7/G7M—2013	非金属材料大气环境曝光测试的标准实施规程
8	ISO 4892.2—2013	塑料　实验室光源曝晒方法　第 2 部分:氙弧灯光源
9	ISO 4892.3—2013	塑料　实验室光源曝晒方法　第 3 部分:紫外灯光源
10	ISO 4892.4—2013	塑料　实验室光源曝晒方法　第 4 部分:碳弧光源
11	GB/T 2573—2008	玻璃纤维增强塑料老化性能试验方法
12	GB/T 7141—2008	塑料热老化试验方法

参考文献

[1] 张敏．高密度聚乙烯（HDPE）膜材料光氧老化性能研究［D］．上海：东华大学，2017.

[2] GB/T 3681—2011．塑料　自然日光气候老化、玻璃过滤后日光气候老化和菲涅耳镜加速日光气候老化的暴露试验方法［S］.

[3] GB/T 15596—2009. 塑料在玻璃下日光、自然气候或实验室光源暴露后颜色和性能变化的测定［S］.

[4] GB/T 7141—2008. 塑料热老化试验方法［S］.

[5] 谭红香，段星春．高分子材料人工加速光老化［J］．材料导报，2013，27（s2）：245-247.

[6] GB/T 16422.2—2014. 塑料　实验室光源暴露试验方法　第 2 部分：氙弧灯光源［S］.

[7] GB/T 16422.3—2014. 塑料　实验室光源暴露试验方法　第 2 部分：紫外灯光源［S］.

[8] GB/T 16422.4—2014. 塑料　实验室光源暴露试验方法　第 2 部分：碳弧光源［S］.

[9] GB/T 2573—2008. 玻璃纤维增强塑料老化性能试验方法［S］.

[10] 王春川．人工加速光老化试验方法综述［J］．电子产品可靠性与环境试验［J］.2009，27（1）：65-69.

第7章 电性能及阻燃性能的检测

塑料在现代电子技术中应用很广，由常见的电线到跨海洋的电缆，由常见的大电机到微型固体元件，无处不用塑料，这完全是由塑料的体积电阻率高达 $10^{14}\Omega \cdot m$ 以上、介电常数范围宽广以及极小的介质损耗角正切值等特殊性能决定的。例如在工程设计上，制造电容器时希望选择介质损耗小而介电常数大的材料；制造高压电器希望选择耐电压高、耐电弧性好而介质损耗小的材料；制备仪表绝缘材料时，希望介质损耗小而电阻率高的材料等，而塑料均可满足以上要求。

虽然普通塑料易燃，但经过阻燃改性的塑料可极大地降低火灾损失、减少火灾时排入大气的污染物，从而保障人民生命的安全，是关系环境和人类的重大改进，得到了非常广泛的应用。因此阻燃塑料的阻燃性能测试研究对阻燃塑料的发展具有重要意义。

7.1 电阻率试验

7.1.1 概述

通常，绝缘材料用于电气系统的各部件相互绝缘和对地绝缘，而固体绝缘材料还起到机械支撑作用，因此一般都希望绝缘材料具有尽可能高的电阻，同时具有均匀的、一定的机械、化学和耐热性能。

表征塑料材料导电性能的指标一般有表面电阻率和体积电阻率，体积电阻率表征的是整个材料的导电能力，而表面电阻率则表征材料面内导电能力。

7.1.1.1 检测方法、标准

本部分所涉及的检测方法、标准、应用对象见表 7.1。

表 7.1 电阻率检测方法

检测项目名称	检测方法	采用标准	适用范围
体积电阻率	直接法	GB/T 31838.2—2019《固体绝缘材料 介电和电阻特性 第2部分:电阻特性(DC方法) 体积电阻和体积电阻率》	固体的片状、管状、棒状、薄膜等塑料制品
	比较法		

续表

检测项目名称	检测方法	采用标准	适用范围
表面电阻率	直接法	GB/T 31838.3—2019《固体绝缘材料 介电和电阻特性 第 3 部分:电阻特性(DC 方法)表面电阻和表面电阻率》	固体的片状、管状、棒状、薄膜等塑料制品
	比较法		

（1）体积电阻 体积电阻是施加在绝缘介质相对表面接触的两个电极之间的直流电压与给定时间流过介质的电流之比，单位用 Ω 表示。

（2）体积电阻率 体积电阻率是在给定的时间及电压下，直流电场强度与绝缘介质内部电流之比，单位用 Ω·m 表示。

（3）表面电阻 表面电阻是在试样的表面上的两电极间所加电压与规定的电化时间里流过两电极间的电流之商（在两电极上可能形成的极化忽略不计）。除非另有规定，表面电阻是在电化一分钟后测定。通常电流主要流过试样的一个表面层，但也包括流过试验体积内的成分。

（4）表面电阻率 表面电阻率是在绝缘材料的表面层的直流电场强度与线电流密度之商，即单位面积内的表面电阻（面积的大小并不重要）。其单位是 Ω，实际上有时也用“欧每平方单位”来表示。

7.1.1.2 测试原理

材料的导电性是由于物质内部存在传递电流的自由电荷，这些自由电荷通常称为载流子，可以是电子、空穴，也可以是正负离子。在弱电场作用下，材料的载流子发生迁移引起导电。材料的导电性能通常用与尺寸无关的电阻率或电导率来表示，体积电阻率是材料导电性的一种表示方式。

7.1.1.3 测试目的和意义

塑料材料作为“功能-结构”材料，除了利用它的高比强度和高比模量等特点外，还必须考虑其电性能。电性能一般都以体积电阻率来衡量。

7.1.2 检测方法

图 7.1 所示为体积电阻率和表面电阻率测试示意图。

7.1.2.1 直接法

（1）仪器 ZC36 型高阻计，测量范围 $10^{6}\sim10^{17}\Omega$，误差≤10%。其测试原理如图 7.2 所示。

直接法可用直流电压表测量所施加的电压，用检流计、电子放大器或静电计等电流测量装置测量电流。

一般来说，当试样被充电时，测量装置宜短路以避免在此期间损坏。

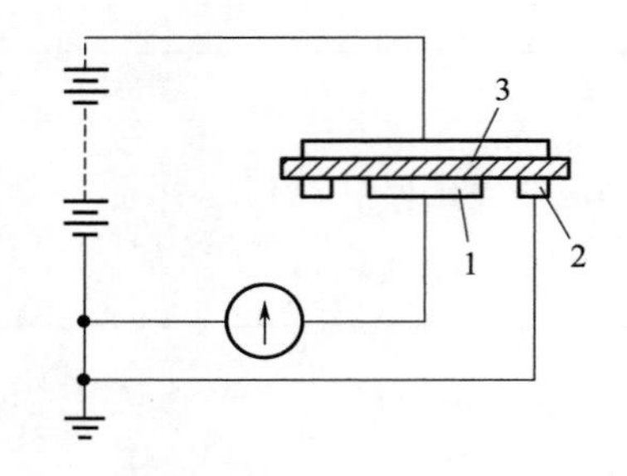

1—被保护电极；2—保护电极；3—不保护电极。

(a) 测量体积电阻率线路

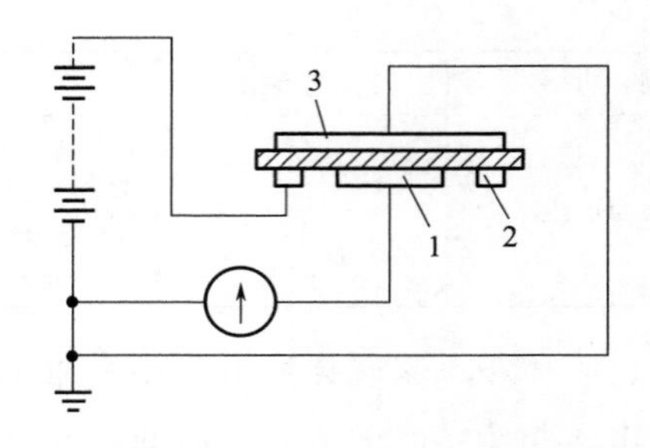

1—被保护电极；2—不保护电极；3—保护电极。

(b) 测量表面电阻率线路

图 7.1 使用保护电极测量体积电阻率和表面电阻率的基本线路

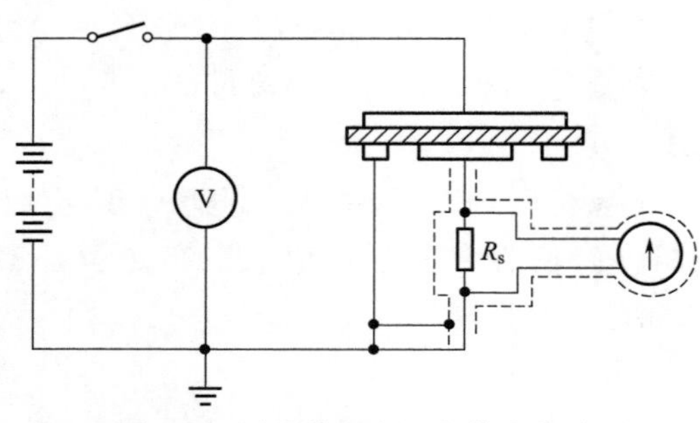

图 7.2 测量体积电阻的伏安线路

检流计宜具有高的电流灵敏度，且配有通用分流器。未知电阻由式(7.1) 计算：

$$R_x = U/(k\alpha) \tag{7.1}$$

式中，U 为所施加的电压，V；k 为检流计的灵敏度，以 A/刻度表示；α 为偏转，以刻度表示。

电阻不超过 $10^{10} \sim 10^{11}\Omega$ 时，可用一个检流计，在 100V 下以所需要的精确度进行测量。

具有高的输入电阻，并由一个已知高的电阻值 R_s 所分流的电子放大器或静电计可用来作为电流测量装置，借助于电阻 R_s 两端的电压降 U_s 来测量电流。未知电阻 R_x 由式(7.2) 计算：

$$R_x = UR_s/U_s \tag{7.2}$$

式中，U 为所施加的电压（假设 $R_s \ll R_x$）。

(2) 试样

① 体积电阻率　为测定体积电阻率，试样的形状不限，只要能允许使用第三电极来抵消表面效应引起的误差即可。对于表面泄漏可以忽略不计的试样，测量体积电阻时可去掉保护，只要已证明去掉保护对结果的影响可忽略不计。

在被保护电极与保护电极之间的试样表面上的间隙要有均匀的宽度，并且在表面泄漏不至于引起测量误差的条件下间隙应尽可能窄。1mm 的间隙通常为切实可行的最小间隙。图 7.3 及图 7.4 给出了三电极装置示例。在测量体积电阻时，电极 1 是被保护电极，电极 2 为保护电极，电极 4 为不保护电极。被保护电极的直径 d_1（图 7.3）或长度 l_1（图 7.4）应至少为试样厚度 h 的 10 倍，通常至少为 25mm。不保护电极的直径 d_4（或长度 l_4）和保护电极的外径 d_3（或保护电极两外边缘之间的长度 l_3）应该等于保护电极的内径 d_2（或保护电极两内边缘之间的长度 l_2）加上至少 2 倍的试样厚度。

② 表面电阻率　为测定表面电阻率，试样的形状不限，只要允许使用第三电极来抵消体积效应引起的误差即可。推荐使用图 7.3 及图 7.4 所示的三电极装置。用电极 1 作为被保护电极，电极 2 作为保护电极，电极 4 作为不保护电极。可直接测量电极 1 和 2 之间的表面间隙的电阻。这样测得的电阻包括了电极 1 和 2 之间的表面电阻和这两个电极间的体积电阻。然而，对于很宽范围的环境条件和材料性能，当电极尺寸合适时，体积电阻的影响可忽略不计。为此对于图 7.3 和图 7.4 所示的装置，电极的间隙宽度 g 至少应为试样厚度的 2 倍，一般来说，1mm 为切实可行的间隙。被保护电极直径 d_1（或长度 l_1）应至少为试样厚度 h 的 10 倍，通常至少为 25mm。

注： 由于通过试样内层的电流的影响，表面电阻率的计算值与试样和电极的尺寸有很大的关系，因此，为了测定时可进行比较，推荐使用与图 7.3 所示的电极装置的尺寸相一致的试样，其中 d_1=50mm，d_2=60mm，d_3=80mm。

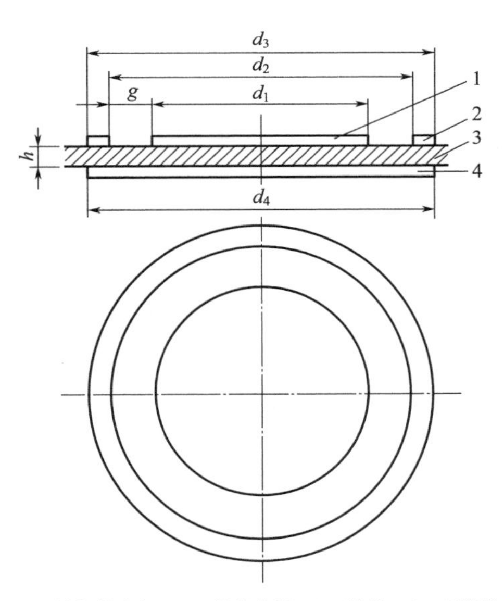

1—被保护电极；2—保护电极；3—试样；4—不保护电极；d_1—被保护电极直径；d_2—保护电极内径；d_3—保护电极外径；d_4—不保护电极直径；g—电极间隙；h—试样厚度。

图 7.3　平板试样上的电极装置示例

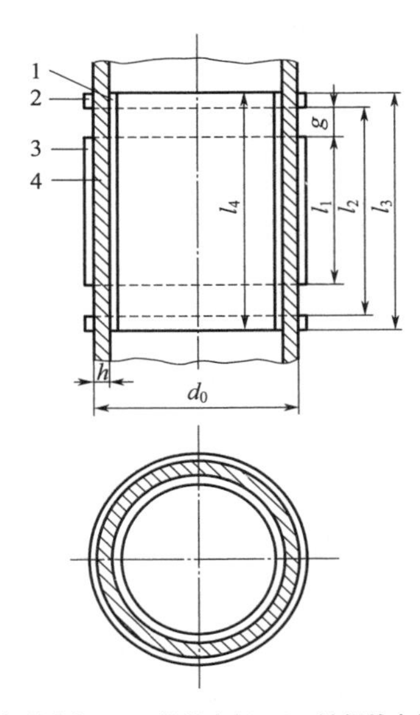

1—不保护电极；2—保护电极；3—被保护电极；4—试样；l_1—被保护电极长度；l_2—保护电极两内边缘之间的长度；l_3—保护电极两外边缘之间的长度；l_4—不保护电极长度；g—电极间隙；h—试样厚度；d_0—试样外径。

图 7.4　管状试样上的电极装置示例

（3）步骤　ZC36 型高阻计仪器外形见图 7.5、图 7.6。

图 7.5　ZC36 型高阻计外形

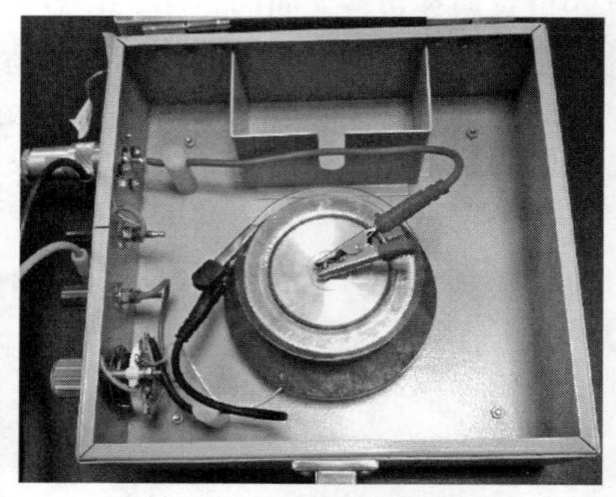

图 7.6　三电极电阻测量系统

① 仪器调节　使用前，面板上的各开关位置应如下：

a. 倍率开关置于灵敏度最低挡位置。

b. 测试电压开关置于“10V”处。

c. “放电-测试”开关置于“放电”位置。

d. 电源总开关置于“关”。

e. 输入短路按键置于“短路”。

f. 记性开关置于“0”。

检查测试环境的湿度是否在允许范围内，尤其当环境湿度高于 80%以上时，对测量较高的绝缘电阻（大于 $10^{11}\Omega$ 及电流小于 10^{-8}A）时微电流可能会导致较大误差。

接通电源预热 30min，将极性开关置于“+”，此时可能发现指示仪表的指针会离开“∞”及“0”处，这时可慢慢调节“∞”及“0”电位器，使指针置于“∞”及“0”处。

② 测试步骤　将被测试试样用测量电缆线和导线分别与信号输入端和测试电压输出端连接。

将测试电压选择开关置于所需要的测试电压挡。将“放电-测试”开关置于“测试”挡，输入短路开关仍置于“短路”。对试样经一定时间充电后（视试样的容量大小而定，一般为 15s。电容量大时，可适当延长充电时间），即可将输入短路开关拧至“测量”进行读数，若发现指针很快打出满刻度，应立即拧至输入短路开关，使其置于“短路”，将“放电-测试”开关置于“放电”挡，等查明原因并排除故障后再进行测试。当输入短路开关置于测量后，如发现表头无读数，或指示很少，可将倍率开关逐步升高，数字显示依次为 7、8、9；直至读数清晰为止（尽量取仪表上 1～10 的那段刻度）。通过旋转倍率按钮，使示数处于半偏以内的位置，便于读数。测量时先将 RV/RS 转换开关置于 RV 测量体积电阻，然后置于RS测量表面电阻。读数方法如下：表头指示为读数，数字显示为10的指数，单位W。用不同电压进行测量时，其电阻系数不一样，电阻系数标在电压值下方。将仪表上的读数（单位为MΩ）乘以倍率开关所指示的倍率及测试电压开关所指的系数（10V为0.01，100V为0.1，250V为0.25，500V为0.5，1000V为1）即为被测试样的绝缘电阻。

（4）结果

① 体积电阻率　体积电阻率由式(7.3)计算：

$$\rho_v = R_x \frac{A}{h} \tag{7.3}$$

式中，ρ_v为体积电阻率，Ω·m或Ω·cm；R_x为体积电阻，Ω；A为被保护电极的有效面积，m^2或cm^2；h为试样的平均厚度，m或cm。

② 表面电阻率　表面电阻率由式(7.4)计算：

$$P_s = R_x \frac{P}{g} \tag{7.4}$$

式中，P_s为表面电阻率，Ω；R_x为表面电阻，Ω；P为特定使用电极装置中被保护电极的有效周长，m或cm；g为两电极之间的距离，m或cm。

7.1.2.2　比较法

与直接法直接测试电阻不同，比较法（即惠斯登电桥法）是另外一种测量电阻的方法。由于它测试灵敏，测量准确，使用方便，所以得到广泛应用。

用来测量体积电阻的惠斯登电桥法见图7.7。

如图7.7所示，试样与惠斯登电桥的一个臂相连接。三个已知桥臂应具有尽可能高的电阻值，它们受桥臂中电阻器的固定误差所限制。通常电阻R_B是以十进级变化的，电阻R_A用来作平衡微调，而R_N在测量过程中是固定不变的，检测器是一个直流放大器，输入电阻比电桥内任何一个桥臂的电阻值都高。

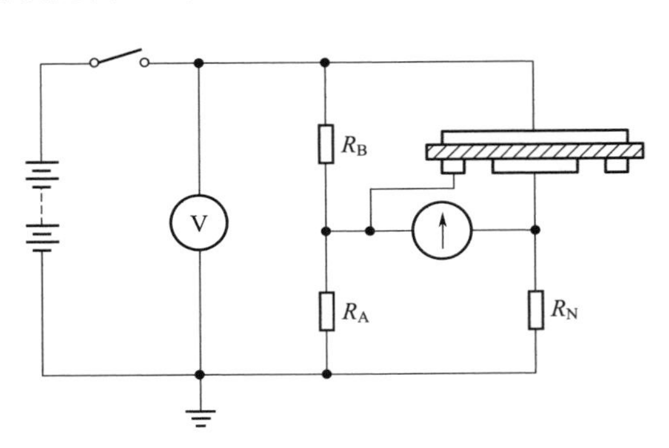

图7.7　用来测量体积电阻的惠斯登电桥法

未知电阻R_x由式(7.5)计算如下：

$$R_x = R_N R_B / R_A \tag{7.5}$$

测试体积电阻率与表面电阻率本质是测试高分子材料的体积电阻与表面电阻，惠斯登电桥法采用待测电阻与标准电阻相比较的方法。而制造较高精度的标准电阻并不困难。同时，灵敏电流计只用来判断有无电流，只要有足够的灵敏度即可，不存在接入误差。因此，用电桥测电阻准确度高。

7.1.3 讨论

① 当一直流电压加在与试样接触的两电极之间时，通过试样的电流会逐渐减小到一个稳定值。电流随时间的减小可能是电解质极化和可动离子位移到电极所致。对于体积电阻率小于 $10^{10}\Omega \cdot m$ 的材料，其稳定状态通常在 1min 内到达，因此，经过这个电化时间后测定电阻。对于体积电阻率较高的材料，电流减小的过程可能会持续到几分钟、几小时、几天甚至几星期。因此对于这样的材料，采用较长的电化时间，且如果合适，可用体积电阻率与时间的关系来描述材料的特性。

② 由于或多或少的体积电导总是要被包括到表面电导测试中去，因此不能精确而只能近似地测量表面电阻或表面电导。测得的值主要反映被测试样表面污染的特性。而且试样的电容率影响污染物质的沉积，它们的导电能力又受试样表面特性所影响。因此，表面电阻率不是一个真正意义上的材料特性，而是材料表面含有污染物质时与材料特性相关的一个参数。

③ 某些材料如层压材料在表面层和内部可能有很不同的电阻率，因此测量清洁的表面的内在性能是有意义的。应完整地规定为获得一致的结果而进行清洁处理的程序，并要记录清洁过程中溶剂或其他因素对于表面特性可能产生的影响。

④ 表面电阻：特别是当表面电阻较高时，常以不规则方式变化，且通常非常依赖于电化时间。因此，测量时通常规定 1min 电化时间。

⑤ 温度的影响：温度升高会使测试时得到的电流值增大，即体积电阻率和表面电阻率随温度升高而增大。因此必须规定测试温度，常规下采用标准温度进行测量。

⑥ 湿度的影响：对于极性材料和强极性材料，如聚氯乙烯、聚酰胺、聚甲基丙烯酸甲酯及氨基模塑料等，因极性聚合物吸水性强而降低其体积电阻。又因水汽附着于试样表面，在空气中二氧化碳作用下，使表面形成一层导电物，造成表面电阻降低。对于非极性材料影响就很小，如聚乙烯、聚苯乙烯和聚四氟乙烯等甚至在水中浸泡 24h 其体积电阻率都没有明显的变化。因此，要对试样进行标准化状态调节，通常是在标准湿度下调节不少于 16h。

⑦ 电极材料的要求：与试样接触良好；材料本身电导率大、耐腐蚀、不污染试样；使用方便，造价低廉。目前适宜测量电阻率的接触电极材料有水银、铝箔、铝箔垫片、导电橡皮、石墨涂料电极、真空喷镀层、黄铜。

⑧ 测试电压：在所施加的电压远低于试样的击穿电压时，测试电压对电阻率完全无影响。对板状试样一般选 100～1000V 的直流电压。

⑨ 测试回路中标准电阻的选择：一个加入回路中的标准电阻 R_N 会对测试结果产生影响，R_N 选得越小则在短时间内测量误差也越小，但 R_N 过小使仪器偏转过小，很难测准相应电流值。

⑩ 其他因素：由于成型、摩擦及其他各种原因都导致材料带有强烈静电，静电的存在造成很大的测量误差。ρ_v 低于 $10^{13}\Omega \cdot cm$ 时，通常放电 1min 便可进行满意的重复测量。但对于 ρ_v 高于 $10^{16}\Omega \cdot cm$ 的材料，放电 30min 甚至更长都难以做到重复测量，对这些材料应测量静电荷。另外，对于油粘铝箔电极进行清洁处理时，目前多数使用无水乙醇。近来研究表明，无水乙醇难以将凡士林完全溶解，反而形成乳胶膜，其具有很强吸水性，因而使用间隙间导电增大造成误差，因此要用四氯化碳进行间隙的清洁处理。

7.2　介电强度试验

7.2.1　概述

介电强度是材料抗高电压而不产生介电击穿能力的量度，将试样放置在电极之间，并通过一系列的步骤升高所施加的电压直到发生介电击穿，以此测量介电强度。尽管所得的结果是以 kV/mm 为单位的，但并不表明与试样的厚度无关。因此，只有在试样厚度相同的条件下得到各种材料的数据才有可比性。高分子材料发生电器击穿机理是个复杂问题，试验表明这种击穿与温度有关。在低于某一温度时，其介电强度与温度无关，但当高于这一温度时，随温度增加而介电强度迅速下降。通常介电强度不随温度变化的击穿称为电击穿，随温度变化的击穿称为热击穿。

聚合物材料的介电强度亦称击穿强度，是指造成聚合物材料介电破坏时所需的最大电压，一般以单位厚度的试样被击穿时的电压数表示。通常介电强度越高，材料的绝缘质量越好。

本部分所涉及的检测方法、标准、应用对象见表 7.2。

表 7.2　介电强度检测方法

检测项目名称	检测方法	采用标准	适用范围
介电强度试验	击穿法	GB/T 1410—2016《绝缘材料电气强度试验方法 第1部分：工频下试验》	热固性塑料
			热塑性塑料
			弹性体

7.2.2　检测方法

7.2.2.1　仪器

耐压测试仪：测试电压（AC、DC）在 0～50kV；漏电流为 0～20mA

(AC)、1～10mA（DC）。

测量击穿电压基本线路如图 7.8 所示。

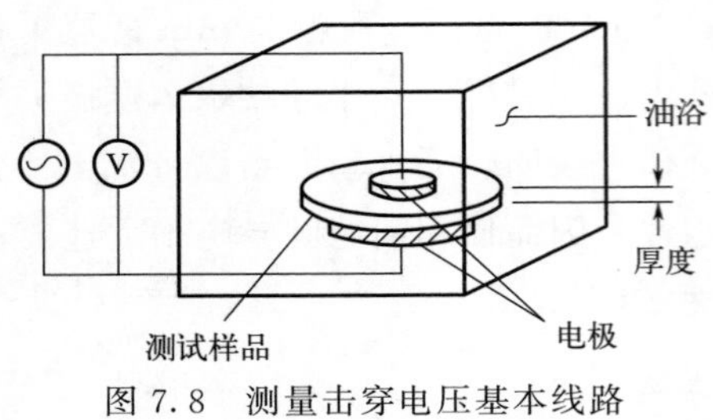

图 7.8 测量击穿电压基本线路

7.2.2.2 试样

(1) 热固性塑料 厚度为 1.0mm±0.1mm 的试样，可按 ISO 295 压缩模塑成型或按 ISO 10724 注塑成型，其侧面尺寸应足以防止闪络。如果不能用 1.0mm±0.1mm 厚的试样，则可用 2.0mm±0.2mm 厚的试样。

(2) 热塑性塑料 应按 ISO 294-1 和 ISO 294-3 中 D1 型注塑成型试样，尺寸为 60mm×60mm×1mm。如果该尺寸不足以防止闪络或按有关材料标准规定要求用压缩模塑成型试样，此时应按 ISO 293 压塑成型的平板试样，其直径至少 100.0mm，厚 1.0mm±0.1mm。

注塑或压塑的条件见有关材料标准。如果没有适用的材料标准，则这些条件应经供需双方协商。

(3) 弹性体 应用厚度为 1.0mm±0.1mm 的试样，这些试样按标准条件成型，其侧面尺寸应足以防止闪络。如果没有有效的标准，则这些条件应经供需双方协商。

除了上述各条中已叙述过的有关试样的情况外，通常还要注意以下几点：

① 制备固体材料试样时，应注意与电极接触的试样两表面要平行，而且应尽可能平整光滑。

② 对于垂直于材料表面的试样，要求试样有足够大的面积以防止试验过程中发生闪络。

③ 对于垂直材料表面的试验，不同厚度的试样其结果不能直接相比。

7.2.2.3 步骤

按下仪器的启动按钮，顺时针方向慢慢旋动“电压调节”按钮，并监视电压显示表头，直至测试所需电压值，如在此过程中发生蜂鸣器报警、“超漏”指示灯亮、“测试”指示灯灭，输出电路也被切断，说明此被测件不合格；如不报警，定时到 60s 后输出电路自动切断，“测试”灯熄灭，则表示被测件合格。将“电压调节”旋扭逆时针旋到底，取下被测件，测试结束。

7.2.2.4 结果

击穿强度由式(7.6) 计算：

$$E_d = U_b / d \tag{7.6}$$

式中，E_d 为击穿强度，kV/mm；U_b 为击穿电压，kV；d 为试样厚度，mm。

7.2.3 讨论

（1）电压波形及电压作用时间影响　当波形失真大时，一般会有高次谐振波出现，这样会使电压频率增加，U_b 下降，因此必须限制这个量。

作用时间的影响：多因热量积累而使击穿电压值随电压作用时间增加而下降，因此，一般规定试样击穿电压低于 20kV 时升压速率为 1.0kV/s，大于或等于 20kV 时升压速率为 2.0kV/s。具体的升压速度对击穿强度的影响见表 7.3。

表 7.3　升压速度对击穿强度的影响　　单位：kV/mm

试样	升压速度/(kV/s)						
	0.5	1.0	1.5	2.0	2.7	2.9	4.0
PVC 电缆料	25.6 26.8	27.3 26.0	— —	— —	— —	26.8 25.7	— —
酚醛酯基层压板	— 16.9	15.6 16.6	— 18.5	16.8 —	— 21.9	— —	19.2 —

（2）温度的影响　温度越高，击穿电压越低，其降低的程度与材料性质有关。

（3）试样厚度的影响　介电强度 E 与试样厚度 d 之间的关系符合以下经验关系式：

$$E = Ad^{-(1-n)} \tag{7.7}$$

式中，A、n 为与材料、电极和升压方式有关的常数。一般 n 在 0.3～1.0 之间。

（4）湿度的影响　因为水分浸入材料而导致其电阻降低，必然降低击穿电压值。

（5）电极倒角 r 的影响　电极边缘处的电场强度远高于其内部，要消除这种边缘效应很困难。将电极置于均匀介质中，将电极制成特殊形状方能消除，而实际试验是处于非均匀介质的，消除它根本不可能。为避免电极边缘处成直角，需要采用一定倒角，国标中规定 r=2.50mm。

（6）媒质电性能影响　高压击穿试验往往把样品放在一定媒质（如变压油）中，其目的为缩小试样尺寸防止飞弧。但媒质本身的电性能是对结果有影响的。如表 7.4 所示。一般来说，媒质的电性能对属于电击穿为主的材料有明显影响，而以热击穿为主的材料影响极小，故标准中对油的击穿电压有一定要求，即油的 $U_b \geqslant 25$kV/2.5mm。造成这种结果的原因是在电场作用下，油中杂质会集聚在电极边缘，形成导电薄膜，而使边缘效应减弱。故脏油会使电场均匀，净油无此作用。媒质电性能对样品击穿强度的影响见表 7.4。

表 7.4 媒质电性能对样品击穿强度的影响

项目	变压器油性能		试样
	V_B/(kV/2.5mm)	tanα	E/(kV/mm)
PVC 电缆料	净 40	2.0×10^{-4}	24.8
	脏 21	2.5×10^{-3}	27.2
酚醛模塑料	净 40	2.0×10^{-4}	16.5
	脏 21	2.5×10^{-3}	19.1
酚醛层压板	净 40	2.0×10^{-4}	13.5
	脏 21	2.5×10^{-3}	13.3

7.3 电火花试验

7.3.1 概述

用塑料薄膜、塑料板材或塑料内管覆盖金属设备或管道的内表面称为塑料衬里，塑料衬里的设备主要用于介质对金属有腐蚀作用的场合。所用塑料的品种，视介质和使用条件而定，常用作衬里的塑料有：聚氯乙烯、聚乙烯、聚丙烯、氯化聚醚等。而检查塑料衬里加工情况的好坏就要用到电火花试验，判断哪里有漏电情况，从而可以指导加工工艺的改进。

7.3.2 检测方法

7.3.2.1 仪器

电火花检漏仪：测量范围（A 型）为 0.03～3.50mm；输出高压（A 型）为 0.50～15.0kV；交流供电电压为（1±25%）220V；机内直流电压（68A 型）为 6V；直流功耗<5W；交直流自动变换时间<0.01s；报警延时 1～2s。

7.3.2.2 试样

应确保衬里层表面干燥和干净。

7.3.2.3 步骤

① 电火花检测仪试验电压要考虑塑料衬里设备的最终用途、衬里厚度。测试电压最低不小于 5kV。在室温下，各种塑料的最低检验电压应符合表 7.5 的规定。

表 7.5 最低检验电压 单位：kV

塑料衬里厚度/mm	ETFE	FEP	PE、PO	PFA	PP	PTEF	PVC	PVDF
0.5	5							

续表

塑料衬里厚度/mm	ETFE	FEP	PE、PO	PFA	PP	PTEF	PVC	PVDF
1	6.5							
1.5	8							
2	9							
>2.5～4	10	12	10	12	10	12	10	10
>4.5	12	13	10	13	10	13	10	12

② 接通电火花检测仪电源，根据试验需要设定电压值；移动探头，在衬里表面层上以 50～200mm/s 的速度均匀扫描，观察有无报警的火花或听到声音。

③ 在扫描制品圆角等形状急剧变化处，不要长时间在同一个部位反复扫描。如有缺陷，在检出位置做好标记。

7.3.2.4　结果

① 衬里没被额定电压击穿（没有击穿的火花或没有报警声音），则判为合格。

② 如有个别部位被额定电压击穿，则应按照 HG/T 4088—2009 中 5.4 所规定的要求进行复验。

7.3.3　讨论

塑料衬里化工设备标准是化工装备标准化体系中一个重要的子体系，由于塑料衬里化工设备在化工生产中的重要性、基体材料及衬里材料的多元化及复杂性、其施工工艺的多种性及随机性，其标准化工作尤其显得必要与迫切。化工装备标准是构成石化行业核心竞争力的基本要素。塑料衬里化工设备是以金属或其他非金属结构材料为基体，采用各种工艺衬涂一层塑料薄层的化工设备。塑料衬里耐腐蚀、防粘接、防结垢，与基体材料的耐高压高强相结合，在化工生产中广泛应用，有着不可替代的地位与作用。塑料衬里化工设备主要有塔器、反应釜、热交换设备、储罐、管道管件、泵阀等大类，几乎涵盖了全部化工生产工艺过程。“十四五”是我国从氟硅大国迈向氟硅强国的新起点，氟化工行业“十四五”产业规划，行业必须把满足战略性新兴产业的高端需求和满足人民高品质生活的新需求作为行业改革发展的新动力。

氟硅材料是国家战略性新兴材料的重要组成部分，目前已经形成完整的产品门类和配套齐全的工业体系。但行业仍处在全球价值链的中低端，产业大而不强，核心技术受制于人，高端产品开发及应用不足。因此，“十四五”期间要聚焦航空航天、高端装备、电子信息、新能源等国家战略需求，着力推进自主创新，加快向产业链高端延伸。要充分利用氟硅行业产业链齐全的优势，有效协同高校、科研院所、设计院、生产企业的创新资源，产业链创新链“双链”发力，加速迈入世界一流行业。

7.4 阻燃性试验

7.4.1 概述

塑料和橡胶一样是可燃的。聚合物在一定温度下被分解，产生可燃气体，并在着火温度和存在氧气的条件下开始燃烧，然后在能充分燃烧区供给可燃气体、氧气和热能的情况下，保持继续燃烧。显然着火的难易程度和燃烧传播的速度是评价材料燃烧性能的两个重要参数，此外，作为间接的影响，还要考虑燃烧时的发烟、发热及燃烧产物毒性和腐蚀性的影响。

燃烧性能的测试方法很多，本节主要介绍塑料的燃烧性能。

本部分所涉及的检测方法、标准、应用对象见表 7.6。

表 7.6 塑料燃烧性能检测方法

检测项目名称	检测方法	采用标准	适用范围
塑料燃烧性能	水平燃烧法	GB/T 2408—2021《塑料燃烧性能的测定 水平法和垂直法》	塑料和非金属材料
	垂直燃烧法		
	氧指数法	GB/T 2406.2—2009《塑料用氧指数法测定燃烧行为》	试样厚度小于 10.5mm 的能直立支撑的条状或片状材料

检测项目名称、术语定义及原理见表 7.7。

表 7.7 检测项目名称、术语定义及原理

检测项目名称	检测方法	定义	测试原理	测试意义
塑料燃烧性能	水平燃烧法	余焰：引燃源移去后，在规定条件下材料的持续火焰； 余焰时间：余焰持续的时间； 余辉：在火焰终止后，或者没有产生火焰时，移去引燃源后，在规定的试验条件下，材料的光持续状态； 余辉时间：余辉持续时间	将长方形条状试样的一端固定在水平或垂直夹具上，其另一端暴露于规定的试验火焰中。通过测量线性燃烧速率，评价试样的水平燃烧行为；通过测量其余焰和余辉时间、燃烧的范围和燃烧颗粒滴落情况，评价试样的垂直燃烧行为	在规定的条件下材料燃烧试验对比较不同材料的相对燃烧行为、控制制造工艺或评价燃烧特性的变化
	垂直燃烧法			

续表

检测项目名称	检测方法	定义	测试原理	测试意义
塑料燃烧性能	氧指数法	在规定的试验条件下，在23℃±2℃的氧和氮混合气流中，维持材料燃烧的最低氧浓度（用体积分数表示）	试样垂直地支撑在一个透明的燃烧筒内，燃烧筒内有向上流动的氧和氮的混合气体，点燃试样的上端，然后观察燃烧现象，并与规定的限度值比较燃烧持续时间或燃烧长度。通过在不同的氧浓度中试验，可测得维持材料燃烧的最低氧浓度	在规定的条件下材料燃烧试验对比较不同材料的相对燃烧行为、控制制造工艺或评价燃烧特性的变化

7.4.2 检测方法

7.4.2.1 水平燃烧法

（1）仪器

① 实验室通风橱/试验箱　实验室通风橱/试验箱其内部容积至少为0.5m^3。试验箱应能观察到试验，同时应无风，但燃烧时空气应能通过试样进行正常的热循环。试验箱的内表面应呈现暗色。当用一个面向试验箱后面的照度计置于试样位置时，记录的照度值应低于20lx（勒克斯）。为了安全和方便，试验箱应配有抽风装置（能完全闭合），如抽气扇，以除去可能有毒的燃烧产物。抽风装置在试验时应关闭，试验后立即打开，以除去燃烧残余物，此时可能需要一个强制关闭的风门。

注：在试验箱中可放一面镜子，以观察试样后面。

② 实验室喷灯　实验室喷灯应符合GB/T 5169.22—2015的要求。

注：ISO 10093：1998对引燃源喷灯P/PF2（50W）进行了描述。

③ 环形支架　环形支架上应有夹持或等效的装置，以调整试样的位置（见图7.9和图7.10）。

④ 计时设备　计时设备至少应有0.5s的分辨率。

⑤ 量尺　量尺的分度应为mm。

⑥ 金属丝网　金属丝网应为20目（近似每25mm开孔20个），由直径0.40～0.45mm的钢丝制成，并且切成近似125mm的方片。

⑦ 状态调节室　状态调节室应能保持23℃±2℃和50%±5%的相对湿度。

⑧ 千分尺　千分尺至少有0.01mm的分辨率。

⑨ 支撑架　对非自撑试样应使用支撑架（见图7.10）。

⑩ 干燥试验箱　干燥试验箱内应有无水氯化钙或其他干燥剂，试验箱应能使温度保持在 23℃±2℃、相对湿度不超过 20%。

⑪ 空气循环烘箱　空气循环烘箱应提供 70℃±2℃的处理温度，除非相关标准另有规定，还应提供每小时不低于五次的换气速率。

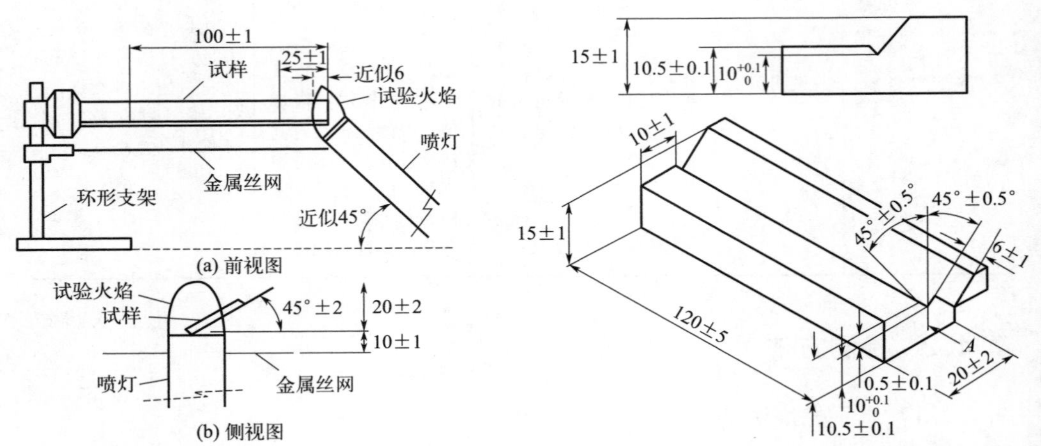

图 7.9　水平燃烧试验设备（单位：mm）　图 7.10　柔软试样支撑架——水平燃烧法（单位：mm）

⑫ 棉花垫　该垫应由 100%的脱脂棉制成。

注：这种棉通常称作外科脱脂棉或脱脂棉样。

（2）试样

① 成品试验　试样应由能代表产品的模塑样品切割而成。也可采用与模塑产品一样的工艺进行制备，或采用其他适宜的方法，例如，按照 GB/T 17037.1—2019 浇铸或注塑、按照 GB/T 9352—2008 或 GB/T 5471—2008 压塑或压铸成需要的形状。

如果上述任一方法都无法制备试样，就应该利用 GB/T 5169.5—2020 针焰试验进行型式试验。

进行任何一种切割操作后，要仔细地从表面上去除灰尘和颗粒；切割边缘应精细地砂磨，使其具有平滑的光洁度。

② 材料试验　对不同颜色、厚度、密度、分子量、各向异性特征或类别，或含有不同添加剂或填充/增强材料的试样进行试验时，其结果可能不同。

采用密度、熔体流动和填充/增强材料含量为极限值的试样，如果试验结果为相同的燃烧试验等级，可认为此试样代表此范围的材料。如果代表此范围材料的试样试验结果不能产生相同的燃烧试验等级，那么此结果仅限于所试验的密度、熔体流动和填料/增强材料含量为极端值的材料。另外，密度、熔体流动和填料/增强材料含量为中间值的试样应试验，以确定每个燃烧等级所代表的范围。

如果试验结果产生相同的燃烧试验的等级，就认为未着色试样和按重量计入的具有最多有机或无机颜料的试样代表了此等级的颜色范围。当某些颜料影响可燃特性时，也应试验含有那些颜料的试样。

受试的试样应为：不含着色剂，含有最多的有机颜料，含有最多的无机颜料，含有对燃烧特性有害的颜料。

③ 条状试样　条状试样尺寸应为：长 125mm±5mm，宽 13.0mm±0.5mm，而厚度通常应提供材料的最小和最大的厚度，但厚度不应超过 13mm。边缘应平滑同时倒角半径不应超过 1.3mm。也可采用有关各方协商一致的其他厚度，不过应该在试验报告中予以注明（见图 7.12）。

④ 试样数量　水平燃烧试验最少应制备 6 根试样。

⑤ 状态调节　除非相关标准另有要求，通常采用下列条件：一组三根条状试样，应在 23℃±2℃和 50%±5%相对湿度下至少状态调节 48h。一旦从状态调节箱中移出试样，应在 1h 以内（见 GB/T 2918—2018）测试试样。所有试样应在 15～35℃和 45%～75%相对湿度的实验室环境中进行试验。

（3）水平燃烧试验步骤

① 测量三根试样，每个试样在垂直于样条纵轴处标记两条线，各自离点燃端 25mm±1mm 和 100mm±1mm。

② 在离 25mm 标线最远端夹住试样，使其纵轴近似水平而横轴与水平面成 45°±2°的夹角，如图 7.9 所示。在试样的下面夹住一片呈水平状态的金属丝网，试样的下底边与金属丝网间的距离为 10mm±1mm，而试样的自由端与金属丝网的自由端对齐。每次试验应清除先前试验遗留在金属丝网上的剩余物或使用新的金属丝网。

③ 如果试样的自由端下弯同时不能保持规定的 10mm±1mm 的距离，应使用图 7.10 所示的支撑架。把支撑架放在金属丝网上，使支撑架支撑试样以保持 10mm±1mm 的距离，离试样自由端伸出的支撑架的部分近似 10mm。在试样的夹持端要提供足够的间隙，以使支撑架能在横向自由地移动。

④ 使喷灯的中心轴线垂直，把喷灯放在远离试样的地方，同时调整喷灯，使喷灯达到稳定的状态。有争议时，使用 A 试验火焰作为参比或仲裁试验火焰。

⑤ 保持喷灯管中心轴与水平面近似成 45°角同时斜向试样自由端，把火焰加到试样自由端的底边，此时喷灯管的中心轴线与试样纵向底边处于同样的垂直平面上。喷灯的位置应使火焰侵入试样自由端近似 6mm 的长度。

⑥ 随着火焰前端沿着试样进展，以近似同样的速率回撤支撑架，防止火焰前端与支撑架接触，以免影响火焰或试样的燃烧。

⑦ 不改变火焰的位置施焰 30s±1s，如果低于 30s 试样上的火焰前端达到 25mm 处，就立即移开火焰。当大焰前端达到 25mm 标线时，重新启动计时器。

注： 最好能把喷灯撤至离试样 150mm 处。

⑧ 在移开试验火焰后，若试样继续燃烧，记录经过的时间 t，火焰前端通过 100mm 标线时，要记录损坏长度 L 为 75mm。如果火焰前端通过 25mm 标线但未通过 100mm 标线的，要记录经过的时间 t，同时还要记录 25mm 标线与火焰停止前标痕间的损坏长度 L。

⑨ 另外再试验两个试样。

(4) 结果

① 火焰前端通过 100mm 标线时，每个试样的线性燃烧速率 v 采用式(7.8)计算：

$$v=60L/t \tag{7.8}$$

式中，v 为线性燃烧速率，mm/s；L 为根据步骤⑧记录的损坏长度，mm；t 为根据步骤⑧记录的时间，s。

② 根据下面给出的判据，应将材料分成 HB、HB40 和 HB75（HB＝水平燃烧）级。

HB 类材料应符合下列判据之一：移去引燃源后，材料没有可见的有焰燃烧；在引燃源移去后，试样出现连续的有焰燃烧，但火焰前端未超过 100mm 标线；如果火焰前端超过 100mm 标线，但厚度 3.0～13.0mm、其线性燃烧速率未超过 40mm/min，或厚度低于 3.0mm 时未超过 75mm/min；如果试验的厚度为 3.0mm±0.2mm 的试样，其线性燃烧速率未超过 40mm/min，那么降至 1.5mm 最小厚度时，就应自动地接受为该级。

HB40 级材料应符合下列判据之一：移去引燃源后，没有可见的有焰燃烧；移去引燃源后，试样持续有焰燃烧，但火焰前端未达到 100mm 标线；如果火焰前端超过 100mm 标线，线性燃烧速率不超过 40mm/min。

HB75 级材料，如果火焰前端超过 100mm 标线，线性燃烧速率不应超过 75mm/min。

7.4.2.2 垂直燃烧法

(1) 仪器　同水平燃烧试验。

(2) 试样

① 试样材质、制备、形状　同水平燃烧试验。

② 试样数量　垂直燃烧试验最少应制备 20 根试样。

③ 状态调节　除非有关标准另有要求，否则应采用下列条件。

一组五根条状试样应在 23℃±2℃ 和 50%±5% 的相对湿度下至少状态调节 48h。一旦从状态调节试验箱中移出，试样应在 1h（见 GB/T 2918—2018）之内试验。

一组五根条状试样应在 75℃±2℃ 的空气循环烘箱内老化 168h±2h，然后，在干燥试验箱中至少冷却 4h。一旦从干燥试验箱中移出，试样应在 30min 之内试验。

工业层合材料可以在 125℃±2℃状态调节 24h，以代替上述的状态调节。

所有试样应在 15～35℃和 40%～75%相对湿度的实验室环境中进行试验。

(3) 步骤

① 夹住试样上端 6mm 的长度，纵轴垂直，使试样下端高出水平棉层 300mm±10mm，棉层厚度未经压实，其尺寸近似 50mm×50mm×6mm，最大质量为 0.08g（见图 7.11～图 7.13）。

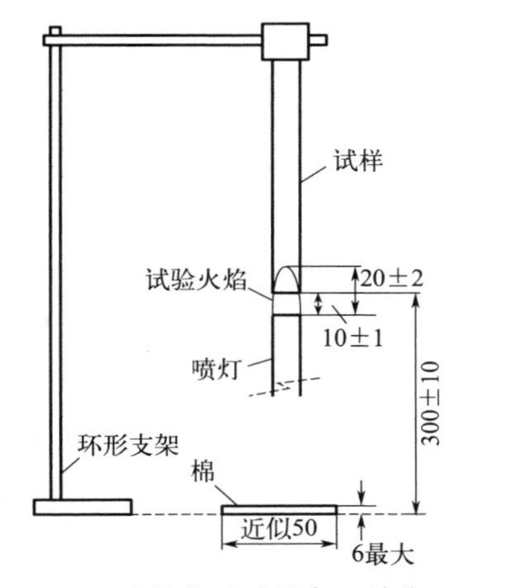

图 7.11　垂直燃烧试验设备（单位：mm）

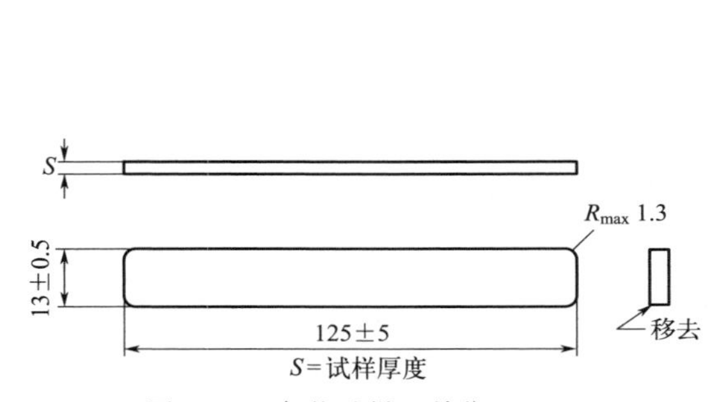

图 7.12　条状试样（单位：mm）

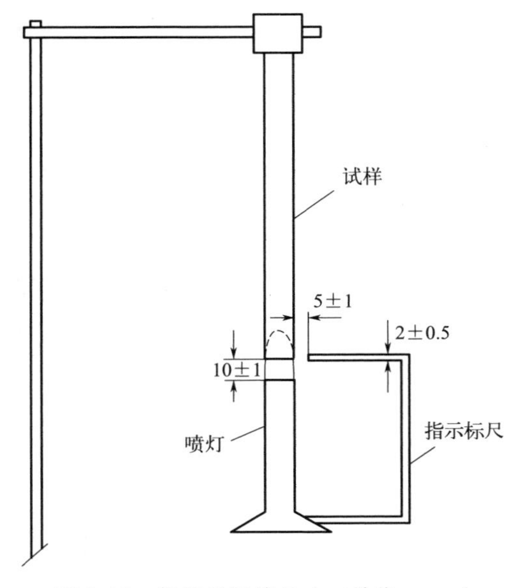

图 7.13　任选的间隙尺寸（单位：mm）

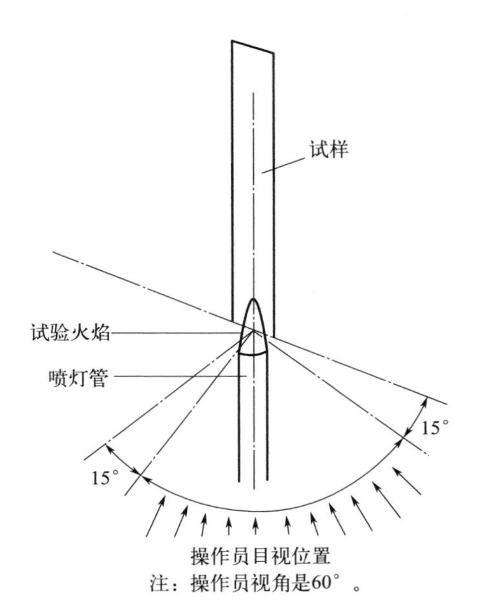

图 7.14　喷灯、操作员、试样的排列方位

② 喷灯管的纵轴处于垂直状态，把喷灯放在远离试样的地方，同时调整喷灯，使其产生符合 GB/T 5169.22—2015 规定的50W 试验火焰。

③ 图 7.14 指明了试样、操作员和喷灯间的排列方位。

④ 保持喷灯管的中心轴垂直，将火焰中心加到试样底边的中点，同时使喷灯顶端比该点低 10mm±1mm，保持 10s±0.5s，必要时，根据试样长度和位置的变化，在垂直平面移动喷灯。

注： 对于在喷灯火焰作用下长度变化的试样，利用装于喷灯上的一个小指示标尺（见图 7.13），可以保持喷灯顶端与试样主体部分间 10mm 的距离，是一种令人满意的办法。

如果在施加火焰过程中，试样有熔融物或燃烧物滴落，则将喷灯倾斜 45°，并从试样下方后撤足够距离，防止滴落物进入灯管，同时保持灯管出口中心与试样残留部分间距离仍为 10mm±1mm，呈线状的滴落物可忽略不计。对试样施加火焰 10s±0.5s 之后，立即将喷灯撤到足够距离，以免影响试样，同时用计时设备开始测量余焰时间 t_1，注意并记录 t_1。

注： 测量 t_1 时，将喷灯撤离试样 150mm 的距离是符合要求的。

⑤ 当试样余焰熄灭后，立即重新把试验火焰放在试样下面，使喷灯管的中心轴保持垂直位置，并使喷灯的顶端处于试样底端以下 10mm±1mm 的距离，保持 10s±0.5s。如果需要，可移开喷灯清除滴落物。在第二次对试样施加火焰 10s±0.5s 后，立即熄灭喷灯或将其移离试样足够远，使之不对试样产生影响，同时利用计时设备开始测量试样的余焰时间 t_2 和余辉时间 t_3，精确至秒。记录 t_2、t_3 及 t_2+t_3。还要注意和记录是否有颗粒从试样上落下并且观察是否将棉垫引燃。

注： 测量和记录余焰时间 t_2，然后继续测量余焰时间 t_2 和余辉时间 t_3 之总和，即 t_2+t_3，不重调计时设备记录 t_3 是符合要求的。测量 t_2 和 t_3 时，把喷灯撤离试样 150mm 就可以了。

⑥ 重复该步骤直到按 23℃±2℃和 50%±5%的相对湿度下至少状态调节 48h 后的五根试样及在 75℃±2℃的空气循环烘箱内老化 168h±2h，然后，在干燥试验箱中至少冷却 4h 后的五根试样试验完毕。

⑦ 如果在给定条件下处理的一组五根试样，其中仅一个试样不符合某种分级的所有判据，应试验经受同样状态调节处理的另一组五根试样。作为余焰时间 t_f 的总时间，对于 V-0 级，如果余焰总时间在 51～55s 或对 V-1 和 V-2 级为 251～255s 时，要外加一组五个试样进行试验。第二组所有的试样应符合该级所有规定的判据。

⑧ 某些材料当经受这种试验时，由于它们较厚、畸变、收缩或会烧到夹具，这些材料（倘若试样能适当成型），可以按照 ISO 9773：1998 进行试验。

（4）结果　由两种条件处理的各根试样，采用以下算式计算该组的总余焰时间 t_f：

$$t_f = \sum_{i}^{5}(t_{1,i} + t_{2,i}) \tag{7.9}$$

式中，t_f 为总的余焰时间，s；$t_{1,i}$ 为第 i 个试样的第一个余焰时间，s；$t_{2,i}$ 为第 i 个试样的第二个余焰时间，s。

根据试样的行为，按照表 7.8 所示的判据，可把材料分为 V-0、V-1 和 V-2 级（V＝垂直燃烧）。

表 7.8　垂直燃烧级别　　单位：mm

判据	级别		
	V-0	V-1	V-2
单个试样余焰时间(t_1 和 t_2)	≤10s	≤30s	≤30s
任一状态调节的一组试样总的余焰时间 t_f	≤50s	≤250s	≤250s
第二次施加火焰后单个试样的余焰加上余辉时间(t_2+t_3)	≤30s	≤60s	≤60s
余焰和(或)余辉是否蔓延至夹具	否	否	否
火焰颗粒或滴落物是否引燃棉垫	否	否	否

7.4.2.3　氧指数法

（1）仪器

① 试验燃烧筒　由一个垂直固定在基座上，并可导入含氧混合气体的耐热玻璃筒组成（见图 7.15）。优选的燃烧筒尺寸为高度 500mm±50mm，内径 75～100mm。燃烧筒顶端具有限流孔，排出气体的流速至少为 90mm/s。

注：直径 40mm，高出燃烧筒至少 10mm 的收缩口可满足要求。

如能获得相同结果，有或无限流孔的其他尺寸燃烧筒也可使用。燃烧筒底部或支撑筒的基座上应安装使进入的混合气体分布均匀的装置。推荐使用含有易扩散并具有金属网的混合室。如果同类型多用途的其他装置能获得相同结果也可使用。应在低于试样夹持器水平面上安装一个多孔隔网，以防止下落的燃烧碎片堵塞气体入口和扩散通道。

燃烧筒的支座应安有调平装置或水平指示器，以使燃烧筒和安装在其中的试样垂直对中。为便于对燃烧筒中的火焰进行观察，可提供深色背景。

② 试样夹　用于燃烧筒中央垂直支撑试样。

对于自撑材料，夹持处离开判断试样可能燃烧到的最近点至少 15mm。对于薄膜和薄片，使用如图 7.16 中所示框架，由两垂直边框支撑试样，离边框顶端 20mm 和 100mm 处画标线。

夹具和支撑边框应平滑，以使上升气流受到的干扰最小。

③ 气源　可采用纯度（质量分数）不低于 98%的氧气和（或）氮气，和（或）清洁的空气（含氧气 20.9%，体积分数）作为气源。

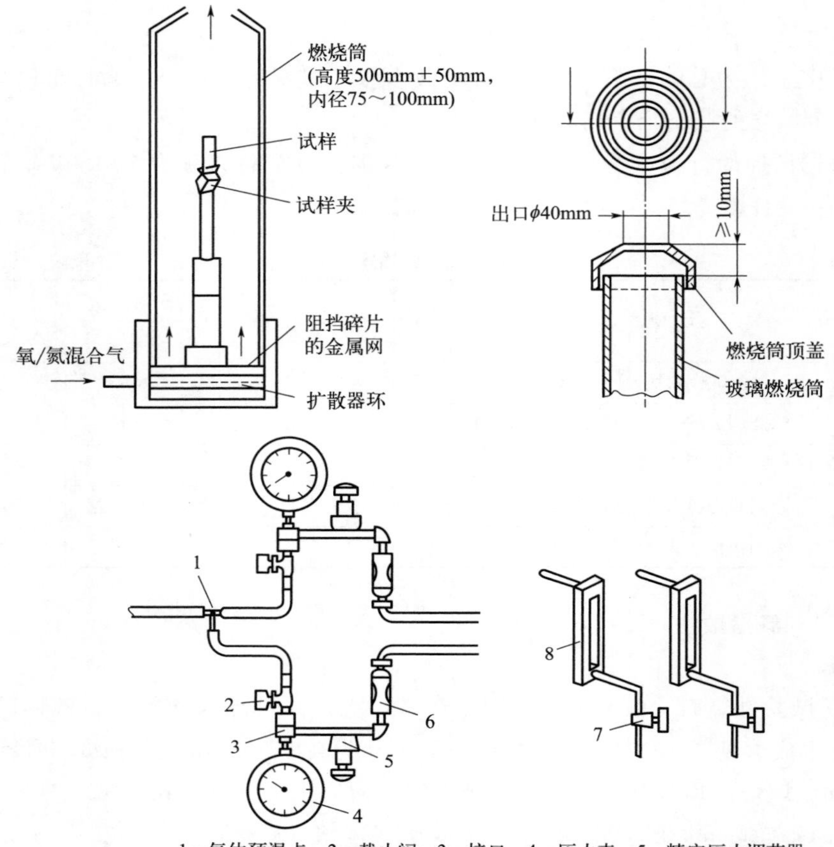

1—气体预混点；2—截止阀；3—接口；4—压力表；5—精密压力调节器；6—过滤器；7—针型阀；8—气体流量计。

图 7.15　氧指数法测量设备

除非试验结果对混合气体中较高的含湿量不敏感，否则进入燃烧筒混合气体的含湿量应小于 0.1%（质量分数）。如果所供气体的含湿量不符合要求，则气体供应系统应配有干燥设备，或配有含湿量的检测和取样装置。

气体供应管路的连接应使混合气体在进入燃烧筒基座的配气装置前充分混合，以使燃烧筒内处于试样水平面以下的上升混合气的氧浓度的变化小于 0.2%（体积分数）。

④ 气体测量和控制装置　适于测量进入燃烧筒内混合气体的氧浓度（体积分数），精确至±0.5%。当在 23℃±2℃通过燃烧筒的气流为 40mm/s±2mm/s 时，调节浓度的精度为±0.1%。

应提供检测方法，确保进入燃烧筒内混合气体的温度为 23℃±2℃。如有内部探头，则该探头的位置与外形设计应使燃烧筒内的扰动最小。

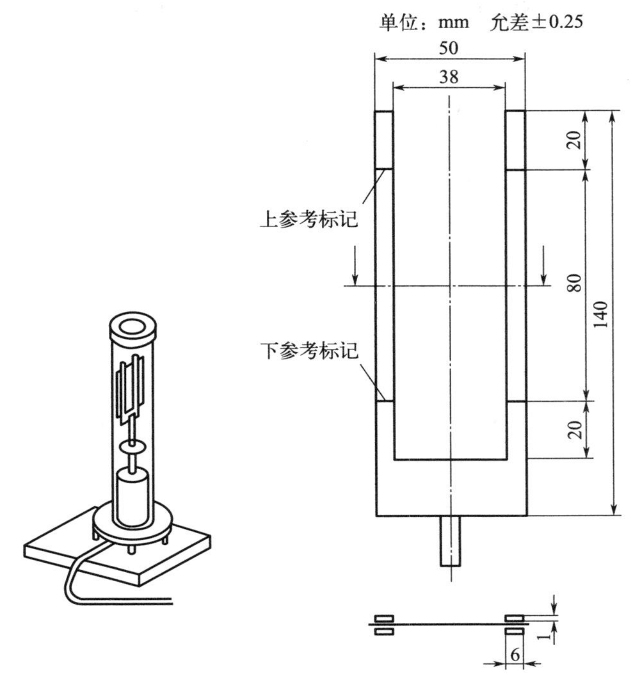

图 7.16 非自撑材料的自撑框架

试样牢固地夹在不锈钢制造的两个垂直向上的叉子之间。

较适宜的测量系统或控制系统包括下列部件：

a. 在各个供气管路和混合气管路上的针形阀，能连续取样的顺磁氧分析仪（或等效分析仪）和一个能指示通过燃烧筒内气流流速在要求的范围内的流量计；

b. 在各个供气管路上经校准的接口、气体压力调节器和压力表；

c. 在各个供气管路上针形阀和经校准的流量计。

系统 b. 和 c. 组装后应经过校准，以确保组合部件的合成误差不超过以上要求。

d. 点火器：由一根末端直径为 2mm±1mm 能插入燃烧筒并喷出火焰点燃试样的管子构成。

火焰的燃料应为未混有空气的丙烷。当管子垂直插入时，应调节燃料供应量以使火焰从出口垂直向下喷射 16mm±4mm。

e. 计时器：测量时间可达 5min，精确度±0.5s。

f. 排烟系统：有通风和排风设施，能排除燃烧筒内的烟尘或灰粒，但不能干扰燃烧筒内气体流速和温度。

注： 如果试验发烟材料，必须清洁玻璃燃烧筒，以确保良好的可视性。对于气体入口、入口隔网和温度传感器也必须清洁，以使其功能良好。应采取适当的防护措施，以免人员在试验或清洁操作中受毒性材料伤害或遭灼伤。

（2）试样

① 试样制备　应按产品标准的有关规定或按 GB 5491、GB 9352、GB 11997 等有关标准，模塑切割尺寸规定要求的试样（**注：**不同型式不同厚度的试样，测试结果不可比）。试样表面清洁，无影响燃烧行为的缺陷，如气泡裂纹、飞边毛刺等。

② 试样数量　对已知氧指数在±2 以内波动的材料，需 15 根试样。对于未知氧指数的材料，或显示不稳定燃烧特性的材料，需 15 根到 30 根试样。

③ 状态调节　除非另有规定，否则每个试样试验前应在温度 23℃±2℃和湿度 50%±5%条件下至少调节 88h。

（3）步骤

① 选择起始氧浓度，可根据类似材料的结果选取。另外，可观察试样在空气中的点燃情况，如果试样迅速燃烧，选择起始氧浓度约在 18%（体积分数）；如果试样缓慢燃烧或不稳定燃烧，选择的起始氧浓度约在 21%（体积分数）；如果试样在空气中不连续燃烧，选择的起始氧浓度至少为 25%（体积分数），这取决于点燃的难易程度或熄灭前燃烧时间的长短。

② 确保燃烧筒处于垂直状态（见图 7.15）。将试样垂直安装在燃烧筒的中心位置，使试样的顶端低于燃烧筒顶口至少 100mm，同时试样的最低点的暴露部分要高于燃烧筒基座的气体分散装置的顶面 100mm。

③ 调整气体混合器和流量计，使氧/氮气体在 23℃±2℃下混合，氧浓度达到设定值，并以 40mm/s±2mm/s 的流速通过燃烧筒。在点燃试样前至少用混合气体冲洗燃烧筒 30s。确保点燃及试样燃烧期间气体流速不变。

④ 点燃式样。

注：a. 点燃试样是指引起试样有焰燃烧，不同点燃方式的试验结果不可比；b. 燃烧部分包括在任何沿试样表面淌下的燃烧滴落物。

方法 A（顶端点燃法）：使火焰的最低可见部分接触试样顶端并覆盖整个表面，勿使火焰碰到试样的棱边和侧表面。在确认试样顶端全部着火后，立即移开点火器，开始计时或观察试样烧掉的长度。点燃试样时，火焰作用时间最长为 30s，若在 30s 内不能点燃，则应增大氧浓度，继续点燃，直至 30s 内点燃为止。

方法 B（扩散点燃法）：充分降低和移动点火器，使火焰可见部分施加于试样顶表面，同时施加于直侧表面约 6mm 长。点燃试样时，火焰作用时间最长为 30s，每隔 5s 左右稍移开点火器观察试样，直至直侧表面稳定燃烧或可见燃烧部分的前锋到达上标线处，立即移开点火器，开始计时或观察试样燃烧长度。若 30s 内不能点燃试样，则增加氧浓度，再次点燃，直至 30s 内点燃为止。

⑤ 燃烧行为的评价（见表 7.9）。点燃试样后，立即开始计时，观察试样燃烧长度及燃烧行为。若燃烧终止，但在 1s 内可以自发再燃，则继续观察和计时。如果试样的燃烧时间或燃烧长度均不超过表 7.10 的规定，则这次试验记录为

“○”反应，并记下燃烧长度或时间。若二者之一超过表 7.10 的规定，扑灭火焰，记录这次试样为“×”反应。还要记下材料燃烧特性，例如：熔滴、烟灰、结碳，漂游性燃烧、灼烧、余辉或其他需要记录的特性。

表 7.9　燃烧行为的评价　　单位：mm

类型	型式	长		宽		厚		用途
		基本尺寸	极限偏差	基本尺寸	极限偏差	基本尺寸	极限偏差	
自撑材料	Ⅰ	80～150	—	10	±0.5	4	±0.25	用于模塑材料
	Ⅱ	80～150	—	10	±0.5	10	±0.25	用于泡沫材料
	Ⅲ	80～150	—	10	±0.5	<10.5	—	用于原厚的片材
	Ⅳ	70～150	—	6.5	±0.5	3	±0.25	用于电器用模塑料或片材
非自撑材料	Ⅴ	140	5	52	±0.5	≤10.5	—	用于软片或薄膜等

取出试样，擦净燃烧筒和点火器表面的污物，使燃烧筒的温度恢复至常温或另换一个为常温的燃烧筒，进行下一个试样。如果试样足够长，可以将试样倒过来或剪掉燃烧过的部分再用。但不能用于计算氧浓度。

表 7.10　燃烧行为的评价准则

试样型式	点燃方式	评价准则(两者取一)	
		燃烧时间/s	燃烧长度
Ⅰ、Ⅱ、Ⅲ、Ⅳ	A 法	180	燃烧前锋超过上标线
	B 法		燃烧前锋超过下标线
Ⅴ	C 法		燃烧前锋超过下标线

⑥ 逐次选择氧浓度采用“少量样品升降法”这一特定的条件，以任意步长作为改变量，按前面所述的步骤，进行一组试样的试验。如果前一条试样的燃烧行为是“×”反应，则降低氧浓度。如果前一条试样的燃烧行为是“○”反应，则增大氧浓度。

⑦ 初始氧浓度的确定采用任意合适的步长，重复上述试验步骤，直到以体积百分数表示的二次氧浓度之差不大于 1.0%，并且一次是“○”反应，一次是“×”反应为止。将这组氧浓度中得“○”反应的记作初始氧浓度 C_0。

应注意，这两个相差≤1.0%且得到相反的反应的氧浓度不一定要得自连续试验的两个试样。另外，“○”反应的氧浓度不一定要小于“×”反应的氧浓度。

⑧ 有效数据的获得再一次用初始氧浓度 C_0 重复试验操作，记录 C_0 值及所对应的“×”或“○”反应。此值即为 NL 和 NT 系列的第一个值。

用混合气体积分数为 0.2%的浓度改变量的步长 d，重复试样操作，测得一组氧浓度值及所对应的反应，直至得到不同于用 C_0 所得的反应为止。记下这些氧浓度值及其对应的反应，即为 NL 系列。

保持 $d=0.2\%$（体积分数），再测四根试样，记下各次的氧浓度及各自对应的反应，最后一根试样所用的氧浓度用 C_f 表示。这 4 个结果加上反应不同于 C_0 结果的那个一起，构成 NT 系列的其余数据。可见 NT 与 NL 间存在关系：NT＝NL＋5。

（4）结果

① 氧指数的计算　以体积分数表示的氧指数，按式(7.10）计算：

$$OI=C_f+Kd \tag{7.10}$$

式中，OI 为氧指数，%；C_f 为 NT 系列最后一个氧浓度取一位小数，%；d 为使用和控制的两个氧浓度之差，即步长，取一位小数；K 为系数。

报告 OI 时，去一位小数，注意应按 5 舍 6 入的方法圆整结果，将 OI 精确至 0.1。为了计算标准偏差 σ，OI 应计算到两位小数。

② K 值的确定　K 的数值和符号取决于 NT 系列的反应形式，可按表 7.11 确定。

表 7.11　计算氧指数时所需 K 值的确定

1	2	3	4	5	6
最后五次测定的反应	NL 前几次测量反应如下时的 K 值				
	○	○○	○○○	○○○○	
×○○○○	−0.55	−0.55	−0.55	−0.55	○××××
×○○○×	−1.25	−1.25	−1.25	−1.25	○×××○
×○○×○	0.37	0.38	0.38	0.38	○××○×
×○○××	−0.17	−0.14	−0.14	−0.14	○××○○
×○×○○	0.02	0.04	0.04	0.04	○×○××
×○×○×	−0.50	−0.46	−0.45	−0.45	○×○×○
×○××○	1.17	1.24	1.25	1.25	○×○○×
×○×××	0.61	0.73	0.76	0.76	○×○○○
××○○○	−0.30	−0.27	−0.26	−0.26	○○×××
××○○×	−0.83	−0.76	−0.75	−0.75	○○××○
××○×○	0.83	0.94	0.95	0.95	○○×○×
××○××	0.30	0.46	0.50	0.50	○○×○○
×××○○	0.50	0.65	0.68	0.68	○○○××
×××○×	−0.04	0.19	0.24	0.25	○○○×○
××××○	1.60	1.92	2.00	2.01	○○○○×
×××××	0.89	1.33	1.47	1.50	○○○○○
	NT 前几次反应如下时的 K 值				最后五次测定的反应
	×	××	×××	××××	

如果初始氧浓度 C_0 再次试验的结果为“○”反应，则第一个相反的便是“×”反应。从表中第一栏中找出与 NT 系列最后 5 次试验结果相一致的那一行，再按 NT 系列的前几个反应即得到“○”反应的数目，查出所对应的栏，即可得到所需的 K 值，其正负号与表中符号相同。

与上述相反，如果初始氧浓度 C_0 再次试验的结果为“×”反应。则第一个相反的反应便是“○”反应。从表 7.11 中第六栏找出与 NT 系列最后 5 次试验结果相一致的那一行，再按照 NT 系列的前几个反应即得到“×”反应的数目，查出所对应的栏，即可得到所需的 K 值，但此时的正负号与表中符号相反。

③ 步长 d 的校验　氧浓度测量的标准偏差按式(7.11) 计算：

$$\sigma=\left[\frac{\sum_{i=1}^{n}(c_i-\mathrm{OI})^2}{n-1}\right]^{1/2} \tag{7.11}$$

式中，c_i 为 NT 系列中最后 6 个试样所对应的氧浓度值，%；OI 为按式(7.10) 计算的氧指数值，%，计算到两位小数；n 为计入 $\sum(c_i-\mathrm{OI})^2$ 的氧浓度测定次数。

应注意的是，对于本方法，适用于 $n=6$。若 $n>6$，则方法失去精确性，所以若 $n>6$ 时，需另选统计方法。

按式(7.12) 校验步长 d：

$$\frac{2}{3}\sigma<d<\frac{3}{2}\sigma \tag{7.12}$$

若满足式(7.12) 的条件或者 $d=0.2$ 时，$d>\frac{2}{3}\sigma$ 则 OI 有效；

若 $d<\frac{2}{3}\sigma$，则增大 d 值，重做试验，直至满足上述条件为止。但一般不应将 d 值减少到小于 0.2，除非相应的产品标准有规定。

7.4.3　讨论

7.4.3.1　注意事项

(1) 水平垂直燃烧试验主要影响因素

① 试样厚度的影响　试样厚度对其燃烧速度有明显影响。当试样厚度小于 3mm 时，其燃烧速度随厚度的增加而急剧减小；当试样厚度达到 3mm 以后，燃烧速度随厚度的变化就比较小了。这一方面是由于在加热阶段，把试样加热至分解温度所需的时间与其质量（或厚度）基本成正比。另一方面，试样的着火、燃烧和传播主要发生在表面上，厚度越小的试样，单位质量具有的表面积就越大的缘故。

由于上述原因，标准中对试样厚度做了严格规定，并且明确指出：厚度不同的试样，其试验结果不能相互比较。

② 试样密度的影响　从材料燃烧过程分析可知，在相同的试验条件下，水平燃烧试验试样的燃烧速度随其密度的增大而减小；对垂直燃烧试验来说，试样的燃烧时间受其密度的影响也很大。因此，标准规定密度不同的试样，其试验结果不能相互比较。

③ 点火时间长短的影响　水平法中多数试样的着火时间为 3～5s，最多为 10s 左右，施焰时间为 30s 和 60s 的试验结果基本一致。对垂直法，点火时间太短，试样不易点燃；而点火时间长了，对多数材料的测试结果有很大影响。因此标准对两次施焰时间都有严格的规定，为 10s。

④ 操作人员主观因素的影响　水平和垂直燃烧试验被认为是主观性很强的试验，只要稍不留意，那么同样的设备，对相同试样相同操作，也会产生一定偏差，甚至会得到不同的可燃级别。因此，试验时严格按操作规定操作，观察要特别认真仔细是十分必要的。

（2）氧指数试验主要影响因素

① 试样厚度的影响　与水平、垂直燃烧法相似，试样越薄，就越容易燃烧，测得的氧指数越低；反之，试样越厚，测得的氧指数越高。因此标准中规定，不同厚度的试样，其所测得的结果没有可比性。

② 试样长度的影响　试样太长时，其顶端离燃烧筒顶部太近，容易受外界大气成分的影响，产生测量误差；试样太短时，又不便于画标线和观察。标准中规定试样长度在 70～150mm（Ⅳ型），并规定安装试样时，应保证试样顶端低于燃烧筒顶端至少 100mm。一般来说，试样长度在允许范围，即 70～150mm 之间变化，不会影响试验结果。

③ 氧气、氮气纯度的影响　由于混合气流中的氧浓度是通过测量氧、氮两种气体的流量并将其纯度当作 100%，而实际试验时用的气体都是工业用气体，试验有一定误差。纯度越低，误差越大，另外钢瓶内压力下降对氧浓度也有影响。因此测试时最好使用高纯度的氧气和氮气作为气源，并且使用压力不低于 1MPa。

④ 不同点燃方式对测试结果的影响　对不同试样，标准中规定了两种点燃方法。顶端法适用于Ⅰ、Ⅱ、Ⅲ、Ⅳ试样，而扩散法适合于任何型式试样。因此报告中应注明何种点燃方式，而对比试样时则应在同一点燃方式下进行。

7.4.3.2　塑料阻燃剂发展现状

（1）阻燃剂概况　大多数塑料具有可燃性。随着塑料在建筑、家具、交通、航空、航天、电器等方面的广泛应用，提高塑料的阻燃性已成为十分迫切的课题。阻燃剂是抑制聚合物燃烧性的一类助剂，它们大多是元素周期表中第Ⅴ、Ⅶ和Ⅲ族元素的化合物，特别是磷、溴、氯、锑和铝的化合物。阻燃剂分添加型和反应型两大类。添加型阻燃剂主要是磷酸酯和含卤磷酸酯、卤代烃、氧化锑、氢氧化铝等。优点是使用方便、适应性强。但由于添加量达10%～30%，常会影响塑料的性能。反应型阻燃剂实际上是含阻燃元素的单体，所以对塑料性能的影响较小。常见的反应型阻燃剂，如用于聚酯的卤代酸酐、用于环氧树脂的四溴双酚A和用于聚氨酯的含磷多元醇等。阻燃剂最初在美国使用，20世纪60年代后用量剧增。

准确地讲，阻燃剂称作难燃剂更为恰当，因为“难燃”包含着阻燃和抑烟两层含义，较阻燃剂的概念更为广泛。然而，长期以来，人们已经习惯使用阻燃剂这一概念，所以文献中所指的阻燃剂实际上是阻燃作用和抑烟功能助剂的总称。

（2）阻燃剂分类　阻燃剂依其使用方式可以分为添加型阻燃剂和反应型阻燃剂。添加型阻燃剂通常以添加的方式配合到基础树脂中，它们与树脂之间仅仅是简单的物理混合；反应型阻燃剂一般为分子内包含阻燃元素和反应性基团的单体，如卤代酸酐、卤代双酚和含磷多元醇等，由于具有反应性，可以化学键合到树脂的分子链上，成为塑料树脂的一部分，多数反应型阻燃剂结构还是合成添加型阻燃剂的单体。

按照化学组成的不同，阻燃剂还可分为无机阻燃剂和有机阻燃剂。无机阻燃剂包括氢氧化铝、氢氧化镁、氧化锑、硼酸锌和赤磷等，有机阻燃剂多为卤代烃、有机溴化物、有机氯化物、磷酸酯、卤代磷酸酯、氮系阻燃剂和氮磷膨胀型阻燃剂等。抑烟剂的作用在于降低阻燃材料的发烟量和有毒有害气体的释放量，多为钼类化合物、锡类化合物和铁类化合物等。尽管氧化锑和硼酸锌亦有抑烟性，但常常作为阻燃协效剂使用，因此归为阻燃剂体系。

阻燃性能是绝大多数塑料的一个硬性指标，传统阻燃材料采用的是含卤素的阻燃剂。含卤阻燃材料燃烧产生大量的烟雾和有毒腐蚀气体，会造成二次危害。常见阻燃剂配方成分有磷系化合物、硅系阻燃剂、氮系阻燃剂和金属氢氧等。燃烧时不挥发、不产生腐蚀性气体，被称为无公害阻燃剂。无卤阻燃就是在材料中加入相适的无卤阻燃剂来达到阻燃目的，同时避免因含有卤素带来的二次危害。

参考文献

[1]　GB/T 31838.2—2019. 固体绝缘材料　介电和电阻特性　第2部分：电阻特性（DC方法）体积电阻和体积电阻率[S].

[2]　GB/T 31838.3—2019. 固体绝缘材料　介电和电阻特性　第3部分：电阻特性（DC方法）表面电阻和表面电阻率[S].

[3]　GB/T 1408.1—2016. 绝缘材料电气强度试验方法　第1部分：工频下试验[S].

[4]　GB/T 2408—2021. 塑料　燃烧性能的测定　水平法和垂直法[S].

[5]　GB/T 2406.2—2009. 塑料用氧指数测定燃烧行为　第2部分：室温试验[S].

[6]　GB/T 10707—2008. 橡胶燃烧性能的测定[S].

第8章 密封性能检测

8.1 耐压试验

在非金属承压设备的施工与验收工程中，非金属承压设备的耐压试验是一项重要的组成部分。对于大多数工程来说，非金属承压设备投入使用以后如果发现密封性不合格，维修起来是相当困难的，最主要的是，一旦发生设备的渗漏、爆裂，尤其是对于非金属承压设备来说，往往会造成严重的后果，甚至会发生严重的事故，造成很大的生命财产损失。因此，耐压试验对非金属承压设备是非常重要的。

承压设备制成后，应当按照设计文件或有关标准的要求进行耐压试验。耐压试验分为液压试验、气压试验以及气液组合压力试验三种。耐压试验的种类、压力、介质、温度等由设计者在设计文件中予以规定。

8.1.1 耐压试验通用要求

进行耐压试验时应分别符合以下几条规定。

（1）耐压试验前的准备工作

① 耐压试验前，各连接部位的紧固件，应当装配齐全，紧固妥当；

② 试验用压力表应当符合有关规定，并且至少采用两个量程相同并且经过校验的压力表，试验用压力表应当安装在被试验设备顶部便于观察的位置；

③ 耐压试验时，试验设备上焊接的临时受压元件，应当采取适当的措施，保证其强度和安全性；

④ 耐压试验场地应当有可靠的安全防护设施。

（2）耐压试验压力　耐压试验的最低试验压力按照公式(8.1)或公式(8.2)计算：

$$P_t = 1.25p\frac{[\sigma]}{[\sigma]_{lt}} \tag{8.1}$$

$$P_t = 1.1p\frac{[\sigma]}{[\sigma]_{lt}} \tag{8.2}$$

式中，P_t 为耐压试验温度下试验压力最低值，MPa；p 为设计压力，MPa；$[\sigma]$ 为试验温度下材料的许用应力，MPa；$[\sigma]_{lt}$ 为设计温度下材料的许用应力，MPa。

各主要受压元件，如筒体、封头、接管、设备法兰（或者人孔、手孔法兰）及其紧固件等所用材料不同时，计算耐压试验压力应当取各元件材料$[\sigma]/[\sigma]_{lt}$ 比值中最小者。

（3）耐压试验温度　耐压试验时，一般试验温度为常温或者按照产品标准的规定执行。

（4）耐压试验介质

① 凡在试验时，不会导致发生危险的液体，在低于其沸点的温度下，都可用作液压试验介质；当采用可燃性液体进行液压试验时，试验温度应当低于可燃性液体的闪点。

② 由于结构或者支承原因，不能充灌液体，以及运行条件不允许残留液体的，可采用气压试验；试验所用气体应当为干燥洁净的空气、氮气或者其他惰性气体。

③ 因承重等原因无法注满液体的，可根据承重能力先注入部分液体，然后注入气体，进行气液组合压力试验；试验用液体、气体应当分别符合本条第①项和第②项有关要求。

（5）其他安全要求

① 如果采用高于设计文件规定的耐压试验压力时，应当对各受压部件进行强度校核。

② 保压期间不得采用连续加压来维持试验压力不变，耐压试验过程中不得带压紧固或者向受压元件施加外力。

③ 耐压试验过程中，不得进行与试验无关的工作，无关人员不得在试验现场停留。

④ 试验场地附近不得有火源，并且配备适用的消防器材。

8.1.2 液压试验

8.1.2.1 液压试验通用要求

耐压试验压力、耐压试验温度、耐压试验介质等方面的规定符合8.1.1节要求。

8.1.2.2 液压试验程序

① 试验介质应当符合产品标准和设计图样的要求，以水为介质进行液压试

验时，试验合格后应当将水排净，必要时将水渍去除干净。

② 试验设备中应当充满液体，滞留在设备内的气体应当排净，外表面应当保持干燥。

③ 先缓慢升压至设计压力，确认无泄漏后继续升压到规定的试验压力，保压足够时间；然后降至设计压力，保压足够时间进行检查，检查期间压力应当保持不变。

8.1.2.3 液压试验合格标准

进行液压试验的设备，符合以下条件为合格：无渗漏、破裂；无可见的变形；试验过程中无异常的响声。

8.1.2.4 非金属压力容器的液压试验

非金属压力容器主要包括塑料及其衬里制压力容器、石墨制压力容器、玻璃钢制压力容器、搪玻璃制压力容器。它们的液压试验除满足 8.1.1 节和 8.1.2 节条件外，还应分别满足以下要求。

（1）塑料及其衬里制压力容器　液压试验介质一般为水，试验压力按式(8.1) 计算，保压时间 30min。

（2）石墨制压力容器

① 液压试验。液压试验压力不得低于 1.5 倍的设计压力，盛装毒性危害程度为极度或者高度危害介质的压力容器，其试验压力不得低于 1.75 倍的设计压力。石墨压力容器试压每升高 0.1MPa 保压 2～3min，不渗漏为合格。试验介质一般采用洁净的水。

② 石墨管液压试验。石墨管在组装前如逐根进行水压试验，试验压力不得低于设计压力的 2 倍，并且不得低于 1MPa，不渗漏为合格。

③ 石墨块件水压试验。块孔式热交换器的石墨块件在组装前如单件进行水压试验，试验压力不得低于设计压力的 1.5 倍，保压 10min，不渗漏为合格。

④ 液压试验要求。耐压试验前，石墨制压力容器各连接部位的紧固螺栓必须装配齐全，紧固妥当。直立容器卧置试压时，试验压力还应加立装时液柱静压力。试验时容器顶部应设排气口，以便充入水时将容器内空气排尽。试验必须使用两个量程相同的经校验合格的压力表，所用压力表精度应不低于 1.6 级，压力表表盘极限值为最高试验压力的 2 倍左右为好，但不应低于 1.5 倍和不高于 4 倍试验压力。压力表应安装在试验容器顶部便于观察的位置。圆筒石墨容器和列管式换热容器每升高 0.1MPa 保压 2～3min，达到试验压力后保压 30min，然后缓慢降至设计压力，保压足够时间进行检查；块状式换热容器其升压速度应极缓慢，一般每 2～3min 升高 0.1MPa，达到试验压力后保压 30min。然后缓慢降至设计压力，保证足够时间进行检查。对于具有工艺侧和

服务侧的热交换器，应先进行工艺侧水压试验，后进行服务侧水压试验。耐压试验一般采用清洁水；容器内应充满液体，滞留在容器内的气体必须排净，容器外表面应保持干燥，当容器壁温与液体温度接近时，才能缓慢升压；保压检查期间其压力应保持不变，不得用连续加压来维持压力不变。石墨制压力容器液压试验过程中不得紧固螺栓或向受压元件施加外力；石墨制换热器液压试验程序按 GB 151 管壳式换热器的相关规定进行；石墨制压力容器液压试验完毕后，应将试验介质排净。

（3）玻璃钢制压力容器

① 压力试验。液压试验一般采用液压试验，试验介质应为水或其他合适液体。对于不适合液压试验的玻璃钢压力容器，可采用气压试验。与玻璃钢压力容器相连接的低压管线和不承受试验压力的附件，应当用阀门或其他方式断开。环境温度下进行液压试验时，试验压力为设计压力的 1.5 倍，且保持时间不少于 2min。

设备制成后以 1.5 倍设计压力进行水压试验，对仅受液体静压力的设备只进行盛水试漏。

② 盛水试验。玻璃钢容器制造完成后，应进行常温盛水试验，试验时间为 48h，要求无渗漏、无冒汗、无明显变形等。

（4）搪玻璃制压力容器

① 液压试验压力

a. 搪玻璃设备内容器和夹套的液压试验按表 8.1 规定，内容器液压试验可选择表 8.1 中的任一种方式。

表 8.1　搪玻璃设备液压试验

名称		搪玻璃前试验压力/MPa	搪玻璃后试验压力/MPa
内容器	方式一	搪玻璃前不进行液压试验	$1.25P[\sigma]/[\sigma]_t$
	方式二	$1.25P[\sigma]/[\sigma]_t$	$1.0P$
夹套		—	$1.25P[\sigma]/[\sigma]_t$
真空设备		—	$1.25P$

注：P 为设计压力；$[\sigma]$ 为金属材料常温时的许用应力；$[\sigma]_t$ 为金属材料在设计时的许用应力。

b. 搪玻璃塔设备的耐压试验压力、试验方法应按图样规定。搪玻璃塔节在出厂前可不进行耐压试验，但应在现场组装后进行耐压试验。

② 水压试验方法

a. 水压试验前应对搪玻璃设备的组装质量、试验的准备工作进行全面检查。

b. 向搪玻璃设备内注入洁净的自来水，排尽设备内的空气。

c. 升压前，应将搪玻璃设备外观表面处理干净，并保持干燥。

d. 待搪玻璃设备壁温与水温接近时，缓慢升压至设计压力，确认无泄漏后继续升压到规定试验压力后保压，保压时间一般不少于 30min。然后将压力降至设计压力，并保压足够长的时间，对所有焊接接头和连接部位进行检查。

e. 在进行水压试验时，不得带压紧固螺栓或向受压元件施加外力。压力应保持不变，不得采用连续加压来维持试验压力不变。

f. 试验过程中，搪玻璃设备应无渗漏、无可见的变形和异常声响。

g. 搪玻璃设备水压试验完成后，卸除压力，放净容器内的水，清除搪玻璃层表面的水渍。

h. 搪玻璃承压设备的水压试验可采用气液组合压力试验方法代替。

③ 水压试验时安全要求　水压试验场地应有可靠的安全防护设施，并应经单位技术负责人和安全管理部门检查认可。水压试验过程中，不得进行与试验无关的工作，无关人员不得在试验现场停留。

④ 试验用压力表

a. 水压试验应用两只相同的并在检定合格有效期内的压力表。压力表应安装在搪玻璃设备顶部的同一位置，安装方位要便于试验人员观察。

b. 设计压力小于 1.6MPa 的搪玻璃设备使用的压力表的精度等级不得低于 2.5 级，设计压力大于或等于 1.6MPa 的搪玻璃设备使用的压力表的精度等级不得低于 1.6 级。表盘直径不得小于 100mm。

c. 压力表的刻度极限值在试验压力的两倍左右为宜，不应低于 1.5 倍和不高于 3 倍的试验压力。

d. 水压试验时排气孔的设置及排气要求试验时搪玻璃设备顶部应设排气孔，充液时应将搪玻璃设备内的空气排净。

e. 试验介质及温度要求：用洁净的水作为试验用液体，试验温度（搪玻璃设备器壁金属温度）不得低于 5℃。

⑤ 试验时设备的外观要求　在试验过程中，应保持搪玻璃设备外观表面干燥。

8.1.2.5　非金属压力管道的液压试验

非金属压力管道进行液压试验主要包括非金属衬里管道、石油化工非金属管道、石油天然气行业非金属管道。其液压试验应满足以下要求。

（1）非金属衬里管道的液压试验

① 范围　本部分适用于以金属管道为基体，以聚四氟乙烯（PTFE）、聚全氟乙丙烯（FEP）、无规共聚聚丙烯（PP-R）、交联聚乙烯（PE-D）、可溶性聚四氟乙烯（PFA）、硬聚氯乙烯（PVC-U）等为衬里的非金属衬里管道。

② 非金属衬里管道的压力试验　试验前应将管子或管件端部用法兰盖密封，将洁净水充满管子或管件，放出系统中所有空气。试验压力应为 1.5 倍设计压

力，达到试验压力后保压3min，不允许有渗漏现象。试验用压力表量程为试验压力的1.5～2.0倍，精度不低于1.5级。

（2）石油化工非金属管道的液压试验

① 范围 本部分适用于石油化工用玻璃钢管、塑料管、玻璃钢塑料复合管和钢骨架聚乙烯复合管道。

② 一般规定

a. 管道安装完毕，经检查合格后，应按批准的方案进行管道系统试验。

b. 试验前应检查管道支吊架的牢固程度，必要时应予以加固。

c. 压力试验前，应将不参与试压的设备、仪表和管道附件等加以隔离或拆除。加置盲板的部位应有明显的标识和记录，待试验后复位。

d. 压力试验前应划定工作区，设置标识，无关人员不得进入。

e. 试验用的压力表应经过检定，并在有效期内，精度不应低于1.5级，表的量程应为试验压力的1.5～2.0倍，表盘直径不应小于150mm。压力表不应少于两块，分别置于试压系统的高点和低点。

f. 试验过程中不得对管道和接头进行敲打。

g. 试压过程中如有泄漏，严禁带压返修。返修完成并经外观检查合格后，应重新进行试压。

h. 对于缠绕连接，在下列情况下应更换管段，更换管段的长度至少应为管子直径的2倍加150mm：试压时，两处裂纹、渗漏的轴向距离在150mm内；修补处理后再次试压时，仍在原修补处发生泄漏。

i. 法兰连接的管道应在试压后将螺栓再紧固一遍。

j. 压力试验合格后应及时排净试验介质，排放时不得形成负压，排放点应有操作人员控制和监视。

k. 试压完毕后，应拆除所有临时盲板，核对记录，恢复系统，并填写管道系统试验记录。

③ 压力试验

a. 压力试验应以工业用水为试验介质。当设计文件或生产工艺有要求时，也可采用其他介质。

b. 试验介质温度不应低于5℃。

c. 当设计文件无规定时，试验压力应为设计压力的1.5倍。对设计温度高于试验温度的塑料管道系统，试验压力应考虑温度的影响。试验压力应以高点为准，且最低点压力不得超过管道组成件的承受压力。

d. 压力试验时，压力应分级缓慢升压，当压力升至试验压力的50%和75%时，应分别稳压10min，并对试压系统进行检查，无泄漏和异常现象后方可继续缓慢升压，直至达到试验压力。达到试验压力后，宜稳压10min，然后降至设计压力，稳压30min，检查无泄漏、目视无变形为合格。

e. 压力试验合格后应缓慢降压。

f. 一个管道试压系统长度不宜超过2km。

(3) 高压玻璃纤维管线管（玻璃钢管）的液压试验

① 试压条件

a. 管道连接安装经检验合格后，埋地管道除接头接口外，其余部分应回填土至管顶以上500mm并压实。

b. 管道固定支座和止推座等均应达到设计强度要求。

c. 试压管段上的所有接口均已封堵无泄漏。

d. 对试压有影响的设备、障碍物应清除。

e. 试压和排水设备准备就绪，水源供给充足，试压泵、压力表应检查、校验合格。

f. 压力表的精度不应低于1.5级，表盘直径不应小于150mm，量程宜为试验压力的1.3～1.5倍，表的数量不应少于2块。

② 试压要求

a. 试压介质为清水。冬季进行水压试验时，应采取防冻措施，试验后及时放水。

b. 管道试压应低处注水，从高处排除空气。

c. 试压水应缓慢充入管道，待管内气体排尽后方可升压。

d. 试压过程中，不应对管道和接口进行敲打或修补缺陷，遇有缺陷时应作出标记，泄压后方可修补。

e. 管道强度试压压力应为设计压力的1.25倍。

f. 加压增量每分钟不应超过0.7MPa，直至达到试压压力。

g. 当达到强度试压压力时，应停止升压，观察4h，压力降不大于试验压力的1%，接头无渗漏，强度试压为合格。将压力降至管道的工作压力，进行严密性试压，稳压4h，并对所有接头部位进行外观检查，若压力降不大于管道工作压力的1%，接头无渗漏，严密性试压为合格。否则应查明原因，泄压放水后对缺陷进行修补处理，然后再次试压，直至合格。

h. 管道在试压过程中应设置警示带，无关人员禁止进入作业区。

i. 试压完毕后应及时填写管道试压记录。

j. 试压验收合格后应进行扫线，清除管道中积水，并应按回填要求对管沟全部回填。

k. 应在试压合格以后，对保温管道的接头处进行补口。

l. 长距离高压玻璃钢管道的施工，应在最初的300mm安装完成以后立即进行试压。

m. 管道分段进行试压时，试压管段长度不宜大于2km。

（4）钢骨架聚乙烯塑料复合管液压试验

① 试压条件

a. 管道连接安装经检验合格后，埋地管道除接头接口外，其余部分应回填土至管顶以上500mm并压实。

b. 支撑应设在原状土或人工后背上，土质松软时应采取加固措施。后背墙面应平整并与管道轴线垂直。

c. 试压管段上的所有接口均已封堵无泄漏。

d. 对试压有影响的设备、障碍物应清除。

e. 试压和排水设备准备就绪，水源有保证，试压泵、压力表应检查、校验合格。

f. 压力表的精度不应低于1.5级，表盘直径不应小于150mm，量程宜为试验压力的1.3～1.5倍，表的最少数量不应少于2块。

g. 试压管段不应采取闸阀做堵板，不应有消火栓、水锤消除器等附件。已设置的这类附件应设置堵板，控制阀应在试压过程中全部开启。

② 试压要求

a. 试压介质为清水。冬季进行水压试验时，应采取防冻措施，试验后及时放水。

b. 试压水应从低点缓慢灌入，灌入是在试验管段的高点管顶及管段中的凸起点设排气阀排出管道内的气体，待管内气体排尽后方可正式试压。

c. 试压过程中，不应对管道和接口进行敲打或修补缺陷，遇有缺陷时应作出标记，泄压后方可修补。

d. 强度试验的静水压力应为设计压力的1.25倍。

e. 应分级升压，每升一级应检查后背、支墩、管身及接口，当无异常现象时再继续升压。

f. 升压达到管道强度试压值后，保压30min（当温度变化或其他因素影响试压准确性时，可适当延长稳压时间），检查管道各部位和所有接头、附配件等，各部分无破损或漏水时，管道强度试验为合格。

g. 强度试压合格后，应将压力降低到设计压力进行严密性试验，稳压4h各部分无渗漏为合格。因管材膨胀或温度变化导致压力波动超过±0.05MPa时，允许补压或泄压到设计压力继续保压检漏。

h. 对位差较大的管道，应将试验介质的静压计入试验压力中，液体管道的试验压力应以最高点的压力为准，但最低点的压力不得超过设计压力的1.5倍。

i. 法兰连接的管线应在试压后将螺栓再紧固一遍。

j. 管道在试压过程中应设置警示带，无关人员禁止进入作业区。

k. 试压完毕后应及时填写管道试压记录。

l. 试压验收合格后应进行扫线，清除管道中积水，并应按回填要求对管沟全部回填。

m. 试压管段的长度应视情况而定。对于无节点连接的管道，试压管段长度不宜大于 2km；有节点连接的管道，试压管段长度不宜大于 1km。

（5）塑料合金防腐蚀复合管密封性能检测

① 试压条件

a. 管道连接安装经检验合格后，埋地管道除接头接口外，其余部位应回填土至管顶以上 500mm 并压实。

b. 管道固定支座和止推座等均应达到设计强度要求。

c. 试压管段上的所有接口均已封堵无泄漏。

d. 对试压有影响的设备、障碍物应清除。

e. 试压和排水设备准备就绪，水源供给充足，试压泵、压力表应检查、校验合格。

f. 压力表的精度不应低于 1.5 级，表盘直径不应小于 150mm，量程宜为试验压力的 1.3～1.5 倍，表的数量不应少于 2 块。

② 试压要求

a. 试压介质为清水，要求水温与环境温度宜一致，冬季试压水温不应低于 5℃，试验后及时放水。

b. 试压水应缓慢充入管道内，待管内气体排尽后方可升压。

c. 试压过程中，不应对管道和接口进行敲打或修补缺陷，遇有缺陷时应作出标记，泄压后方可修补。

d. 管道强度试压压力应为设计压力的 1.25 倍。

e. 加压增量每分钟不应超过 0.7MPa，直至达到试压压力。

f. 当达到强度试压压力时，应停止升压，观察 4h，压力降不大于试验压力的 1%，管体与接头无渗漏，强度试压为合格。将压力降至管道的工作压力，稳压 4h，并对所有接头部位进行外观检查，若压力降不大于管道工作压力的 1%，接头无渗漏，严密性试压为合格。否则应查明原因，泄压放水后对缺陷进行修补处理，然后再次试压，直至合格。

g. 管道在试压过程中应设置警示带，无关人员禁止进入。

h. 试压完毕后应及时填写管道试压记录。

i. 试压验收合格后应进行扫线，清除管道中积水，并应按回填要求对管沟全部回填。

j. 应在试压合格以后，对保温管道的接头处进行补口。

k. 管道分段试压时，试压管段长度不宜大于 2km。

（6）钢骨架增强塑料复合连续管液压试验

① 试压条件

a. 管道连接安装应检验合格后，埋地管道除接头接口外，其余部位应回填土至管顶以上 500mm 并压实。

b. 试压管段上的所有接口应封堵无泄漏。

c. 对试压有影响的设备、障碍物应清除。

d. 试压泵、压力表应检查、校验合格。

e. 压力表的精度不应低于 1.5 级，表盘直径不应小于 150mm，量程宜为试验压力的 1.3～1.5 倍，表的数量不应少于 2 块。

② 试压要求

a. 连续管安装完成后应进行强度试验和严密性试验，试验介质应为清水。

b. 强度试压的静水压力应为设计压力的 1.25 倍，严密性试压的静水压力应为设计压力。冬季进行水压试验时，应采取防冻措施，试压后应及时将管道中的水吹扫干净。

c. 连续管穿越河流、铁路、二级以上公路和高速路时，应单独进行试压。

d. 试压水宜从低点缓慢灌入，从高处排出空气，待管内气体排尽后方可试压。

e. 试压过程中，不应对管道和接口进行敲打或修补缺陷，遇有缺陷时应作出标记，压力降为零后方可修补。

f. 强度试压应缓慢升压，压力分别升至试验压力的 50%和 75%管道设计压力时，各稳压 10min，经检查无泄漏，继续升至试验压力，稳压 30min，压力降不大于试验压力的 1%，管体、接头处无渗漏，强度试压为合格。将压力降至管道的设计压力进行严密性试验，稳压 4h，并对所有接头部位进行外观检查，若压力降不大于管道设计压力的 1%，接头无渗漏，严密性试压为合格。否则应查明原因，泄压放水后对缺陷进行修补处理，然后再次试压，直至合格。

g. 管道在试压过程中应设置警示带，无关人员禁止进入作业区。

h. 试压完毕后应及时填写管道试压记录。

i. 试压验收合格后宜进行扫线，清除管道中积水，并应按回填要求对管沟全部回填。

8.1.3　气压试验

8.1.3.1　气压试验通用要求

气压试验压力、气压试验温度、气压试验介质等方面的规定符合 8.1.1 节要求。

8.1.3.2 气压试验程序

① 气压试验时，应当制定应急救援预案并且派人现场监督，撤走无关人员；

② 气压试验时，应当先缓慢升压至规定试验压力的10%，保压足够时间，并且对所有焊（粘）接部位和连接部位进行初步检查，如无泄漏可继续升压到规定试验压力的50%；无异常现象，按照规定试验压力的10%逐级升压至试验压力，保压足够时间后降至设计压力进行检查，检查期间压力应当保持不变。

8.1.3.3 气压试验合格标准

气压试验过程中，应无异常响声，经过肥皂液或者其他检漏液检查无漏气、无可见的变形即为合格。

8.1.3.4 非金属压力容器的气压试验

非金属压力容器主要包括塑料及其衬里制压力容器、石墨制压力容器、玻璃钢制压力容器、搪玻璃制压力容器。它们的气压试验除满足8.1.1节和8.1.3节条件外，还应分别满足以下要求。

（1）塑料及其衬里制压力容器　气压试验所用气体应为干燥洁净的空气、氮气或其他惰性气体。试验压力应按式(8.2)确定，保压时间10min，试验应有安全防护措施。

（2）石墨制压力容器　石墨制压力容器一般不进行气压试验。

（3）玻璃钢制压力容器　对于不适合液压试验的玻璃钢压力容器，可采用气压试验。与玻璃钢压力容器相连接的低压管线和不承受试验压力的附件，应当用阀门或其他方式断开。环境温度下采用气压试验时，试验压力应为设计压力的1.25倍，且保压时间不少于2min。

（4）搪玻璃制压力容器　搪玻璃制压力容器气压试验按8.1.1节及8.1.3.2的有关规定执行。

8.1.3.5 非金属压力管道的气压试验

非金属压力管道强度试验进行气压试验主要是城镇燃气埋地用聚乙烯管道和钢骨架聚乙烯复合管道。其气压试验应满足以下要求。

（1）一般要求　聚乙烯管道和钢骨架聚乙烯复合管道的强度试验应首先满足下列条件：

① 在强度试验前，应编制强度试验的试验方案，制定安全措施，确保施工人员及附近民众与设施的安全。

② 管道系统安装检查合格后，应及时回填，开槽敷设的管道系统应在回填土回填至管顶0.5m以上，吹扫完成后，才可进行强度试验和严密性试验。

采用拖管法、喂管法和插入法敷设的管道，应在管道敷设前预先对管段进行检漏；敷设后，应对管道系统先吹扫完毕后，再进行强度试验。

③ 聚乙烯管道和钢骨架聚乙烯复合管道穿（跨）越大中型河流、铁路、二级以上公路、高速公路时，应单独进行试压。

④ 试验时应设巡视人员，无关人员不得进入。在试验的连续升压过程中和强压试验的稳压结束前，所有人员不得靠近试验区。人员离试验管道的安全距离按表8.2确定。

表8.2 安全距离

管道设计压力/MPa	安全距离/m
≤0.4	6
0.4～1.6	10
2.5～4.0	20

⑤ 待试验的管道应与无关系统采取隔离措施，与已运行的系统之间必须加装盲板且有明显标志。

⑥ 试验管段所有敞口应封堵，但不得采用阀门做堵板；管道上的所有堵头必须加固牢靠，试验时堵头端严禁人员靠近。

⑦ 试验前应按设计图纸检查管道的所有阀门，试验段必须全部开启。

⑧ 进行试验时，进气口应采取油水分离及冷却等措施，确保管道进气口气体干燥，且温度不得高于40℃；排气口应采取防静电措施。

⑨ 试验时所发现的缺陷，必须待试验压力降至大气压后进行处理，处理合格后应重新试验。

⑩ 进行强度试验和严密性试验时，漏气检查可使用洗涤剂或肥皂液等发泡剂，检查完毕，应及时用水冲去管道上的洗涤剂或肥皂液等发泡剂。

(2) 城镇燃气埋地用聚乙烯管道和钢骨架聚乙烯复合管道的强度试验

① 强度试验前应具备下列条件：

a. 试验用的压力表及温度记录仪应在校验有效期内；

b. 试验方案已经批准，有可靠的通信系统和安全保障措施，已进行了技术交底；

c. 管道焊接检验、清扫合格；

d. 埋地管道回填土宜回填至管上方0.5m以上，并留出焊接接头。

② 管道系统应分段进行强度试验，试验管段长度不宜超过1km。

③ 强度试验应至少采用2只压力表，且均应在校验有效期内，其量程应为试验压力的1.5～2倍，其精度不得低于1.5级，并分别安装在试压管道的两端。

④ 强度试验介质一般采用压缩空气。

⑤ 强度试验压力应为设计压力的1.5倍，且最低试验压力应符合下列规定：

a. SDR11 聚乙烯管道不应小于0.40MPa；

b. SDR17.6 聚乙烯管道不应小于 0.20MPa；

c. 钢骨架聚乙烯复合管道不应小于 0.40MPa。

⑥ 进行强度试验时，压力应逐步缓升，首先升至试验压力的 50%，进行初检，如无泄漏和异常现象，继续缓慢升压至试验压力。达到试验压力后，宜稳压 1h 后，观察压力表不应少于 30min，无明显压力降为合格。

⑦ 经分段试压合格的管段相互连接的接头，经外观检验合格后，可不再进行强度试验。

8.1.4 气液组合压力试验

8.1.4.1 气液组合压力试验通用要求

① 气液组合压力试验压力、试验温度、试验介质等方面的规定符合 8.1.1 节条件。

② 气液组合压力试验压力安全防护要求按照气压试验的有关规定执行。

8.1.4.2 气液组合压力试验程序

① 气液组合压力试验时，应当制定应急救援预案并且派人现场监督，撤走无关人员。

② 气液组合压力试验时，应当先缓慢升压至规定试验压力的 10%，保压足够时间，并且对所有焊（粘）接部位和连接部位进行初步检查，如无泄漏可继续升压到规定试验压力的 50%；无异常现象，按照规定试验压力的 10%逐级升压至试验压力，保压足够时间后降至设计压力进行检查，检查期间压力应当保持不变。

8.1.4.3 气液组合压力试验合格标准

气液组合压力试验压力过程中，应无异常响声，经过肥皂液或者其他检漏液检查无漏气、无可见的变形即为合格。

8.1.4.4 非金属压力容器的气液组合压力试验

非金属压力容器主要包括塑料及其衬里制压力容器、石墨制压力容器、玻璃钢制压力容器、搪玻璃制压力容器。它们的气液试验除满足 8.1.1 节和 8.1.3 节条件外，还应分别满足以下要求：

（1）塑料及其衬里制压力容器　气液试验所用气体应为干燥洁净的空气、氮气或其他惰性气体。试验压力应按式(8.2) 确定，保压时间 10min，试验应有安全防护措施。

（2）石墨制压力容器　石墨制压力容器一般不进行气液试验。

（3）玻璃钢制压力容器　与玻璃钢压力容器相连接的低压管线和不承受试验压力的附件，应当用阀门或其他方式断开。环境温度下采用气液试验时，试验压力应为设计压力的 1.25 倍，且保压时间不少于 2min。

（4）搪玻璃制压力容器　试验方法及相关要求：

① 搪玻璃承压设备的气液组合压力试验，应先注入部分液体，然后注入气体进行试验。

② 试验用液体应符合 8.1.1 节的规定，试验用气体应为干燥洁净的空气、氮气或其他惰性气体。

③ 气液组合压力试验的温度按 8.1.1 节的规定。

④ 气液组合压力试验应有安全措施，试验单位的安全管理部门应当派人进行现场监督。

⑤ 气液组合试验的试验压力按式(8.2) 计算。

⑥ 试验时应先缓慢升压至规定试验压力的 10%，保压 5min，并且对所有焊接接头和连接部位进行初次检查；确认无泄漏后，再继续升压至规定试验压力的 50%；如检查无异常现象后，按试验压力的 10%逐级升压，直至试验压力，保压 10min；然后降至设计压力，保压足够时间进行检查，检查期间压力应保持不变。

⑦ 气液组合压力试验的过程中应保持容器外壁干燥，经检查无液体泄漏后，再以肥皂液或其他检漏液检查，应无漏气，无异常声响，无可见的变形。

⑧ 采用气液组合压力试验的搪玻璃设备，其 A 类和 B 类焊接接头应进行全部射线或超声检测，射线检测合格级别按 NB/T 47013.2—2015 中Ⅱ级，超声检测合格级别按 NB/T 47013.3—2015 中Ⅰ级。

8.2　密封性能

耐压试验合格后，对于介质毒性危害程度为极度、高度危害或者设计上不允许有微量泄漏的设备，应当进行密封性能试验。密封性能试验根据试验介质的不同，分为气密性试验、检漏试验。密封性能试验的种类、技术要求等由设计者在设计文件中予以规定。设计图样要求做气密性试验的设备，是否需要再做检漏试验，应当在设计图样上规定。对衬里设备来说，其密封性能主要进行耐负压试验。

8.2.1　气密性试验

8.2.1.1　气密性试验要求

气密性试验所用气体应当为干燥洁净的空气、氮气或者其他惰性气体，气密性试验压力按式(8.3) 确定。

$$P_t = 1.0p \frac{[\sigma]}{[\sigma]_{lt}} \tag{8.3}$$

式中，P_t 为耐压试验温度下试验压力最低值，MPa；p 为设计压力，MPa；$[\sigma]$ 为试验温度下材料的许用应力，MPa；$[\sigma]_{lt}$ 为设计温度下材料的许用应力，MPa。

进行气密性试验时，一般需要将安全附件装配齐全，保压足够时间经过检查无泄漏为合格。

8.2.1.2　非金属压力容器的气密性试验

（1）塑料及其衬里制压力容器　塑料容器应经耐压试验合格后方可进行气密性试验。经气压试验合格的塑料容器可不做气密性试验。

气密性试验应有安全防护措施。

气密性试验按有关标准规范规定的方法进行，试验温度为常温。试验压力按式(8.3）确定，保压时间 10min。

（2）石墨制压力容器　石墨制压力容器气密性试验应当符合以下要求：

① 石墨制压力容器气密性试验压力值为容器的设计压力值。

② 介质毒性程度为极度、高度危害或设计上不允许有微量泄漏的石墨制压力容器，必须进行气密性试验。

③ 气密性试验必须在液压试验合格后进行。

④ 石墨制压力容器进行气密性试验时，一般应将安全附件装配齐全。如需使用前在现场装配安全附件，应在石墨制压力容器质量证明书的气密性试验报告中注明：装配安全附件后需再次进行现场气密性试验。

⑤ 气密性试验时应缓慢升压到试验压力，保压 30min，经检查无泄漏为合格。

⑥ 设计文件规定或用户有要求气密性试验时，应在产品水压试验合格后再进行气密性试验。试验压力为设计压力，对于介质为沸点以下液体时，经使用单位同意，可以 0.08MPa 做气密性试验。介质为干燥、洁净的空气、氮气或其他惰性气体。

⑦ 气密性试验在试验压力下保压 30min 后，其允许压力降 $\Delta P <$ 20kPa/20min。

（3）搪玻璃制压力容器

① 一般要求

a. 气密性试验应在水压试验合格后进行。

b. 试验用压力表

ⓐ 气密性试验应用两只相同的并在检定合格有效期内的压力表。压力表应安装在搪玻璃设备顶部的同一位置，安装方位要便于试验人员观察。

ⓑ 对于设计压力小于 1.6MPa 的搪玻璃设备，压力表的精度等级不得低于 2.5 级；对于设计压力大于或等于 1.6MPa 的搪玻璃设备，压力表的精度等级不得低于 1.6 级。

ⓒ 压力表的刻度极限值在试验压力的两倍左右为宜，不应低于 1.5 倍和不高于 3 倍的试验压力。

c. 气密性试验用介质试验所用气体应为干燥洁净的空气、氮气或其他惰性气体，试验用气体不得低于 5℃。

d. 盛装介质毒性程度为极度、高度危害和设计上不允许有微量泄漏的搪玻璃压力容器，设备组装好后应依次进行液压试验和气密性试验。如设备在制造厂组装液压试验合格，在用户现场安装好后，投产前应经气密性试验合格。

e. 对承压设备，试验压力为 1.0 倍的设计压力。对真空设备，试验压力为 0.1MPa。气密性试验结果应无泄漏。

② 气密性试验方法

a. 进行气密性试验时，一般应将安全附件及搅拌器等配件装配齐全。如需投用前在现场装配安全附件及搅拌器等配件，应在搪玻璃设备质量证明书的气密性试验报告中注明，在现场装配安全附件及搅拌器等配件后需再次进行气密性试验。

b. 气密性试验前应对搪玻璃设备的组装质量、试验的准备工作进行全面检查。

c. 试验时压力应缓慢上升，达到规定试验压力后保压足够时间，对所有焊接接头和连接部位涂施肥皂水或者其他检漏液体进行泄漏检查，目测观察有无泄漏。

d. 在进行气密性试验时，不得带压紧固螺栓或向受压元件施加外力。不得采用连续加压来维持试验压力不变。

e. 气密性试验完成后，应依据 GB/T 7991.6 进行高电压检测通过。

f. 搪玻璃受压设备的气密性试验可采用水/气联合试验方法代替。

③ 水/气联合试验方法

a. 向搪玻璃设备内注入洁净的水，水面不得超过搪玻璃设备的主要密封面。

b. 用洁净、干燥的空气、氮气或其他惰性气体，缓慢升压到规定试验压力后保压足够时间，对所有焊接接头和密封部位涂施肥皂水或者其他检漏液体，目测观察有无泄漏。

8.2.1.3　非金属压力管道的气密性试验

（1）城镇燃气埋地用聚乙烯管道和钢骨架聚乙烯复合管道的气密性试验

聚乙烯管道和钢骨架聚乙烯复合管道的气密性试验应首先满足下列条件：

a. 在气密性试验前，应编制气密性试验的试验方案，制定安全措施，确保施工人员及附近民众与设施的安全。

b. 管道系统安装检查合格后，应及时回填，开槽敷设的管道系统应在回填土回填至管顶 0.5m 以上，吹扫完成后，才可进行气密性试验。

采用拖管法、喂管法和插入法敷设的管道，应在管道敷设前预先对管段进行检漏；敷设后，应对管道系统先吹扫完毕后，再进行气密性试验。

c. 聚乙烯管道和钢骨架聚乙烯复合管道穿（跨）越大中型河流、铁路、二级以上公路、高速公路时，应单独进行试压。

d. 试验时应设巡视人员，无关人员不得进入。在试验的连续升压过程中和强压试验的稳压结束前，所有人员不得靠近试验区。人员离试验管道的安全距离按表 8.2 确定。

e. 待试验的管道应与无关系统采取隔离措施，与已运行的系统之间必须加装盲板且有明显标志。

f. 试验管段所有敞口应封堵，但不得采用阀门做堵板。管道上的所有堵头必须加固牢靠，试验时堵头端严禁人员靠近。

g. 试验前应按设计图纸检查管道的所有阀门，试验段必须全部开启。

h. 进行试验时，进气口应采取油水分离及冷却等措施，确保管道进气口气体干燥，且温度不得高于 40℃。排气口应采取防静电措施。

i. 试验时所发现的缺陷，必须待试验压力降至大气压后进行处理，处理合格后应重新试验。

j. 进行气密性试验时，漏气检查可使用洗涤剂或肥皂液等发泡剂，检查完毕，应及时用水冲去管道上的洗涤剂或肥皂液等发泡剂。

（2）城镇燃气埋地用聚乙烯管道和钢骨架聚乙烯复合管道的严密性试验

a. 严密性试验应在强度试验合格、管线全线回填后进行。

b. 试验应至少采用 2 只压力表，且均应在校验有效期内，其量程应为试验压力的 1.5～2 倍，其精度等级、最小分格值及表盘直径应满足表 8.3 的要求。

表 8.3　试压用压力表选择要求

量程/MPa	精度等级	最小表盘直径/mm	最小分格值/MPa
0～0.1	0.4	150	0.0005
0～1.0	0.4	150	0.005
0～1.6	0.4	150	0.01
0～2.5	0.25	200	0.01

c. 严密性试验介质宜采用空气，试验压力应满足下列要求：

ⓐ 设计压力小于 5kPa 时，试验压力应为 20kPa；

ⓑ 设计压力大于或等于 5kPa 时，试验压力应为设计压力的 1.15 倍，且不

得小于0.1MPa。

d. 试压时的升压速度不宜过快。对设计压力大于0.8MPa的管道试压，压力缓慢上升至30%和60%试验压力时，应分别停止升压，稳压30min，并检查系统有无异常情况，如无异常情况继续升压。管内压力升至严密性试验压力后，待温度、压力稳定后开始记录。

e. 严密性试验稳压的持续时间应为24h，每小时记录不应少于1次，当修正压力降小于133Pa时为合格。修正压力降应按式(8.4) 确定：

$$\Delta P'=(H_1+B_1)-(H_2+B_2)\frac{273+t_1}{273+t_2} \tag{8.4}$$

式中，$\Delta P'$为修正压力降，Pa；H_1、H_2为试验开始和实验结束时的压力计读数，Pa；B_1、B_2为试验开始和实验结束时的气压计读数，Pa；t_1、t_2为试验开始和实验结束时的管内介质温度,℃。

f. 所有未参加严密性试验的设备、仪表、管件，应在严密性试验合格后进行复位，然后按设计压力对系统升压，应采用发泡剂检查设备、仪表、管件及其与管道的连接处，不漏为合格。

8.2.2 检漏试验

耐压试验合格后，对于介质毒性危害程度为极度、高度危害或者设计上不允许有微量泄漏的设备，当规定进行除气密性试验外的其他泄漏性试验时，根据试验介质的不同，分为氨检漏试验、卤素检漏试验、氦检漏试验。检漏试验的种类、技术要求等由设计者在设计文件中予以规定。

(1) 氨检漏试验　可采用氨-空气法、氨-氮气法、100%氨气法等氨检漏法。氨的浓度、试验压力、保压时间等按照设计图样或者相应试验标准的要求执行。

(2) 卤素检漏试验　卤素检漏试验时，设备内的真空度要求、采用的卤素气体种类、试验压力、保压时间以及试验操作程序等按照设计图样或者相应试验标准的要求执行。

(3) 氦检漏试验　氦检漏试验时，设备内的真空度要求、氦气的浓度、试验压力、保压时间以及试验操作程序等按照设计图样或者相应试验标准的要求执行。

(4) 石油化工非金属管道的检漏试验

① 管道系统的泄漏性试验应按设计文件要求进行，试验压力应为设计压力。

② 泄漏性试验应在压力试验合格后进行，除硬聚氯乙烯管外，试验介质宜采用空气。

③ 经建设单位同意，泄漏性试验可结合装置试车同时进行。

④ 泄漏性试验时，试验压力应逐级缓慢上升，当达到试验压力时，停压10min后，用涂刷中性发泡剂的方法，巡回检查无泄漏为合格。

⑤ 泄漏性试验的检查重点应是阀门填料函和法兰连接部位等易泄漏处。

⑥ 管道系统泄漏性试验合格后，应缓慢泄压，并填写试验记录。

8.2.3 耐负压试验

（1）耐负压试验方法 塑料衬里设备衬里耐负压试验应按照 HG/T 4093—2009 进行。

（2）非金属衬里管道的耐负压试验

① 范围 本部分适用于以金属管道为基体，以聚四氟乙烯（PTFE）、聚全氟乙丙烯（FEP）、无规共聚聚丙烯（PP-R）、交联聚乙烯（PE-D）、可溶性聚四氟乙烯（PFA）、硬聚氟乙烯（PVC-U）等为衬里的非金属衬里管道。

② 试验方法及要求 负压工况下的非金属衬里产品应进行－0.1MPa 的负压试验。试验前应将管子或管件端部用法兰盖密封，其中一端应带观察孔，另一端接抽真空装置，外表面固定热电偶测量试验温度，加热应缓慢均匀。试验后产品不允许有脱层、凸起、凹陷及破裂泄漏现象。

8.3 爆破试验

8.3.1 原理

瞬时爆破试验是对给定的一段塑料管材试样，快速地、连续地对其内部施加液体压力作用，使试样在短时间内破裂，读取试样破裂时的压力值，计算其环向应力。

8.3.2 测试方法

8.3.2.1 试验装置

（1）密封接头 密封接头安装在试样两端，合理地设计接头，使其与试样和压力装置密封连接。安装在试样上的接头，不能使试样承受轴向作用力，也不能对试样构成损坏。

（2）恒温控制系统 恒温系统由恒温槽、流体循环或搅拌装置、加热和温度控制装置等组成。无论恒温槽内的加热介质是水、空气或其他流体，温度均保持在±2℃的偏差内。

（3）压力系统

① 要求施压装置能把压力逐渐地、平稳地升到规定的压力值。然后在整个试验过程中保持压力在±2%的偏差内。

② 对于瞬时爆破试验，要求施压装置有足够的加压能力，能够在60～70s内完成试样爆破。

③ 压力系统可以单独对一个试样施加压力，也可以通过系统支路对多个试样同时施加压力。在有系统支路的情况下，要求每个压力支路都有可控制截止阀，并且每个试样支路都有自己的测量压力表。当一个试样破裂时，压力控制系统能够关闭该支路，以防止其他支路上的试样压力下降。

8.3.2.2　试样

① 试验样品表面不应有可见的裂纹、划痕和其他影响结果的缺陷，试样两端应平整并与管的轴线垂直。

② 试样长度：除产品标准另有规定外，试样在两个密封接头之间的有效长度 L 应符合表8.4规定。

表8.4　试样长度

试样直径 D	试样长度 L
公称外径 $D<160$mm	$L=5D$，但不小于300mm
公称外径 $D\geqslant160$mm	$L=3D$，但不小于760mm

③ 试样数量：在同一试验条件下，试件数量不少于5个，或根据产品标准的规定确定试样数量。

8.3.2.3　试验条件和预处理

① 试验温度按产品标准规定的试验条件进行。

② 试样内部必须施加液体压力。例如水，如果采用其他液体必须保证该液体对试样不起侵蚀作用。

③ 试样外部可以是液体环境，也可以是气体环境。外部环境的温度要求与试样内部液体温度相同。

④ 试样在施加压力之前应进行预处理，预处理温度与试验温度相同，预处理时间应使试样达到试验温度为止，对于23℃条件下的试验，当试样浸在液体中，预处理时间不少于1h，当将试样置于气体介质中，预处理时间不少于16h。

8.3.2.4　试验步骤

① 将密封接头安装在试样上，将每个试样都充满试验温度下的液体，排除试样内的空气，然后进行预处理。

② 将试样连接在压力装置上，并将试样支撑好，以防止由于管子和接头的

重量引起试样弯曲和偏移（支撑不能让试样纵向和径向受束缚力）。

③ 瞬时爆破试验时，连续均匀地、快速地对试样施加压力，并同时开始计时直至试样破裂为止。如果试样在小于 60s 内破裂，则降低施压速度，重复试验，直到试样在 60～70s 内破裂为止。记录试样破裂的压力和时间及试样的破裂状态。

8.3.3 注意事项

当破坏出现在距接头一个直径长度内时，如果有理由确认破坏是由样品本身存在某种缺陷造成的，该试样有效。否则另取试样重新试验。

参考文献

[1] GB 25025—2010. 搪玻璃设备技术条件 [S].
[2] GB/T 7994.1—2014. 搪玻璃设备试验方法　第 1 部分：水压试验 [S].
[3] GB/T 7994.2—2014. 搪玻璃设备试验方法　第 2 部分：气密性试验 [S].
[4] GB/T 21432—2021. 石墨制压力容器 [S].
[5] HG/T 20640—1997. 塑料设备 [S].
[6] HG/T 2370—2017. 不透性石墨制化工设备技术条件 [S].
[7] HG/T 4088—2009. 塑料衬里设备通用技术条件 [S].
[8] HG/T 20696—2018. 纤维增强塑料化工设备技术规范 [S].
[9] HG/T 4089—2009. 塑料衬里水压试验方法 [S].
[10] CJJ 33—2005. 城镇燃气输配工程施工及验收规范 [S].
[11] CJJ 63—2018. 聚乙烯燃气管道工程技术规程 [S].
[12] SH/T 3154—2019. 石油化工非金属衬里管道技术标准 [S].
[13] GB 50690—2011. 石油化工非金属管道工程施工质量验收规范 [S].
[14] SH/T 3161—2021. 石油化工非金属管道技术规范 [S].
[15] SY/T 6769.1—2010. 非金属管道设计、施工及验收规范　第 1 部分：高压玻璃纤维管线管 [S].
[16] SY/T 6769.2—2018. 非金属管道设计、施工及验收规范　第 2 部分：钢骨架聚乙烯塑料复合管 [S].
[17] SY/T 6769.3—2018. 非金属管道设计、施工及验收规范　第 3 部分：热塑性塑料内衬玻璃钢复合管 [S].
[18] SY/T 6769.4—2012. 非金属管道设计、施工及验收规范　第 4 部分：钢骨架增强塑料复合连续管 [S].

第9章 无损检测

9.1 概述

本章介绍当前承压设备使用过程中采用的常规无损检测技术，包括目视检测、射线检测、超声检测。同时还介绍了新的检测技术，包括相控阵检测、X射线计算机辅助成像检测（CR）在非金属设备中的应用。

随着非金属材料生产以及焊接技术的发展，非金属承压设备的应用日益广泛，非金属承压设备因具有耐强酸强碱腐蚀、重量轻、强度高、阻燃和耐冲击等特点，越来越广泛地应用于化工产品的生产、储存和运输过程中。为了保证非金属承压设备运行安全，对其进行无损检测是必要的。

无损检测是在现代科学基础上产生和发展的检测技术，它借助先进的技术和仪器设备，在不损坏、不改变被检测对象理化状态情况下，对被检测对象内部以及表面的结构、性质、状态进行高灵敏和高可靠性的检查和测试，借以评判它们的连续性、完整性、安全性以及其他性能指标。

应用无损检测技术可以达到以下几个目的：保证产品质量，保障使用安全，改进制造工艺，降低生产成本。

金属的无损检测对于任何国家或者机构都已经不是难题，但是非金属的无损检测技术却是一个值得深究的课题，现在的非金属焊接质量几乎依赖于过程控制，很多单位都是依赖于制定严格的工艺来确保焊接质量，无损检测技术有很大空缺。

2015年10月10日中华人民共和国工业和信息化部发布JB/T 12530—2015《塑料焊缝无损检测方法》已经于2016年3月1日正式实施，该系列标准发布实施后将进一步完善塑料焊缝质量的检测手段，为设计制造部门提供技术依据，使设计、生产、行业检测有着统一可行的技术方法，进一步满足生产和使用需求。

9.2 目视检测

目视检测也是一种无损检测技术，可用来检测表面缺陷，用以协助其他检测方法，其作用不容忽视。

目视检测一般分为直接目视检测、间接目视检测、透光目视检测。

① 直接目视检测：不借助目视辅助器材，用肉眼进行检测的一种目视检测技术，可借助照明光源、反光镜或者低倍放大镜等进行检测。

直接目视检测时，眼睛能够与被检塑料焊接接头达到最佳的角度和距离，且距离不超过600mm，眼睛与被检试件塑料焊缝所成的夹角应≥30°。被检塑料焊缝焊接接头表面的光照度≥500lx，对于异常情况并需要做进一步检测和观察的区域，塑料焊缝焊接接头表面的光照度≥1000lx。

② 间接目视检测：是借助于目视辅助器材，对难以进行直接目视检测的被检部位或区域进行检测的一种目视检测技术。可以借助于照明光源、反光镜、内窥镜、照相机、视频系统、机器人以及其他辅助器材进行检测。

间接目视检测至少具有与直接目视检测相当的分辨力，必要时应验证间接目视检测系统能否满足检测工作要求。

③ 透光目视检测：借助于人工照明，观察透光叠层材料厚度变化的一种目视检测方法。可以借助照明光源和低倍放大镜进行检测。

透光目视检测需要借助人工照明，其中包括一个产生定向光线的光源。该光源应能提供具有足够强度、照度并均匀地透过被检部位和区域的光线，能检查半透明层塑料焊接接头的缺陷，周边的光线应该事先识别，来自被检表面的反射光或表面眩光应该小于施加透过被检部位和区域的透照光。

验证目视检测工艺规程的真实性，可以采用验证试样进行验证。

目视检测可分为三个阶段进行：焊接前、焊接中、焊接后。

① 焊接前：主要检测其形状及尺寸是否满足要求，焊接表面是否存在杂物等对焊接不利的杂质。

② 焊接中：主要检测焊接过程各参数以及焊接步骤是否满足相关标准或协议要求，或者检测焊接过程中产生的缺陷。

③ 焊接后：主要检测其形状尺寸是否满足相关标准或协议要求，或者检测焊接后焊缝表面及内表面产生的表面缺陷。

目视检测主要是检查焊接接头的表面质量，由于PE管对接焊缝的连接通常采用电熔连接和热熔连接，现以热熔连接为例：可以通过观察卷边是否正常均匀，使用卷边测量器测量其宽度是否在指定范围内；割除卷边，检查卷边底部、焊道的焊接界面是否有污染物；将卷边向后弯曲，观察是否有熔合不足而造成的裂缝。在电熔连接方面：观察管件两端管道的整个圆周是否有划痕；检查熔合过程中的溶解物有没有渗出管件；观察管道和管件是否对准成一条线。

目视检测工艺规程规定了最低限度的检测要求，并没有限制生产过程中可进行的更高的检测要求，当目视检测发现异常情况时，且不能判断缺陷的性质和影响时，可采用其他无损检测方法对异常处进行评价。

目视检测报告应包括以下信息：检测机构信息；委托单位信息；工艺名称、规格和材质等；焊接接头形状、检测时机；检测使用的设备和器材；检测示意图、记录；检测结果；检测人员、批准人员签字；检测日期和报告日期。

质量分级：本部分给出焊接接头目视检测典型项目图例及合格级别，作为对塑料焊接接头缺陷性质进行正确判断的依据。

9.2.1　热风焊接头目视检测

表 9.1 列出了热风焊接头目视检测典型项目及合格级别。

表 9.1　热风焊接头目视检测典型项目及合格级别

序号	缺陷类型	合格级别		
		Ⅰ	Ⅱ	Ⅲ
1	裂纹 	不允许	不允许	不允许
2	形状不良 	若 $0<K\leqslant 0.3S$,允许	若 $0<K\leqslant 0.4S$,允许	若 $0<K\leqslant 0.5S$,允许
3	咬边 	不允许	若仅仅是局部边缘存在缺口,缺口不太陡,$\Delta S\leqslant 0.1S$,且不大于 1mm,允许	若连续性地存在缺口,缺口不太陡,$\Delta S\leqslant 0.1S$,且不大于 1mm,允许
4	未焊透 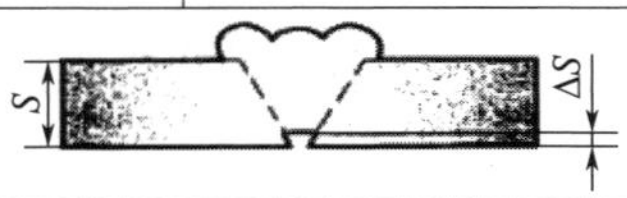	不允许	不允许	不允许

续表

序号	缺陷类型	合格级别		
		Ⅰ	Ⅱ	Ⅲ
5	焊接表面不好	不允许	不允许	不允许

6	过度深入	若仅仅是局部边缘存在缺口，缺口不太陡，$\Delta S \leqslant 0.15S$，且不大于2mm，允许	若 $0 < K \leqslant 0.4S$，允许	若 $0 < K \leqslant 0.5S$，允许
	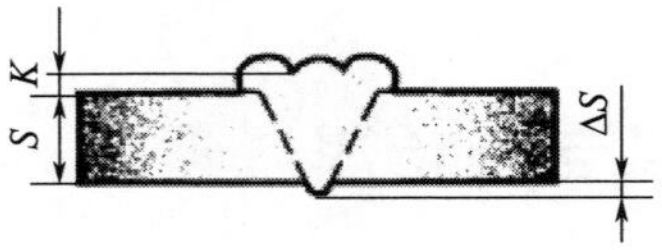			
7	余高过高	若连续长度超出 $0.1S \leqslant \Delta S \leqslant 0.4S$，则允许	若连续长度超出 $0.05S \leqslant \Delta S \leqslant 0.5S$，则允许	若连续长度超出 $0.05S \leqslant \Delta S \leqslant 0.6S$，则允许
	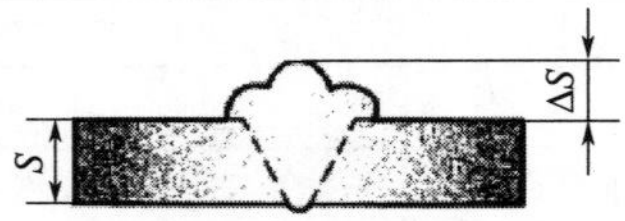			
8	未填满	不允许	不允许	不允许

9	焊接周向错口	若 $e_1 \leqslant 0.1S$，$e_2 \leqslant 0.1S$，允许	若 $e_1 \leqslant 0.15S$，$e_2 \leqslant 0.15S$，允许	若 $e_1 \leqslant 0.2S$，$e_2 \leqslant 0.2S$，允许
	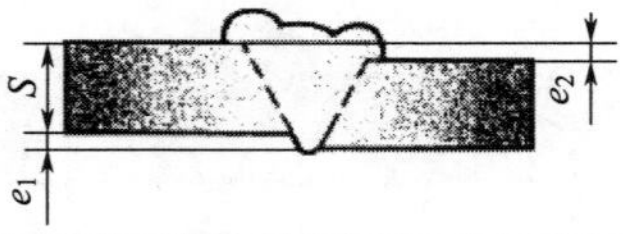			
10	焊接角向错口	若 $e \leqslant 3$mm，允许	若 $e \leqslant 5$mm，允许	若 $e \leqslant 8$mm，允许
	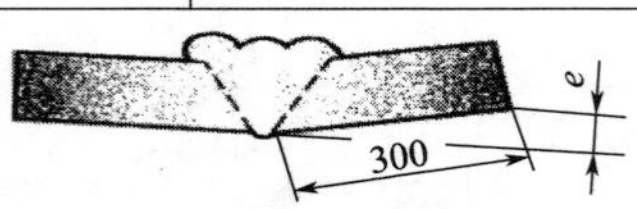			
11A	焊缝交叉	不允许	不允许	不允许
	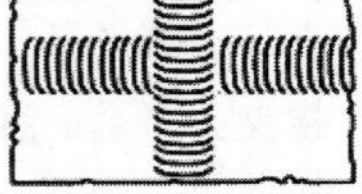			

续表

序号	缺陷类型	合格级别		
		Ⅰ	Ⅱ	Ⅲ
11B	错位相交	若 $a \geqslant 3$ 倍焊缝宽度，而且至少在 30mm 以上，则允许		
12	粗糙的焊接表面	不允许	只有孤立的小区域存在是允许的	在小区域范围内是允许的
13	焊接表面不搭配	不允许	不允许	如果没有尖锐的转折，小截面的缺陷是允许的
14	焊接厚度过厚	若 $b \leqslant 0.4a$，允许	若 $b \leqslant 0.5a$，允许	若 $b \leqslant 0.6a$，允许
15	焊接厚度不足	不允许	若 $b \leqslant 0.15a$，允许	若 $b \leqslant 0.3a$，允许
16	填充不对称	不允许	若 $z \leqslant 0.15a$，允许	若 $z \leqslant 0.3a$，允许
17	未熔合、气孔	不允许	不允许	不允许

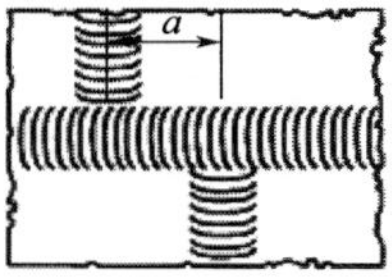

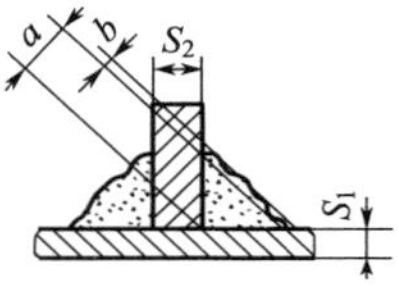

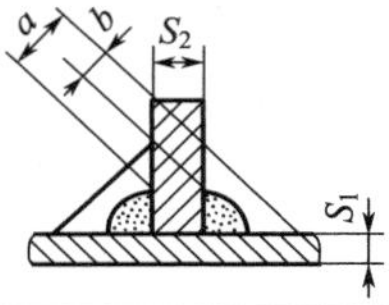

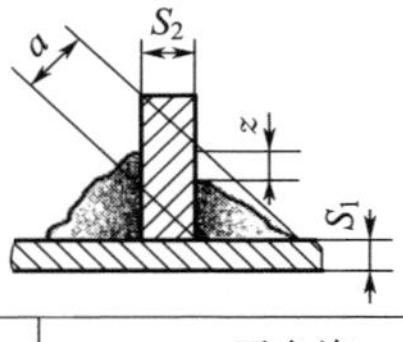

注：Ⅰ—最高要求；Ⅱ—较高要求；Ⅲ——一般要求。

9.2.2　热熔对接焊接头目视检测

表 9.2 列出了热熔对接焊接头目视检测典型项目及合格级别。

表 9.2　热熔对接焊接头目视检测典型项目及合格级别

序号	缺陷类型	缺陷接受等级		
		Ⅰ	Ⅱ	Ⅲ
1	裂纹	不允许	不允许	不允许

2	形状不良	不允许，$k<0$	不允许，$k<0$	不允许，$k<0$
	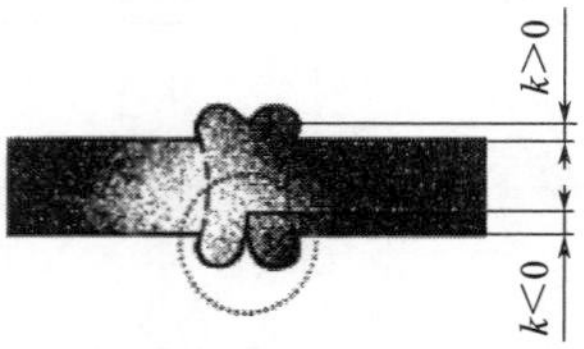			
3	缺口、划痕	若缺口两端逐渐变浅，缺口或槽的底部不是很剧烈，$\Delta S\leqslant 0.1S$，允许，宽度不能大于 0.5mm	若缺口截止端是平的，缺口或槽的底部不是很剧烈，$\Delta S\leqslant 0.1S$，允许，宽度不能大于 1mm	若缺口截止端是平的，缺口或槽的底部不是很剧烈，$\Delta S\leqslant 0.15S$，允许，宽度不能大于 2mm

4	焊接表面不匹配	若 $e\leqslant 0.1S$，允许	若 $e\leqslant 0.15S$，允许	若 $e\leqslant 0.2S$，允许

5	焊接表面角度不匹配	若管材（直线长度）和片材在 $e\leqslant 1$mm 的条件下，允许	若管材（直线长度）和片材在 $e\leqslant 2$mm 的条件下，允许	若管材（直线长度）和片材在 $e\leqslant 4$mm 的条件下，允许
	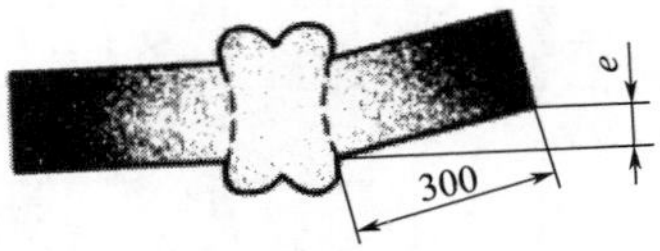			
6	焊缝呈闪光型	建议将样本焊缝的制造和检测作为参考	建议将样本焊缝的制造和检测作为参考	建议将样本焊缝的制造和检测作为参考
7a	焊缝翻边量显得太大和太小	不允许	不允许	不允许
7b	不规则焊缝翻边的宽度	若 $b_1\geqslant 0.7b_2$，允许	若 $b_1\geqslant 0.6b_2$，允许	若 $b_1\geqslant 0.5b_2$，允许

续表

序号	缺陷类型	缺陷接受等级		
		Ⅰ	Ⅱ	Ⅲ
7b	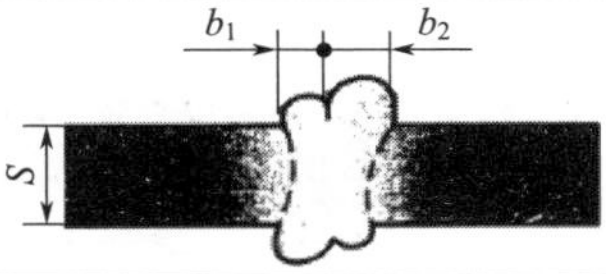			
8	光亮带伴有气泡和块状物	不允许	不允许	不允许
9	接合不良	不允许	不允许	不允许

10	气孔和夹杂异物	若 $\Delta S \leqslant 0.05S$，小的独立的气孔是允许的	若 $\Delta S \leqslant 0.1S$，独立的甚至是一小排气孔是允许的	若 $\Delta S \leqslant 0.15S$，独立的甚至是一小排气孔是允许的
	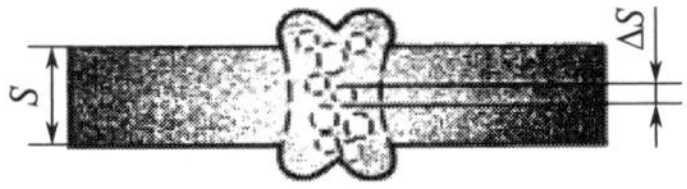			
11	收缩产生的气孔或气泡	若 $\Delta S \leqslant 0.05S$，小的独立的气孔是允许的	若 $\Delta S \leqslant 0.1S$，独立的甚至是一小排气孔是允许的	若 $\Delta S \leqslant 0.15S$，独立的甚至是一小排气孔是允许的
	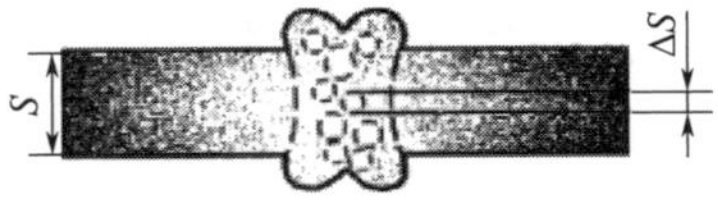			

注：Ⅰ—最高要求；Ⅱ—较高要求；Ⅲ——一般要求。

9.2.3　热熔承插焊接接头目视检测

表 9.3 列出了热熔承插焊接接头目视检测典型项目及合格级别。

表 9.3　热熔承插焊接接头目视检测典型项目及合格级别

序号	缺陷特征	合格级别		
		Ⅰ	Ⅱ	Ⅲ
1.1	焊缝边缘存在飞边缺陷	不允许	不允许	不允许
	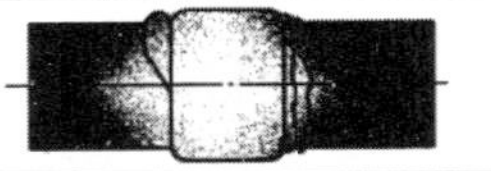			

续表

序号	缺陷特征	合格级别		
		Ⅰ	Ⅱ	Ⅲ
1.2	毛边过多	不允许	不允许	不允许
	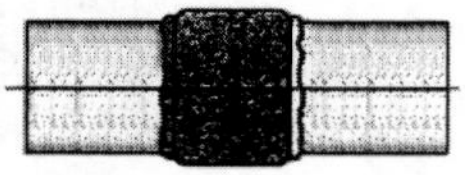			
1.3	翻边过大	不允许	不允许	不允许
	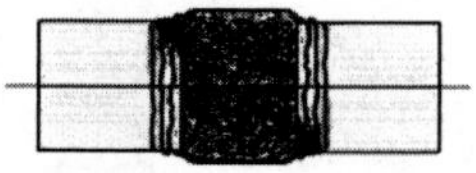			
2	角偏差	若 $e\leqslant 1$mm，允许	若 $e\leqslant 2$mm，允许	若 $e\leqslant 4$mm，允许
	 e 300			
3	变形	若管材的平均外径偏差≤1.5%，并且不超过 1.5mm，则允许	若管材的平均外径偏差≤2%，并且不超过 2mm，则允许	若管材的平均外径偏差≤3%，并且不超过 2mm，则允许
	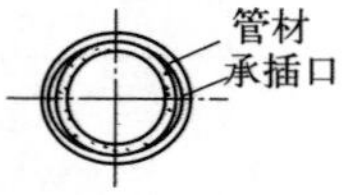 管材 承插口			
4	由于变形而不能很好地融合	允许管的平均外径偏差在 1.5%之内，但是不能大于 1.5mm	允许管的平均外径偏差在 2%之内，但是不能大于 2mm	允许管的平均外径偏差在 3%之内，但是不能大于 2mm
5	未熔合	不允许	不允许	不允许
	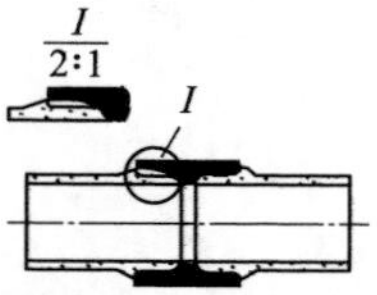 I 2:1 I			
6	管材界面收缩	不允许	不允许	不允许
	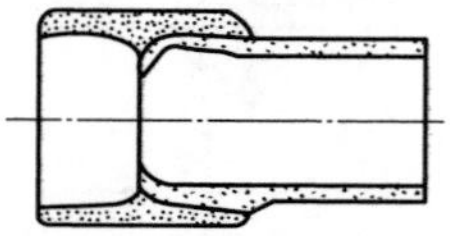			
7	气孔	若 $\Delta x\leqslant 0.05x$，小的孤立气孔是被允许的	若 $\Delta x\leqslant 0.1x$，小的孤立或者一小排气孔，允许	若 $\Delta x\leqslant 0.15x$，小的孤立或者一小排气孔，允许

续表

序号	缺陷特征	合格级别		
		Ⅰ	Ⅱ	Ⅲ
7	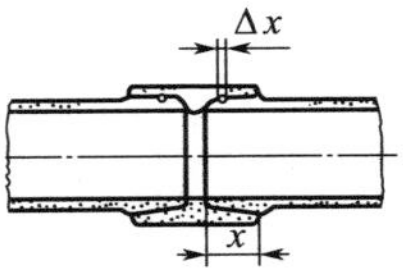			

注：Ⅰ—最高要求；Ⅱ—较高要求；Ⅲ——般要求。

9.2.4　电熔焊接头目视检测

表 9.4 列出了电熔焊接头目视检测典型项目及合格级别。

表 9.4　电熔焊接头目视检测典型项目及合格级别

序号	缺陷特征	合格级别		
		Ⅰ	Ⅱ	Ⅲ
1	材料从管材与管件间渗出 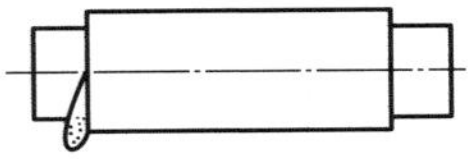	不允许	不允许	不允许
2	焊接角偏差 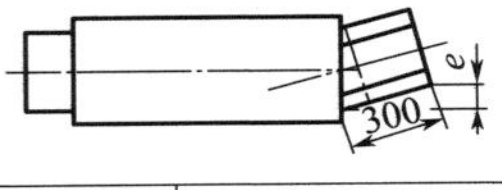	若管材(直线长度)$e \leqslant$ 2mm/0.4°，允许；而对PE-X，若 $e \leqslant$ 1mm，则允许	若管材(直线长度) $e \leqslant$ 3mm/0.6°，允许；而对 PE-X，若 $e \leqslant$ 2mm，则允许	若管材(直线长度) $e \leqslant$ 6mm/1.2°，允许；而对 PE-X，若 $e \leqslant$ 4mm，则允许
3	试件内部 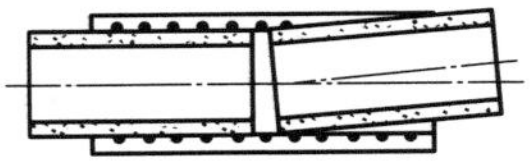	不允许	不允许	不允许
4	变形 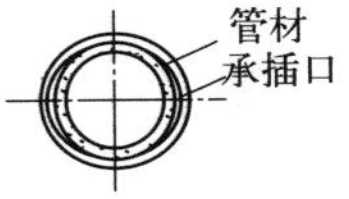	允许管的平均外径偏差在 1.5%之内，但是不能大于 1.5mm，则允许	允许管的平均外径偏差在 2%之内，但是不能大于 2mm	允许管的平均外径偏差在 3%之内，但是不能大于 2mm

续表

序号	缺陷特征	合格级别		
		Ⅰ	Ⅱ	Ⅲ
5	未熔合	不允许	不允许	不允许
	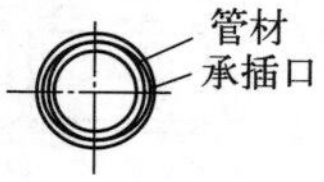 管材 承插口			
6	不彻底插入导致未熔合	不允许	不允许	若插入距离可达到约15%，且小于特殊插入距离，则允许
	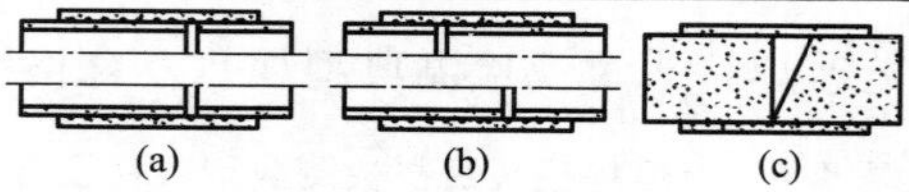 (a) (b) (c)			
7	配合不当导致未熔合 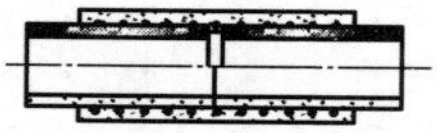	不允许	不允许	不允许
8	电阻丝径向错位排列 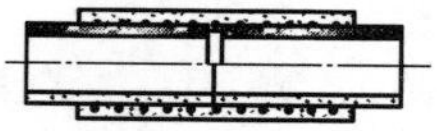	不允许	电子丝轻微的波浪弯曲排布时允许的	电子丝轻微的波浪弯曲排布时允许的
9	电子丝轴向完全错位 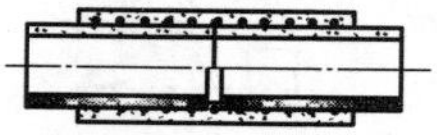	不允许	不允许	不允许
10	杂质的掺入 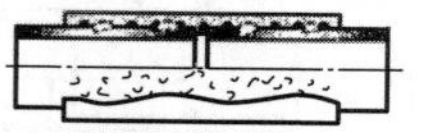	不允许（孤立的、个别气孔是允许的）	不允许（孤立的、个别气孔是允许的）	不允许（孤立的、个别气孔是允许的）
11	表面不配合产生未熔合	不允许	不允许	不允许
	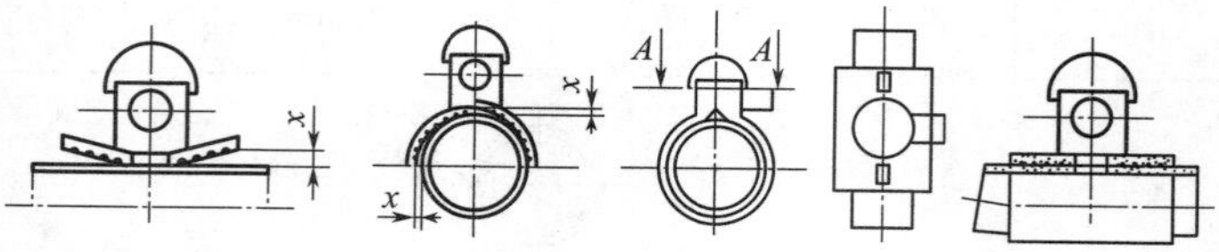 x x x A A			

注：Ⅰ—最高要求；Ⅱ—较高要求；Ⅲ——一般要求。

9.2.5 挤出焊接头目视检测

表 9.5 列出了挤出焊接头目视检测典型项目及合格级别。

表 9.5 挤出焊接头目视检测典型项目及合格级别

序号	缺陷特征	合格级别		
		Ⅰ	Ⅱ	Ⅲ
1	裂纹 	不允许	不允许	不允许
2	形状不良 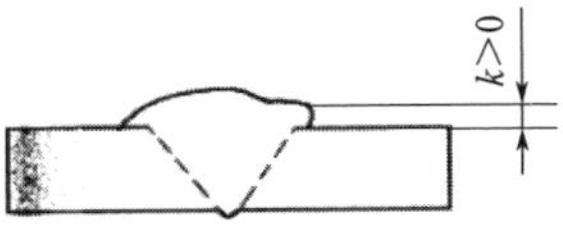	—	若孤立存在并 $k>0$，允许	若孤立存在并 $k>0$，允许
3	边缘缺口 连续咬边 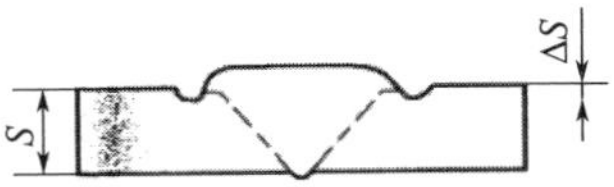	若局部存在，缺陷边缘不是很陡，$\Delta S\leqslant 0.1S$，尺寸不超过 1mm，则允许	缺陷边缘不是很陡，$\Delta S\leqslant 0.1S$，尺寸不超过 2mm，则允许	缺陷边缘不是很陡，$\Delta S\leqslant 0.1S$，尺寸不超过 3mm，则允许
4	边缘未焊透 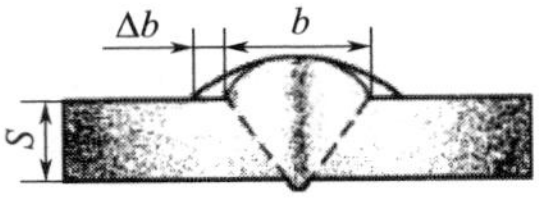	若焊接处过渡平滑，且无缺口并且 $\Delta b\geqslant 0.2S$，但至少等于 3mm，则允许	若焊接处过渡平滑，且无缺口并且 $\Delta b\geqslant 0.1S$，但至少等于 2mm，则允许	若焊接处过渡平滑，且无缺口并且 $\Delta b\geqslant 0.05S$，但至少等于 1mm，则允许
5	余高过高 过度填充 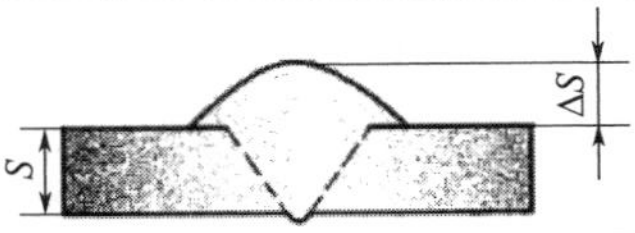	若 $0.1S\leqslant\Delta S\leqslant 0.3S$ 并且 ΔS 不超过 6mm，则允许	若 $0.05S\leqslant\Delta S\leqslant 0.4S$ 并且 ΔS 不超过 8mm，则允许	若 $0\leqslant\Delta S\leqslant 0.5S$ 并且 ΔS 不超过 10mm，则允许

续表

序号	缺陷特征	合格级别		
		Ⅰ	Ⅱ	Ⅲ
6	根部缺陷/根部未焊透 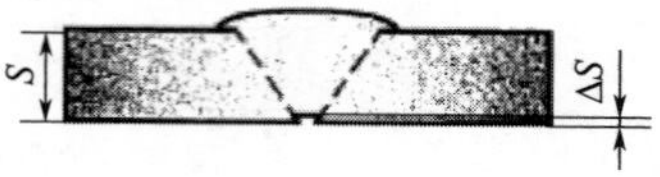	不允许	不允许	若 $\Delta S \leqslant 0.1S$ 并且不大于 1mm,则允许
7	焊缝界面未焊透 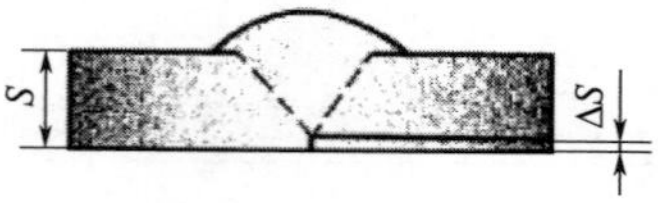	不允许	不允许	若仅仅是局部未熔合,且 $\Delta S \leqslant 0.1S$,则允许
8	过渡填充根部渗出 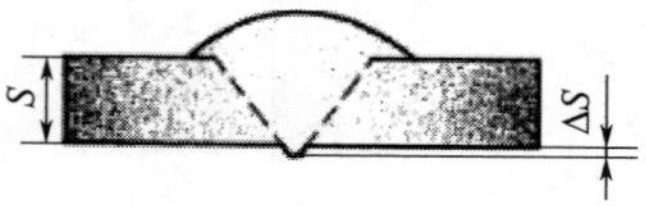	对 PE 和 PP,若 $0.1S \leqslant \Delta S \leqslant 0.25S$ 并且焊缝处无根部缺陷或者沟槽,是允许的	对 PE 和 PP,若 $0.5S \leqslant \Delta S \leqslant 0.3S$ 并且焊缝处无根部缺陷或者沟槽,是允许的	对 PE 和 PP,若 $0 \leqslant \Delta S \leqslant 0.4S$ 并且焊缝处无根部缺陷或者沟槽,是允许的
9	填料溢出 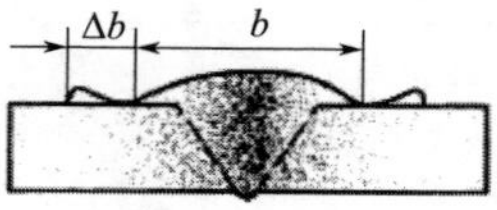	不允许	若局部存在且 $\Delta b \leqslant 5$mm,则允许	若 $\Delta b \leqslant 10$mm,则允许
10	下垂 	不允许	不允许	不允许
11	焊接表面不搭配 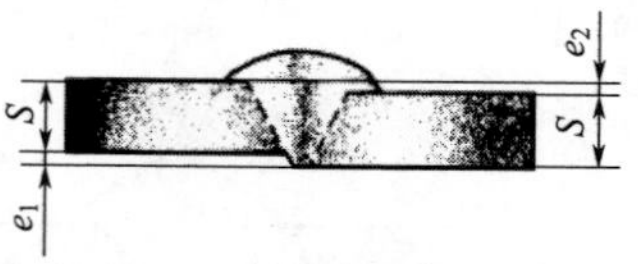	若 $e_1 \leqslant 0.1S$, $e_2 \leqslant 0.1S$,则允许	若 $e_1 \leqslant 0.2S$, $e_2 \leqslant 0.2S$,则允许	若 $e_1 \leqslant 0.3S$, $e_2 \leqslant 0.3S$,则允许

续表

序号	缺陷特征	合格级别		
		Ⅰ	Ⅱ	Ⅲ
12a	焊缝交叉 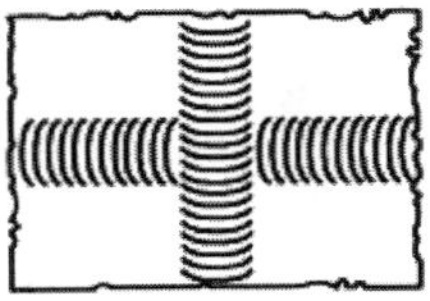	不允许	不允许	不允许
12b	焊缝错位相交 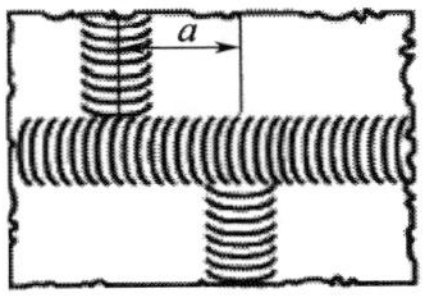	若 $a \geqslant 3$ 倍焊缝宽度，而且至少 50mm 以上，则允许		
13	重叠不对称 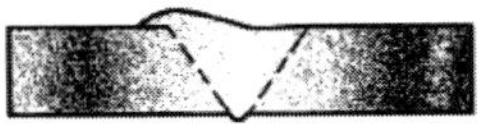	不允许	若仅仅是局部存在，且没有其他缺陷，则允许	若没有其他缺陷，则允许
14	焊接表面呈凸起、不平滑	若仅仅发生在小范围区域内，则允许	允许	允许
15	焊接表面粗糙	不允许	不允许	不允许
16	热损耗	不允许	不允许	不允许
17	余高过高填料过剩 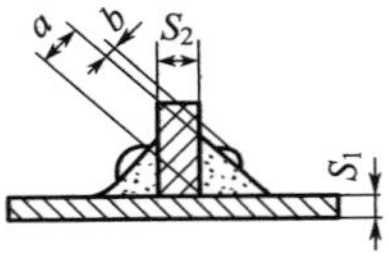	若 $b \leqslant 0.2a$，并且不大于 4mm，斜允许	若 $b \leqslant 0.4a$，并且不大于 6mm，斜允许	若 $b \leqslant 0.6a$，并且不大于 8mm，斜允许
18	焊口厚度偏差 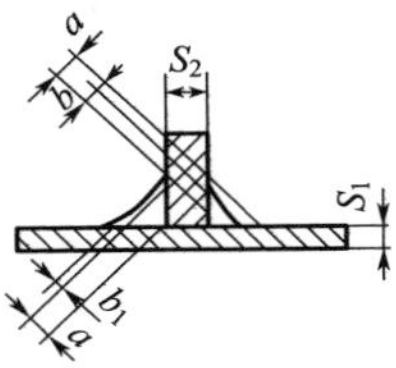	若 $b \geqslant a$，$b_1 \leqslant 1.2a$，则允许	若 $b \geqslant 0.9a$，$b_1 \leqslant 1.4a$，则允许	若 $b \geqslant 0.8a$，$b_1 \leqslant 1.6a$，则允许

续表

序号	缺陷特征	合格级别		
		Ⅰ	Ⅱ	Ⅲ
19	—	—	—	若 $\Delta S \leqslant 0.2S$，则允许
20	未焊透	不允许	不允许	不允许

注：Ⅰ—最高要求；Ⅱ—较高要求；Ⅲ——般要求。

检测报告的格式可参照 JB/T 12530.2—2015《塑料焊缝无损检测方法　第二部分　目视检测》中附录 B，其中内容包括以下信息：检测机构信息；委托单位信息；工程名称、规格和材质等；焊接接头形状、检测时机；检测使用的设备和器材；检测示意图、记录；检测结果；检测人员、批准人员签字；检测日期和报告日期。

目前，在非金属焊接检测领域，目视检测是比较重要的检测技术，非金属焊接一般采用电熔焊接、热熔焊接、热风焊、挤出焊等焊接工艺，在 HG/T 4281—2011 塑料焊接工艺规程中规定了塑料焊接被焊工件表面、焊条以及热风中不得含有水、灰尘及油污等杂质。这些因素都会影响塑料焊接的质量。焊接前，通过目视检测，借助于相应的目视检测辅助设备，对焊接区以及焊接材料进行初步的检测，避免在焊接过程中因为水、灰尘以及油污等杂质造成焊接质量问题，造成不必要的损失或埋下安全隐患。

9.3 射线检测

9.3.1 检测要求

非金属承压设备的无损检测一般会采用射线检测。射线检测要求在目视检测合格后进行，进行射线检测前，焊接部位要进行表面处理，采用热风焊、挤出焊时，应清理塑料焊缝处掩盖或干扰缺陷影像的灰尘，或对表面不规则形状的部位做适当处理；采用热熔对接焊时，检测前宜清除外卷边。

9.3.1.1　检测技术等级及射线源至被检射线源部位的最小距离

塑料焊缝射线检测技术等级一般分为 A 级和 B 级两个等级，A 级是基本技术，B级是优化技术。当检测技术等级A级不能满足工艺规范要求的灵敏度时，应该选择B级检测技术灵敏度。在检测前应该进行灵敏度等级验证试验，灵敏度试验符合标准要求才可进行射线检测。

A级（基本技术）：按照JB/T 12530.3—2015标准公式(9.1)得到的射线源至受检部位最小距离 f_{min} 上进行射线检测：

$$f_{min}=7.5db^{2/3} \tag{9.1}$$

B级（优化技术）：按照JB/T 12530.3—2015标准公式(9.2)得到的射线源至受检部位最小距离 f_{min} 上进行射线检测：

$$f_{min}=15db^{2/3} \tag{9.2}$$

式中，f_{min} 为射线源至被检射线源部位的最小距离，mm；d 为射线源尺寸，mm；b 为塑料焊缝表面至胶片距离，mm。

非金属承压设备的透照一般采用单壁透照方式，由于空间限制，不能进行单壁透照布置时，才可以采用双壁单影透照方式。标记分为识别标记、搭接标记和定位标记，一般应放在受检区域10mm以外，标记的影像不应该重叠，且不影响对评定区内影像的评定；在进行透照布置时，调整射线束直射受检区中央，垂直于受检焊缝表面进行透照，除非证明不同角度的射线束对缺陷的影像不产生影响或者有利于缺陷的检出，否则不允许调整射线束的透照角度。

9.3.1.2 管电压的选择

对非金属承压设备进行射线检测时，宜选用为30kV或以下的X射线探伤机，X射线探伤机的基本性能应符合GB/T 26837的规定。

被检材料密度大于或等于0.99g/cm³的不同厚度的焊接接头X射线管电压可按图9.1选择。V 表示最大X射线管电压；e 表示材料厚度。

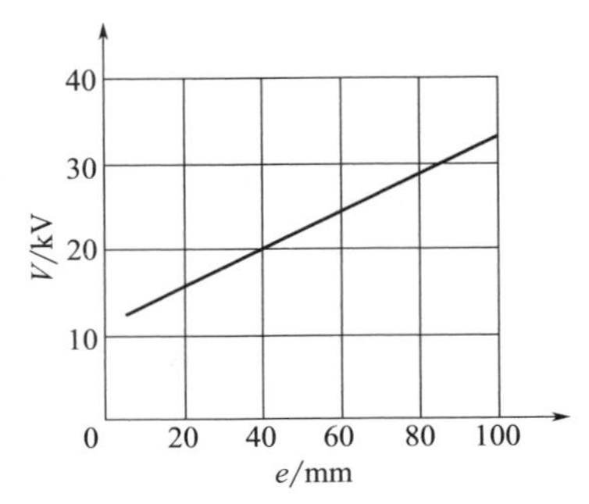

图9.1 X射线管电压与材料密度关系曲线

9.3.1.3 像质计（IQI）的选择

像质计应选用与塑料焊缝母材材质及密度相同或者相近的像质计，其基本性能应符合GB/T 23901.1或GB/T 23901.2规定。

9.3.2 检测前准备

9.3.2.1 透照方式的选择

检测布置包括射线源、受检焊缝和暗袋中的胶片或IP板等布置，依据受检焊接接头的形状和尺寸、受检区域的可接近性，透照方式可参照 JB/T 12530.3—2015 的透照布置方式。透照时，射线束方向与被检焊缝表面垂直，如果因为结构原因不能垂直透照，必须在检测报告中注明。典型透照方式有：板材单壁技术透照（图 9.2）、环材单壁技术透照（图 9.3）、居中放置射线源单壁周向技术透照（图 9.4）、双壁透照双壁成像的椭圆技术透照（图 9.5）、双壁透照双壁成像的垂直技术透照（图 9.6）、双壁透照单壁成像的垂直技术透照（图 9.7）、偏心放置射线源的单壁技术透照（图 9.8）、角焊缝同侧放置射线源的透照（图 9.9）、角焊缝对侧放置射线源的透照（图 9.10）。

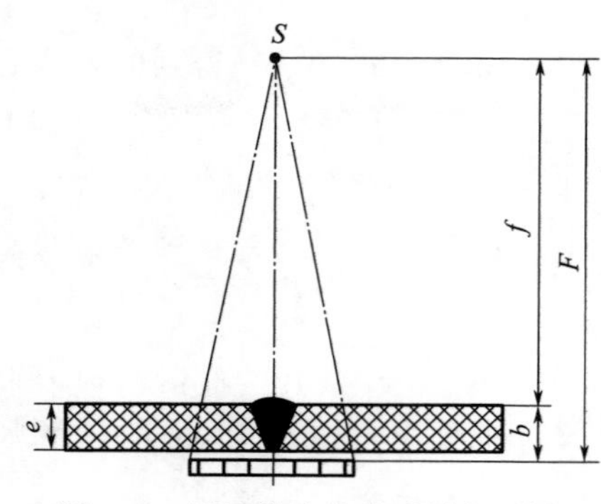

图 9.2 板材单壁技术透照布置图

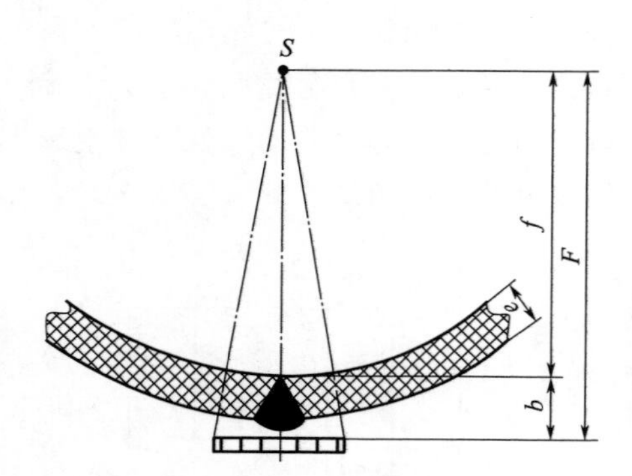

图 9.3 环材单壁技术透照布置图

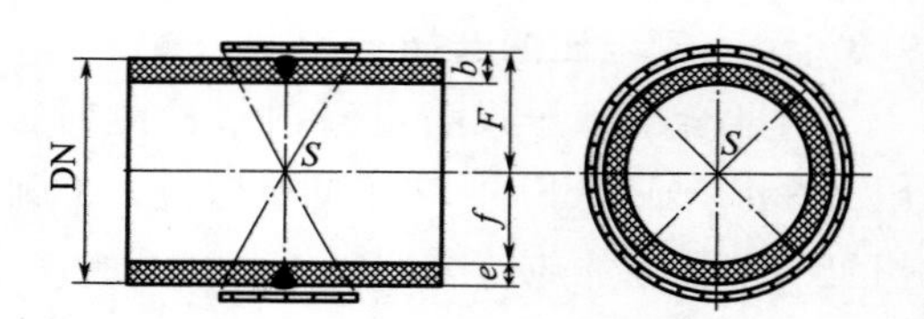

图 9.4 居中放置射线源单壁周向技术透照布置图

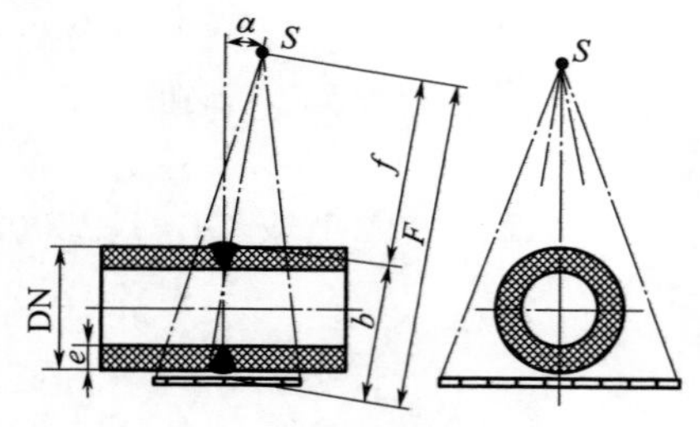

图 9.5 双壁透照双壁成像的椭圆技术透照布置图

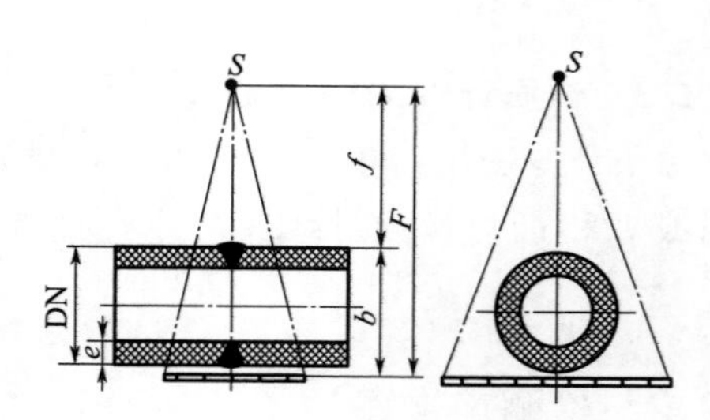

图 9.6 双壁透照双壁成像的垂直技术透照布置图

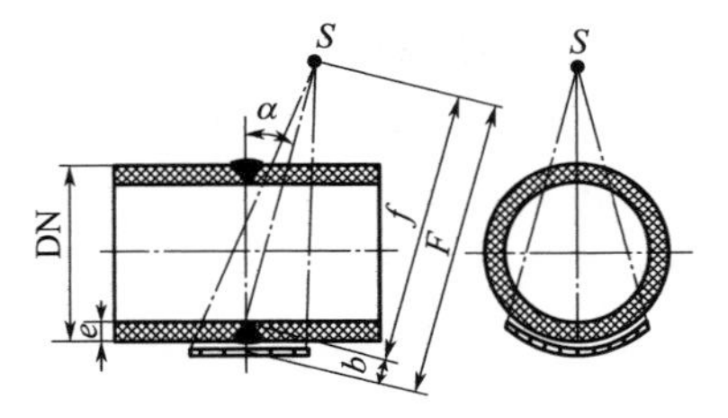

图 9.7　双壁透照单壁成像的垂直技术透照布置图

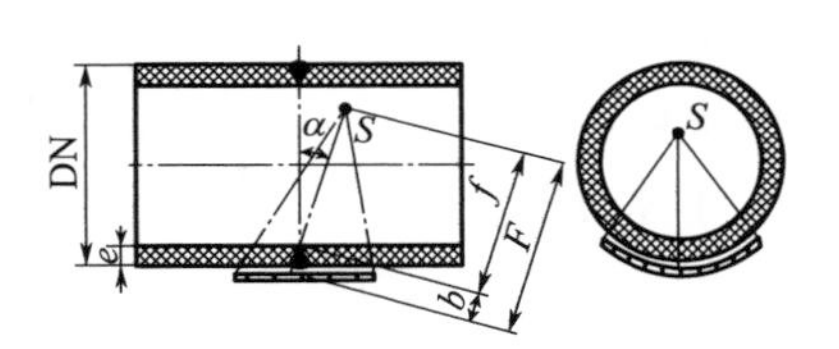

图 9.8　偏心放置射线源的单壁技术透照布置图

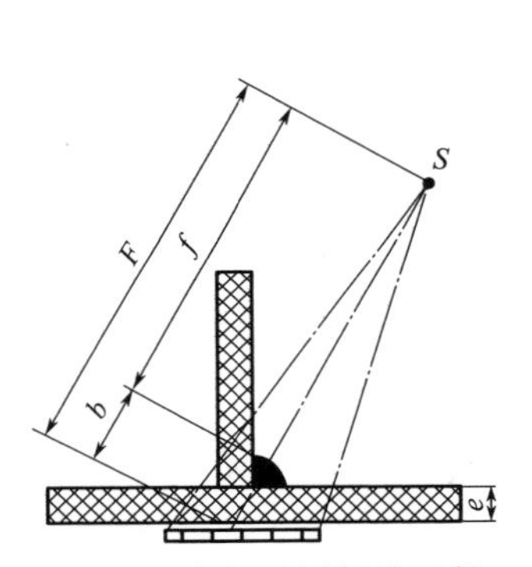

图 9.9　角焊缝同侧放置射线源的透照布置图

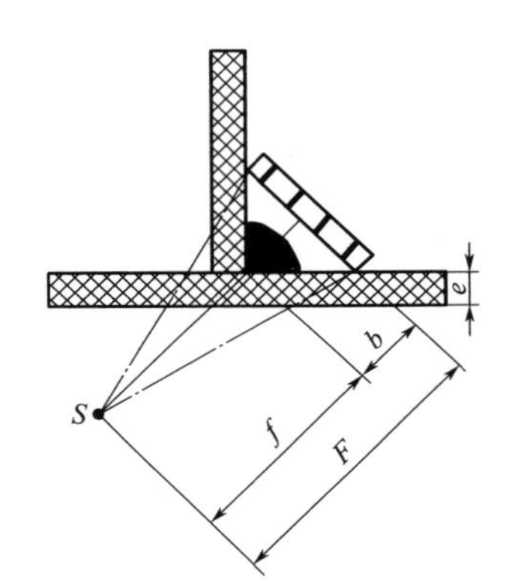

图 9.10　角焊缝对侧放置射线源的透照布置图

9.3.2.2　表面准备

采用热风焊、挤出焊时，检测前应清理焊缝处掩盖或干扰缺陷影像的灰尘，或对表面不规则的形状做适当的修整；采用对接热熔焊时，检测前宜清除外卷边。

9.3.2.3　焊缝标记

受检焊接接头表面应做永久性标记，以确保每张影像可以准确定位。如果材料性质或者条件不允许做永久性标记，其位置应通过准确的布片图来记录。

9.3.3　检测及结果报告

9.3.3.1　像质计的使用

像质计应放在焊接接头边受检部位的射线源一侧，像质计应紧贴受检焊接接头部位的表面，塑料细丝横跨焊缝，并置于外侧。

放置要求：①采用线型像质计，细丝应垂直焊缝。②采用阶梯孔型像质计，需要阶梯孔型像质计靠近焊缝。③当像质计放置在胶片侧时，应在像质计适当位置放置“F”标记，“F”标记同时出现在底片上，并在检测报告中注明。④当采用阶梯孔型像质计来测定受检焊缝部位射线透照质量，若采用相同的透照和处理技术，像质计值不出现误差时，无需验证射线透照质量。

采用何种透照方式，像质计值要符合相关标准要求。

原则上每张底片都有像质计的影像，当一次透照多张底片时，对像质计的使用有以下要求：①对管材的周向透照，应沿周长至少等距放置 3 个像质计；②对于一次透照连续排列的多张胶片，至少在第一张、中间一张和最后一张胶片处各放置一个像质计。

9.3.3.2 透照次数

① 对于板材焊缝进行完整射线检测的透照次数（见图 9.2、图 9.9 和图 9.10），按照实际确定；

② 对于周向和全景透照技术的透照（见图 9.4），只需一次；

③ 对于椭圆透照技术的透照：当 SDR（DN/e）值大于或等于 8.3 时，需要相隔 90°透照两次；当 SDR（DN/e）值小于 8.3 时，需要相隔 60°透照三次。

9.3.3.3 胶片处理

胶片采用自动冲洗或手工冲洗方式，推荐采用自动冲洗方式，以达到选定胶片系统等级。按 GD/T 19348.2 的规定控制胶片处理工艺，不能因为胶片或其他原因产生的缺陷影响结果评定。

9.3.3.4 评片要求

评片一般在专用的评片室内进行，并将胶片放置在符合 GB/T 19802 规定的观片灯上进行。评片室要求整洁、安静、温度适宜，光线应暗且柔和。

评片人员在评片前应经历一定的暗适应时间，从阳光下进入评片的暗适应时间一般为 5～10min；从一般室内进入评片室的暗适应时间应不少于 30s。

评片时，底片评定范围内的亮度应符合以下规定：

① 当底片评定范围内的黑度 $D \leqslant 2.5$ 时，透过评定底片评定范围内的亮度应不低于 30cd/m^2。

② 当底片评定范围内的黑度 $D > 2.5$ 时，透过评定底片评定范围内的亮度应不低于 10cd/m^2。

底片评定范围的宽度为焊缝本身及焊缝两侧 10mm 宽的区域。

9.3.3.5 底片要求

底片上定位和标记影像应显示完整、位置正确。

底片评定范围内的黑度 D 应符合 A 级：$1.5 \leqslant D \leqslant 4.0$；B 级：$2.5 \leqslant D \leqslant 4.0$。

底片应有标记，一般包括产片编号、部位编号和透照日期、焊接接头编号。

返修后的透照还应有返修标记，扩大检测比例的透照应有扩大检测标记。

底片反应的受检区域包括焊缝和热影响区，通常为受检焊缝及每侧大约10mm的母材。

9.3.3.6 检测报告

检测报告应包括以下信息：检测机构信息；委托单位信息：被检工件名称、规格和材质等；焊缝形状、焊接工艺、检测时机；检测使用的设备和器材，如探伤机型号及仪器型号、像质计型号及指数；检测几何结构示意图、检测记录；检测标准、管电压、管电流；透照布置示意图，标出示意图中的参数；透照方式及透照时间、焦距及焦点尺寸；胶片类型及冲洗方式；检测结果；检测人员、批准人员签字；检测日期和报告日期。

9.4 超声检测

非金属承压设备的超声检测是利用声学原理，借助超声波在材料中遇到声阻抗在不同材质的界面会产生反射、折射和波形转换等特性。通过接收装置对接收到的缺陷波进行分析，研究材料内部缺陷，从而评估非金属焊接的安全性能。

9.4.1 检测要求

超声检测人员应取得相应等级证书，还应该了解热塑性塑料的基本知识，熟悉塑料焊接接头工艺、热塑材料的声学特性及待检焊接接头的类型，掌握塑料焊接接头超声检测方法。

超声检测不应在有强磁、振动、电磁波、灰尘大且有腐蚀性气体及噪声大影响正常工作的场地进行，工作场地应避开（或遮住）明亮的光线。

温度及湿度：检测环境的温度及湿度应控制在仪器、设备及材料所允许的范围内。

9.4.2 检测前准备

9.4.2.1 设备与器材

① 检测仪器应符合GB/T 27664.1的规定。

② 检测仪器每满一年及每次维修后都应进行校准、核查，校准报告应保存备案。

③ 探头参数的确定应满足材质衰减、缺陷检测率、分辨率、声束覆盖盲区等要求。

探头频率采用1～5MHz，根据被检工件厚度选择合适的探头频率；为了保证探头与工件表面接触良好，减少声束的衰减，应选用合适的耦合方式，一般可采用接触法或者液浸法，选取透声性能好、对被检材料无渗透性和腐蚀性、不影响材料使用性能的耦合剂。检测曲面工件时，检测表面与楔块之间的间距不应大于0.5mm，应满足以下公式：

$$D \geqslant 15a$$

式中，D 为工件直径，mm；a 为入射方向的楔块厚度尺寸。

如果不能满足上述公式要求，那么楔块应修磨成与被检工件表面相吻合，并相应设置灵敏度和范围。

9.4.2.2 耦合剂

耦合方式可采用直接接触法或浸液法。应选择透声性能好，对被检材料无渗透性，不影响材料使用性能的耦合剂；采用直接接触法检测塑料焊接接头时，推荐使用化学浆糊作为耦合剂。

9.4.2.3 参数设置

（1）通则　当探头类型、探头入射角、焊接工艺类型、材料类型、材料厚度发生变化时，应对扫描量程和灵敏度进行复核。检测设置的复核至少在连续工作4h后或检测结束后进行一次。如检测人员或表面状况发生变化、更换引线、检测新的焊接接头（相同类型）或怀疑等效设置改变（例如噪声级、底波）也要进行复核，如发现有偏差，按照表9.6进行修正。

表 9.6　灵敏度和扫描量程修正表

类型	序号	条件	修正方法
灵敏度	1	灵敏度偏差≤4dB	在继续检测前，修正设置值
	2	灵敏度降低>4dB	修正设置值，并用设备重新检测以前的所有检测部位
	3	灵敏度增加>4dB	修正设置值，并重新评定所有的记录信号
扫描量程	1	扫描量程偏差≤2%	在继续检测前，修正设置值
	2	扫描量程偏差>2%	修正设置值，并用设备重新检测以前所有的检测部位

（2）试块　试块采用与试件相同或相似的材料。

① 垂直入射纵波检测：试块厚度要大于4mm以上，在试块等于被检件厚度处钻直径3mm横通孔。

② 斜入射纵波检测：采用直径3mm横通孔的距离-波幅修正曲线（DAC曲线，见图9.11），其中最浅孔深度为4mm，深度间距推荐4mm。制作DAC曲线时不能跳跃取值，一般最深孔等于被检厚度。采用R20mm和R40mm圆弧面进行探头前沿测定，采用直径3mm横通孔进行K值测定。

③ 串列检测：在试块中间厚度处钻一个3mm直径的平底孔，如图9.12所示。

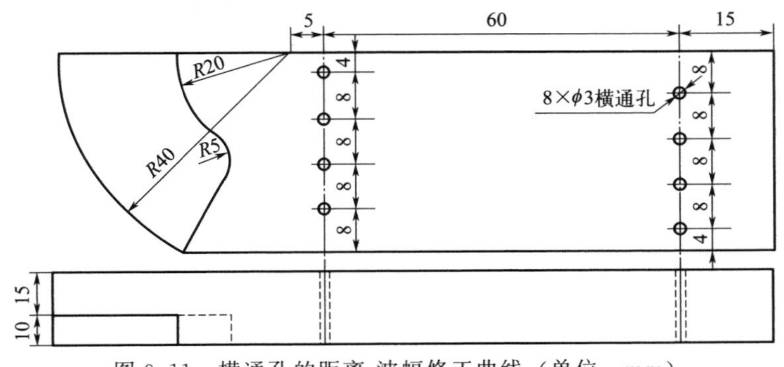

图 9.11 横通孔的距离-波幅修正曲线（单位：mm）

④ 爬波检测：在试块表面加工一个 2mm 深矩形切口，如图 9.13 所示。

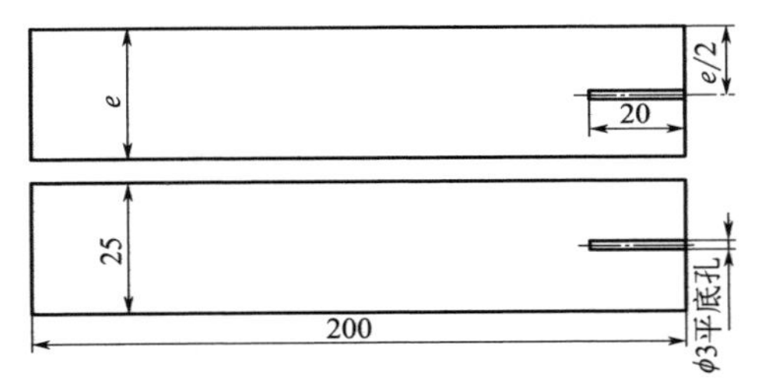

图 9.12 串列检测示意图（单位：mm）

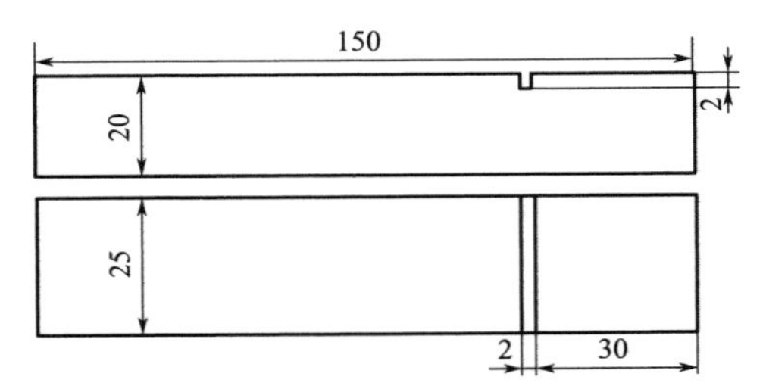

图 9.13 爬波检测示意图（单位：mm）

9.4.3 检测及结果报告

9.4.3.1 扫查灵敏度

斜入射纵波检测时，将最大声程处人工缺陷的曲线高度，调至不低于满屏刻度的 30%，加以传输修正作为扫查灵敏度。其他方法检测时，将试块的人工缺陷回波调至满屏刻度的 80%，加以传输修正作为扫查灵敏度。

传输修正：如所选试块的材料与被检材料不同，应在被检件上选若干个有代表性的位置，在这些位置与试块之间测试声能传输差，一般采用垂直入射纵波探头进行测量。依据声能传输差值按以下方法进行修正：①如差值小于等于 2dB，无需进行修正；②如差值大于 2dB 但小于等于 12dB，应进行相应的补偿；③如差值超过 12dB，应查找原因，并采取修正措施，如检测时，选择与被检件材料声学性能更相近的对比试块。

检测时，噪声水平为最大检测深度处的有效灵敏度，余量应小于 12dB，必要时，双方可以达成技术协议放宽此要求。

9.4.3.2 探头与声速

在被检件无缺陷处测量该材质纵波声速，根据被检件的厚度选用大尺寸与低频探头。为保证检测时超声能扫查到被检件的整个区域，探头的每次扫查覆盖率应大于探头宽度或直径的15%，探头的扫查速度不应超过150mm/s。

9.4.3.3 检测区域

焊接接头检测宽度应包括焊缝本身及两边至少5mm处宽度，取这两个数据中的较大值为检测区域。如图9.14所示。

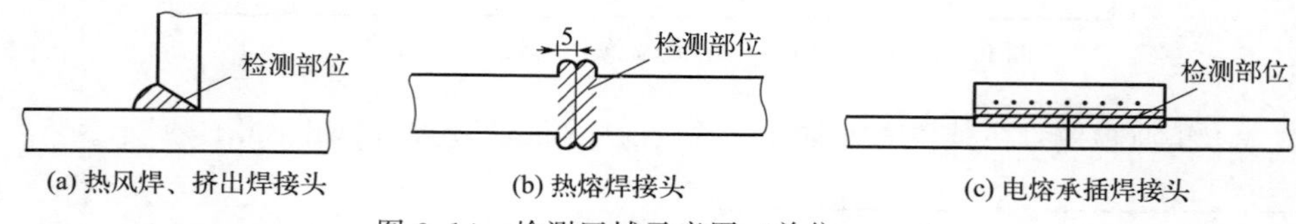

图9.14 检测区域示意图（单位：mm）

在任何情况下，检测应覆盖整个检测区域。如果单次检测技术无法覆盖整个区域，则应采用替代或补充的超声检测技术。被检测件表面应足够宽，足以完全覆盖被检区域，如果被检区域的等效覆盖可以通过从接头两边扫查或从接头上下表面检测来实现，那么检测表面可以适当减少；被检件表面应该平整，无干扰探头耦合的障碍物。

9.4.3.4 超声检测方法的选择

（1）垂直入射纵波检测　垂直入射纵波检测通常用来检测搭接接头，采用单个的纵波直探头，在焊接面处聚焦，通过反射回波判断电熔焊接焊缝内部的焊接情况。如图9.15所示。

（2）入射纵波检测　斜入射纵波检测通常用来检测热风焊、挤出焊或热熔焊焊接接头。入射角的主声束尽可能垂直于焊接熔合面。如图9.16所示。

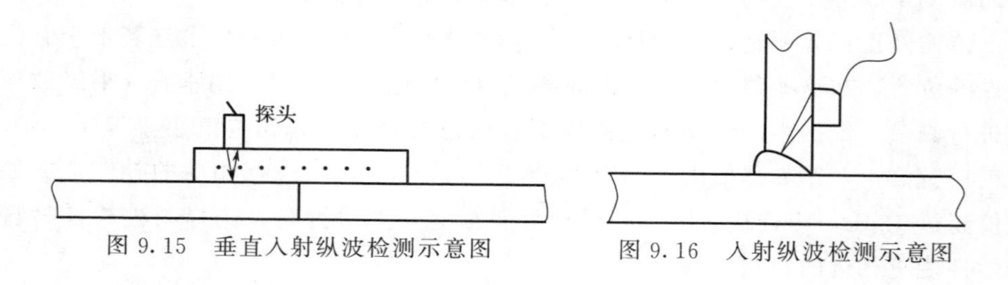

图9.15 垂直入射纵波检测示意图　　图9.16 入射纵波检测示意图

（3）串列检测　串列检测通常用来检测热熔焊接接头，串列检测使用两个相同的纵波斜探头，一般采用的45°或者60°的纵波斜探头，采用一发一收的检测方式，两个探头在一条直线上，探头声束朝同一个方向，前边的探头发射，后边的探头接收。如图 9.17 所示。

（4）爬波检测　爬波检测通常是用来检测被检工件表面或浅表面存在的缺陷，通常采用 85°～90°单个爬波斜探头。如图 9.18 所示。

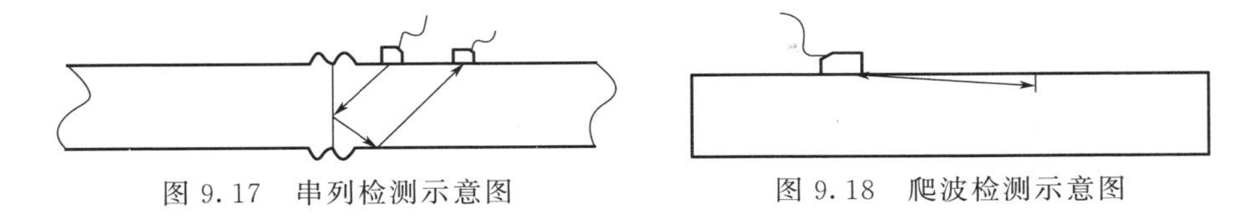

图 9.17　串列检测示意图

图 9.18　爬波检测示意图

9.4.3.5　检测结果判定

按有关产品标准进行判定，或按供需双方技术协议判定。

9.4.3.6　检测报告

超声检测报告内容包括以下信息：①检测机构信息；②委托单位信息；③被检物名称、规格和材质等信息；④接头形状、焊接工艺、检测时机；⑤检测使用的设备和器材：超声仪器型号，探头的类型、标称频率和实际入射角，采用的参考试块类型，耦合剂，材料声速；⑥检测几何结构示意图，检测记录；⑦检测结果；检测标准，灵敏度设置方法和数值；⑧检测人员、批准人员签字；⑨检测日期和报告日期。

9.5　相控阵检测技术

超声相控阵换能器的工作原理是基于惠更斯-菲涅耳原理。当各阵元被同一频率的脉冲信号激励时，它们发出的声波是相干波，即空间中一些点的声压幅度因为声波同相叠加而得到增强，另一些点的声压幅度由于声波的反相抵消而减弱，从而在空间中形成稳定的超声场。超声相控阵换能器的结构是由多个相互独立的压电晶片组成阵列，每个晶片称为一个单元，按一定的规则和时序用电子系统控制激发各个单元，使阵列中各单元发射的超声波叠加形成一个新的波阵面；同样，接收反射波时，按一定的规则和时序控制接收单元并进行信号合成和显示，因此，可以通过单独控制相控阵探头中每个晶片的激发时间，从而控制产生波束的角度、聚集位置和焦点尺寸。

相控阵检测的特点：①相控阵检测属于超声检测的范畴，超声波检测的工件相控阵都能检测；②相控阵探头尺寸小，能检测难以接近的部位；③相控阵检测速度快、灵敏度高、灵活性强；④相控阵可实现对复杂结构件和盲区位置的检测；⑤相控阵检测通过仪器对声场的控制，可实现高速电子扫描，可对工件进行高速、全方位和多角度检测；⑥相控阵检测结果和射线检测一样具有依据性，检测过程可通过相关设备存储。

9.5.1 检测要求

9.5.1.1 检测人员

检测人员应按GB/T 9445的要求进行超声检测资格鉴定，并取得相应等级的证书。取得各级别的超声检测人员，只能从事与该资格级别相应的无损检测工作，并负相应的技术责任。

检测人员应了解燃气用聚乙烯管道的特性、制造工艺和焊接工艺，通过聚乙烯管道焊接接头相控阵超声检测专业技术培训，并能独立进行聚乙烯管道焊接接头相控阵超声检测。

检测人员应得到聘用单位的工作授权。

9.5.1.2 检测设备

相控阵超声检测设备包括主机、探头、软件、扫查装置和附件，上述各项应成套或单独具有产品合格证或制造厂出具的合格文件。相控阵超声仪器应为计算机控制的含有多个独立的脉冲发射/接收通道的脉冲反射型仪器，其放大器的增益调节步进不应大于1dB。相控阵超声仪器应配备与其硬件相匹配的延时控制和成像软件。－3dB带宽，下限不高于1MHz，上限不低于15MHz。采样频率不应小于探头中心频率的6倍。波幅模数转换位数应不小于8位。仪器的水平线性误差不大于1%，垂直线性误差不大于5%。所有激励通道的发射脉冲电压具有一致性，最大偏移量应不大于设置值的5%。各通道的发射脉冲延迟精度不大于5ns。仪器至少应有A、S、B、C型显示的功能，且具有在扫描图像上对缺陷定位、定量及分析功能，在二维图像中以亮度（或色彩）表示回波幅度。能够存储、调出A、S、B、C图像，并能将存储的检测数据复制到外部存储空间中。仪器软件应具有聚焦法则计算功能、ACG校准功能，以及TCG（或DAC）校准功能。仪器的数据采集和扫查装置的移动同步，扫查步进值应可调，其最小值应不大于0.5mm。仪器应能存储和分辨各A扫描信号之间相对位置的信息，如编码器位置。离线分析软件中应能对检测时关键参数设置进行查看。

9.5.1.3 相控阵探头

相控阵探头应由多个晶片（不少于32个）组成阵列，探头可加装用以辅助声束偏转的楔块或延迟块。探头实测中心频率与标称频率间的误差应不大于10%。探头－6dB频带宽度不小于60%。

9.5.1.4 仪器的校准

相控阵超声仪器应定期校准，校准周期为1年。除另有规定外，相控阵仪器校准结果应符合以下要求：①工作频率范围为2～10MHz；②应具有80dB以上的连续可调的衰减器；③水平线性偏差不大于 1%；④垂直线性偏差不大于 5%；⑤增益范围不小于 30dB；⑥在达到所探工件的最大检测声程时，其有效灵敏度余量应不小于 10dB。

9.5.1.5　扫查装置

探头夹持部分在扫查时应能保证声束朝向与焊缝长度方向夹角不变。导向部分应能在扫查时使探头运动轨迹与拟扫查轨迹保持一致。扫查装置应具有确定探头位置的功能，可通过步进电机或位置传感器实现对位置的探测与控制，位置分辨率应符合工艺要求。

9.5.1.6　耦合剂

对表面平整的焊接接头，应采用透声性好，且不损伤检测表面的耦合剂，如浆糊、甘油和水等。对表面不平整的焊接接头，应采用其声速与被焊接材料相同或接近，声阻抗与被焊接材料相差不大的耦合剂。

9.5.1.7　试块

(1) 对比试块　应采用与被检焊接接头材料声学性能相同或近似的材料制成，该材料内不得有大于或等于 ϕ1mm 平底孔当量的缺陷。对比试块有 PE-Ⅰ、PE-Ⅱ。

对比试块 PE-Ⅰ用于声束校准、TCG 修正和调整检测灵敏度。试块应由与被检工件同质的或声学相似的材料制成，试块的尺寸规格见图 9.19，试块的表面粗糙度应与被检工件相接近，试块的检测面为平面或带有一定曲率半径的曲面，在试块的不同深度位置上含有 6 个排列不均匀的预埋金属丝。

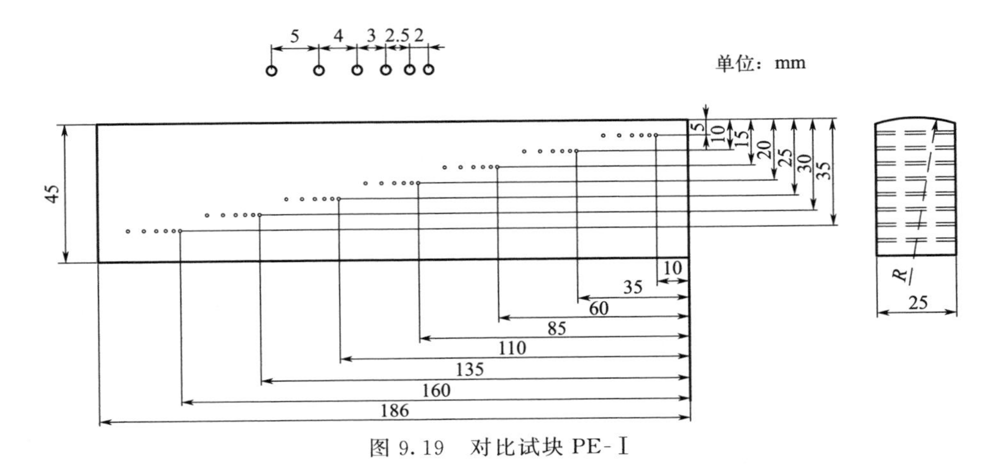

图 9.19　对比试块 PE-Ⅰ

试块的型号、相应的曲率半径和适用的焊接接头范围的规定参考表 9.7。

表 9.7 试块圆弧曲率半径

试块型号	试块圆弧曲率半径 R /mm	适用的电熔接头范围(公称直径) /mm	适用的热熔接头范围(公称直径) /mm
PE-Ⅰ-1	30	40～90	75～110
PE-Ⅰ-2	60	90～180	110～200
PE-Ⅰ-3	平面	>180	>200

① 对比试块加工应符合下列要求：预埋金属丝应平行于底面；试块长度、高度、宽度、金属丝位置应符合图 9.19，尺寸精度为±IT12；金属丝的直径为 ϕ1mm±0.05mm。

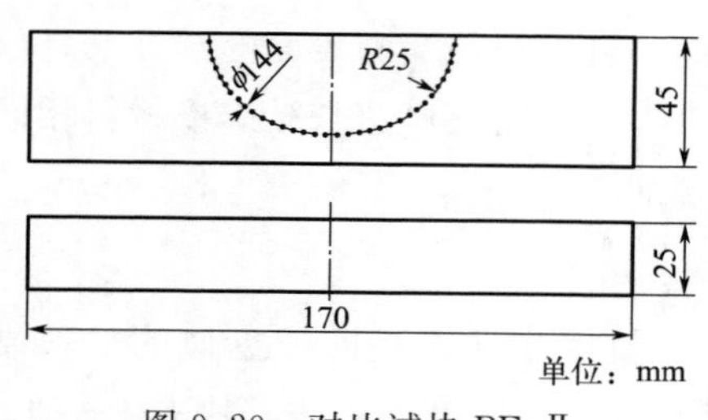

图 9.20 对比试块 PE-Ⅱ

对比试块 PE-Ⅱ用于相控阵检测系统定位精度测试和 ACG 修正。试块应由与被检工件同质的或声学相似的材料制成，试块的尺寸规格见图 9.20，试块的表面粗糙度应与被检工件相接近，试块的检测面为平面，在以检测面为中心的 R25mm 半圆弧上均匀预埋 35 根 ϕ1mm 金属丝。

② 对比试块加工应符合下列要求：预埋金属丝应平行于测试表面；试块长度、高度、宽度、金属丝位置应符合图 9.20，尺寸精度为±IT12；金属丝的直径为 ϕ1mm±0.05mm。

(2) 模拟试块　模拟试块的外形尺寸应能代表被检工件的特征，试块厚度应与被检工件厚度相对应，也可采用完好的焊接接头制作模拟试块，试块中的反射体可以是人工缺陷。

9.5.2 检测前准备

检测前，焊接接头应经宏观检查并合格。宏观检查按 TSG D2002—2006 的要求执行。

9.5.2.1 相控阵超声检测工艺文件

应根据本标准编制相控阵超声检测工艺规程。检测前，应根据被检工件情况参照本标准及工艺规程编制操作指导书。

9.5.2.2 操作指导书

应编制作业指导书，至少应包括以下内容：①被检工件情况；②检测设备器材；③检测准备：包括确定检测区域、探头及楔块的选取和设置、机械扫查及电子扫描的选择、探头位置的确定、扫查面的确定、扫查面的准备等；④检测系统的设置和校准；⑤扫查和数据采集；⑥数据分析、缺陷评定与出具报告。

9.5.3 检测及结果报告

9.5.3.1 工艺验证试验

工艺验证试验在模拟试块上进行，将拟采用的操作指导书应用到模拟试块上。工艺验证试验结果应确保能够清楚地显示和测量模拟试块中的缺陷或反射体。

对每一种规格的焊接接头，应加工典型焊接缺陷，检测时应能确保模拟试块中典型缺陷能可靠检出。

检测方法的选择：可以根据不同焊接方法可能产生的焊接缺陷选用合适的相控阵超声检测方法进行检测。例如：电熔焊接容易产生面积型和体积型缺陷，可以选用纵波直探头相控阵超声检测方法，热熔焊接会产生面积型缺陷，可先用纵波斜探头相控阵超声检测。

超声波在非金属材料中衰减系数很大，且衰减与其频率有关，频率越高衰减越大，但是频率太低，噪声和干扰信号又会增强，根据工件的厚度选择合适的探头频率。

用深度位置相关于被检焊接接头的参考反射体调整灵敏度。图 9.21 所示为不同深度位置钻有一系列 ϕ3mm 横孔的 PE 参考试块。

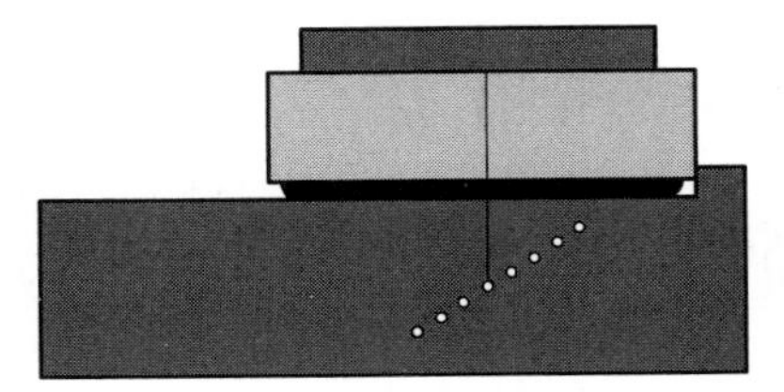

图 9.21　参考试块示意图

9.5.3.2 电熔接头检测

（1）检测准备　检测区域应包含焊缝本身宽度加上两侧各 5mm 的母材。

选用沿线扫查＋线扫描进行检测，线扫描角度为 0°。

探头的选择：①聚乙烯管道电熔接头相控阵超声检测用探头采用一维线阵直探头；②探头声束汇聚区范围应能满足检测聚乙烯管道电熔接头内缺陷深度的要求；③探头激发孔径长度应覆盖单边电熔接头的检测区域；④为了使探头与管件外圆弧面有良好的耦合，探头激发孔径宽度应小于 10mm；⑤探头频率应根据管件厚度选定。不同管件厚度范围适用的探头频率见表 9.8。

表 9.8　不同管件厚度范围适用的探头频率

管件厚度 e/mm	频率 f/MHz
$3<e\leqslant 10$	5～10
$10<e\leqslant 20$	4～6
$e\geqslant 20$	2.25～5

（2）探头的布置及软件设置

① 探头布置　如图 9.22 所示，采用线扫描对焊缝进行覆盖，探头平行于管

件轴线，周向移动做沿线扫查。

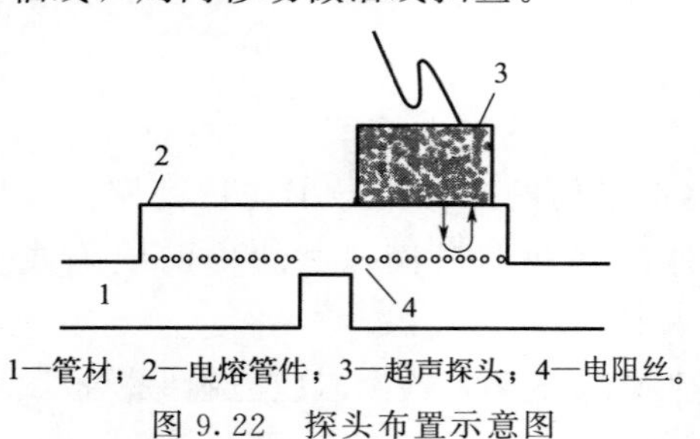

1—管材；2—电熔管件；3—超声探头；4—电阻丝。

图 9.22 探头布置示意图

② 聚焦设置

a. 焊缝初始扫查聚焦深度应设置在工件中最大探测声程处；

b. 在对缺陷进行精确定量时，或对特定区域检测需要获得更高的灵敏度和分辨率时，可将焦点设置在该区域。

(3) 扫查面准备 检测时机：聚乙烯管道的电熔接头相控阵检测应在焊接工作完成自然冷却 2h 后进行检测。

电熔焊接接头应符合以下要求：①采用管材应符合 GB 15558.1 的要求，管件应符合 GB 15558.2 的要求；②接头应该是持证焊工按经评定合格的焊接工艺进行组装、施焊的；③接头宏观检查合格，接头的表面应尽量平整、干净，不影响探头与工件的声耦合。

(4) 表面清理 所有影响超声检测的污物等应予以清除。

(5) 扫查面标记 检测前应在工件扫查面上予以标记，标记内容至少包括扫查起始点和扫查方向。

(6) 耦合剂 实际检测采用的耦合剂应与检测系统设置和校准时的耦合剂相同。

(7) 检测温度 应确保在规定的温度范围内进行检测。若温度过低或过高，应采取有效措施避免。若无法避免，应评价其对检测结果的影响。系统校准与实际检测间的温度差应控制在±15℃之内。采用常规探头和耦合剂时，工件的表面温度范围为 0～40℃。超出该温度范围，可采用特殊探头或耦合剂，并通过实验验证。

(8) 电熔接头缺陷性质 ①接头中的孔洞；②熔接面夹杂，如夹物、油污、氧化皮未刮等；③冷焊；④过焊；⑤电阻丝错位；⑥管材承插不到位。

(9) 缺陷评定 根据接头中存在的缺陷性质、数量和密切程度，其质量等级可划分为Ⅰ、Ⅱ、Ⅲ级。

① 熔合面夹杂的分级评定 可参考表 9.9。

表 9.9 熔合面夹杂缺陷的质量分级

级别	与内冷焊区贯通的熔接面夹杂的缺陷长度	与内冷焊区不贯通的熔接面夹杂的缺陷长度
Ⅰ	—	不大于标称熔合区长度 $L/10$
Ⅱ	不大于标称熔合区长度 $L/10$	不大于标称熔合区长度 $L/5$
Ⅲ	大于Ⅱ级者	

注：L 为标称熔合区长度。

② 孔洞的分级评定 Ⅰ、Ⅱ级电熔接头中不允许存在相邻电阻丝间有连贯性孔洞、与内冷焊区贯通的孔洞。孔洞缺陷按表9.10的规定进行分级评定。

表9.10 孔洞缺陷的质量分级

级别	单个孔洞	组合孔洞
Ⅰ	$X/L<5\%$且$h<5\%T$	累计尺寸$X/L<10\%$且$h<5\%T$
Ⅱ	$X/L<10\%$且$h<10\%T$	累计尺寸$X/L<15\%$且$h<10\%T$
Ⅲ	大于Ⅱ级者	

注：X为该缺陷在熔合面轴向方向上尺寸，L为标称熔合区长度，T为电熔接头管材壁厚，h为孔洞自身高度。

③ 电阻丝错位的分级评定 Ⅰ、Ⅱ级电熔接头中不允许存在相邻电阻丝相互接触的缺陷。电阻丝错位缺陷按表9.11的规定进行分级评定。

④ 冷焊的分级评定 冷焊缺陷按表9.12的规定进行分级评定。

⑤ 过焊的分级评定 过焊缺陷按过焊程度进行分级评定时，按表9.13的规定进行分级评定。

表9.11 电阻丝错位缺陷的质量分级

级别	电阻丝错位量
Ⅰ	无明显错位
Ⅱ	错位量小于电阻丝间距
Ⅲ	大于Ⅱ级或相邻电阻丝相互接触

表9.12 冷焊缺陷的质量分级

级别	冷焊程度H
Ⅰ	小于10%
Ⅱ	小于30%
Ⅲ	大于Ⅱ级

表9.13 过焊缺陷的质量分级

级别	过焊程度H'
Ⅰ	小于20%
Ⅱ	小于40%
Ⅲ	大于Ⅱ级

⑥ 承插不到位的分级评定 Ⅰ、Ⅱ级电熔接头中不允许存在承插不到位缺陷。

（10）检测报告 检测报告至少应包括以下内容：

① 委托单位和报告编号；

② 检测标准；

③ 被检电熔接头：名称、编号、管材和管件型号、材质、规格、生产厂商、配套工程名称、表面状况；

④ 检测设备：仪器名称、型号、编号、检测系统的校准时间、校准有效期，扫查装置、试块、耦合剂；

⑤ 检测条件：检测工艺卡编号、探头参数、扫查方式、聚焦法则的设定、检测使用的波形、检测灵敏度、系统性能试验报告、温度；

⑥ 检测示意图：探头扫查表面、检测区域以及所发现的缺陷位置和分布；

⑦ 检测数据：数据文件名称、缺陷类型、位置与尺寸及缺陷部位的图像（B扫描或C扫描等，以能够真实反映缺陷情况为原则）；

⑧ 检测结果；

⑨ 检测人员和责任人员签字及其技术资格等级；

⑩ 检测日期。

(11) 电熔接头相控阵超声检测特征图谱

① 正常焊接　如图 9.23 所示，正常焊接电熔接头超声图像中电阻丝排列规整，没有明显错位现象；电阻丝上方的特征线与电阻丝的间距正常；电熔管件内壁与管材融为一体，熔合面在图像上形成熔合线；熔合线在电阻丝下方一定距离处，与管件平行，由于受电阻丝信号的干扰，形成与电阻丝信号相连的粗细均匀的可见连接线，除电阻丝信号外，无明显变亮、变粗或消失的现象。管材内壁信号连续、清晰，熔接区域无其他明显信号显示。

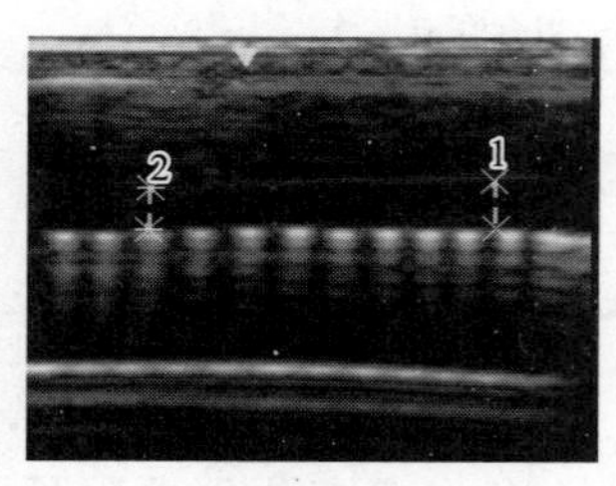

图 9.23　正常电熔接头图谱

② 熔合面夹杂　熔合面夹杂属于面积型缺陷，位置在熔合线上。常见熔合面夹杂缺陷有：金属夹杂、非金属夹杂、泥砂夹杂、管材承插处外表面氧化皮未刮等。

a. 熔合面有金属夹杂　如图 9.24 所示，金属夹杂在熔合线，形成图像的亮度与电阻丝相似；在缺陷的下方，造成管件内壁信号出现断开现象。

b. 熔合面有非金属夹杂　如图 9.25 所示，油污夹杂在熔合线上，两电阻丝间的连线较正常接头亮和粗。

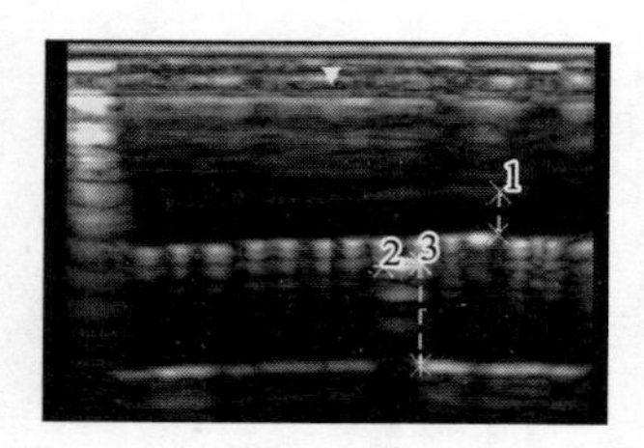

图 9.24　含有金属夹杂物的电熔接头相控阵超声检测图谱

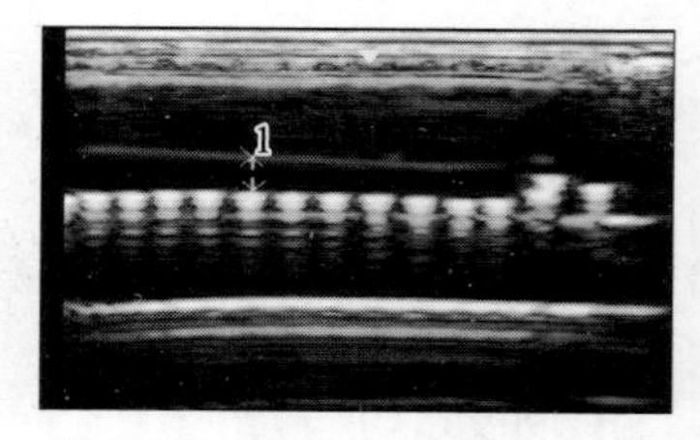

图 9.25　含有非金属夹杂物的电熔接头图谱

c. 熔合面氧化皮未刮　如图 9.26 所示，熔合面氧化皮未刮缺陷在熔合线上，两电阻丝间的连线较正常接头不清晰，甚至无连线显示。

③ 电阻线错位　如图 9.27 所示，电阻丝错位指原先均匀排布的电阻丝在焊接后发生了水平或垂直方向的位移。在电熔接头超声图像中，可通过判断检测截面上电阻丝的相对位置变化，判断电阻丝的错位程度。

④ 孔洞　孔洞按出现的位置可分为熔合面孔洞和管材或管件孔洞。

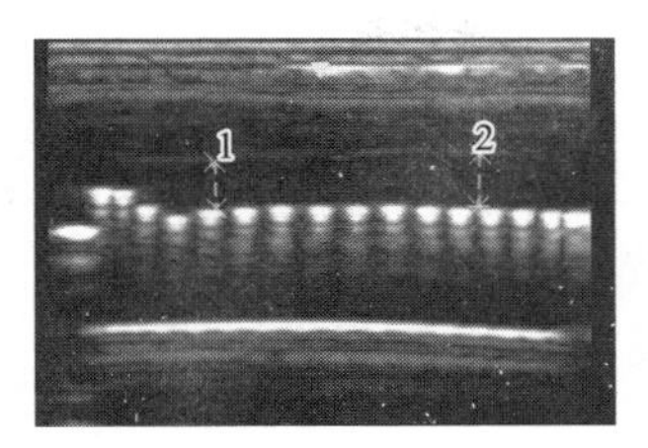

图 9.26　含有熔合面氧化皮未刮缺陷的电熔接头相控阵超声检测图谱

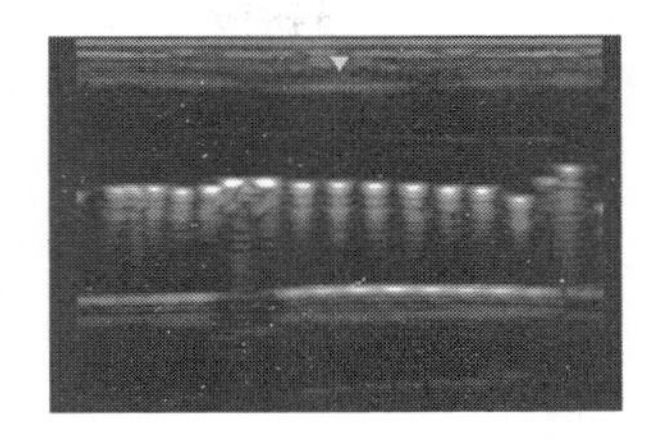

图 9.27　电阻丝错位的电熔接头相控阵超声检测图谱

a. 熔合面孔洞　如图 9.28 所示，孔洞一般出现在电阻丝上端或电阻丝附近，焊接时间较长时，孔洞也会出现在电阻丝之间。孔洞图像较清晰，出现严重孔洞时，在孔洞缺陷下方常会出现管材内壁信号缺失。

b. 管材或管件上的孔洞　如图 9.29 所示，此类孔洞与电熔连接并无关系，它出现在管材或管件的内部。

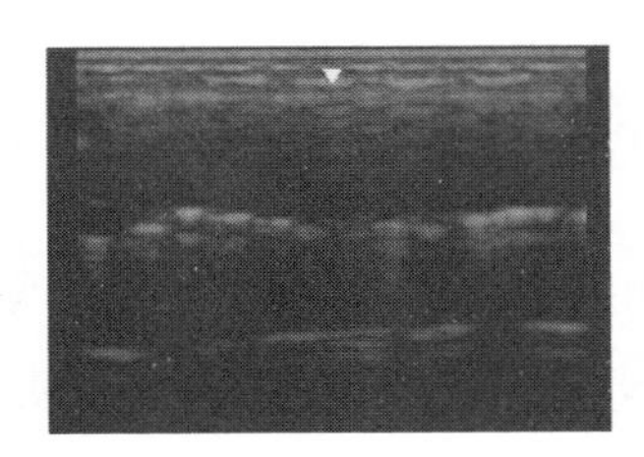

图 9.28　熔合面上含孔洞的电熔接头相控阵超声检测图谱

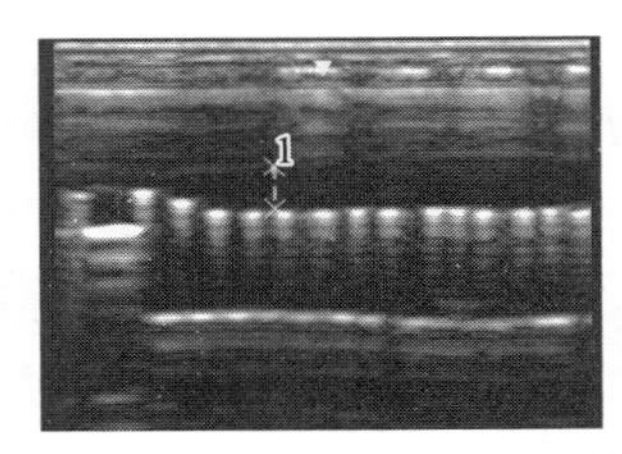

图 9.29　管材上含孔洞的电熔接头相控阵超声检测图谱

⑤ 冷焊　如图 9.30 所示，冷焊接头超声图像中，特征线与电阻丝之间的距离小于正常焊接接头中特征线与电阻丝之间的距离。

⑥ 过焊　图 9.31 所示为过焊电熔接头图谱。在超声图像中过焊主要呈现以下主要特征：特征线与电阻丝之间的距离大于正常焊接接头中特征线与电阻丝之间的距离，发生电阻丝错位，在接头中容易产生孔洞。

注： 以上特征不一定同时出现。

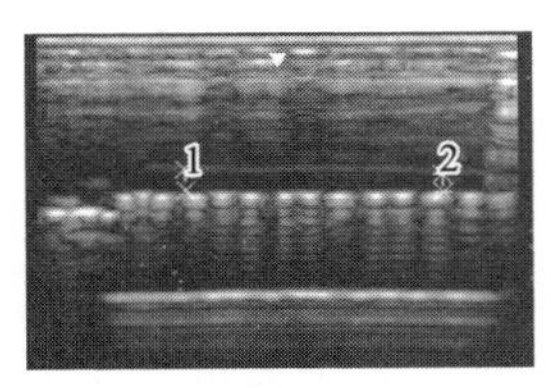

图 9.30　冷焊电熔接头相控阵超声检测图谱

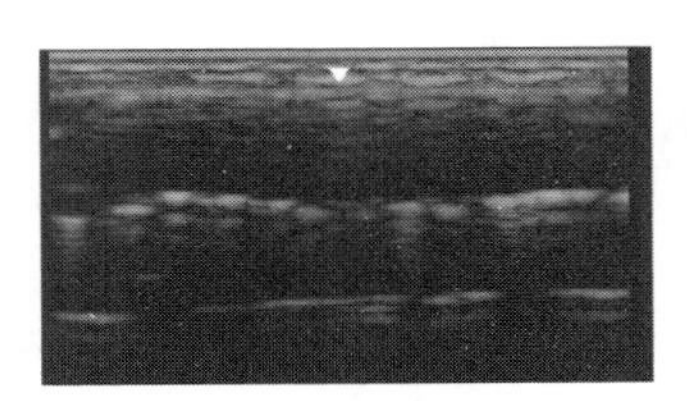

图 9.31　过焊电熔接头图谱

⑦ 管材承插不到位　如图 9.32 所示，管材承插不到位，在超声图像中显示管材插入端的内壁信号线未超过电阻丝内圈位置。

⑧ 边界信号　图 9.33 所示为电熔接头的边界信号。通常电熔接头的边界不是完美的，电熔接头内、外冷焊区会形成边界信号，接头外表面反射信号等信号不应该包含在判定信号里。

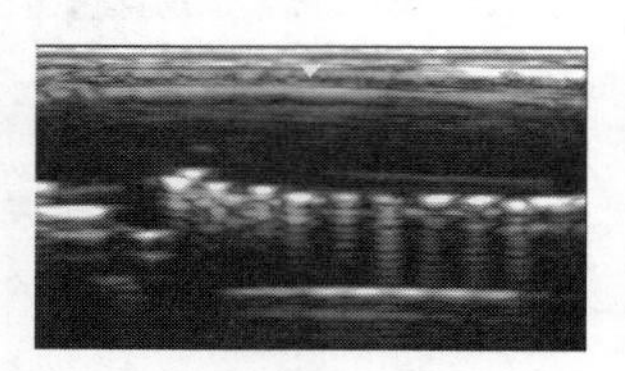

图 9.32　管材承插不到位电熔接头图谱

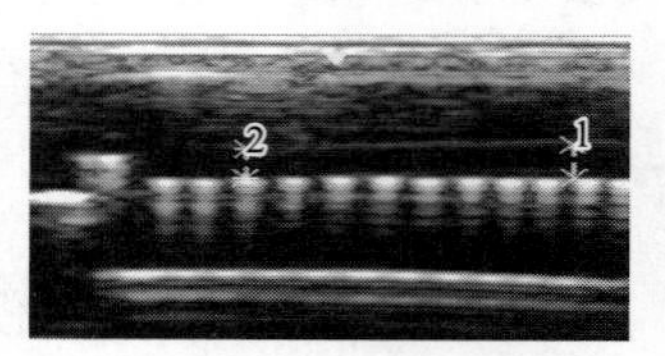

图 9.33　电熔接头的边界信号

9.5.3.3　热熔接头检测

（1）检测准备　检测区域应包含焊缝本身宽度加上两侧各 5mm 的母材。

① 扫查方式选择　选用沿线扫查＋扇形扫描进行检测。对可疑部位，可采用结合锯齿、前后左右、旋转、环绕等各种扫查方式进行检测。

② 探头的选择

a. 聚乙烯管道热熔接头相控阵超声检测用探头采用一维线阵斜探头。

b. 探头声束汇聚区范围应能满足检测聚乙烯管道热熔接头内缺陷深度的要求。

c. 探头激发孔径长度应满足：探头的检测区域应能覆盖整个热熔熔接截面，确保一次扫查在显示中能形成完整的接头纵向截面图。

d. 探头激发孔径宽度应小于 10mm，使探头与管件外圆弧面有良好的耦合。

e. 探头斜角通常为 45°或 60°，探头楔块应选用声速与聚乙烯相近的材料制作，推荐采用聚砜材料。探头频率应根据管材厚度选定。不同管材厚度范围适用的探头频率见表 9.14。

表 9.14　不同管材厚度范围适用的探头频率

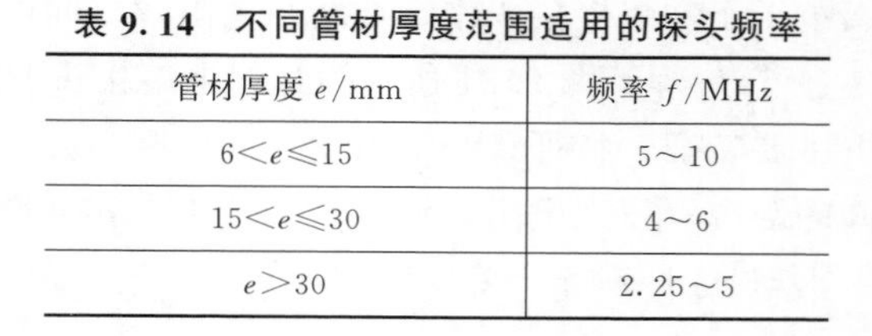

管材厚度 e/mm	频率 f/MHz
$6<e\leqslant15$	5～10
$15<e\leqslant30$	4～6
$e>30$	2.25～5

（2）探头的布置及软件设置

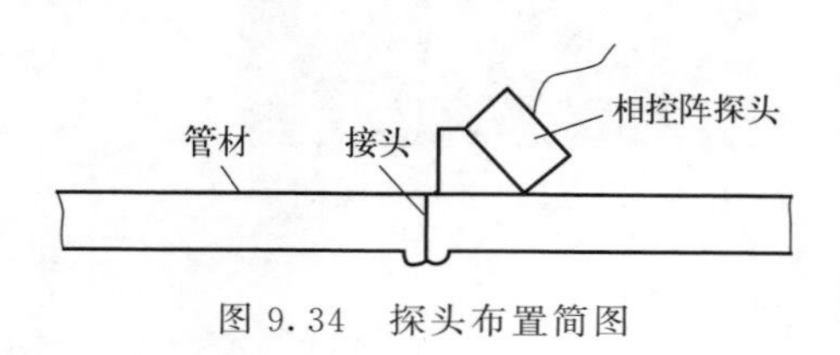

图 9.34　探头布置简图

① 探头的布置　采用扇扫描，探头平行于焊缝周向移动做沿线扫查。图 9.34 所示为探头布置简图。

② 聚焦设置　焊缝初始扫查聚焦深度应设置在工件中最大探测声程处。在

对缺陷进行精确定量时，或对特定区域检测需要获得更高的灵敏度和分辨率时，可将焦点设置在该区域。

③ 扫查面准备

检测时机：聚乙烯管道的热熔接头应在焊接工作完成，宏观检查合格和自然冷却2h后进行检测。

热熔焊接接头：所采用管材应符合GB 15558.1的要求；接头应该是持证焊工按经评定合格的焊接工艺进行组装、施焊的；接头应经接头宏观检查和外卷边切除检查合格，接头的表面应尽量平整、干净，不影响探头与工件的声耦合。

表面清理：所有影响检测的污物应予以清除，卷边切除后表面的不规则状态不得影响检测结果的正确性和完整性。

扫查面标记：检测前应在工件扫查面上予以标记，标记内容至少包括扫查起始点和扫查方向。

耦合剂：实际检测采用的耦合剂应与检测系统设置和校准时的耦合剂相同。

检测温度：应确保在规定的温度范围内进行检测。若温度过低或过高，应采取有效避免措施。若无法避免，应评价其对检测结果的影响。系统校准与实际检测间的温度差应控制在±15℃之内。采用常规探头和耦合剂时，工件的表面温度范围为0～40℃。超出该温度范围，可采用特殊探头或耦合剂，并通过实验验证。

(3) 缺陷质量分级　根据接头中存在的缺陷性质、数量和密切程度，其质量等级可划分为Ⅰ、Ⅱ、Ⅲ级。Ⅰ、Ⅱ级热熔接头内不允许有裂纹和未熔合缺陷。

① 熔合面夹杂缺陷的质量分级　见表9.15。

表9.15　熔合面夹杂缺陷的质量分级

级别	与内外壁贯通的熔接面夹杂	在接头熔合面中间的熔合面夹杂
Ⅰ	$X<5\%T$，$Y<10\%T$	$X<10\%T$，且在任何连续300mm的焊缝长度中，Y累计长度不超过20mm
Ⅱ	$X<10\%T$，$Y<20\%T$	$X<15\%T$，且在任何连续300mm的焊缝长度中，Y累计长度不超过50mm
Ⅲ	大于Ⅱ级者	

注：T为管材壁厚。

② 孔洞的质量分级　Ⅰ、Ⅱ级热熔接头中不允许尖锐端角的孔洞缺陷。孔洞缺陷按表9.16的规定进行分级评定。

表9.16　孔洞缺陷的质量分级

级别	单个孔洞	组合孔洞
Ⅰ	$X<5\%T$，$Y<10\%T$	$X<5\%T$且在任何连续300mm的焊缝长度中，当缺陷累计长度Y不超过20mm

续表

级别	单个孔洞	组合孔洞
Ⅱ	$X<10\%T,Y<20\%T$	$X<10\%T$ 且在任何连续 300mm 的焊缝长度中，当缺陷累计长度 Y 不超过 50mm
Ⅲ	大于Ⅱ级者	

注：T 为热熔接头管材壁厚。

热熔接头的质量接受标准由合同双方商定，或参照有关规范执行。

(4) 检测报告　检测报告至少应包括以下内容：

① 委托单位和报告编号；

② 检测标准；

③ 被检热熔接头：名称、编号、管材型号、材质、规格、生产厂商、配套工程名称、表面状况；

④ 检测设备：仪器名称、型号、编号、检测系统的校准时间、校准有效期，扫查装置、试块、耦合剂；

⑤ 检测条件：检测工艺卡编号、探头参数及楔块选择、扫查方式、聚焦法则的设定、检测使用的波形、检测灵敏度、系统性能试验报告、温度；

⑥ 检测示意图：探头扫查表面、检测区域以及所发现的缺陷位置和分布；

⑦ 检测数据：数据文件名称、缺陷类型、位置与尺寸及缺陷部位的图像（S 扫描或 C 扫描等，以能够真实反映缺陷情况为原则）；

⑧ 检测结果；

⑨ 检测人员和责任人员签字及其技术资格等级；

⑩ 检测日期。

(5) 热熔接头相控阵超声检测特征图谱

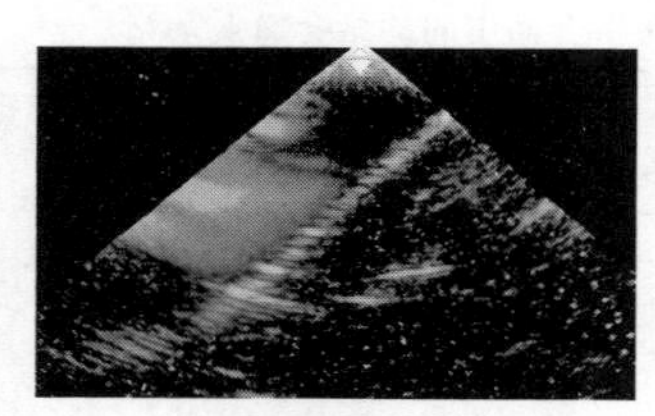

图 9.35　正常热熔接头相控阵超声检测图谱

① 正常焊接　正常焊接热熔接头超声图像有清晰的内外表面信号显示，在内外表面显示的信号之间，除探头本身的干扰信号外，无明显的其他信号显示。见图 9.35。

② 熔合面夹杂　熔合面夹杂属于面积型缺陷，位置在熔合线上。常见熔合面夹杂缺陷有：金属夹杂、非金属夹杂等。在内外表面显示的信号之间，有明显的信号显示。金属夹杂显示较亮，非金属夹杂显示较暗。见图 9.36。

③ 孔洞　孔洞属体积型缺陷，图像较为清晰，在内外表面显示的信号之间，有明显的信号显示。孔洞主要由于管材潮湿或端面污染物气化造成。出现严重孔洞时，在孔洞缺陷下方常会出现管材内壁信号缺失。见图 9.37。

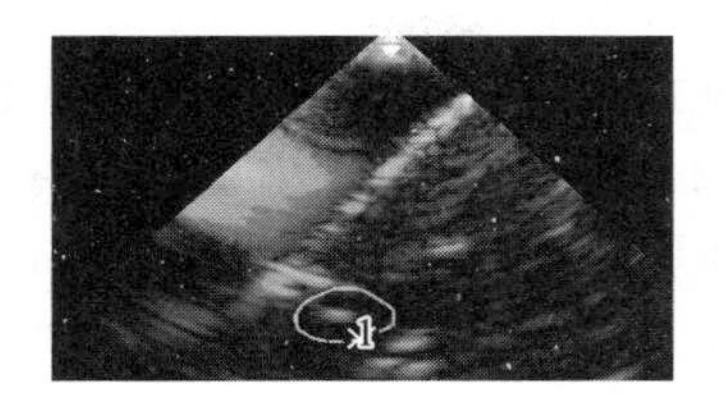

图 9.36　含有夹杂物的热熔接头相控阵超声检测图谱

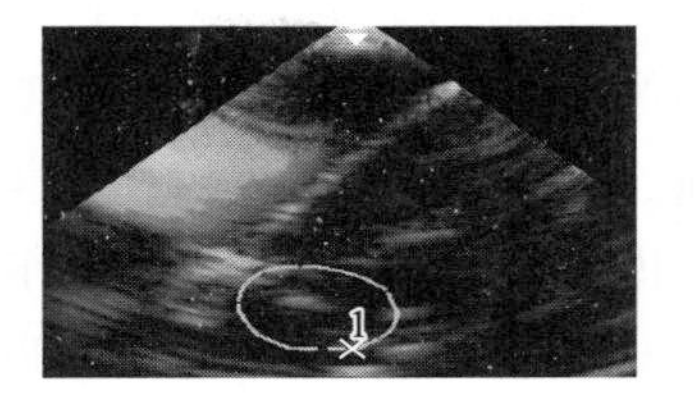

图 9.37　含孔洞的热熔接头相控阵超声检测图谱

④ 未熔合　未熔合属面积型缺陷，出现在熔合面上。图像不太清晰，通常在内外表面显示的信号之间产生贯穿型的显示。未熔合缺陷极为严重，检测时典型的未熔合必须检出。见图 9.38。

⑤ 边界信号和干扰信号　热熔接头相控阵检测图像总不是完美的，在热熔接头内、外表面会形成边界信号；由于相控阵探头本身的原因，也会在图像中产生一些干扰信号。这些信号显示在移动探头时，不会随着探头的移动，显示位置发生改变，而缺陷信号显示会发生改变。边界信号和干扰信号等这些信号不应该被包括在判定信号里。见图 9.39。

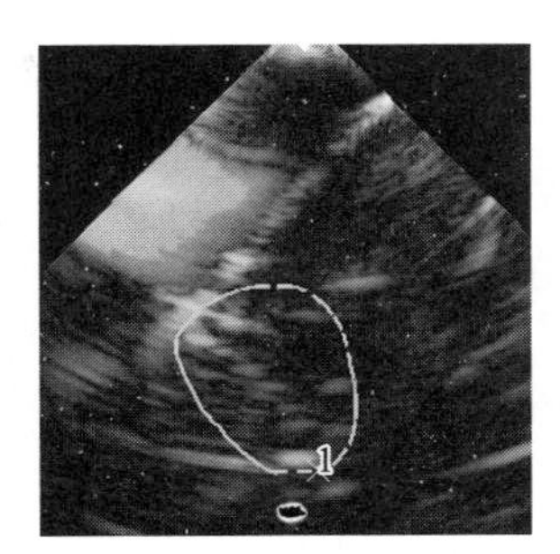

图 9.38　含未熔合的热熔接头相控阵超声检测图谱

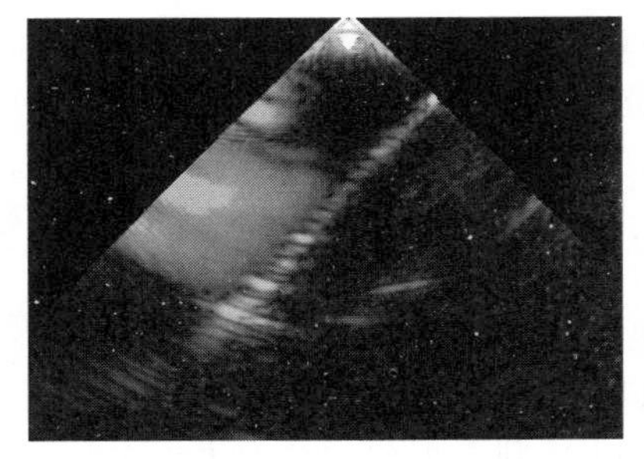

图 9.39　热熔接头相控阵超声检测中的边界信号和干扰信号

9.6 X 射线计算机辅助成像（CR）检测技术

9.6.1 数字射线检测技术原理

用 IP 成像板代替传统胶片接受射线照射时，影像板的荧光材料在曝光过程中形成潜影，其潜影在红光扫描时被激发发光，再通过 CR 设备的光电系统将激发光收集并转换成数字信号，通过计算机系统处理后形成数字图像的射线成像系统，与传统胶片拍摄的流程一样，使用相同的 X 射线或 γ 射线源影像板替代传统胶片接受射线照射，在其荧光材料中形成潜影CR主机将影像板中的潜影提取成数字影像，然后通过计算机图形工作站处理得到的数字图像，可以对数字图像进行增强、过滤、注释、缩放、共享和储存等，影像板被CR主机擦除后可以重复使用。传统的胶片法，是以胶片作为影像资料，底片的影像存储太单一化，曝光条件不好操控；X射线计算机辅助成像是以IP板作影像储存媒介，通过扫描系统将IP板的影像信息转变为数字图像，图像实现数字化，通过软件对影像信息的处理，根据处理好的影像信息，对非金属焊接焊缝进行评定，同时也便于影像的存储与共享。

IP板与传统胶片法对比优势如下：①需要更少的曝光时间；②拥有大动态范围，减少曝光量；③不需要暗室处理；④数据可以储存在光盘上或建立网络档案馆；⑤图像处理不超过150s；⑥影像文件可以共享，支持140种格式输出。

一套完整的CR系统，应包括X射线源、CR扫描器、若干IP板、计算机扫描与图像处理工作平台、高分辨率显示器、配套测试专用标准件。其中，高性能CR扫描器为系统核心部件，其主要指标包括：有效扫描分辨率、A/D转换位数、扫描方式、扫描速度、擦除方式、光源寿命、可靠性指标等；配套的计算机扫描与图像处理工作平台，主要完成扫描控制和图像的后处理，需要具备必要的图像处理功能，便于图像处理和评判；此外，大尺寸、高分辨率、高动态范围的显示器终端，有利于获得良好的可视化效果。

9.6.2 CR在非金属承压设备无损检测中的应用

非金属材料和金属材料相比，密度较小，所采用的射线能量较低，产生的辐射伤害也小很多。

采用CR数字射线成像对PE管道电熔焊（图9.40）或热熔焊（图9.41）的检测是可行的，CR数字射线检测对热熔焊接焊缝检测时，在评定底片时，图像会更清晰，缺陷会更明显。

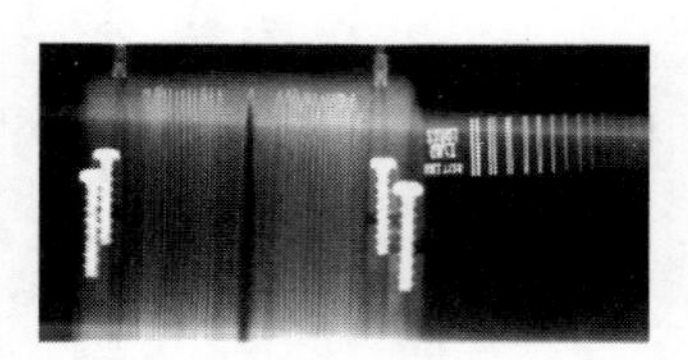

图9.40 PE管电熔焊接接头

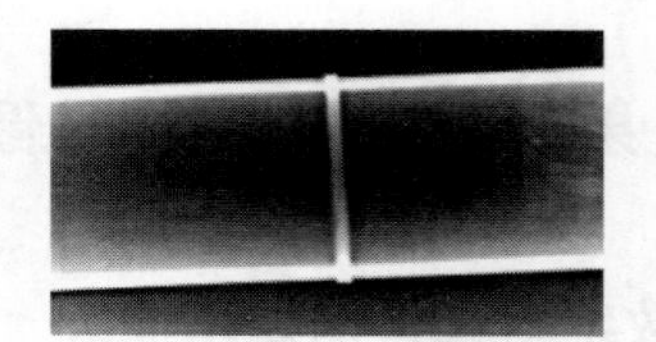

图9.41 PE管热熔焊接接头

CR数字射线检测对电熔焊缝进行检测时，金属丝在CR成像影像是十分清晰的，可以很清晰地看到焊缝位置及形状，可以清晰地看到焊缝或者材料上的气孔等缺陷，在专业显示器下更明显（图9.42）。

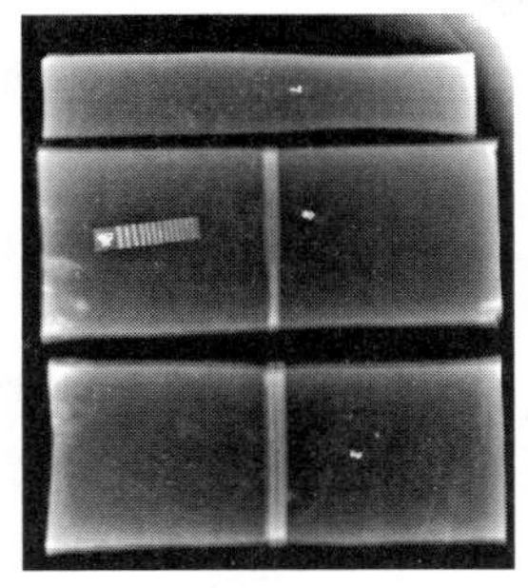

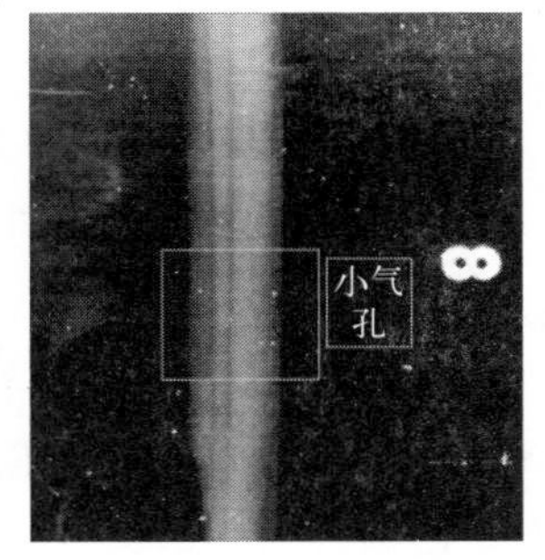

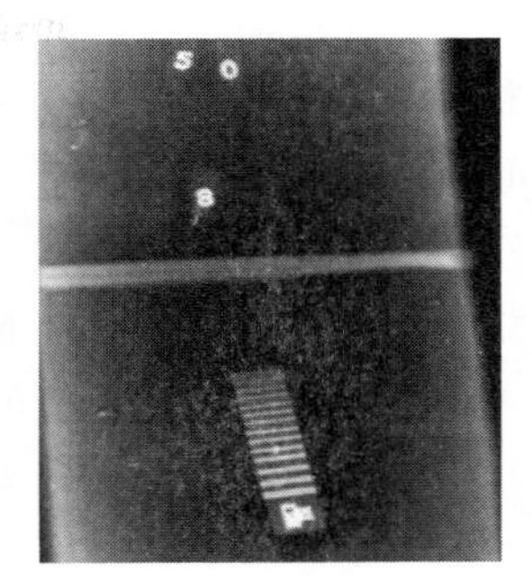

图 9.42　CR 数字射线成像检测气孔缺陷图

图 9.43 为 CR 数字射线成像检测图，CR 数字射线成像检测一般要求：①CR 检测人员上岗前应接受辐射安全知识、专门的 CR 理论和实际操作培训，并取得相应的资格。②CR 检测人员未经矫正或矫正视力的近（距）视力和远（距）视力应不低于 5.0。

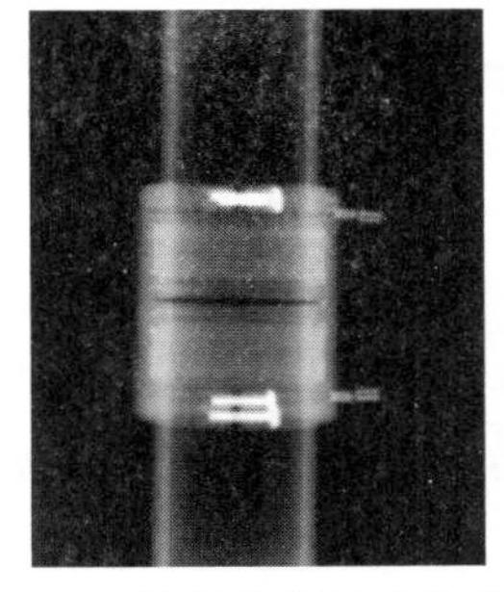

图 9.43　CR 数字射线成像检测图

9.6.3　检测设备和器材

（1）射线源　应选择焦点尺寸、管电压范围和额定功率等满足检测对象和技术要求的 X 射线机。

（2）CR 系统　应根据检测对象和技术要求选择使用的 CR 系统。系统至少满足以下性能指标：图像几何畸变应小于±2%；扫描仪和 IP 板之间不应存在抖动、滑动，或抖动低于系统噪声水平；图像同一水平线上，中心区域与边缘背景灰度变化应不超过±10%；其他性能指标包括信噪比、激光束功能、阴影、图像擦除、伪影等。

（3）成像板（IP）　IP 板的质量合格证中至少应包括 IP 板的类型和规格、动态范围、激发相应时间、化学成分等主要性能参数。对厚度较小的被检工件应选择感光速度较慢的 IP 板，对厚度较大的被检工件可选择感光速度较快的 IP 板。

（4）扫描仪　激光扫描仪的质量合格证至少包括规格、扫描尺寸、输入电压、扫描分辨率、激光束焦点尺寸、扫描步进速度等主要性能参数，且其功能和性能至少满足以下要求：扫描仪应具有扫描和擦除功能，擦除后残留潜影灰度值不得高于系统最大灰度值的 5%；扫描激光功率应满足信号采集的要求；扫描仪光电倍增管电压或增益、扫描分辨率应可调；激光束应无颤动，且不存在伪影和扫描线丢失现象。

（5）显示器要求　显示器作为影像观察的工具，对影像的影响极为重要，显示器应满足以下最低要求：最低亮度 250cd/m^2；显示器至少 256 灰度级；可显示的最低光强比 1∶250；显示至少 1M 像素，像素尺寸小于 0.3mm。

（6）系统专用软件　软件作为影像处理第一手的工具，应至少包括以下功能：

测量功能：包括灰度值、空间分辨率测量、信噪比测量、几何尺寸测量等；

调整功能：包括灰度等级、对比度调节、图像缩放等；

标记功能：能在影像上对缺陷的种类、长度、直径等进行标注。

（7）校准或运行核查　每年至少对 CR 系统性能中的几何畸变、抖动、均匀性、激光束功能、阴影、伪影等进行一次校准或核查，并进行记录存档。

运行核查：存在以下情况时 CR 系统应进行核查，并记录存档。

① 系统改变时（包括各部件的维修、更换、软件升级等）；

② 在系统停止使用 3 个月以上，重新使用时；

③ 正常使用条件下，用户可根据产品说明书和使用频率，在工艺文件规定核查频次，并按规定实施核查。

（8）双丝型像质计的放置　空间分辨率应当在垂直和平行于激光扫描方向上测量，将其中的较大值作为空间分辨率 SR_b。

双丝型像质计应与像素行或列成约 2°～5°的倾斜角，以避免混叠的影响（图 9.44）。

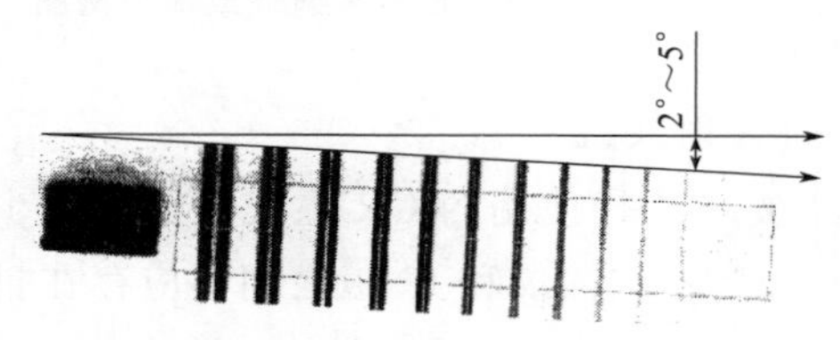

图 9.44　双丝型像质计放置示意

（9）无用射线和散射线屏蔽　IP 板可以用较小的曝光量获得较清晰的影像，对射线比较敏感，所以，在曝光过程中，必须对无用射线和散射线进行屏蔽，限制照射场的范围。

（10）扫描仪参数选择　扫描仪光电倍增管电压或增益的选择应与曝光量匹配，使数字图像灰度值处于适当范围（10%～80%）。并非所有参数调制最高为佳，而是参数选用合理。

在扫描之前需要对扫描参数进行设置，扫描界面的 6 个快捷设置按钮，提供了 6 种不同的参数设置。而且每种参数都有记忆功能，下次使用的时候可以直接使用。

（11）图像处理功能　扫描出来的图像会呈现在主屏幕中央，可能需要对图像进行缩小后才可显示全部图像（图 9.45）。

通过软件工具处理功能，对扫描影像进行进一步处理（图 9.46、图 9.47）。

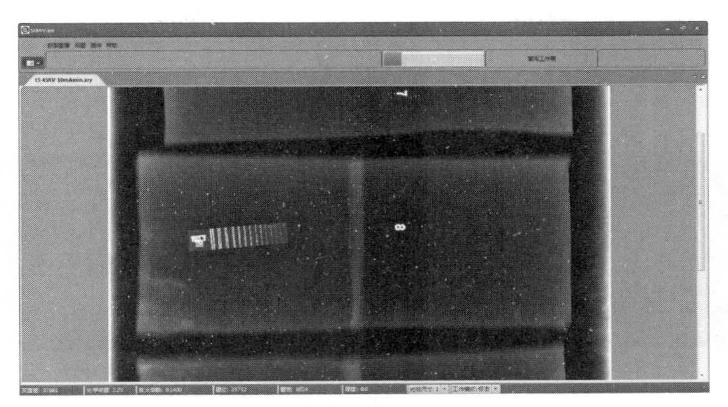

图 9.45　图像处理功能

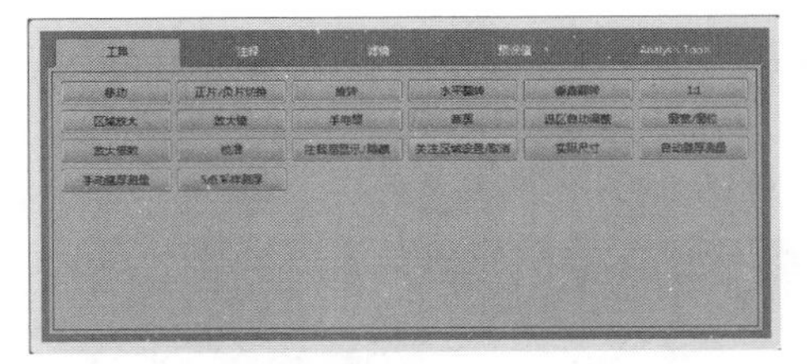

图 9.46　扫描影像软件处理功能——工具

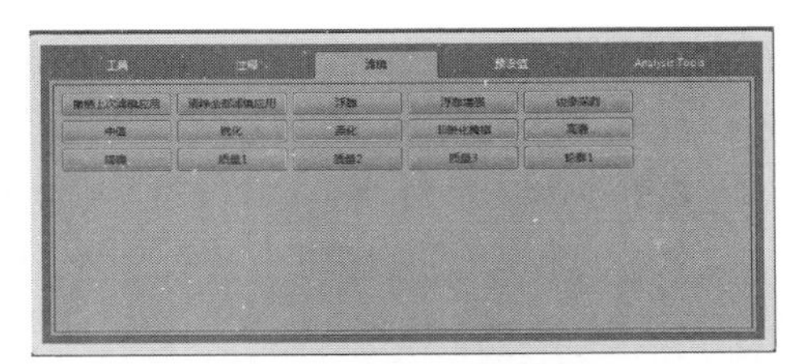

图 9.47　扫描影像软件处理功能——滤镜

CR 具有显示图像时间短，降低废片率，将传统影像的转化为数字化，省掉了暗室的显影、定影、水洗等诸多程序，减少影像被损坏的概率。同时，CR 影像可以复制多份，也可以多种格式导出，可以同时在多个系统终端进行评判（图 9.48）。

通过软件的放大功能，可以对局部有问题的部位进行放大。进行更准确的评定，从而避免漏评或误判（图 9.49）。

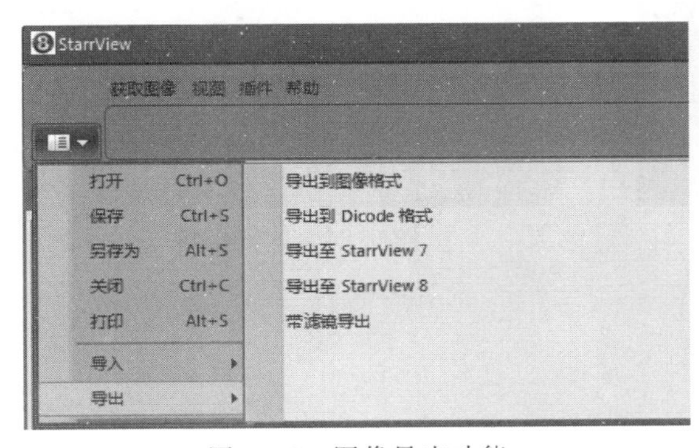

图 9.48　图像导出功能

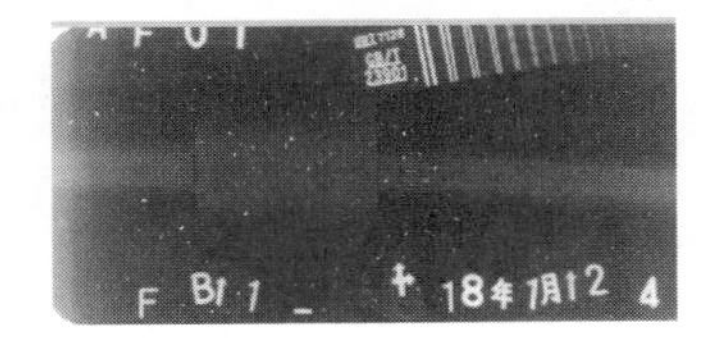

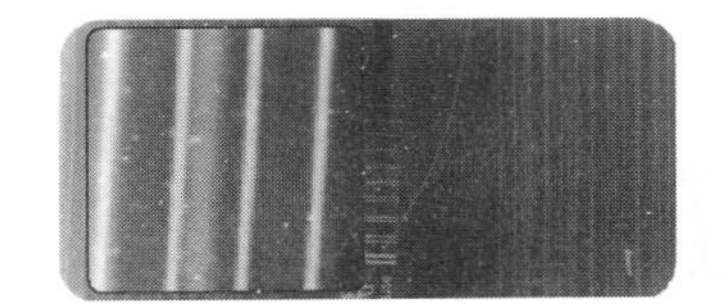

图 9.49　局部缺陷对比

传统的胶片法黑度值单一，在暗室处理过程中，构象因素众多，如暗室的光线强度、显影液的浓度和温度等，稍有不慎，就会造成底片报废。CR 影像通过软件功能将底片进行处理，不会更改影像的真实信息。图 9.50 为 CR 影像软件处理前后对比。

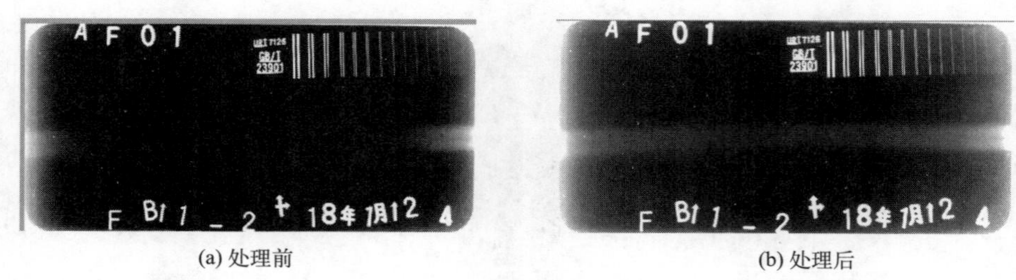

(a) 处理前　　(b) 处理后

图 9.50　CR 影像软件处理前后对比

（12）影像的存储　CR 影像存储可以通过计算机、硬盘、U 盘和云端等进行存储，减少常规胶片存档的占地面积大、环境要求高等弊端，方便远距离传输、共享等。

CR 检测技术对非金属焊缝检测的实例见图 9.51～图 9.54。

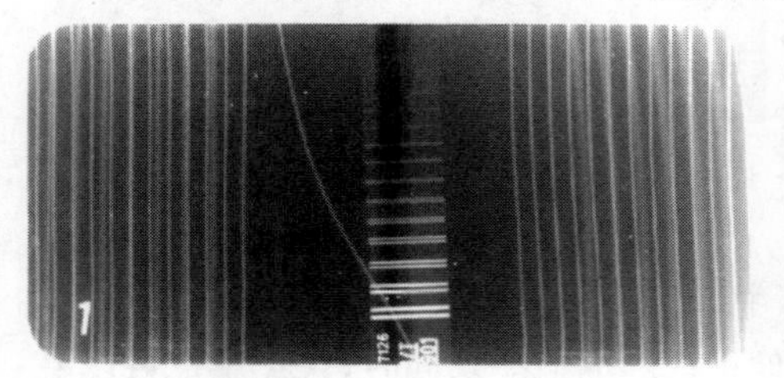

图 9.51　电熔焊接

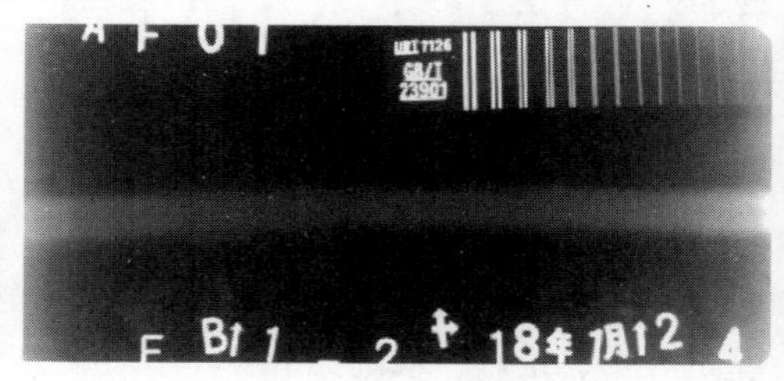

图 9.52　热熔焊接

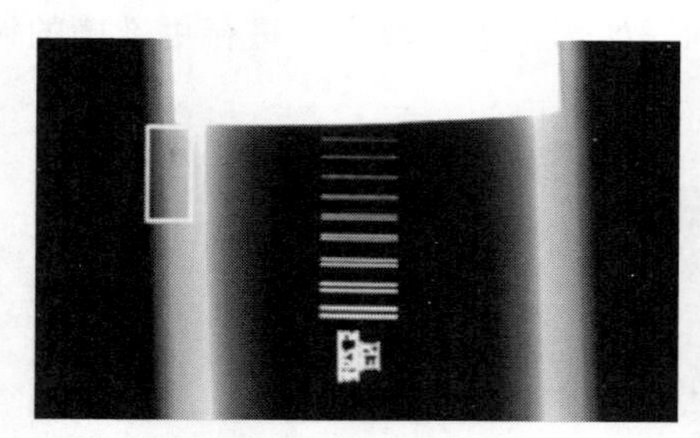

图 9.53　材料孔洞

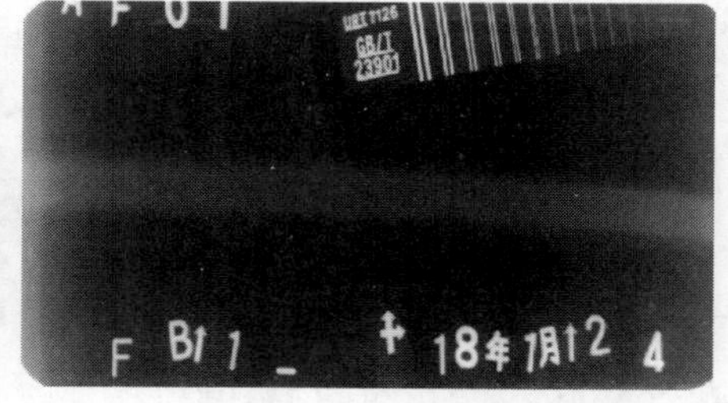

图 9.54　良好焊缝

9.7　讨论

非金属承压设备在承压设备领域的应用越来越广泛，其焊接过程中一般会产生孔洞、焊接面夹杂、冷焊、过焊、电阻丝错位、错边等缺陷，对承压设备的安全存在重大威胁，承压设备的发展离不开无损检测的保驾护航，无损检测是承压设备质量验收不可或缺的重要手段，通过对焊接接头的检测获取缺陷信息，进行开展焊接缺陷评价等工作，从而保证非金属承压设备安全运行。

通过目视检测、射线检测、超声波检测、相控阵检测、CR检测技术等检测手段，可以对非金属承压设备塑料焊缝进行检测，也能检测出焊接缺陷或母材缺陷，其检测方法和检测方案皆可行。

目前，非金属承压设备无损检测技术主要存在的问题有：①缺少非金属缺陷试块、对比试块、灵敏度试块和检测所需要的非金属像质计、非金属增感屏、透照非金属材料的X射线机、专用探头等。②缺少基于对不同性质、不同尺寸的缺陷进行理化实验数据来编制的、适用于非金属承压设备的质量分级及验收标准。这两项成为限制非金属承压设备无损检测技术应用的最大瓶颈。这样就需要制定大量缺陷试块，进行实验，根据实验数据，采用理论分析，最终确定不同类型、不同尺寸的缺陷对产品安全性能的影响，同时实验过程避免单一性和针对性，应以科学、技术和公正、公平的态度对待。这是非金属无损检测下一步的工作重点。

参考文献

[1] 郑晖，林树青．超声检测［M］. 2版．北京：中国劳动社会保障出版社，2008.

[2] 强天鹏．射线检测［M］. 2版．北京：中国劳动社会保障出版社，2007.

[3] NB/T 47013—2015. 承压设备无损检测［S］.

[4] NB/T 47013. 14—2016. X射线计算机辅助成像检测［S］.

[5] GB/T 29461—2012. 聚乙烯管道电熔接头超声检测［S］.

[6] JB/T 10662—2013. 无损检测 聚乙烯管道焊缝超声检测［S］.

[7] GB 150. 1—2011. 压力容器 第1部分：通用要求［S］.

[8] JB/T 12530. 4—2015. 塑料焊缝无损检测方法 第4部分：超声检测［S］.

[9] JB/T 12530. 3—2015. 塑料焊缝无损检测方法 第3部分：射线检测［S］.

[10] JB/T 12530. 2—2015. 塑料焊缝无损检测方法 第2部分：目视检测［S］.

[11] JB/T 12530. 1—2015. 塑料焊缝无损检测方法 第1部分：通用要求［S］.

[12] CJJ 63—2008. 聚乙烯燃气管道工程技术规程［S］.

[13] DB31/T 1058—2017. 燃气用聚乙烯（PE）管道焊接接头相控阵超声检测［S］.

第10章 系统适用性及裂纹扩展性能的检测

近年来我国非金属承压设备的发展异军突起，生产企业数量迅速攀升，品种不断翻新，规模不断扩大。非金属承压设备产品的质量主要与厂商所采用的原材料、工装设备和加工工艺水平有关。对于非金属承压设备生产厂商来说，在原材料满足其相应产品标准的情况下，经焊接等多种手段加工成承压设备就可以上市销售，然而该设备成品的检验手段相对却比较简单，无法确保产品总体质量水平和质量安全，甚至在使用过程中经常出现较多的质量安全事故。据统计，其中真正由于塑料板材、管材或管件不符合要求发生事故的却占少数，往往在连接接头处更容易发生渗漏所造成的安全事故。系统适用性是用以考察整个承压设备系统的整体性能，可针对不同的承压设备产品、不同配件间的连接方式和类型、设备使用环境、使用特点以及使用时可能潜在的风险进行设计和评价。

10.1 系统适用性

10.1.1 弹性密封圈件连接的密封性

10.1.1.1 负压密封试验

（1）概述　将PVC-U插口管段插入PVC-U承口管段，使两管段的轴线偏角满足规定角度，并使插口管段产生一定的形变；在规定的温度范围内，依次向试样施加两个规定的负内压，在规定的测试时间内观察试样的密封情况。常见非金属承压设备产品负压试验及相关标准见表10.1。

表10.1　常见非金属承压设备产品负压试验及相关标准

序号	常见产品	依据标准
1	给水用PVC-U管材	GB/T 10002.1—2006
2	给水用PVC-U管件	GB/T 10002.2—2003

（2）检测方法

① 仪器

a. 工作架　至少包括两个紧固装置，其中一个是可调节的，在向试样施加负压（相对真空）的同时，可以使试样接头处产生一定的偏转角度。

b. 真空表　测量精度±1%。

c. 夹具　可以在距离承口管段面规定距离处的插口管段上，施加一个变形力。典型的试验装置如图 10.1。

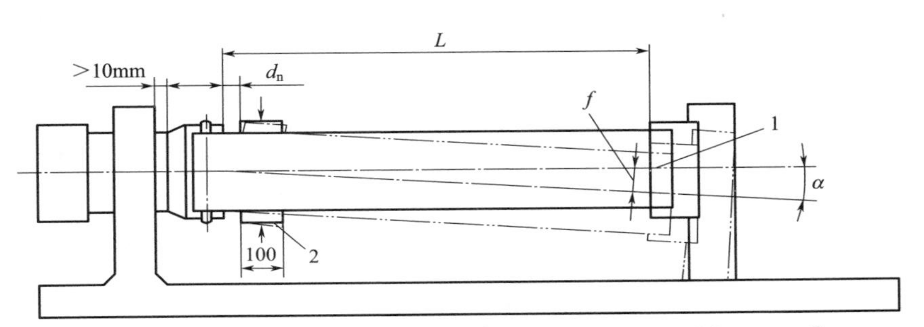

L—承口和密封封头之间管材的自由长度［$L=5d_n$(最小500mm，最大1500mm)］；
d_n—管材的公称外径；1—测量和判断偏角的参考点，$\alpha(\alpha \geqslant 2°)$；
2—对于管系列S≥16的管材，使管材变形的一对夹具。

图 10.1　典型的试验装置

注：偏移量 f 与偏角 α 的关系如下：$f=L\sin\alpha$，当 $\alpha=2°$时，偏移量 $f=0.035L$

d. 真空泵　能施加并保持两个规定的负压。

e. 隔离阀　安装在真空泵和试样之间。

② 试样　试样由符合 GB/T 10002.1 的 PVC-U 插口管段插入承口管段组成。组装时应按照承口制造商的说明进行。用于试验的承口管段和插口管段应为同一公称压力（PN）等级或同一管系列 S。

选择适当的尺寸，管材的平均外径 d_{em}，应是在公差范围内的最小值，并且承口尺寸（平均内径 d_{im} 和放密封圈的密封槽的直径）尽量取符合制造商规定的最大值。

插口管段的自由长度 L，是指承口端面和插口管段密封接头端面的距离，等于 5 倍公称外径 d_n，插口管段的自由长度 L 最小为 500mm，最大为 1500mm。

③ 步骤

a. 将承口管段固定到工作架上，不得产生形变，并使承口管段的轴线保持水平，调整插口管段轴线与承口管段轴线成一直线。

b. 管系列 S≥16 的管材（即薄壁管材），在距离承口端面 $0.5d_n$ 的插口管段上，用一对 100mm 宽的夹具，使插口管段在垂直方向上产生 $5\%d_n$ 的形变，在与承口相邻的夹具端面上测量形变量。

c. 对于管系列 S＜16 的管材（厚壁管材），不需施加变形力，按照 d. ～e. 的步骤进行。

d. 在不受外力情况下使插口管段偏转角度 α。如果 $\alpha=2°$，固定管段并继续试验；如果 $\alpha<2°$，继续偏转管材，直至达到 $\alpha=2°$，而后继续试验。

e. 在下列条件下进行 f. 的步骤：①保持插口管段在垂直面的偏转角度并在试验过程中检查和记录渗漏现象；②环境温度保持在 15～25℃之间，偏差为±2℃。

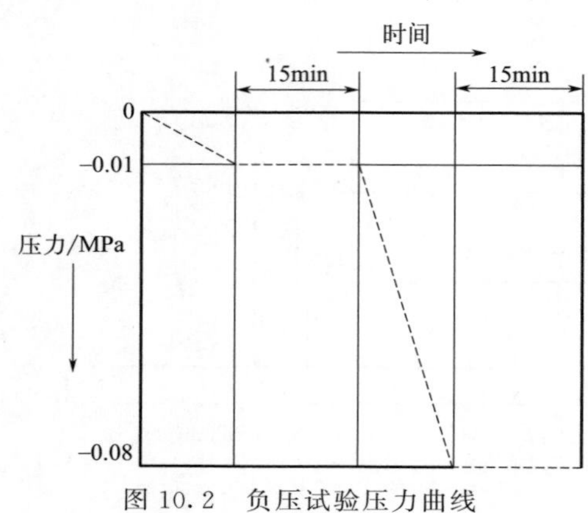

图 10.2　负压试验压力曲线

注：施加负压不要求成严格的线性变化。

f. 向试样施加负压，直到达到 0.01MPa±0.002MPa 时（见图 10.2）。将试样与真空泵断开，监测压力 15min 并记录压力的任何变化，如果负压变化超过 0.005MPa，停止试验。如果负压变化不超过 0.005MPa，则对试样继续施加负压，直到负压到－0.08MPa ±0.002MPa。再次将试样与真空泵断开，监测压力 15min，并记录负压的变化。

（3）注意事项　①试验中第一次负压近似于绝对压力 0.09MPa；②第二次负压近似于绝对压力 0.02MPa；③负压变化不要求严格的线性变化。

10.1.1.2　偏角密封性

（1）概述　将 PVC-U 插口管段插入 PVC-U 承口管段，使两管段的轴线偏角满足规定角度，在规定的温度下，向试样施加规定的压力，在规定的测试时间内观察试样的密封情况。常见非金属承压设备产品负压试验及相关标准见表 10.2。该试验具体方法标准为 GB/T 19471.1—2004。

表 10.2　常见非金属承压设备产品负压试验及相关标准

序号	常见产品	依据标准
1	给水用 PVC-U 管材	GB/T 10002.1—2006
2	给水用 PVC-U 管件	GB/T 10002.2—2003

（2）检测方法

① 仪器

a. 工作架　至少由两个紧固装置组成，其中一个是可调节的，可以使试样接头产生一定的偏转角度。试验装置如图 10.3 所示。

b. 压力控制装置　与试样连接，能施加并保持不用的内静液压，能提供为 PVC-U 管材和接头组装件公称压力两倍以上的压力。

c. 压力测量装置　能检测符合规定的静液压值。

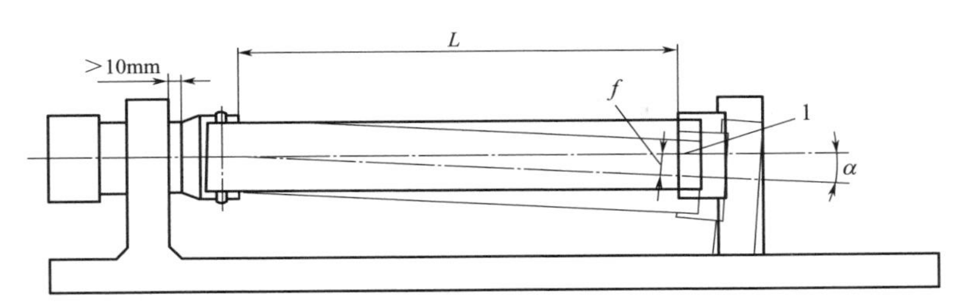

L—插口管段部分的自由长度［$L=5d_n$(最小500mm，最大1500mm)］；
1—测量和判断偏角 α(α≥2°)的参考点。

图 10.3　典型的试验装置

② 试样　试验所用的插口管段和承口管段的公称压力一致。插口管段的长度应满足自由长度 L，即承口端面和插口管段封头之间的间距，应为 5 倍管段公称外径 d_n，且最小 500mm，最大不超过 1500mm。

③ 试验步骤

a. 将承口管段固定到工作架上，不得产生任何形变，使插口管段与承口管段轴线重合。

b. 通过试验装置使插口管段偏转角度 α，接头部位不允许施加外力。如果 $\alpha=2°$，固定管段并继续试验。如果 $\alpha<2°$，继续偏转管材，直至达到 $\alpha=2°$，而后继续试验。用 20℃±5℃的水充满试样，并排除里面的空气。试样状态调节至少 20min，以使温度均衡。

按 c. 进行试验时：保持温度在 15～25℃内任一温度，偏差为±5℃；在试验过程中检查和记录渗漏现象。

c. 除非另有其他规定，否则应按照图 10.4 的静液压压力试验图将规定的静压力保持在 0%～5%的允许偏差之内。

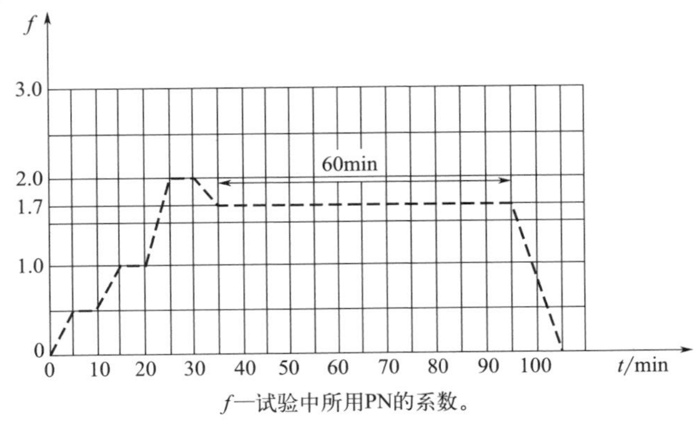

f—试验中所用PN的系数。

图 10.4　压力-时间关系

注：压力变化不必是严格的线性变化。

（3）注意事项　出于安全的原因，在装置的设计和操作中应采取必要的措施，尤其对于大尺寸的试样。

10.1.2　耐拉拔试验

10.1.2.1　概述

将聚烯烃管材与管件连接后，对系统施加轴向应力，同时向系统通入一定压力空气，一定时间里观察系统是否存在泄漏现象，用以检验聚烯烃管材与管件连接后承受纵向拉力时的耐拉拔能力。该检验项目的主要方法标准为GB/T 15820—1995。

10.1.2.2　检测方法

（1）仪器　拉力试验机或可将试样装夹后，能对试样进行施加轴向拉伸的力。拉力机精度为Ⅱ级。拉力机简图见图10.5。

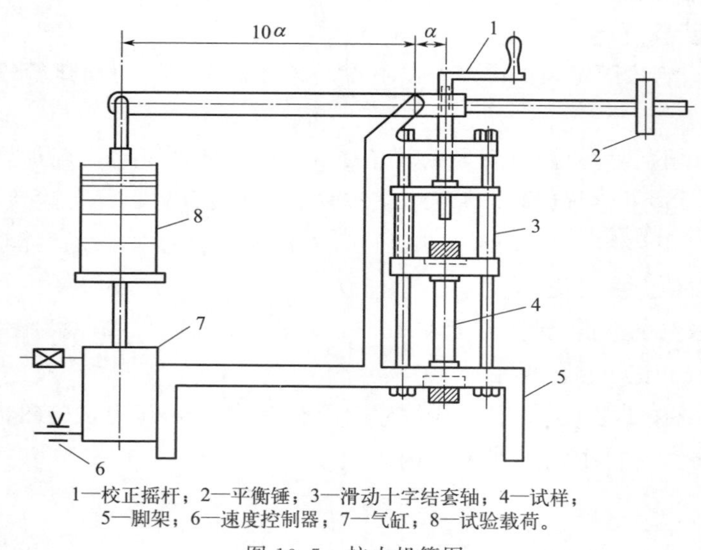

1—校正摇杆；2—平衡锤；3—滑动十字结套轴；4—试样；5—脚架；6—速度控制器；7—气缸；8—试验载荷。

图10.5　拉力机简图

（2）试样

① 试样由管件与一或二段聚乙烯管材组装而成，每段管材长度至少为300mm。管材尺寸应与管件相配，并按产品说明书的要求组装。

② 试样数量：3件。

③ 试验温度：23℃±2℃。

（3）步骤

① 测量管材内径的最大值、最小值，取算术平均值；

② 测量管材外径的最大值、最小值，取算术平均值。

（4）结果　用式(10.1）计算试验所需要的力 K：

$$K=1.5\times\sigma_t\times\frac{\pi}{4}\times(d_e^2-d^2) \tag{10.1}$$

式中，σ_t 为聚乙烯管材的允许设计应力，MPa；d_e 为管材平均外径，mm；d 为管材平均内径，mm。

（5）K 值取小数点后一位有效数字。

（6）将试样固定在拉力计上（或悬挂于框架上），在 30s 内逐渐施加到计算的力 K，保持试样在恒定的纵向拉力下 1h，检查试样连接处是否松脱。

（7）铝塑复合压力管产品的耐拉拔检测项目，其试验分为短期拉拔性能和持久拉拔性能，试验压力为（0.030±0.001)MPa，并施加表 10.3 中规定的拉力值。保持拉拔力和内压力值到规定时间，检查管材与管件连接处有无泄漏、有无相对轴向移动。

表 10.3　铝塑复合压力管耐拉拔性能

公称外径 d_n /mm	短期拉拔性能		持久拉拔性能	
	拉拔力/N	试验时间/h	拉拔力/N	试验时间/h
铝管搭接焊式铝塑管				
12	1100	1	700	800
14	1300		900	
16	1500		1000	
18	1700		1100	
20	2400		1400	
25	3100		2100	
32	4300		2800	
40	5800		3900	
50	7900		5300	
63				
75				
铝管对接焊式铝塑管				
16	1500	1	1000	800
20	2400		1400	
25	3100		2100	
32	4300		2800	
40	5800		3900	
50	7900		5300	

10.1.3 热循环试验

（1）概述　由管材和管件组成的试验系统承受规定次数的温度循环，检测管材和管件连接处的渗漏情况。

（2）检测方法

① 仪器　试验设备包括冷热水交替循环装置，水流调节装置，水压调节装置，水温测量装置以及管道预应力和固定支撑等设施，必须符合下列要求：

a. 提供的冷水水温能达到标准所规定的最低温度的±5℃范围；

b. 提供的冷水水温能达到标准所规定的最高温度的±5℃范围；

c. 冷热水的交替能在1min内完成；

d. 试验组合系统中的水温变化能控制在规定的范围内，水压能保持在标准规定值±0.05MPa范围内（冷热水转换时可能出现的水锤除外）。

② 试样　试验组件由管材、管件按图10.6所示连接安装，并应符合生产商规定的操作规程。

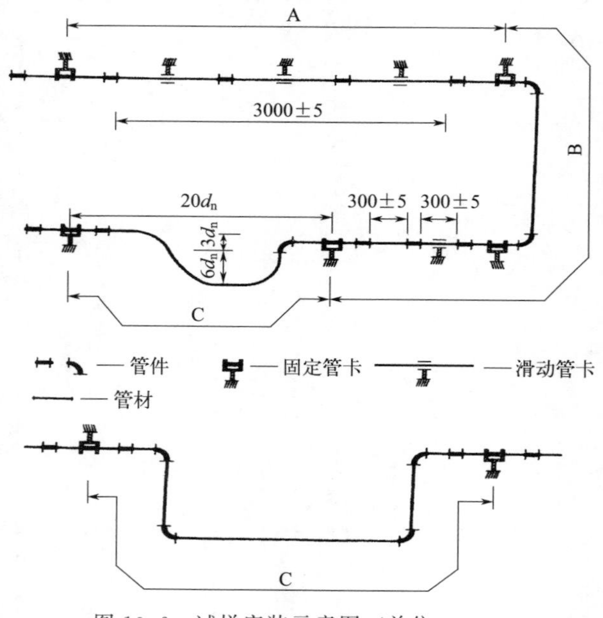

图10.6　试样安装示意图（单位：mm）

图10.6所示试验组件应包含以下内容：

a. 对于A段：至少3根直线连接的管段，其自由长度应为（3000±5)mm；

b. 对于B段：至少2根直管段，可自由移动，并具有（300±5)mm的自由长度；

c. 对于 C 段：至少具有 1 个两端固定的弯曲管段，其自由长度为 $27d_n$～$28d_n$，d_n 指管材的公称外径，或者其长度能按生产商推荐的最小弯曲半径安装。

按安装好的试验组合系统在（23±2）℃的室温条件下放置至少 1h。按相关标准规定对图 10.6 的 A 部分施加张力后锁紧两端的固定支架，使其产生一个恒定的收缩应力（即预应力，为管道温度变化 20℃时产生的扩张或收缩的力）。

预应力的推算方法如式（10.2）：

$$\sigma_t = \alpha \times \Delta T \times E \tag{10.2}$$

式中，σ_t 为预应力，MPa；α 为热膨胀系数，K^{-1}；ΔT 为温差，K；E=3400MPa。

③ 步骤

a. 将组合系统与试验设备相连接。

b. 打开连接阀门开始试验循环，先冷水后热水依次进行。

c. 在前 5 个循环：调节平衡阀控制循环水的流速，使每个试验循环入口与出口的水温差不大于 5℃；拧紧和调整连接处，防止任何渗漏；按标准完成规定次数的循环，检查所有连接处，看是否有渗漏。如发生渗漏，记录发生时间、类型及位置。

10.1.4 循环压力试验

（1）概述　管材和管件按规定要求组装并通入水，在一定温度下向其施加交变压力，检查渗漏情况。具体试验方法标准见 GB/T 18992.2—2003。

（2）测试方法

① 仪器　试验设备包括试验组件、水温调节装置、交变压力发生装置。压力变化频率不小于 30 次/min，循环压力冲击试验装置示意图见图 10.7。压力精度为±0.05MPa。

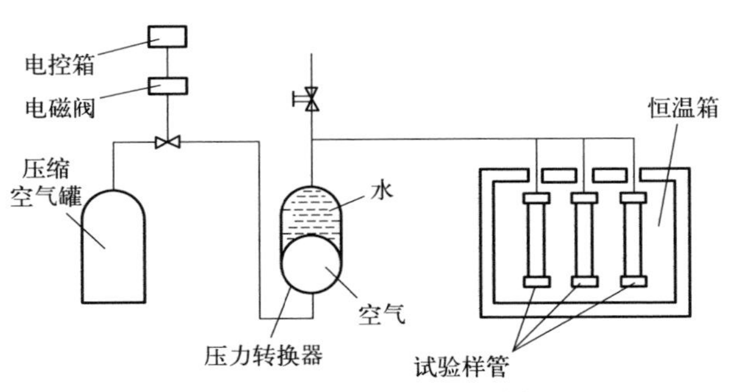

图 10.7　循环压力冲击试验装置

② 试样　试验组件应包括一个或多个长度至少为 $10d_n$ 的管段以及一个或多个管件，按生产厂家推荐的方法进行连接。

③ 步骤

a. 准备试验组件，注入水，排出组件内的空气。

b. 使试样承受一个与 20℃温差产生的收缩率相等的恒定预应力。

c. 将试验组件调节至规定的温度，状态调节至少 1h，然后按规定的压力和频率对试验组件施加交变压力。

d. 完成规定的循环次数后，检查所有连接部位是否渗漏。

10.1.5　耐真空试验

（1）概述　管材与管件在指定的时间内承受部分真空，形成管内负压，检查连接处的气密性。

（2）测试方法

① 仪器

a. 真空泵：能在试样中产生试验所要求的真空压力。

b. 真空压力测量装置：能够测量试样的真空压力，精确到±0.001MPa。

c. 截流阀：能够切断试样与真空泵的连接。

d. 温度计：检查是否符合试验温度。

e. 端部密封件：该密封件用于密封试样的非连接端部，可用人工方法紧固，并对连接处不产生轴向力。安装方式见图 10.8。

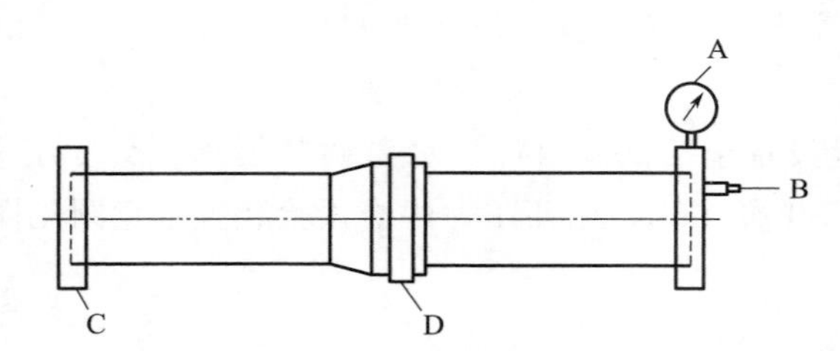

A—压力表；B—与真空泵相连；C—端部密封件；D—试验连接处。

图 10.8　管道系统真空试验示意图

② 试样　试验样品为管材和/或管件的连接件，根据生产厂家推荐的方法进行连接。试样应与真空泵、截流阀连接在一条直线上。真空压力测量装置应装在截流阀与试样之间。

③ 步骤

a. 试样应在 23℃±5℃状态调节 2h。

b. 试验温度为 23℃±3℃。

c. 按本部分的技术要求抽真空，达到规定的真空压力后关闭截流阀，开始计时。达到试验规定时间后，记录真空压力的变化值。

d. 无论试验成功或失败，都应记录压力增加值，即使该值很小。

10.1.6　弯曲试验

（1）概述　检查管材与管件密封头连接处的抗渗漏性，将管材的自由段进行弯曲，试验组件由一段管材和两个管件组成。

（2）测试方法

① 仪器　试验仪器见图 10.9。弯曲定位装置为一靠模板。靠模板长度（l）为管件间自由长度的 3/4，即等于管材公称外径的 7.5 倍。对于 S6.3 的管材，靠模板弯曲半径为公称半径的 15 倍；对 S3.2、S4 和 S5 的管材，靠模板弯曲半径为公称外径的 20 倍。

加压系统的要求按照 GB/T 6111—2018 的规定。

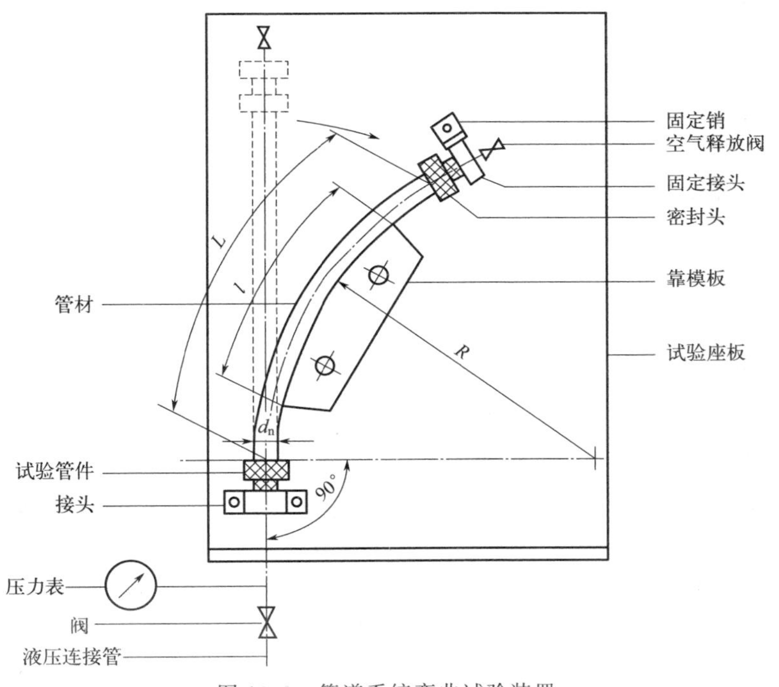

图 10.9　管道系统弯曲试验装置

注：密封头仅用作封堵试验样品。

② 试验样品　试验样品由管材与相匹配的管件组成。管材与管件连接后，应保证管件间管材自由长度为管材公称外径的 10 倍。

③ 试验步骤

a. 试验温度为（20±2)℃；

b. 对管材平均弯曲半径（R）的要求与对靠模板弯曲半径的要求相同；

c. 按图 10.9 组装后，管件间管材的自由长度等于其公称直径的 10 倍；

d. 将试样向弯曲定位装置上安装时，弯曲应力施加在管件上；管材应全部贴合在靠模板上（包括靠模板的两端)，两自由管段应相等，各段约为管件间管材自由长度的 1/8；按照 GB/T 6111—2018 的规定施加静液压力。

10.1.7 内压密封试验

（1）概述 内压密封试验是实际模拟管道系统在最基本条件下的运行情况，因此可以使用该试验方法检验任何一种用于供应冷热水和其他任何介质的非金属承压设备和管道组合系统所必备的承压能力。该试验项目的具体试验参数往往分为两类，一类在常温状态下，一般为 20℃，以及 1.5 倍至 3 倍的操作压力下使整个被测试系统保压至少 1h；另一类试验要求则在最高允许工作温度和所期望的应力条件下保压至少 1000h。这个试验过程是利用提高应力或温度条件，在整个体系中进行的一种加速试验方法，能够有效地判断出整个承压体系的系统风险，其试验结果有效的关键是选择好试验用管材和管件的规格和品种，要求品种全，有代表性。

内压密封试验的主要操作方法标准为 GB/T 6111—2018。以聚乙烯管道系统为例，当机械管件与聚乙烯（PE）管材（熔接接头除外）的组合件承受的内部压力大于管材的公称压力时，检查其密封性能。试验不考虑与聚乙烯管材相接的管件的设计和材料。

（2）测试方法

① 仪器 装置如图 10.10 所示。与试样相连的压力源，应能够维持所用管材公称压力 1.5 倍的水压至少 1h，精度为±2％。

② 试样 应在管材和管件生产至少 24h 后取样，除非另有规定，试样按 GB/T 2918—2018 规定，在温度（23±2)℃条件下进行状态调节至少 24h。

试样应包括至少由一个管件或多个管件和一根或多根管材组装成的接头。

每根管段自由长度应至少为公称外径的 3 倍，但不得少于 250mm。

试样的一端应与压力源相连，另一端密封：当加压后，作用的管材内壁的纵向应力通过作用在管件端部的水压施加。

接头的装配应按照相关的操作规程或标准的要求安装。

③ 步骤 在（20±2)℃的温度下将试样加满水，确保试样与装置连接牢固，放置 20min 达到温度平衡。

当试样的外表面完全干燥后，在 30s 内以稳定的速率加压至要求的试验压力。

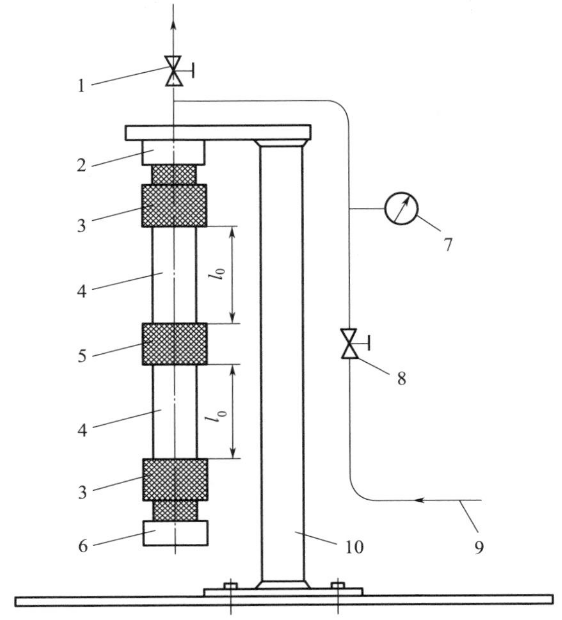

1—空气释放阀；2—连接接头；3—管件；4—管材；5—管件(可选)；6—限位接头；
7—压力表；8—阀门；9—连接静液压压力源；10—支架；l_0—管段自由长度。

图 10.10　内压密封试验装置

维持规定的压力至少 1h 时，保持压力表有一个稳定的读数。试验中不时检查试样是否有任何渗漏现象发生。如果管材在 1h 内破坏，重做试验。

（3）注意事项

在施加试验压力之前，应确保试样中的空气已完全排除。

10.1.8　外压密封试验

（1）概述　在外部水压大于内部大气压的条件下，检查机械连接管件与管材组合接头的密封性能。该试验项目主要测试方法见 GB/T 13663.5—2018。以下主要以聚乙烯管道系统为例，介绍试验具体流程。该试验在聚乙烯管道系统中主要在 0.01MPa 和 0.08MPa 两个压力水平下进行。接头应在每个试验压力下至少 1h 内保持不渗漏。

（2）测试方法

① 仪器　装置示意图如图 10.11 所示。压力箱能够提供试样所需要的试验压力，试样的两端通过箱壁，使此管材内部与大气相通。组合件的安装应便于观察试样中的渗漏情况。

与水箱相连，能够提供和维持水压为 $0.01_{0}^{+0.005}$MPa 和（0.08±0.005)MPa。

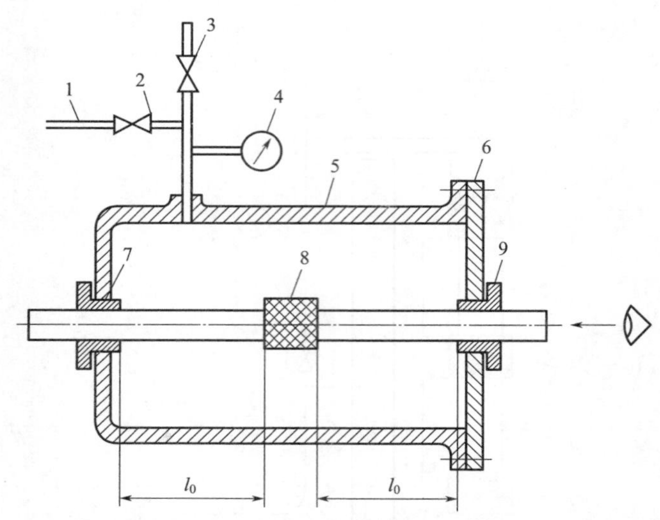

1—水压泵连续入口；2—阀门；3—空气释放阀；4—压力表；5—压力箱；
6—法兰盖；7—环形密封；8—管件；9—密封圈；l_0—管段自由长度。

图 10.11　外压密封试验装置示意图

② 试样　应在管材和管件生产至少 24h 后取样，除非另有规定，试样按 GB/T 2918—2018 规定，在温度（23±2)℃条件下进行状态调节至少 24h。

试样应包括至少由一个管件或多个管件和一根或多根管材组装成的接头。

每根管段自由长度应至少为公称外径的 3 倍，但不得少于 250mm。

接头的装配应按照相关的操作规程或标准的要求安装。

③ 步骤　将试样安装至压力箱内，在（20±5)℃的温度下将压力箱加满水，放置 20min 达到温度平衡。

擦干试样内部的冷凝水，等待 10min 确保试样的内表面完全干燥。

施加表压为 0.01MPa 的压力维持至少 1h，然后增加试验压力至 0.08MPa，再维持至少 1h。

试验中不时检查试样，观察是否有任何渗漏现象。

10.1.9　压力降

（1）概述　主压力保持恒定时，在规定的范围内调节气体通过管道部件的流量以评估其压力降。根据上述测试结果，确定在适当压力降下（与部件尺寸相关）所对应的平均气体流量，其他气体的流量可根据其密度的不同计算得到。

（2）测试方法

① 仪器　测试仪器有：气源；压力控制器（A)，能够维持输出压力（2.5

$\pm 0.05) \times 10^{-3}$ MPa（表压）；流量表（B），容积式或涡轮式，精度为±2%；压力表（C），测量主管线的压力（等级 0.6 或更高）；微压（差压）表（G），测量压差，Δp，等级 0.25；出口阀（E）。具体见图 10.12。

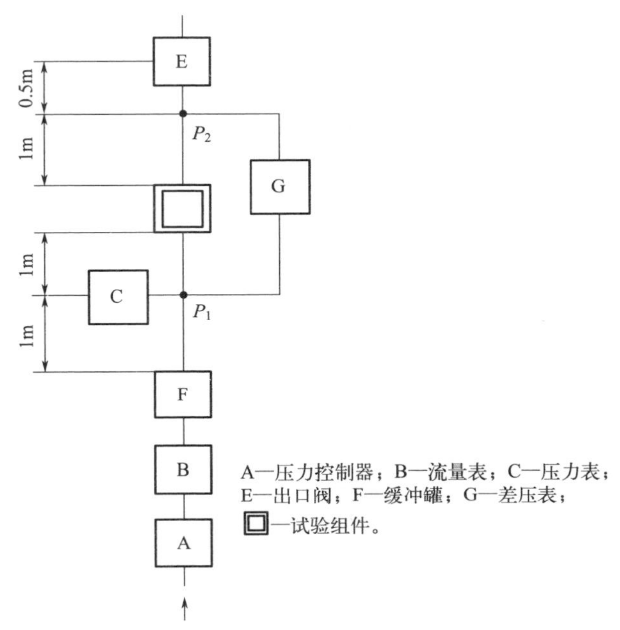

图 10.12 测定流量-压力降关系的试验仪器安装示意

注：差值 Δp 是 P_1 和 P_2 两点之间的压力差。

② 试样

a. 制备 试样由待测部件和与其 SDR 相同的两段管材熔接或连接而成，并应具有适当的接头以与压力降测试设备相连。管材自由长度和试验组件安装尺寸应符合图 10.12 的要求。对于鞍形旁通，安装后应保证能够测量通过分支端的压力降。测试部件需要在主管上冷挤切孔时，其内缘周边各点应与主管内孔平齐且无毛边。

b. 数量 试样的数量应满足相应标准规定。

③ 步骤

a. 在 23℃±2℃环境温度下进行。

b. 部分开启出口阀（E）。

c. 打开进口阀的压力控制器（A），以使空气开始流动并保证空气仅出口散逸。

d. 调整压力控制阀（A）使主管上 P_1 处压力为 $(2.5 \pm 0.05) \times 10^{-3}$ MPa，可由压力表（C）测得。

e. 读取并记录流量表（B）的流量（Q），和差压表（G）的压力降 Δp。

f. 开启出口阀（E）使主管线点 P_1 的压力降低大约 0.5×10^{-3}MPa，由压力表（C）测得。

g. 增加流量直到主管的压力恢复到（2.5 ± 0.05）$\times10^{-3}$MPa，由压力表（C）测得。

h. 测量并记录流量 Q 和压力降 Δp。

i. 重复步骤 f.、g. 和 h.，直到出口阀（E）完全打开。对于鞍形旁通，应测量通过分支端的压力降。

④ 计算

a. 用步骤 e.、h. 和 i. 得到的各组压力降和相应流量进行计算。按式(10.3)计算通过部件出口管的流速 v(m/s)：

$$v=3600\frac{Q}{A} \tag{10.3}$$

式中，Q 为空气流量，m^3/h；A 为出口管内部截面积，m^2。

如果满足下列条件：至少获得五组 Q 和 Δp，并计算出不同的 v 值；至少有一个 v 值≤2.5m/s；至少有一个 v 值≥7.5m/s。则认为数据有效。否则：调整进口阀开口，重复步骤 d. 和 e. 以增补必要的数据；如果在压力下得到大于等于7.5m/s 的 v 值，停止试验，并在报告中说明。

b. 利用各组数据按式（10.4）计算因子 F：

$$F=\frac{\Delta p}{Q^2} \tag{10.4}$$

式中，Δp 为测得的压力降，MPa；Q 为空气流量，m^3/h。计算 F 的平均值。

c. 用 F 的平均值和规定的压力降计算在此压力降下空气的平均流量 Q_s。

d. 用式(10.5）换算其他气体 Q_{gas}（如天然气）的当量流量（m^3/h）：

$$Q_{gas}=Q_s\times\sqrt{\frac{\rho_{air}}{\rho_{gas}}} \tag{10.5}$$

式中，Q_s 为在相应压力降下的平均空气流量，m^3/h；ρ_{air} 为除非在相关标准中另有规定，为23℃和0.1MPa条件下的空气的密度；ρ_{gas} 为除非在相关标准中另有规定，为23℃和0.1MPa条件下的其他气体的密度。

10.2 裂纹扩展性能

10.2.1 耐慢速裂纹增长试验（SCG）

耐慢速裂纹增长是反映管材外表面出现划痕时，在长期应力作用下抵抗划痕缓慢增长的能力。非金属承压管道或容器在实际应用中，要经过储存、运输、施工过程中的滚动、拖拉，考虑到工况尖锐的石块等影响，整个过程中要求管道表面不造成任何损伤几乎是不可能的。裂纹的增长对非金属承压设备的寿命起到重要的影响。

10.2.1.1　耐慢速裂纹增长试验——切口试验（壁厚大于 5mm）

（1）概述　将外表面带有四个机械加工的纵向切口的管材浸没到 80℃的水箱中进行静液压试验，记录破坏时间。依据标准为 GB/T 18476—2019。

（2）检测方法

① 仪器

a. 管材静液压试验设备　按 GB/T 6111 的规定，压力偏差应保持在要求值的－1%～＋2%范围内，根据相关标准规定，恒温箱内充满水或其他液体，保持恒定的温度，温度偏差为±1℃。如果恒温箱为烘箱，温度偏差为规定值的－1～＋2℃。当试验在水以外的介质中进行时，特别是涉及安全及液体与试样材料之间的相互作用时，应采取必要的防护措施。当试验在水以外的介质中进行时，用于相互对比的试验应在相同环境下进行。由于温度对试验结果影响很大，试验温度偏差应控制在规定范围内并尽可能小，如采用流体强制循环系统。

b. 切口加工设备　带有一个固定在床身上的水平芯轴的铣床，并能牢固卡紧试样，使其笔直。芯轴置于管材内部，用于加工切口时在正下方支撑管材。安装在水平刀杆上的铣刀应是符合 GB/T 6128.3—2007 的 60°夹角的 V 形铣刀，铣削速率为（0.010±0.002）(mm/rev)/齿：

例：带有 20 个齿的铣刀以 700r/min 的速度转动，横向进给的速度为 150mm/min，铣削速率为 150/(20×700)＝0.011(mm/rev)/齿。

应保护铣刀以免损伤。铣刀在第一次正式使用前，应预铣累计 10m 长的切口。铣刀不能用于其他材料或其他用途，铣 500m 切口后应更换铣刀。

当铣削长度每达到 100m 时，应通过在显微镜下放大 10～20 倍后检查铣刀是否破坏或磨损，将铣刀齿刃与新刀齿刃进行比较，若有任何破坏或磨损的迹象，应进行更换。

② 试样　试样应在（23±2)℃条件下状态调节至少 4h 后，进行测量。

a. 试样准备

（a）试样尺寸：试样应具有足够长度。当按 GB/T 6111—2018 进行试验时，管材公称外径小于等于 315mm，密封接头间试样自由长度应不小于 $3d_n$±5mm，其中 d_n 为管材的公称外径；当管材公称外径大于 315mm，最小自由长度应不小于（$3d_n$±5)mm 或不小于 1000mm。

注： 对于 d_n≥1000mm 时，推荐试样自由长度为 d_n，当采用小于（$3d_n$±5)mm 的管材且切口长度小于公称外径时，可进行进一步研究。

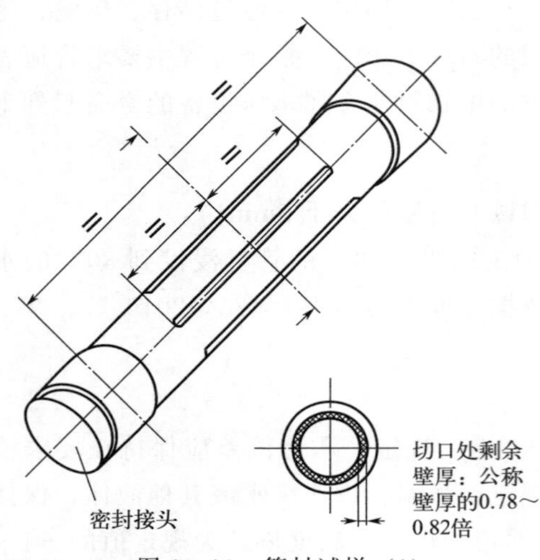

图 10.13 管材试样（1）

（b）切口位置和尺寸测量：将管材圆周四等分，标记出四个纵向切口加工位置和长度，切口的两端应在圆周上对齐，如图 10.13 所示，按 GB/T 8806—2008 的要求，测量试样平均外径 d_{em} 和切口中心处的壁厚。

（c）加工切口

ⅰ当试样壁厚大于 50mm 时，应先用直径为 15～20mm 的螺旋铣刀预加工，加工到离预期的切口深度约 10mm 时，再按 ⅱ 用 V 形铣刀加工切口。

ⅱ沿管材轴向加工切口，使切口的剩余壁厚在管材公称壁厚的 78%～82%，如图 10.14 和图 10.15 所示。各种管材切口处剩余壁厚见表 10.4。

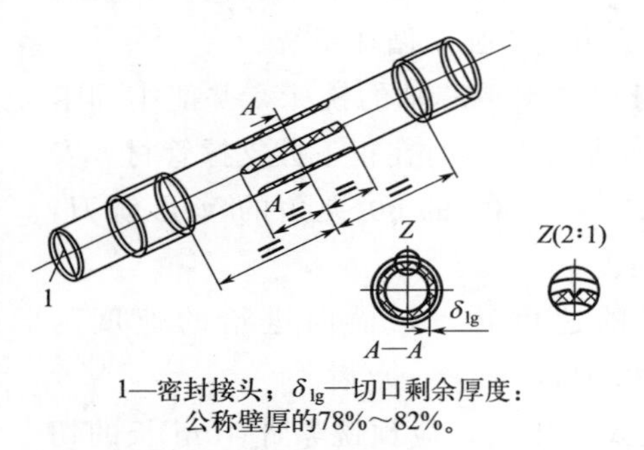

1—密封接头；δ_{lg}—切口剩余厚度：公称壁厚的78%～82%。

图 10.14 管材试样（2）

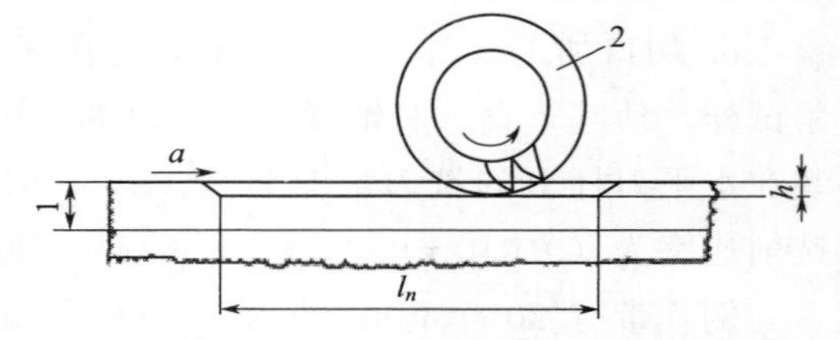

1—管材壁厚；2—60°对称双角铣刀；h—切口深度；l_n—切口长度，位于试样中间；a—管材给进运动方向。

图 10.15 加工切口方法

公称外径小于或等于 315mm，具有完整深度的每个切口的长度应等于 $(d_n \pm 1)$mm；对于公称外径大于 315mm、自由长度小于 $(3d_n \pm 5)$mm 的管材，具有完整深度的每个切口的长度应等于自由长度减去（500±1）mm。

ⅲ测量并记录每个切口的深度和切口剩余壁厚 δ_{lg}。

注 1： 在 V 形槽的顶端附近，为便于测量，可采用千分尺进行测量。

注 2： 当测量管材剩余厚度较困难时，可参考步骤③中切口剩余壁厚计算方法。

ⅳ密封接头安装于试样两端，应保证内部压力引起的纵向载荷全部作用在管材上。

b. 试样数量 除产品标准中另有规定外，应至少准备 3 个试样。

表 10.4　管材系列切口剩余壁厚

单位：mm

公称外径 d_n	SDR6 S2.5		SDR7.4 S3.2		SDR9 S4		SDR11 S5		SDR13.6 S6.3		SDR17 S8		SDR17.6 S9.3		SDR21 S10		SDR26 S12.5		SDR33 S16		SDR41 S20	
	切口处剩余壁厚																					
	min	max	min	max	min	max	min	max	min	max	min	max	min	max	min	max	min	max	min	max	min	max
32	4.2	4.4																				
40	5.2	5.5	4.3	4.5																		
50	6.5	6.8	5.4	5.7	4.4	4.6																
63	8.2	8.6	6.7	7.1	5.5	5.8	4.5	4.8														
75	9.8	10.3	8.0	8.4	6.5	6.9	5.3	5.6	4.3	4.5												
90	11.7	12.3	9.6	10.1	7.9	8.3	6.4	6.7	5.1	5.4	4.2	4.1	4.0	4.2								
110	14.3	15.0	11.8	12.4	9.6	10.1	7.8	8.2	6.3	6.6	5.1	5.4	4.9	5.2	4.1	4.3						
125	16.2	17.1	13.3	14.0	10.9	11.5	8.9	9.3	7.2	7.5	5.8	6.1	5.5	5.8	4.7	4.9						
140	18.2	19.1	15.0	15.7	12.2	12.9	9.9	10.4	8.0	8.4	6.5	6.8	6.2	6.6	5.2	5.5	4.2	4.4				
160	20.7	21.8	17.1	18.0	14.0	14.7	11.4	12.0	9.2	9.7	7.4	7.8	7.1	7.5	6.0	6.3	4.8	5.1				
180	23.3	24.5	19.2	20.0	15.7	16.5	12.8	13.4	10.4	10.9	8.3	8.8	8.0	8.4	6.7	7.1	5.4	5.7	4.3	4.5		
200	25.9	27.2	21.4	22.5	17.5	18.4	14.2	14.9	11.5	12.1	9.3	9.8	8.9	9.3	7.5	7.9	6.0	6.3	4.8	5.1		
225	29.2	30.7	24.0	25.3	19.6	20.6	16.0	16.8	12.9	13.6	10.5	11.0	10.0	10.5	8.4	8.9	6.7	7.1	5.4	5.7	4.3	4.5
250	32.4	34.0	26.7	26.0	21.8	22.9	17.7	18.6	14.4	15.1	11.5	12.1	11.1	11.6	9.3	9.8	7.5	7.9	6.0	6.3	4.8	5.0
280	36.3	38.1	29.9	31.4	24.3	25.6	19.8	20.8	16.1	16.9	12.9	13.6	12.4	13.0	10.5	11.0	8.3	8.8	6.7	7.1	5.4	5.7
315	40.8	42.9	33.6	35.3	27.3	28.7	22.3	23.5	18.2	19.1	14.6	15.3	14.0	14.7	11.7	12.3	9.4	9.9	7.6	8.0	6.0	6.3
355	46.0	48.4	37.8	39.8	30.8	32.4	25.2	26.5	20.4	21.4	16.5	17.3	15.8	16.6	13.2	13.9	10.6	11.2	8.5	8.9	6.8	7.1
400			42.7	44.9	34.7	36.5	28.4	29.8	22.9	24.1	18.5	19.4	17.8	18.7	14.9	15.7	11.9	12.5	9.6	10.1	7.6	8.0
450			48.1	50.6	39.0	41.0	31.9	33.5	25.8	27.1	20.8	21.9	19.9	21.0	16.8	17.6	13.4	14.1	10.8	11.3	8.6	9.0
500					43.4	45.6	35.5	37.3	28.7	30.2	23.1	24.3	22.2	23.3	18.6	19.6	14.9	15.7	11.9	12.5	9.5	10.0
560							39.7	41.7	32.1	33.8	25.9	27.2	24.9	26.2	20.8	21.9	16.7	17.5	13.4	14.1	10.7	11.2
630							44.7	47.0	36.2	38.0	29.1	30.6	27.9	29.4	23.4	24.6	18.8	19.8	15.1	15.8	12.0	12.6
710									40.8	42.9	32.8	34.5	31.4	33.0	26.4	27.8	21.2	22.3	17.0	17.9	13.6	14.3
800									45.9	48.3	37.0	38.9	35.3	37.1	29.7	31.2	23.9	25.1	19.1	20.1	15.3	16.1
900											41.7	43.9	39.8	41.8	33.5	35.2	27.1	28.5	21.5	22.6	17.2	18.0
1000											46.3	48.6	44.1	46.4	37.2	39.1	30.0	31.6	23.9	25.1	19.0	20.0
1200															44.6	46.9	36.0	37.9	28.4	29.8	22.8	24.0
1400																	42.0	44.2	33.1	34.8	26.7	28.0
1600																	48.0	50.4	37.8	39.8	30.5	32.1

c. 状态调节　试验前试样应充满水，浸没在80℃的水中进行状态调节，状态调节时间应符合GB/T 6111—2018的要求。

③ 步骤

a. 静液压试验　按GB/T 6111—2008的要求在80℃和相关标准规定的压力条件进行静液压试验。

将试样与加压装置连接，排出内部空气，进行状态调节，在加压过程中，要确保平稳、连续升压，并且加压过程应在30s～1h，加压时间取决于试样尺寸和设备加压能力。

保压到试样破坏或达到规定的时间，记录升压和保压时间，向下圆整到小时。如果发生破坏，记录破坏的位置。

表10.5给出了聚乙烯管材的试验参数和要求，它取决于材料级别和管系列。

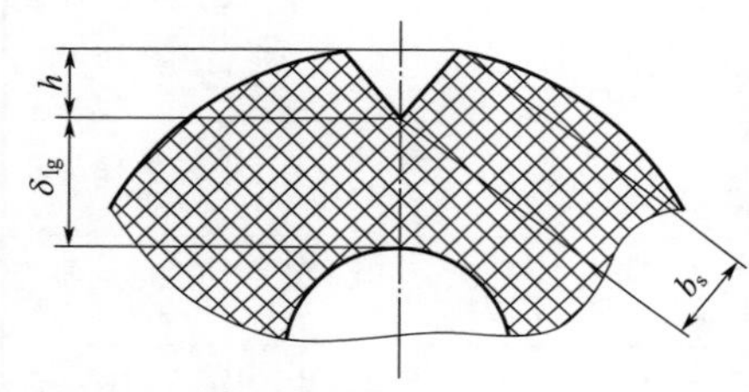

b_s—切口加工表面的宽度；h—切口深度；δ_{lg}—切口剩余厚度。

图10.16　切口几何尺寸示意图

b. 切口剩余厚度计算　若比预期提前发生破坏，破坏后应对试样进行测量。

推荐采用以下方法：压力试验完成后，从水箱中取出试样并冷却到环境温度；在切口位置，沿圆周方向切下一段试样，用显微镜或类似的仪器测量切口加工表面的宽度（b_s），精确到±0.1mm，如图10.16所示。如果相关标准有要求，应同时测量裂纹透过的深度。

用式(10.6)计算缺口深度，从每个切口位置处的切口深度和平均壁厚，计算出切口处剩余壁厚。

$$h=0.5[d_{em}-(d_{em}^2-b_s^2)^{1/2}]+0.866b_s \tag{10.6}$$

式中　b_s——切口加工表面的宽度，mm；

d_{em}——测量的管材平均外径，mm。

从每个切口位置处的切口深度和平均壁厚，计算出切口剩余壁厚。

表10.5　聚乙烯管材试验压力

SDR	S	试验压力 p/MPa	
		PE80	PE100
41	20	0.2	0.23
33	16	0.25	0.288
26	12.5	0.32	0.368
21	10	0.4	0.46
17.6	8.3	0.482	0.554

续表

SDR	S	试验压力 p/MPa	
		PE80	PE100
17	8	0.5	0.575
13.6	6.3	0.635	0.73
11	5	0.8	0.92
9	4	1.0	1.15
7.4	3.2	1.25	1.438
6	2.5	1.6	1.84

注：上述试验压力是通过式（10.7）计算得出。光滑壁管材静液压应力，对于 PE80 材料为 4.0MPa，对于 PE100 材料为 4.6MPa。

$$p=\sigma/S \text{ 或 } p=2\sigma/(SDR-1) \tag{10.7}$$

式中，σ 为静液压应力，MPa；S 为管系列；SDR 为标准尺寸比。

④ 结果　试验结果用试样破坏的时间或试样在规定时间内是否破坏来表示。

（3）讨论

① 试验开始之前试样应排尽其中的空气；

② 在加工切口时，因为管材在释放残余应力时管壁会变化，导致切口加深，所以为使切口处剩余壁厚在要求的范围内，建议按上限加工。

10.2.1.2 耐慢速裂纹增长试验——锥体试验（壁厚小于或等于 5mm）

（1）概述　从管材上切取规定长度的管材环，在管材环内插入一个锥体以保持恒定应变，在管材环的一端开一个缺口。将其浸入温度为 80℃±1℃ 的规定的表面活性溶液中。测量裂纹从缺口处开始的扩展速率。本试验适用于壁厚小于或等于 5mm 的管材。依据标准为 GB/T 19279—2003。

（2）检测方法

① 仪器

a. 恒温控制槽　装有表面活性溶液的恒温控制槽，其尺寸应保证试样能够全部浸入溶液中。恒温控制槽应采用不影响表面活性溶液的材料制造，加盖防止溶液蒸发，并配有搅拌装置。

注：搅拌的目的是防止溶液的分离或分层。

b. 锥体　一端为锥形的芯轴，插入管材环内以保持恒定应变，见图 10.17。在芯轴的另一端开一个纵向凹槽，尺寸为长（L）20mm±1mm、宽 1mm±0.2mm，深（e）2mm±0.2mm，芯轴应采用不影响表面活性溶液的材料制造，如黄铜。

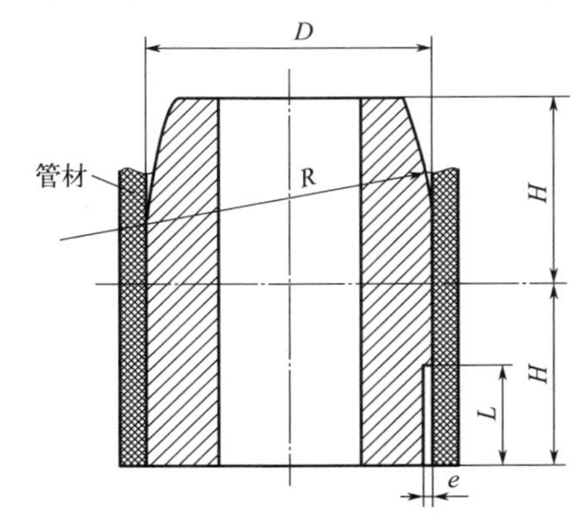

图 10.17　锥体

$D=1.12\times$管材的公称内径（±0.1mm）；

当管材公称外径小于等于 40mm 时，取 $H=D(\pm 1\text{mm})$；当管材公称外径大于 40mm 时，取 $H=\dfrac{D}{2}(\pm 1\text{mm})$；

当管材公称外径小于等于 40mm 时，取 $R=4\times$管材公称内径（±2mm）；当管材公称外径大于 40mm 时，取 $R=$管材公称内径（±2mm）。

公称内径等于管材公称外径减两倍的规定的最小壁厚。

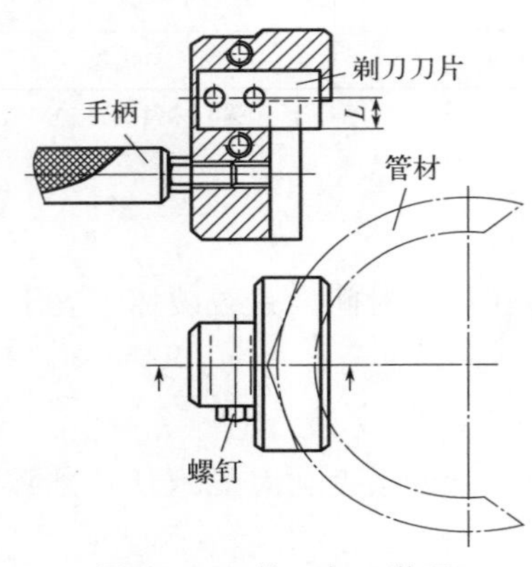

图 10.18　缺口加工装置

c. 压力机或台钳　将锥体压入管材环的压力机，压入的速率不应引起管端破坏或变形。也可使用带有夹持和导向爪的台钳。

d. 缺口加工装置　将剃刀刀片插入管材的端部以制造缺口的缺口加工装置，如图 10.18 所示。另外，也可以选用能实现这一操作的其他装置，如使用一个特定的夹具或带有移动台的机床。应使用剃刀刀片开切口，一个刀片加工缺口数不得超过 20 个。

刀片切入速率约 10mm/min 为宜。

e. 表面活性剂　采用对壬基苯基聚氧乙烯醚中性溶剂，分子式如下：

$$C_9H_{19}-\langle\bigcirc\rangle-O-(CH_2-CH_2-O)_n-H \quad (n=11)$$

用上述表面活性溶剂配制浓度为 5%（质量分数）的去离子水溶液，保证试样全部浸入溶液中。此溶液在 80℃ 条件下随时间老化，因此使用不应超过 100 天。

② 试样

a. 试样准备：公称外径小于等于 40mm 时，试样长度为 100_0^{+5}mm；公称外径大于 40mm 时，试样长度为 150_0^{+5}mm，试样两端应切割平整且与轴线垂直。

在距锥体插入端 30mm 处按 GB/T 8806 测量管材的外径（D_1）。

b. 试样数量：试样数量为 3 个。

③ 步骤

a. 插入锥体：将锥体小心地插入管材环，保证锥体和管材环同轴。使用压力机或台钳在不损坏、扭曲管材环端面或边缘的速率下将锥体全部压入管材环。适宜的速率为 100mm/min±50mm/min。在距离管端 30mm 的同一位置处重新测量管材的外径（D_2）。

插入锥体后，应在 10min 内加工缺口并将试样浸入表面活性溶液中。

b. 计算应变：插入锥体后，用式(10.8) 计算试样的应变水平，以百分数的形式表示。

$$应变=\frac{D_2-D_1}{D_1}\times100\% \tag{10.8}$$

c. 加工缺口：在被锥体完全绷紧的管材环的一端，沿整个壁厚加工轴向长度为 10mm±1mm 的缺口。记录缺口相对于管材标记的环向位置。应使用图 10.18 所示的装置加工缺口。为保证试样沿整个壁厚形成缺口，应使用压力机或台钳将缺口加工装置推入管材环。从管材端部测量缺口的轴向长度（$A_0\pm0.5$mm）。

注：可以使用机械方法加工缺口。例如将组合试样固定在拉伸试验机或特殊的夹具上，控制刀具加工缺口。推荐切割速率为 10mm/min 左右。

d. 浸泡试样：加工完缺口后，将带有锥体的试样放入装有表面活性溶液的水槽中，并保持 80℃±1℃的恒温。试样垂直放置，完全浸没，锥体底部置于槽底，即锥端朝上。槽上应加盖并密封。

e. 测量裂纹增长：每隔 24h 将试样从槽内取出。观察外观并测量距管材端部的缺口长度（$A_i\pm0.5$mm），至少测得 3 次连续增长的缺口长度。如果缺口增长曲线明显偏离轴向，应停止试验，准备新的试样。

注：如果一周后 3 个试样没有发生裂纹增长，可以停止试验。管材试样被认为是耐慢速裂纹增长的。

④ 结果　画出裂纹长度增长（A_i-A_0）对时间的变化图，如图 10.19 所示。对数据进行线性回归。对于每个试样，从直线的斜率确定裂纹增长速率 V（mm/24h）。如果在相关标准中没有其他规定，应将所测量的最大裂纹增长速率作为试验结果。

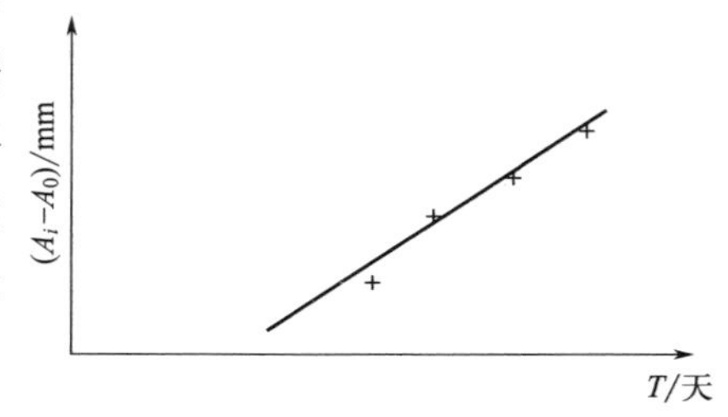

图 10.19　裂纹长度随时间的增长

(3) 讨论

① 表面活性剂配置的溶液在 80℃条件下随时间老化，因此使用不应超过 100 天；

② 恒温控制槽应采用不影响表面活性溶液的材料制造，加盖防止溶液蒸发，并配有搅拌装置；

③ 锤体的尺寸应符合标准规定要求。

10.2.2　耐快速裂纹扩展（RCP）的测定——小尺寸稳态试验（S4 试验）

(1) 概述　截取规定长度的热塑性塑料管材试样，保持在规定的试验温度下，管内充满流体并施加规定的试验压力，在接近管材一端实施一次冲击，以引发一个快速扩展的纵向裂纹。裂纹引发过程应尽可能减少对管材的影响。依据标准为 GB/T 19280—2003。试验温度和试验压力按相关标准确定。试验流体与实际应用的流体相同，或能得到相同结果的其他流体。通过内部减压挡板和外部限制环阻止扩展之前的快速减压，外部限制环限制试样在裂纹边缘处大大张开。因此这种方法能够在较低压力下以一段短的管材试样实现稳态快速裂纹扩展（RCP），这个压力低于在同样的试样上实现扩展的全尺寸试验压力。随后检查管材试样以确定是裂纹终止还是裂纹扩展。通过一系列不同压力但温度恒定的这种试验，就可以确定 RCP 的临界压力或临界应力。同样，在恒定压力或恒定环向应力下改变温度进行一系列试验，就可以确定 RCP 的临界温度。

（2）检测方法

① 仪器

a. 试验所用装置总体上应符合图 10.20 所示的要求。

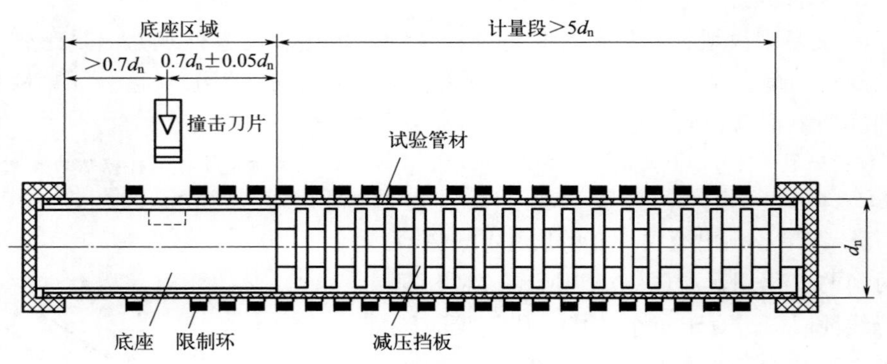

图 10.20　S4 试验装置

b. 限制环：限制环应允许试验管材在加压过程中自由膨胀，但在裂纹扩展过程中，应将管材圆周上任意点的径向膨胀限制在最大直径为 $1.1d_n\pm0.04d_n$ 的范围内。限制环不应接触管材或被管材支撑并且应与管材同轴。

在裂纹引发点到计量段终点范围内，限制环的间距应为 $0.35d_n\pm0.05d_n$，每个限制环纵向宽度为 $0.15d_n\pm0.05d_n$。

c. 计量段长度：计量段长度应大于 $5d_n$。计量段内部体积至少留有 70%以上充以加压空气，加压空气所致试验管材管壁径向膨胀，不应受到限制。测量管材内部静压力的装置，精度为±1%。

d. 减压挡板：符合 GB/T 19280—2003 标准 7.3 节的要求。

e. 裂纹引发装置：撞击刀片边缘长度为 $0.4d_n\pm0.05d_n$，刀片高度应大于管材公称壁厚（e_n）（见图 10.21）。

从管材外表面算起，撞击刀片刺进管材的深度应不超过 $(1\sim1.5)e_n$。除刀片本身外，撞击器的任何部分不得直接碰撞管材的外表面。圆形截面的内部底座应保证在刀片的冲击下，整个底座区域管材内表面不能变形到直径小于 $0.98d_{i,\min} \pm 0.01d_{i,\min}$ 的程度。在底座上开一个槽，以确保引发裂纹时不损坏刀片。槽的体积应不超过 $\pi d_n^2/4$ 的 1%。

f. 密封接头：管材试样的两端用密封接头密封。

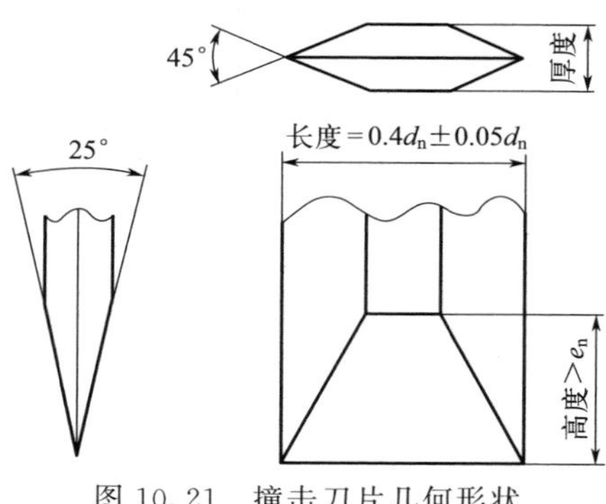

图 10.21　撞击刀片几何形状

② 试样

a. 试样准备：管材试样应平直，端部平整且与轴线垂直，长度为 $7d_n + d_{n_0}$。计量段的管材表面不应做任何处理，必要时可对裂纹引发端进行倒角以便于安装试样。当难以引发一个满意的裂纹时，可以在底座区域的管材内壁上开一个缺口，缺口不应延伸至计量段。对于 PE 管材，剃刀缺口深度至少应为 1mm。

b. 状态调节：将试样浸入用于状态调节的流体中，试验温度保持在相关标准规定温度的 0～－2℃范围内。调节时间至少应符合 GB/T 6111 中按管材试样壁厚而规定的时间。用于状态调节的流体不应影响管材的性能。

采取必要的预防措施，使试样温度在试验之前不显著提高。在管材试样从状态调节的流体中取出后 3min 内引发裂纹。

③ 步骤

a. 用一段未加压的管材，计量段长度最小为 $5d_n$，建立引发条件，以产生长度 α 至少等于 $1d_n$ 的裂纹，撞击器速度在 15m/s±5m/s 之间。必要时可开缺口。

b. 保持这些引发条件，用规定的加压流体对管材试样加压至试验压力，偏差为＋1%，进行试验并测量裂纹长度 α 。

④ 结果　当 $\alpha \leqslant 4.7d_n$ 时，定义为裂纹终止；当 $\alpha > 4.7d_n$ 时，定义为裂纹扩展。

（3）讨论

① 采取必要的预防措施，使试样温度在试验之前不显著提高。在管材试样从状态调节的流体中取出后 3min 内引发裂纹。

② 当难以引发一个满意的裂纹时，可以在底座区域的管材内壁上开一个缺口，缺口不应延伸至计量段。对于 PE 管材，剃刀缺口深度至少应为 1mm。

参考文献

[1] GB/T 10002.1—2006. 给水用硬聚氯乙烯（PVC-U）管材［S］.
[2] GB/T 10002.2—2003. 给水用硬聚氯乙烯（PVC-U）管件［S］.
[3] GB/T 19471.2—2004. 塑料管理系统　硬聚氯乙烯（PVC-U）管材弹性密封圈式承口接头　负压密封试验方法［S］.
[4] GB/T 19471.1—2004. 塑料管理系统　硬聚氯乙烯（PVC-U）管材弹性密封圈式承口接头　偏角密封试验方法［S］.
[5] GB/T 15820—1995. 聚乙烯压力管材与管件连接的耐拉拔试验［S］.
[6] GB/T 18997.1—2020. 铝塑复合压力管　第1部分：铝管搭接焊式铝塑管［S］.
[7] GB/T 18997.2—2020. 铝塑复合压力管　第2部分：铝管对接焊式铝塑管［S］.
[8] GB/T 19993—2005. 冷热水用热塑性塑料管道系统　管材管件组合系统热循环试验方法［S］.
[9] GB/T 18992.2—2003. 冷热水用交联聚乙烯（PE-X）管道系统　第2部分：管材［S］.
[10] 魏若奇，华晔，潘颖．聚烯烃管路系统适用性评价技术［J］. 上海建材，2001，4：17-20.
[11] GB/T 6111—2018. 流体输送用热塑性塑料管道系统　耐内压性能的测定［S］.
[12] GB/T 13663.5—2018. 给水用聚乙烯（PE）管道系统　第5部分：系统适用性［S］.
[13] GB/T 15558.2—2005. 燃气用埋地聚乙烯（PE）管道系统　第2部分：管件［S］.
[14] GB/T 18476—2019. 流体输送用聚烯烃管材　耐裂纹扩展的测定　慢速裂纹增长的试验方法（切口试验）［S］.
[15] GB/T 19279—2003. 聚乙烯管材　耐慢速裂纹增长　锥体试验方法［S］.
[16] GB/T 19280—2003. 流体输送用热塑性塑料管材　耐快速裂纹扩展（RCP）的测定　小尺寸稳态试验（S4试验）［S］.

第11章 连接性能的检测

非金属承压设备主要有压力容器和压力管道。同时，一些用于连接的设备本身也是承压设备，主要有管道、管件、阀门、法兰、螺纹和钢塑转换接头。这些不同的设备元件与压力容器和压力管道之间，会因为它们本身的特性呈现不同的连接方法。

非金属承压设备常用连接方法多种多样。按相互连接的材质分为：连接同种塑料承压设备之间的塑料接头，连接不同种材料承压设备（主要是塑料承压设备与金属管材和管路附件连接）之间的转换接头；按能否拆卸分为：可拆卸如机械连接（主要有法兰接头、活接接头、挤压夹紧式接头、螺纹接头、弹性密封接头等），不可拆卸如焊接连接和粘接连接。

非金属承压设备的连接，主要是依据塑料压力容器和压力管道的材料特点、结构特点和使用要求，由设计者设计。

现在普遍应用的主流连接方法是：各种材料的非金属压力容器，除使用原有成型的塑料管道外，大多采用塑料板材焊接的方法。塑料衬里非金属承压设备主要采用法兰连接；PVC-U常温供水管系统主要采用弹性密封与粘接连接；PVC-C冷热水用氯化聚氯乙烯管道系统，主要采用粘接连接、法兰连接和螺纹连接；PVC-C工业用氯化聚氯乙烯管道系统主要采用粘接连接和法兰连接。

聚烯烃类压力管道系统由于材质的非极性特点，不宜采用粘接连接。同时，由于焊接工艺、设备、评价非常成熟，所以基本上采用焊接连接和机械连接。焊接的具体工艺有热熔对接、热熔插接、热熔鞍形连接、电熔插接、电熔鞍形连接（表11.1），适用于PE、PP、PB、PE-RT。而机械连接适用于PE、PP、PB、PE-RT、PE-X和铝塑复合管。还有一种快插连接，采用快插连接管件，将止退卡环、垫圈、密封圈等零件预先装配到管件内部的一种管件。安装时，只需将管材直接插入管件即可完成安装，施工方便，可用于小口径管的连接，多用于机场等临时抢险、抢修场合。

非金属承压设备和连接设备及连接部位的各种基本检测，如机械性能、物理性能、化学性能、热性能、电性能、耐老化性能、耐候性能等相关内容都已经在本书前面几章中介绍。

表 11.1 聚烯烃类压力管道通常的连接方法

连接方式	PE	PP	PB	PE-RT	PE-X	铝塑复合管
热熔对接	√	√				
热熔插接	√	√	√			
电熔连接	√		√	√		
机械连接	√	√	√	√	√	√
快速连接	√	√	√	√	√	√
鞍形连接	√					

11.1 连接性能的通用检测

非金属承压设备的连接检测包括连接性能检测和连接设备检测。非金属承压设备连接性能检测和连接设备性能检测中的各项基础检测包括：物理性能、机械性能、热性能、化学性能、电性能、各种稳定性能（化学稳定性、光学稳定性）、耐候性能、耐介质腐蚀性能及系统适用性能。

针对不同连接的非金属承压设备的连接性能检测，包括强度检测、刚度检测、机械稳定性检测、密封性检测和系统适用性检测。由于非金属承压设备设计时考虑了非金属的蠕变特性，许用应力使用了长期强度数值比较低，所以壁厚都很厚，已经保证了刚度和机械稳定性的要求。一般不再进行相关检测。

非金属承压设备应用领域广、种类繁多、形状不一、尺寸变化大、介质使用范围广、功能要求多样、温度要求高低不等，所以相关测试方法也不一样。有的要进行寿命的试验验证和剩余寿命的评估试验，需进行很长时间的测试来验证几年、几十年的寿命；有的要用简单、快速、方便的方法来检测长期、复杂的性能；有的检测使用性能，如腐蚀性、耐候性、稳定性、密封性、耐热性等；有的还会根据不同材料、不同要求进行专门的测试；有时会根据不同目的进行设计验证、性能检验、制造现场检验、施工现场检验。

需要特别注意的是测试方法是人为设计出来的，有自身的明确目的，规定了范围、原理、方法、程序、设备、试样和评价方法。所以它有很强的针对性，不是万能的，有适用性、时效性和局限性。正因为如此，测试方法标准也有不严谨甚至错误的地方；同时测试方法必须经过试验验证并有可操作性。

连接性能的通用检测包括：强度检测、密封性检测、适用性检测和耐压检测。

11.1.1　连接的强度检测

非金属承压设备连接的强度检测是最重要的检测。除了前面几章的常规拉伸、弯曲、压缩基础外，还包括针对不同连接的非金属承压设备的连接部位和连接设备的专门检测：长期强度检测、设计验证试验检测、寿命评估和剩余寿命预测检测、各种工况状态下的强度检测及介质腐蚀状态下的强度检测。

上面已经提到相对于金属，非金属承压设备设计时许用应力使用了长期强度，所以各种检测也应该使用长期强度。

非金属材料长期强度是通过 GB/T 18252—2020 塑料管道系统用外推法确定热塑性塑料材料以管材形式的长期静液压强度得到的。通过试验，设置至少三个温度、每个温度六个压力等级、每个压力等级五个破坏点，共九十至一百五十个破坏点的数据经过数学回归得到材料的长期强度预测曲线和公式（图 11.1、图 11.2），这样就可以获得材料的设计许用应力。

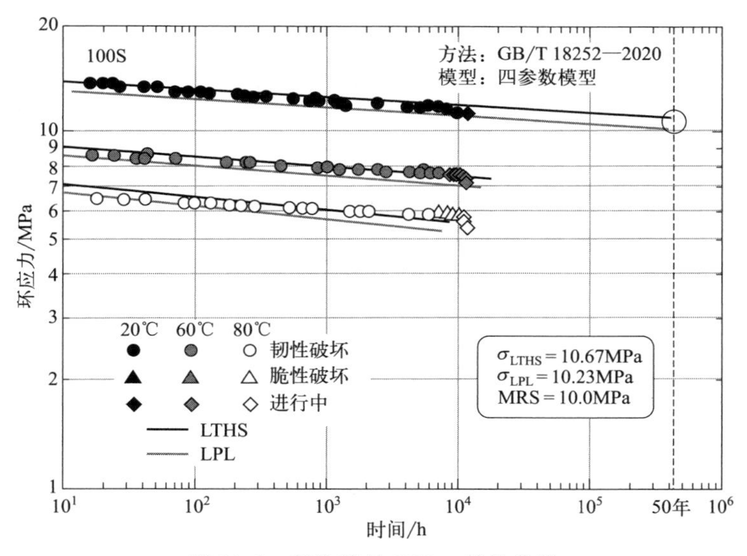

图 11.1　某种牌号 PE100 外推曲线

PE100 长期强度公式：

$$\lg t = -40.9578 + 23596.3495 \times \frac{1}{T} - 35.5758 \times \lg\sigma \tag{11.1}$$

式中，t 为破坏时间，h；T 为温度，K；σ 为环应力，MPa。

通过上面试验和数学回归得到的与 20℃、50 年寿命对应，置信度为 97.5% 时相应的预测静液压强度 σ_{LPL}，再将 σ_{LPL} 按 R10 系列（σ_{LPL}<10MPa 时）优先数向下圆整得到的最小要求强度值（MRS）为 10MPa，再按照 GB/T 18475—

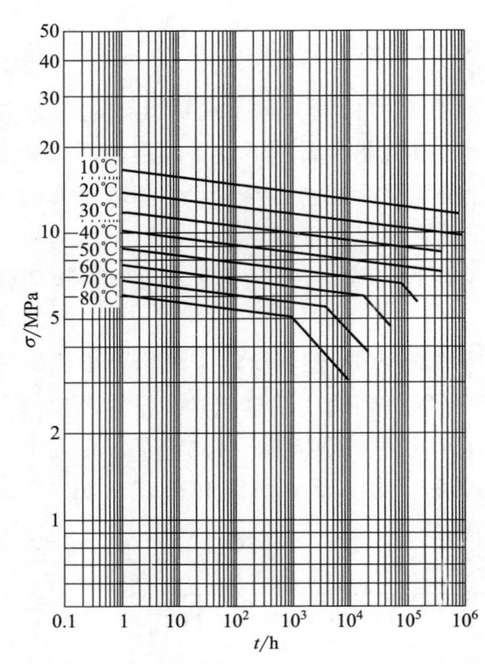

图 11.2 PE100 最小要求强度预测曲线

2001 进行分级，将 MRS 乘以 10 得到的材料的分级数。通俗地说：PE100 材料的 20℃、50 年寿命对应的置信度为 97.5%时的长期强度为 10MPa。然后用 MRS 除以一个使用系数 C 得到设计应力（允许应力）6σ，如：PE 给水，使用系数 $C=1.25$ 则 PE80 的 6σ 为 6.3MPa，而 PE100 的 6σ 为 8MPa。同样材料用于燃气时由于使用系数 $C=2$ 则 PE80 的 6σ 为 4MPa，而 PE100 的 6σ 为 5MPa。

进行管道设计时，可以根据公称压力与设计应力之间的关系 [$PN=26\sigma/(SDR-1)=6\sigma/S$；$SDR=d_n/e_n=2S+1$]，计算出不同尺寸系列管道的壁厚再进行圆整，得出不同公称压力下各尺寸系列的管材尺寸。

反过来用长期强度预测曲线中数据可以为不同的试验提供试验参数来进行不同的试验验证（定型检验、型式检验、出厂检验），如 PE 燃气管的检验：PE100 的 20℃/12MPa/100h 和 80℃/5.4MPa/165h 静液压试验等。塑料管道均采用这样的“控制点”试验来验证管道的长期性能。

以 GB/T 18252 为基础的长期性能评价体系和方法解决了原料的长期性能评价，解决了管道的结构设计和强度设计，也解决了用不同“控制点”试验来保证管道生产过程中长期性能的保证和验证。

同时，材料的长期强度（图 11.3 的第一阶段是我们需要的）还要受到以下因素的影响：由慢速裂纹扩展（图 11.3 的第二阶段）和快速裂纹扩展引起的低应力的脆性破坏（相关检测见本书 10.2）和内部抗氧剂损失造成的化学破坏（图 11.3 第三阶段，相关检测见本书 4.9）。所以人们把材料的长期性能、耐慢速裂纹扩展性能、耐快速裂纹扩展性能称为材料强度三要素。

耐裂纹慢速扩展性能的评价方法有很多种，现在普遍采用采用 GB/T 18476—2019《流体输送用聚烯烃管材耐裂纹扩展的测定　慢速裂纹增长的试验方法（切口试验）》（见本书 10.2），要求破坏时间大于 500h。与之相对应的原料 80℃不出现拐点时间大于 5000h（见图 11.1），按照 PE 外推时间因子：温差 60℃时为 100，则 $5000\times100=500000h\approx57$ 年，这样可以保证长期寿命评价条

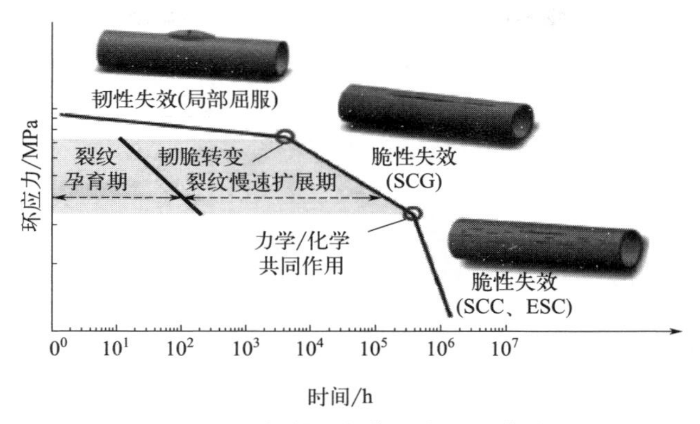

图 11.3　材料的长期强度预测曲线

件下，预期寿命内不发生由裂纹慢速增长引起的破坏，即保证 20℃、公称压力下不发生裂纹慢速扩展引起的脆性破坏的时间与长期强度 50 年相符。

耐裂纹快速扩展性能的评价方法采用 GB/T 19280—2003，耐快速裂纹扩展（RCP）的测定采用小尺寸稳态试验（S4 试验见本书 10.2.2）。为了找到产生裂纹快速扩展的条件，使用中避免在这种条件下使用，同样可以保证长期寿命评价条件下，预期寿命内不发生由裂纹快速增长引起的破坏，保证 20℃、公称压力下不发生裂纹快速扩展引起的脆性破坏的时间与长期强度 50 年相对应。

GB/T 6111—2018 流体输送用热塑性塑料管道系统耐内压性能的测定，是现在普遍采用的长期性能评价的评价和验证试验方法。

长期性能评价体系还可以进行寿命评估和剩余寿命预测，进而实现寿命的实时监控和完整性管理，还可以进行不同介质条件下的寿命评估和剩余寿命预测。同时建立非金属管道的定期检验规则体系。

腐蚀性介质状态下的强度检测，除了考虑长期强度外还要考虑介质的作用。如：输送液化石油气和人工煤气的聚乙烯管道，由于液化石油气和人工煤气中存在芳香烃类物质（苯、甲苯、二甲苯等）对聚乙烯材料的溶胀作用，导致管道耐压能力下降。国外一些试验证明：聚乙烯材料在苯溶液中的饱和吸收量在 9%左右，聚乙烯材料屈服强度降低 17%～19%。

ISO 4433 热塑性塑料管材—耐液体化学物质—分类的浸泡试验方法给出了热塑性塑料管材耐液体化学物质的分类方法。按该分类方法进行分类试验时，根据质量及拉伸试验时各参数的变化情况确定不同材料在不同介质、不同温度、不同浓度下的耐腐蚀性能。得到 ISO/TR 10358—2021《工业用塑料管和配件　综合耐化学性数据的收集》（见本书 5.1），人们可以根据材料耐介质腐蚀能力选择使用，API SPEC 15S—2016 可盘绕式增强塑料管线管规范就是根据介质工况选择压力折减系数。但要注意该表的数据是无压状态下的数值。如果进行承压设计，应根据分类法对不同参数经浸泡后性能变化的情况适当提高安全系数或根据 ISO 8584 进行材料的耐化学系数和该介质下的长期强度试验，得到材料在该介质下的长期强度再进行设计。

所以，对非金属承压设备连接部位和连接设备进行耐内压试验和爆破试验是最重要的强度性能检测。

11.1.2 连接的密封性检测

非金属承压设备的密封性试验见本书 8.2。需要进行密封性内压试验的有：承压流体容器、通风管道、抽排瓦斯管道、化学容器器皿、燃气天然气输送用管道。此试验以常压（非承压容器）或一倍以上公称压力（承压容器）进行试验，时间较短。

连接的密封性检测与材料和连接方式有关：

① 塑料衬里设备法兰连接部位的密封性检测采用 GB/T 23711.7《塑料衬里压力容器试验方法　第 7 部分：泄漏试验》。

② 采用弹性密封圈连接、粘接连接和机械连接的 PVC-U 常温供水管系的密封性试验，按照 GB/T 6111 对连接组件进行 2PN/1h/20℃试验。

③ 采用粘接连接、法兰连接和螺纹连接的 PVC-C 冷热水用氯化聚氯乙烯管道系统，按照 GB/T 6111 对连接组件进行 1h/20℃和 60℃的强度试验进行密封试验。

④ 采用粘接连接和法兰连接的 PVC-C 工业用氯化聚氯乙烯管道系统，按照 GB/T 6111 对连接组件进行 1h 和 165h/20℃和 95℃的强度试验进行密封试验。

⑤ 聚烯烃类压力管道系统和冷热水管道系统的密封性检测和系统适用性检测联合进行（见本书 10.1）。

⑥ 非金属阀门连接的密封性检测按照表 11.2 要求条件进行阀座密封性检测和阀门内密封性能检测。

表 11.2　非金属阀门连接的密封性检测试验条件

<table>
<tr><th rowspan="2">试验</th><th rowspan="2">最短试验时间/s</th><th rowspan="2">试验压力/MPa</th><th rowspan="2">试验温度/℃</th><th colspan="2">试验介质</th></tr>
<tr><th>内部</th><th>外部</th></tr>
<tr><td rowspan="3">阀座试验(阀门关闭)</td><td>60</td><td>0.05</td><td rowspan="5">20±2</td><td>空气</td><td>水</td></tr>
<tr><td>DN≤200mm:15</td><td rowspan="2">1.1PN</td><td rowspan="2">水</td><td rowspan="2">空气</td></tr>
<tr><td>DN>200mm:30</td></tr>
<tr><td rowspan="2">密封件试验(阀门开启)</td><td>DN≤50mm:15</td><td rowspan="2">1.5PN</td><td rowspan="2">水</td><td rowspan="2">空气</td></tr>
<tr><td>DN>50mm:30</td></tr>
</table>

注：最大试验压力为（PN+0.5）MPa；或者内部空气压力为 0.6MPa±0.1MPa、外部介质为水，如有争议，内部介质为水、外部介质为空气。

阀座的内密封性能：把试样的一端连接到压力源；在规定温度下，将已关闭的试样内部注满试验流体；排净试样中的空气（适用时）；按产品标准中的规定关闭扭矩关闭阀门；尽可能平稳且快地升高压力到规定值，但升压时间不要少于 30s。保持压力、温度、时间符合上面阀门的密封性试验条件的规定，检查阀座是否渗漏。

阀门外密封性能检测：打开阀门到一定程度，使得阀门内腔及所有密封件都能受到试验压力的作用，然后重复上面的操作。

⑦ 非金属燃气阀门的密封性检测，按照 GB/T 15558.3—2023 的第 3 部分阀门的要求进行。

a. 阀门的内密封性能检测：按产品标准中规定的关闭扭矩关闭阀门，按照 GB/T 13927 要求，用空气或氮气做介质，在 2.5×10^{-3}MPa 的压力下进行 24h 阀座的内密封性能（从阀门的两个方向测试），然后进行 0.6MPa 的压力下试验 30s 同样检测（从阀门的两个方向测试），不能有明显泄漏。

b. 阀座的外部密封性能检：按上面要求的试验条件，打开阀门用空气或氮气做介质，在 2.5×10^{-3}MPa 的压力下试验 24h，然后进行 0.6MPa 的压力下试验 30s，不能有明显泄漏。

c. 阀门组件除进行上面的检测外，还要进行下面各种工况下的内（外）密封性能检测：

ⅰ 对操作机械装置施加 55Nm 瞬间弯矩，然后检测上述两个压力下的密封性能（内、外）。

ⅱ $d_n\leqslant$63mm 的阀门，在承受弯矩条件下，在－20℃和＋40℃两个温度循环 50 次，每个温度分别放置 10h，然后检测两个压力下的密封性能（内、外）。

ⅲ 对阀门组件进行 2MPa、20℃状态下的耐压试验 1000h，然后进行 1m 高度 3kg 的落锤冲击，再进行上述两个压力下的密封性能（内、外）。

d. 阀门组件还要进行下面各种工况下的密封性能检测：

ⅰ 对阀门组件内部加压 2.5×10^{-3}MPa 并在 23℃±2℃温度下，以 25mm/min ±1mm/min 的速度进行拉伸至产生 12MPa 应力，保持 1h 然后继续拉伸至屈服，整个过程不能泄漏。

ⅱ 公称外径大于 63mm 的阀门组件内部加压 0.6MPa，在－20℃和＋60℃两个温度之间循环 10 次（温度以约 1℃/min 的速率变化并在极限温度－20℃ ±2℃及 60℃±2℃分别保温 3h）。整个过程不能泄漏。

ⅲ 对阀门组件内部加压 5×10^{-3}MPa 并在 23℃±2℃温度下，以 25mm/min ±10%的速度在阀门上施加作用力达到 3kN（6kN）时保持 10h，整个过程不能有内（外）泄漏。

⑧ 钢塑转换接头的密封性检测

a. 采用空气、氮气或惰性气体作为加压介质，密封试验应浸水进行；在23℃±2℃的温度下，首先进行 2.5×10^{-3}MPa 压力下 1h 的密封试验，然后进行 0.6MPa 压力下 1h 的密封性检测。

b. 温度循环状态下的密封性能：接头在 0.6MPa 的内压下，检查试样有无渗漏。随后在－20℃和＋40℃两个温度之间循环 10 次（温度以约 1℃/min 的速率变化并在极限温度－20℃±2℃及 60℃±2℃分别保温 2h）。整个过程不能泄漏，循环以后再进行上面两个压力下的浸水密封性试验。

c. 23℃下拉伸载荷后的密封性能：对钢塑转换接头组件内部加压 2.5×10^{-3}MPa 并在（23±2）℃温度下，以 25mm/min±1mm/min 的速度进行拉伸至产生 12MPa 应力，保持 1h 然后继续拉伸至屈服，整个过程不能泄漏，以后再进行上面两个压力下的浸水密封性试验。

d. 80℃下拉伸载荷后的密封性能：对钢塑转换接头组件在 80℃±5℃温度下，以 5mm/min±1mm/min 的速度进行拉伸至产生规定拉力（大约是 80℃时管材屈服强度的一半），保持 500h，然后再在 23℃±2℃环境下调节试样 24h，再按照浸水的方法进行 2.5×10^{-3}MPa、24h 密封试验，和 0.6MPa、24h 密封试验。

11.1.3 连接的适用性检测

11.1.3.1 概述

非金属承压设备的质量控制，传统上一般是指产品的质量控制，即生产厂生产出来的承压设备应满足质量标准的要求。但是，非金属承压设备需要各种连接（焊接、粘接、机械连接）才能组成完整的承压设备系统，同时，一些用于连接的设备本身也是承压设备。这样就经常出现工程上即使是采用完全合格的承压设备产品，也不一定能够组成一个好的承压设备系统。

实践表明，最容易出现的问题，就是在承压设备系统连接的可靠性上。这个问题在建筑用塑料冷热水领域、化工承压设备领域更突出，因为不仅压力有变化，温度也在变化（反复地热胀冷缩）和介质腐蚀的影响。同时建筑内生活用供水的管道和化工承压设备领域的连接处特别的多，有一些管道还是机械连接的。因此，非金属承压设备系统要求连接后达到规定的可靠性要求，称为系统的适用性。

非金属承压设备连接的适用性检测方法有：耐内压检测、耐外压检测、冷热循环检测、压力循环检测、耐弯曲检测、耐拉拔检测、真空检测、密封圈连接的径向变形偏角状态下的真空检测和偏角状态下的耐内压检测，以及常温供水PVC-U 系统各种连接方式下的 1000h 耐内压检测和双承口连接件——弯曲和内压下密封检测。PE 供水系统焊接的系统适用性检测还有：焊缝的拉伸检测、拉伸剥离检测、挤压剥离检测和撕裂剥离检测，这个部分的检测方法见本书 10.1。

11.1.3.2　不同连接方法的系统适用性检测

非金属承压设备连接方法的不同，要求的检测项目也不同，各种连接方式的基本适用性检测见表 11.3。

表 11.3　非金属承压设备不同连接方法的基本适用性检测

项目	热熔承插连接	电容焊连接	机械连接	粘接连接	密封圈连接
系统静液压试验	Y	Y	Y	Y	Y
冷热循环试验	Y	Y	Y	Y	N
循环压力冲击试验	N	N	Y	Y	N
弯曲试验	N	N	Y	N	N
耐拉拔试验	N	N	Y	N	N
真空试验	N	N	Y	Y	Y

注：Y—需要试验；N—不需要试验。

11.1.3.3　冷热水系统的系统适用性检测

冷热水系统用承压设备应用非常广泛，使用材料很多，连接方式也很多，所以连接性能的检测很复杂。冷热水系统的系统适应性检测通用要求和具体要求分别见表 11.4 和表 11.5。

表 11.4　冷热水系统的系统适用性检测的通用要求

项目	PB 熔接	PP 熔接	PE-RT 熔接	PE-RT/PB/PP 机械连接	PVC-C	PE-X	铝塑复合管
系统静液压试验	Y	Y	Y	Y	Y	Y	N
热循环试验	Y	Y	Y	Y	Y	Y	Y
循环压力冲击试验	N	N	N	Y	N	Y	Y
弯曲试验	N	N	N	Y	N	Y	N
耐拉拔试验	N	N	N	Y	N	Y	Y
真空试验	N	N	N	Y	N	Y	Y

注：Y—需要试验；N—不需要试验。

表 11.5　不同冷热水系统连接适用性检测的具体要求

试验项目	PP-R	PP-B	PP-H	PE-X	PB	PVC-C	PE-RT	铝塑复合管
耐内压试验 3 个	1000h	1000h	1000h	1000h	1000h	3000h	1000h	
	1/2/5 级 95℃ 3.5MPa； 4 级 80℃ 4.6MPa	1/2/5 级 95℃ 2.6MPa； 4 级 80℃ 3.7MPa	1/2/5 级 95℃ 3.5MPa； 4 级 80℃ 5MPa	1/2/5 级 95℃ 3.5MPa； 4 级 80℃ 4.6MPa	1/2/5 级 95℃ 6MPa； 4 级 80℃ 8.2MPa	1/2 级 80℃ 粘接 6.14MPa； 机械连接 8.25MPa	95℃ 1 型 3.4MPa 2 型 3.8MPa	

续表

试验项目	PP-R	PP-B	PP-H	PE-X	PB	PVC-C	PE-RT	铝塑复合管
耐弯曲试验 3个	1h 20℃ 16MPa	1h 20℃ 16MPa	1h 20℃ 21MPa	1h 20℃ 12MPa	1h 20℃ 15.5MPa		1h 20℃ 1型 9.9MPa 2型 11.2MPa	
耐拉拔试验 1个	所有级:23℃　1h　1.5F(计算轴向力) 1/2级:90℃　1h　1F 4级:80℃　1h　1F 5级:95℃　1h　1F							1h和500h 规定拉力
冷热循环 试验1个	试验压力:设计压力(PP所有设计压力都是1MPa)5000次循环 1/2级:90～20℃ 4级:80～20℃ 5级:95～20℃ 每个循环30min±2min,高低温各15min±1min							高温:设计 温度10℃; 其他一样
压力循环 试验1个	1.5倍设计压力到0.05MPa(铝塑复合管是0.1MPa) 23℃ 10000次循环 每个循环30min±5/min							
真空试验 3个	23℃ 1h 压力　-0.08MPa 变化不能超过0.0005MPa							

11.1.3.4　常温供水PVC-U管道系统和化工用PVC-C管道系统的系统适用性检测

常温供水用PVC-U管道和工业用PVC-C管道系统各种连接方式下的系统适用性检测通用要求和具体要求分别见表11.6和表11.7。

表11.6　常温供水用PVC-U管道和工业用PVC-C管道系统各种连接方式下的系统适用性检测通用要求

项目	PVC-U给水管/密封圈	PVC-U给水管/粘接/机械	工业用PVC-C
耐压试验	Y	Y	Y
偏角试验①	Y	N	N
负压试验①	Y	N	N
1000h耐内压	Y	Y	N
弯曲和内压下密封检测	Y	Y	N

① 仅适用于弹性密封圈连接方式。

注：Y—需要试验；N—不需要试验。

表 11.7　常温供水用 PVC-U 管道和工业用 PVC-C 管道系统各种连接方式下的系统适用性检测具体要求

项目	PVC-U 给水管/密封圈	PVC-U 给水管/粘接/机械	工业用 PVC-C
耐内压试验	1h 20℃ 2PN	1h 20℃ 2PN	1000h 20℃　17MPa(应力) 80℃　4.8MPa(应力)
偏角试验	1h 室温 2PN		
负压试验	15min 室温 −0.01MPa/0.08MPa 变化小于 0.005MPa		
1000h 耐内压	20℃ 1.7PN 40℃ 1.45PN	20℃ 1.7PN 40℃ 1.45PN	
弯曲和内压下密封检测	1~2.5PN 受力状态下循环 10 次(5min)再进行−0.01MPa/0.08MPa、15min 检测	1~2.5PN 受力状态下循环 10 次(5min)再进行−0.01MPa/0.08MPa、15min 检测	

11.1.3.5　常温供水用 PE 管系统的系统适用性检测

常温供水用 PE 管系统各种连接方式下的系统适用性检测通用要求和具体要求分别见表 11.8 和表 11.9。

表 11.8　常温供水用 PE 管系统各种连接方式下的系统适用性检测通用要求

项目	电熔承口连接	电熔鞍形连接	热熔对接熔接	机械连接
电熔承口管件的熔接强度	Y	N	N	N
电熔鞍形管件熔接强度	N	Y	N	N
对接熔接拉伸强度	N	N	Y	N
静液压强度	Y	Y	Y	Y
内压密封性	N	N	N	Y
外压密封性	N	N	N	Y
耐弯曲密封性	N	N	N	Y
耐拉拔	N	N	N	Y

注：Y—需要试验；N—不需要试验。

表 11.9　常温供水用 PE 管系统各种连接方式下的系统适用性检测具体要求

项目	要求	试验参数	试验方法
电熔承口管件的熔接强度	剥离脆性破坏百分比不大于 33.3%	试验温度 23℃	GB/T 19808—2005($d_n \geqslant 90$mm) GB/T 19806—2005 (16mm<$d_n \leqslant 225$mm)

续表

项目	要求	试验参数	试验方法
电熔鞍形管件熔接强度	剥离脆性破坏百分比 $L_d \leqslant 50\%$，$A_d \leqslant 25\%$	试验温度 23℃	GB/T 13663.3—2018 附录 F
对接熔接拉伸强度	试验至破坏：韧性破坏-通过 脆性破坏-未通过	试验温度 23℃	GB/T 19810—2005
静液压强度	无破坏 无渗漏	密封接头 A型 试验温度 80℃ 试验时间 165h 环应力： PE80 4.5MPa PE100 5.4MPa	GB/T 6111
内压密封性	无渗漏	试验时间 1h 试验压力 1.5PN(管材)	GB/T 13663.5—2018 附录 C
外压密封性	无渗漏	试验压力 0.01MPa/0.08MPa 试验时间 1h	GB/T 13663.5—2018 附录 D
耐弯曲密封性	无渗漏	试验时间 1h 试验压力 1.5PN(管材)	GB/T 13663.5—2018 附录 E
耐拉拔	管材不从管件上拔脱或分离	试验温度 23℃ 试验时间 1h	GB/T 15820—1995

11.1.4 连接的耐内压检测

11.1.4.1 概述

耐内压试验就是对非金属承压设备连接部位和连接设备或系统内部充满液体介质然后对介质加压力，通过对加压方式、时间、大小的控制来对其进行检测。

非金属承压设备连接部位和连接设备、容器系统在实际使用中需承受内压力的作用，内压力对制品和连接部位产生内应力（拉、弯、剪等），所以有必要对其进行耐内压试验，同时，还需通过内压试验进行密封检测。

所有非金属承压设备连接部位和连接设备都需要进行耐内压试验，包括各种压力容器、衬里设备和塑料管材、管件、阀门及管道系统。

① 通过焊接制作的容器、管件、阀门等试件需要按本身的产品标准进行耐内压试验验证试件及焊接合格；

② 施工现场通过对接或承插等方式，热熔或电熔等工艺焊接的管道系统；机械连接、密封圈连接粘接连接的系统都要进行耐压试验；

③ 焊接工艺评定的耐内压试验；

④ 焊接现场对焊接质量进行检验，如管材焊接时，在相同控制点进行（如 PE80：165h）的控制点试验。

耐内压试验的原理与方法是：给管道内流体（水）施加一定的压力，使管道产生一定的应力（诱导应力），看在此应力作用下管道的破坏时间是否达到要求，用不同的控制点试验来证明管道合格与否。

不同的试验要求不同，试验时按具体要求进行。

11.1.4.2　检测方法

（1）设备　满足 GB/T 6111—2018《流体输送用热塑性塑料管道系统　耐内压性能的测定》、GB/T 15560—1995《流体输送用塑料管材液压瞬时爆破和耐压试验方法》等标准要求的试验设备。

① 主机　能够对试样产生持续的压力。通过不同控制方式能够对试样内流体介质（水或气体）产生持续不变的恒定压力或线性升压，进行长期耐压试验和爆破试验。

压力：0.2～10MPa（16MPa），分辨率 0.001MPa。

计时：1s～10000h。

线性升压：60～70s 内线性地升到设定值。

可设不同的程序控压。存储、记录、查询压力数据、时实显示压力温度曲线。

② 恒温介质箱　满足 20～95℃范围内各种温度（20℃、60℃、80℃、95℃）的长期稳定。

控温范围：18～95℃，分度 0.1℃。

控温精度：±0.5℃。

温度均匀性：±0.5℃。

箱体及所用器件应考虑防锈（最好采用铜、不锈钢等材质），另外为减少热桥（短路）、保温节电，水箱应有足够厚的保温层。对于大型水箱为开启方便应具有助力系统/汽缸自动开启系统，既节省时间又容易操作（省力）。

为保证控温精度，水箱应具有循环系统。水箱可以自循环，也可以连接外循环制冷系统。水箱应具有水位测量和智能补水系统，补水系统在水位测量系统判定需补水时可随时进行补水，且补水流量应可调，这样可以有效保证补水进程不影响水箱的温度稳定。

水箱应具有完善的温度控制系统，可以任意设定温度及控制公差（上下限），同时自身应带记录功能可以几百小时地记录本水箱的温度数据，实时传输到 PC 中进行曲线显示。

③ 夹具　满足长期耐内压试验及爆破试验对密封接头的要求。夹具分 A 型和 B 型，常用的和仲裁时都要求用 A 型。

（2）试样制备

① 长度要求　GB/T 6111—2018《流体输送用热塑性塑料管道系统　耐内压性能的测定》规定：当管材公称外径≤315mm 时，每个试样在两个密封接头之间的自由长度应不小于试样外径的三倍，但最小不得小于 250mm；当管材公称外径>315mm 时，自由长度应不小于试样外径的两倍。

GB/T 15560—1995《流体输送用塑料管材液压瞬时爆破和耐压试验方法》规定：试样在两个密封接头之间有效长度应符合以下条件。当公称外径<160mm 时为 5 倍的公称外径，但不得小于 300mm；当公称外径≥160mm 时长度为 3 倍的公称外径，但不小于 760mm。

② 数量要求　GB/T 6111—2018《流体输送用热塑性塑料管道系统　耐内压性能的测定》规定：除非在相关标准中特殊规定，试验至少应准备三个试样。试样数量取决于试验的目的（如性能试验、内部或外部质量控制试验）。

GB/T 15560—1995《流体输送用塑料管材液压瞬时爆破和耐压试验方法》规定：在同一试验条件下试样数量不少于五个。或根据产品标准的规定确定试样数量。

（3）试样状态调节　擦除试样表面污渍、油渍、蜡或其他污染物以使其清洁干燥，然后选择密封接头与其连接起来，并向试样中注满接近试验温度的水，水温不能超过试验温度 5℃。

把注满水的试样，放入水箱或烘箱中，在试验温度条件下放置如表 11.10 所规定的时间，如果状态调节温度超过 100℃应施加一定压力，防止水蒸发。

除非在相关标准中对有关材料有相关规定，否则，管材在生产后 15h 内不能进行压力试验，但生产检验除外。

表 11.10　试样状态调节时间

壁厚 e/mm	状态调节时间
$e<3$	1h±5min
$3\leqslant e<8$	3h±15min
$8\leqslant e<16$	6h±30min
$16\leqslant e<32$	10h±1h
$32\leqslant e$	16h±1h

（4）操作　以微控型管材耐压爆破试验机为例说明操作过程。

① 安装与调试　按要求正确地将压力主机、恒温介质箱和电脑进行连接和安装，并按相关方法进行调试确保设备正常运行。

② 操作步骤　按相关试验标准要求通过计算机软件界面正确设置时间、温度、压力等试验参数，将装夹好的试样放入恒温水箱中进行耐压/爆破试验。试验过程中可实时监控试验过程，观察动态曲线，对参数进行微调等。

③ 夹具的安装步骤　按要求安装夹具。

④ 按要求开始检测。

11.2 焊接性能的检测

11.2.1 概述

焊接已经成为非金属承压设备最重要的连接方式，有些连接设备本身也是焊接制品。

焊接包括用板材焊接组成各种压力容器，也可以用管道、管件、阀门焊接组成压力容器系统。焊接工艺方法有：热风焊、挤出焊、热熔焊、电熔焊等工艺。评价方法：通用检测、长期性能检测、脆性破坏检测、耐极端工况检测和现场检测。这些方法都将在本节介绍。

焊接接头通用拉伸检测，可以检测采用热风焊、挤出焊、热熔焊、电熔焊等工艺焊接的热塑性塑料焊接接头的拉伸强度和伸长率，进而可以检测焊接接头的短期焊接系数（焊接接头拉伸强度/基体拉伸强度），但评价不了脆性破坏。而焊接接头通用弯曲检测，可以快速简单评价焊接接头的焊接质量，也能间接评价脆性破坏。

焊接长期蠕变拉伸检测，可以像本章“11.1.1 连接的强度检测”那样，得到焊接接头的长期强度曲线，得到焊接接头的长期强度焊接系数，同时可以评价焊接接头的脆性破坏。

非常重要的是：焊接连接、粘接连接都不能阻止裂纹的扩展；密封圈连接和机械连接可以阻止裂纹的扩展。同时，焊接时的缺陷和留在焊缝内部的加热丝会成为裂纹、银纹的发源地，更容易发生裂纹的扩展。

以聚乙烯（PE）燃气管道为主的聚乙烯压力容器和管道应用非常普遍，长期强度体系也非常成熟。本章 11.2.6 将重点介绍以聚乙烯（PE）管材为主的各种焊接方法时的由裂纹扩展引起的脆性破坏的评价检测。同时这些方法也是用于不同 MRS（不同分级材料）之间焊接的相容性评价和系统适用性评价检测。

非金属压力容器和管道在各种工况状态下工作。很多时候还需要承受极端工况（低温、冲击载荷、非开挖穿越拖拽时的高拉力拉伸）的考验，将在本章 11.2.7 进行介绍。

非金属压力容器和管道的现场检测将在 11.2.8 介绍。还应注意的是，非金属压力容器和管道的定期检验是国家安全监管的重要手段。本章 11.2.9 将探讨非金属压力容器和管道的定期检验问题。

焊接接头在焊接时由于原材料、焊接工艺、焊接环境、二次加热问题、连接部位和连接设备有时需要操作受力问题，同样需要对密封性、适用性进行检测。焊接系统的密封性检测和系统适用性检测已经在本章的 11.1.2 节和 11.1.3 节介绍。

焊接的无损检测已经在本书第 9 章介绍。相对于金属压力容器对于焊接部位的完善的无损检测体系，非金属焊接的无损检测体系还有待完善。对于无损检测，本书介绍了超声检测、声发射检测、微波检测、红外热成像检测和超声导波检测。现在我国已有 GB/T 29460—2012《含缺陷聚乙烯管道电熔接头安全评定》、GB/T 29461—2012《聚乙烯管道电熔接头超声检验》两项国家标准及 JB/T 12530.1—2015《塑料焊缝无损检测方法　第 1 部分：通用要求》、JB/T 12530.2—2015《塑料焊缝无损检测方法　第 2 部分：目视检测》、JB/T 12530.3—2015《塑料焊缝无损检测方法　第 3 部分：射线检测》、JB/T 12530.4—2015《塑料焊缝无损检测方法　第 4 部分：超声检测》四项行业标准用于规范非金属承压设备焊接部位的无损检测。国外也有 DVS 2206 用 X 线和超声测试进行相关检测，但是到目前为止，所有无损检测只进行缺陷检测而不能进行性能检测。表 11.11～表 11.14 列出国外不同管材焊接性能的测试要求。

表 11.11　PP 管材焊接性能的测试要求

测试程序	管材热熔对接焊	电熔承插焊	热熔承插焊
目测检查	适用	适用	适用
X 射线和超声测试	适用，验证空隙，而不是质量		
拉伸测试	短时拉伸焊接系数符合相关要求	不适用	
拉伸蠕变测试	符合相关要求	符合相关要求	
弯曲测试	弯曲角度或挤压距离符合相关要求	不适用	
耐内压试验	按不同产品标准测试	按不同产品标准测试	
扭剪试验	不适用	符合相关要求	
径向剥皮测试	不适用	符合相关要求	
挤压剥离试验	不适用	符合相关要求	
双悬臂梁测试	不适用	符合相关要求	不适用

表 11.12　PVDF 管材焊接性能的测试要求

测试程序	管材热熔对接焊	管材、管件热熔承插焊
目测检查	适用	适用
X 射线和超声测试	适用，验证空隙，而不是质量	
拉伸测试	短时拉伸焊接系数符合相关要求	不适用
拉伸蠕变测试	拉伸蠕变破裂焊接系数符合相关要求	
弯曲测试	弯曲角度或挤压距离符合相关要求	不适用
耐内压试验	按不同产品标准测试	
扭剪试验	不适用	符合相关要求

续表

测试程序	管材热熔对接焊	管材、管件热熔承插焊
径向剥皮测试	不适用	符合相关要求
挤压剥离测试	不适用	符合相关要求

表 11.13　PVC 管材焊接性能的测试要求

试验步骤	管材热熔对接焊
目测检查	适用
X 射线和超声测试	适用，验证空隙，而不是质量
拉伸试验	短期拉伸焊接系数符合相关要求
拉伸蠕变试验	拉伸蠕变焊接系数符合相关要求
弯曲试验	弯曲角度或挤压距离符合相关要求
耐内压试验	按不同产品标准测试

表 11.14　PE 管材焊接性能的测试要求

试验方法	管材热熔对接焊	管材电熔承插焊	管材热熔承插焊
目测检查	适用	适用	适用
X 射线和超声测试	适用，验证空隙，而不是质量		
拉伸试验	短时拉伸焊接系数符合相关要求	不适用	不适用
拉伸蠕变试验	拉伸蠕变焊接系数符合相关要求		
技术弯曲试验	弯曲角度或挤压距离符合要求	不适用	不适用
耐内压试验	按不同产品标准测试	按产品标准测试	按产品标准测试
扭剪试验	不适用	符合相关要求	符合相关要求
径向剥离试验	不适用	符合相关要求	符合相关要求
挤压剥离试验	不适用	符合相关要求	
双悬臂梁试验	不适用	符合相关要求	不适用

11.2.2　外观和尺寸

（1）焊接过程中的外观检验　在焊接过程中，由操作人员自身进行在线检验和控制，包括焊点、变形（偏移、拱泡、起皱）、气泡、划痕、刮伤等都可以在焊接过程中进行检验。

（2）焊接完成后的外观检验

① 板材　板材焊接缺陷的外观检验由操作人员按图 11.4 的要求目测进行。

② 管材

a. 合格的焊接　热熔熔接接口应具有管材整个外圆周平滑对称的焊环（也称翻边），焊环应具有一定的对称性和对正性。在标准条件下评价接头试验的结

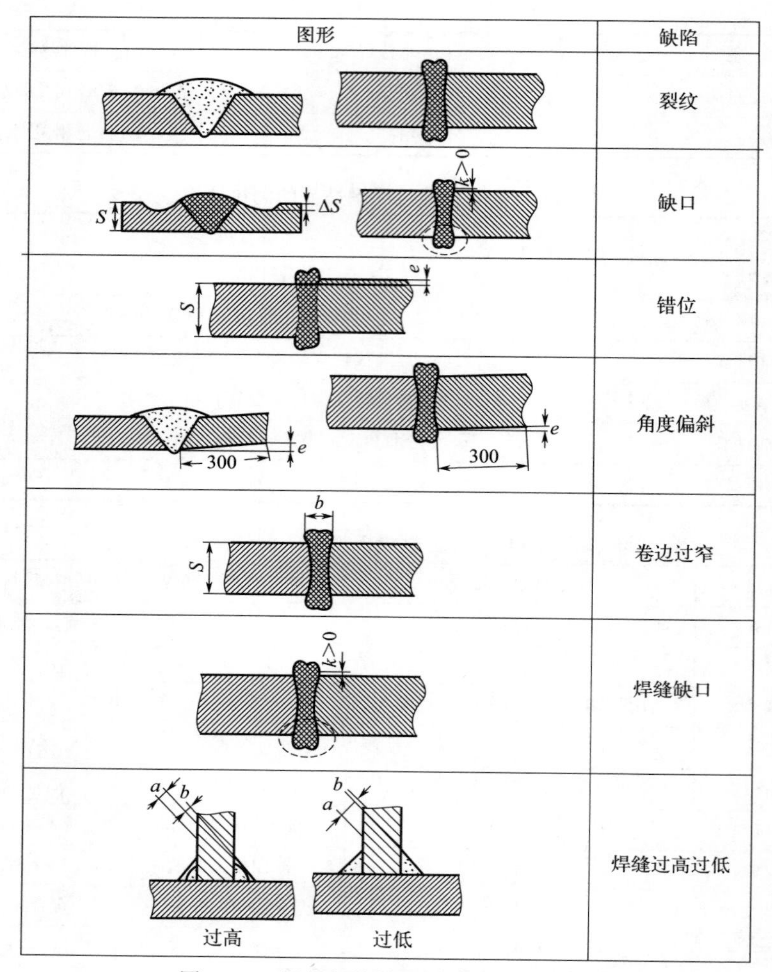

图 11.4　板材焊接外观检验的典型缺陷

果时，应确定不对称性和不对正性的可接受水平。

工艺条件和材料的不同会引起熔接环的形状发生变化。实践表明，燃气聚乙烯管道按照下列几何尺寸控制成环的大小，一般可以保证接口的质量。

环的宽度：$B=0.35\sim0.45S$；环的高度：$B=0.2\sim0.25S$；环缝高度：$B=0.1\sim0.2S$。

对上述系数的选取应遵循“小管径选较大值，大管径选较小值”的原则。如 DN63 以下的管子焊环的宽度可以选 $0.45S$，而 DN250 管子焊环的宽度则应选 $0.35S$。相对于合格焊接的管材图形见图 11.5。

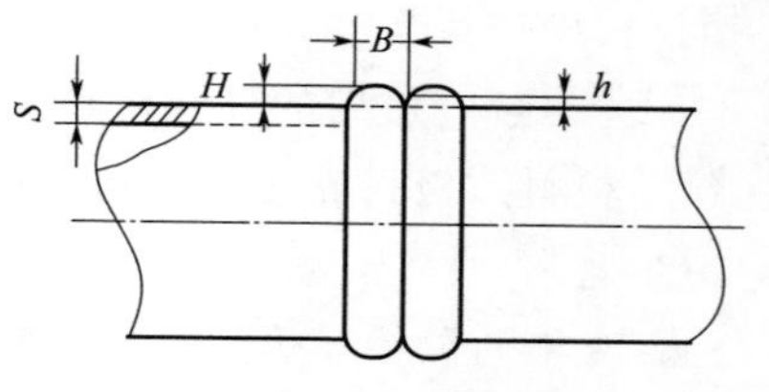

图 11.5　合格焊接示意

b. 不合格的焊接　图 11.6 所示为不正确焊口的图形，其中：

图 11.6(a)：焊环尖端没同管壁接触，焊环高度过低，是由于对接力不足或加热温度过低造成的。

图 11.6(b)：两环高度过大，是由对接压力过大引起的，这种接口潜在危害很大。

图 11.6(c)：两环宽度差距过大，可能是由于两段管材材料牌号不同造成的。

图 11.6(d)：两环轴线不在同一条直线上，主要原因是装卡管材时未能很好地保证同心或同轴度，另外管材外径的偏差也能造成上述情况。装卡管材时管材外径的偏差不超过壁厚的 5%即可。

图 11.6(e)：环不均匀，对接端面铣削不平或对接卡装夹具轴向间隙过大。

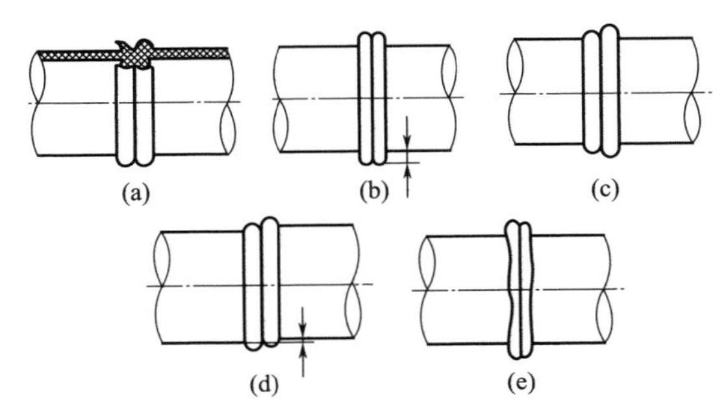

图 11.6　不合格焊接示意

c. 其他不合格的焊接　图形如图 11.7 所示。

(3) 焊缝的卷边检查

① 卷边宽度　对于现场的质量控制，可以通过测量卷边宽度进行，用卷边卡尺测量，测量方法如图 11.8 所示。

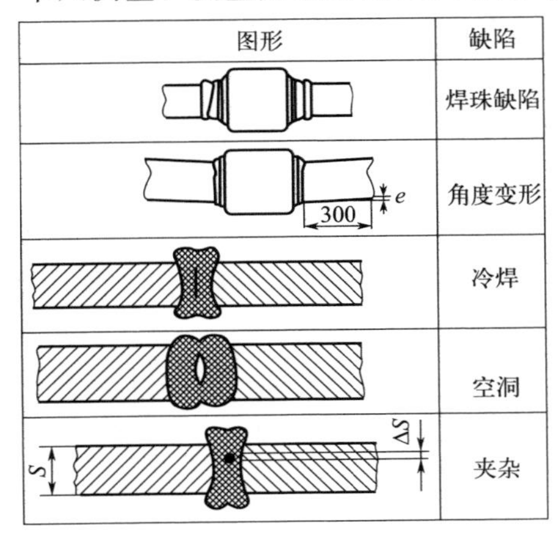

图 11.7　不合格焊接的缺陷图

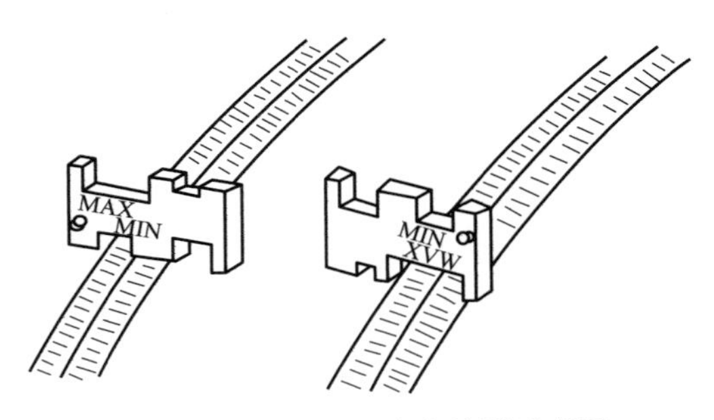

图 11.8　焊缝卷边宽度检测示意图

② 卷边检查

a. 切除卷边　使用合适的工具，在不损害管材的情况下切除外部的熔接翻边，然后进行卷边检验。

b. 卷边检验　在卷边的下侧进行目视观察，发现有杂质、小孔、偏移或损坏时，应拒收该接头。

卷边应是实心和圆滑的，根部较宽。根部较宽且有卷曲现象的中空卷边可能是由于压力过大或没有吸热造成的。

(4) 热熔对接管材的焊接质量的卷边检验

热熔对接焊非破坏性检验包括宏观（外观）检查和卷边切除检查两方面。

a. 宏观（外观）检查　热熔对接焊口宏观质量检查应当符合以下要求：

ⅰ几何形状：卷边应沿整个外圆周平滑对称，尺寸均匀、饱满、圆润。卷边不得有切口或缺口缺陷，不得有明显的海绵状浮渣出现，无明显的气孔（如图 11.9 所示）；

ⅱ卷边的中心高度 K 值必须大于零；

ⅲ焊接处的错边量不得超过管材壁厚的 10%。

b. 卷边切除检查　使用外卷边切除刀切除卷边，卷边应当是实心圆滑的，根部较宽（如图 11.10 所示）。卷边底面不得有污染、孔洞等。若发现杂质、小孔、偏移或者损坏时，则判定为不合格。

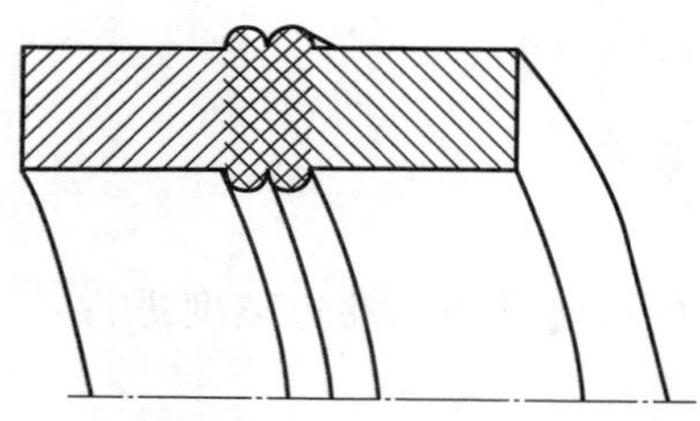

图 11.9　热熔对接焊的切面示意图

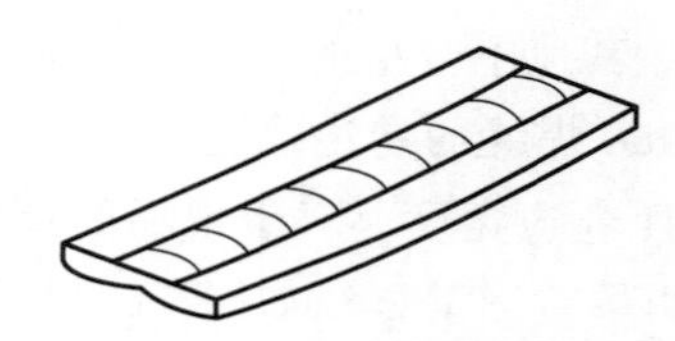

图 11.10　卷边切除根部示意图

(5) 卷边背弯试验　将卷边每隔几厘米进行后弯试验，检查有无裂缝缺陷。裂缝缺陷标明在熔接界面处有微细的灰尘杂质，这可能是由于接触脏的加热板造成的，如图 11.11 所示。

将卷边每隔几厘米进行 180°的背弯试验，进行检查。当有开裂、裂缝缺陷时，则判定为不合格。

(6) 焊接现场简单弯曲试验　施工现场可对焊接样条进行简单的弯曲试验，样条的纵向两端大于 150mm，宽度 25mm，弯曲样条使两端接触，焊缝不应发生破坏，如图 11.12 所示。

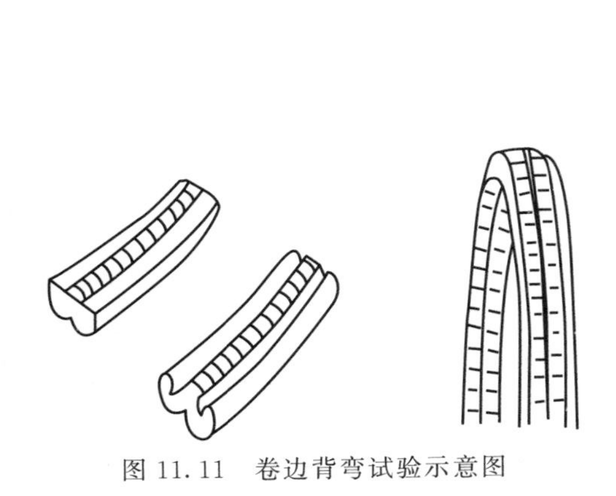

图 11.11　卷边背弯试验示意图

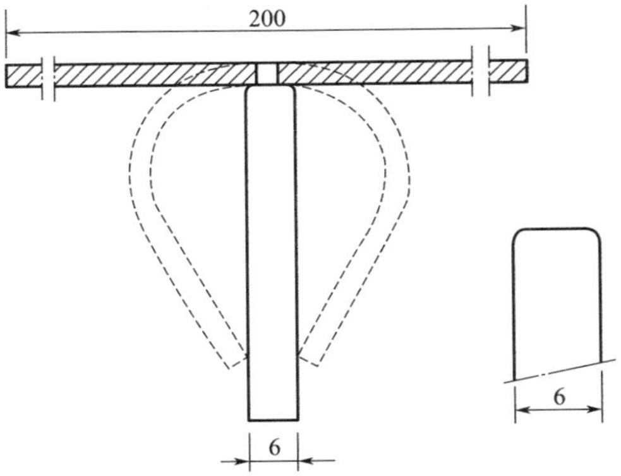

图 11.12　焊接现场简单弯曲示意图（单位：mm）

11.2.3　焊接工艺评定检测

11.2.3.1　概述

焊接接头的质量本质是其承载能力符合要求的程度。焊接接头的质量检验根据检验的目的不同，可分为工艺意义上的质量检验和施工质量控制意义上的质量检验。工艺意义上的质量检验的主要目的是选择最佳的焊接工艺和接头结构，评价接头的承载能力，制定出控制接口质量的方法，研究缺陷对接头质量的影响。施工质量控制意义上的质量检验，其目的在于实际施工过程中，特别是在施工现场，对连接质量的控制。根据检验过程中是否会对接头造成破坏，可分为破坏性检验和非破坏性检验。通常工艺意义上的质量检验多是破坏性检验，而施工质量控制意义上的质量检验主要是非破坏性检验。非破坏性检验对施工过程中的质量控制是非常重要的，但是所确定的好的焊口并不代表着一定具有好的机械性能，因此非破坏性检验方法的有效性须用破坏性检验来验证。

11.2.3.2　用于焊接工艺评定的性能检测

通过焊接工艺评定的性能检测可以进行焊接工艺的评价确定规范的工艺参数同时对参数进行优化，还可以对某一特定焊接制定专门的焊接参数。

（1）热风焊焊接工艺评定检验性能检测　热风焊焊接工艺评定检验与试验要求见表 11.15。

表 11.15　热风焊焊接工艺评定检验与试验要求

检验与试验项目（外观检验）	检验与试验参数	材料	检验与试验要求	检验与实验方法
拉伸检测/MPa	HG/T 4282	PVC	PVC-C≥55.2 PVC-U≥49	HG/T 4282

续表

检验与试验项目（外观检验）	检验与试验参数	材料	检验与试验要求	检验与实验方法
拉伸检测/MPa	HG/T 4282	PP	≥29	HG/T 4282
		PE	≥23	
		PVDF	30	
		ABS	≥41	
弯曲检测	HG/T 4283	PVC	HG/T 4283	HG/T 4283

（2）挤出焊焊接工艺评定检验性能检测　挤出焊焊接工艺评定检验与试验要求见表11.16。

表 11.16　挤出焊焊接工艺评定检验与试验要求

检验与试验项目（外观检验）	检验与试验参数	材料	检验与试验要求	检验与实验方法
拉伸检测/MPa	HG/T 4282	PP	≥29	HG/T 4282
		PE	≥23	
弯曲检测	HG/T 4283	PP	HG/T 4283	HG/T 4283
		PE		

（3）热熔焊焊接工艺评定检验性能检测　热熔焊焊接工艺评定检验与试验要求见表11.17。

表 11.17　热熔焊焊接工艺评定检验与试验要求

检验与试验项目	检验与试验参数	检验与试验要求	检验与试验方法
外观检验	—	TSG D2002—2006	TSG D2002—2006
卷边切除检查	—	TSG D2002—2006	
卷边背弯试验	—	不开裂，无裂纹	
拉伸检测	23℃±2℃	试验到破坏为止： ①韧性：通过； ②脆性：未通过	GB/T 19810
耐压（静液压）强度试验	①密封接头：A型； ②方向：任意； ③调节时间：12h； ④试验时间：165h； ⑤环应力：PE80＝4.5MPa，PE100＝5.4MPa； ⑥试验温度：80℃	焊接处无破坏，无渗漏	GB/T 6111

（4）电熔承插焊接工艺评定检验性能检测　电熔承插焊接工艺评定检验与试验要求见表11.18。

表 11.18　电熔承插焊接工艺评定检验与试验要求

检验与试验项目	检验与试验参数	检验与试验要求	检验与试验方法
外观检验	—	TSG D2002—2006	TSG D2002—2006
电熔管材或板材剖面检验	—	电熔管材和板材中电阻丝应当排列整齐，不应当有胀出、裸露、错行、焊后不游离，熔接面上不可见界线，无虚焊、过焊气泡等影响性能的缺陷	TSG D2002—2006
DN<90mm 挤压剥离试验	23℃±2℃	剥离脆性破坏百分比小于或等于 33.3%	GB/T 19806
DN≥90mm 拉伸剥离试验	23℃±2℃	剥离脆性破坏百分比小于或等于 33.3%	GB/T 19808
耐压(静液压)强度试验	①密封接头：A 型； ②方向：任意； ③调节时间：12h； ④试验时间：165h； ⑤环应力：PE80＝4.5MPa，PE100＝5.4MPa； ⑥试验温度：80℃	焊接处无破坏，无渗漏	GB/T 6111

(5) 电熔鞍形焊接工艺评定检验性能检测　电熔鞍形焊接工艺评定检验与试验要求见表 11.19。

表 11.19　电熔鞍形焊接工艺评定检验与试验要求

检验与试验项目	检验与试验参数	检验与试验要求	检验与试验方法
外观检验	—	TSG D2002—2006	TSG D2002—2006
DN≤225mm 挤压剥离试验	23℃±2℃	剥离脆性破坏百分比小于或等于 33.3%	GB/T 19806—2005
DN>225mm 拉伸剥离试验	23℃±2℃	剥离脆性破坏百分比小于或等于 33.3%	TSG D2002—2006

11.2.4　焊接性能的通用性能检测

11.2.4.1　概述

塑料焊接试样拉伸检测和塑料焊接试样弯曲检测及耐压检测是塑料焊接性能的常规、通用检测。能够方便、快速简单地检测和表征焊接质量，同时可以继续焊接工艺的评价。

11.2.4.2 焊接性能的拉伸性能检测

(1) 概述

HG/T 4282—2011 塑料焊接试样拉伸检测方法是指常温恒速拉伸试验。相对于长期蠕变拉伸和高（低）温“强化”拉伸，此方法是评价焊接质量最常用、最简单的方法。适用于采用热风焊、挤出焊、热熔焊、电熔焊接等方法对热塑性塑料焊接质量的拉伸性能检测。

塑料焊接拉伸性能是塑料焊接力学性能中最重要、最基本的性能之一。几乎所有的塑料焊接都要考核拉伸性能和各项指标，这些指标的高低很大程度决定了该种塑料焊接的使用场合。

拉伸测试是在规定的温度、湿度和拉伸速度下，通过对试样的纵轴方向施加拉伸载荷使试样产生形变直至破坏。通过拉伸测试可以获得一系列塑料焊接的拉伸性能数据，包括拉伸强度、拉伸弹性模量、断裂伸长率、破坏形式和拉伸焊接系数（因子）。各种工艺、材料条件下所要求的最小短期拉伸焊接系数见表 11.20。

表 11.20 各种工艺、材料条件下所要求的最小短期拉伸焊接系数

焊接工艺	短期焊接强度系数			
	HDPE	PP	PVC-U	PVDF
热熔焊接	0.9	0.9	0.8	0.9
挤出焊接	0.8	0.8		
热风焊接	0.8	0.8	0.7	0.8

(2) 检测方法

① 设备

a. 检测环境温度　检测时将环境温度控制在 23℃±2℃。

b. 电子万能试验机或电子拉力试验机　能够产生 5mm/min、10mm/min、20mm/min、50mm/min 等试验速度的恒定速度拉伸，连续记录试样所承受的拉力，并能识别试样的破坏。

c. 合适的夹具。

② 试样

a. 总则　选择合适的焊件作为试件，焊件要有材料牌号、焊工标识等信息。试样应从试件上按规定截取，截取时焊接接头垂直于焊缝轴线方向，试样加工完成后，焊缝的轴线应位于试样平行长度部分的中间。

b. 试样形状

ⅰ 板材、管材矩形拉伸试样形状如图 11.13 所示。

ⅱ 板材、管材哑铃拉伸试样形状如图 11.14 所示。

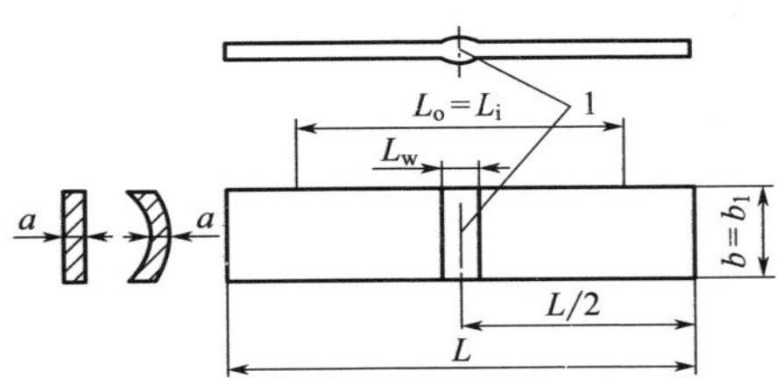

1—焊缝。

图 11.13　板材、管材矩形拉伸试样形状

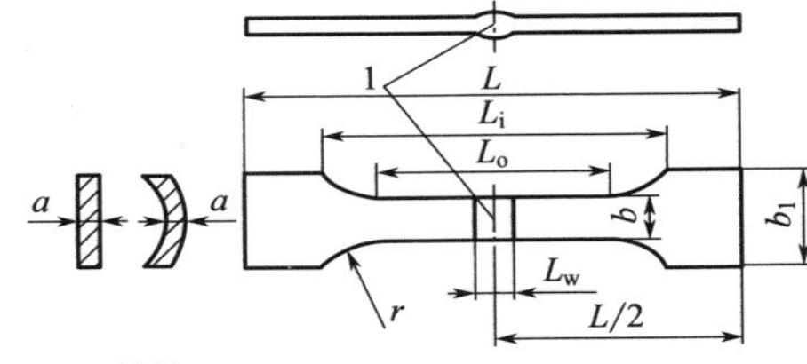

1—焊缝。

图 11.14　板材、管材哑铃拉伸试样形状

c. 试样尺寸

ⅰ图 11.13 所示矩形试样尺寸见表 11.21。

表 11.21　矩形试样尺寸　　单位：mm

公称直径 d_n 或厚度 a		b	L_o	L
管材	$20 \leqslant d_n < 50$	$a+0.1d_n$	80	≥120
	$50 \leqslant d_n < 100$	$a+0.1d_n$	120	≥170
	$d_n \geqslant 100$	试样的尺寸选择：相同厚度板材的试样尺寸		
板材	$a \leqslant 10$	15	120	≥170
	$10 < a \leqslant 20$	30	120	≥300
	$a > 20$	$1.5a$	200	≥400

ⅱ图 11.14 所示哑铃形试样尺寸见表 11.22。

表 11.22　哑铃形试样尺寸　　单位：mm

公称直径 d_n 或厚度 a		b	b_1	L_o	L	r
管材	$20 \leqslant d_n < 50$	$a+0.1d_n$	$b+10$	80	≥120	60
	$50 \leqslant d_n < 100$	$a+0.1d_n$	$b+10$	120	≥170	60
	$d_n \geqslant 100$	试样的尺寸选择：相同厚度板材的试样尺寸				
板材	$a \leqslant 10$	15	20	120	≥170	60
	$10 < a \leqslant 20$	30	40	120	≥300	60
	$a > 20$	$1.5a$	80	200	≥400	60

注：过渡弧半径 r 一般由铣刀直径保证。带过渡弧试样长度 L_i 尺寸不作要求，其由 L_o、r、b、b_1 等相关尺寸换算得出。

d. 试样制备

ⅰ一般要求

• 在制样过程中不得出现试样过热现象。如在机械加工中使用冷却剂，应不影响试样性能。

• 试样应表面无损伤，内部无缺陷，厚度均匀。

• 试样标距的标记应不影响试样性能。硬质材料试样不得扭曲。

ⅱ 取样方式

根据不同材料、不同厚度的焊件，采用机械加工方法进行取样，取样用的设备和刀具要满足加工试样的尺寸公差要求。

试样上的翻边、焊缝余高可保留进行测试。需要时，为了获得试样焊接强度比较准确的测试结果，或由于试样焊缝处拉伸强度大于母材拉伸强度，需获得焊缝处的具体拉伸强度时，可在试样焊缝处开一个直径为 3mm 的圆孔后进行测试，其试样的截面积应减去圆孔的轴向截面积。

ⅲ 试样制备

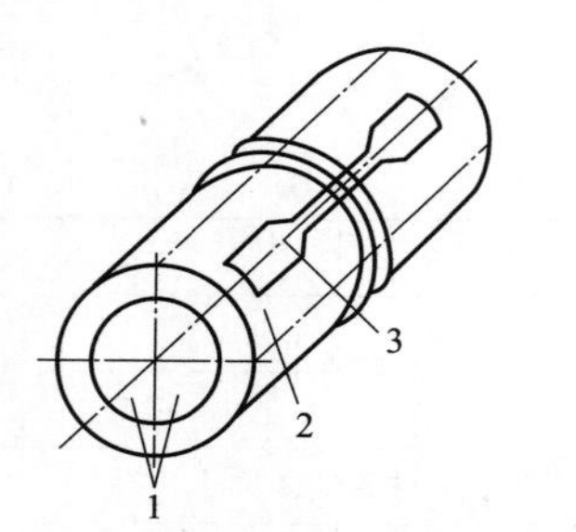

1—扇形区域；2—试件；3—所取的试样。

图 11.15 管材试样制备示意图

• 板材试样采用机械加工方法在焊件上裁取试样，保留焊缝余高，如需在焊缝处开孔时，将焊接余高采用机械加工方法加工至与母材同厚度。

• 管材试样按图 11.15 所示从管材上截取试样，按规定要求制备好拉伸试样，制备时不得加热或压平。

ⅳ 试样的检查　制备好的试样不能扭曲，相邻的平面间要相互垂直。表面和边缘无划痕、空洞、凹陷和毛刺。试样可与直尺、直角尺、平板比对，目测是否符合要求。经检查发现试样有一项或几项不符合要求时，应舍弃或在试验前机加工至合适的尺寸和形状。

ⅴ. 试样数量　按标准规定拉伸试样从焊件及母材各取 5 个试样。如果进行焊接强度系数检测，还需要在母材上取没有焊缝的试样 5 个。

③ 试样状态调节　采用 GB/T 2918—2018《塑料　试样状态调节和试验的标准环境》表 2 中环境等级为“2”的条件（“23/50”）进行状态调节。调节周期不少于 88h。如材料的拉伸性能不受温度和湿度影响时，温度可保持在室温(18～28℃)，湿度不需控制，调节周期为 4h。进行焊接强度系数检测的无焊缝试样和焊接试样必须在相同条件下进行状态调节。

④ 试验步骤

a. 选择试验的拉伸速度　试样拉伸速度根据试样的材质选定。主要塑料材料的拉伸速度推荐采用表 11.23 规定的拉伸速度。相同材料的焊接试样和未焊接试样在测试时采用相同的拉伸速度。

b. 操作步骤

ⅰ 将机器各种连线按操作手册连接；

表 11.23 主要塑料材料试样的拉伸速度

序号	材料	测试速度/(mm/min)
1	PVC-U,PVC-C	5
2	PP	20
3	PE	50
4	PVDF	20
5	ABS	20
6	PA	20

ⅱ 按要求将试样连到试验机上；

ⅲ 在拉伸功能对话框内设置参数；

ⅳ 按运行键，试验开始，机器运行并显示力、变形及曲线至试验结束；

ⅴ 输入相关试验信息，并进行运算；

ⅵ 结果评判，并出试验报告。试验报告应包括如下内容：拉伸强度、破坏位置、破坏形式、拉伸焊接系数。

c. 结果的计算与处理

ⅰ 拉伸强度 根据试样的原始横截面积按式(11.2）计算拉伸强度，结果保留三位有效数字。

$$\sigma=\frac{F}{be} \tag{11.2}$$

式中，σ 为拉伸强度，MPa；F 为拉伸时最大负荷，N；b 为平行长度部分宽度，mm；e 为试样厚度，mm。

ⅱ 短期焊接强度系数

- 为了测定短期拉伸焊接系数，要对焊接或未焊接试样进行试验。
- 短期拉伸焊接系数是采用焊接试样的断裂应力（σ_w）及未焊接试样的断裂应力（σ_r）算术平均值测定的。
- 如果试样在断裂之前屈服，那么要采用屈服应力来取代断裂应力。
- 至少要采用 10 个试样（5 个焊接和 5 个未焊接）来评估短期拉伸焊接系数。
- 短期拉伸焊接系数 $f_s=\frac{\overline{\sigma}_w}{\overline{\sigma}_r}$。

（3）讨论

a. 本检测是最通用、最简单的焊接接头检测，可以进行焊接工艺评价和焊接参数优化，但不能评价脆性破坏。

b. 本检测适用所有材料。

c. 本检测适用所有焊接工艺。

d. 虽然 HG/T 4282—2011 中没有检测焊接系数，但实际上本检测是可以测试焊接系数，用带焊缝的拉伸强度除以基体的拉伸强度，得到焊接接头的短期强度焊接系数。

11.2.4.3 焊接性能的弯曲性能试验

（1）概述　同焊接性能的拉伸试验一样，弯曲试验也是一种用来评定焊接性能的方便实用的短期常规试验方法。相关方法为 HG/T 4283—2011 塑料焊接试样弯曲检测方法。用厚度不大于 30mm 的焊接试样进行三点弯曲试验，弯曲中获得的弯曲角和破坏图形可对焊接接口的质量做出判断，同时反映焊缝的变形能力，试验还可对焊接参数进行评价。

弯曲试验主要用来检验材料在经受弯曲负荷作用时的性能，生产中常用弯曲试验来评定材料的弯曲强度和塑性变形的大小，是质量控制和应用设计的重要参考指标。

弯曲试验采用简支梁法，将试样跨于两支座上，在试样中心（两支座中心）施加集中载荷，以测定其弯曲性能。弯曲性能包括弯曲角、挤压距离。

塑料焊接试样——弯曲检测，适用于采用热风焊、挤出焊、热熔焊、电熔焊等方法对热塑性塑料焊接质量的弯曲性能检测。

（2）检测方法

① 设备

a. 检测环境温度　检测时将环境温度温度控制在 23℃±2℃。

b. 电子万能试验机或电子拉力试验机　能够产生 10mm/min、20mm/min、50mm/min 等试验速度的恒定速度拉伸，连续记录试样所承受的拉力、挤压距离（弯曲角）至试样破坏或达到规定挤压距离（弯曲角）。

把试样放在两个规定跨度的支撑滚轮上，试验机压头在试样跨度中心处（焊缝中心）以恒速试压试样至弯曲断裂或达到规定的弯曲角，测量和记录该过程中弯曲角及挤压位移。

c. 夹具

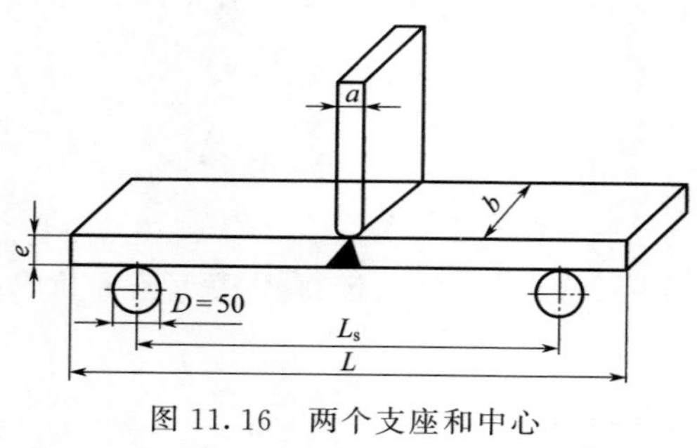

图 11.16　两个支座和中心压头的位置（单位：mm）

ⅰ 两个支座和中心压头的位置如图 11.16 所示，在试样宽度方向上，支座和压头之间的平行度应在 ±0.2mm 以内。

ⅱ 滚轮和压头的宽度应该大于试样的宽度。为了防止在挤压过程中滑脱，可以采用防滑压头，或将压头底部用纸包敷起来。

ⅲ 支座滚轮直径为 50mm。

d. 测量器具

ⅰ宽度和厚度测量仪器的测量精度应不大于 0.02mm。测量头的尺寸和形状应适合被测量的试样，避免测量时因试样承受压力而影响所测量的尺寸。

ⅱ角度测量仪器的测量精度应不大于 1°。由于测试过程中试样与滚轮时刻在变动，所以在测试时应选定一个不变点进行，并标记为中心点，用于测量。

ⅲ挤压位移测量仪器的测量精度应不大于 0.1mm。

② 试样　选择合适的焊件作为试件，焊件要有材料牌号、焊工标识等信息。试件焊接完成至少放置 8h 后才可按规定截取，试样应从截取时焊接接头垂直于焊缝轴线方向，试样加工完成后，焊缝的轴线应位于试样平行长度部分的中间。

a. 试样形状

ⅰ平板型试样形状如图 11.17 所示。

ⅱ辐射面管道试样形状如图 11.18 所示。

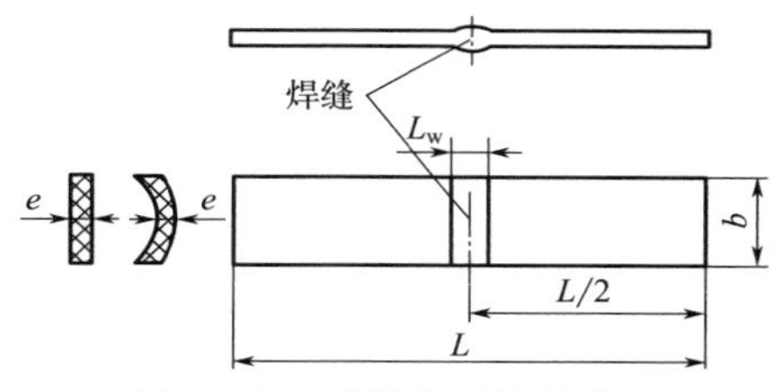

图 11.17　平板型试样形状图

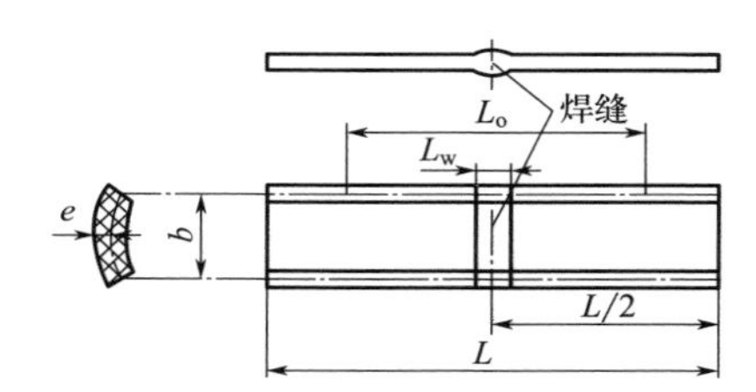

图 11.18　辐射面管道试样形状图

b. 试样尺寸

厚度小于 30mm 的试样和试验装置的相关尺寸见表 11.24。

表 11.24　试样尺寸和试验装置的相关尺寸　　单位：mm

试样尺寸				试验机		
厚度 e	宽度 b		长度 L	滚轮		压头直径 a
	管材	板		间距 L_s	直径 d_n	
$3<e\leqslant5$	$0.1d_n$ 最小：6±0.2 最大：30±0.5	20±0.4	150±3	80	50	4
$5<e\leqslant10$		20±0.4	200±4	90		8
$10<e\leqslant15$		20±0.4	200±4	100		12.5
$15<e\leqslant20$		30±0.5	250±4	120		16
$20<e\leqslant30$		30±0.5	300±5	160		25

c. 试样制备

ⅰ一般要求与取样方式　同拉伸检测试样制备的一般要求与取样方式。

ⅱ板材试样制备　采用机械加工方法从焊件上制备试样，与压头接触面的焊缝余高部分可采用机械加工方法加工至与母材同厚度。

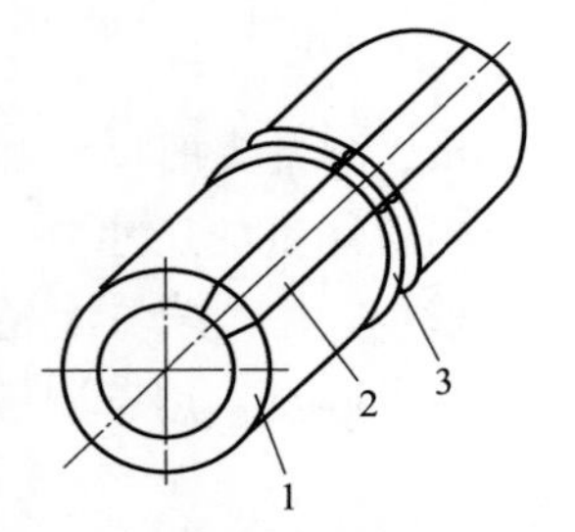

1—试件；2—所取的试样；3—焊缝。

图 11.19　取样位置

ⅲ 管材试样制备

• 从管材上取样条时不得加热或压平，样条的纵向与管材的轴线水平，取样位置如图 11.19 所示。

• 试样应在其周围均匀取样。取样面可以是平行或辐射状，试样尺寸见表 11.24。辐射状取样的宽度数值：等于最大值和最小值的平均值。平行状取样及受力方向如图 11.20 所示，辐射状取样及受力方向如图 11.21 所示。

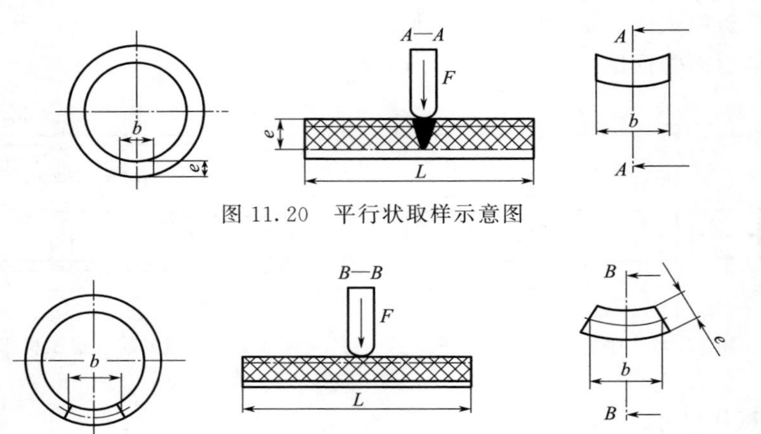

图 11.20　平行状取样示意图

图 11.21　辐射状取样示意图

• 管材试样取样时，在考虑最大尺寸时把边缘厚度考虑在内。试样厚度如大于 30mm，两支撑滚轮之间的跨度按式(11.3) 进行计算：

$$L_s = D + a + 3e \tag{11.3}$$

式中，L_s 为两支撑滚轮之间的跨度，mm；D 为支撑滚轮直径，mm；a 为压头直径，mm；e 为试样厚度，mm。

• 焊件厚度大于 30mm 时，可以将与试验机压头相接触的那一面进行削减厚度至 30mm。

d. 试样的检查　同 11.2.4.2 拉伸检测所测试样的检查。

e. 试样数量　按规定在焊件上至少取 6 个试样。

③ 试样状态调节　同 11.2.4.2 拉伸检测所测试样状态调节。

④ 试验步骤

a. 试样的安装　根据试样的厚度、直径等参数，测算支座的跨度与压头的直径。调整支座，将试样对称放在支座上，试验压头对准焊缝中心线。弯曲试验示意如图 11.22。

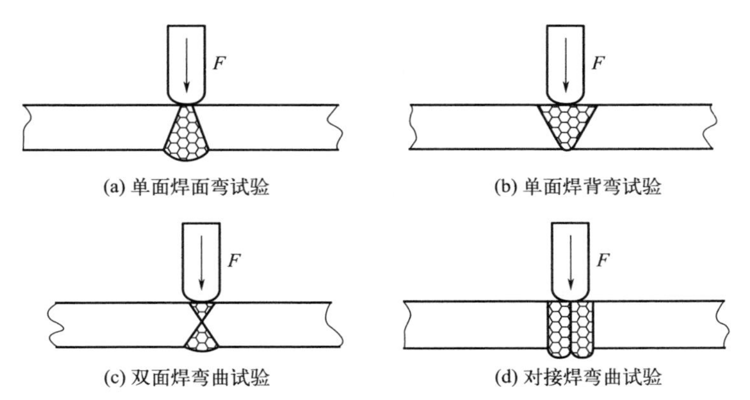

图 11.22　弯曲试验示意图

b. 选取试验弯曲挤压速度　试样弯曲挤压速度根据试样的材质选定，推荐采用表 11.25 规定的弯曲挤压速度。相同材料的焊接试样和未焊接试样在测试时采用相同的弯曲挤压速度。

表 11.25　弯曲挤压速度

序号	材料		挤压速度/(mm/min)
1	PVC-U,PVC-C		20
2	PP	PP-R	50
		PP-H、PP-B	20
3	PE	PE-HD、PE-MD	50
		PE-LD	20
4	PVDF		10
5	ABS		20
6	PA		20

c. 选择弯曲方式　抽取的 6 个弯曲试样，单面焊的试样全部面弯，双面焊的试样 3 个面弯，3 个背弯。对于厚度大于 30mm 的试样，可采用侧弯。

d. 操作　具体操骤参照 11.2.4.2 所述拉伸试验。

e. 结果的计算与处理。

- 弯曲角和挤压位移的确定　如图 11.23 所示。

$$\Delta\alpha=\alpha_i-\alpha_f \tag{11.4}$$

式中，$\Delta\alpha$ 为弯曲角，(°)；α_i 为原始弯曲角，(°)；α_f 为最终弯曲角，(°)。

$$\Delta H=H_f-H_0 \tag{11.5}$$

式中，ΔH 为挤压位移，mm；H_f 为最终挤压位移值，mm；H_0 为原始挤

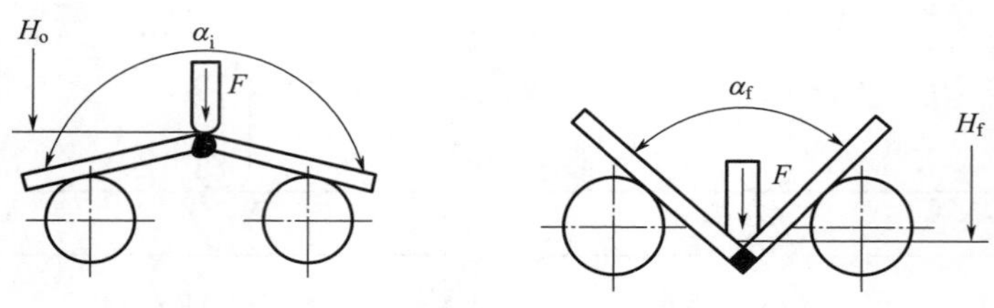

图 11.23　弯曲角和挤压位移示意图

压位移值，mm。

图 11.24 给出了几种材料焊接试样进行弯曲试验时的最小弯曲角与试样厚度的关系曲线，若试验得到的弯曲角小于曲线图示值，则认为不合格，否则合格。

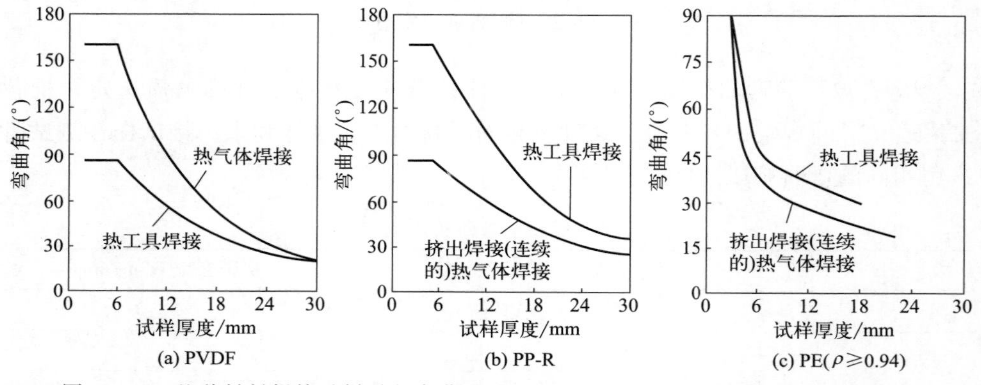

图 11.24　几种材料焊接试样进行弯曲试验时的最小弯曲角与试样厚度的关系曲线

由于试验时角度测量并不方便，可用与弯曲角相对应的挤压距离来表述。图 11.25 反映挤压距离与厚度的关系，如果此距离小于图示值则认为不合格。

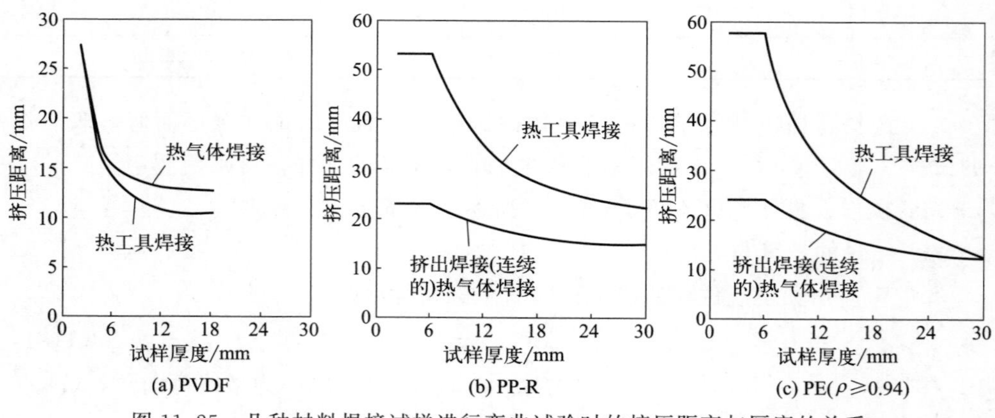

图 11.25　几种材料焊接试样进行弯曲试验时的挤压距离与厚度的关系

• 160°弯曲角度时挤压位移　当试样弯曲角度达到 160°时仍未破坏，则可停止试验认为未破坏。证明焊接接头合格。由于弯曲角度测量不方便，可以用 160°时的挤压位移代替。其对应关系见表 11.26。

表 11.26　当弯曲角度为 160°时的挤压位移值

试样的厚度(e)/mm	弯曲角度(α)/(°)	挤压位移量(H)/mm
$3<e\leqslant5$	160	60
$5<e\leqslant10$		70
$10<e\leqslant15$		85
$15<e\leqslant20$		170
$20<e\leqslant30$		150

（3）讨论

① 同上节所述的拉伸试验一样，弯曲试验也可以快速简单地表征板材、管材热熔对接焊的焊接质量，我国 PE 管道未列入此项检验，但国外几乎所有材料的热熔对接管道的焊接均有此项试验要求，而 DVS 2203-5 及 EN 12814-1 是其方法标准。

② 本检测可以评价脆性破坏。

③ 此方法可作为焊接工艺评定和优化焊接参数的试验方法。

④ 本检测适用所有材料。

⑤ 本检测适用所有焊接工艺。

⑥ 常规弯曲试验也可由某些特定要求来进行“强化”，方法是进行“低温弯曲试验”和“高速弯曲试验”，实际上 PP-R 管进行的符合 ISO 9854（GB/T 18743.1—2022《热塑性塑料管材　简支梁冲击强度的测定　第 1 部分：通用试验方法》）的冲击试验就是高速弯曲和低温弯曲的综合试验。

11.2.5　焊接性能的长期性能检测

11.2.5.1　概述

焊接性能的长期试验是最直接地反映焊接连接头的长期使用性能的试验方法，可获得焊口的长期焊缝系数。

11.1.2 讨论长期性能评价时，采用 GB/T 18252 方法进行试验，热熔对接头的长期性能也可以通过带焊接接头的管道进行长期耐压试验。得到不同的破坏点进行数学回归得到焊接连接部位的长期强度值，为减少破坏时间可以通过提高温度和在表面活性剂溶液中试验。但是由于轴向力等于环向应力的一半，焊接部位不容易破坏。

所以，焊接性能的长期试验通过长期恒拉伸载荷试验来取得，即利用沿管轴切取的样条（焊口位于试样中心）在稀的表面活性剂溶液中进行 80℃恒载荷试验。德国焊接学会（DVS 2203.4）和 EN 12814-3 都在使用这个方法。与此类似的 ISO 1167（2NCT）法也可用于热熔接头的试验，可以在几百小时内得到长期焊缝系数。

11.2.5.2 检测方法

（1）设备 焊接性能的长期性能检测所用拉伸蠕变试验装置见图 11.26。

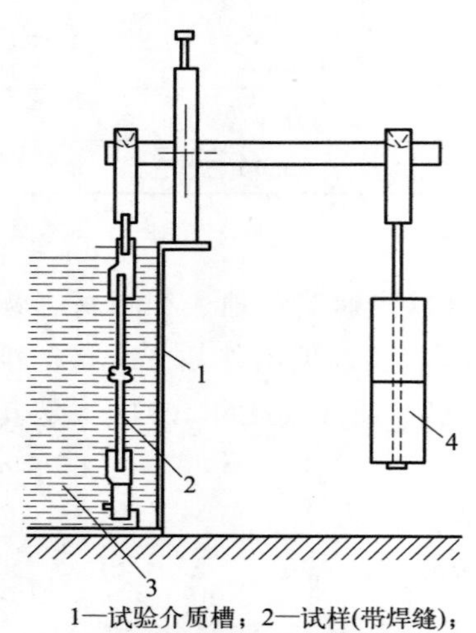

1—试验介质槽；2—试样(带焊缝)；3—试验环境；4—恒定载荷。

图 11.26 拉伸蠕变试验装置

（2）试样

① 总则

a. 焊接或未焊接试样要从同一试件中采取。

b. 要在焊接后至少 8h 内，将试样（焊接和未焊接）沿着垂直于焊接接头的方向进行切削。

c. 对于在焊接两边的挤压方向不同的片材，未焊接试样应从试件上具有最低蠕变断裂时间的一侧选取。

d. 每一试样都应进行标记，以便在试件中确认其初始位置。

e. 不要在试样上进行热处理或机械矫直操作。

② 试样形状

a. 图 11.27 是适用于板材和管材组件（型材可以参照）的矩形试样和哑铃型试样。

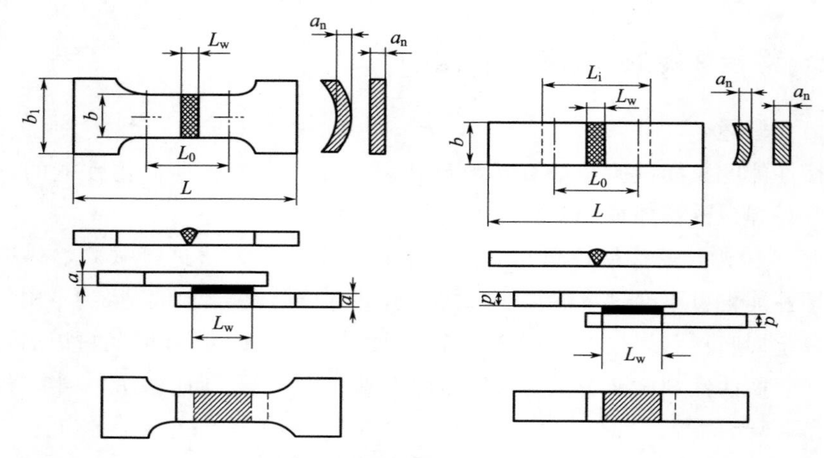

图 11.27 适用于板材和管材组件的矩形试样和哑铃型试样

b. 对于公称外径小于 20mm 的管材，要对整个管材进行试验。

③ 试样尺寸

a. 矩形试样的尺寸　矩形试样的尺寸见表 11.27。

表 11.27　矩形试样的尺寸　　单位：mm

D_n 或 a_n	b	L_0	L
$20 \leqslant D_n < 50$	$a_n + D_n/10$	80	≥120
$50 \leqslant D_n < 100$	$a_n + D_n/10$	120	≥170
$D_n \geqslant 100$ 或平材总成：			
$a_n \leqslant 10$	15	120	≥170
$10 < a_n \leqslant 20$	30	120	≥170
$a_n > 20$	$1.5a_n$	$3a_n + L_w$ 最小值 120	$\geqslant L+80$

b. 哑铃型试样的尺寸　哑铃型试样的尺寸见表 11.28。

表 11.28　哑铃型试样的尺寸　　单位：mm

D_n 或 a_n	b	最小值 b_1	L_0	L	R（圆弧半径）
$20 \leqslant D_n < 50$	$a_n + D_n/10$	$b+10$	L_0+60	≥120	60
$50 \leqslant D_n < 100$	$a_n + D_n/10$	$b+10$	L_0+60	≥170	60
$D_n \geqslant 100$ 或平材总成：					
$a_n \leqslant 10$	10	20	115	≥170	60
$10 < a_n \leqslant 20$	30	40	115	≥170	60
$a_n > 20$	$1.5a_n$	$2.5a_n$	$3a_n + L_0$ 最小值 120	$\geqslant L+80$	60

c. 试样厚度的最小值　应是 6mm±1mm。

④ 试样

a. 拉伸蠕变试样的边应被切削为平行边。

b. 在切削时，试样的加热应最小化。

c. 切削作业应不能对试样造成任何损坏。

d. 在切削后，应对焊接进行目检并记录。

⑤ 试样数量　至少带焊缝的试样和不带焊缝的同种母体材料各 6 个（每个应力）。

（3）试验步骤

① 试验温度 80℃±1℃。试样在恒定温度和恒定环境条件下保持恒定的应力载荷。

② 在加载前，试样应被调节至试验温度。

③ 选择合适载荷使试样承受恒载荷，直至发生脆性破坏（至少 30％的断裂面积是脆性破坏），并测量和记录破坏时间 t_f。

④ 为缩短试验时间，可以采用适宜的表面活性剂水溶液作为焊接和未焊接试样的接触介质。

⑤ 试验应逐渐加大试验载荷。试验时间要从到达试验载荷的一刻开始直至试样断裂结束。

⑥ 至少进行两个应力下的试验。

(4) 长期焊接系数的测定　为了测定长期拉伸焊接系数，应分别根据焊接和未焊接试样的蠕变破坏时间，做出时间和应力的双对数曲线。然后进行数学回归。二者的蠕变破坏曲线的数据点，应分别采用至少 2 组试样（每组试样至少包括 6 个焊接试样和 6 个未焊接试样）取得。单点的数值由 6 个试样的对数几何平均值取得，即对数平均值$=(\lg t_1+\lg t_2+\cdots\lg t_n)/n$。（$n$ 为在相同载荷、相同试样温度、相同试验条件下的试样个数，$n\geqslant 2$。）

从图 11.28 所示的这些曲线中，长期拉伸焊接系数应采用在相同的破坏时间对应的焊接材料所受的对数应力（σ_s）与母体材料所受的对数应力值（σ_t）。两者的比值就是长期焊接系数 f_1。

$$f_1=\frac{\sigma_s}{\sigma_t} \tag{11.6}$$

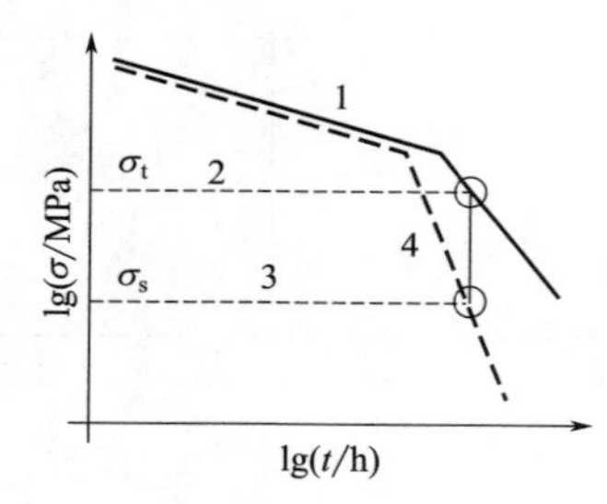

图 11.28　蠕变破坏曲线示例

11.2.5.3　讨论

① 焊接性能的长期性能检测非常重要，就像管道的长期性能预测曲线一样可以评价焊接的长期性能。

② 焊接性能的长期性能检测也可以对不同材料、不同焊接工艺进行评价。

③ 焊接性能的长期性能检测也可以进行特定的焊缝的长期性能评价。

④ 在整个时间范围的恒定长期拉伸焊接系数，只有在母体材料的实际曲线与焊接材料的曲线二者相互平行时才会产生。当两曲线不平行时，长期拉伸焊接系数要在协议一致的母体材料所适用的某参考应力下计算。

⑤ 如果提供了长期焊接系数和母体材料的参考应力，但没有焊接的蠕变曲线斜率的信息，那么可以采用简化方法，即通过用母体材料的 σ_t 乘以长期焊接系数，来测试在母体材料 σ_t 处所对应的焊接材料的焊接应力值 σ_s，相同方法得

出多个母体材料参考应力下的多个焊接材料的焊接应力值，从而得到焊接材料的实际对数应力与相应的对数破坏时间的曲线。

⑥ 在实际应用中，焊接材料的蠕变破坏时间至少要等于母体材料的蠕变破坏时间，否则，应考虑焊接对整个压力容器寿命的影响。

11.2.6　焊接性能的耐脆性破坏性能检测

11.2.6.1　概述

板材焊接时可以用 11.2.4.2 的焊接接头通用弯曲检测，既可以快速简单评价焊接接头的焊接质量，又可以评价脆性破坏的焊接长期蠕变拉伸检测，还可以评价板材和管材的脆性破坏。

GB/T 19806、GB/T 19807、GB/T 19808、GB/T 19809、GB/T 19810、ISO 13956 等一系列标准是评价聚乙烯（PE）管材的各种焊接方法时由裂纹扩展引起脆性破坏的评价检测。同时这些方法也是用于不同 MRS（不同分级材料）、不同 SDR、不同焊接的相容性评价和系统适用性评价检测。还能进行焊接工艺评定的检测。

11.2.6.2　聚乙烯热熔对接接头拉伸强度和破坏形式的检测

（1）概述　检测方法与 3.2.1、3.2.2 的通用拉伸检测和 11.2.4 的焊接接头通用拉伸检测及 11.2.5 的焊接长期蠕变拉伸检测不同。是对公称外径不小于 90mm 的聚乙烯（PE）管材与管材或管材与管件插口端（注意：不包括承口端）的热熔对接接头进行的检测。标准是：GB/T 19810—2005《聚乙烯（PE）管材和管件　热熔对接接头　拉伸强度和破坏形式的测定》。

检测时，将管材热熔对接接头加工成哑铃形试样，对试样以恒定速度施加一拉力。试样在拉伸试验机上承受负载时，应力集中于熔接部位，最终在接头附近破坏。这样，除了对聚乙烯热熔对接接头进行焊接强度检测外，更重要的是对焊接接头的破坏形式进行检测评价，即焊接接头部位不能发生脆性破坏。

（2）检测方法

① 设备

a. 检测环境温度　检测时将环境温度控制在 23℃±2℃。

b. 电子万能试验机或电子拉力试验机　能够以 5mm/min±1mm/min 的恒定速度拉伸，连续记录试样所承受的拉力，并能识别试样的破坏。

ⅰ 夹具　可以用销钉穿过试样牵引孔的夹具。

ⅱ 测量仪器　测量试样的宽度和厚度，精度不低于 0.05mm。

② 试样

a. 取样　制备试样所用管材/管件应按产品标准的规定进行抽取。

b. 制备

总则：热熔对接接头应按生产商的说明或相关标准（如 GB/T 19809）中的规定进行制备。

对每一所需试样，应穿过接头沿管材的轴向加工出一长条，并进一步加工以制备符合以下尺寸的试样：对于壁厚<25mm 的管材，见表 11.29 和图 11.29（A 型）；对于壁厚≥25mm 的管材，见表 11.29 和图 11.30（B 型）。

制备试样时要确保焊缝与 A 型或 B 型试样的腰部中心截面尽可能重合，并垂直于用于穿过销钉的两个试样牵引孔的连接轴线（拉伸时受力中心线）。试样的卷边可以除去。

A 型试样：A 型试样的尺寸和形状应符合图 11.29 和表 11.29。

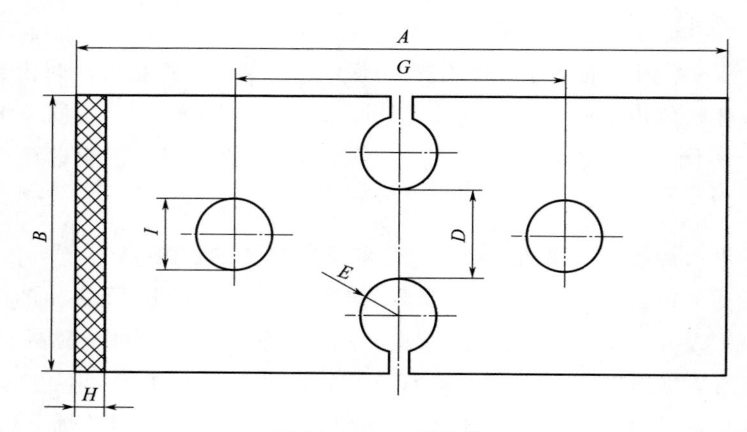

图 11.29　A 型试样

表 11.29　A 型和 B 型试样的尺寸　　单位：mm

符号	说明	A 型试样的尺寸		B 型试样的尺寸
		$D_n \leqslant 160$	$d_n > 160$	
A	总长(最小值)	180	180	250
B	末端宽度	60±3	80±3	100±3
C	狭长平行段长度	—	—	25±1
D	腰部宽度	25±1	25±1	25±1
E	半径	5±0.5	10±0.5	25±1
G	牵引孔中心距	90±5	90±5	165±5
H	厚度	全壁厚	全壁厚	全壁厚
I	牵引孔直径	20±5	20±5	30±5

试样的“腰部”应通过钻孔或其他机加工方式来获得，其中心距应为 35mm 或 45mm，孔的中心连线与焊缝重合。然后，在样条上将孔和对应的边之间切

开。试样腰部的加工面应是平滑的，其余界面不作要求。

B 型试样：B 型试样的尺寸和形状应符合图 11.30 和表 11.29。

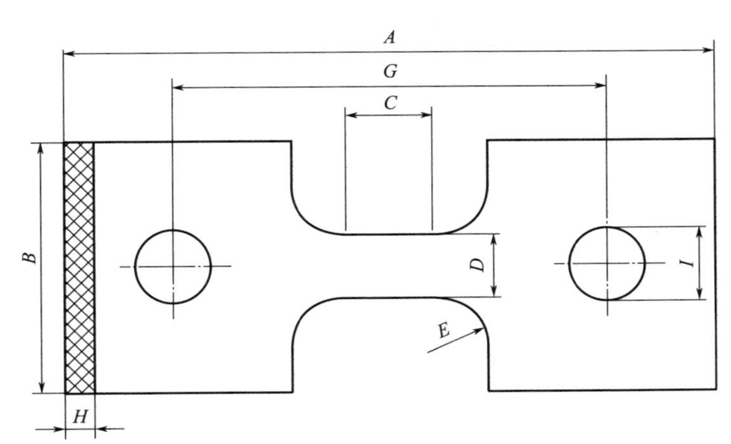

图 11.30　B 型试样

c. 试样数量　试样数量由管材的公称外径 d_n 决定，见表 11.30。

其中一个试样应取自接头错边最大处，其他试样应沿接头圆周均匀取得。

表 11.30　试样数量

公称外径 d_n/mm	试样的数目
$90 \leqslant d_n < 110$	2
$110 \leqslant d_n < 180$	4
$180 \leqslant d_n < 315$	6
$d_n \geqslant 315$	7

③ 状态调节　应在热熔对接 24h 后制样。试样应在 23℃±2℃ 的环境温度下进行状态调节不少于 6h，状态调节后立即进行试验。

④ 试验步骤

a. 测量管材壁厚作为试样厚度，测量试样宽度。对于 A 型试样，宽度为腰部两孔的间距 D；对于 B 型试样，宽度为狭窄部分的宽度 D。

b. 将试样固定在拉伸试验机夹具上，并保证施加于试样上的力垂直于对熔焊缝。

c. 启动试验机使夹具以 5mm/min±1mm/min 的速度运动，对试样施加拉力。

d. 记录拉伸过程中施加的拉力，直到试样完全破坏。

e. 记录最大拉力和试样破坏类型（如韧性破坏和脆性破坏），韧性破坏和脆性破坏仅考虑在对熔接头处或其附近的破坏。

f. 计算拉伸强度，用最大拉力除以试样接头部分的截面积。

（3）讨论

① 前面已经介绍，测试方法是人为设计出来的，有自身明确的目的；同时，同一个检测方法可以有不同的用途。本检测如果仅仅用于强度检测时和

11.2.4.2 的焊接性能的拉伸性能检测相同。

② 如果需要测试焊接系数，可以采用本检测的 A 型试样进行测试（EN 12814-2 附录 B），用带焊缝的拉伸强度除以基体的拉伸强度，得到焊接接头的短期强度焊接系数。

③ 本检测用于热熔对接连接的工艺评定，则必须明确判定是韧性破坏还是脆性破坏，如果是脆性破坏则工艺评定不合格。

④ 本检测用于热熔对接连接的焊接工艺优化检测时，可以得到根据不同熔接工艺和参数焊接的接头的检测结果评价和优化焊接参数，用于细分工况下的个性化焊接工艺（相对于规范的工艺参数）。

⑤ 本检测用于热熔对接连接的适用性评价时，可以评价不同 MRS、不同 SDR、不同 MFR 焊接时的焊接质量（GB/T 13663、GB/T 19809、CJJ 63）。

⑥ 本检测还可以对极端工况下（−5℃，40℃）热熔对接连接的焊接性能进行评价。

⑦ 本检测依据的标准虽然只针对 GB/T 19810 中的热熔对接焊接管件，但实际上其他热熔对接焊接管件，也可用这个方法评判，它们是 PP-R、PB、PE-RT、PA 及 PVDF。ISO 16486-5—2021《气体燃料供给用塑料管道系统　带有热熔接头和机械接头的不加增塑剂的聚酰胺（PA-U）管道系统　第 5 部分：系统适用性》有明确要求。

⑧ PVC-U、PVC-C 等热熔对接焊接管件可能不适合本方法，他们的评价裂纹扩展引起的脆性破坏评价标准是：ISO 11673—2005《硬聚氯乙烯压力管道　断裂韧性的测定》，我国产品标准 GB/T 32018.1—2015《给水用抗冲改性聚氯乙烯（PVC-M）管道系统　第 1 部分：管材》和 CJ/T 272—2008《给水用抗冲改性聚氯乙烯（PVC-M）管材及管件》。

11.2.6.3　聚乙烯电熔组件的拉伸剥离测试方法

（1）概述　上述检测可以对热熔对接接头进行焊接质量及脆性破坏评价。11.2.4.3 的塑料焊接试样弯曲检测方法也是一种用来评定焊接性能的方便实用的短期常规方法，也可以评价脆性破坏。但由于管材、管件的承插焊接面在实际使用中承受剪切应力作用不能用前述的拉伸和弯曲方法评判，通用的耐内压试验也不能很好地评判。因为在受内压作用时环向应力起主要作用，焊接面并不是最危险的受力面。按照脆性破坏模式未完全焊接部分和空洞等缺陷起到裂纹的作用而产生脆性破坏，这样就可以用拉伸剥离试验、挤压剥离试验和撕裂剥离试验来评定管材、管件的焊接质量。

本检测是对公称外径大于或等于 90mm 的聚乙烯电熔承口组件的拉伸剥离试验，标准是 GB/T 19808—2005《塑料管材和管件　公称外径大于或等于 90mm 的聚乙烯电熔组件的拉伸剥离试验》。检测时，用拉伸的方法对焊接面进行 180°剥离试验，在一定条件下将试样样条熔融面逐渐拉伸剥离，通过对熔合面剥离后的破坏特征和脆性百分比来表征和评价焊接质量。

（2）测试方法

① 设备

a. 检测环境温度　检测时将环境温度温度控制在 23℃±2℃。

b. 电子万能试验机或电子拉力试验机　能够以 20～50mm/min 的速度施加拉力直至环境面剥离。检测设备应包括下列主要部件（图 11.31）。

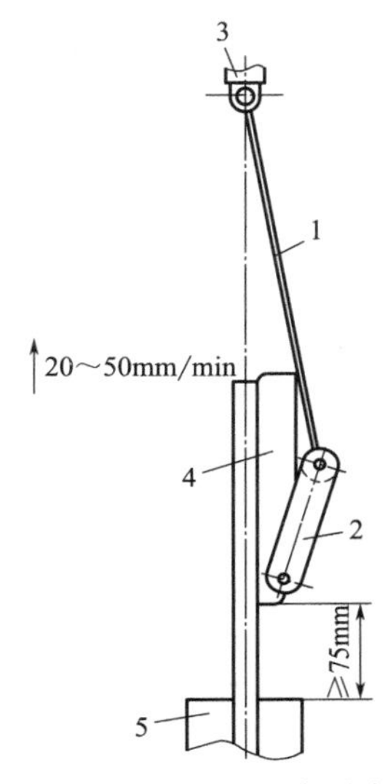

1—拉伸链条或金属绳索(最少300mm长)；
2—带销的拉伸夹具；3—拉伸试验机；
4—试样；5—夹具。

图 11.31　电子拉力试验机

c. 带销的拉伸夹具　如图 11.32 所示。

② 试样

a. 组件制备　按照相应产品标准的规定和 GB/T 19807 要求制备电熔承口管件和管材焊接试样组件，其中管材超出管件承口以外的管材长度不少于 125mm。

b. 试样制备

ⅰ 在熔接至少 6h 之后，制备试样。

ⅱ 从组件截取四个试样：通过取样前目测检查，使得试样包括管件与管材间隙最小和最大的部分；试样的切边平行于组件的长度方向，宽度为 25_{0}^{+5}mm，或等于管材壁厚，偏差$_{0}^{+5}$mm，取较大者。

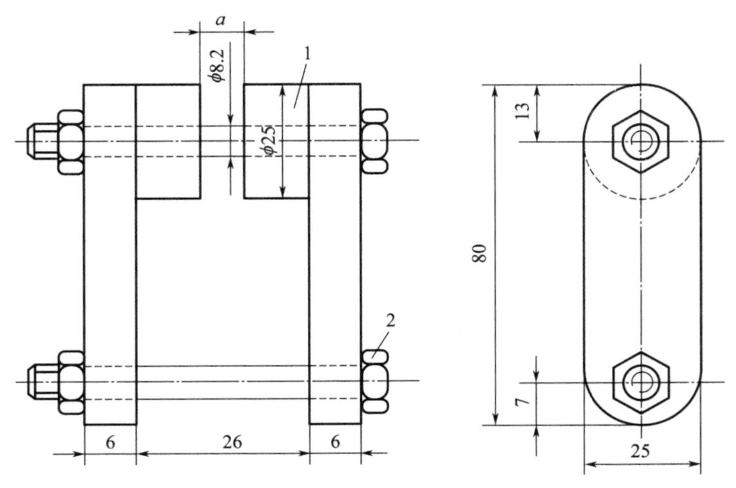

1—垫片；2—螺栓，与试样牵引孔配合；a—放置拉伸链/金属绳索的间隙。

图 11.32　带销的拉伸夹具（单位：mm）

同时，通过套筒中心截取八个试样。见图 11.33。

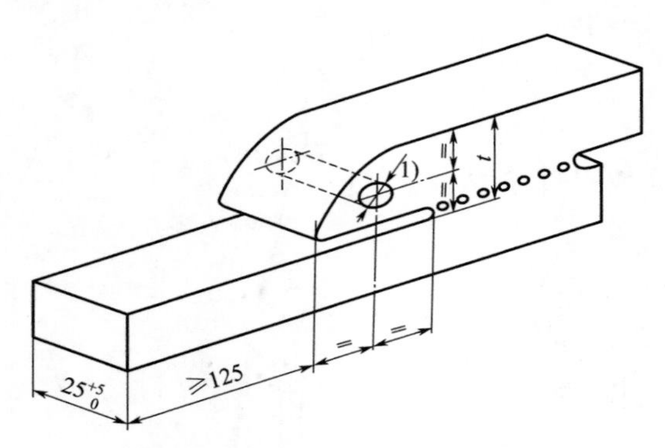

图 11.33 试样制备图（单位：mm）

注：与拉伸夹具螺栓配合的牵引孔，直径为 $t/5$，最小 3mm。

ⅲ 对每个试样钻一个牵引孔，以便于拉伸夹具联结，孔直径为 $t/5$，最小取 3mm。如果牵引孔出现屈服，把孔位移到第一个线圈的上方。

c. 试样数目 试样的数目应按产品标准规定。推荐最少使用三个试样。

③ 状态调节 在熔接完成最少 12h 后，按试验步骤进行。熔接完成后，截取试样前，在 23℃±2℃下，组件最少状态调节 6h。截取试样后，在测试温度下最少放置 6h。

④ 试验步骤 在 (23±2)℃下，执行下列步骤。

a. 测量电熔管件承口线圈首圈到末圈之间的距离 y，如图 11.34 所示。

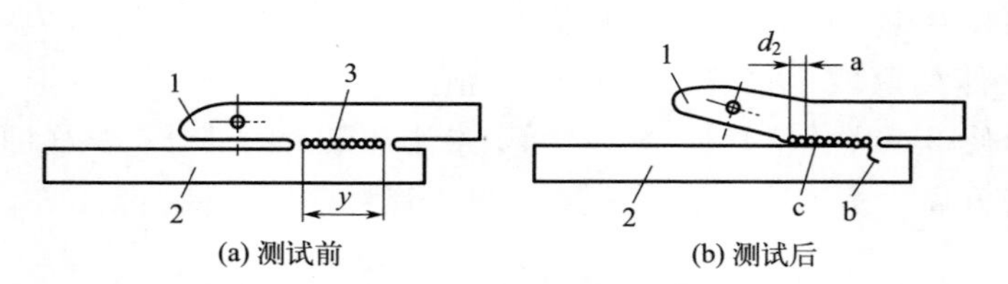

1—管件承口；2—管材；3—线圈；a—熔接面的脆性破坏；b—管材的韧性破坏；c—线圈匝间塑料的韧性破坏。

图 11.34 电熔管件试验承口线圈测试前后状态示意图

b. 把试样的承口部分连接到拉伸夹具，把从承口突出的管材插入拉伸试验机的夹具内，如图 11.31 所示。

c. 沿试样长度方向，以 20～50mm/min 的速度施加拉力。在有争议情况下，使用 (25±2.5)mm/min 的速度。

d. 测试直到试样完全剥离或断裂。记录破坏位置，例如在管材部分或承口部分，在线圈之间或在熔合界面。在熔接面，平行于管材轴线方向上（见图 11.34）测量总的脆性破裂最大长度 d_2。

e. 记录最大的断裂拉力。

f. 对每一试样，用公式计算脆性剥离的百分比 C_c：

$$C_c=\frac{d_2}{y}\times 100 \tag{11.7}$$

式中，d_2 为观察到的最大脆性破裂长度；y 为电熔管件承口线圈首圈到末圈之间的距离。

（3）讨论

① 本检测用于电熔承插连接的工艺评定，则必须明确判定是韧性破坏还是脆性破坏，如果剥离脆性破坏百分比大于 33%，则工艺评定不合格。

② 本检测用于电熔承插连接的焊接工艺优化检测时，可以得到根据不同熔接工艺和参数焊接的接头的检测结果评价和优化焊接参数。

③ 本检测用于电熔承插连接的适用性评价时，可以评价不同 MRS、不同 SDR、不同 MFR 焊接时的焊接质量（GB/T 13663、GB/T 19809、CJJ 63）。

④ 本检测还可以对极端工况下（−5℃，40℃）电熔承插连接的焊接性能进行评价。

⑤ 本检测可对电熔承插焊接的 PE 管件进行快速简单的测试。依据的标准虽然只针对 GB/T 19808 中的电熔承插焊接管件，但实际上其他电熔承插焊接管件，也可用这个方法评判，如 PP-R、PB、PE-RT、PA 及 PVDF。

⑥ 按照脆性破坏模式，各种焊接缺陷被当作“裂纹”，通过试验而引起脆性破坏，但是，很小的裂纹和细纹在这样的试验中可能不会引起裂纹扩展而引起脆性破坏，它们可能需要在长期蠕变的剪切试验中才能被发现，可能的方法见 11.2.5 焊接的长期性能检测。

11.2.6.4　电熔承口管件或鞍形管件的熔接挤压剥离试验

（1）概述　此试验是按 GB/T 19806 标准要求对 16～225mm 聚乙烯管材和承插焊接或鞍形管件组件进行的剥离试验。试验是通过挤压测试试样来评估 PE 管材/电熔承口或鞍形管件组件的熔接质量。挤压剥离是组件的剥离强度用熔接面剥离后的破坏特征和脆性剥离百分数来表征。组件破坏的外观和位置也用于评估组件的强度。

（2）检测方法

① 设备

a. 检测环境温度　检测时将环境温度控制在 23℃±2℃。

b. 电子万能试验机或电子拉力试验机　能够满足相关试验要求的具有不同的拉伸速度、足够大的剥离力和足够大的空间的电子万能试验机或电子拉力试验机。应具有图 11.35 所示的专用挤压剥离夹具；能够保持 100mm/min±

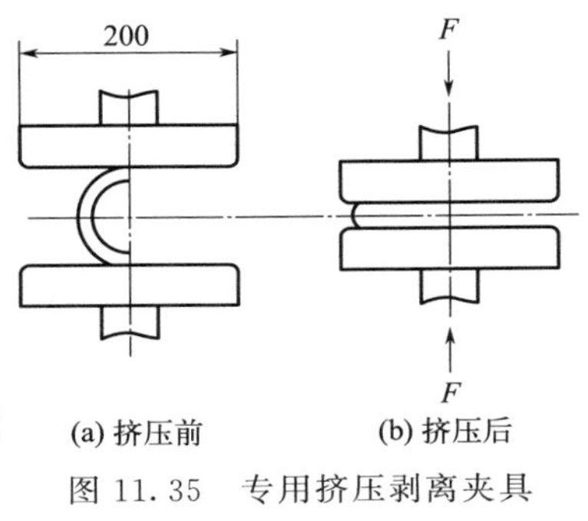

图 11.35　专用挤压剥离夹具示意图（单位：mm）

10mm/min 的稳定压缩速度。

② 试样　按照 GB/T 19807《塑料管材和管件　聚乙烯管材和电熔管件组合试件的制备》要求焊制试样。见表 11.31。

表 11.31　试样制备要求

管材公称外径(d_n)/mm	分切数目	角度/(°)	管件两侧管材的最小长度/mm
$16 \leqslant d_n < 90$	2	180	$2d_n$ 或 100
$90 \leqslant d_n \leqslant 225$	4	90	$2d_n$

ⅰ 由电熔承口管件连接而成的组件，按图 11.36 制备试样。

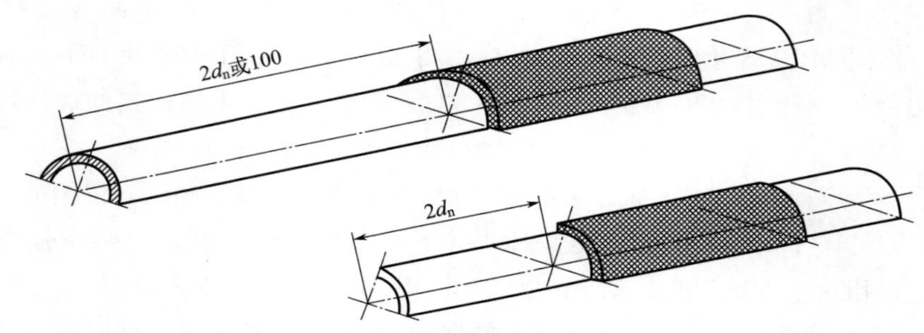

图 11.36　电熔承口管件连接图（单位：mm）

ⅱ 由电熔鞍形管件连接而成的组件，沿着通过管材轴线的平面切割组件。该平面应垂直于由管材轴线与鞍形旁通或直通中线所形成的平面。见图 11.37。

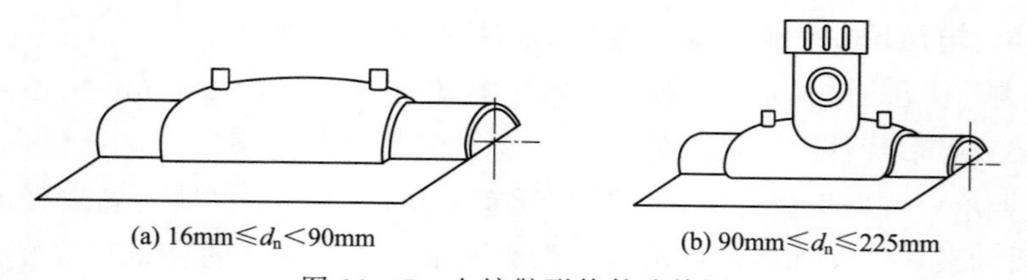

图 11.37　电熔鞍形管件连接图

ⅲ 试样的数目应按产品标准规定，推荐最少使用三个试样，12h 后取样：通过取样前目测检查，使得试样包括管件与管材间隙最小和最大的部分；试样的切边平行于组件的长度方向，宽度为 25mm 或等于管材壁厚，取较大者；在组件含有套管的情况下，通过套管中心截取试样，制得八个试样。

③ 状态调节

a. 熔接 12h 后才能制作试样。

b. 制作完的试样在（23±2）℃或试验温度下调节最少 6h。

c. 截取试样后，在测试温度下最少放置 6h。

④ 试验步骤

a. 将机器各种连线按操作手册连接。

b. 将试样连到试验机上。

c. 电熔承口管件的挤压剥离检测。

• 测量并记录电熔管件承口线圈首圈至末圈之间的距离 y 如图 11.34 所示。

• 在电熔管件承口旁，用（100±10）mm/min 的速度施加压缩力，直到管材内壁彼此接触。可以设置保护机器，限位器间的距离应等于管材壁厚的两倍。

• 试验过程中可以用工具小心地将电熔承口管件与管材分离，工具应轻微移动以免对试样产生冲击。检查试样并记录破坏形式（如管材破坏或管件破坏，在线圈之间或在熔合面破坏）。

• 在管件外缘平行于管材轴线方向的熔接面上，测量总的脆性破坏长度 d_2，如图 11.34 所示。

• 对每一试样，根据脆性破坏长度 d_2 和线圈首圈至末圈之间的距离 y，计算脆性剥离的百分比 C_c。

$$C_c=\frac{d_2}{y}\times 100 \tag{11.8}$$

d. 电熔鞍形管件的挤压剥离检测

• 按图 11.38 安装试样。

• 确定熔融面的面积（见生产商的资料说明书）。

• 使压力作用在与管材被切开平面平行的平面上，而且压力试验机的压板接近鞍形管件。以 100mm/min±10mm/min 的速度，使压板相互趋近，对试样施加一个不断增加的压缩力。继续压缩试样直到压板间的距离减小到管材壁厚的两倍。记录管壁即将接触前的压缩力。

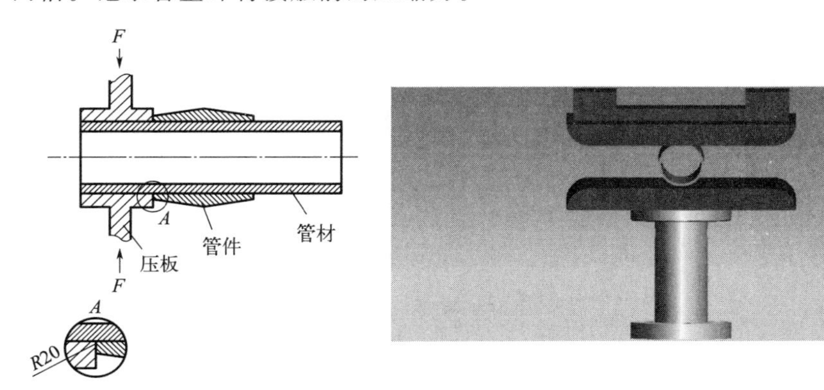

图 11.38　电熔鞍形管件的挤压剥离图

（3）讨论

① 本检测依据的标准虽然只针对 GB/T 19806 中的 PE 电熔承插管件和管件

和电熔鞍形管件的挤压剥离检测，但实际上其他材料也可用这个方法评判，如PP-R、PB、PE-RT、PA 及 PVDF。

② 本检测用于电熔承插和电熔鞍形连接的工艺评定，则必须明确判定是韧性破坏还是脆性破坏。对于电熔承插，如果是脆性破坏面积超过 33%则工艺评定不合格；对于鞍形连接，如果是脆性破坏长度超过总长度的 50%或面积超过 25%则工艺评定不合格。

③ 本检测用于热熔对接连接的焊接工艺优化检测时，可以得到根据不同熔接工艺和参数焊接的接头的检测结果评价和优化焊接参数。

④ 本检测还可以对极端工况下（−5℃,40℃）热熔对接连接的焊接性能进行评价。

11.2.6.5　鞍形管件的熔接撕裂剥离试验

（1）概述　上面的挤压剥离可以对电熔鞍形焊接管件进行检测。鞍形焊接连接还可以有热熔鞍形焊接连接，燃气管道 GB/T 15558.1 及 CJJ 63—2018 都不推荐使用热熔鞍形焊接连接，但是供水管道 GB/T 13663 是允许使用的，甚至 PP 供水系统也有热熔鞍形焊接连接。鞍形焊接管件最大的用途是工程在线抢修，所以，鞍形焊接管件的焊接质量评价非常重要。

本检测是通过撕裂剥离测试样来评估鞍形管件组件的熔接质量。撕裂剥离组件的剥离强度用熔接面剥离后的破坏特征和脆性剥离百分数来表征。组件破坏的外观和位置也用于评估组件的强度。

（2）检测方法

① 设备

a. 检测环境温度　检测时将环境温度控制在 23℃±2℃。

b. 电子万能试验机或电子拉力试验机　能够满足试验要求的，能够保持 100mm/min±10mm/min 的稳定压缩速度，足够大的拉伸力保证剥离试样和能够安装试样的足够大的空间。

c. 夹具根据不同的试样和拉伸方法　具有图 11.39 和图 11.40 所示的专用撕裂剥离夹具。

ⅰ 带承载销的撕裂剥离夹具　见图 11.39。

- 承载销：外径至少为管材公称外径的 1/2，可旋转。
- 适当的夹紧装置：扣紧或支撑鞍形管件，使其从管材上剥离。
- 带固定装置的支架：可将带鞍形管件的管材固定在支架上。

ⅱ 带固定装置和支架的撕裂剥离夹具

- 适当的夹紧装置：扣紧或支撑鞍形管件，使其从管材上剥离。
- 带固定装置的支架：可将带鞍形管件的管材固定在支架上。

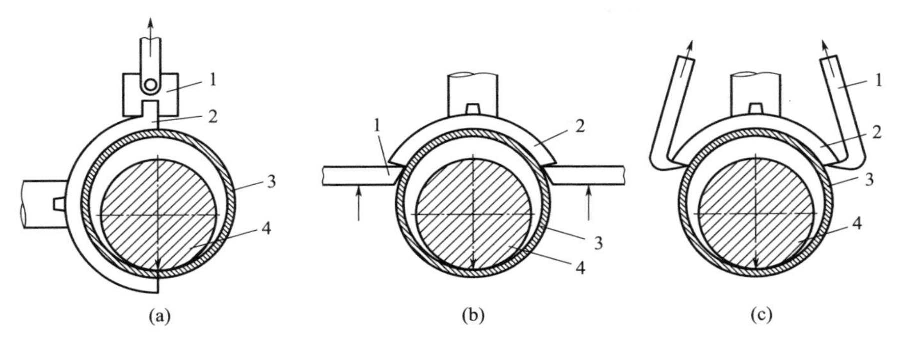

图 11.39　带承载销的撕裂剥离夹具示例

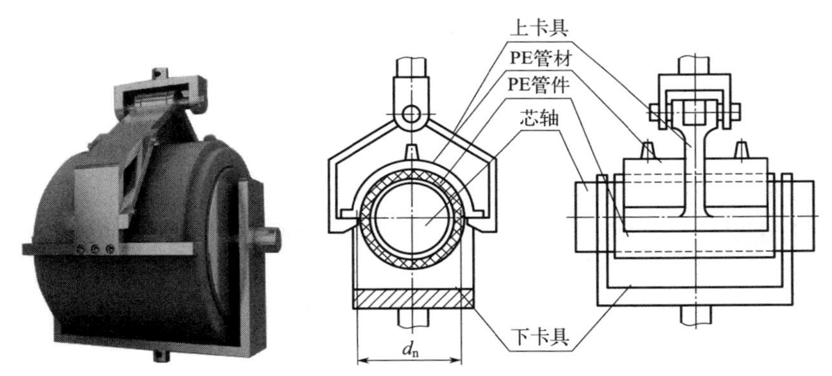

图 11.40　专用撕裂剥离夹具示例

② 试样

a. 试样制备

ⅰ 按照制造商说明及相关产品标准将管材和组件熔接制备接头。采用电熔熔接制备 PE 组件，其熔接环境应符合 GB/T 19809—2005《塑料管材和管件聚乙烯（PE）管材/管材或管材/管件热熔对接组件的制备》要求。除非另有规定，主体管材上不应穿孔。

ⅱ 鞍形管件两端的管材自由长度最小不应小于 $0.1d_n$（d_n 为管材公称外径）。对于图 11.40 所示，鞍形管件两端的管材自由长度应确保管材能延伸至固定装置外。管材应沿管材轴线切开。

ⅲ 试样上的所有螺钉、螺栓和其他固定组件应为可移除的。同时，为方便操作，鞍形管件的旁通可去除，但去除部分不包含熔接部分、接头部分。

b. 试样数量　除非另有规定，试样数应为 3 个。

③ 状态调节　试验应在熔接完成至少 24h 后进行。

试样在 23℃±2℃环境温度条件下状态调节至少 6h 后，进行试验。

④ 试验步骤

a. 将试样固定在拉伸试验机夹具上，并保证施加于试样上的力垂直于对熔焊缝。

b. 启动试验机使夹具以 100mm/min±10mm/min 的速度运动，对试样施加拉力至试样剥离。对于试样如不能剥离，可采用较低的拉伸速率 25mm/min±5mm/min 进行试验。

c. 记录拉伸过程中施加的拉力，检查试样并记录破坏位置（如管材或鞍形管件上、线圈或熔接面)，破坏类型是否为脆性破坏。

d. 测量并记录熔接区域径向最大脆性破坏长度（l）和熔接区域相同位置的总体长度（y)，如图 11.41。

e. 计算剥离百分比（L_d)：

$$L_d = l/y \times 100\% \tag{11.9}$$

f. 测量和记录熔接区域脆性破坏的区域（A)，计算剥离百分比（A_d)：

$$A_d = A/A_{nom} \times 100\% \tag{11.10}$$

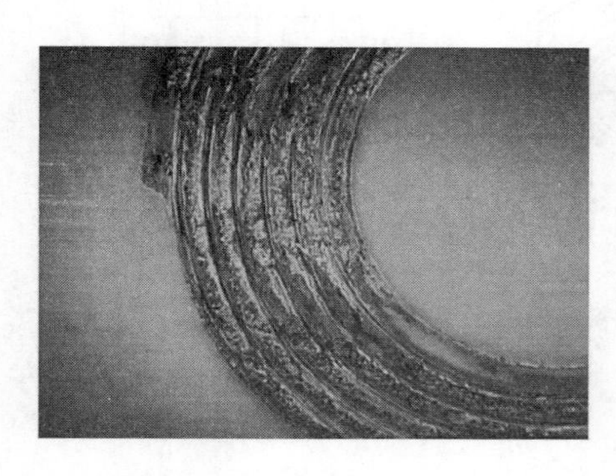

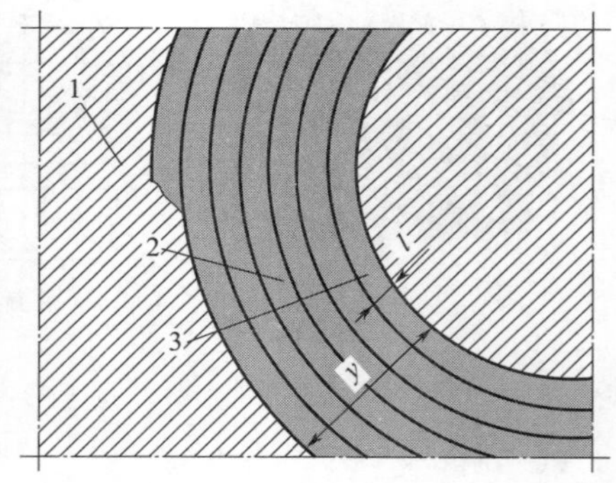

1—管材表面；2—韧性破坏；3—电熔线圈间脆性破坏；l—最大脆性破坏长度；y—熔接区域的总体长度。

图 11.41 鞍形管件的熔接撕裂剥离示意图

（3）讨论

① 本检测依据的标准虽然只针对 ISO 13956 中的 PE 鞍形管件的撕裂剥离检测，但实际上其他材料也可用这个方法评判，如 PP-R、PB、PE-RT、PA 及 PVDF。

② 本检测用于电熔承插和电熔鞍形对接连接的工艺评定，则必须明确判定是韧性破坏还是脆性破坏，如果是脆性破坏长度超过总长度的 50%或面积超过 25%则工艺评定不合格。

③ 本检测用于热熔对接连接的焊接工艺优化检测时，可以得到根据不同熔

接工艺和参数焊接的接头的检测结果评价和优化焊接参数。

④ 本检测还可以对极端工况下（－5℃，－40℃）热熔对接连接的焊接性能进行评价。

11.2.6.6　其他脆性破坏评价

（1）DVS 2203-6 对 PE、PB、PP 和 PVDF 等材料电、热熔承插焊接的简单评价

① 扭剪试验　此试验也可以作为现场检测，主要也是看脆性破坏情况。如图 11.42 所示。

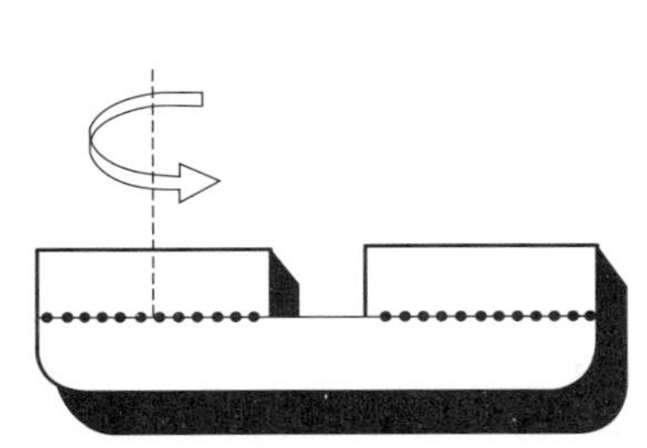

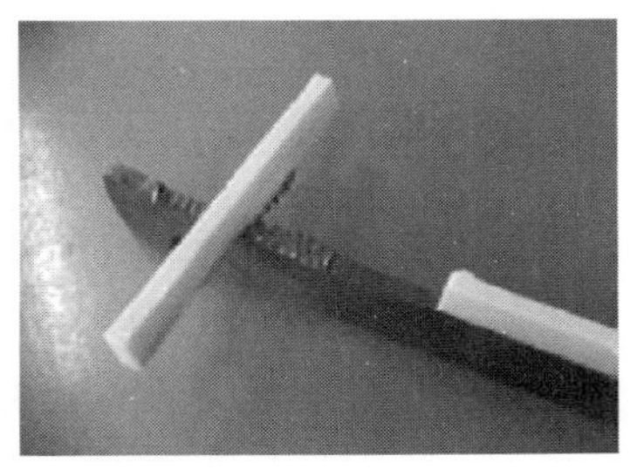

图 11.42　扭剪试验图

② 径向剥离试验　同上述扭剪试验一样，此试验也是一个评价电、热熔承插焊接质量的一个简单试验。如图 11.43 所示。

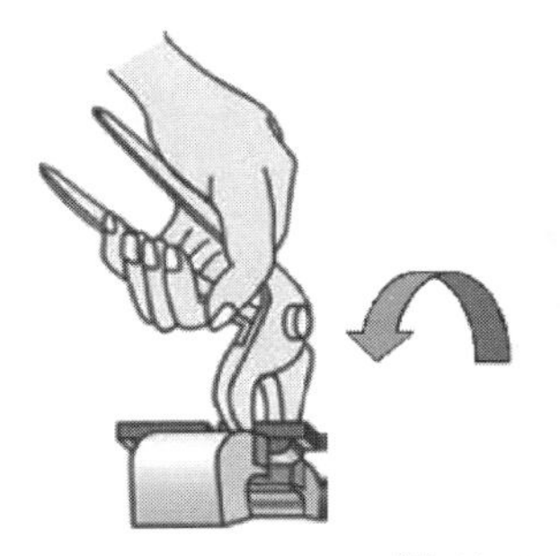

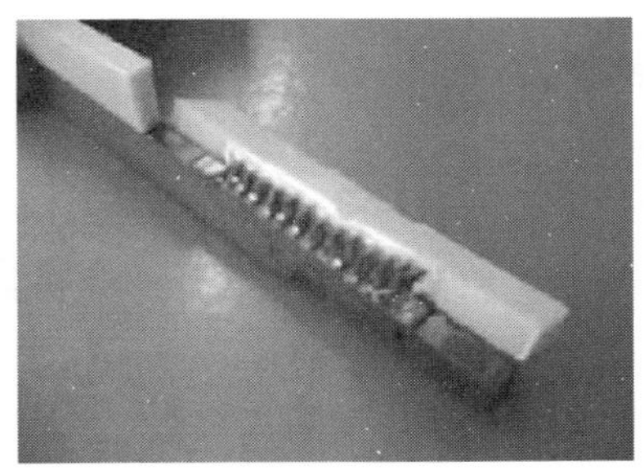

图 11.43　径向剥离试验图

（2）DIN 12814-4 对电熔承插焊接接头用两种脆性破坏评价方法

① T 形剥离试验　这是一个区别于 GB/T 19808—2005《塑料管材和管件　公称外径大于或等于 90mm 的聚乙烯电熔组件的拉伸剥离试验》的 90°剥离试验，如图 11.44 所示。

② 电熔接头的双悬臂梁试验　此试验主要用来评定电熔承插焊接件的焊接质量，如图 11.45 所示。

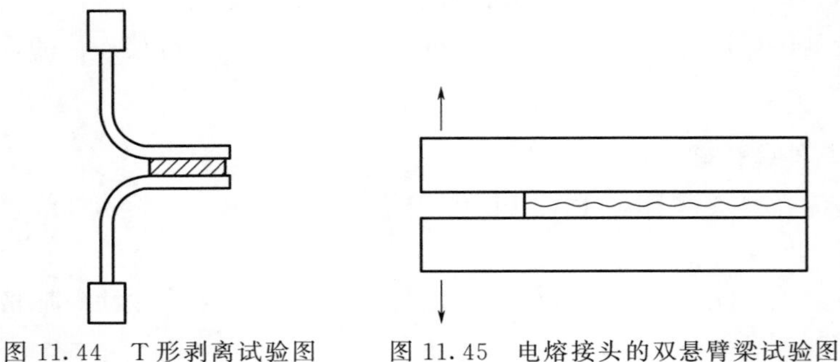

图 11.44　T 形剥离试验图　　　　图 11.45　电熔接头的双悬臂梁试验图

11.2.7　焊接性能的耐极端工况性能检测

11.2.7.1　焊接性能的低温拉伸试验

（1）概述　很多非金属承压设备是在低温环境下工作，各种连接、焊接同样在低温下，所以评价焊接接头的低温性能非常重要。

把焊接接头试样在低温试验条件下，进行拉伸检测以测定低温拉伸焊接系数。低温拉伸试验可以与其他试验一同采用（例如：弯曲、拉伸蠕变、宏观等），以评估热塑性塑料制造的焊接总成的性能。

试验适用于各种热塑性塑料的各种焊接工艺。但不适用标称直径小于 20mm 的管道。

（2）检测方法

① 设备

a. 检测环境温度：检测时将环境温度控制在 23℃±2℃和最大−40℃±5℃。

b. 电子万能试验机或电子拉力试验机：能够以 5～50mm/min 的恒定速度拉伸，连续记录试样所承受的拉力，至试样破坏。

c. 合适的夹具：可以用销钉穿过试样牵引孔的夹具。

d. 测量仪器：测量试样的宽度和厚度，精度不低于 0.05mm。

② 试样

a. 总则：焊接或未焊接试样要从相同试件中采取。试样（焊接或未焊接）要在焊接后至少 8h 垂直于焊接接头进行切削。每一试样的标记要使其在试样上的初始位置可以识别。不要在试样上进行热处理或机械拉直操作。

b. 试样形状：板材、管材矩形拉伸试样形状如图 11.46 所示。

c. 试样尺寸：试样尺寸包括管材尺寸和板材尺寸。

• 管材尺寸：管材尺寸见表 11.32。

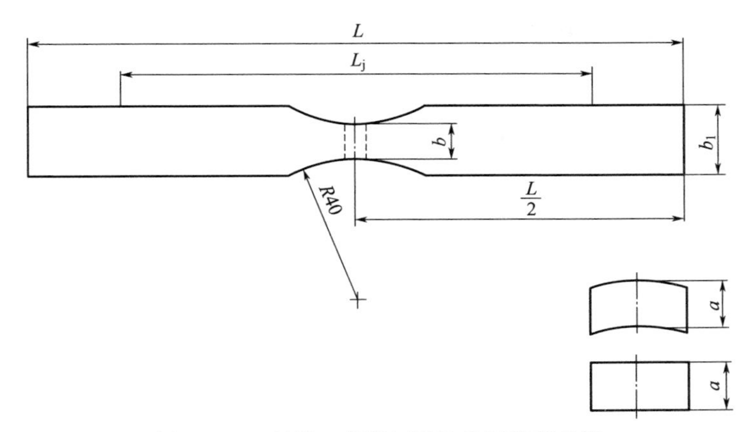

图 11.46　板材、管材矩形拉伸试样形状图

表 11.32　管材尺寸　　单位：mm

D_n	L	b_1	b	D_n	L	b_1	b
20	160	10	5	140	180	16	8
25	160	12	6	160	180	16	8
32	160	12	6	200	180	18	9
40	160	12	6	225	180	20	10
50	160	12	6	250	180	20	10
63	160	12	6	280	180	22	11
75	160	14	7	315	180	22	11
90	160	14	7	355	180	24	12
110	160	14	7	400	180	26	13
125	180	16	8	450	180	28	14

- 板材尺寸：板材尺寸见表 11.33。

表 11.33　板材尺寸

单位：mm

a_n	L	b_1	b
$a_n \leqslant 10$	160	14	7
$10 < a_n \leqslant 20$	180	18	9
$20 < a_n$	180	28	14

- 通用要求及公差对于所有试样，r 应是 40mm。如果焊缝在使用中是保存完好的，那么应保存完好用于试验。如果焊缝在使用中被去除，那么应在试验之前去除。b 的公差应是±0.5mm；b_1 的公差应是±1mm；从焊接中线到试样中心的最大偏差应是±1mm。

d. 试样制备：拉伸试样在切削时其平行边要按照图 11.46 所示。在切削时，试样的加热要最小化。在切削后，要按照本书 9.2 要求对焊接进行目检并记录。

e. 试样数量：按标准规定拉伸试样，从焊件及母材各取 5 个试样。

③ 试样状态调节　采用 GB/T 2918—2018《塑料　试样状态调节和试验的标准环境》规定对试样在试验温度下调节。无焊缝试样和焊接试样必须在相同条件下进行状态调节。

④ 试验步骤

a. 选择试验的拉伸速度　试样拉伸速度根据试样的材质选定。比如 PP 和 PVDF 的拉伸速度都是 50mm/min。相同材料的焊接试样和未焊接试样在测试时采用相同的拉伸速度。

b. 操作步骤　参考其他拉伸试验；结果评判，并出试验报告。应包括如下内容：拉伸强度、破坏位置、破坏形式、拉伸焊接系数。

c. 结果的计算与处理

ⅰ拉伸强度　根据试样的原始横截面积，分别计算没有焊接试样和有焊接试样的拉伸强度，结果保留三位有效数字。

ⅱ短期焊接强度系数

• 为了测定短期拉伸焊接系数，要对焊接或未焊接试样进行试验。

• 短期拉伸焊接系数是采用焊接试样的断裂应力（σ_w）及未焊接试样的断裂应力（σ_r）的算术平均值测定的。

• 如果试样在断裂之前屈服，要采用屈服应力来取代断裂应力。

• 至少要采用 10 个试样（5 个焊接和 5 个未焊接）来评估短期拉伸焊接系数。

• 短期拉伸焊接系数：

$$f_s=\frac{\overline{\sigma_w}}{\overline{\sigma_r}} \tag{11.11}$$

（3）讨论

① 本检测可以评价不同材料、不同焊接工艺的低温焊接性能，并得到焊接系数。

② 本检测可以进行工艺评定检测。

③ 本检测可以进行特定的焊接参数评价。

11.2.7.2　焊接性能的拉伸冲击试验

（1）概述　非金属承压设备和焊接接头，有时会受到高速冲击力。可以通过对焊接接头试样进行拉伸冲击试验进行检测。它能在特定应变速率下产生足够的拉伸冲击能量，从而破坏熔接塑料管材的标准拉伸冲击试样。其用于确定现场或认证试验中制造的 PE 熔接接头的质量。同时，其也可用于确定 PE 材料的最佳熔接参数。

本检测适用于检测直径大于 60mm，壁厚大于 5mm 的管材试样。本试验可单独使用或与其他试验方法联合使用，以用来评定熔接接头的质量。当在规定的实验温度下进行的本试验与高温耐压试验联合进行时，PE 熔接接头的短期强度和长期强度均可得到验证。

（2）检测方法

① 设备

a. 检测环境温度　检测时将环境温度控制在 23℃±2℃。

b. 电子万能试验机或电子拉力试验机

ⅰ能够以 6000～9000mm/min 高速拉伸，连续记录试样所承受的拉力，并能识别试样的破坏。

ⅱ试验机应配备高频（1kHz）传感器和数据录入仪器，用于记录试验日期、试样数量、管材尺寸、管材材料、力曲线、能量曲线及速度曲线，以便将熔接试样与管材的控制试样或另一熔接试样进行比较。

ⅲ选择合适的夹具，保证承受冲击力并保证试验时试样的长轴与装置中心线拉力方向保持一致。

ⅳ测量仪器　测量试样的宽度和厚度，精度不低于 0.05mm。

② 试样

a. 取样　制备试样所用管材、管件应按产品标准规定进行，熔接管材的试样应在内外保留焊缝。

b. 制备

ⅰ总则

• 试样应通过对管材的熔接管段和管材本身的机械加工来制备。机械加工操作应使削减区域的两边表面光滑，没有缺口或凹痕。

• 所有试样表面应无可见的裂纹、划痕或缺陷。粗糙机械加工操作留下的痕迹应用细锉或磨料小心地去除，然后用砂纸（600 目或更精细）将锉削表面打磨光滑。抛光砂纸打磨工作应在与试样的纵轴平行的方向进行。机械加工试样时，要小心预防将会超出尺寸容许偏差的切口。

ⅱ试样形状和尺寸　见图 11.47。

ⅲ试样制备　对于直径大于 100mm 的管材，对熔接管段的至少 4 个试样进行试验，管段之间呈 90°平均切割。对于直径为 50～100mm 的管材，对熔接管段的 2 个试样进行试验，管段之间呈 180°平均切割。

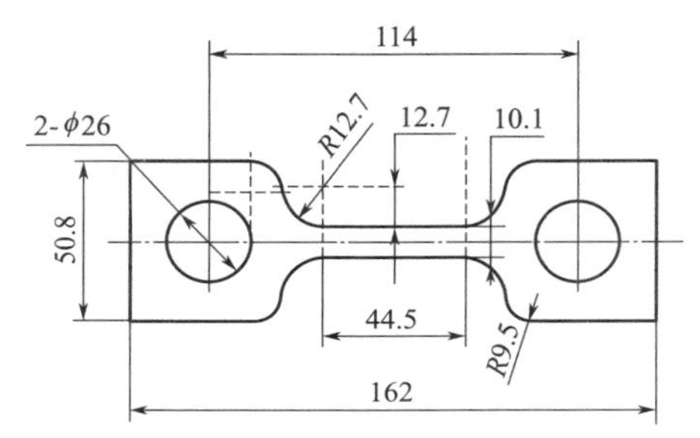

图 11.47　试样形状和尺寸（单位：mm）

③ 状态调节　在试验前将试样放在 23℃±2℃的温度条件下，进行不低于 1h 的调节。

④ 试验步骤

a. 将试样如图 11.48 所示连接到试验机上，并保证施加于试样上的力垂直于对熔焊缝。

图 11.48　试样连接图

b. 选取合适的试验速度：壁厚小于30mm的试验速度9000mm/min；壁厚大于30mm的试验速度6000mm/min。

c. 启动试验机使夹具以设定的速度运动，对试样施加拉力。

d. 记录拉伸过程中施加的拉力，直到试样完全破坏。

e. 记录最大拉力和试样破坏类型（如韧性破坏或脆性破坏），韧性破坏和脆性破坏仅考虑在对熔接头处或其附近的破坏。

f. 计算拉伸强度，用最大拉力除以试样接头部分的截面积。

⑤ 结果与评价

a. 拉伸强度　根据试样的原始横截面积按式(11.12) 计算拉伸强度，结果保留三位有效数字。

$$\sigma=\frac{F}{be} \tag{11.12}$$

式中，σ 为拉伸强度，MPa；F 为拉伸时最大负荷，N；b 为平行长度部分宽度，mm；e 为试样厚度，mm。

b. 破坏形态

ⅰ受到拉伸冲击载荷后，焊接接头脆性断裂，焊接质量不好（图 11.49）。

图 11.49　脆性断裂

ⅱ受到拉伸冲击载荷后，焊接接头没有破坏，焊接质量好（图 11.50、图 11.51）。

图 11.50　熔焊界面外的韧性断裂

图 11.51　熔焊界面处的韧性断裂

（3）讨论

① 一些特定的焊接结构和特定的应用场合可采用冲击拉伸试验和其他检验共同进行焊接接头的检测。

② 本检测可以得到特定的瞬时冲击拉伸或高速拉伸状态下的焊接系数，该焊接系数和断裂形态反映了焊接变形性和焊接结构品质。

③ 相对于本检测的使用拉伸试验机进行冲击拉伸试验，DVS2203.3 的拉伸冲击检测使用本书 3.6.2 介绍的简支梁冲击试验机进行拉伸冲击检测，该试验主要用于厚度小于 4mm 的试样。

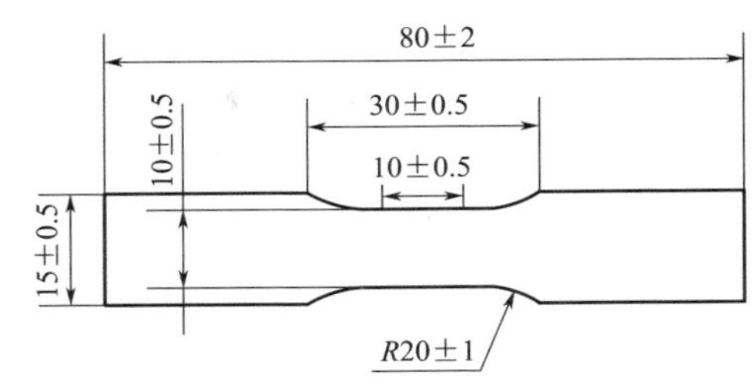

图 11.52　拉伸冲击试样形状图（单位：mm）

④ 简支梁冲击试验机进行拉伸冲击检测，试样形状如图 11.52 所示。

11.2.7.3　焊接性能的整管耐拉伸负载和密封性的检测

（1）概述　目前地下管线的非开挖技术发展很快，PE 管道的非开挖地下穿越施工越来越多。非开挖施工采用整管拖拽时，管道受到非常大的拉力，评价这种状态下的焊接性能非常重要。

本检测将带有电熔接头、熔接接头或机械连接接头（如刚塑转换）的单轴塑料管道及管道配件对纵向拉伸负载的耐性进行试验。对于电熔接头和熔接接头，该试验方法仅限于公称直径小于或等于 250mm 的试样。

试验首先通过施加 1h 的给定恒定负荷（6MPa），然后再以恒定速度施加负荷，直至发生屈服或失效，从而将塑料管道及管道配件置于纵向应力下。在施加恒定负荷前、恒定负荷后及试验结束时，试样都不能发生泄漏（内部 5×10^{3} MPa 气体）。

（2）检测方法

① 设备

a. 检测环境温度　检测时将环境温度控制在（23±2）℃。

b. 电子万能试验机或电子拉力试验机　能够以 25mm/min 的恒定速度拉伸，连续记录试样所承受的拉力（力的精度±2%）至试样破坏。

c. 合适的夹具　可以用销钉穿过试样牵引孔的夹具。

d. 测量仪器　测量试样的宽度和厚度，精度不低于 0.05mm。

e. 控制、记录空气压力系统。供气压力为 $0\sim5\times10^{-3}$ MPa，压力控制在 $(5\pm0.5)\times10^{-3}$ MPa。

② 试样

a. 总则

ⅰ 每一试样应由完整的管道、焊接接头或配件组件构成。

ⅱ 试验中应使用具有相同公称压力（PN）或设计 SDR 的管道及配件。

b. 试样形状　带有焊接接头的整个管道。

c. 试样尺寸　管道或插口端（夹钳和接头/配件之间）的自由长度 l_0 应至少是公称外径 d_n 的三倍，最小长度为 250mm。

③ 状态调节　按照规定，在试验前的某一时间内，将每一试样置于 23℃±2℃的温度下，确保在连接管道/配件后的 24h 内不进行试验。

④ 试验步骤

a. 选择试验的拉伸速度　拉伸速度控制在 25mm/min±2.5mm/min。

b. 操作步骤

ⅰ将机器各种连线按操作手册连接。

ⅱ按要求将试样连到试验机上，同时内部充 $(5\pm0.5)\times10^{-3}$ MPa 的压力，并可以通过阀门隔离。

ⅲ在拉伸功能对话框内设置参数。

ⅳ按运行键，试验开始。机器运行并显示力，30s 内试样应力达到 6MPa 时保持该应力恒定 1h。然后继续加载至试样屈服。记录力及变形曲线至试验结束，整个过程不能出现泄漏（可以通过使用如肥皂液等液体来检查试样的密封性）。

ⅴ输入相关试验信息，并进行运算。

ⅵ结果评判，并出试验报告。

(3) 讨论

① 这是评价焊接接头在高应力拉伸至屈服状态下的性能评价。

② 本书 3.2.7 拉伸载荷后的密封性及易操作性，和这个检测有类似的地方，3.2.7 是对 PE 阀门的检测。

③ GB/T 26255 刚塑转换接头也要继续这方面的检测。

④ 这三个检测同时也是焊接接头的工况下的密封性检测。

11.2.7.4 聚乙烯（PE）鞍形旁通抗冲击的检测

(1) 概述　鞍形旁通管件是工程抢险、抢修的重要部件，可以不断开管线，甚至带压进行，应用广泛。

所以必须对焊接鞍形旁通管件的焊接接头进行试验，焊接工艺评定进行挤压剥离和撕裂剥离检测。但是鞍形旁通管件在施工中可能受到冲击载荷，必须进行耐冲击检测。

鞍形旁通的端帽（或分支的顶部）承受从一定高度、沿与鞍形旁通熔接的管材的轴线平行的方向下落的重物冲击。沿与管材轴线平行的方向正反两次冲击后，检查旁通是否有明显可见的损伤或丧失气密性。

(2) 检测方法

① 设备

a. 检测环境温度　检测时将环境温度控制在 0℃±2℃。

b. 专用的落锤冲击试验机

ⅰ 主机架应有沿竖直方向固定的导杆或导管，以引导重锤释放后沿竖直方向自由下落，重锤冲击鞍形旁通时的速度不能小于理论速度的 95%。

ⅱ 质量为 2500g±20g 或 5000g±20g，具有直径 50mm 的半球形冲击表面的锤头。

ⅲ 带有钢质芯轴的刚性试样固定器。

专用夹具见图 11.53。

② 试样

a. 取样　制备试样所用管材/管件应按产品标准的规定进行抽取。

b. 制备

ⅰ 所有组件的连接以及主管材的切削均应按鞍形旁通生产商给出的说明或相关标准的规定进行。

ⅱ 试样都应包含一个完整的管材/鞍形旁通焊接组件。

ⅲ 在试验前，每一个试样都要在温度为 23℃±2℃，2.5×10^{-3}MPa 或 0.6MPa 的条件下进行气密性检测且不泄漏。

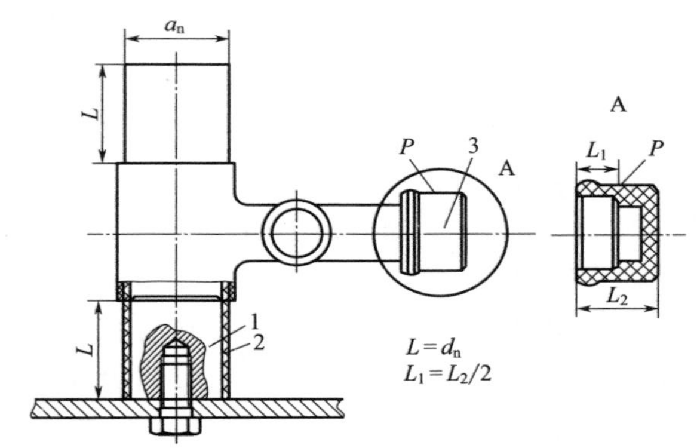

1—钢质芯轴；2—管材；3—端帽；P—冲击点。

图 11.53　落锤冲击试验机专用夹具

c. 试样数量　至少需要三个试样。

③ 状态调节　鞍形旁通和管材焊接完成至少 8h 以后，将试样在温度为 0℃±2℃的空气中处理 4h 或在液体中浸泡 2h。

④ 试验步骤

a. 将试样套在钢质芯轴上，如图 11.53 所示。试样从状态调节环境中取出后，在 30s 内完成冲击检测。如果 30s 内未完成上述操作，且试样离开状态调节环境未超过 3min，试样应重新进行状态调节至少 5min；如果超过了 3min，应重新进行状态调节。

b. 沿与鞍形旁通熔接的管材轴线平行的方向，从高度 2000mm±10mm 处释放重锤，冲击鞍形旁通端帽（或其分支顶部）。冲击点应距离鞍形分支端部不超过 30mm。如果旁通装有端帽，冲击点最好位于此端帽圆柱部位。

c. 翻转焊接组件从另一个方向冲击端帽或分支。

d. 目测检查试验后的样件，记录任何裂纹或破坏的位置和程度。

e. 在 23℃±2℃下，用 2.5×10^{-3}MPa 或 0.6MPa 的内部压力检测密封性

（可以通过使用如肥皂液等液体来检查试样的密封性）。

（3）讨论　本检测可以评价鞍形旁通和管材焊接接头的抗冲击性能。

11.2.8 焊接性能的施工现场检测

11.2.8.1 概述

对于工程施工现场的检测，TSG D2002—2006《燃气用聚乙烯管道焊接技术规则》、CJJ 33—2005《城镇燃气输配工程施工及验收规范》、CJJ 63—2018《聚乙烯燃气管道工程技术标准》都提出了明确的要求。本书8.2.1.3和8.1.3.5也有相关介绍。

管道安装完毕后应依次进行管道吹扫、强度试验和严密性试验。

11.2.8.2 基本要求

① 燃气管道穿（跨）越大中型河流、铁路、二级以上公路、高速公路时，应单独进行试压。

② 管道吹扫、强度试验及中高压管道严密性试验前应编制施工方案，制定安全措施，确保施工人员及附近民众与设施的安全。

③ 试验时应设巡视人员，无关人员不得进入。在试验的连续升压过程中和强度试验的稳压结束前，所有人员不得靠近试验区。人员离试验管道的安全间距可按表11.34确定。

④ 管道上的所有堵头必须加固牢靠，试验时堵头端严禁人员靠近。

表 11.34　安全间距

管道设计压力/MPa	安全间距/m
>0.4	6
0.4～1.6	10
2.5～4.0	20

⑤ 吹扫和待试管道应与无关系统采取隔离措施，与已运行的燃气系统之间，必须加装盲板且有明显标志。试验完成后应做好记录，并由有关部门签字。

⑥ 试验前应按设计图检查管道的所有阀门，试验段必须全部开启。

⑦ 在对聚乙烯管道或钢骨架聚乙烯复合管道吹扫及试验时，进气口应采取油水分离及冷却等措施，确保管道进气口气体干燥，且其温度不得高于40℃；排气口应采取防静电措施。

⑧ 试验时所发现的缺陷，必须待试验压力降至大气压后进行处理，处理合格后应重新试验。

11.2.8.3 管道吹扫

① 管道吹扫应按下列要求选择气体吹扫或清管球清扫：

a. 球墨铸铁管道、聚乙烯管道、钢骨架聚乙烯复合管道和公称直径小于

100mm 或长度小于 100m 的钢质管道，可采用气体吹扫。

b. 公称直径大于或等于 100mm 的钢质管道，宜采用清管球进行清扫。

② 管道吹扫应符合下列要求：

a. 吹扫范围内的管道安装工程除补口、涂漆外，已按设计图纸全部完成。

b. 管道安装检验合格后，应由施工单位负责组织吹扫工作，并应在吹扫前编制吹扫方案。

c. 应按主管、支管、庭院管的顺序进行吹扫，吹扫出的脏物不得进入已合格的管道。

d. 吹扫管段内的调压器、阀门、孔板、过滤网、燃气表等设备不应参与吹扫，待吹扫合格后再安装复位。

e. 吹扫口应设在开阔地段并加固，吹扫时应设安全区域，吹扫出口前严禁站人。

f. 吹扫压力不得大于管道的设计压力，且不应大于 0.3MPa。

g. 吹扫介质宜采用压缩空气，严禁采用氧气和可燃性气体。

h. 吹扫合格设备复位后，不得再进行影响管内清洁的其他作业。

③ 气体吹扫应符合下列要求：

a. 吹扫气体流速不宜小于 20m/s。

b. 吹扫口与地面的夹角应在 30°～45°之间，吹扫口管段与被吹扫管段必须采取平缓过渡对焊，吹扫口直径应符合表 11.35 的规定。

表 11.35　吹扫口直径　　单位：mm

末端管道公称直径(DN)	DN<150	150≤DN≤300	DN≥350
吹扫口公称直径	与管道同径	150	250

c. 每次吹扫管道的长度不宜超过 500m；当管道长度超过 500m 时，宜分段吹扫。

d. 当管道长度在 200m 以上，且无其他管段或储气容器可利用时，应在适当部位安装吹扫阀，采取分段储气，轮换吹扫；当管道长度不足 200m，可采用管段自身储气放散的方式吹扫，打压点与放散点应分别设在管道的两端。

e. 当目测排气无烟尘时，应在排气口设置白布或涂白漆木靶板检验，5min 内靶上无铁锈、尘土等其他杂物为合格。

④ 清管球应符合下列要求：

a. 管道直径必须是同一规格，不同管径的管道应断开分别进行清扫。

b. 对影响清管球通过的管件、设施，在清管前应采取必要措施。

c. 清管球完成后，应按气体吹扫应符合的要求中 e. 项进行检验，如不合格可采用气体再清扫至合格。

11.2.8.4 强度试验

① 强度试验前应具备下列条件：

a. 试验用的压力计及温度记录仪应在校验有效期内。

b. 试验方案已经批准，有可靠的通信系统和安全保障措施，已进行了技术交底。

c. 管道焊接检验、清扫合格。

d. 埋地管道回填土宜回填至管上方0.5m以上，并留出焊接口。

② 管道应分段进行压力试验，试验管道分段最大长度宜按表11.36执行。

③ 管道试验用压力计及温度记录仪表均不应少于两块，并应分别安装在试验管道的两端。

④ 试验用压力计的量程应为试验压力的1.5～2倍，其精度不应低于1.5级。

表 11.36 管道试压分段最大长度

设计压力(PN)/MPa	试验管段最大长度/m
PN≤0.4	1000
0.4＜PN≤1.6	5000
1.6＜PN≤4.0	10000

⑤ 强度试验压力和介质应符合表11.37的规定。

表 11.37 强度试验压力和介质

管道类型	设计压力(PN)/MPa	试验介质	试验压力/MPa
钢管	PN＞0.8	清洁水	1.5PN
	PN≤0.8	压缩空气	1.5PN 且≥0.4
球墨铸铁管	PN		1.5PN 且≥0.4
钢骨架聚乙烯复合管	PN		1.5PN 且≥0.4
聚乙烯管	PN(SDR11)		1.5PN 且≥0.4
	PN(SDR17.6)		1.5PN 且≥0.2

⑥ 水压试验时，试验管段任何位置的管道环向应力不得大于管材标准屈服强度的90%。架空管道采用水压试验前，应核算管道及其支撑结构的强度，必要时应临时加固。试压宜在环境温度5℃以上进行，否则应采取防冻措施。

⑦ 水压试验应符合现行国家标准《液体石油管道压力试验》(GB/T 16805)的有关规定。

⑧ 进行强度试验时，压力应逐步缓升，首先升至试验压力50%，应进行初检，如无泄漏、异常，继续升压至试验压力，然后宜稳压1h后，观察压力计不应小于30min，无压力降为合格。

⑨ 水压试验合格后，应及时将管道中的水放（抽）净，并应按本节“11.2.8.3 管道吹扫”的要求进行吹扫。

⑩ 经分段试压合格的管段相互连接的焊缝，经射线照相检验合格后，可不

再进行强度试验。

11.2.8.5　严密性试验

① 严密性试验应在强度试验合格、管线回填后进行。

② 试验用的压力计应在校验有效期内，其量程应为试验压力的 1.5～2 倍，其精度等级、最小分格值及表盘直径应满足表 11.38 的要求。

表 11.38　试压用压力表选择要求

量程/MPa	精度等级	最小表盘直径/mm	最小分格值/MPa
0～0.1	0.4	150	0.0005
0～1.0	0.4	150	0.005
0～1.6	0.4	150	0.01
0～2.5	0.25	200	0.01
0～4.0	0.25	200	0.01
0～6.0	0.1,0.16	250	0.01
0～10	0.1,0.16	250	0.02

③ 严密性试验介质宜采用空气，试验压力应满足下列要求：

a. 设计压力小于 5kPa 时，试验压力应为 20kPa。

b. 设计压力大于或等于 5kPa 时，试验压力应为设计压力的 1.15 倍，且不得小于 0.1MPa。

④ 试验时的升压速度不宜过快。对设计压力大于 0.8MPa 的管道试压，压力缓慢上升至 30%和 60%试验压力时，应分别停止升压，稳压 30min，并检查系统有无异常情况，如无异常情况继续升压。管内压力升至严密性试验压力后，待温度、压力稳定后开始记录。

⑤ 严密性试验稳压的持续时间应为 24h，每小时记录不应少于 1 次，当修正压力降小于 133Pa 为合格。修正压力降应按式(11.13) 确定：

$$\Delta P'=\frac{(H_1+B_1)-(H_2+B_2)(273+t_1)}{273+t_2} \tag{11.13}$$

式中，$\Delta P'$为修正压力降，Pa；H_1，H_2 为试验开始和结束时的压力计读数，Pa；B_1，B_2 为试验开始和结束时的气压计读数，Pa；t_1，t_2 为试验开始和结束时的管内介质温度,℃。

⑥ 所有未参加严密性试验的设备、仪表、管件，应在严密性试验合格后进行复位，然后按设计压力对系统升压，应采用发泡剂检查设备、仪表、管件及其与管道的连接处，不漏为合格。

11.2.8.6　工程竣工验收

（1）一般规定

a. 聚乙烯燃气管道的试验与验收除应符合本标准的规定外，尚应符合现行城建建设规程 CJJ 33《城镇燃气输配工程施工及验收规范》的有关规定。

b. 聚乙烯燃气管道安装完毕后，应依次进行管道吹扫、强度试验和严密性试验，并应符合下列规定：

ⅰ采用开槽敷设的聚乙烯管道，吹扫、强度试验和严密性试验应在回填土回填至管顶 0.5m 以上后进行。

ⅱ采用水平定向钻敷设和插入法敷设的聚乙烯管道，吹扫、强度试验和严密性试验应在敷设前进行；吹扫、强度试验和严密性试验前，应对管道采取临时安全加固措施。在回拖或插入后，应随同管道系统再次进行严密性试验。

ⅲ采用管沟敷设的聚乙烯管道，吹扫、强度试验和严密性试验应在管道填沙并加盖保护盖板后进行。

c. 聚乙烯燃气管道吹扫、强度试验和严密性试验的介质可采用压缩空气、氮气或惰性气体，其温度不应超过 40℃，且不应低于－20℃。当采用压缩空气时，在压缩机的出口端应安装油水分离器和过滤器。聚乙烯阀门的放散口不宜作为试验介质的进、出气口。

d. 聚乙烯燃气管道在管道吹扫、强度试验和严密性试验时，管道应与无关系统和已运行的系统隔离，并应设置明显标志，不得采用关闭阀门的方式进行隔离。

e. 聚乙烯燃气管道在进行强度试验和严密性试验前，管道系统应具备下列条件：

ⅰ应编制强度试验和严密性试验的试验方案。

ⅱ管道系统应安装检查合格，并已及时回填。

ⅲ管件的支墩和锚固设施应达到设计强度；未设支墩及锚固设施的弯头和三通应采取加固措施；压力试验的进、出气口应固定牢固。

ⅳ试验管段的所有敞口应封堵完毕，且不得采用阀门作为堵板。

ⅴ管道试验段的所有阀门应全部开启。

ⅵ管道应吹扫完毕。

f. 聚乙烯燃气管道在进行强度试验和严密性试验时，可使用洗涤剂或肥皂液等进行漏气检查。检查完毕后，应及时用水冲去管道上的洗涤剂或肥皂液。

g. 聚乙烯燃气管道进行强度试验和严密性试验时，必须待压力降至大气压后，方可对所发现的缺陷进行处理，处理合格后应重新进行试验。

h. 聚乙烯燃气管道在无法进行强度试验和严密性试验的碰头接口时，应进行带气检漏。对于热熔对接接口，应进行 100％卷边切除检查。

（2）管道吹扫

a. 聚乙烯燃气管道安装完毕后，应由施工单位负责组织吹扫工作，并应在吹扫前编制吹扫方案。

b. 聚乙烯燃气管道吹扫口应设置在开阔地段，并应对吹扫口采取加固措施；排气口应采用金属阀门并进行接地。吹扫时，应划定工作区和安全区，吹扫出口处严禁站人。

c. 聚乙烯燃气管道吹扫压力不应大于 0.3MPa，气体流速不宜小于 20m/s。

d. 聚乙烯燃气管道每次吹扫管道的长度，应根据吹扫介质、压力、气量确定，且不宜大于 1000m。

e. 当管道长度大于 200m，且无其他管段或储气容器可利用时，应在适当部位安装分段吹扫阀，采取分段储气，轮换吹扫；当管道长度不大于 200m 时，可采用管道自身储气放散的方式吹扫，打压点与放散点应分别设在管道两端。

f. 吹扫口与地面的夹角应在 30°～45°之间，吹扫口管段与被吹扫管段应采取平缓过渡焊接方式连接，吹扫口直径应符合表 11.39 的规定。

表 11.39　吹扫口直径

末端管道公称外径 d_n/mm	$d_n<160$	$160\leqslant d_n\leqslant315$	$d_n\geqslant355$
吹扫口公称外径/mm	与管道同径	≥160	≥250

g. 聚乙烯燃气管道系统中调压器、凝水缸、阀门等装置不应参与吹扫，应待吹扫合格后再进行安装。

h. 当目测排气无烟尘时，应在排气口处设置白布或涂白漆的木靶板进行检验，5min 内靶上无尘土、塑料碎屑等杂物应判定为合格。吹扫应反复进行数次，直至确认吹净为止，同时应做好记录。

i. 聚乙烯燃气管道在吹扫合格、设备复位后，不得再进行影响管内清洁的作业。

（3）强度试验

a. 聚乙烯燃气管道系统应分段进行强度试验，试验管道长度不宜超过 1000m。

b. 聚乙烯燃气管道强度试验用的压力计应在校验有效期内，其量程应为试验压力的 1.5～2.0 倍，其精度不得低于 1.6 级。聚乙烯燃气管道强度试验压力应为设计压力的 1.5 倍，且最低试验压力应符合下列规定：

ⅰ SDR11 聚乙烯管道不应小于 0.40MPa。

ⅱ SDR17/SDR17.6 聚乙烯管道不应小于 0.20MPa。

c. 聚乙烯燃气管道进行强度试验时，压力应缓慢上升。当升至试验压力的 50%时，应进行初检；如无泄漏和异常现象，则应继续缓慢升压至试验压力。达到试验压力后，宜在稳压 1h 后观察压力计；当在 30min 内无明显压力降时，应判定为合格。

d. 经分段试压合格的管段接头，外观检验合格后，可不再进行强度试验。

(4) 严密性试验

a. 聚乙烯燃气管道严密性试验应符合现行城建建设规程 CJJ 33《城镇燃气输配工程施工及验收规范》的有关规定。

b. 聚乙烯燃气管道严密性试验应在压力稳定下进行压力记录。

(5) 工程竣工验收

a. 聚乙烯燃气管道工程的竣工验收应按现行城建建设规程 CJJ 33《城镇燃气输配工程施工及验收规范》的规定执行。

b. 聚乙烯燃气管道工程竣工资料除应符合现行城建建设规程 CJJ 33《城镇燃气输配工程施工及验收规范》的有关规定外，尚应包括下列施工检查记录：

ⅰ聚乙烯管道熔接记录，可参考 CJJ 63—2018 附录 A；

ⅱ焊口编号示意图，可参考 CJJ 63—2018 附录 B；

ⅲ热熔对接焊口卷边切除检查记录，可参考 CJJ 63—2018 附录 C；

ⅳ示踪装置竣工验收检查记录。

11.2.9 非金属压力容器和管道的定期检验

11.2.9.1 概述

TSG D7003—2010《压力管道定期检验规则——长输（油气）管道》、TSG D7004—2010《压力管道定期检验规则公用管道》和 TSG D7005—2018《压力管道定期检验规则——工业管道》都只对金属管道。非金属管道的定期检验规则体系尚未建立起来，要想进行这项工作，要解决三个方面工作：首先，找到像金属那样不停产、不破坏运行设备（金属采用无损探伤看缺陷和厚度变化）的方法，我们可以在主系统旁设置检测段（专门用于检测）；其次，按照现有长期性能评价体系时间在 100～1000h，我们可以介绍的方法，用自己的短时间的特征点来验证长期性能；最后，按照 GB/T 18476 和 GB/T 19279—2003 评价慢速裂纹扩展到快速需要 500h，本节将介绍两种大约 1～10h 完成的快速评价慢速裂纹扩展性能方法，解决定期检测问题。

11.2.9.2 检测方法

(1) 长期性能评价　本章 11.1.2 连接的强度检测中已经介绍了长期强度的问题。燃气用聚乙烯塑料管道系统的长期性能要求是最重要的，也是研究最充分的，相关保障体系也已完善地建立起来。以 GB/T 18252 为基础的长期性能评价体系和方法解决了原料的长期性能评价，解决了管道的结构设计和强度设计，也解决了用不同“控制点”试验来保证管道生产过程中长期性能的保证和验证。

现在，每个 MRS 级别的材料，都有长期强度曲线和公式，每个进行分级的材料都有自己的曲线和公式。

长期强度公式：

$$\lg t = c_1 + c_2 \times \frac{1}{T} + c_3 \times \lg\sigma + c_4 \times \frac{\lg\sigma}{T} + e \tag{11.14}$$

式中，t 为破坏时间，h；T 为温度，K；σ 为静液压强度（环应力），MPa；$c_1 \sim c_4$ 为模型中所用的参数；e 为误差变量，服从正态分布，平均值为 0，方差恒定。

（2）寿命评估和剩余寿命预测　由于设计时，选取许用应力已考虑到了材料的长期强度，所以可以按照长期强度预测曲线和公式，对于非金属压力管道和容器进行寿命验证和剩余寿命预测。

① 设计寿命验证　按照长期强度预测曲线和公式，从中选取一些特征点进行控制点验证试验就能验证和证明设计寿命（表 11.40）。

表 11.40　常用特征点（应力）(50 年寿命)

PE 等级	20℃	80℃
PE80	9MPa,100h	4.5MPa,165h 4.0MPa,1000h
PE100	12MPa,100h	5.5MPa,165h 5.0MPa,1000h

② 损伤量试验　对于已经使用过的在役非金属压力管道和容器可以进行损伤量试验，方法是：

a. 用已知使用材料的长期强度公式，按照线性损伤原则计算出剩余寿命时间对应的应力值，再按此进行剩余寿命验证，来确定已经使用阶段的损伤是否超出设计损伤。

b. 用上述公式进行试验直至破坏，就可以计算出实际损伤量和剩余寿命。

③ 剩余寿命预测　用上述两种方法可以验证剩余寿命是否达到设计要求及实际剩余寿命值。

④ 寿命评估的加速试验　无论寿命验证试验还是实际寿命预测测试都可以用加速试验方法。

a. 提高应力，用长期强度预测曲线及公式选取或计算加速试验对应的应力值，进行试验看对应时间是否破坏或测出实际破坏时间。

b. 提高温度，按 Arrhenius 方程时温等效关系建立外推时间因子（表 11.41）。

表 11.41　聚烯烃 ΔT 与 K_e 的关系

ΔT/K	K_e	ΔT/K	K_e
≥10	2.5	≥30	18
≥15	4	≥35	30
≥20	6	≥40	50
≥25	12	≥60	100

这样相对于20℃常温的破坏时间就可以用高温试验，用比较短的时间来验证或测试出实际值，如PE材料用80℃试验（$\Delta T=60$℃）8760h就可以外推出87600h（10年）的寿命结果。

⑤ 定期检验规则体系的建立设想　非金属管道定期检验规则体系必须解决：

a. 找到表征非金属管道损伤量和剩余寿命的方法，上述长期强度公式和曲线就可以建立温度、应力（压力）破坏时间（寿命）的一一对应关系。

b. 找到像金属那样不破坏管道（使其正常工作）的检验方法，这个问题可以通过增加试验段方法解决。

c. 找到简单快速的检测方法，可以通过更短时间的拉伸、耐压、表观拉伸、爆破表征长期强度，用更短时间的疲劳试验表征裂纹慢速增长性能。

⑥ 可以在实验室用加速试验方法进行模拟损伤试验，用来快速研究长期损伤。同时可以用模拟损伤试样在定期检验中替换试验段中样品。

⑦ 用短时间的快速方法验证长期性能评价：现在普遍采用的20℃、100h，80℃、165h，80℃、1000h三个"特征点"进行耐内压试验，就是来验证50年长期寿命要求的长期性能，重要的是这三个"特征点"的应力是材料进行分级试验时得到的，就是用"自己"的"特征点"来验证管道加工后还是"自己"。

那么也可以用"自己"的其他"特征点"（比如短时间耐压试验和爆破试验）来验证管道加工后还是"自己"，ASTM F714、ASTM D3035、ASTM F2619、ASTM C906、API 15LE就都用ASTM D1599爆破试验来验证。美国机械工程师协会（ASME）用爆破试验和5min短期耐压试验来验证。

⑧ 这个方法解决了定期检验中的长期性能评价问题。

(3) 耐裂纹慢速扩展性能评价　相对于长期性能，管材的脆性破坏（裂纹的慢速扩展和快速扩展）加大了管道寿命评价的不确定性，使管道系统在用长期寿命评价条件下预期寿命内产生破坏，而且是低压力下的"卒死"性破坏，所以对脆性破坏的研究和评价更加重要。

GB/T 18476—2019《流体输送用聚烯烃管材耐裂纹扩展的测定　慢速裂纹增长的试验方法（切口试验）》。此方法是新老国标准均使用的方法，它最直接最符合实际工况，是应用最广最有效的方法，具体为将壁厚大于5mm的聚烯烃管材的外表面用机械加工方法加工成等分的四个纵向切口后，浸没到80℃的水箱中进行静液压试验，记录破坏的时间。用切口管材静液压试验的破坏时间能否达到标准要求的时间来判断是否合格。

GB/T 19279—2003《聚乙烯管材耐慢速裂纹增长锥体试验方法》。此方法是新国家标准新增加的方法，具体为从管材上切取规定长度的管材环，在管材环内插入一个锥体以保持恒定应变，在管材环的一端开一个缺口。将其浸入温度为(80±1)℃的规定的表面活性溶液中。测量裂纹从缺口处开始扩展的速率。试验结果以缺口管材环在承受恒定环向应变并浸没在较高温度表面活性溶液中的裂纹增长速率来表示。本试验适用于壁厚小于或等于 5mm 的管材。

其他评价裂纹慢速扩展性能的方法还有：ISO 16770—2019《塑料　聚乙烯的环境应力开裂（ESC）测定全缺口蠕变试验（FNCT）　第 1 部分：标准方法》ISO 16241—2005《管和管件用聚乙烯材料耐慢速裂纹伸展的测定的缺口拉伸试验（PENT）》。这些方法及上面的 GB/T 18476—2019 切口试验、GB/T 19279 锥体试验进行试验时时间都很长，从几百小时到数千小时，有时还需通过增加温度或加表面活性剂。随着原料性能的提高，一些原料（如 PE100RC）破坏时间已经达到 8760h 甚至一两万小时。

由于上述方法评价的时间太长，现在国外已经开始使用更快速、更简单的方法进行评价，并形成正规的标准体系：ISO 18488《管道系统用聚乙烯（PE）材料与慢裂纹扩展有关的应变硬化模数的测定》和 ISO 18489：2016《PE 管道-循环载荷下材料抵抗慢速裂纹扩展能力——缺口圆柱棒试验方法》。

进行各种试验方法之间关联性研究试验，用上述试验可以找到应力强度因子 K_{I} 和影响材料强度因子的一些常数，就可以建立起各种方法之间的关联性。

循环载荷下的疲劳试验是减少测试次数的方法，更可以减少试验时间和造价。特别是缺口圆棒样品在 23℃ 的温度下显示出非常理想的结果，这种温度也非常接近实际管道的使用温度，并且没有使用任何表面活性剂。

影响管道破坏的重要因素是施加的应力 σ、应力强度因子 K_{I}、裂纹长度 a，其关系为 $K_{\mathrm{I}}=\sigma\sqrt{a}Y$（$Y$ 为无量纲系数）。同时，裂纹扩展速率 $d_{\mathrm{a}}/d_{\mathrm{t}}$ 由应力强度因子和应力状态（如疲劳）、温度、时间决定，$d_{\mathrm{a}}/d_{\mathrm{t}}=AK_{\mathrm{I}}$。循环疲劳试验的结果可以转化到静载荷条件，就是说静载荷条件可以认为是特殊的循环疲劳试验（$R=1$）。这种方法的一个重要步骤是确定几个 R 值（最小到最大载荷的比例）的裂纹扩展速率，进行数学回归并外推，同时将裂纹扩展速率外推到 $R=1.0$（静载荷）之后的扩展速率图以及曲线。从该曲线可以确定材料常数 A 和 m，并进一步用于基于断裂力学的受内压管道部件的寿命计算。

11.3　粘接性能的检测

11.3.1　概述

聚烯烃是不能粘接连接的。但是，PVC 粘接连接应用很多。粘接连接的强度检测、适用性检测和密封性检测已经在 11.1 节中介绍。

化工用塑料管道粘接还有专门的检测方法，下面将分别介绍。

11.3.2 粘接性能的拉伸试验

11.3.2.1 概述

化工用塑料管道粘接试样拉伸检测方法，是用规定的标准试样对整个经过粘接的管道进行拉伸，评价粘接性能。将粘接试样沿中心轴恒速拉伸，直到试样断裂或变形达到预定数值，测量这一过程中试样所承受的负荷及其伸长量，用所承受的拉伸负荷除以粘接面积，得到拉伸法粘接强度。

本检测适用于采用溶剂型黏结剂粘接工艺的聚氯乙烯（PVC，包括氯化聚氯乙烯 PVC-C、硬质聚氯乙烯 PVC-U、软质聚氯乙烯 PVC-R）、丙烯腈/丁二烯/苯乙烯塑料（ABS）、聚酰胺（PA）等热塑性塑料管道。相关标准是 HG/T 4587—2014 化工用塑料管道粘接拉伸检测方法。

11.3.2.2 检测方法

（1）设备

① 检测环境温度　检测时将环境温度控制在 23℃±2℃。

② 电子万能试验机或电子拉力试验机　能够以 10～20mm/min 的恒定速度拉伸，连续记录试样所承受的拉力，并能识别试样的破坏。

a. 夹具　合适的专用拉伸的夹具。

b. 测量仪器　测量试样的宽度和厚度，精度不低于 0.05mm。

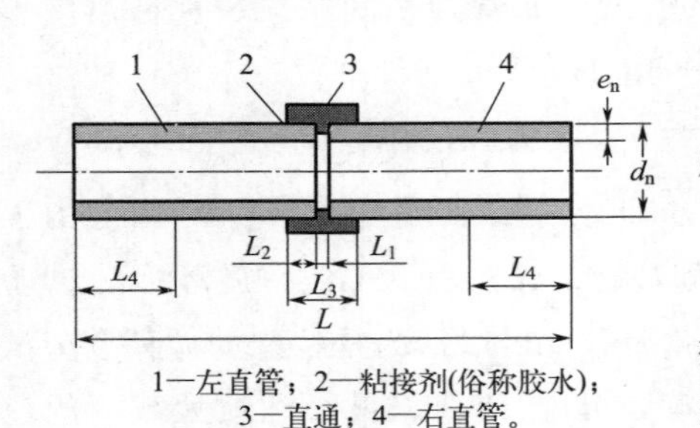

1—左直管；2—粘接剂(俗称胶水)；3—直通；4—右直管。

图 11.54　拉伸试验试样形状

（2）试样

① 制备　制备试样所用管材/管件应按产品标准的规定进行抽取，并经过粘接和规定的固化时间。

② 试样形状　见图 11.54。

③ 试样尺寸　见表 11.42。

表 11.42　试样尺寸　　单位：mm

总长（L）	直通凸台（L_1）	粘接段长（L_2）	直通长（L_3）	观察段长	夹持段长（L_4）	外径（d_n）	壁厚（e_n）
450	3	22	47	≥80	110	32	2.4

④ 试样数量　5 个。

（3）状态调节　试样应在 23℃±2℃的环境温度下进行状态调节不少于 6h，状态调节后立即进行试验。

（4）试验步骤

① 拉伸速度选择见表 11.43。

② 将试样固定在拉伸试验机夹具上，并保证施加于试样上的力垂直于粘接缝。

③ 启动试验机使夹具以选择的速度运动，对试样施加拉力。

④ 记录拉伸过程中施加的拉力，直到试样完全破坏。

表 11.43　拉伸速度

材料	拉伸速度/(mm/min)
PVC-U、PVC-C	20
ABS	10
PA	10

⑤ 记录最大拉力和试样破坏类型（粘接处破坏、母体破坏）。

⑥ 计算拉伸强度，用最大拉力除以试样接头部分的截面积。

（5）结果　按下面公式计算拉伸法粘接强度，取 5 个试样的平均数：

$$\delta_1 = \frac{f_1}{\pi d_n L_2} \tag{11.15}$$

式中，δ_1 为拉伸法粘接强度，MPa；f_1 为拉力，N；d_n 为外径，mm；L_2 为粘接段长，mm。

11.3.3　粘接性能的剥离试验

11.3.3.1　概述

同上面的拉伸检测一样，化工用塑料管道粘接试样剥离检测方法也是用规定的标准试样，对整个经过粘接的管道进行扭转剥离，评价粘接性能。将粘接试样沿中心轴恒速扭转，直到试样断裂或变形达到预定数值，测量这一过程中试样所承受的负荷及变形量，用所承受的扭转负荷除以粘接面积，得到扭转法粘接强度。

本检测适用于采用溶剂型黏结剂粘接工艺的聚氯乙烯（PVC，包括氯化聚氯乙烯 PVC-C、硬质聚氯乙烯 PVC-U、软质聚氯乙烯 PVC-R）、丙烯腈/丁二烯/苯乙烯塑料（ABS）、聚酰胺（PA）等热塑性塑料管道。相关标准是 HG/T 4588—2014 化工用塑料管道粘接剥离检测方法。

11.3.3.2　检测方法

（1）设备

① 检测环境温度　检测时将环境温度控制在 23℃±2℃。

② 扭转试验机　能够以 20～30°/min 的恒定速度扭转，连续记录试样所承受的拉力，并能识别试样的破坏。

a. 夹具　合适的专用扭转的夹具见图 11.55。

b. 测量仪器　测量试样的宽度和厚度，精度不低于 0.05mm。

（2）试样

① 制备　制备试样所用管材/管件应按产品标准的规定进行抽取，并经过粘接和规定的固化时间。

② 试样形状　见图 11.56。

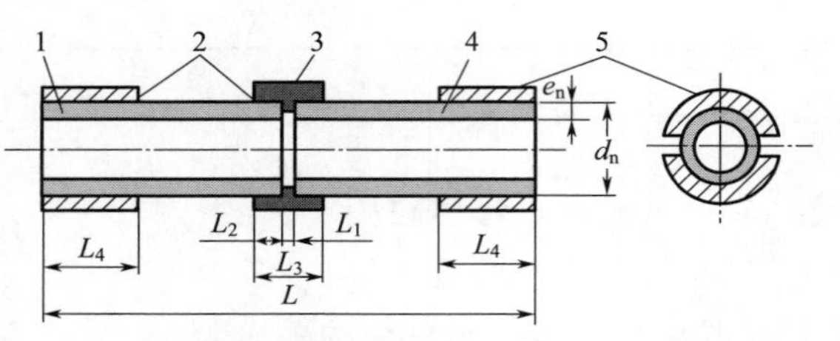

1—左直管；2—粘接剂(俗称胶水)；3—直通；4—右直管；5—哈夫接头。

图 11.55　剥离试验扭转夹具图

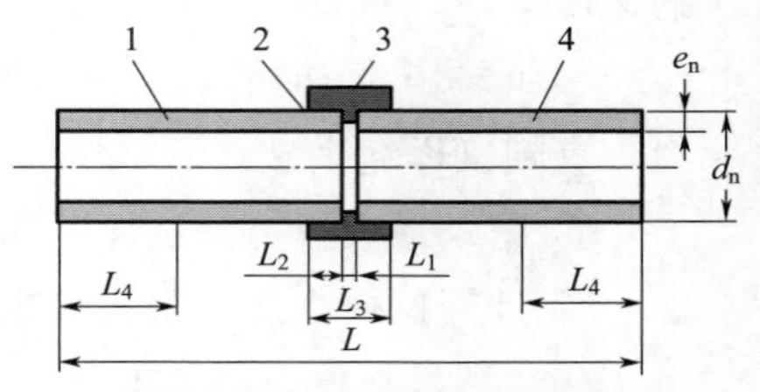

1—左直管；2—粘接剂(俗称胶水)；3—直通；4—右直管。

图 11.56　剥离试验试样形状图

③ 试样尺寸　见表 11.44。

表 11.44　试样尺寸　　单位：mm

总长(L)	直通凸台(L_1)	粘接段长(L_2)	直通长(L_3)	观察段长	夹持段长(L_4)	外径(d_n)	壁厚(e_n)
270	3	22	47	≥60	47	32	2.4

④ 试样数量　5 个。

（3）状态调节　试样应在 23℃±2℃的环境温度下进行状态调节不少于 6h，状态调节后立即进行试验。

表 11.45　扭转速度

材料	扭转速度/(°/min)
PVC-U、PVC-C	30
ABS	20
PA	20

（4）试验步骤

① 扭转速度选择见表 11.45。

② 将试样固定在扭转试验机夹具上，并保证施加于试样上的扭转与试样中心重合。

③ 启动试验机使夹具以选择的速度运动，对试样施加扭转力。

④ 记录拉伸过程中施加的拉力，直到试样完全破坏。

⑤ 记录最大拉力和试样破坏类型（粘接处破坏、母体破坏）。

⑥ 计算扭转法粘接强度，用最大扭转力除以试样接头部分的截面积。

（5）结果　按公式(11.16) 计算拉伸法粘接强度，取 5 个试样的平均数：

$$\delta_1=\frac{f_1}{\pi d_n L_2} \tag{11.16}$$

式中，δ_1 为拉伸法粘接强度，MPa；f_1 为拉力，N；d_n 为外径，mm；L_2

为粘接段长，mm。

11.3.4　粘接性能的剪切试验

11.3.4.1　概述

化工用塑料管道粘接试样检测方法是用规定的标准试样对整个经过粘接的试样进行剪切，评价粘接性能。将粘接试样沿剪切面恒速剪切，直到试样断裂或变形达到预定数值，测量这一过程中试样所承受的负荷，用所承受的负荷除以粘接面积，得到剪切法粘接强度。

本检测适用于采用溶剂型黏结剂粘接工艺的聚氯乙烯（PVC，包括氯化聚氯乙烯 PVC-C、硬质聚氯乙烯 PVC-U、软质聚氯乙烯 PVC-R）、丙烯腈/丁二烯/苯乙烯塑料（ABS）、聚酰胺（PA）等热塑性塑料管道。相关标准是 HG/T 4589—2014 化工用塑料管道粘接剪切检测方法。

11.3.4.2　检测方法

（1）设备

① 检测环境温度　检测时将环境温度控制在 23℃±2℃。

② 电子万能试验机　能够以 1.5～5mm/min 的恒定速度剪切，连续记录试样所承受的拉力，并能识别试样的破坏。

a. 夹具　合适的专用剪切的夹具见图 11.57。

b. 测量仪器　测量试样的宽度和厚度，精度不低于 0.05mm。

（2）试样

① 制备　制备试样所用管材/管件应按产品标准的规定进行抽取，并经过粘接和规定的固化时间。

② 试样形状　见图 11.58。

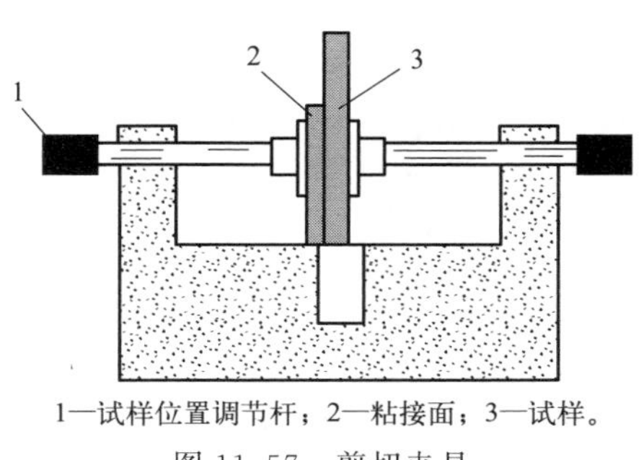

1—试样位置调节杆；2—粘接面；3—试样。

图 11.57　剪切夹具

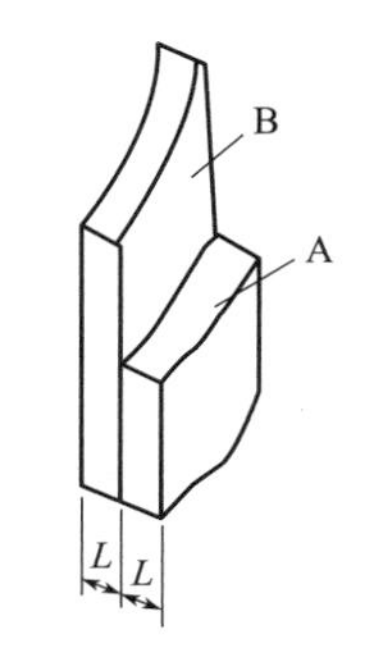

图 11.58　试样形状图

③ 试样尺寸　见表 11.46。

④ 试样数量　5 个。

（3）状态调节　试样应在23℃±2℃的环境温度下进行状态调节不少于6h，状态调节后立即进行试验。

表11.46　试样尺寸　　单位：mm

厚度(L)	小试片A	大试片B
6.7	25×25	25×35

（4）试验步骤

① 速度选择合适的速度。

② 将试样固定在万能试验机夹具上，并保证施加于试样上的力垂直于粘接缝。

③ 启动试验机使夹具以选择的速度运动，对试样施加压缩力。

④ 记录拉伸过程中施加的压缩力，直到试样完全破坏。

⑤ 记录最大压缩力和试样破坏类型（粘接处破坏、母体破坏）。

⑥ 计算剪切法粘接强度，用最大压缩力除以试样接头部分的截面积。

（5）结果　按公式(11.17)计算剪切法粘接强度，取5个试样的平均数：

$$\delta_j = \frac{f_j}{25 \times 25} \tag{11.17}$$

式中，δ_j为剪切法粘接强度，MPa；f_j为剪切力，N。

参考文献

[1] GB/T 35974.3—2018. 塑料及其衬里制压力容器　第3部分：设计 [S].

[2] GB/T 26500—2011. 氟塑料衬里钢管、管件通用技术要求 [S].

[3] GB/T 10002.2—2003. 给水用硬聚氯乙烯（PVC-U）管件 [S].

[4] GB/T 18993.3—2020. 冷热水用氯化聚氯乙烯（PVC-C）管道系统　第3部分：管件 [S].

[5] GB/T 18998.3—2022. 工业用氯化聚氯乙烯（PVC-C）管道系统　第3部分：管件 [S].

[6] GB/T 15558.2—2005. 燃气用埋地聚乙烯（PE）管道系统　第2部分：管件 [S].

[7] GB/T 13663.3—2018. 给水用聚乙烯（PE）管道系统　第3部分：管件 [S].

[8] GB/T 35974.2—2018. 塑料及其衬里制压力容器　第2部分：材料 [S].

[9] GB/T 35974.4—2018. 塑料及其衬里制压力容器　第4部分：塑料制压力容器的制造、检查与检验 [S].

[10] CJJ 63—2018. 聚乙烯燃气管道工程技术标准 [S].

[11] API SPEC 15S—2016. 可盘绕式增强塑料管线管规范 [S].

[12] GB/T 18993.2—2020. 冷热水用氯化聚氯乙烯（PVC-C）管道系统　第2部分：管材 [S].

[13] GB/T 18998.2—2022. 工业用氯化聚氯乙烯（PVC-C）管道系统　第2部分：管材 [S].

[14] GB/T 27726—2011. 热塑性塑料阀门压力试验方法及要求 [S].

[15] GB/T 13663.5—2018. 给水用聚乙烯（PE）管道系统　第5部分：系统适用性 [S].

[16] 董孝理. 塑料压力管的力学破坏和对策 [M]. 北京：化学工业出版社，2006.

第12章 非金属承压设备的风险评估

12.1 概述

承压类特种设备是指以压力为基本载荷涉及生命安全、危险性较大的压力容器（含气瓶）、压力管道、高压氧舱等，是化工、石油、核能、电力、轻工、食品、医药、海洋开发、国防等行业具有潜在危险的关键设备，确保设备安全可靠运行对保障人民群众生命和财产安全、社会稳定、经济发展具有重要意义。非金属材料在耐腐蚀性、隔热性能、制造工艺可操作性上要优于金属材料，随着新材料的开发应用，非金属承压设备因具有耐腐蚀、使用寿命长、质轻、维护简单、综合成本低等特点，得到越来越广泛的应用。

非金属制承压设备分类体系，从材质分为塑料制、石墨制、玻璃钢制、其他非金属类。塑料制设备按照材料性能，又可分为热塑性塑料和热固性塑料；衬里及涂层制设备分为衬里制和涂层制；复合塑料分为钢塑制和增强塑料制。衬里制根据衬里材料分为衬塑、衬玻璃和衬石墨；涂层制也可分为涂塑和涂玻璃（搪玻璃）。目前，对这些非金属承压设备的安全监察和管理，国外尚未形成统一、综合的特种设备风险管理研究体系。非金属承压设备有如此大范围的应用，因此，为确保非金属承压设备的可靠性和安全性，有必要对其进行风险管理。

非金属承压设备承受一定压力，所盛装介质带有高温高压或者有毒有害性质，一旦发生泄漏或断裂将有可能引发火灾、爆炸及中毒事故，使生产和经济遭受严重破坏，生命和财产蒙受重大损失。因此在非金属承压类特种设备安全监察工作中，如何防范承压类特种设备事故发生，降低事故发生率显得尤为重要。此外，非金属承压设备的长周期安全运行，使得维护和检验成本最小化。非金属承压设备的风险评估是提高资源配置合理性的有效途径，通过风险评估，企业能将设备和装置的风险排序，将管理重点集中在高风险的设备和装置上，同时减少对低风险的设备和装置的不必要的维护和检验，从而降低风险，并且从长远来看能降低成本。因此，采用风险评估等先进技术管理承压设备，以协调其安全性和经济性，已经得到了普遍的关注。

12.2 非金属承压设备的风险管理

风险管理的基本程序是风险管理规划制定、风险辨识、风险分析、风险评价、风险处理、风险监控及风险管理绩效评估，是个周而复始过程。风险管理的目标，首先是辨识系统中存在的危险，分析、研究其发生的可能性及可能造成危害后果的严重程度，确定风险程度并依据风险级别得出组织不可接受的风险，进而通过采取科学有效的防护措施来消除或降低风险，以预防损失；其次是一旦危害事件已经发生，采取及时有效的应急处置措施，提供尽可能的补救、补偿，努力减少危害后果的严重程度。

12.2.1 风险管理概述

风险管理是指企业通过识别风险、衡量风险、分析风险，从而有效控制风险，用最经济的方法来综合处理风险。在对已然发生的承压设备失效事故的调查基础上，结合有关的实践，对非金属承压设备失效事故进行分析研究，找出导致事故发生的初始因素，并对各因素之间的逻辑关系做出描述，为发现和查明系统内各种固有的潜在危险因素提供方便，为事故原因的分析和制定预防措施提供依据，从而实现最佳安全生产保障的科学管理方法。

风险管理过程由以下要素组成：明确环境信息；风险评估（包括风险识别、风险分析与风险评价）；风险应对；监督和检查；沟通和记录，应贯穿于风险管理过程的各项活动中，如图 12.1 所示。明确环境信息应包括界定内外部环境、风险管理环境并确定风险准则。通过明确环境信息，组织可明确其风险管理的目标，确定与组织相关的内部和外部参数，并设定风险管理的范围和有关风险准则。

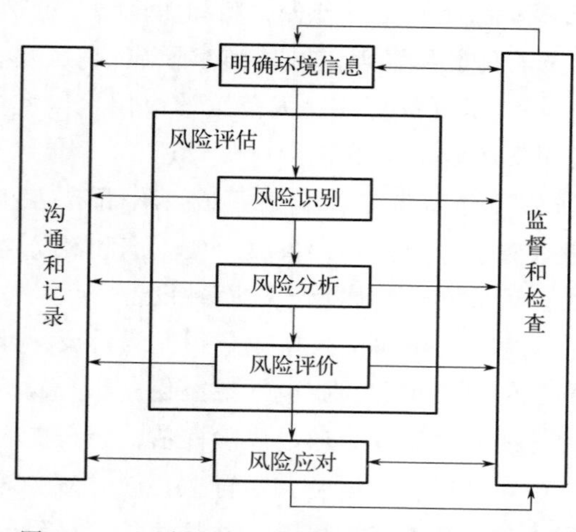

图 12.1 风险评估对风险管理过程的推动作用

非金属承压设备不断向大型化、高参数、长周期、高风险方向发展，非金属承压设备可能发生的爆炸及介质外泄可能导致的次生危害，都会危及设备周围的人员和设施，因此在各行业中使用承压设备本身就具有一定的风险，有必要进行分析评估。

12.2.2　风险评估过程

风险评估的目的是为风险应对提供基于证据的有效信息和分析，通过认识风险及其对目标的影响，识别导致风险的主要因素，以及系统和组织的薄弱环节，为决策者提供相关信息，帮助确定该风险是否在接受范围内，有助于通过事后调查来进行事故预防。风险评估是由风险识别、风险分析和风险评价构成的一个系统过程，风险评估活动内嵌于风险管理过程中，如图 12.1 所示，并非一项独立的活动，风险评估与风险管理过程的其他组成部分有效衔接并互相推动。

12.2.2.1　风险识别

风险识别是对可能发生的风险进行系统的归类和全面的辨识。风险识别的目的是全面掌握风险管理过程中的各类风险程度的信息，并通过各种方法和手段对风险进行有效控制。风险识别包括对风险源、风险事件及其原因和潜在后果的识别，风险识别不仅要考虑风险事件导致的各种损失，还要识别其中蕴含的机会。风险识别的目的是确定可能对系统或组织目标的实现有影响的事件，识别风险后，再对控制措施进行识别。风险识别是风险评估的基本内容之一，是完成风险应对的前提。

针对非金属承压设备的风险识别是根据设备物流和系统的相关信息并结合设备的材质等来确定设备的失效机理，应是一套完整的、系统化的、文件化的方法。在分析非金属承压设备的失效机理时，来自不同专业的专家对设备的失效机理识别，较单个专家分析会更加有效。具体的分析过程可分为：借鉴相似或相同设备的失效信息；借助专家分析，对非金属承压设备失效机理的识别；承压设备失效机理的描述列表；基于专家系统的承压设备失效机理的计算。非金属承压设备失效机理主要包括强度失效、失稳失效、泄漏失效、第三方破坏等。风险识别方法在风险分析过程中已经比较成熟，主要方法有：危害和可操作性研究、失效模式和影响分析、检查表、故障树分析等。

12.2.2.2　风险分析

风险分析是指在识别风险的基础上，研究其发生的可能和产生的后果损失。现代安全管理技术的发展，大大提高了对一个复杂生产系统的预测分析能力，这就使得风险预测成为可能，并能够采取合理的防范措施将风险降低至可接受水平。

风险分析要考虑导致风险的原因和风险源、风险事件的正负面的后果及其发生的可能性、影响后果和可能性的因素、不同风险及其风险源的相互关系以及风险的其他特征，还要考虑控制措施是否存在及其有效性。风险源就是指导事故的根源，它包含三个要素：潜在危险性、存在状态和触发因素。为确定风险等级，风险分析通常包括对风险的潜在后果范围和发生可能性的估计。风险等级分为：Ⅰ级，安全的，一般不会发生事故或后果轻微，可以忽略；Ⅱ级，临界的，有导致事故的可能性，且处于临界状态，暂时不会造成人员伤亡和财产损失，但应该采取措施予以控制；Ⅲ级，危险的，很可能导致事故发生、造成人员伤亡或财产损失，必须立即采取措施进行控制；Ⅳ级，灾难性的，很可能导致事故发生、造成人员伤亡或财产损失，必须立即采取措施加以消除。在某些情况下，风险可能是一系列事件叠加产生的后果，或者由一些难以识别的特定事件所诱发，在这样的情况下，重点是分析系统中各组成部分的重要性和薄弱环节，检查并确定相应的防护及补救措施。

非金属承压设备失效可能性和失效后果的评估之后，就可以计算出设备的风险等级。设备的风险等级反映了设备失效概率和失效后果两方面的内容，是对承压设备失效一个全面的表征。通过对非金属承压设备可能出现的失效模式的分析，计算最终的风险值并进行风险评价，对其中处于高风险的失效模式提出预防措施，进而实现风险控制。用于风险分析的方法可以是定性的、半定量的、定量的或以上方法的综合使用。

12.2.2.3 风险评价

风险评价是针对系统中所辨识出来的风险因素，在初步分析的基础上，评估它转化成事故的风险，也就是评估其后果严重性和发生可能性的过程。风险评价的结果越准确合理，就越有利于决策者正确地了解生产活动中所面临的风险程度，有利于指导决策者进行合理的安全投入，达到经济、安全的双重目标。

风险评价利用风险分析过程中获得的对风险的认识，对未来的行动进行决策。在明确环境信息时，需要做出的决策性质和决策所依据的准则已得到确定。在风险评价阶段，需要对以上问题进行更深入的分析。最简单的风险评价结果，仅将风险分为需要应对和无需应对两种。但是通常结果难以准确界定两类风险的界限，一般情况下，依据风险的可容许程度，可以将风险划分为 3 个区域：①不可接受区域；②中间区域；③广泛可接受区域。风险评价的结果应满足风险应对的需要，否则，应做进一步分析。

12.2.3 风险应对处理

风险应对就是要在现有技术和管理水平上，通过风险分析结果，提出解决方案，并通过论证分析，选择最佳方案并予以实施的过程。风险应对是在完成风险评价之后，选择并执行一种或多种改变风险的措施，包括改变风险事件发生的可能性和（或）后果，它是一个递进的循环过程，实施风险应对措施后，应依据风险准则，重新评估新的风险水平是否可以承受，从而确定是否需要进一步采取应对措施。通过风险应对，达到风险可控的目的，风险控制的目标是减少事故发生概率、降低事故严重度水平和减少事故损失。

所谓风险应对是指风险管理者通过采取降低、排除、转移风险的各种措施和方法，消除或减少风险事件发生的各种可能性，或者减少风险事件发生时所造成的损失。从一般意义上讲，实施风险应对主要有四种基本方法：风险回避、损失控制、风险转移和风险保留。风险回避是风险承担主体有意识地放弃风险行为，完全避免特定的风险损失。简单的风险回避是一种最消极的风险控制办法，因为通常风险管理主体在放弃风险行为的同时，往往也放弃了潜在的目标收益。所以一般只有在存在其他更低风险的方案、承担主体无能力承担该风险，或其所承担风险得不到足够的补偿等情况下才会采用这种方法。损失控制不是放弃风险，而是制定计划并采取有效措施努力降低造成损失的可能性或减少实际损失。损失控制包括事前、事中和事后三个阶段，事前控制的目的主要是为了降低造成损失的概率，事中和事后的控制主要是为了减少实际发生的损失。风险转移是指通过契约，将出让人的风险转移给受让人承担的行为。风险转移的过程虽然往往无法从根本上降低经营主体的风险程度，但是能够大大提高其风险承受能力。风险保留又称风险承担，即在风险属于可接受的前提下，如果风险事件发生，风险承担主体将以其可利用的任何资金、资源，承担风险事件发生所引发的相应后果。

从风险管理的理论出发，风险应对包含有三个部分的主要内容：一是事前预防、应对，即在危害事件或事故发生之前，通过采取有效的措施，消除或降低其发生的可能性；二是事中应急应对，即在危害事件或事故发生之时，通过采取及时有效的应急处置，控制或减轻其危害后果的严重程度；三是事后处理应对，即在危害事件或事故发生之后，通过认真的调查、分析，查明事故发生的真实原因，总结经验教训，避免类似事故的重复发生。应当说，上述三部分的内容既各有侧重又相互关联，由此构成了风险应对的整体。只有对危害事件或事故的事前、事中、事后进行全面、系统、科学分析和研究，才能从根本上保证风险应对的有效性。

12.2.4　非金属承压类特种设备全生命周期的风险评估

非金属承压类特种设备是在特定环境条件下运行的复杂技术系统，其生命过程涉及设计、制造、安装、维修、改造、使用、检验、报废等生命周期及环节。任何一个过程或环节的缺陷、失效、差错或故障，都可能导致安全事故，造成生命安全和健康危害，以及社会经济影响和损失。从初始的概念到最终的完结，风险管理可以应用到生命周期的各阶段。生命周期各阶段对风险评估有不同的需求，在设计和开发阶段，风险评估有助于保证系统风险的可接受性，通过精细化设计过程，控制成本，识别在今后的使用过程中可能出现的风险；在生命周期的其他阶段，风险评估可提供必要的信息，以便为正常情况和紧急情况制定程序。特种设备事故的风险因素并非只存在于使用阶段，而是存在于设计、制造直至报废的各个生命环节，因此，非金属特种设备安全管理需要进行全过程管理，全生命周期的各个环节都不容忽视。

设计是保证承压设备安全的第一个重要环节，设计阶段不能预知使用中的失效机制和风险，无法确定设计寿命与使用寿命，造成设备安全性差抑或经济性差，与时间相关的退化机理影响有必要在设计制造加以考虑。在设备设计的初级阶段，应对系统存在的危险源、出现条件及可能造成的结果，进行宏观概略分析，所以可以应用预先危险分析方法，预先识别出系统中可能存在的所有危险源；识别出危险源可能导致的危害后果，并根据风险程度对其分级；确定在实际生产工作时对风险的控制措施。我国《固定式压力容器安全技术监察规程》（简称新《容规》）中引入设计阶段的风险评估要求，新《容规》中3.6规定了对于国家能源经济重要行业的大型高参数、高危险性的重要承压设备即第Ⅲ类压力容器在设计时应出具包括主要失效模式和风险控制等内容的风险评估报告。

检验过程中因受人为主观操作的影响较大，所以风险评估重点应该侧重于人的行为上。因此在检验过程中的风险评估中，可以采用安全检查表分析方法。通过制定详细有效的安全检查表，对检验过程中设备的状态、人员装备、人员操作等进行评估监控，以保证检查过程的安全、顺利进行。安全检查表主要内容应该包括：分类、序号、检查内容、回答、处理意见、检查人和检查时间、检查地点、备注等。

12.3 非金属承压设备的风险评估技术

12.3.1 风险评估技术概述

风险评估不仅依赖于风险管理过程的背景，还取决于所使用的风险评估技术和方法，风险管理系统的核心技术就是风险评价技术。不同类型的风险差异较大，应采用不同的风险评估方法，而通常风险自身具有复杂性，所以风险评估通常涉及多种评估方法的综合应用。理解组织中单个或多个风险组合的复杂性，对于选择适当的风险评估技术和方法至关重要。

风险评价技术是风险评估的核心，现行的风险评估技术可分为三类：定性风险评估技术、定量风险评估技术和介于二者之间的半定量风险评估技术。

12.3.2 定性风险评估技术

定性风险评估方法是基于工程经验，对生产系统的设备、管理、人员、环境等方面进行定性的判定。定性风险评估技术主要是找出诱发系统失效的各种因素，存在的事故危险，从而最终确定控制事故或者降低风险的措施。定性风险评价方法不必建立精确的数学模型，有简洁、直观、实用等优点。不足之处在于评价结果精确性往往取决于分析人员的经验，因而主观性强些。

定性风险评估技术有很多种，常用的包括安全检查表（SCL）、预先危险性分析（PHA）、失效模式和效应分析法（FMECA）、危险与可操作性研究（HAZOP）、故障树分析法（FTA）等。其中安全检查表法由于其简单明了、易于操作的特点在生产过程中得到了广泛的使用。

安全检查表（safety checklist，SCL）是对危险源进行了全面分析的基础上，将检查项目分为不同的单元和层次，并列出所有的危险因素，确定检查项目，然后编制成表。检查表中的大部分的检查项目都是根据有关标准、规范和法律法规制定的，体现出安全检查表的适用性。使用时根据表中的内容进行检查，其内容一般通过“是/否”判定的。可见，安全检查表的优点在于易于理解和操作、容易抓住主要的危险源；但其缺点也十分明显，只能进行定性评估，无法体现评估结果中危险源的重要程度。

失效模式和效应分析法（failure mode and effect analysis，FMECA）在风险评估中具有很高的地位，其主要作用在于预防设备失效。但该方法在实验和测试中，又能够作为一种有效的评估工具。总的来说，FMECA 是一种归纳法，对于系统内每一个可能失效模式或异常状态进行详细的分析，并推断这种情况对于整个系统的影响、可能产生的后果以及采取何种措施能减少损失。

预先危险性分析（preliminary hazard analysis，PHA）是在项目开始初期或设计阶段对系统中存在的危险种类、危险产生的条件、事故的后果等大致进行分析。其优点在于对危险的预见性，因为在项目开发之初就进行分析，使得系统中薄弱的环节能够得到加强；同样在产品投产前的分析发现了不足，并采取了相应的预防性措施，降低事故发生的概率，降低了产品因质量问题造成危险的可能性和严重后果。预先危险性分析是一种使用范围很广的定性评估方法，其不足在于实施过程中需要有丰富工程知识和实际经验的技术人员、安全管理人员、操作人员共同参与，经过分析、讨论后才能达到理想效果。可以将分析结果汇总成 PHA 结果表，见表 12.1。

表 12.1　PHA 结果汇总表格示例

序号	危险源	事故情况	事故原因	事故的可能性	危险后果	风险等级	控制措施

危险与可操作性研究（hazard and operability study，HAZOP）是由一批相关领域的专家构成小组，对需要评估的项目进创造性的工作。HAZOP的实施是从引导词入手，通过假设工艺的参数过程或者状态的变化，分析导致偏差的原因和后果，并制定对策的评估方法。需要指出的是，这里的引导词一般来说是各个单元操作时可能出现的偏差，如某一管道压力的急剧升高。

故障树分析法（fault tree analysis，FTA）采用的是演绎法对危险进行分析，将事故的因果关系形象地描述为一种有方向的树，以系统可能发生或已经发生的事故作为起点，将导致事故的可能原因按照因果逻辑关系逐层列出，并用树形图表示出来，构成一种逻辑模型，然后定性或定量地分析事件的可能途径以及发生的概率，并以此制定出避免事故发生的方案并选出最优对策。故障树分析是一个系统性的工程，需要相关行业的专家、工程师等共同配合完成。

12.3.3 定量风险评估技术

定量风险评估技术一般是在定性分析基础上进行，是对定性分析中识别的风险水平高的故障类型进行进一步分析和详细的评价。定量风险评估技术相比于其他二者，结果更加精确，数据更加完整。但同时这种计算往往是一个相当复杂的、耗资巨大的过程，需要利用施工、设计资料、各种材料证明书以及其他数据的支撑，还需要运用可靠性技术，概率学知识及其强度理论等。目前，定量风险评估技术受到国际上极大重视，越来越多的新技术也在开发之中。

定量风险评估方法是基于大量的事故统计资料和实验结果，利用数学方法和统计手段，对系统的设备、工艺、人员、环境、管理等方面的安全状况进行量化分析的方法。定量评估方法的结果都是量化的指标，具有准确性、可比较的特点。由于定量评估方法需借助数学方法和统计手段，需要大量的基础数据，同时评估的过程时间长、工作量大，技术难度高，所以仅适用于危险性较大的行业和设备。定量风险评估法可分为危险指标评估法和概率风险评估法两大类型。

危险指标评估法以评估系统中的工艺和危险物质作为评估对象，将可能影响事故发生概率和事故严重程度的各类因素转化为指标，再使用某些方法处理这些指标，进而达到评估系统风险程度的目的。常见的危险指标评估法有道化学火灾、爆炸指数法、ICI蒙德法、日本劳动省六阶段法等。

概率风险评估法是以系统发生事故基本因素的概率为基础，结合数理统计中的理论，计算出全系统发生事故概率的方法。常用的概率统计方法有事件树分析法、故障树分析法、模糊矩阵法等。概率风险评估法的优点在于其完善的理论基础，能准确描述系统各环节发生失效的概率，可准确地评估系统的风险；该方法的缺点是由于对系统各环节都进行分析，导致评估系统复杂，不仅需要的数据庞大，而且实施起来耗时且费力。

12.3.4　半定量风险评估技术

半定量风险评估技术是以风险数量为基础，按失效可能性和失效后果权重值各自分配指标，半定量风险评价介于定性与定量之间，专家评分法就是目前应用最为广泛的半定量风险评价方法。其过程是按照评分体系对影响失效可能性和失效后果的各种因素进行打分，并综合得出以分数表示的风险值。常用的半定量评估方法有 LEC 评估法、打分的安全检查方法、MES 评估法等。

LEC 评估法是在危险环境中作业危险半定量评估方法。该方法是用与系统有关的三个风险因素的乘积来评估系统的危险性。LEC 是三个风险因素的缩写：L 对应事故发生的可能性，E 对应人暴露在这种危险性中的频繁程度，C 指事故后果的严重程度。这几个因素的乘积用字母 D 表示，$D=\mathrm{LEC}$，代表了危险性的分值。D 值越大说明系统的危险性也就越大，需要采取安全措施来降低这几个因素的数值，从而降低系统危险性。

打分的安全检查方法是在定性安全检查表的基础上，对每一项安全检查的内容赋予一定的分值。打分的安全检查表的结果分为两栏，一栏是标准分，一栏是实际得分。因为存在具体的评估得分，有效地实现了半定量评估。

MES 评估法也是一种半定量评估法，几个风险因素的乘积 R 代表了系统风险性的大小。MES 是三个风险因素的缩写：M 对应危险源控制措施的状态；E 对应人员暴露于危险环境的频率；S 对应事故后果的严重程度。

美国 IAP（integrity assessment program）风险评价程序和软件，就是采用的一种半定量的或称为相对的，以风险指数为基础的风险评价方法，得到较广泛的应用。

评价结果将指出高风险的区域、高失效的概率区域和高失效后果区域。对每一种失效类型和失效后果的影响因素（变量）均要进行分析评定，并加以权重处理，得到风险指数。

12.3.5　其他风险评估技术

基于风险的检测技术（risk based inspection，RBI）是基于风险优化检验行为的一种方法论，是近十年来发展起来的一项设备管理新技术。基于风险的检验是以风险评价为基础，进而对检验序进行优化安排和管理的一种方法。

RBI 提出一种新的检测方式和确定检测周期的方法，其基本思想是根据不同风险级别进行不同频度的检测，风险高的管道部位、元件应给予更多的关注，进行更多的检测，以保证设备的安全性和完整性并有效降低设备的管理费用。RBI 方法定义运行设备的风险为故障后果和故障概率的组合，即：风险＝概率×后果。RBI的目标是确定设备发生故障的后果及概率，将一种或多种事件的概率及结果结合起来确定其运行风险。传统做法只重视失效后果或失效概率，而只有综合考虑这两个因素才能有效地作出基于风险的决策。因为并非每个故障都会导致有严重后果的事故，但有些具有严重后果的事故却只有非常低的概率。RBI的目的是制定最适合的检验频度（检验周期）以防止检验不足（under-inspeetion）引起极大的潜在风险和防止检验过度（over-inspeetion）造成不必要的资源浪费。由于80%的出险（risk exposuer）取决于20%的高风险设备，故必须把有限的检验资源用在刀刃上。RBI通过分析每种可能的检测方法和检测频率组合方案，评估它们对降低设备故障概率的效果，并给出检测成本，就可制定出最优的检测计划。制定此计划的关键在于对每个设备单元风险的评估，其次是如何确定设备最适用的检测方法。RBI分析流程如图12.2所示。

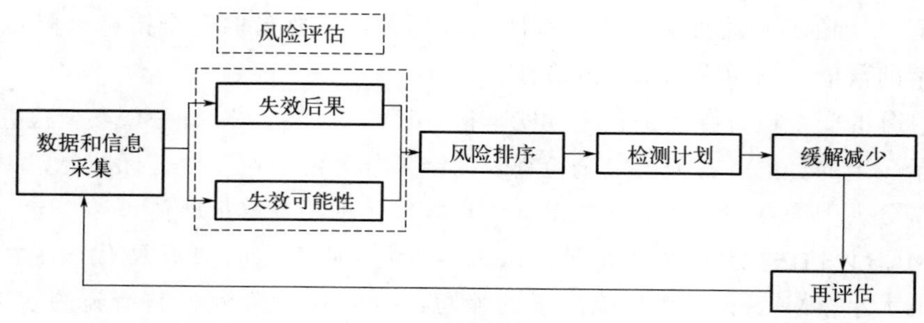

图12.2　RBI分析流程

美国对压力容器和工业管道普遍接受RBI，对埋地管道采用了基于风险评估的管理，并且对输油/气埋地管道的风险评估是强制性的；有些国家要求压力容器和压力管道开工前提交风险评估报告。我国自2003年开始在石油化工装置中逐步推行和运用RBI技术，《固定式压力容器安全技术监察规程》（新容规）3.6规定了对于国家能源经济重要行业的大型高参数、高危险性的重要承压设备即第Ⅲ类压力容器在设计时应出具包括主要失效模式和风险控制等内容的风险评估报告。

12.4 非金属承压设备风险评估的应用

12.4.1 风险评估内容

风险评估主要内容如下：①分析计划的制定；②数据收集；③识别损伤机理和失效模式；④失效可能性分析；⑤失效后果计算；⑥风险的识别、评价和管理；⑦通过检验进行风险管理；⑧其他减缓风险的措施；⑨再评估以及分析数据更新。

风险评估主要由以下几个步骤组成：①确定评价对象；②选择评价方法；③收集评价资料；④实施风险评价；⑤析评价结果；⑥核定风险等级；⑦编制评价报告。

12.4.2　埋地管道的风险评估应用

非金属材料管道在耐腐蚀性、隔热性能、水利性能、可操作性能上要优于金属材料管道，因而得到广泛的应用。正是如此大范围的应用，更要对其进行风险分析，确保管道系统的可靠性，可选用 PHA、故障树分析法（FTA）、SRA 等方法进行风险评估，埋地管道风险评估按如下步骤进行：

① 划分管道区段；

② 对每一区段，确定其失效的可能性；

③ 对每一区段，确定其失效后果；

④ 对每一区段，计算其风险值；

⑤ 确定区段的风险等级，提出高风险区段的降险措施。

在对已然发生的管道失效事故的调查基础上，结合有关实践，对管道失效事故进行分析研究，找出导致事故发生的初始因素，并对各因素之间的逻辑关系做出描述，为发现和查明系统内各种固有的潜在危险因素提供方便，为事故原因的分析和制定预防措施提供依据。下面以故障树分析方法为例，对埋地管道泄漏事故进行风险评估。

故障树分析法以画树状图来表述，树是图论的一种。故障树形如以顶为树的根，并且由若干个支杈组成，各个分支又会向下延伸。每个事件通过逻辑关系相连。故障树的逻辑关系主要包括：与、或、非。建立起将要研究的对象和促使对象发生的原因事件之间的逻辑关系链，从而形成树状结构，进而建立起模型，实现分析目的，埋地管道故障树的编制举例见图 12.3。

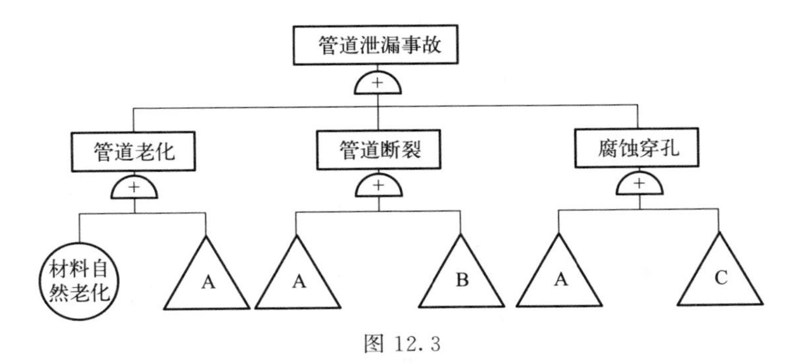

图 12.3

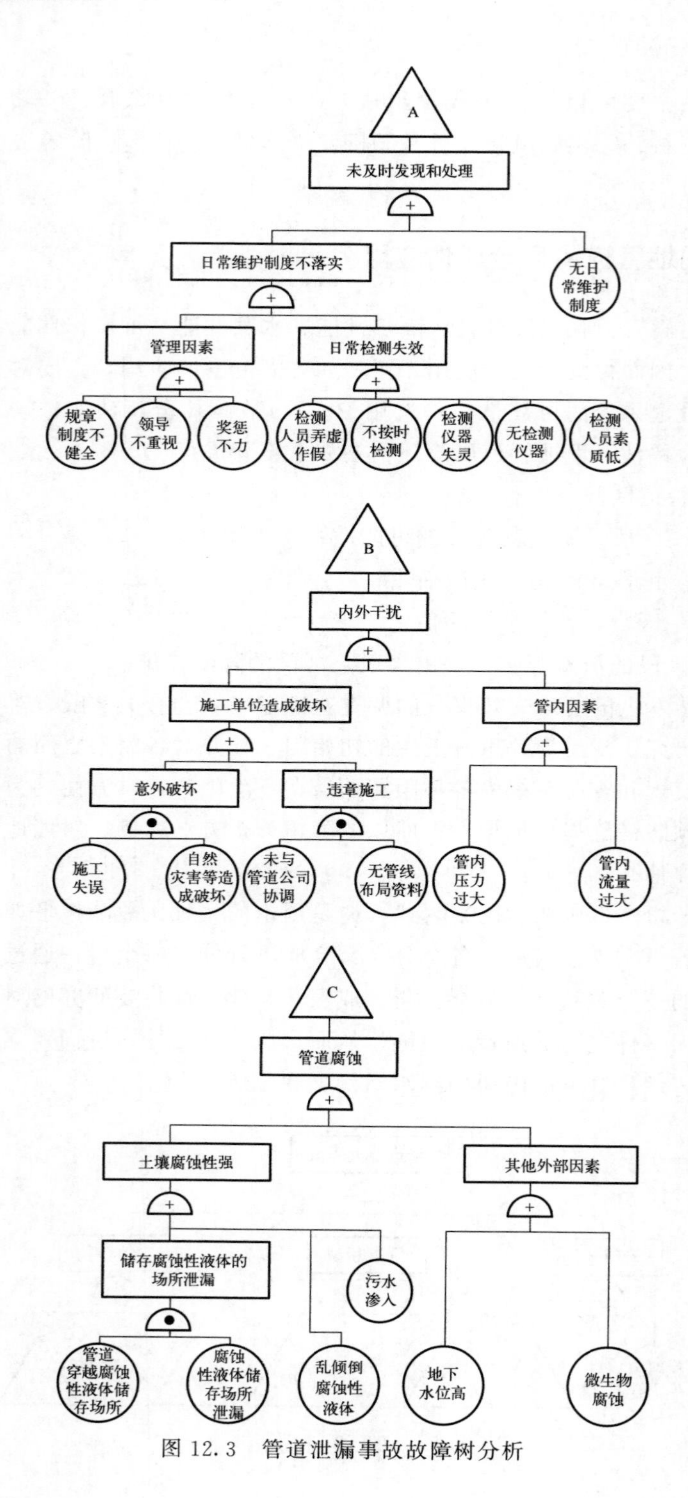

图 12.3　管道泄漏事故故障树分析

12.4.3 成套装置的风险评估应用

成套设备通常是由压力容器和工业管道构成。管道是成套装置的运输系统，由于管材本身老化或管道系统内部的物质和能量异常往外输出导致管道穿孔、腐蚀、断裂、堵塞等异常情况，可能会引发火灾爆炸等危险。压力容器其结构的强度、刚度、稳定性、密封性及耐蚀性等任一种约束条件出现失效，势必使潜在的危险或危险因素在外界触发因素的诱导下，使风险事件转化成为风险后果。

统计和分析表明，风险在成套装置各设备中的分布一般是不均匀的，大约90%左右的设备风险由不足 20%的设备承担，所以应该把检验检测和风险管理的重点集中于少量的高危险设备，以提高设备的安全性与可靠性、合理检验和维护资源。对成套设备一般采用定性或半定量方法，充分了解系统可能存在的危险因素、事故发生概率和事故发生后果，可以选用安全检查表（SCL）、预先危险性分析（PHA）、故障树分析法（FTA）、基于风险的检测技术方法（RBI）等方法进行风险评估。

以中国特种设备检测研究中心对某化工厂一套 EVA 装置所进行的风险评估为例，该装置包括 73 个分析单元，用于在高温高压下，将乙烯和醋酸乙烯合成为 EVA。该装置每天 24h 运行，每周运行 7 天，运行过程中，不能停止反应。以 RISKWSE 为工具，对该装置进行了半定量 RBI。

RBI 评估是一个复杂的过程，其主要步骤包括：

① 确定通用事故频率，根据设备类型，从通用事故频率数据库中确定所预计的破坏规模的通用事故频率。

② 确定设备修正因子，根据设备的实际情况确定技术模型子因子、环境子因子、机械子因子和工艺子因子，并按照式（12.1）确定设备修正因子：

$$设备修正因子=技术模型子因子+环境子因子+机械子因子+工艺子因子 \tag{12.1}$$

③ 确定管理修正因子，根据设备所在车间或工厂的实际情况，确定领导和监督、工艺安全资料、工艺危险性分析、变更管理、操作程序、安全作业手册培训、机械完整性、开车前的安全检查、紧急情况处理、事故调查、分包、管理系统评估等方面的得分，并将上述得分之和换算为管理修正因子。

④ 确定实际事故频率：

$$实际事故频率=通用事故频率\times设备修正因子\times管理修正因子 \tag{12.2}$$

⑤ 确定事故后果，在 RBI 评估中，考虑燃烧爆炸、中毒、环境清理和停产损失四方面的后果。各种事故后果都取决于很多因素，其计算十分复杂。在 RBI 半定量评估中，按照一些假设，对事故后果的计算进行了简化。

⑥ 确定风险。

结果表明：

① 该装置中的主要破坏模式有两种，一种是由于腐蚀和冲刷引起的壁厚减薄，另一种是机械疲劳和热疲劳。

② 该装置中，低风险设备占总数的48%，中等风险设备占总数的33%，较高风险设备占总数的15%，高风险设备占总数的4%。

③ 该装置中，高风险设备的风险主要来自由于壁厚减薄严重或壁厚减薄情况不明所导致的高事故可能性和由于高温高压引起的严重的事故后果。

12.4.4 风险评估报告

风险评估报告应写明收集被评估设备的基本情况，如设备生产商、规格、限制、预定使用以及设备所在位置等，同时还应写明评估小组人员、评估报告编写人员以及评估时间。在获取基本信息的同时还应调查现有或类似设备的任何事故、事件或故障历史，与安全管理人员及设备操作人员进行信息交流，听取有关技术专家的意见。

风险评估报告应至少包括：

① 基本设计参数：压力、温度、材料、介质性质和外载荷等；

② 操作工况条件的描述；

③ 所有操作、设计条件下可能发生的危害，如报账、泄漏、破损、变形等；

④ 对于标准已经有规定的失效模式，说明采用标准的条款；

⑤ 对于标准没有规定的失效模式，说明设计中载荷、安全系数和相应计算方法的选取依据；

⑥ 对介质少量泄漏、大量涌出和爆炸状况下如何处置的措施；

⑦ 根据周围人员的可能伤及情况，规定合适的人员防护设备和措施；

⑧ 风险评估报告应具有与设计图纸一致的签署。

危险识别：危险识别是风险评估过程中最为关键的一个环节，其识别出的危险源是后续风险评估、风险减小的重要依据。危险识别需要系统识别设备全生命周期所有阶段（包括运输、装配、安装、试运转、使用、维护、拆卸、停用以及报废）可合理预见的危险、危险状态和危险事件，从而形成一分危险、危险状态和危险事件的清单。为了使危险识别更加全面，识别过程中可参考以下10类危险：机械危险、电气危险、热危险、噪声危险、振动危险、辐射危险、材料/物质产生的危险、人类工效学危险、与机器使用环境有关的危险以及组合危险。风险评估，针对危险识别中的每个危险源，对设备在现有防护装置下、没有任何防护装置的原始风险以及使用推荐防护装置三种情况下，根据危险发生的可能性、暴露危险区域的频率、伤害程度以及规避伤害的可能性等四个风险要素，对机械设备/生产线进行风险评估。风险减小，对风险评估过程中危险等级较高的风险进行风险减小，以及提出安全升级改造方案。安全升级改造方案主要通过机械部分、电气部分、安全控制回路部分以及安全管理等四个方面提出，必要时应给出安全改造示意图。风险评估结果，按表格形式，将设备的各项指标定性、定量地进行结果展示，以便设备的使用和再次检查。

12.5　非金属承压设备的风险评估的展望

从工业生产到人民生活，非金属承压设备的应用已经覆盖到方方面面，系统的风险评估是必不可少的，风险评估的模式应该趋于系统化、细节化。系统、可操作性强的风险评估方法能及时发现危险因素并加以处理，确保了设备的可靠性，减少生产成本。风险评估总的目标是在更大程度上提高非金属承压设备的安全性、降低设备的检验和维护成本、减少设备非计划停机时间、提高设备的利润率，从而使产品成本大大降低，市场竞争力大大提高，在运行安全和经济上都提高一个台阶，有助于社会安全生产的顺利进行。这是建设节约型和环境友好型社会的必然要求。

综上所述，承压设备的风险评估技术符合设备安全性与经济性相统一的发展趋势，必将在我国得到迅速发展和普遍应用，为促进我国经济的高速、可持续发展，保障生产安全和公共安全作出应有的贡献。

参考文献

[1] 辛明亮，郑伟义，李茂东，等．非金属制承压设备分类形式的几点思考［J］．广州化工，2016，44（16）：170-172.
[2] 陈国华．风险工程学［M］．北京：国防工业出版社，2007.
[3] GB/T 24353—2009．风险管理　原则与实施指南［S］.
[4] GB/T 27921—2011．风险管理　风险评估技术［S］.
[5] 赵在理．压力容器的结构分析与安全评估研究［D］．武汉：武汉理工大学，2006.
[6] SY/T 6714—2008．基于风险检验的基础方法［S］.
[7] 田文德，孙素莉，于子平．基于风险检测的石化设备失效分析系统研究［J］．炼油技术与工程，2006，36（5）：47-51.
[8] 赵忠刚，姚安林，赵学芬．油气管道风险分析的质量评价研究［J］．安全与环境学报，2005，5（5）：28-32.
[9] Fecke M，Martens J，Cowells J，et al. A guide to developing and implementing safety checklists：Plant steam utilities［J］. Process Safety Progress，2011，30（3）：240-250.
[10] Bahrami M，Bazzaz D H，Sajjadi S M. innovation and improvements in project implementation and management；using FMEA technique［J］. Procedia-Social and Behavioral Sciences，2012，41：418-425.

[11] 袁永宏．安庆石化含硫原油加工适应性改造工程环境风险分析及风险经济评估 [D]. 合肥：合肥工业大学，2011.

[12] 赵文芳，姜春明，姜巍巍，等．HAZOP 分析核心技术 [J]. 安全、健康和环境，2005，5 (3)：1-3.

[13] 高惠临，周敬恩，冯耀荣，等．长输管道定量风险评价方法研究 [J]. 油气储运，2001，20 (8)：5-8.

[14] 冯海岭．风险评估技术在压力容器行业的应用 [J]. 石化技术，2015 (2)：108，118.

[15] Masatomo H，Ishimaru H. Risk based inspection [J]. Journal of Japan Society for Safety Engineering，2002，41 (6)：379-386.

[16] API RP581—2008. Risk-Based Inspection Technology [S].

[17] 陈钢，左尚志，陶雪荣，等．承压设备的风险评估技术及其在我国的应用和发展趋势 [M]. 中国安全生产科学技术，2005，1 (1)：31-35.

[18] 谢铁军．《固定式压力容器安全技术监察规程》释义 [M]. 北京：新华出版社，2009.

[19] TSG R0004—2009. 固定式压力容器安全技术监察规程 [S].

[20] 戴季煌．《固定式压力容器安全技术监察规程》中压力容器类别的划分 [J]. 化工设备与管道，2010，47 (1)：1-4.

[21] 安伟光．非金属结构材料的力学性能与失效分析 [J]. 宇航材料工艺，1988 (6)：2-7.

[22] GB 150. 1—2011. 压力容器　第 1 部分：通用要求 [S].